Mathematics for Chemistry

화학수학

김진은 지음

자유아카데미

표지 설명

주기적인 모양의 다리 난간 뒤로 진주성과 성문 누각이 보인다. 큰 반원 모양의 난간 아래, 기둥 끝 부분에는 논개의 순국정신을 기리기 위해 황동색 쌍가락지가 끼워져 있다. 주기적인 함수는 Fourier 급수로 나타낼 수 있다.

서 문

물질은 질량을 가지고 부피를 차지하는 우주를 구성하는 재료이며, 화학은 이러한 물질의 성질과 물질이 겪는 변화를 연구하는 학문이다. 우리는 일상생활의 거의 모든 부분에서 물질의 성질을 이용하여 만든 제품을 사용함으로써 삶을 보다 편리하고 풍요롭게 할 수 있다.

물질의 성질을 이해하기 위해서는 물질을 구성하는 매우 작은 단위인 원자 또는 분자를 이해해야 하는데, 이들에 대한 이해는 수학을 바탕으로 한 양자 화학(또는 양자 역학)으로 이루어진다. 다시 말해 원자, 분자 또는 물질의 성질이나 그것의 변화에 대한 현상과 원리를 설명하는 데 수학과 물리의 도움이 없이는 불가능하다고 해도 과언이 아니다. 자연의 아름다움을 수학이라는 도구로 이해하게 되면 훨씬 효과적이며 보다 심오한 아름다움을 느끼게 된다.

화학은 의식주, 건강, 자연 및 환경보호 등과 관련된 물질의 제조와 사용으로 우리 일상생활에 큰 영향을 주고 있으며, 일부 화학 물질은 우리의 건강과 환경에 해를 끼치기도 한다. 이 때문에 대학화학은 일반인들도 상식적으로 알아야 하는 기초 과목이 되었다. 화학의 지식을 사용해야 하는 화학, 생명 과학, 재료 과학, 지질학, 약학, 의학 등의 분야에 종사하는 사람들도 보다 깊이 있게 화학을 배워야 할 필요가 있다. 이들이 관찰하는 물리적, 화학적 현상을 이해하고 설명하기 위해서는 물리 화학의 지식을 사용해야 하는데, 물리 화학의 내용 중 거의 대부분이 물리학의 내용과 겹친다. 물리 분야와 물리를 응용하는 공학 분야에서는 물리학 또는 공학을 이해하기 위한 기초로서 수리 물리 또는 공업 수학을 2~3학기에 걸쳐 배운다. 그러나 화학 분야에서는 교과과정에 화학을 위한 수학이 한 학기에 편성되어 있거나 아예 교과과정에 없는 경우도 있어 화학 수학을 제대로 배울 기회가 없다. 이 때문에 물리 화학을 이해하는 데 어려움이 많다. 또 배운다고 하더라도 너무 수학에 치우쳐 있어 크게 도움이 되지 않는 경우도 많다. 그리고 많은 학생들이 무기 화학이 어렵다고 이야기하는데 이것은 무기 화학이 어려운 것이 아니라 물리 화학을 제대로 이해하지 못하기 때문이다. 즉 물리 화학에서 가져다 쓰는 대부분 무기 화학 교재의 앞부분 이론을 이해하지 못하였기 때문이다.

이 책은 물리 화학 교재의 내용과 연계함으로써 물리 화학을 잘 이해할 수 있고 수학이 수학으로 끝나지 않도록 하기 위한 목적으로 집필하였다. 이 책의 내용은 필자가 은사님으로부터 배운 내용과 과거 10여 년 이상 화학 수학을 강의한 내용을 뼈대로 구성하였다. 또 다수의 물리 화학, 양자 화학, 화학 수학, 공업 수학과 수리 물리 책을 참고로 하였다. 부지런히 강의한다면 한 학기에 가르칠 수 있을 정도의 분량이 되게 하려고 노력하였으며, 누구나 스스로 학습이 가능하도록 대부분의 연산을 가능한 자세히 기술하였다.

이 책의 구성을 살펴보면 다음과 같다.

1장에서는 미분, 적분, 급수 등의 기초를 소개하였다. 2장에서는 벡터, 좌표계의 변환, Green 정리, 발산 정리, Stokes 정리 등을 다루었으며 1장에 이어 많은 미분과 적분을 함으로써 뒤에 나오는 내용을 이해하는 기초지식을 습득할 수 있도록 하였다. 3장에서는 대표적인 1계, 2계 미분방정식의 해법을 소개하였다. 4장은 3장의 미분방정식의 해법을 화학적 계에 적용한 것으로, 양자 화학의 주 내용인 상자 속의 입자, 수소 원자, 강체 회전자, 조화 진동자 등을 다루었다. 4장의 일부는 양자 화학에서 다루는 부분이라서 학생들의 몫으로 남겨둘 수도 있다. 5장에서는 행렬식과 행렬, 1차 연립방정식의 해법, 고윳값 방정식과 행렬의 대각화 등을 취급하였다. 6장에서는 Fourier 급수와 Fourier 변환을 설명하였으며, Fourier 변환과 같이 적분 변환의 하나인 Laplace 변환은 7장에서 논의하였다. Laplace 변환은 Fourier 변환을 공부하였거나 적분을 할 수 있는 사람은 독학할 수 있다고 생각되므로 한 학기로 시간이 제한되면 간단히 소개만 하거나 학생들의 몫으로 강의를 생략할 수도 있다. 마지막 8장에서는 섭동법과 변분법도 양자 화학에서 다루는 부분이라서 학생들의 몫으로 남겨둘 수도 있다. 사상과 복소적분을 포함하는 아주 매력적인 복소 함수론, 확률 및 통계와 그 밖에도 필요하다고 생각되는 분야가 있으나 제한된 지면과 한 학기라는 시간의 제약으로 생략하였음을 양해하기 바란다.

수학을 전공하지 않은 저자가 수학책을 쓴다는 두려움이 앞섰으나, 그래도 화학에서 접하는 자연현상의 해석에 필수적인 물리 화학의 이해가 필요한 학생들에게 도움이 된다면 기쁨이 더 클 것으로 생각하였다. 또 가급적 오류를 줄이려고 노력하였으나 실수나 본인의 무지로 인해 오류가 있을 것으로 생각되며 기탄없는 지도와 편달을 부탁드린다.

이 책을 쓸 수 있도록 지식을 불어넣어 주신 이조웅 선생님께서 안 계셨더라면 감히 이 책이 나올 수 없었을 것이다. 이 책을 펴내는 데 시간을 할애하느라 상대적으로 연구 지도를 소홀히 하게 된 것을 감내하고 도와준 무기 화학 연구실의 제자들에게도 감사의 마음을 전한다. 또 이 책을 마무리할 수 있도록 시간적 여유를 허락해 준 경상대학교 연구년 제도와 대학 당국에 감사를 드린다. 마지막으로 이 책의 출판을 가능하게 해 준 자유아카데미 출판관계자 여러분, 특히 주정희 사장님과 임철석 부사장님께 감사드린다.

2014년

저자 씀

차 례

제 1 장

기초

1.1 수

처음에 자연수를 정의하고 자연수로부터 유리수로 확장하고, 유리수의 결함을 보완하기 위해 무리수를, 그리고 실수의 결함을 보완하기 위해 허수를 도입하여 복소수가 구성된다.

• 실수

실수는 자연수, 정수, 유리수, 무리수로 분류할 수 있다.

• 자연수

물건이 몇 개인지 센다든가 순서를 붙일 때 사용하는 1, 2, 3, 4, 5, 6, · · · 또는 **양의 정수**를 자연수라고 한다.

• 정수

양의 정수, 0, 음의 정수를 통틀어서 정수라고 한다.

• 유리수

두 정수 m과 n ($n \neq 0$)을 써서 **분수** m/n의 꼴로 나타내어지는 수를 유리수라고 한다. 정수는 분모가 1인 유리수로 생각할 수 있다.

• 무리수

π, $\sqrt{3}$ 등과 같이 m/n (m과 n은 정수, $n \neq 0$)의 꼴로 나타내어지지 않는 수를 무리수라고 한다.

• 실수의 연산

a, b, c를 실수라고 하면 다음과 같은 연산 규칙이 성립한다.

1) $a + b = b + a$	$ab = ba$	교환 법칙
2) $a + (b + c) = (a + b) + c$	$a(bc) = (ab)c$	결합 법칙
3) $a(b + c) = ab + ac$		분배 법칙

지수의 계산에 대한 규칙은 다음과 같다.

$$a^m a^n = a^{m+n},\ a^m/a^n = a^{m-n}\ (a \neq 0),\ (a^m)^n = a^{mn}$$

• 복소수

방정식 $x^2 + 1 = 0$ 또는 $x^2 + 2x + 5 = 0$의 해는 앞에서 언급한 실수의 범위에서는 구할 수 없으며 해를 가질 수 있도록 하려면 수의 범위를 확장할 수 밖에 없다. 제곱하면 -1이 되는 수 하나를 생각하여 이것을 문자 i로 나타내기로 한다. 즉, $i^2 = -1$로 정의한다. 이때 i를 **허수 단위**라고 한다. a와 b를 실수라고 할 때 $a + bi$ 꼴의 수를 **복소수**라고 한다. $a + bi$에서 a와 b를 각각 **실수 부분**과 **허수 부분**이라고 한다. 복소수 $z = a + bi$에 대하여 $z^* = a - bi$를 **복소켤레**(complex conjugate)라고 한다.

a, b, c, d를 실수라고 하면 복소수의 연산은 다음과 같이 정의된다.

1) $(a + bi) + (c + di) = (a + c) + (b + d)i$ 덧셈
2) $(a + bi) - (c + di) = (a - c) + (b - d)i$ 뺄셈
3) $(a + bi)(c + di) = ac + adi + bci + bdi^2 = (ac-bd) + (ad + bc)i$ 곱셈
4) $\frac{a+bi}{c+di} = \frac{a+bi}{c+di} \cdot \frac{c-di}{c-di} = \frac{ac+bd}{c^2+d^2} + \frac{bc-ad}{c^2+d^2} i$ 나눗셈

• 복소수의 연산

복소수에서도 실수와 마찬가지로 다음과 같은 연산 규칙이 성립한다.

α, β, γ를 복소수라고 하면

1) $\alpha + \beta = \beta + \alpha$ $\alpha\beta = \beta\alpha$ 교환 법칙
2) $\alpha + (\beta + \gamma) = (\alpha + \beta) + \gamma$ $\alpha(\beta\delta) = (\alpha\beta)\gamma$ 결합 법칙
3) $\alpha(\beta + \gamma) = \alpha\beta + \alpha\gamma$ 분배 법칙

복소수 $z = x + iy$는 직교하는 x와 y축으로 구성된 xy 복소 평면에서 좌표 (x, y)를 갖는 한 점 P로 나타낼 수 있다. 원점 O에서 P까지의 거리를 ρ, OP가 양의 방향 x축과 이루는 각도를 φ라고 하면 그림 1.1로부터

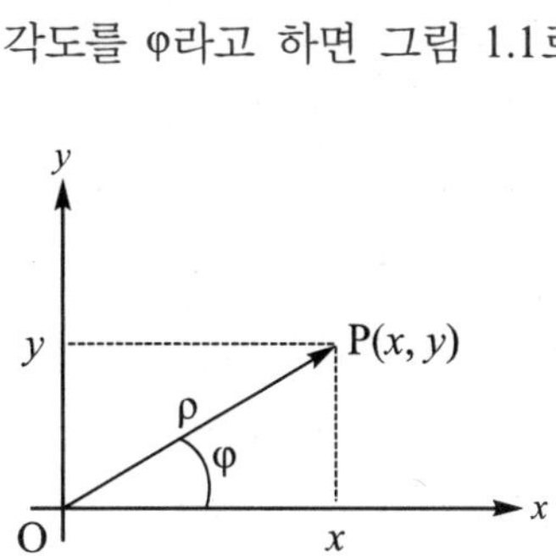

| 그림 1.1 |

$$x = \rho \cos\varphi,\ \ y = \rho \sin\varphi,\ \ \rho = \sqrt{x^2 + y^2}$$

이 되고 복소수 z를 다음과 같이 **극형식**으로 나타낼 수 있다.

$$z = x + iy = \rho(\cos\varphi + i \sin\varphi) \tag{1.1}$$

ρ는 z의 크기 $|z|$이고 편각 φ는 arg z로 줄여 쓰기도 한다.
두 복소수 z_1, z_2를 극형식으로 나타내면

$$z_1 = \rho_1(\cos\varphi_1 + i \sin\varphi_1),\ z_2 = \rho_2(\cos\varphi_2 + i \sin\varphi_2) \tag{1.2}$$

두 복소수의 곱하기와 나누기는

$$z_1 z_2 = \rho_1 \rho_2[\cos(\varphi_1 + \varphi_2) + i \sin(\varphi_1 + \varphi_2)] \tag{1.3}$$

$$\frac{z_1}{z_2} = \frac{\rho_1}{\rho_2}[\cos(\varphi_1 - \varphi_2) + i \sin(\varphi_1 - \varphi_2)] \tag{1.4}$$

n이 실수라면,

$$z^n = [\rho(\cos\varphi + i \sin\varphi)]^n = \rho^n(\cos n\varphi + i \sin n\varphi) \tag{1.5}$$

이것을 De Moivre **정리**라고 한다.
e^x, $\cos\varphi$, $\sin\varphi$에 대한 급수를 사용하면

$$e^{\pm ik\varphi} = \cos k\varphi \pm i \sin k\varphi \tag{1.6}$$

이 식을 Euler의 **공식**이라고 한다.

1.2 함수

두 변수 x와 y에 대하여 x의 값이 정해지면 이에 따라 y의 값이 정해질 때 y를 x의 **함수**라고 한다. 일반적으로는 집합의 원소들의 특별한 대응 관계로 규정하고 있다. 예를 들어 실수상에서 정의된 f를 함수라고 하고 x를 실수라고 할 때 x에 대응되는 실수 y를 $f(x)$로 나타낸다. 즉, $y = f(x)$. 여기서 x는 **독립 변수**, y는 **종속 변수**라고 한다. 주어진 함수 $f(x) = a_0x^n + a_1x^{n-1} + a_2x^{n-2} + a_3x^{n-3} + \cdots + a_n$에서 $n(a_0 \neq 0)$은 다항식의 차수라고 한다. 일반적으로 방정식 $f(x) = 0$의 경우에 n개

의 근을 갖는다. 특별히 다음과 같은 **이항 정리**에서 계수는 무질서한 운동의 통계적 확률과 관계가 있다.

$$(a+x)^n = x^n + \binom{n}{1}ax^{n-1} + \binom{n}{2}a^2x^{n-2} + \binom{n}{3}a^3x^{n-3} + \cdot\cdot\cdot\cdot + a^n$$
$$= \sum_{k=0}^{n}\binom{n}{k}a^{n-k}x^k \tag{1.7}$$

이항 정리 계수는 다음과 같이 주어지고

$$\binom{n}{k} = {}_nC_k = \frac{n!}{k!(n-k)!} \tag{1.8}$$

여기서 $n! = n(n-1)(n-2)(n-3)\cdot\cdot\cdot 1$이고 정의에 의하여 $0! = 1$이다.

$n = 2$이면

$$(a+x)^2 = x^2 + 2ax + a^2$$

$n = 3$이면

$$(a+x)^3 = x^3 + 3ax^2 + 3a^2x + a^3$$

$n = 4$이면

$$(a+x)^4 = x^4 + 4ax^3 + 6a^2x^2 + 4a^3x + a^4$$
$$\cdot\cdot\cdot$$

```
        1   1
      1   2   1
    1   3   3   1
  1   4   6   4   1
1   5   10  10  5   1
        ...
```

Pascal의 삼각형

^{1}H 핵자기 공명 스펙트럼에서 H 공명선 피크는 스핀-스핀 짝지음에 의해 인접한 H (또는 핵스핀 양자수 I = 1/2인 원자)의 수 n에 따라 갈라지며 피크의 수는 항의 수 $n+1$과 같고 세기 분포는 이항 정리의 계수, 즉 **Pascal의 삼각형**과 같다. 일반적으로 핵스핀 양자수 I인 n개의 원자핵에 의하여 갈라지는 피크 수는 $2n\text{I}+1$이다.

• 지수 함수

$$f(x) = a^x$$

여기서 $a = e = 2.7182818 \cdots$인 경우는 특별히 중요하다.

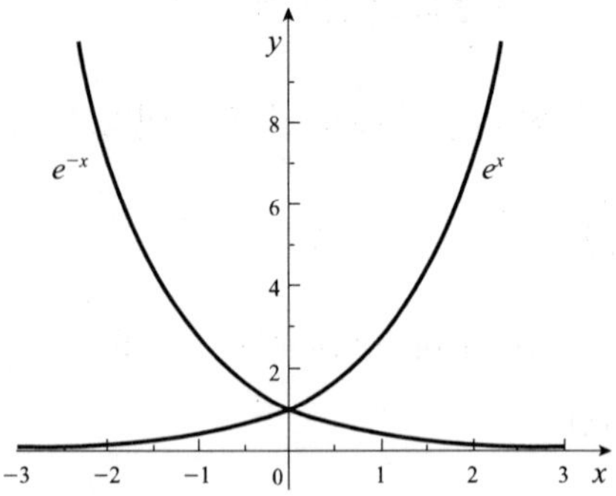

| 그림 1.2 |

• 로그 함수

$$f(x) = \log_a x$$

로그 함수는 지수 함수의 역이 되는 함수이다. 예를 들면 $y = a^x$라면 $x = \log_a y$이고 a는 밑(base)이라고 한다. x와 y를 서로 바꾸면 $y = \log_a x$가 된다. 특히, $a = e$이면 $y = \log_e x$를 x의 **자연 로그**라고 하고 $\ln x$로 쓴다. $a = 10$이면 $y = \log_{10} x$를 **상용 로그**라고 하고 통상 $\log x$로 쓴다. 자연 로그와 상용 로그의 관계는 근사하여 $\ln x = 2.303 \log x$이다. 로그의 밑과 관계없이 다음과 같은 규칙이 만족된다.

$$\ln(ab) = \ln a + \ln b,\ \ln\frac{a}{b} = \ln a - \ln b,\ \ln a^p = p\ln a$$

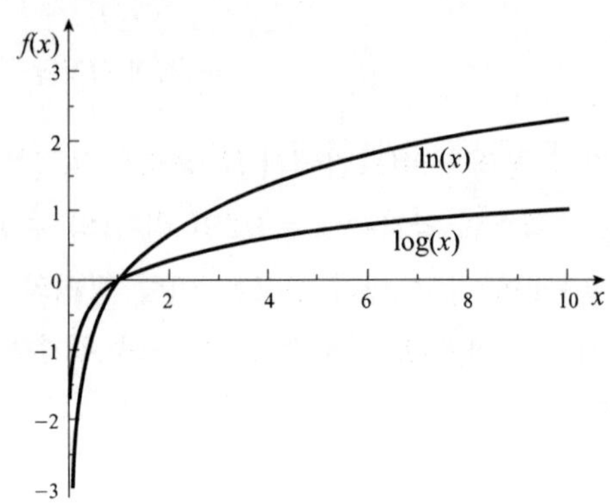

| 그림 1.3 |

• 삼각 함수

삼각 함수는 $\sin x$, $\cos x$, $\tan x$, $\cot x$, $\sec x$, $\csc x$이며 주기 함수이다. 이들 함수 사이의 관계는 다음과 같다.

1) $\sin x = \cos\left(\frac{\pi}{2} - x\right)$, $\cos x = \sin\left(\frac{\pi}{2} - x\right)$, $\tan x = \frac{\sin x}{\cos x}$, $\cot x = \frac{\cos x}{\sin x} = \frac{1}{\tan x}$,

   $\sec x = \frac{1}{\cos x}$, $\csc x = \frac{1}{\sin x}$

2) $\sin(-x) = -\sin x$, $\cos(-x) = \cos x$, $\tan x = -\tan x$, $\sin^2 x + \cos^2 x = 1$,

   $\sec^2 x - \tan^2 x = 1$, $\csc^2 x + \cot^2 x = 1$

3) $\sin(x \pm y) = \sin x \cos y \pm \cos x \sin y$, $\cos(x \pm y) = \cos x \cos y \mp \sin x \sin y$,

   $\tan(x \pm y) = \frac{\tan x \pm \tan y}{1 \mp \tan x \tan y}$

4) $A\cos x + B\sin x = \sqrt{A^2 + B^2}\sin(x + \alpha) = \sqrt{A^2 + B^2}\cos(x - \beta)$; $\tan\alpha = A/B$,

   $\tan\beta = B/A$

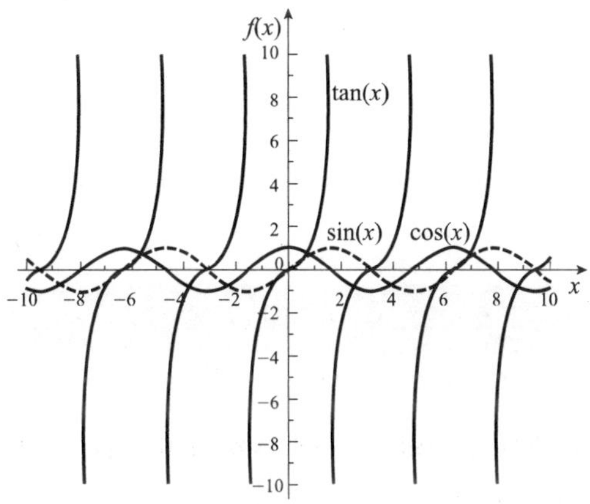

| 그림 1.4 |

• 역삼각 함수

역삼각 함수는 $\sin^{-1}x$, $\cos^{-1}x$, $\tan^{-1}x$, $\cot^{-1}x$, $\sec^{-1}x$, $\csc^{-1}x$이며 삼각 함수의 역이다. 예를 들면 $y = \sin x$에서 역함수는 $x = \sin^{-1}y$가 되며, x와 y를 서로 바꾸면 $y = \sin^{-1}x$이 된다.

• 쌍곡선 함수

쌍곡선 함수는 지수 함수로 다음과 같이 나타낸다.

1) $\sinh x = \frac{e^x - e^{-x}}{2}$, $\cosh x = \frac{e^x + e^{-x}}{2}$, $\tanh x = \frac{\sinh x}{\cosh x} = \frac{e^x - e^{-x}}{e^x + e^{-x}}$, $\coth x = \frac{\cosh x}{\sinh x}$

$= \frac{1}{\tanh x} = \frac{e^x + e^{-x}}{e^x - e^{-x}}$, $\mathrm{sech}x = \frac{1}{\cosh x} = \frac{2}{e^x + e^{-x}}$, $\mathrm{csch}x = \frac{1}{\sinh x} = \frac{2}{e^x - e^{-x}}$

2) $\cosh^2 x - \sinh^2 x = 1$, $\mathrm{sech}^2 x + \tanh^2 x = 1$, $\coth^2 x - \mathrm{csch}^2 x = 1$

3) $\sinh(x \pm y) = \sinh x \cosh y \pm \cosh x \sinh y$,

$\cosh(x \pm y) = \cosh x \cosh y \pm \sinh x \sinh y$, $\tanh(x \pm y) = \frac{\tanh x \pm \tanh y}{1 \pm \tanh x \tanh y}$

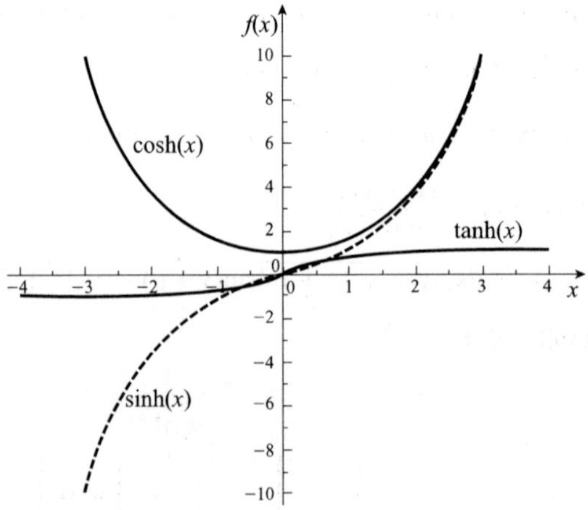

| 그림 1.5 |

1.3 극한

함수 $f(x)$에서 임의의 $\varepsilon > 0$에 대하여 $0 < |x - a| < \delta$일 때는 언제든지 $|f(x) - l| < \varepsilon$인 $\delta > 0$를 찾을 수 있다면 x가 a로 접근함에 따라 함수 $f(x)$는 극한값 l을 갖는다고 하며

$$\lim_{x \to a} f(x) = l \tag{1.9}$$

로 쓴다. $0 < |x - a| < \delta$는 $(x - a) > 0$이면 $0 < (x - a) < \delta$이고 $(x - a) < 0$이면 $-\delta < (x - a) < 0$이므로 $\lim_{x \to a} f(x) = l$을 두 가지 경우로 나누어 생각할 수 있다.

첫째,

$$0 < (x - a) < \delta \text{이면 } \lim_{x \to a+0} f(x) = l \tag{1.10}$$

로 나타내고 이것을 x가 a의 오른쪽에서 접근할 때의 극한값, 즉 오른쪽 극한이

라고 한다. 둘째,

$$-\delta < (x-a) < 0\text{이면 } \lim_{x\to a-0} f(x) = l \quad (1.11)$$

로 나타내고 이것을 x가 a의 왼쪽에서 접근할 때의 극한값, 즉 왼쪽 극한이라고 한다. 그러므로 극한이 존재하기 위해서는 오른쪽 극한과 왼쪽 극한이 같아야 하고 극한이 존재한다면 단 하나만 존재한다.

예제 1.1

$f(x) = 2x^2$에 대하여 $\lim_{x\to 2} f(x) = 8$임을 증명하시오.

풀이

임의의 $\delta > 0$에 대하여 $0 < |x-2| < \delta$일 때 $|f(x) - 8| < \varepsilon$인 $\varepsilon > 0$이 존재하는지를 보여 주면 된다.

$0 < |x-2| < 1$이 되도록 $\delta\,(\delta \le 1)$를 선택하면,

$$\begin{aligned} |2x^2 - 8| &= |2(x+2)(x-2)| = |2(x-2+4)(x-2)| \\ &\le 2|x-2|\{|x-2|+4\} < 2\delta\{\delta+4\} < 8\delta = \varepsilon \end{aligned}$$

즉, 작은 δ를 $\varepsilon/8$로 선택하면 그러면 $0 < |x-2| < \delta$일 때는 언제든지 $|2x^2 - 8| < \varepsilon$이 된다. 따라서 $\lim_{x\to 2} f(x) = 8$이다.

연습 문제 1.1

다음 $f(x)$에 대하여 $\lim_{x\to 2} f(x) = 3$임을 증명하시오.

$$f(x) = \begin{cases} x^2 - 1, & x = 2 \\ 0, & x \ne 2 \end{cases}$$

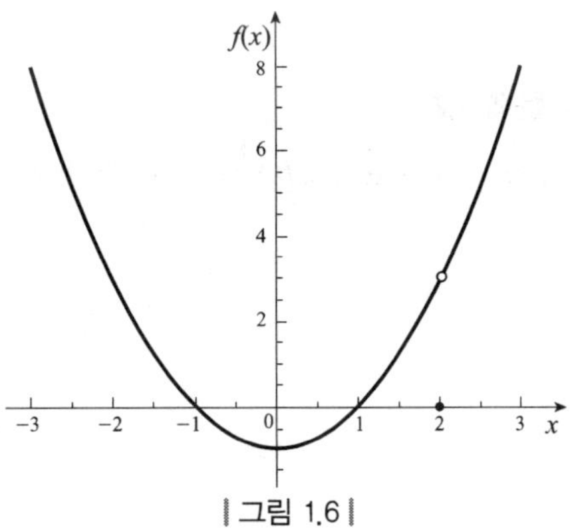

| 그림 1.6 |

$\lim_{x\to a} f_1(x) = l_1$, $\lim_{x\to a} f_2(x) = l_2$에 대하여 다음과 같은 규칙이 성립한다.

1) $\lim_{x\to a}[f_1(x) \pm f_2(x)] = \lim_{x\to a} f_1(x) \pm \lim_{x\to a} f_2(x) = l_1 \pm l_2$
2) $\lim_{x\to a}[f_1(x)f_2(x)] = [\lim_{x\to a} f_1(x)][\lim_{x\to a} f_2(x)] = l_1 l_2$
3) $\lim_{x\to a} \frac{f_1(x)}{f_2(x)} = \frac{\lim_{x\to a} f_1(x)}{\lim_{x\to a} f_2(x)} = \frac{l_1}{l_2};\ l_2 \neq 0$

예제 1.2

$\lim_{x\to a} f_1(x) = l_1$, $\lim_{x\to a} f_2(x) = l_2$이면 $\lim_{x\to a}[f_1(x) + f_2(x)] = l_1 + l_2$임을 증명하시오.

풀이

임의의 $\delta > 0$에 대하여 $0 < |x - a| < \delta$일 때 $|\{f_1(x) + f_2(x)\} - (l_1 + l_2)| < \varepsilon$인 $\varepsilon > 0$이 존재하는지를 보여 주면 된다.

$$\begin{aligned} &|\{f_1(x) + f_2(x)\} - (l_1 + l_2)| \\ &= |\{f_1(x) - l_1\} + \{f_2(x) - l_2\}| \le |f_1(x) - l_1| + |f_2(x) - l_2| \end{aligned}$$

$\lim_{x\to a} f_1(x) = l_1$이므로 주어진 $\varepsilon > 0$에 대하여 $0 < |x - a| < \delta_1$일 때 $|f_1(x) - l_1| < \varepsilon/2$인 $\delta_1 > 0$를 찾을 수 있다. 같은 논리로 주어진 $\varepsilon > 0$에 대하여 $0 < |x - a| < \delta_2$일 때 $|f_2(x) - l_2| < \varepsilon/2$인 $\delta_2 > 0$를 찾을 수 있다.
그러면 $\delta > 0$를 δ_1와 δ_2 중에서 작은 것으로 선택하면 $0 < |x - a| < \delta$일 때 $|\{f_1(x) + f_2(x)\} - (l_1 + l_2)| \le |f_1(x) - l_1| + |f_2(x) - l_2| = \varepsilon/2 + \varepsilon/2 = \varepsilon$인 작은 $\varepsilon > 0$를 찾을 수 있다. 그러므로

$$\lim_{x\to a}[f_1(x) + f_2(x)] = l_1 + l_2$$

연습 문제 1.2

$\lim_{x\to a} f_1(x) = l_1$, $\lim_{x\to a} f_2(x) = l_2$이면 $\lim_{x\to a}[f_1(x)f_2(x)] = l_1 l_2$임을 증명하시오.

예제 1.3

다음의 극한값을 구하시오.

(1) $\lim_{x\to1}\frac{x^2-1}{x-1}$

(2) $\lim_{x\to0}\frac{x}{\sqrt{x+1}-1}$

풀이

(1) $\lim_{x\to1}\frac{x^2-1}{x-1} = \lim_{x\to1}\frac{(x-1)(x+1)}{x-1} = \lim_{x\to1}(x+1) = 2$($x \neq 1$이므로 $x-1$은 약분할 수 있다.)

(2) $\lim_{x\to0}\frac{x}{\sqrt{x+1}-1} = \lim_{x\to0}\frac{x}{\sqrt{x+1}-1}\frac{\sqrt{x+1}+1}{\sqrt{x+1}+1} = \lim_{x\to0}\frac{x(\sqrt{x+1}+1)}{x+1-1}$

$= \lim_{x\to0}(\sqrt{x+1}+1) = 2$($x \neq 0$이므로 x는 약분할 수 있다.)

연습 문제 1.3

(1) $\lim_{x\to\infty}\frac{x^2-1}{x^2+1}$

(2) $\lim_{x\to\infty}(\sqrt{x^2+x+1}-\sqrt{x^2+2})$

답 (1) 1 (2) ½

정리 1.1

함수 $f(x)$, $g(x)$가 a를 포함하는 구간에서 미분가능하고 $f(a)=0$, $g(a)=0$ {또는 $\lim_{x\to a}f(x)=\infty$, $\lim_{x\to a}g(x)=\infty$}, $g'(x)\neq0$이면

$$\lim_{x\to a}\frac{f(x)}{g(x)} = \lim_{x\to a}\frac{f'(x)}{g'(x)} \tag{1.12}$$

이다. 이것을 L'Hôpital의 정리라고 하며, 여기서 $f'(x)$, $g'(x)$는 1.5절에서 논의되는 도함수이다.

예제 1.4

(1) $\lim_{x\to0}\frac{\sin x}{x}$를 구하시오.

(2) $\lim_{x\to0}\frac{\ln\sin x}{\ln x}$를 구하시오.

풀이

(1) $\lim_{x\to 0}\frac{\sin x}{x} = \lim_{x\to 0}\frac{\frac{d}{dx}\sin x}{\frac{d}{dx}x} = \lim_{x\to 0}\frac{\cos x}{1} = 1$

(2) $\lim_{x\to 0}\frac{\ln\sin x}{\ln x} = \lim_{x\to 0}\frac{\frac{\cos x}{\sin x}}{\frac{1}{x}} = \lim_{x\to 0}\frac{x\cos x}{\sin x} = 1$

연습 문제 1.4

(1) $\lim_{x\to\infty}\frac{\ln x}{x}$를 구하시오.

(2) $\lim_{x\to 0}\frac{x^n}{e^x}$를 구하시오.

(3) 예제 1.3의 문제를 L'Hôpital의 정리로 푸시오.

(4) $\lim_{x\to\infty}\frac{x^n}{e^x}$($n$은 정수)를 구하시오.

답 (1) 0 (2) 0 (4) 0

1.4 연속

함수 $f(x)$가 $x = a$에서 $\lim_{x\to a} f(x) = f(a)$이면 $f(x)$는 연속이라고 한다.

예제 1.5

다음 함수들이 $x = 2$에서 연속인지 아닌지를 판별하시오.

(1) $f(x) = 2x^2$

(2) $f(x) = \begin{cases} 2x^2 & x = 2 \\ 0 & x \neq 2 \end{cases}$

풀이

(1) $\lim_{x\to 2} f(x) = 8$이고 $f(2) = 8$이므로 $f(x) = 2x^2$는 $x = 2$에서 연속이다.

(2) 예제 1.1에서 구한 것처럼 $\lim_{x\to 2} f(x) = 8$이지만 $f(2) = 0$이므로 $f(x) = 2x^2$은 $x = 2$에서 연속이 아니다.

연습 문제 1.5

다음 각 함수의 연속성을 조사하시오.

(1) $f(x) = \frac{x^2-1}{x-1}$

(2) $f(x) = \frac{|x|}{x}$

(3) $f(x) = \begin{cases} x^2 - 1, & x = 2 \\ 0, & x \neq 2 \end{cases}$

답 (1) $x = 1$에서 불연속 (2) 연속 (3) $x = 2$에서 불연속

• **조각 연속**

함수 $f(x)$가 정의되는 구간은 각 부분 구간이 연속인 유한한 수의 부분 구간으로 나누어질 수 있고 x가 각 부분 구간의 끝점에 접근할 때 $f(x)$의 극한들이 유한하다면 함수 $f(x)$는 **조각 연속**이라고 한다. 다른 표현으로는 조각 연속 함수는 오직 유한한 수의 유한한 불연속을 갖는 함수라고 할 수 있다. 예를 들면 그림 1.6에 그려진 함수는 조각 연속이다. 조각 연속인 함수의 부류에는 모든 연속 함수가 포함된다고 할 수 있다.

1.5 도함수

함수 $y = f(x)$에 대하여 x가 한 점 a에서 다른 한 점 $a + h$로 변할 때 y의 값은 $f(a)$에서 $f(a + h)$로 변한다. 이때 x의 증가와 함수 y의 증가를 Δx, Δy로 나타내면

$$\Delta x = h, \quad \Delta y = f(a+h) - f(a)$$

만약, 극한값

$$\lim_{\Delta x \to 0} \frac{\Delta y}{\Delta x} = \lim_{h \to 0} \frac{f(a+h) - f(a)}{h} \tag{1.13}$$

이 존재하면 이것을 $f'(a)$로 쓰고 이것을 $x = a$에서 $f(x)$의 **미분계수**라고 한다. 그리고 a에서 미분계수가 존재할 때 $f(x)$는 $x = a$에서 **미분가능**이라고 한다. 이때 함수 $f(x)$의 미분계수는 다시 x의 함수가 된다. 이것을 $f(x)$의 **도함수**(derivative)

라고 한다. 도함수는 y', $f'(x)$, $\frac{dy}{dx}$, $\frac{d}{dx}y$, $\frac{d}{dx}f(x)$, $Df(x)$ 등을 사용하여 나타내고 여기서 D는 **미분 연산자**이다. 도함수 $f'(x)$를 구하는 것은 $f(x)$를 x에 관하여 **미분**(differentiation)한다고 한다. 미분을 두 번, 세 번, 또는 그 이상 (n계 미분) 할 수 있고 $y'' = f''(x)$, $y''' = f'''(x)$, $\cdots$, $y^{(n)} = f^{(n)}(x)$ 등으로 쓴다. x가 Δx만큼 변할 때 함수 $y = f(x)$의 변화를 **미분**(differential)이라 하고 미분은 $dy = f'(x)dx$로 나타낸다.

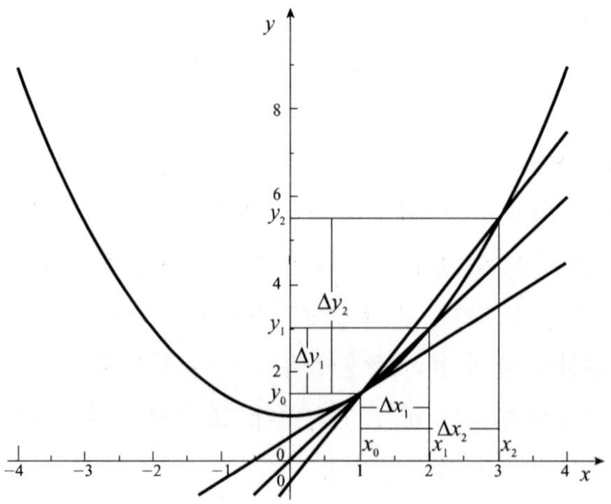

| 그림 1.7 |

그림 1.7에서 보는 것처럼 x의 증가와 함수 y의 증가를 각각 $\Delta x_1 = x_1 - x_0$, $\Delta y_1 = y_1 - y_0$, $\Delta x_2 = x_2 - x_0$, $\Delta y_2 = y_2 - y_0$ 등으로 나타내면 $(x_0 = 1,\ y_0 = 1.5)$, $(x_2 = 3,\ y_2 = 5.5)$를 지나는 직선은

$$y = \frac{y_2 - y_0}{x_2 - x_0}x + \frac{x_2 y_0 - x_0 y_2}{x_2 - x_0} = \frac{\Delta y_2}{\Delta x_2}x + \frac{x_2 y_0 - x_0 y_2}{x_2 - x_0} = 2x - 0.5$$

$(x_0 = 1,\ y_0 = 1.5)$, $(x_1 = 2,\ y_1 = 3)$을 지나는 직선은

$$y = \frac{y_1 - y_0}{x_1 - x_0}x + \frac{x_1 y_0 - x_0 y_1}{x_1 - x_0} = \frac{\Delta y_1}{\Delta x_1}x + \frac{x_1 y_0 - x_0 y_1}{x_1 - x_0} = 1.5x$$

따라서 x를 x_2에서 x_1으로 감소시켜 작게 만들면 직선의 기울기 $\frac{\Delta y}{\Delta x}$가 2에서 1.5로 작아지고 x_1을 점점 x_0로 가까이 접근시키면 두 점 (x_0, y_0), (x_1, y_1)을 지나는 직선은 접선인 $y = x + 0.5$로 접근하고 기울기는 $\frac{\Delta y_1}{\Delta x_1} = \frac{\Delta y}{\Delta x} = 1$로 접근한다. 즉, 기하학적으로 한 점에서 $f(x)$의 도함수 $f'(x)$는 그 점에서 곡선 $y = f(x)$의 접선의 기울기를 의미한다.

• 미분 공식

다음 도함수의 성질에서 x의 함수 u, v가 미분가능하며 a, c, p는 상수이다. $u = x$인 특별한 경우에는 $du/dx = 1$이 되어 공식들이 단순하게 된다.

1) $\frac{d}{dx}(u \pm v) = \frac{du}{dx} \pm \frac{dv}{dx}$

2) $\frac{d}{dx}(cu) = c\frac{du}{dx}$

3) $\frac{d}{dx}(uv) = u\frac{dv}{dx} + v\frac{du}{dx}$

4) $\frac{d}{dx}\left(\frac{u}{v}\right) = \frac{vdu/dx - udv/dx}{v^2}$

5) $\frac{d}{dx}u^p = pu^{p-1}\frac{du}{dx}$

6) $\frac{d}{dx}a^u = a^u \ln a \frac{du}{dx}$

7) $\frac{d}{dx}e^u = e^u\frac{du}{dx}$

8) $\frac{d}{dx}\ln u = \frac{1}{u}\frac{du}{dx}$

9) $\frac{d}{dx}\sin u = \cos u\frac{du}{dx}$

10) $\frac{d}{dx}\cos u = -\sin u\frac{du}{dx}$

11) $\frac{d}{dx}\tan u = \sec^2 u\frac{du}{dx}$

12) $\frac{d}{dx}\cot u = -\csc^2 u\frac{du}{dx}$

13) $\frac{d}{dx}\sec u = -\sec u \tan u\frac{du}{dx}$

14) $\frac{d}{dx}\csc u = -\csc u \cot u\frac{du}{dx}$

15) $\frac{d}{dx}\sin^{-1}u = \frac{1}{\sqrt{1-u^2}}\frac{du}{dx}$

16) $\frac{d}{dx}\cos^{-1}u = \frac{-1}{\sqrt{1-u^2}}\frac{du}{dx}$

17) $\frac{d}{dx}\tan^{-1}u = \frac{1}{1+u^2}\frac{du}{dx}$

18) $\frac{d}{dx}\cot^{-1}u = \frac{-1}{1+u^2}\frac{du}{dx}$

19) $\frac{d}{dx}\sinh u = \cosh u\frac{du}{dx}$

20) $\frac{d}{dx}\cosh u = \sinh u\frac{du}{dx}$

예제 1.6

x의 함수 u, v가 미분가능할 때 다음을 증명하시오.

(1) $\frac{d}{dx}(u+v) = \frac{du}{dx} + \frac{dv}{dx}$

(2) $\frac{d}{dx}(uv) = u\frac{dv}{dx} + v\frac{du}{dx}$

풀이

(1) $$\frac{d}{dx}(u+v) = \lim_{h\to 0}\frac{u(x+h)+v(x+h)-\{u(x)+v(x)\}}{h}$$

$$= \lim_{h\to 0}\frac{u(x+h)-u(x)}{h} + \lim_{h\to 0}\frac{v(x+h)-v(x)}{h}$$

$$= \lim_{\Delta x\to 0}\frac{\Delta u}{\Delta x} + \lim_{\Delta x\to 0}\frac{\Delta v}{\Delta x}$$

$$= \frac{du}{dx} + \frac{dv}{dx}$$

(2) $\frac{d}{dx}(uv) = \lim_{h\to 0}\frac{u(x+h)v(x+h)-\{u(x)v(x)\}}{h}$

$= \lim_{\Delta x\to 0}\frac{(u+\Delta u)(v+\Delta v)-uv}{\Delta x}$

$= \lim_{\Delta x\to 0}\frac{uv+u\Delta v+v\Delta u+\Delta u\Delta v-uv}{\Delta x}$

$= \lim_{\Delta x\to 0}\frac{u\Delta v+v\Delta u+\Delta u\Delta v}{\Delta x}$

$= \lim_{\Delta x\to 0}\frac{u\Delta v}{\Delta x} + \lim_{\Delta x\to 0}\frac{v\Delta u}{\Delta x} + \lim_{\Delta x\to 0}\frac{\Delta u\Delta v}{\Delta x}$

$= \lim_{\Delta x\to 0}\frac{u\Delta v}{\Delta x} + \lim_{\Delta x\to 0}\frac{v\Delta u}{\Delta x} + \lim_{\Delta x\to 0}\Delta u\frac{dv}{dx}$

$= u\frac{dv}{dx} + v\frac{du}{dx}$

연습 문제 1.6

x의 함수 u, v가 미분가능할 때 다음을 증명하시오.

(1) $\frac{d}{dx}u^p = pu^{p-1}\frac{du}{dx}$

(2) $\frac{d}{dx}\sin u = \cos u\frac{du}{dx}$

(3) $\frac{d}{dx}\cos u = -\sin u\frac{du}{dx}$

예제 1.7

다음 함수들의 도함수를 구하시오.

(1) $\sqrt{\sin^2 x + 2x}$

(2) $\ln(\sin x)$

(3) $\cos(x^2+1)$

(4) $\frac{\sin x}{\cos x+1}$

(5) a^x

풀이

(1) $\frac{d}{dx}\sqrt{\sin^2 x + 2x}$

$= \frac{d}{dx}(\sin^2 x + 2x)^{1/2} = \frac{1}{2}(\sin^2 x + 2x)^{-1/2}\frac{d}{dx}(\sin^2 x + 2x)$

$= \frac{1}{2}(\sin^2 x + 2x)^{-1/2}(2\sin x\frac{d}{dx}\sin x + 2) = \frac{1}{2}(\sin^2 x + 2x)^{-1/2}(2\sin x\cos x + 2)$

$= \frac{\sin x\cos x+1}{\sqrt{\sin^2 x+2x}}$

(2) $\frac{d}{dx}\ln(\sin x) = \frac{1}{\sin x}\frac{d}{dx}\sin x = \frac{\cos x}{\sin x} = \cot x$

(3) $\frac{d}{dx}\cos(x^2+1) = -\sin(x^2+1)\frac{d}{dx}(x^2+1) = -2x\sin(x^2+1)$

(4) $\frac{d}{dx}\frac{\sin x}{\cos x+1} = \frac{d}{dx}\sin x(\cos x+1)^{-1}$

$= \cos x(\cos x+1)^{-1} + \sin x(-1)(\cos x+1)^{-2}\frac{d}{dx}(\cos x+1)$

$= \cos x(\cos x+1)^{-1} + \sin x(-1)(\cos x+1)^{-2}(-\sin x)$

$= \frac{\cos x(\cos x+1)+\sin^2 x}{(\cos x+1)^2} = \frac{1}{\cos x+1}$

(5) $y = a^x$의 양변에 log를 취하고 $\log y = x\log a$를 미분하면

$\frac{d}{dx}\log y = \frac{d}{dx}x\log a$

$\frac{1}{y}\frac{d}{dx}y = \log a$

$\frac{dy}{dx} = y\log a = a^x\log a$

연습 문제 1.7

다음 함수들의 도함수를 구하시오.

(1) $\sqrt{\sin x + \ln x}$

(2) $\sqrt{\frac{x-1}{x+1}}$

(3) $\cos^2(1-x^2)$

(4) $\frac{e^x\cos x}{\sin x+1}$

(5) $e^{\ln x/x}$

답 (1) $\frac{x\cos x+1}{2x\sqrt{\sin x+\ln x}}$ (2) $\frac{1}{(x+1)\sqrt{x^2-1}}$ (3) $-2x\sin\{2(1-x^2)\}$

(4) $\frac{e^x(\cos x-1)}{\sin x+1}$ (5) $\frac{1-\ln x}{x^2}e^{\ln x/x}$

- **편도함수**

다음의 극한이 존재한다면 변수가 두 개인 함수 $f(x, y)$의 **편도함수**는 다음과 같이 정의된다.

$$\frac{\partial f}{\partial x} = \left(\frac{\partial f}{\partial x}\right)_y = \lim_{h\to 0}\frac{f(x+h,y)-f(x,y)}{h} \tag{1.14a}$$

$$\frac{\partial f}{\partial y} = \left(\frac{\partial f}{\partial y}\right)_x = \lim_{k\to 0}\frac{f(x,y+k)-f(x,y)}{k} \tag{1.14b}$$

$h = \Delta x$, $k = \Delta y$이고 $\partial f/\partial x$는 y를 일정하게 유지하면서 f를 x에 관하여 미분하는 것과 같고, $\partial f/\partial y$는 x를 상수 취급하면서 f를 y에 관하여 미분하는 것과 같다. 여기서 ∂는 '델'로 읽는데 이는 각각의 편도함수가 단지 도함수의 일부임을 말하기 위해 d 대신 사용되었다. $\frac{\partial f}{\partial x}$와 $\frac{\partial f}{\partial y}$를 각각 f_x와 f_y로 쓰기도 한다. 함수 $f(x, y)$의 **전미분**(total differential)은 편도함수를 사용하면 각각 다음과 같이 얻을 수 있다.

$$\begin{aligned}\Delta f &= f(x+\Delta x,\ y+\Delta y) - f(x,\ y)\\ &= f(x+\Delta x,\ y+\Delta y) - f(x,\ y+\Delta y) + f(x,\ y+\Delta y) - f(x,\ y)\\ &= \frac{f(x+\Delta x,y+\Delta y)-f(x,y+\Delta y)}{\Delta x}\Delta x + \frac{f(x,y+\Delta y)-f(x,y)}{\Delta y}\Delta y\end{aligned}$$

$\Delta x \to 0$, $\Delta y \to 0$이면

$$\begin{aligned}\Delta f = &\lim_{\Delta x\to 0}\frac{f(x+\Delta x,y+\Delta y)-f(x,y+\Delta y)}{\Delta x}\Delta x\\ &+ \lim_{\Delta y\to 0}\frac{f(x,y+\Delta y)-f(x,y)}{\Delta y}\Delta y\end{aligned}$$

$$\Delta f \to df,\ \Delta x \to dx,\ \Delta y \to dy,$$

그러면

$$df = \left(\frac{\partial f}{\partial x}\right)_y dx + \left(\frac{\partial f}{\partial y}\right)_x dy \tag{1.15}$$

유사한 방법으로 $f(x, y, z)$의 전미분은

$$df = \left(\frac{\partial f}{\partial x}\right)_{y,z} dx + \left(\frac{\partial f}{\partial y}\right)_{x,z} dy + \left(\frac{\partial f}{\partial z}\right)_{x,y} dz \tag{1.16}$$

도함수처럼 편도함수도 계속하여 여러 번 더 취할 수 있는데 한 번 더 취하면 다음 편도함수들을 얻게 된다.

$$f_{xx} = \frac{\partial}{\partial x}\left(\frac{\partial f}{\partial x}\right) = \frac{\partial}{\partial x}f_x = \frac{\partial^2 f}{\partial x^2},\ f_{xy} = \frac{\partial}{\partial y}\left(\frac{\partial f}{\partial x}\right) = \frac{\partial}{\partial y}f_x = \frac{\partial^2 f}{\partial y\partial x} \tag{1.17a}$$

$$f_{yx} = \frac{\partial}{\partial x}\left(\frac{\partial f}{\partial y}\right) = \frac{\partial}{\partial x}f_y = \frac{\partial^2 f}{\partial x \partial y}, f_{yy} = \frac{\partial}{\partial y}\left(\frac{\partial f}{\partial y}\right) = \frac{\partial}{\partial y}f_y = \frac{\partial^2 f}{\partial y^2} \tag{1.17b}$$

여러 x와 y의 함수들을 편미분해 보면 $\frac{\partial}{\partial y}\left(\frac{\partial f}{\partial x}\right) = \frac{\partial}{\partial x}\left(\frac{\partial f}{\partial y}\right)$임을 알 수 있다. 보통 많은 응용문제에서 나타나는 이차 도함수 $\frac{\partial}{\partial y}\left(\frac{\partial f}{\partial x}\right)$와 $\frac{\partial}{\partial x}\left(\frac{\partial f}{\partial y}\right)$가 연속인 경우 이 등식 관계가 성립하지만 항상 맞는 공식은 아니다.

보기

$f(x, y) = 2x^2 + 5xy - 3y^2$이면 $f_x = 4x + 5y$, $f_y = 5x - 6y$, $f_{xx} = 4$, $f_{yy} = -6$, $f_{xy} = 5$, $f_{yx} = 5$

예제 1.8

함수 $z = \sin\frac{x}{y}$에 대하여 $\frac{\partial}{\partial y}\left(\frac{\partial z}{\partial x}\right)$와 $\frac{\partial}{\partial x}\left(\frac{\partial z}{\partial y}\right)$을 계산하여 $\frac{\partial}{\partial y}\left(\frac{\partial z}{\partial x}\right) = \frac{\partial}{\partial x}\left(\frac{\partial z}{\partial y}\right)$가 만족함을 보이시오.

풀이

$$\frac{\partial}{\partial y}\left(\frac{\partial z}{\partial x}\right) = \frac{\partial}{\partial y}\left(\frac{\partial}{\partial x}\sin\frac{x}{y}\right) = \frac{\partial}{\partial y}\left(\frac{1}{y}\cos\frac{x}{y}\right) = -\frac{1}{y^2}\cos\frac{x}{y} + \frac{1}{y}(-1)\frac{-x}{y^2}\sin\frac{x}{y}$$

$$= \frac{1}{y^3}\left(x\sin\frac{x}{y} - y\cos\frac{x}{y}\right)$$

$$\frac{\partial}{\partial x}\left(\frac{\partial z}{\partial y}\right) = \frac{\partial}{\partial x}\left(\frac{\partial}{\partial y}\sin\frac{x}{y}\right) = \frac{\partial}{\partial x}\left(-\frac{x}{y^2}\cos\frac{x}{y}\right) = -\frac{1}{y^2}\cos\frac{x}{y} + \left(-\frac{x}{y^2}\right)(-1)\frac{1}{y}\sin\frac{x}{y}$$

$$= \frac{1}{y^3}\left(x\sin\frac{x}{y} - y\cos\frac{x}{y}\right)$$

그러므로

$$\frac{\partial}{\partial y}\left(\frac{\partial z}{\partial x}\right) = \frac{\partial}{\partial x}\left(\frac{\partial z}{\partial y}\right) = \frac{1}{y^3}\left(x\sin\frac{x}{y} - y\cos\frac{x}{y}\right)$$

연습 문제 1.8

이상 기체에 대하여 $\frac{\partial}{\partial V}\left(\frac{\partial P}{\partial T}\right)$와 $\frac{\partial}{\partial T}\left(\frac{\partial P}{\partial V}\right)$을 계산하여 $\frac{\partial}{\partial V}\left(\frac{\partial P}{\partial T}\right) = \frac{\partial}{\partial T}\left(\frac{\partial P}{\partial V}\right)$가 만족함을 보이시오.

답 $\frac{\partial}{\partial V}\left(\frac{\partial P}{\partial T}\right) = \frac{\partial}{\partial T}\left(\frac{\partial P}{\partial V}\right) = -\frac{nR}{V^2}$

• **연쇄법칙**

함수 $x = x(t)$, $y = y(t)$, $z = f(x, y)$에 대해서 x, y가 변수 t의 미분가능한 함수이고 $f(x, y)$가 점 $(x(t), y(t))$에서 미분가능하면 z의 전미분은

$$df = \left(\frac{\partial f}{\partial x}\right)_y dx + \left(\frac{\partial f}{\partial y}\right)_x dy$$

t에 대하여 $df\,(=dz)$를 미분하면

$$\frac{dz}{dt} = \frac{\partial z}{\partial x}\frac{dx}{dt} + \frac{\partial z}{\partial y}\frac{dy}{dt} \tag{1.18}$$

함수 $x = x(u, v)$, $y = y(u, v)$, $z = f(x, y)$에 대해서 x, y가 점 (u, v)에서 편도함수를 가지고 $f(x, y)$가 점 $(x(u, v), y(u, v))$에서 미분가능하면

$$\frac{\partial z}{\partial u} = \frac{\partial z}{\partial x}\frac{\partial x}{\partial u} + \frac{\partial z}{\partial y}\frac{\partial y}{\partial u} \tag{1.19a}$$

$$\frac{\partial z}{\partial v} = \frac{\partial z}{\partial x}\frac{\partial x}{\partial v} + \frac{\partial z}{\partial y}\frac{\partial y}{\partial v} \tag{1.19b}$$

증명

함수 $x(u, v)$, $y(u, v)$, $f(x, y)$의 전미분은 다음과 같다.

$$df = \left(\frac{\partial f}{\partial x}\right)_y dx + \left(\frac{\partial f}{\partial y}\right)_x dy$$

$$dx = \left(\frac{\partial x}{\partial u}\right)_v du + \left(\frac{\partial x}{\partial v}\right)_u dv$$

$$dy = \left(\frac{\partial y}{\partial u}\right)_v du + \left(\frac{\partial y}{\partial v}\right)_u dv$$

dx와 dy를 df에 대입하면

$$\begin{aligned} df &= \left(\frac{\partial f}{\partial x}\right)_y \left\{\left(\frac{\partial x}{\partial u}\right)_v du + \left(\frac{\partial x}{\partial v}\right)_u dv\right\} + \left(\frac{\partial f}{\partial y}\right)_x \left\{\left(\frac{\partial y}{\partial u}\right)_v du + \left(\frac{\partial y}{\partial v}\right)_u dv\right\} \\ &= \left\{\left(\frac{\partial f}{\partial x}\right)_y \left(\frac{\partial x}{\partial u}\right)_v + \left(\frac{\partial f}{\partial y}\right)_x \left(\frac{\partial y}{\partial u}\right)_v\right\} du + \left\{\left(\frac{\partial f}{\partial x}\right)_y \left(\frac{\partial x}{\partial v}\right)_u + \left(\frac{\partial f}{\partial y}\right)_x \left(\frac{\partial y}{\partial v}\right)_u\right\} dv \end{aligned}$$

v를 일정하게 유지$(dv = 0)$하면서 df, 즉 dz를 u에 대하여 미분하면

$$\left(\frac{\partial z}{\partial u}\right)_v = \left(\frac{\partial f}{\partial x}\right)_y \left(\frac{\partial x}{\partial u}\right)_v + \left(\frac{\partial f}{\partial y}\right)_x \left(\frac{\partial y}{\partial u}\right)_v$$

같은 방법으로 u를 일정하게 유지$(du = 0)$하면서 df, 즉 dz를 v에 대하여 미분하면

$$\left(\frac{\partial z}{\partial v}\right)_u = \left(\frac{\partial f}{\partial x}\right)_y \left(\frac{\partial x}{\partial v}\right)_u + \left(\frac{\partial f}{\partial y}\right)_x \left(\frac{\partial y}{\partial v}\right)_u$$

따라서 식 (1.19)가 성립함을 보여 준다.

함수 $f(x, y, z) = 0$에서 전미분은 식 (1.16)처럼 다음과 같다.

$$df = \left(\frac{\partial f}{\partial x}\right)_{y,z} dx + \left(\frac{\partial f}{\partial y}\right)_{x,z} dy + \left(\frac{\partial f}{\partial z}\right)_{x,y} dz$$

여기서 z를 일정하게 두고 양변을 y로 편미분하면 다음 식을 얻는다.

$$df = 0 = \left(\frac{\partial f}{\partial x}\right)_{y,z}\left(\frac{\partial x}{\partial y}\right)_z + \left(\frac{\partial f}{\partial y}\right)_{x,z}\left(\frac{\partial y}{\partial y}\right)_z = \left(\frac{\partial f}{\partial x}\right)_{y,z}\left(\frac{\partial x}{\partial y}\right)_z + \left(\frac{\partial f}{\partial y}\right)_{x,z} \text{ 또는}$$

$$\left(\frac{\partial x}{\partial y}\right)_z = -\frac{\left(\frac{\partial f}{\partial y}\right)_{x,z}}{\left(\frac{\partial f}{\partial x}\right)_{y,z}}$$

같은 방법으로 x로 편미분하면

$$\left(\frac{\partial y}{\partial x}\right)_z = -\frac{\left(\frac{\partial f}{\partial x}\right)_{y,z}}{\left(\frac{\partial f}{\partial y}\right)_{x,z}}$$

두 식을 곱하면 다음 관계식을 얻는다.

$$\left(\frac{\partial x}{\partial y}\right)_z\left(\frac{\partial y}{\partial x}\right)_z = -\frac{\left(\frac{\partial f}{\partial y}\right)_{x,z}}{\left(\frac{\partial f}{\partial x}\right)_{y,z}}\left(-\frac{\left(\frac{\partial f}{\partial x}\right)_{y,z}}{\left(\frac{\partial f}{\partial y}\right)_{x,z}}\right) = 1 \text{ 또는 } \left(\frac{\partial x}{\partial y}\right)_z = \frac{1}{\left(\frac{\partial y}{\partial x}\right)_z} \tag{1.20}$$

이를 **역상등**(reciprocal identity)이라고 한다. 같은 방법으로 y를 일정($dy = 0$)하게 두고 df를 z로 편미분하여 정리하면 다음 식을 얻는다.

$$\left(\frac{\partial x}{\partial z}\right)_y = -\frac{\left(\frac{\partial f}{\partial z}\right)_{x,y}}{\left(\frac{\partial f}{\partial x}\right)_{y,z}}$$

위에서 구한 $\left(\frac{\partial x}{\partial y}\right)_z$의 우변 항에 위에서 얻은 $\left(\frac{\partial f}{\partial x}\right)_{y,z} = -\left(\frac{\partial y}{\partial x}\right)_z\left(\frac{\partial f}{\partial y}\right)_{x,z}$, $\left(\frac{\partial f}{\partial x}\right)_{y,z} = -\left(\frac{\partial y}{\partial x}\right)_z\left(\frac{\partial f}{\partial y}\right)_{x,z}$를 대입하고 정리한 후 역상등을 사용하면

$$\frac{\left(\frac{\partial z}{\partial x}\right)_y\left(\frac{\partial x}{\partial y}\right)_z}{\left(\frac{\partial z}{\partial y}\right)_x} = -1 \text{ 또는 } \left(\frac{\partial x}{\partial y}\right)_z\left(\frac{\partial y}{\partial z}\right)_x\left(\frac{\partial z}{\partial x}\right)_y = -1 \tag{1.21}$$

이를 Euler의 연쇄법칙(chain rule)이라고 한다.

예제 1.9

(1) 함수 $z = \sin\frac{x}{y}$에 대하여 $\left(\frac{\partial z}{\partial x}\right)_y$와 $\left(\frac{\partial x}{\partial z}\right)_y$을 계산하여 역상등이 만족함을 보이시오.

(2) 엔탈피는 $H = U + pV$이다. 연쇄법칙을 이용하여 $\left(\frac{\partial H}{\partial p}\right)_T = -\mu C_p$임을 나타내시오.

풀이

(1) $\left(\frac{\partial z}{\partial x}\right)_y = \left(\frac{\partial}{\partial x}\sin\frac{x}{y}\right)_y = \frac{1}{y}\cos\frac{x}{y}$

z로부터 $x = y\sin^{-1}z$

$\left(\frac{\partial x}{\partial z}\right)_y = \left(\frac{\partial}{\partial z}y\sin^{-1}z\right)_y = y\frac{1}{\sqrt{1-z^2}} = y\frac{1}{\sqrt{1-\sin^2\frac{x}{y}}} = y\frac{1}{\cos\frac{x}{y}}$

그러면

$\frac{1}{\left(\frac{\partial x}{\partial z}\right)_y} = \frac{1}{y\frac{1}{\cos\frac{x}{y}}} = \frac{1}{y}\cos\frac{x}{y}$

따라서

$\left(\frac{\partial z}{\partial x}\right)_y = \frac{1}{\left(\frac{\partial x}{\partial z}\right)_y} = \frac{1}{y}\cos\frac{x}{y}$

(2) $dH = \left(\frac{\partial H}{\partial p}\right)_T dp + \left(\frac{\partial H}{\partial T}\right)_p dT = \left(\frac{\partial H}{\partial p}\right)_T dp + C_p dT$

$\left(\frac{\partial H}{\partial p}\right)_T\left(\frac{\partial p}{\partial T}\right)_H\left(\frac{\partial T}{\partial H}\right)_p = -1$

역상등을 이용하면

$\left(\frac{\partial H}{\partial p}\right)_T = -\left(\frac{\partial T}{\partial p}\right)_H\left(\frac{\partial H}{\partial T}\right)_p = -\left(\frac{\partial T}{\partial p}\right)_H C_p$

Joule-Thompson 계수 $\mu = \left(\frac{\partial T}{\partial p}\right)_H$를 사용하면

$\left(\frac{\partial H}{\partial p}\right)_T = -\left(\frac{\partial T}{\partial p}\right)_H C_p = -\mu C_p$

연습 문제 1.9

(1) 이상 기체에 대하여 $\left(\frac{\partial P}{\partial V}\right)_{n,T}$와 $\left(\frac{\partial V}{\partial P}\right)_{n,T}$을 계산하여 역상등이 만족함을 보이시오.

(2) 열역학에서 온도가 1도 증가할 때 단위 부피당 부피 변화인 열팽창 계수 α와 압력이 1기압 증가할 때 단위 부피당 부피 변화인 등온 압축률 β는 다음과 같이 주어진다.

$$\alpha = \frac{1}{V}\left(\frac{\partial V}{\partial T}\right)_P, \quad \beta = -\frac{1}{V}\left(\frac{\partial V}{\partial P}\right)_T$$

연쇄법칙을 이용하여 $\left(\frac{\partial P}{\partial T}\right)_V = \frac{\alpha}{\beta}$임을 보이시오.

답 (1) $\left(\frac{\partial P}{\partial V}\right)_{n,T} = \frac{1}{\left(\frac{\partial V}{\partial P}\right)_{n,T}} = -\frac{nRT}{V^2}$

예제 1.10

거꾸로 된 수직 원뿔의 높이가 y이고 윗면의 반지름이 x이다. 여기에 물을 채운다면 부피의 변화율은 어떻게 주어지는가?

풀이

$$V = \frac{1}{3}\pi x^2 y$$

연쇄법칙을 이용하면

$$\frac{dV}{dt} = \frac{\partial V}{\partial x}\frac{dx}{dt} + \frac{\partial V}{\partial y}\frac{dy}{dt} = \frac{1}{3}\pi\left(xy\frac{dx}{dt} + x^2\frac{dy}{dt}\right)$$

연습 문제 1.10

$U(x, y)$는 두 번 미분가능한 x, y의 함수이다. $x = r\cos\varphi$, $y = r\sin\varphi$라면 다음 관계식이 성립함을 증명하시오.

$$\frac{\partial^2 U}{\partial x^2} + \frac{\partial^2 U}{\partial y^2} = \frac{\partial^2 U}{\partial r^2} + \frac{1}{r}\frac{\partial U}{\partial r} + \frac{1}{r^2}\frac{\partial^2 U}{\partial \varphi^2}$$

• 음함수 미분법

$f(x, y)$ = c (c는 상수)의 형태로 쓰인 함수를 음함수(implicit function)라고 한다. 경우에 따라 이런 형태의 함수는 y를 x에 관해 푸는 것이 불가능할 수도 있다. 그러나 연쇄법칙에 따라 미분하면 y를 x에 관해 나타내지 않고도 y'을 구할 수 있다. 이 방법을 음함수의 미분법이라고 한다.

$$df = \left(\frac{\partial f}{\partial x}\right)_y dx + \left(\frac{\partial f}{\partial y}\right)_x dy$$

x에 관해 df를 미분하면

$$\frac{\partial f}{\partial x} = \frac{\partial c}{\partial x} = 0 = \left(\frac{\partial f}{\partial x}\right)_y + \left(\frac{\partial f}{\partial y}\right)_x \frac{dy}{dx}$$

정리하면

$$\frac{dy}{dx} = -\frac{\left(\frac{\partial f}{\partial x}\right)_y}{\left(\frac{\partial f}{\partial y}\right)_x} = -\frac{f_x}{f_y} \ (f_y \neq 0) \tag{1.22}$$

예를 들면 착물의 조성을 구하는 Job법에서 리간드와 금속 이온 용액의 농도가 a M이고 금속 용액의 부피 $(1 - x)$ L (V_M)와 리간드 용액의 부피 x L ($V_L = x$ L, $0 \leq x \leq 1$)를 섞어 전체 용액의 부피가 1 L(계산의 편의상 $V = V_M + V_L = 1$ L로 하였으나 1 mL로 실험하기도 함)가 되도록 한 후 평형에서 착물 ML_n이 y mol 생기면 평형에서 금속 용액의 농도는 $a(1 - x) - y$ M이 되고 리간드 용액의 농도는 $ax - ny$ M이 된다. 착물이 생성되는 반응과 그 반응의 총괄 안정도 (생성) 상수 β_n은 다음과 같다.

$$M + nL \rightleftharpoons ML_n$$

$$\beta_n = \frac{[ML_n]}{[M][L]^n}$$

$$= \frac{y}{\{a(1-x)-y\}(ax-ny)^n}$$

착물의 조성, 즉 n의 결정은 x의 변화에 따라 y가 최대가 되는 조건에서 결정된다(다음 절 극대와 극소 참고). 즉, $\frac{dy}{dx} = 0$인 조건이다. 이 평형 상수 식은 y에 관하여 풀기가 어렵다. 따라서 음함수의 미분을 사용하기 위하여 정리하면

$$\beta_n(a - ax - y)(ax - ny)^n - y = 0$$

음함수의 미분을 하면

$$\beta_n\left\{\left(-a - \frac{dy}{dx}\right)(ax - ny)^n + (a - ax - y)n(ax - ny)^{n-1}\left(a - n\frac{dy}{dx}\right)\right\} - \frac{dy}{dx} = 0$$

$\frac{dy}{dx} = 0$을 대입하여 정리하면

$$a\{n(1 - x) - x\} = 0 \text{ 또는 } n = \frac{x}{(1 - x)}$$

를 얻는다. 착물의 형성이 전체 용액의 부피에 대한 리간드 용액의 부피 비 x가 0.5인 곳에서 최대로 되면 n이 1이 되어 ML(1:1 착물)이 형성된다. 부피 비 (V_L/V) x가 0.67인 곳에서 최대로 되면 ML_2(1:2 착물)이 형성된다. 부피 비 x가 0.75인 곳에서 최대로 되면 ML_3(1:3 착물)이 형성된다. 부피 비 x가 0.33인 곳에서 최대로 되면 M_2L(2:1 착물)이 형성된다.

• 극대와 극소

함수 $f(x)$가 구간 $[x_1, x_2]$에서 연속이라고 하고 $x_1 < x < x_2$인 구간에서 $f'(x)$와 $f''(x)$가 존재한다고 하자. $x_1 < x < x_2$인 구간에서 $|x - a| < \delta$인 모든 x에 대하여 $f(x) \le f(a)$ (또는 $f(x) \ge f(a)$)이면 $f(a)$는 상대적 극대(또는 상대적 극소)가 된다. $x = a$에서 $f(x)$가 상대적 극대 또는 상대적 극소(간단히 극대 또는 극소)를 갖기 위해서는 $f'(a) = 0$이어야 한다. 그리고 $f''(a) < 0$이면 극대이고 $f''(a) > 0$이면 극소를 갖는다. 즉, 그림 1.8 (a)에서 $f'(a) = 0$이고 x가 a보다 작은 곳에서는 접선의 기울기가 음의 값으로 기울기가 크고 x가 a로 접근함에 따라 접선의 기울기가 점점 증가하여 $x = a$에서 0이 된 후 x가 증가함에 따라 양의 값으로 점점 더 커지게 된다. $f''(x) > 0$이면 접선의 기울기를 의미하는 $f'(x)$가 증가 함수이고 $f(x)$는 아래로 볼록하게 된다. 이 경우에 함수는 극솟값을 갖게 된다.

반대로 그림 1.8 (b)에서 $f'(a) = 0$이고 x가 a보다 작은 곳에서는 접선의 기울기가 양의 값으로 기울기가 크고 x가 a로 접근함에 따라 접선의 기울기가 점점 감소하여 $x = a$에서 0이 된 후 x가 증가함에 따라 기울기가 음의 값으로 되고 더욱 감소하게 된다. $f''(x) < 0$이면 접선의 기울기를 의미하는 $f'(x)$가 감소 함수이고 $f(x)$는 위로 볼록하게 된다. 이 경우에 함수는 극댓값을 갖게 된다.

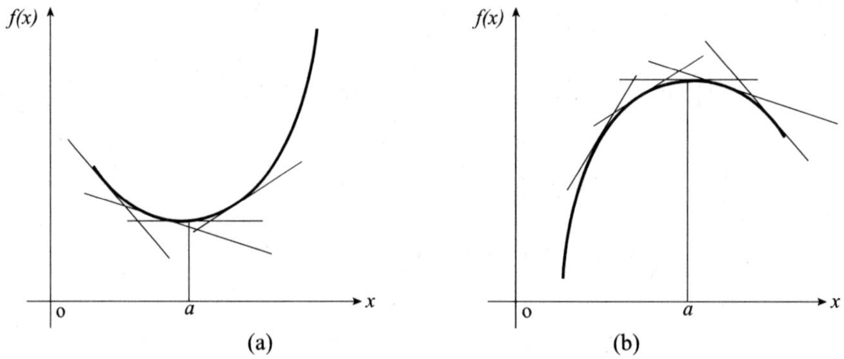

| 그림 1.8 |

유사하게 $f_x(a, b) = 0$, $f_y(a, b) = 0$이면 $x = a$, $y = b$에서 $f(x, y)$가 극대 또는 극소를 갖는다. 그러므로 $f(x, y)$가 극대 또는 극소를 갖는 가능한 점들을 구하기 위해서는 다음 두 식을 연립하여 풀어야 한다.

$$\frac{\partial f}{\partial x} = 0, \ \frac{\partial f}{\partial y} = 0 \tag{1.23}$$

예제 1.11

함수 $f(x) = x^3 - 3x + 2$의 극댓값, 극솟값을 구하시오.

풀이

$f'(x) = 3x^2 - 3 = 3(x + 1)(x - 1) = 0$

$x = -1, \ x = 1$

$f''(x) = 6x$

$f''(-1) = -6, \ f''(1) = 6$

따라서 $x = -1$에서 극대, $x = 1$에서 극소를 갖고 극댓값 $f(-1) = 4$, 극솟값 $f(1) = 0$을 얻는다.

연습 문제 1.11

함수 $f(x) = 3x^4 - 8x^3 - 6x^2 + 24x + 9$의 극댓값, 극솟값을 구하시오.

답 극댓값 $f(1) = 22$, 극솟값 $f(-1) = -10$, $f(2) = 17$

• Lagrange 미정계수법

구속 조건이 없을 때 함수 $f(x, y)$의 극대 또는 극소는 앞에서와 같이 함수들을 미분하여 0이 되는 조건에서 구할 수 있다. 그러나 어떤 조건 하에서 함수의 극대 또는 극소는 Lagrange 미정계수법(Lagrange undetermined multiplier method)으로 구하게 된다. 이때 $\varphi(x, y) = 0$으로 나타나는 그 조건을 **구속 조건**이라고 한다. 그러면 극대 또는 극소를 구하기 위하여 새로운 함수

$$h(x, y) = f(x, y) + \lambda\varphi(x, y) \tag{1.24}$$

를 만들고 이 함수를 미분하여 0이 되는 조건에서 극대 또는 극소를 구할 수 있다. 따라서 다음 두 식을 연립하여 풀면 극대 또는 극소를 구할 수 있다.

$$\frac{\partial h}{\partial x} = 0, \ \frac{\partial h}{\partial y} = 0 \tag{1.25}$$

여기서 λ는 Lagrange 미정계수라고 불린다.

증명

구속 조건 $\varphi(x, y) = 0$을 $y = g(x)$로 나타낼 수 있다. 그러면 극대 또는 극소를 구해야 할 함수 $f(x, y)$는 $f\{x, g(x)\}$가 된다. x에 대하여 $f(x, y)$를 미분하여 0으로 두면

$$\frac{\partial f}{\partial x} + \frac{\partial f}{\partial y}\frac{dy}{dx} = 0 \text{ 또는 } f_x + f_y g'(x) = 0 \tag{1.26}$$

또 구속 조건 $\varphi(x, y) = 0$을 미분하여 0으로 두면

$$\frac{\partial \varphi}{\partial x} + \frac{\partial \varphi}{\partial y}\frac{dy}{dx} = 0 \text{ 또는 } \varphi_x + \varphi_y g'(x) = 0 \tag{1.27}$$

식 (1.27)을 정리하면 $g'(x) = -\varphi_x/\varphi_y(\varphi_y \neq 0)$을 얻고 이를 식 (1.26)에 대입하면

$$f_x + f_y\{-(\varphi_x)/(\varphi_y)\} = 0 \text{ 또는 } f_x - \{(f_y)/(\varphi_y)\}\varphi_x = 0 \tag{1.28}$$

여기서 $\lambda = -\{(f_y)/(\varphi_y)\}$라고 하고 이 식을 정리하면

$$f_y + \lambda\varphi_y = 0 \tag{1.29}$$

또 $-\{(f_y)/(\varphi_y)\} = \lambda$를 식 (1.28)에 대입하면

$$f_x + \lambda\varphi_x = 0 \tag{1.30}$$

따라서 식 (1.29)와 (1.30)은 다음 함수 $h(x, y)$를 y와 x에 대하여 편미분하여 0으로 두면 얻을 수 있다.

$$h(x, y) = f(x, y) + \lambda\varphi(x, y) \tag{1.31}$$

$\frac{\partial h}{\partial x} = f_x + \lambda\varphi_x = 0$, $\frac{\partial h}{\partial y} = f_y + \lambda\varphi_y = 0$을 연립하여 풀면 극대 또는 극소를 구할 수 있다.

유사한 방법으로 함수가 $f(x, y, z)$이고 구속 조건이 $\varphi(x, y, z) = 0$이면

$$h(x, y, z) = f(x, y, z) + \lambda\varphi(x, y, z) \tag{1.32}$$

를 각 변수에 대하여 편미분하여 0으로 두는 조건에서 극대 또는 극소를 구할 수 있다. 즉,

$$\frac{\partial h}{\partial x} = 0,\ \frac{\partial h}{\partial y} = 0,\ \frac{\partial h}{\partial z} = 0 \tag{1.33}$$

또 구속 조건이 둘 이상인 경우($\varphi_1 = 0, \varphi_2 = 0, \cdots$)에도, 예를 들면

$$\varphi_1(x, y, z) = 0,\ \varphi_2(x, y, z) = 0,$$

$$h(x, y, z) = f(x, y, z) + \lambda_1\varphi_1(x, y, z) + \lambda_2\varphi_2(x, y, z) \tag{1.34}$$

를 각 변수에 대하여 편미분하여 0으로 두는 조건에서 극대 또는 극소를 구할 수 있다. 즉,

$$\frac{\partial h}{\partial x} = 0,\ \frac{\partial h}{\partial y} = 0,\ \frac{\partial h}{\partial z} = 0 \tag{1.35}$$

예제 1.12

(1) 그림 1.9 (a)에서와 같이 원점에서 $y = -x^2 + 4$까지 가장 가까운 거리는 얼마인가?

(2) 그림 1.9 (b)에서와 같이 반지름이 a인 반구 안에서 직육면체의 부피가 가장 큰 것의 가로, 세로, 높이를 구하시오.

(3) 원점에서 평면 $x + y + z = 1$과 원기둥 $x^2 + y^2 = 4$가 만나는 곡선까지의 최대, 최소 거리를 구하시오.

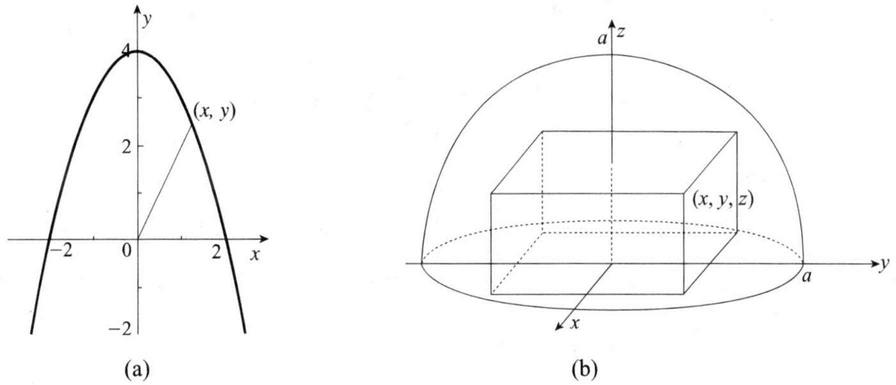

(a) (b)

| 그림 1.9 |

풀이

(1)

(a) 먼저 Lagrange 미정계수법이 아닌 보통의 미분법으로 풀어보자.

거리 $d = f(x, y) = \sqrt{x^2 + y^2}$이므로 $y = -x^2 + 4$를 대입하면

$$f(x, y) = \sqrt{x^2 + y^2} = \sqrt{x^2 + (-x^2 + 4)^2} = \sqrt{x^4 - 7x^2 + 16}$$

$$\frac{d}{dx} f(x, y) = \frac{\frac{1}{2}(4x^3 - 14x)}{\sqrt{x^4 - 7x^2 + 16}} = 0, \quad x = 0, \ \pm\sqrt{7/2} \text{ (또는 } x^2 = 7/2)$$

$$y = -x^2 + 4 = -7/2 + 4 = 1/2$$

따라서 최소 거리는

$$f(x, y) = \sqrt{x^2 + y^2} = \sqrt{7/2 + 1/2^2} = \frac{\sqrt{15}}{2}$$

(b) Lagrange 미정계수법

거리가 최소이면 거리의 제곱도 최소이므로 $d^2 = f(x, y) = x^2 + y^2$, 구속 조건 $\varphi(x, y) = y + x^2 - 4$이다.

따라서 새로운 함수 $h(x, y) = x^2 + y^2 + \lambda(y + x^2 - 4)$를 구성한다.

$h(x, y)$를 x, y에 관하여 편미분하여 0으로 하면

$$\frac{\partial h}{\partial x} = 2x + 2\lambda x = 0, \quad \frac{\partial h}{\partial y} = 2y + \lambda = 0$$

두 식으로부터 $\lambda = -1$, $y = 1/2$을 얻고 $y = -x^2 + 4$로부터 $x^2 = 7/2$을 얻는다.

따라서 최소 거리는

$$f(x, y) = \sqrt{x^2 + y^2} = \sqrt{7/2 + 1/2^2} = \frac{\sqrt{15}}{2}$$

(2)

(a) 먼저 Lagrange 미정계수법이 아닌 보통의 미분법으로 풀어보자. x, y, z 좌표계에서 반구의 표면에 있는 한 점 (x, y, z)를 지나는 직육면체의 부피는

$$V = (2x)(2y)(z) = 4xyz$$

반구의 방정식은

$$x^2 + y^2 + z^2 = a^2 \text{ 또는 } z = \sqrt{a^2 - (x^2 + y^2)}$$

$$V = 4xyz = 4xy\sqrt{a^2 - (x^2 + y^2)}$$

$$\frac{\partial V}{\partial x} = 4y\sqrt{a^2 - (x^2 + y^2)} + 4xy\frac{1}{2}\{a^2 - (x^2 + y^2)\}^{-1/2}(-2x)$$

$$= \{4ya^2 - 4x^2y - 4y^3 - 4x^2y\}/\sqrt{a^2 - (x^2 + y^2)}$$

$$= 4y\{a^2 - 2x^2 - y^2\}/\sqrt{a^2 - (x^2 + y^2)}$$

$$= 0$$

그러므로 $a^2 - 2x^2 - y^2 = 0$

유사하게 $\frac{\partial V}{\partial y} = 0$으로부터 $a^2 - x^2 - 2y^2 = 0$을 얻는다.

두 식으로부터 y^2을 소거하면 $3x^2 = a^2$, x^2을 소거하면 $3y^2 = a^2$, 즉 $x = y = a/\sqrt{3}$을 얻는다. $z = \sqrt{a^2 - (x^2 + y^2)}$로부터 $z = a/\sqrt{3}$를 얻는다. 따라서 최댓값 $V = \frac{4a^3}{3\sqrt{3}}$이다.

(b) Lagrange 미정계수법

구하고자 하는 직육면체의 부피는 $V = 4xyz$이고 직육면체의 모서리(x, y, z)가 반구의 표면에 있어야 하므로 $x^2 + y^2 + z^2 = a^2$을 만족해야 한다. 즉, $\varphi(x, y, z) = x^2 + y^2 + z^2 - a^2 = 0$이 구속 조건이 된다. 따라서 새로운 함수 $h(x, y, z) = 4xyz + \lambda(x^2 + y^2 + z^2 - a^2)$을 구성한다.

$h(x, y, z)$를 x, y, z에 관하여 편미분하여 0으로 하면

$$\frac{\partial h}{\partial x} = 4yz + 2\lambda x = 0, \quad \frac{\partial h}{\partial y} = 4xz + 2\lambda y = 0, \quad \frac{\partial h}{\partial z} = 4xy + 2\lambda z = 0$$

$$x\frac{\partial h}{\partial x} = 4xyz + 2\lambda x^2 = 0,\ y\frac{\partial h}{\partial y} = 4xyz + 2\lambda y^2 = 0,\ z\frac{\partial h}{\partial z} = 4xyz + 2\lambda z^2 = 0$$

위의 세 식을 더하면

$$12xyz + 2\lambda(x^2 + y^2 + z^2) = 0 \text{ 또는 } \lambda = -6xyz/a^2$$

λ를 $\frac{\partial h}{\partial x} = 0$에 대입하면

$$4yz + 2(-6xyz/a^2)x = 0 \text{ 또는 } 4yz(1 - 3x^2/a^2)x = 0, \text{ 즉 } x = a/\sqrt{3}$$

나머지 두 미분에 대해서 $y = z = a/\sqrt{3}$를 얻는다.

따라서 최댓값 $V = \frac{4a^3}{3\sqrt{3}}$이다.

(3) Lagrange 미정계수법으로 풀기 위하여
$h(x, y, z) = x^2 + y^2 + z^2 + \lambda_1(x + y + z - 1) + \lambda_2(x^2 + y^2 - 4)$를 구성한다.
$h(x, y, z)$를 x, y, z에 관하여 편미분하여 0으로 하면

$$\frac{\partial h}{\partial x} = 2x + \lambda_1 + 2x\lambda_2 = 0,\ \frac{\partial h}{\partial y} = 2y + \lambda_1 + 2y\lambda_2 = 0,\ \frac{\partial h}{\partial z} = 2z + \lambda_1 = 0$$

$$\frac{\partial h}{\partial x} - \frac{\partial h}{\partial y} = 2(x - y)(1 + \lambda_2) = 0,\ \lambda_2 = -1 \text{ 또는 } x = y$$

$\lambda_2 = -1\ (x \neq y)$이면

$$\frac{\partial h}{\partial x} = 2x + \lambda_1 + 2x(-1) = 0 \text{ 또는 } \lambda_1 = -2z = 0$$

$x + y + z = 1$에서 $z = 0$이므로 $x + y = 1$,
$x^2 + y^2 = 4$에 $x = 1 - y$를 대입하면 $(1 - y)^2 + y^2 = 4$

$$y = \frac{1-\sqrt{7}}{2},\ x = 1 - y = 1 - \frac{1-\sqrt{7}}{2} = \frac{1+\sqrt{7}}{2}\text{과}$$

$$y = \frac{1+\sqrt{7}}{2},\ x = 1 - y = 1 - \frac{1+\sqrt{7}}{2} = \frac{1-\sqrt{7}}{2}$$

그러므로

최소 거리 $d = \sqrt{x^2 + y^2 + z^2} = \sqrt{\left(\frac{1+\sqrt{7}}{2}\right)^2 + \left(\frac{1-\sqrt{7}}{2}\right)^2 + (0)^2} = 2$

$x = y$이면 $x = y = \pm\sqrt{2}, z = 1 - 2\sqrt{2}$

최대 거리 $d = \sqrt{x^2 + y^2 + z^2} = \sqrt{(\sqrt{2})^2 + (\sqrt{2})^2 + (1 - 2\sqrt{2})^2}$

$$= \sqrt{13 - 4\sqrt{2}}$$

연습 문제 1.12

(1) x축과 $y = -x^2 + 4$로 둘러싸인 도형 안에서 직사각형 면적의 최댓값은 얼마인가?

(2) Lagrange 미정계수법으로 원점에서 곡선 $x^2 + xy + y^2 = 25$까지의 최대, 최소 거리를 구하시오.

(3) Lagrange 미정계수법으로 원점에서 곡면 $4x^2 + 9y^2 + 16z^2 = 576$까지의 최대, 최소 거리를 구하시오.

답 (1) $y = x^2 = 2$에서 $4\sqrt{2}$ (2) $x = y$에서 최소 $5\sqrt{\frac{2}{3}}$, $x = -y$에서 최대 $5\sqrt{2}$
(3) $\lambda = -\frac{1}{16}$에서 최소 6, $\lambda = -\frac{1}{4}$에서 최대 12

물리 화학 내용 중의 통계열역학에 이를 적용하면 다음과 같다. 총 분자 수(N)가 일정하고 총 에너지(E)가 일정한 계에서 각 에너지 준위 ε_i에 분포하는 분자의 수를 n_i라고 하면

$$\textstyle\sum_i n_i = N,\ \sum_i n_i\varepsilon_i = E \quad \text{또는} \quad \sum_i n_i - N = 0,\ \sum_i n_i\varepsilon_i - E = 0 \tag{1.36}$$

우리가 어떤 물리적 양을 측정하면 확률이 가장 높은 것이 얻어질 것이므로 총 분자 수(N)와 총 에너지(E)가 일정한 구속 조건 하에서 가장 확률이 높은 배치 $W(n_1, n_2, \cdots, n_i, \cdots)$를 구하는 문제가 된다.

$$W(n_1, n_2, \cdots, n_i, \cdots) = \frac{N!}{n_1!n_2!\cdots n_i!\cdots} \tag{1.37}$$

ln 함수는 단조 증가 함수이므로 W가 최대이면 $\ln W$도 최대가 된다. 따라서 구속 조건에 대한 미정계수 λ_1, λ_2를 도입하면 함수 h는 다음과 같다.

$$\begin{aligned} h(n_1, n_2, \cdots, n_i, \cdots) &= \ln W(n_1, n_2, \cdots, n_i, \cdots) \\ &\quad + \lambda_1\{\textstyle\sum_i n_i - N\} + \lambda_2\{\sum_i n_i\varepsilon_i - E\} \end{aligned} \tag{1.38}$$

$\lambda_1 = \alpha$, $\lambda_2 = -\beta$로 두면

$$h(n_1, n_2, \cdots, n_i, \cdots) = \ln\frac{N!}{n_1!n_2!\cdots n_i!\cdots} + \alpha\{\textstyle\sum_i n_i - N\} - \beta\{\sum_i n_i\varepsilon_i - E\} \tag{1.39}$$

여기서 계의 분자 수는 아보가드로 수에 버금가는 큰 수이므로 Stirling의 근사

(아주 큰 x에 대하여 $\ln x! \approx x\ln x - x$)를 적용하면

$$\ln W(n_1, n_2, \cdots, n_i, \cdots) = \ln\frac{N!}{n_1!n_2!\cdots n_i!\cdots}$$

$$= \ln N! - (\ln n_1! + \ln n_2! + \cdots + \ln n_i! + \cdots) = \ln N! - \sum_i \ln n_i!$$

$$\approx N\ln N - N - \sum_i (n_i \ln n_i - n_i)$$

$$= N\ln N - \sum_i n_i \ln n_i \tag{1.40}$$

그러면 h는

$$h(n_1, n_2, \cdots, n_i, \cdots) = N\ln N - \sum_i n_i \ln n_i + \alpha\{\sum_i n_i - N\} - \beta\{\sum_i n_i \varepsilon_i - E\} \tag{1.41}$$

h를 n_i에 대하여 편미분하여 0으로 두면

$$\frac{\partial h}{\partial n_i} = 0 = -(\ln n_i + 1) + \alpha - \beta\varepsilon_i \approx -\ln n_i + \alpha - \beta\varepsilon_i \quad (\ln n_i >> 1) \tag{1.42}$$

그러므로

$$n_i = e^{\alpha-\beta\varepsilon_i} = e^{\alpha}e^{-\beta\varepsilon_i}$$

$$N = \sum_i n_i = \sum_i e^{\alpha}e^{-\beta\varepsilon_i} = e^{\alpha}\sum_i e^{-\beta\varepsilon_i}$$

$e^{\alpha} = N/\sum_j e^{-\beta\varepsilon_j}$를 n_i에 대입하면

$$n_i = Ne^{-\beta\varepsilon_i}/\sum_j e^{-\beta\varepsilon_j} \tag{1.43}$$

이를 Boltzmann 분포라고 한다. 분자가 Boltzmann 분포에 의해서 각 상태 ε_i에 있을 확률 P_i는

$$P_i = \frac{n_i}{N} = \frac{e^{-\beta\varepsilon_i}}{\sum_j e^{-\beta\varepsilon_j}} = \frac{e^{-\beta\varepsilon_i}}{q} \tag{1.44}$$

여기서 $q = \sum_i e^{-\beta\varepsilon_i}$를 분배함수라고 한다.

열역학으로부터 자유도당 평균 운동 에너지 $\frac{1}{2}kT$로부터 β를 구할 수 있다. 즉,

$$\bar{\varepsilon} = \frac{\sum_i \varepsilon_i n_i}{N} = \frac{\sum_i \varepsilon_i e^{-\beta\varepsilon_i}}{\sum_j e^{-\beta\varepsilon_j}} = \frac{1}{2}kT \tag{1.45}$$

여기서 $\varepsilon_i = \frac{1}{2m}{p_{x_i}}^2$을 대입하고 Σ의 값을 $\int$로 변환하여 계산(예제 1.15, 식 (2.43) 참고)하면 $\bar{\varepsilon}$는 $\frac{1}{2\beta}$이 된다. 따라서

$$\beta = \frac{1}{k\mathrm{T}} \tag{1.46}$$

그러므로 분배함수는

$$q = \sum_i e^{-\varepsilon_i/k\mathrm{T}} \tag{1.47}$$

1.6 | 적분

함수 $F(x)$의 도함수가 $f(x)$일 때, 즉 $F'(x) = f(x)$이면 $F(x)$를 $f(x)$의 **원시함수**(primitive function)라고 하고

$$F(x) = \int f(x)dx \tag{1.48}$$

로 쓰며 $F(x)$를 $f(x)$의 **부정적분**이라고 하고 $f(x)$를 **피적분함수**라고 한다. 상수의 미분은 0이기 때문에 모든 $f(x)$의 부정적분은 상수만큼 다르다. 즉, 두 함수 $F(x)$와 $G(x)$가 $f(x)$의 부정적분이라면 $F(x) = G(x) + \mathrm{c}$이다.

위의 정의에 따라 $F'(x) = f(x)$, $G'(x) = f(x)$이다. 따라서

$$F'(x) - G'(x) = f(x) - f(x) = 0 = [F(x) - G(x)]'$$

그러므로 0인 $[F(x) - G(x)]'$를 적분하면 상수 c, 즉 $F(x) - G(x) = \mathrm{c}$가 된다. 따라서 $F(x) = G(x) + \mathrm{c}$이다. $F(x)$가 $f(x)$의 부정적분이라면 상수 c를 더한 $F(x) + \mathrm{c}$도 하나의 부정적분이므로 $f(x)$의 부정적분을 다음과 같이 쓸 수 있다.

$$\int f(x)dx = F(x) + \mathrm{c} \quad (\mathrm{c}\text{는 적분상수}) \tag{1.49}$$

- **적분 공식**

u, v는 x의 함수, a, b, c, p는 상수이다. 각 경우에 적분상수는 생략하였다.

1) $\int (u \pm v)dx = \int udx \pm \int vdx$ 2) $\int cudx = \mathrm{c}\int udx$

3) $\int u\left(\frac{dv}{dx}\right)dx = uv - \int v\left(\frac{du}{dx}\right)dx$ 부분적분

4) $\int u^p du = \frac{u^{p+1}}{p+1}, p \neq -1$ 5) $\int u^{-1}du = \int \frac{du}{u} = \ln u$

6) $\int a^u du = \frac{a^u}{\ln a}, p \neq 0, 1$ 7) $\int e^u du = e^u$

8) $\int \sin u du = -\cos u$

9) $\int \cos u du = \sin u$

10) $\int \tan u du = -\ln\cos u$

11) $\int \cot u du = \ln\sin u$

12) $\int \sec u du = \ln(\sec u + \tan u)$

13) $\int \csc u du = \ln(\csc u - \cot u)$

14) $\int e^{au}\sin bu du = \frac{e^{au}(a\sin bu - b\cos bu)}{a^2 + b^2}$

15) $\int e^{au}\cos bu du = \frac{e^{au}(a\cos bu + b\sin bu)}{a^2 + b^2}$

16) $\int \frac{du}{\sqrt{a^2 - u^2}} = \sin^{-1}\frac{u}{a}$

17) $\int \frac{du}{u^2 + a^2} = \frac{1}{a}\tan^{-1}\frac{u}{a}$

18) $\int \frac{du}{\sqrt{u^2 - a^2}} = \ln(u + \sqrt{u^2 - a^2})$

19) $\int \frac{du}{\sqrt{u^2 + a^2}} = \ln(u + \sqrt{u^2 + a^2})$

20) $\int \sinh u du = \cosh u$

21) $\int \cosh u du = \sinh u$

22) $\int F[u(x)]dx = \int F[w]\frac{dw}{w'}$, $w = u(x)$, $w' = dw/dx$ 치환적분

예제 1.13

다음 적분을 수행하시오.

(1) $\int (x^3 + 5)^3 x^2 dx$

(2) $\int \sin^2 x dx$

(3) $\int \frac{8^x - 2^x}{2^x + 1} dx$

(4) $\int \ln(x + 1) dx$

(5) $\int e^x \cos x dx$

풀이

(1) $x^3 + 5 = t$라고 하고 이것을 미분하여 $3x^2 = dt$를 얻는다. 그러면

$$\int (x^3 + 5)^3 x^2 dx = \int t^3 \frac{1}{3} dt = \frac{1}{12}t^4 + c = \frac{1}{12}(x^3 + 5)^4 + c$$

(2) $\int \sin^2 x dx = \int \frac{1 - \cos 2x}{2} dx = \frac{1}{2}x - \frac{1}{4}\sin 2x + c$

(3)
$$\int \frac{8^x - 2^x}{2^x + 1} dx = \int \frac{2^{3x} - 2^x}{2^x + 1} dx = \int \frac{2^x(2^{2x} - 1)}{2^x + 1} dx = \int \frac{2^x(2^x + 1)(2^x - 1)}{2^x + 1} dx$$

$$= \int (2^{2x} - 2^x) dx = \int (4^x - 2^x) dx$$

$$= \frac{4^x}{\ln 4} - \frac{2^x}{\ln 2} + c = \frac{2^x(2^{x-1} - 1)}{\ln 2} + c$$

(4) $\int \ln(x+1)\cdot 1dx = \ln(x+1)\cdot x - \int \frac{1}{x+1}\cdot xdx$

$= \ln(x+1)\cdot x - \int \frac{x+1-1}{x+1}dx$

$= \ln(x+1)\cdot x - \int \left(1-\frac{1}{x+1}\right)dx$

$= \ln(x+1)\cdot x - x + \ln(x+1) + c$

$= (x+1)\ln(x+1) - x + c$

(5) $I = \int e^x \cos x dx$라고 하고 부분적분하면

$I = e^x\cos x - \int e^x(-\sin x)dx = e^x\cos x + \int e^x(\sin x)dx$

$\int e^x \sin x\, dx = e^x \sin x - \int e^x(\cos x)dx = e^x \sin x - I$

$I = e^x\cos x + \int e^x(\sin x)dx = e^x\cos x + e^x \sin x - I$ 또는

$2I = e^x\cos x + e^x \sin x$

$I = \frac{1}{2}e^x(\cos x + \sin x) + c$

연습 문제 1.13

다음 적분을 수행하시오.

(1) $\int \frac{x}{\sqrt{1-x^2}}dx$

(2) $\int \cos^2 xdx$

(3) $\int \frac{8^x+1}{2^x+1}dx$

(4) $\int x^2 \ln xdx$

(5) $\int e^x \sin^2 xdx$

답 (1) $-\sqrt{1-x^2} + c$ (2) $\frac{1}{2}x + \frac{1}{4}\sin 2x + c$ (3) $\frac{2^x(2^{x-1}-1)}{\ln 2} + x + c$

(4) $\frac{1}{3}x^3\ln x - \frac{1}{9}x^3 + c$ (5) $e^x\sin^2 x - \frac{1}{5}e^x(\sin 2x - 2\cos 2x) + c$

• **정적분**

함수 $f(x)$가 구간 $a \le x \le b$에서 연속일 때, 그 구간을 n 구분하여 나누어진 각 구간 $(\xi_0 = a, \xi_1)$, (ξ_1, ξ_2), (ξ_2, ξ_3), · · · , (ξ_{n-2}, ξ_{n-1}), $(\xi_{n-1}, \xi_n = b)$ 내 한 점의 좌표를 $x_1, x_2, x_3, \cdots, x_{n-1}, x_n$이라고 하면 각 소 구간은 $(\xi_1 - \xi_0) = \Delta x_1$, $(\xi_2 - \xi_1) = \Delta x_2$, · · · , $(\xi_{n-1} - \xi_{n-2}) = \Delta x_{n-1}$, $(\xi_n - \xi_{n-1}) = \Delta x_n$이 되고, $f(x_1), f(x_2), f(x_3), \cdots, f(x_{n-1})$, $f(x_n)$은 각 소 구간에서 높이에 해당한다(그림 1.10).

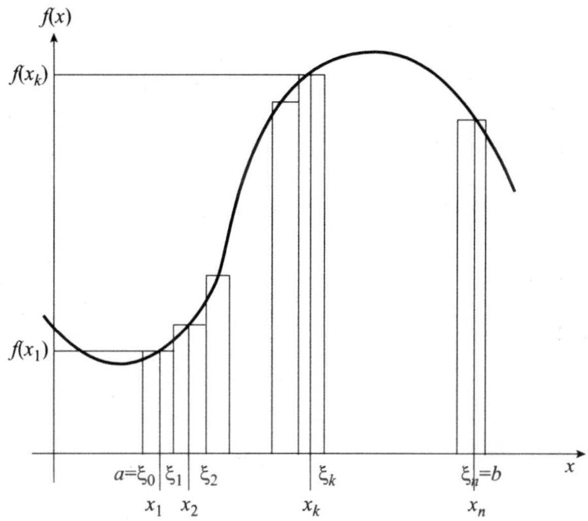

| 그림 1.10 |

곱 $f(x_k)\ \Delta x_k$는 k 소 구간의 면적이 되고 각 구간의 면적을 모두 합하면 다음과 같이 된다.

$$S_n = \sum_{k=1}^{n} f(x_k)\Delta x_k = f(x_1)\,\Delta x_1 + f(x_2)\,\Delta x_2 + f(x_3)\,\Delta x_3 + \cdots + f(x_{n-1})\,\Delta x_{n-1} + f(x_n)\,\Delta x_n \tag{1.50}$$

여기서 S_n을 Riemann 합이라고 한다. $n \to \infty$일 때 S_n의 극한값을 $f(x)$의 Riemann 적분이라고 하며

$$\lim_{n\to\infty} S_n = \lim_{n\to\infty} \sum_{k=1}^{n} f(x_k)\Delta x_k \tag{1.51}$$

S_n의 극한값을 구간 a에서 b까지 함수 $f(x)$의 **정적분**이라고 하고 다음과 같이 쓴다.

$$\int_a^b f(x)dx = \lim_{n\to\infty} S_n = \lim_{n\to\infty} \sum_{k=1}^{n} f(x_k)\Delta x_k \tag{1.52}$$

정리 1.2

$f(x) = \frac{d}{dx} g(x)$이면

$$\int_a^b f(x)dx = \int_a^b \frac{d}{dx} g(x)dx = g(x)|_a^b = g(b) - g(a) \tag{1.53}$$

예제 1.14

다음 정적분의 값을 구하시오.

(1) $\int_0^3 x^2 dx$

(2) $\int_0^{\pi/2} \sin x dx$

(3) $\int_0^1 \frac{dx}{4-x^2}$

(4) $\int_{-1}^2 \frac{x}{x^2+1} dx$

풀이

(1) $\int_0^3 x^2 dx = \int_0^3 \frac{d}{dx}\frac{x^3}{3} dx = \frac{x^3}{3}\Big|_0^3 = \frac{3^3}{3} - \frac{0^3}{3} = 9$

또는 $\int_0^3 x^2 dx = \left(\frac{x^3}{3} + c\right)\Big|_0^3 = \left(\frac{3^3}{3} + c\right) - \left(\frac{0^3}{3} + c\right) = 9$

(2) $\int_0^{\pi/2} \sin x dx = -\cos x\Big|_0^{\pi/2} = -\cos\frac{\pi}{2} - (-\cos 0) = 1$

(3) $\int_0^1 \frac{dx}{4-x^2} = \int_0^1 \frac{1}{4}\left(\frac{dx}{2-x} + \frac{dx}{2+x}\right) = \frac{1}{4}\int_0^1 \frac{dx}{2-x} + \frac{1}{4}\int_0^1 \frac{dx}{2+x}$

$= -\frac{1}{4}\ln(2-x)\Big|_0^1 + \frac{1}{4}\ln(2+x)\Big|_0^1$

$= -\frac{1}{4}(\ln 1 - \ln 2) + \frac{1}{4}(\ln 3 - \ln 2) = \frac{1}{4}\ln 3$

(4) $t = x^2 + 1$이라 하면 $dt = 2xdx$이다. $xdx = dt/2$

$\int_1^2 \frac{x}{x^2+1} dx = \int_2^5 \frac{1}{2t} dt = \frac{1}{2}\ln t\Big|_2^5 = \frac{1}{2}\ln 5 - \frac{1}{2}\ln 2 = \frac{1}{2}\ln\frac{5}{2}$

연습 문제 1.14

다음 정적분의 값을 구하시오.

(1) $\int_0^1 x\sqrt{1-x^2} dx$

(2) $\int_0^{2\pi} (1 - \cos x)^2 dx$

(3) $\int_0^{1/2} \frac{dx}{1-x}$

(4) $\int_0^{\infty} xe^{-x^2} dx$

답 (1) $\frac{1}{3}$ (2) 3π (3) $\ln 2$ (4) $\frac{1}{2}$

예제 1.15

$n > 0$에 대하여 gamma 함수 $\Gamma(n)$는 다음과 같이 정의된다.

$$\Gamma(n) = \int_0^\infty x^{n-1}e^{-x}dx \tag{1.54}$$

$\Gamma(n+1) = n\Gamma(n)$, $\Gamma(2) = 1! = 1$, $\Gamma(1) = 0! = 1$임을 증명하시오.

풀이

$$\begin{aligned}\Gamma(n+1) &= \int_0^\infty x^n e^{-x}dx = \lim_{M\to\infty}\int_0^M x^n e^{-x}dx \\ &= \lim_{M\to\infty}\left\{x^n(-1)e^{-x}\Big|_0^M - \int_0^M nx^{n-1}(-1)e^{-x}dx\right\} \\ &= \lim_{M\to\infty}\left\{-M^n e^{-M} + \int_0^M nx^{n-1}e^{-x}dx\right\} \\ &= n\int_0^\infty x^{n-1}e^{-x}dx \\ &= n\Gamma(n)\end{aligned}$$

첫째 항의 극한은 연습 문제 1.4 (4)에 있는 것처럼 0이다.

$$\begin{aligned}\Gamma(2) = 1! &= \int_0^\infty xe^{-x}\,dx \\ &= x(-1)e^{-x}\Big|_0^\infty - \int_0^\infty(-1)e^{-x}\,dx \\ &= (-1)e^{-x}\Big|_0^\infty = 1\end{aligned}$$

$$\Gamma(1) = 0! = \int_0^\infty e^{-x}\,dx = (-1)e^{-x}\Big|_0^\infty = 1$$

$\Gamma\left(\frac{1}{2}\right) = \sqrt{\pi}$의 값은 2장 5절 식 (2.43)에 적분되어 있다.

연습 문제 1.15

적분 공식과 gamma 함수 $\Gamma(n)$를 사용하여 다음 문제를 푸시오.

(1) 고체의 비열에 대한 Debye 이론에서 나오는 다음 적분값 I와 I′/4이 같음을 증명하시오(식 (1.67)에서 사용).

$$\mathrm{I} = \int_0^\infty \frac{x^3dx}{e^x-1},\ \mathrm{I}' = \int_0^\infty \frac{x^4e^xdx}{(e^x-1)^2}$$

(2) $\frac{x^3}{e^x-1} = \sum_{n=1}^\infty x^3e^{-nx}$임을 증명하시오.

(3) $\mathrm{I} = \int_0^\infty \sum_{n=1}^\infty x^3e^{-nx}\,dx = 6\sum_{n=1}^\infty \frac{1}{n^4}$임을 증명하시오.

답 $\sum_{n=1}^\infty \frac{1}{n^4} = \frac{\pi^4}{90}$(6장 파세발의 항등식 예제 6.4(2))이므로 $\mathrm{I} = \frac{\pi^4}{15}$

1.7 수열과 급수

• 수열

각 자연수 n에 대하여 수 z_n이 정해진다면, 다음 수들은

$$z_1,\ z_2,\ z_3,\ \cdots,\ z_n,\ \cdots \quad \text{또는} \quad \{\ z_n\ \}$$

무한수열 또는 **수열**을 이룬다고 하고 수 z_n은 수열의 **항**이라고 부른다. 주어진 어떤 수 $\varepsilon > 0$과 모든 $n > N$에 대하여 $|z_n - l| < \varepsilon$이 성립하는 수 $N > 0$이 존재하면 수열은 l에 **수렴**하거나 극한 l을 갖는다고 하며 다음과 같이 쓴다.

$$\lim_{n\to\infty} z_n = l \tag{1.55}$$

수열이 수렴하지 않으면 **발산**한다고 말한다.

예를 들어, 수열 0.3, 0.33, 0.333, 0.3333, $\cdots$의 극한이 1/3임을 증명해 보자. n 번째 항 z_n은 다음과 같이 나타낼 수 있다.

$$\begin{aligned} z_n &= 0.3 + 0.03 + 0.003 + 0.0003 + 0.00003 + \cdots + \frac{3}{10^n} \\ &= \frac{3}{10} + \frac{3}{10^2} + \frac{3}{10^3} + \frac{3}{10^4} + \frac{3}{10^5} + \cdots + \frac{3}{10^n} \end{aligned}$$

또

$$\frac{1}{10}z_n = \frac{1}{10}\left[\frac{3}{10} + \frac{3}{10^2} + \frac{3}{10^3} + \frac{3}{10^4} + \frac{3}{10^5} + \cdots + \frac{3}{10^n}\right]$$

두 합의 차이를 계산하면 다음을 얻는다.

$$z_n - \frac{1}{10}z_n = \frac{3}{10}\left(1 - \frac{1}{10^n}\right) \quad \text{또는} \quad z_n = \frac{1}{3}\left(1 - \frac{1}{10^n}\right)$$

n 번째 항 z_n은 $n \to \infty$이면 $z_n \to \frac{1}{3}$

극한이 1/3임을 보여 주기 위해서는 주어진 어떤 수 $\varepsilon > 0$와 모든 $n > N$에 대하여 $\left|z_n - \frac{1}{3}\right| < \varepsilon$이 성립하는 수 $N > 0$이 존재함을 보여 주면 된다. 위에서 얻은 z_n을 사용하면

$$\left|z_n - \frac{1}{3}\right| = \left|\frac{1}{3}\left(1 - \frac{1}{10^n}\right) - \frac{1}{3}\right| = \left|\frac{1}{3}\frac{1}{10^n}\right| = \frac{1}{3\cdot 10^n} < \varepsilon$$

그러면 $10^n > \frac{1}{3\cdot\varepsilon}$ 또는 $n > \log\frac{1}{3\cdot\varepsilon} = N$

따라서 주어진 어떤 수 $\varepsilon > 0$와 모든 $n > N$에 대하여 $\left|z_n - \frac{1}{3}\right| < \varepsilon$이 성립하는 수 $N > 0$이 존재하므로 수열 0.3, 0.33, 0.333, 0.3333, · · ·의 극한은 1/3이다.

$z_1 \leq z_2 \leq z_3 \leq \cdots \leq z_n \leq \cdots$이면, 즉 $z_n \leq z_{n+1}$이면 $\{ z_n \}$은 **증가수열**이라고 하고, $z_1 \geq z_2 \geq z_3 \geq \cdots \geq z_n \geq \cdots$이면, 즉 $z_n \geq z_{n+1}$이면 $\{ z_n \}$은 **감소수열**이라고 한다.

보기

증가수열 $\{n\} = 1, 2, 3, \cdots, n, \cdots$

감소수열 $\{\frac{1}{n}\} = 1, \frac{1}{2}, \frac{1}{3}, \frac{1}{4}, \cdots, \frac{1}{n}, \cdots$

• **급수**

수열 $\{ z_n \}$을 가지고 다음과 같은 수열을 생각할 수 있다.

$$z_1,\ z_1 + z_2,\ z_1 + z_2 + z_3,\ \cdots,\ z_1 + z_2 + z_3 + \cdots + z_n,\ \cdots$$

또는

$$S_1,\ S_2,\ S_3,\ \cdots,\ S_n,\ \cdots \text{ 또는 } \{ S_n \}$$

여기서

$$S_n = z_1 + z_2 + z_3 + \cdots + z_n \tag{1.56}$$

$\{ S_n \}$은 $\{ z_n \}$의 **부분합**의 수열이라고 한다.

여기서 무한 수열 $(z_1, z_2, z_3, \cdots, z_n, \cdots)$의 합

$$z_1 + z_2 + z_3 + \cdots \text{ 또는 } \textstyle\sum_{n=1}^{\infty} z_n (\text{간단히 } \sum z_n) \tag{1.57}$$

을 무한 **급수**라고 한다.

주어진 어떤 수 $\varepsilon > 0$와 모든 $n > N$에 대하여 $|S_n - S| < \varepsilon$이 성립하는 고정된 수 $N > 0$이 존재하면 급수는 S에 수렴한다고 하며 S는 급수의 합이라고 한다. 즉,

$$\lim_{n\to\infty} S_n = S \tag{1.58}$$

다음에 급수의 수렴과 발신을 판정하는 데 관련된 정리를 나열하였다.

정리 1.3

급수 $\sum_{n=1}^{\infty} \frac{1}{n^p}$은 $p > 1$일 때 수렴하고 $p \leq 1$일 때 발산한다.

정리 1.4

$\sum |u_n|$이 수렴하고 $|v_n| \leq |u_n|$이면, $\sum |v_n|$은 수렴한다. $\sum |u_n|$이 수렴하면, $\sum u_n$은 수렴한다. $\sum |u_n|$이 발산하고 $|v_n| \geq |u_n|$이면, $\sum |v_n|$과 $\sum v_n$은 모두 발산한다. (비교 판정법)

정리 1.5

교대급수에서 일반항의 절댓값이 점점 작아져서 0으로 될 때 이 급수는 수렴한다.

정리 1.6

$\lim_{n\to\infty} \left|\frac{u_{n+1}}{u_n}\right| = r$이라 하자. 그러면 급수 $\sum |u_n|$는 $r < 1$이면 수렴하고 $r > 1$이면 발산한다. $r = 1$이면 결론을 내릴 수 없다. (비 판정법)

정리 1.7

$\int_1^{\infty} f(x)dx = \lim_{M\to\infty} \int_1^M f(x)dx$이 존재하거나 그렇지 않거나에 따라 $|u_n| = f(n) \geq 0$인 급수 $\sum |u_n|$은 수렴하거나 발산한다. (적분 판정법)

정리 1.8

$\lim_{n\to\infty} |u_n| \neq 0$이면 급수 $\sum |u_n|$는 발산한다. 그러나 $\lim_{n\to\infty} |u_n| = 0$이라 할지라도 급수는 수렴할 수도 수렴하지 않을 수도 있다.

예제 1.16

적분 판정법으로 급수 $\sum_{n=1}^{\infty} \frac{1}{n^p}$은 $p > 1$일 때 수렴하고 $p \leq 1$일 때 발산함을 검사하시오.

풀이

$p \neq 1$일 때 $f(x) = \frac{1}{x^p}$라고 하면

$$\int_1^\infty \frac{1}{x^p} dx = \lim_{M\to\infty} \int_1^M \frac{1}{x^p} dx = \lim_{M\to\infty} \int_1^M x^{-p} dx = \lim_{M\to\infty} \frac{x^{1-p}}{1-p}\Big|_1^M$$

$$= \lim_{M\to\infty} \left[\frac{M^{1-p}}{1-p} - \frac{1}{1-p}\right]$$

$p > 1$이면 적분값은 $\lim_{M\to\infty} \left[\frac{1}{p-1} - \frac{1}{M^{p-1}(p-1)}\right] = \frac{1}{p-1}$로 존재하고 따라서 급수 $\sum_{n=1}^\infty \frac{1}{n^p}$은 $p > 1$일 때 수렴한다.

$p < 1$이면 적분값은 $\lim_{M\to\infty} \left[\frac{M^{1-p}}{1-p} - \frac{1}{1-p}\right]$로 발산하므로 급수는 발산한다.

$p = 1$이면

$$\int_1^\infty \frac{1}{x} dx = \lim_{M\to\infty} \int_1^M \frac{1}{x} dx = \lim_{M\to\infty} \ln x|_1^M = \lim_{M\to\infty} \ln M$$

적분값이 발산하므로 $p = 1$에 대한 급수는 발산한다. 그러므로 급수

$$1 + \frac{1}{2} + \frac{1}{3} + \frac{1}{4} + \cdots + \frac{1}{n} + \cdots$$

는 n 번째 항 $\frac{1}{n}$이 0으로 접근한다 해도 발산한다.

연습 문제 1.16

다음 급수의 수렴 여부를 조사하시오.

(1) $1 + \frac{1}{2^2} + \frac{1}{3^2} + \frac{1}{4^2} + \cdots + \frac{1}{n^2} + \cdots$

(2) $\frac{1}{2} + \frac{1}{2^2} + \frac{1}{2^3} + \frac{1}{2^4} + \frac{1}{2^5} + \cdots$

(3) $1 - \frac{1}{2} + \frac{2}{2} - \frac{1}{3} + \frac{2}{3} - \frac{1}{4} + \frac{2}{4} - \frac{1}{5} + \frac{2}{5} - \cdots$

(4) $1 - \frac{1}{2} + \frac{1}{3} - \frac{1}{4} + \frac{1}{5} - \frac{1}{6} + \frac{1}{7} - \cdots$

(5) $\sum_{n=1}^\infty \frac{1}{n!}$

답 (1) 수렴 [$p > 1$] (2) 수렴 (3) 발산
(4) 수렴 [교대급수] (5) 수렴 [(1)과 비교 판정]

• **Taylor 급수**

$x = a$에서 함수 $f(x)$에 대한 Taylor 급수는 다음과 같이 정의된다.

$$f(x) = f(a) + f'(a)(x-a) + \frac{f''(a)(x-a)^2}{2!} + \cdots + \frac{f^{(n-1)}(a)(x-a)^{(n-1)}}{(n-1)!} + R_n \tag{1.59}$$

$R_n = \frac{f^{(n)}(x_0)(x-a)^n}{n!}(a \le x_0 \le x)$는 나머지라고 불리고 여기서 함수 $f(x)$가 적어도 n계 도함수를 가진다고 가정된다. 이와 같이 급수가 x 또는 $(x - a)$의 거듭제곱으로 되어 있으면 **멱급수**(power seires)라고 한다.

특히 $a = 0$일 때 얻어지는 멱급수를 Maclaurin 급수라고 부른다.

$$f(x) = f(0) + f'(0)\,x + \frac{f''(0)\,x^2}{2!} + \cdots + \frac{f^{(n-1)}(0)\,x^{(n-1)}}{(n-1)!} + \frac{f^{(n)}(0)x^n}{n!} + \cdots$$

$$= \sum_{n=0}^{\infty} \frac{f^{(n)}(0)x^n}{n!} \tag{1.60}$$

$x = a,\ y = b$에서 함수 $f(x, y)$에 대한 Taylor 급수는 다음과 같이 쓸 수 있다.

$$f(x, y) = f(a, b) + f_x(a, b)(x-a) + f_y(a, b)(y-b) + \frac{1}{2!}[f_{xx}(a, b)(x-a)^2$$

$$+ 2f_{xy}(a, b)(x-a)(y-b) + f_{yy}(a, b)(x-a)^2] + \cdots \tag{1.61}$$

Maclaurin 급수(또는 Taylor 급수)

1) $e^x = 1 + x + \frac{x^2}{2!} + \frac{x^3}{3!} + \frac{x^4}{4!} + \cdots = \sum_{n=0}^{\infty} \frac{x^n}{n!} \quad (-\infty < x < \infty)$

2) $\sin x = x - \frac{x^3}{3!} + \frac{x^5}{5!} - \frac{x^7}{7!} + \cdots \quad (-\infty < x < \infty)$

3) $\cos x = 1 - \frac{x^2}{2!} + \frac{x^4}{4!} - \frac{x^6}{6!} + \cdots \quad (-\infty < x < \infty)$

4) $\tan^{-1} x = x - \frac{x^3}{3} + \frac{x^5}{5} - \frac{x^7}{7} + \cdots \quad (-1 \le x \le 1)$

5) $\ln(1 + x) = x - \frac{x^2}{2} + \frac{x^3}{3} - \frac{x^4}{4} + \cdots \quad (-1 < x \le 1)$

6) $\ln\frac{1+x}{1-x} = 2\left(x + \frac{x^3}{3} + \frac{x^5}{5} + \cdots\right) \quad (-1 < x < 1)$

7) $\frac{1}{1-x} = 1 + x + x^2 + x^3 + x^4 + \cdots \quad (-1 < x < 1)$

예제 1.17

다음 함수를 $-\infty < x < \infty$에서 Taylor 급수로 전개하시오.

(1) $f(x) = e^x$

(2) $f(x) = \sin x$

풀이

(1) $f'(x) = e^x,\ f''(x) = e^x,\ \cdots,\ f^{(n)}(x) = e^x,\ \cdots$ 이므로

$$f(0) = f'(0) = f''(0) = \cdots = f^{(n)}(0) = \cdots = 1$$

$$f(x) = e^x = \sum_{n=0}^{\infty} \frac{f^{(n)}(0)x^n}{n!} = \sum_{n=0}^{\infty} \frac{x^n}{n!} = 1 + x + \frac{x^2}{2!} + \frac{x^3}{3!} + \frac{x^4}{4!} + \cdots$$

(2) $f'(x) = \cos x,\ f''(x) = -\sin x,\ f'''(x) = -\cos x,\ f^{(4)}(x) = \sin x,\ f^{(5)}(x) = \cos x,$ $f^{(6)}(x) = -\sin x,\ f^{(7)}(x) = -\cos x,\ \cdots$ 이므로 $f(0) = 0,\ f'(0) = 1,$ $f''(0) = 0,\ f'''(0) = -1,\ f^{(4)}(0) = 0,\ f^{(5)}(0) = 1,\ f^{(6)}(0) = 0,\ \cdots$

$$f(x) = \sin x = x - \frac{x^3}{3!} + \frac{x^5}{5!} - \frac{x^7}{7!} + \cdots$$

참고로
$$e^{ix} = 1 + ix + \frac{(ix)^2}{2!} + \frac{(ix)^3}{3!} + \frac{(ix)^4}{4!} + \frac{(ix)^5}{5!} + \frac{(ix)^6}{6!} + \cdots$$
$$= 1 + ix + \frac{-x^2}{2!} + \frac{-ix^3}{3!} + \frac{x^4}{4!} + \frac{ix^5}{5!} + \frac{-x^6}{6!} + \cdots$$
$$= 1 - \frac{x^2}{2!} + \frac{x^4}{4!} - \frac{x^6}{6!} + \cdots + i\{x - \frac{x^3}{3!} + \frac{x^5}{5!} - \frac{x^7}{7!} + \cdots\}$$
$$= \cos x + i \sin x$$

실수 부분과 허수 부분을 같게 하면

$$\cos x = 1 - \frac{x^2}{2!} + \frac{x^4}{4!} - \frac{x^6}{6!} + \cdots$$
$$\sin x = x - \frac{x^3}{3!} + \frac{x^5}{5!} - \frac{x^7}{7!} + \cdots$$

을 얻을 수 있다.

연습 문제 1.17

다음 함수를 $-\infty < x < \infty$에서 Taylor 급수로 전개하시오.

(1) $\sinh x$

(2) $\cosh x$

답 (1) $x + \frac{x^3}{3!} + \frac{x^5}{5!} + \frac{x^7}{7!} + \cdots$ (2) $1 + \frac{x^2}{2!} + \frac{x^4}{4!} + \frac{x^6}{6!} + \cdots$

예제 1.18

(1) 다음 멱급수가 $-1 \leq x \leq +1$에서 수렴함을 나타내시오.

$$\frac{x}{1^2} - \frac{x^2}{2^2} + \frac{x^3}{3^2} - \frac{x^4}{4^2} + \cdots + (-1)^{n-1}\frac{x^n}{n^2} + \cdots$$

(2) 다음 멱급수의 수렴 발산을 조사하시오.

$$1 - \frac{1}{2^2} + \frac{1}{3^2} - \frac{1}{4^2} + \cdots + \frac{(-x)^n}{2^n} + \cdots$$

풀이

(1) $\lim_{n\to\infty}\left|\frac{u_{n+1}}{u_n}\right| = \lim_{n\to\infty}\left|\frac{(-1)^n\frac{x^{n+1}}{(n+1)^2}}{(-1)^{n-1}\frac{x^n}{n^2}}\right| = \lim_{n\to\infty}\left|\frac{n^2}{(n+1)^2}\right||x| = |x|$

$|x| < 1$이면 이 극한은 유한하게 되고 $-1 < x < +1$에서 이 급수는 수렴한다. $x = 1$이면 급수는

$$1 - \frac{1}{2^2} + \frac{1}{3^2} - \frac{1}{4^2} + \cdots\cdots < 1 + \frac{1}{2^2} + \frac{1}{3^2} + \frac{1}{4^2} + \cdots\cdots$$

연습 문제 1.15 (1)에서 우변의 급수는 수렴하므로 $x = 1$에서 이 급수는 수렴한다. 또 $x = -1$이면 급수는

$$-1 - \frac{1}{2^2} - \frac{1}{3^2} - \frac{1}{4^2} + \cdots\cdots = -\left(1 + \frac{1}{2^2} + \frac{1}{3^2} + \frac{1}{4^2} + \cdots\cdots\right)$$

이 되고 수렴하며, 따라서 주어진 급수는 $-1 \leq x \leq +1$에서 수렴한다.

(2) 비 판정법을 이용하면

$$\lim_{n\to\infty}\left|\frac{u_{n+1}}{u_n}\right| = \lim_{n\to\infty}\left|\frac{\frac{(-x)^{n+1}}{2^{n+1}}}{\frac{(-x)^n}{2^n}}\right| = \lim_{n\to\infty}\left|\frac{x}{2}\right| = \left|\frac{x}{2}\right|$$

이 멱급수는 $\left|\frac{x}{2}\right| < 1$일 때, 즉 $|x| < 2$일 때 수렴한다. $x = 2$일 때 $1 - 1 + 1 - 1 + \cdots$가 되어 발산하고 $x = -2$일 때 $1 + 1 + 1 + 1 + \cdots$가 되어 발산한다.

연습 문제 1.18

다음 멱급수의 수렴 발산을 조사하시오.

(1) $x - \frac{x^3}{3!} + \frac{x^5}{5!} - \frac{x^7}{7!} + \cdots + \frac{(-1)^{n+1}x^{2n-1}}{(2n-1)!} + \cdots$

(2) $1 + \frac{(x+2)}{\sqrt{2}} + \frac{(x+2)^2}{\sqrt{3}} + \frac{(x+2)^3}{\sqrt{4}} + \frac{(x+2)^4}{\sqrt{5}} + \cdots + \frac{(x+2)^n}{\sqrt{n+1}} + \cdots$

답 (1) $-\infty < x < \infty$에서 수렴한다. (2) $-3 \le x < -1$에서 수렴한다.

물리 화학에서 다루어지는 자연현상들에 대한 수식의 행동을 어떤 한계(아주 작은 값이나 아주 큰 값)에서 조사할 필요가 있다. 몇 가지 예를 들면, 물질의 자기 모멘트, 고체의 비열, 흑체 복사에서 Plank 분포식의 행동 등이다.

자기장 H(H_z)에서 에너지 준위 n에 있는 한 이온의 자기 모멘트 $\mu_n = -\partial E_n/\partial \mathrm{H} = -m_s g\mu_B$로 주어진다. 여기서 μ_B는 Bohr magneton, g는 Lande factor, m_s는 전자의 스핀 자기 양자수이다. 상호작용이 없는 N개의 원자로 구성된 계의 거시적 자기 모멘트 M은 Boltzman 분포(식 (1.44) $P_i \rightarrow P_n$)를 고려하여 각 이온의 자기 모멘트를 합하여 얻어진다(k는 Boltzmann 상수).

$$\mathrm{M} = N\sum_n \mu_n P_n = N\frac{\sum_{m_s=-1/2}^{1/2} -m_s g\mu_B \exp(-m_s g\mu_B \mathrm{H}_z/kT)}{\sum_{m_s=-1/2}^{1/2} \exp(-m_s g\mu_B \mathrm{H}_z/kT)} \tag{1.62}$$

m_s = −1/2과 1/2이므로

$$\mathrm{M} = \frac{1}{2}Ng\mu_B\left[\frac{\exp(g\mu_B\mathrm{H}_z/2kT) - \exp(-g\mu_B\mathrm{H}_z/2kT)}{\exp(g\mu_B\mathrm{H}_z/2kT) + \exp(-g\mu_B\mathrm{H}_z/2kT)}\right]$$
$$= \frac{1}{2}Ng\mu_B \tanh(g\mu_B\mathrm{H}_z/2kT) \tag{1.63}$$

적당한 세기의 자기장과 너무 낮지 않은 적당한 온도에서는
$g\mu_B\mathrm{H}_z/2kT = x \ll 1$인 경우가 되고

$$\tanh x = \frac{e^x - e^x}{e^x + e^x} \approx \left[\frac{(1+x+\cdots) - (1-x+\cdots)}{(1+x+\cdots) + (1-x+\cdots)}\right] \approx x$$

그러므로

$$\mathrm{M} = \frac{1}{2}Ng\mu_B\, g\mu_B\mathrm{H}_z/2kT = Ng^2\mu_B{}^2\,\mathrm{H}_z/4kT \tag{1.64}$$

자화율 $\chi = \mathrm{M}/\mathrm{H}_z = \frac{Ng^2\mu_B{}^2}{4kT} = C/T$

이것이 Curie 법칙의 특수한 형태이다.

$$C = \frac{Ng^2\mu_B{}^2}{4k} \tag{1.65}$$

여기서 C는 Curie 상수이다.

무기 화학에서 잘 알려진 더 일반적인 순 스핀 자기 모멘트에 의한 자화율은 다음과 같이 주어진다(보충 문제 15).

$$\chi = \frac{Ng^2\mu_B{}^2S(S+1)}{3kT} = \frac{N\mu_{\text{eff}}{}^2}{3kT} \tag{1.66}$$

여기서 $\mu_{\text{eff}} = g^2\mu_B{}^2S(S+1)$는 순 스핀 자기 모멘트이고, S는 전체 스핀 각운동량 양자수이다.

또 다른 예는 고체의 비열에 대한 Debye 이론이며 다음 식으로 주어진다.

$$C_v = 9Nk\left(\frac{T}{\Theta_D}\right)^3 \int_0^{\Theta_D/T} \frac{x^4e^x}{(e^x-1)^2}dx \tag{1.67}$$

여기서 $x = h\nu/kT$, Debye 온도 $\Theta_D = h\nu_D/k$이다. 높은 온도에서 Θ_D/T는 매우 작게 되고

$$\int_0^{\Theta_D/T} \frac{x^4e^x}{(e^x-1)^2}dx = \int_0^{\Theta_D/T} \frac{x^4(1+x+\cdots)}{(1+x+\cdots-1)^2}dx \approx \int_0^{\Theta_D/T} x^2\,dx = \frac{1}{3}\left(\frac{\Theta_D}{T}\right)^3 \tag{1.68}$$

고체 1몰에 대하여 N은 아보가드로 수가 되고 비열은

$$C_v = 3Nk = 3R \tag{1.69}$$

따라서 이 결과는 고온에서는 고전적 한계인 Dulong-Petit 법칙과 같음을 보여준다. 또 아주 저온에서는 적분 상한 Θ_D/T가 ∞로 접근하므로 적분값은 $4\pi^4/15$가 된다(연습 문제 1.15).

$$C_v = 9Nk\left(\frac{T}{\Theta_D}\right)^3 \frac{4\pi^4}{15} = \frac{12\pi^4}{5}Nk\left(\frac{T}{\Theta_D}\right)^3 \tag{1.70}$$

이 식은 온도가 절대 온도 0도로 접근할 때 고체의 비열이 T^3에 따라 행동함을 보여 주고 고체의 비열에 대한 Debye 이론의 성공을 증명하였다.

보충 문제

1. 다음 함수의 그래프를 그리시오.

(1) $y = \sec x$ (2) $y = \csc x$ (3) $y = \cot x$

(4) $y = \sin^{-1} x$ (5) $y = \cos^{-1} x$ (6) $y = \mathrm{csch}\, x$

(7) $y = \mathrm{sech}\, x$ (8) $y = \coth x$ (9) $y = \sinh^{-1} x$

(10) $y = \cosh^{-1} x$

2. 다음 함수의 역함수를 구하시오.

(1) $y = e^x - e^{-x}$ (2) $y = \ln x + \ln(x - 2)$

(3) $y = \ln\sin x$ (4) $y = \cosh x$

3. 다음 문제의 극한값을 구하시오.

(1) $\lim_{x\to\infty} \frac{\sqrt{4x+1}}{\sqrt{x+1}}$ (2) $\lim_{x\to 2} \frac{x-2}{\sqrt{x^2-4}}$ (3) $\lim_{x\to 0} \frac{1-\cos kx}{x^2} (k \neq 0)$

(4) $\lim_{h\to 0} \frac{\sin(x+h)-\sin x}{\sqrt{x+h}-\sqrt{x}}$ (5) $\lim_{x\to\infty} x\{\ln(x+1) - \ln x\}$

(6) $\lim_{x\to\infty} \frac{e^{2x}+2e^x-5x}{e^x+\ln x}$ (7) $\lim_{x\to 0} \frac{e^x+2x-1}{x^2}$ (8) $\lim_{x\to 0} \frac{1+3^{1/x}}{3+3^{1/x}}$

4. 다음 각 함수의 연속성을 조사하시오.

(1) $f(x) = |x|$ (2) $f(x) = \frac{x^3-1}{x^2-1}$ (3) $f(x) = x\sin\frac{1}{x}$

(4) $f(x) = \frac{x}{1+3^{1/x}}$ (5) $f(x) = \frac{3-3^{1/x}}{3+3^{1/x}}$

5. 다음 각 함수의 도함수를 구하시오.

(1) $f(x) = x^{\ln x}$ (2) $f(x) = x^{\sin x}$ (3) $f(x) = \frac{\sin x}{x^2-1}$

(4) $f(x) = \sqrt{\cos\sqrt{x^2+1}}$ (5) $f(x) = \sqrt{\frac{1-\sin x}{1+\cos x}}$ (6) $f(x) = \sin^2 e^{-2x}$

(7) $f(x) = e^x \sin 2x$ (8) $f(x) = \cos^{-1}(x+1)$ (9) $f(x) = \frac{\sin^{-1} x}{\cos^{-1} x}$

(10) $f(x) = \tan^{-1}(\ln x)$

6. 다음 각각의 함수에 대하여 $\left(\frac{\partial z}{\partial x}\right)$, $\left(\frac{\partial z}{\partial y}\right)$, $\left(\frac{\partial^2 z}{\partial x^2}\right)$, $\frac{\partial}{\partial x}\left(\frac{\partial z}{\partial y}\right)$, $\frac{\partial}{\partial y}\left(\frac{\partial z}{\partial x}\right)$, $\left(\frac{\partial^2 z}{\partial y^2}\right)$를 구하시오.

(1) $z = \frac{y}{x^2} - \frac{x}{y^2}$ (2) $z = x\sin(xy)$

(3) $z = \arctan\frac{y}{x}$ (4) $x^2 + y^2 + z^2 = 4$

7. $\frac{dy}{dx}$를 구하시오.

(1) $e^{xy} + y^2 = \sin 2x$ (2) $x^2y^2 + xy + 9 = 0$ (3) $xy + \sin x \sin y = 4$

(4) $\tan^{-1}(x^2y) = x^2y^2$ (5) $e^{\sec y} + \ln y = e^{x^2}$

8. 주어진 조건을 만족하면서 각 문제에 대하여 극댓값 또는 극솟값을 구하시오.

(1) 타원체 $100x^2 + 25y^2 + 16z^2 = 400$ 안에 있는 직육면체의 최대 부피 $V = 8xyz$

(2) 직사각형 5면으로 구성된 일정한 부피 $V = xyz$를 갖는 상자의 최소 바깥 면적

(3) 원기둥 $x^2 + y^2 = 4$와 평면 $y + z = 0$을 만족하는 조건에서 $w = xyz$

(4) 원점에서 곡면 $xy = 5$와 $8x + 4z = 0$의 교차곡선까지의 거리

(5) 원점에서 곡면 $xyz = 10$과 원기둥 $x^2 + y^2 = 4$가 만나는 곡선까지의 거리

9. 다음 적분을 수행하시오.

(1) $\int x\sqrt{4-x^2}dx$ (2) $\int \frac{1}{1+e^x}dx$ (3) $\int \frac{1}{\cos x+1}dx$

(4) $\int \frac{1}{x^2-2x}dx$ (5) $\int \frac{x^3-x^2+7x+4}{x(x+1)(x^2+4)}dx$ (6) $\int x^2\sqrt{1-x}dx$

(7) $\int \sqrt{1+\sqrt{x}}dx$ (8) $\int \frac{x}{\sqrt{1-x^4}}dx$ (9) $\int \sqrt{4+x^2}dx$

(10) $\int \frac{1}{x\sqrt{1-x}}dx$ (11) $\int \frac{1}{x\sqrt{1-x^2}}dx$ (12) $\int \frac{(e^x-1)e^x}{e^x+1}dx$

(13) $\int \frac{\sqrt{x^2+a^2}}{x}dx$ (14) $\int e^{3x}\sin 2x dx$ (15) $\int x\sin^{-1}2x dx$

(16) $\int \frac{1}{(x+2)\sqrt{4-x^2}}dx$ (17) $\int \sec x dx$ (18) $\int \frac{\sin x}{\sin x+1}dx$

(19) $\int \frac{1}{\cos x-\sin x+1}dx$ (20) $\int x\tan^{-1}x dx$

10. 다음 정적분의 값을 구하시오.

(1) $\int_0^{\pi/2}\sqrt{1-\cos x}\,dx$　(2) $\int_0^\infty x^2e^{-x}dx$　(3) $\int_1^\infty \frac{\ln x dx}{x^2}$

(4) $\int_0^\infty \frac{1}{x^2+1}dx$　(5) $\int_0^\infty (1-\tanh x)dx$　(6) $\int_0^{\pi/2} x^2\cos x dx$

(7) $\int_0^1 \ln(1+\sqrt{x})dx$　(8) $\int_0^1 \frac{1}{e^x+1}dx$　(9) $\int_0^2 \ln(x+\sqrt{x^2-1})dx$

(10) $\int_0^1 x(1-\sqrt{x})^2dx$

11. 다음 급수의 수렴 여부를 조사하시오.

(1) $\sum_{n=1}^\infty \frac{\ln n}{n}$　(2) $\sum_{n=1}^\infty \frac{1}{n2^n}$　(3) $\sum_{n=1}^\infty (-1)^{n+1}\frac{n+1}{n}$

(4) $\sum_{n=2}^\infty \frac{1}{n\ln n}$　(5) $\sum_{n=1}^\infty \frac{\ln n}{n^2}$　(6) $\sum_{n=2}^\infty (-1)^n\frac{\ln n}{n}$

(7) $\sum_{n=1}^\infty \frac{2^n}{n!}$　(8) $\sum_{n=1}^\infty \ln\frac{n}{n+1}$　(9) $\sum_{n=1}^\infty \frac{e^n}{n+1}$

(10) $\sum_{n=1}^\infty \frac{\ln n}{n+\ln n}$

12. 다음 멱급수의 수렴, 발산을 조사하시오.

(1) $\sum_{n=1}^\infty n^3x^n$　(2) $\sum_{n=1}^\infty \frac{x^n}{n^2}$　(3) $\sum_{n=1}^\infty \frac{x^n}{\ln n}$

(4) $\sum_{n=1}^\infty \frac{n^nx^n}{n!}$　(5) $\sum_{n=1}^\infty \frac{\cos nx}{2^n}$　(6) $\sum_{n=1}^\infty \frac{2^n\sin^n x}{n^2}$

(7) $\sum_{n=1}^\infty \frac{x^n}{(1-x)^n}$　(8) $\sum_{n=1}^\infty \frac{nx^n}{2^n}$　(9) $\sum_{n=1}^\infty \frac{\ln n x^n}{n^2}$

(10) $\sum_{n=1}^\infty \frac{\ln n x^n}{n^2 3^{n+1}}$

13. Plank의 이론에 의하면 양자화된 진동자의 평균 에너지는 다음과 같다.

$$\bar{\varepsilon} = \frac{\sum_{n=1}^\infty nh\nu e^{-nh\nu/kT}}{\sum_{n=0}^\infty e^{-nh\nu/kT}}$$

(1) $\frac{1}{1-x}$을 멱급수로 나타내시오.

(2) $\frac{1}{(1-x)^2}$을 멱급수로 나타내시오.

(3) 위의 두 멱급수를 이용하여 $\bar{\varepsilon}$를 간단히 나타내시오.

(4) $kT \gg 1$인 경우 $\bar{\varepsilon}$는 고전적인 결과와 일치함을 보이시오.

14. 평형에서 각각의 축퇴도 g_1과 g_2를 갖는 낮은 두 에너지 준위 ε_1과 ε_2를 갖는 분자 N개로 구성된 계의 평균 에너지는 다음과 같이 주어진다.

$$E = N\bar{\varepsilon} = \frac{\sum_{n=1}^{2} g_n \varepsilon_n e^{-\varepsilon_n/kT}}{\sum_{n=1}^{2} g_n e^{-\varepsilon_n/kT}}$$

(1) $\varepsilon_2 - \varepsilon_1 = \varepsilon$과 $g = g_2/g_1$ 또 바닥 상태 ε_1으로부터 에너지를 흡수하여 들뜨므로 $\varepsilon_1 = 0$으로 두면 E는 다음과 같이 됨을 보이시오.

$$E = \frac{Ng\varepsilon e^{-\varepsilon/kT}}{1+ge^{-\varepsilon/kT}}$$

(2) 비열 $C_v = \frac{\partial E}{\partial T}$를 구하고 $g = 1$인 단순한 경우에 $kT/\varepsilon = 0$에서 3까지 C_V를 그래프로 나타내시오.

15. 전체 각운동량 양자수 J를 갖는 원자는 등 간격의 $2J+1$개의 에너지 준위를 갖는다. 상호작용이 없는 N개의 원자로 구성된 계의 거시적 자기 모멘트 M은 다음과 같은 수식으로 주어진다.

$$M = NgJ\mu_B B_J(x)$$

$x = gJ\mu_B H_z/kT$ Brillouin 함수 $B_J(x)$는 다음과 같이 정의된다.

$$\begin{aligned} B_J(x) &= \frac{2J+1}{2J} coth \frac{(2J+1)x}{2J} - \frac{1}{2J} coth \frac{x}{2J} \\ &= \left(1+\frac{1}{2J}\right) coth \left(1+\frac{1}{2J}\right) x - \frac{1}{2J} coth \frac{x}{2J} \end{aligned}$$

(1) 적당한 세기의 자기장과 너무 낮지 않은 적당한 온도에서, 즉 $g\mu_B H_z/2kT \ll 1$인 경우의 자화율 $\chi = M/H_z$을 구하여 Curie 법칙에 대한 식을 구하시오.

(2) $g\mu_B H_z/2kT \gg 1$인 경우의 자화율 χ를 구하시오.

전체 각운동량은 전체 궤도 각운동량과 전체 스핀 각운동량의 합성으로 주어진다. 전체 각운동량 양자수 J는 전체 궤도 각운동량 양자수 L과 전체 스핀 각운동량 양자수 S로 주어진다. $J = L + S$이므로 궤도 각운동량이 소멸되면, 즉 L이 0이면 순 스핀 자기 모멘트에 의한 자화율을 얻게 된다.

$$\chi = M/H_z \cong \frac{Ng^2\mu_B{}^2 S(S+1)}{3kT}$$

제 2 장

벡터와 벡터 해석

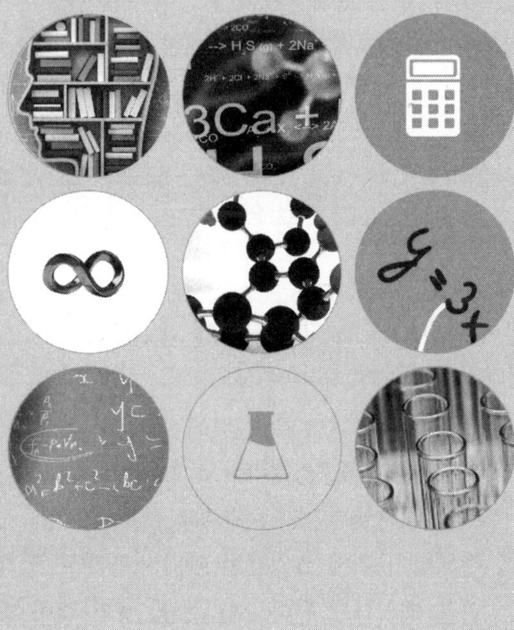

벡터를 몰라도 물체를 앞에서 끌어당기거나 뒤에서 미는 것은 그 결과가 같고 두 사람이 V자 형으로 끌어당기면 V자가 인접한 두 변이 되는 평행사변형의 대각선 방향으로 물체가 움직인다는 것을 안다. 이런 성질은 벡터의 성질과 같다. 이와 같이 어떤 물리적 양을 수학적으로 다루는 데 벡터가 아주 유용하다. 벡터가 중요한 것은 벡터의 방정식이 좌표계와 무관하게 성립하기 때문이다. 즉, 물리학적 문제를 풀었을 때 해답이 기술하는 물리적 현상은 사용된 좌표계와는 무관하다. 따라서 물리적 문제를 풀 때 첫 단계는 적당한 좌표계를 선택하는 것이다. 좌표계를 잘 선택하면 문제가 한결 쉽게 풀린다. 예를 들면 지표면 근처에서 움직이는 물체의 운동은 대개 직교 좌표계를 사용한다. 반면에 원주상에서 움직이는 입자의 운동은 극좌표계가 좋다. 원자는 구형이므로 수소 원자에 대한 Schrödinger 방정식을 풀 때 xyz 직교 좌표계에서는 풀기 어렵지만 $r\theta\varphi$ 구면 좌표계에서는 쉽게 풀 수 있다. 이와 같이 한 좌표계에서 다른 좌표계로의 변환은 벡터의 지식을 이용하면 쉽게 바꿀 수 있다. 벡터 해석은 전자기장이나 중력장 같은 보존력장에서 입자의 운동 방정식을 세우고 푸는 데 강력한 도구로 쓰인다. 또 분광학은 빛과 같은 전자기파와 물질의 상호작용을 다루는 분야로 전자기파에 대한 이해를 하려면 벡터 해석에 대한 지식이 반드시 필요하다.

2.1 정의와 기초

자연과학에서 어떤 척도에 따른 크기에 해당하는 수가 주어질 때 완전히 정해지는 양이 있다. 예를 들면 시간, 온도, 길이, 질량, 넓이, 부피, 전하, 비열, 저항 등은 많이 있고 각 양은 적당한 측정 단위의 선택에 따라 수치만으로 결정된다. 이와 같이 크기만 있는 양을 **스칼라**라고 한다. 그러나 크기만으로는 결정지을 수 없는 양이 있다. 예를 들면 속도, 가속도, 힘, 중력장, 전기장, 운동량, 각운동량 등은 이들을 정의하기 위해 크기뿐만 아니라 방향도 필요하다. 이와 같이 크기와 방향을 갖는 양을 **벡터**라고 한다. 벡터는 $\mathbb{A}$, $\mathbf{A}$와 같이 획이 굵은 글자체 또는 $\overrightarrow{A}$ 처럼 화살표 글자로 표현하고 기하학적으로는 한쪽 끝머리에 화살표를 가진 방향이 정해진 선분(**유향선분**)으로 나타내고 선분의 길이는 벡터의 크기이고 화살의 방향은 벡터의 방향이다. 예를 들어 이차원 xy 직교 좌표계에서 한 점 A(x_0, y_0)에서 한 점 B(x, y)로의 벡터를 $\overrightarrow{AB}$ 또는 $\mathbf{A}$로 나타낼 때 점 A를 **시점**, 점 B를 종

점이라고 한다(그림 2.1). 벡터 **A**의 크기는 $|\mathbf{A}|$와 같이 절댓값 기호를 써서 나타내거나 굵은 글자가 아닌 보통의 글자 A로 나타낸다. 크기가 1인 벡터를 **단위벡터**라고 하고 벡터 **A**의 단위벡터 $\boldsymbol{a}$를 $\boldsymbol{a} = \frac{\mathbf{A}}{|\mathbf{A}|}$로 나타내면 벡터 **A**는 $\mathbf{A} = |\mathbf{A}|\boldsymbol{a} = \mathrm{A}\boldsymbol{a}$로 쓸 수 있다. Pythagoras의 정리에 의하여 $\mathrm{A} = |\mathbf{A}| = \sqrt{(x - x_0)^2 + (y - y_0)^2}$ 이 된다. 이차원 xy 직교 좌표계에서 각 축 방향으로의 단위벡터는 $\boldsymbol{i}$, $\boldsymbol{j}$로 쓴다. 그러면 $|\boldsymbol{i}| = |\boldsymbol{j}| = 1$이다. 따라서 $\overrightarrow{\mathrm{OA}} = x_0\boldsymbol{i} + y_0\boldsymbol{j}$, $\overrightarrow{\mathrm{OB}} = x\boldsymbol{i} + y\boldsymbol{j}$로 쓸 수 있다.

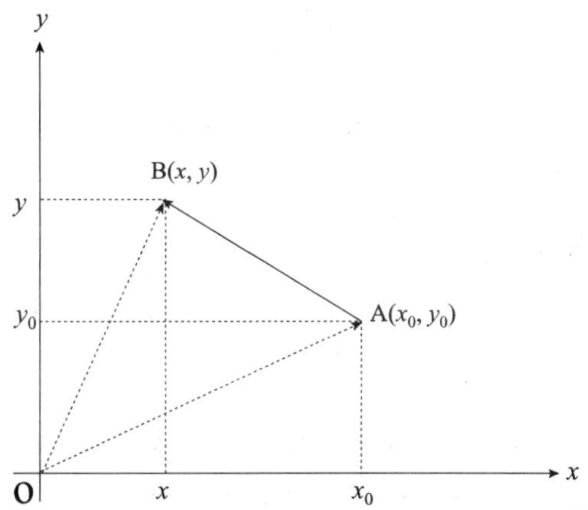

‖ 그림 2.1 ‖ 점 $\mathrm{A}(x_0, y_0)$에서 점 $\mathrm{B}(x, y)$까지의 벡터 $\overrightarrow{\mathrm{AB}}$

그림 2.2에서처럼 삼차원 xyz 직교 좌표계에서 한 점 $\mathrm{P}(x_0, y_0, z_0)$에서 한 점 $\mathrm{Q}(x, y, z)$로의 벡터를 $\overrightarrow{\mathrm{PQ}}$ 또는 **A**로 나타낼 수 있다. 삼차원 xyz 직교 좌표계에서 각 축 방향으로의 단위벡터는 $\boldsymbol{i}$, $\boldsymbol{j}$, $\boldsymbol{k}$로 쓴다. 그러면 $|\boldsymbol{i}| = |\boldsymbol{j}| = |\boldsymbol{k}| = 1$이다. 원점 O로부터 점 P와 Q까지의 벡터는 각각 $\overrightarrow{\mathrm{OP}} = \mathbf{r}_0 = x_0\boldsymbol{i} + y_0\boldsymbol{j} + z_0\boldsymbol{k}$와 $\overrightarrow{\mathrm{OQ}} = \mathbf{r} = x\boldsymbol{i} + y\boldsymbol{j} + z\boldsymbol{k}$로 나타낼 수 있다. 이와 같이 원점에서 점 $\mathrm{Q}(x, y, z)$까지의 벡터 **r**은 **위치벡터**라고 한다. Pythagoras의 정리에 의하여 $|\mathbf{r}| = \sqrt{x^2 + y^2 + z^2}$ 이 된다. x_0, y_0, z_0와 x, y, z는 각각 직교 좌표계에서 $\mathbf{r}_0$와 **r**의 **성분**이라고 한다. 벡터 **A**를 두 위치벡터로 나타내면 $\mathbf{A} = \mathbf{r} - \mathbf{r}_0$가 된다. 삼차원에서 벡터 **A**의 크기는 $\mathrm{A} = |\mathbf{A}| = \sqrt{(x - x_0)^2 + (y - y_0)^2 + (z - z_0)^2}$ 이다. 일반적으로 n차원에서는 단위벡터 $\boldsymbol{e}_1, \boldsymbol{e}_2, \cdots, \boldsymbol{e}_n$과 각 성분 $(a_1, a_2, \cdots, a_n)$을 사용하여 벡터 $\mathbf{A} = a_1\boldsymbol{e}_1 + a_2\boldsymbol{e}_2 + \cdots + a_n\boldsymbol{e}_n$로 나타낸다.

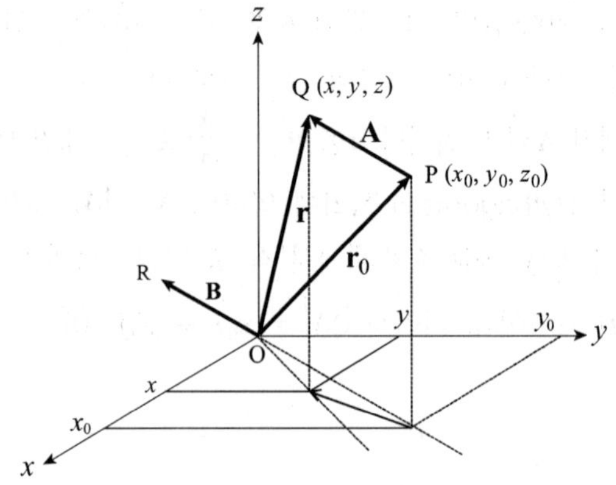

| 그림 2.2 | 벡터 **A**, **B**, **r**, $\mathbf{r}_0$와 r, r_0의 x, y 성분

(1) 상등

벡터는 크기와 방향에 의해서만 결정되므로 그림 2.2에서 크기와 방향이 같은 벡터 $\overrightarrow{PQ}$와 벡터 $\overrightarrow{OR}$은 시점과 관계없이 평행 이동하여 포개지는 벡터이고, 따라서 두 벡터는 같고 $\overrightarrow{PQ} = \overrightarrow{OR}$ 또는 $\mathbf{A} = \mathbf{B}$로 나타낸다. 또 $x = x_0$, $y = y_0$, $z = z_0$이면 두 벡터 $\mathbf{r} = x\boldsymbol{i} + y\boldsymbol{j} + z\boldsymbol{k}$와 $\mathbf{r}_0 = x_0\boldsymbol{i} + y_0\boldsymbol{j} + z_0\boldsymbol{k}$는 같다. 즉, $\mathbf{r} = \mathbf{r}_0$이다.

그림 2.3에서 보는 것처럼 도형 H를 평행 이동하여 H′이 되었을 때 도형 H 위의 점 A, B, D가 각각 도형 H′ 위의 점 I, J, L로 옮겨졌다고 하면 $\overrightarrow{AI}$, $\overrightarrow{BJ}$와 $\overrightarrow{DL}$은 같은 평행 이동을 나타내는 것이다. 도형 H상의 무수히 많은 점들을 H′상의 대응하는 무수히 많은 점들로 이동시키는 벡터가 무수히 많으며 이들은 모두 같다. 이 벡터들의 시점을 모두 원점 O로 옮기면 모두 똑같은 하나의 벡터가 된

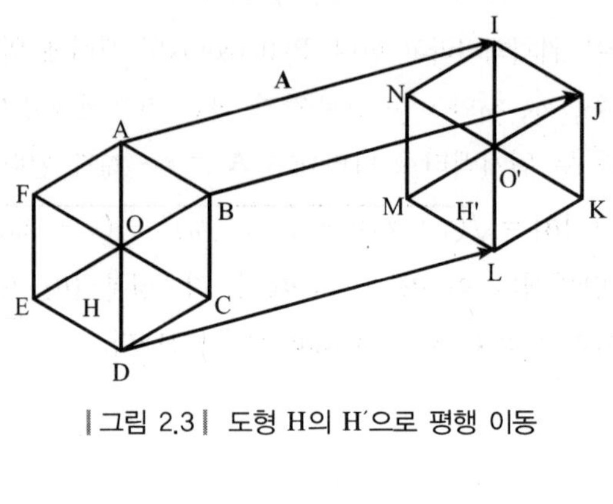

| 그림 2.3 | 도형 H의 H′으로 평행 이동

다. 이와 같이 벡터의 방향과 크기가 같을 때 이 벡터들은 같다고 하고 $\overrightarrow{AI}$ = **A** = $\overrightarrow{BJ}$ = $\overrightarrow{DL}$과 같이 나타낸다.

(2) 영벡터

한 점으로 나타내지는 크기가 0인 벡터를 **영벡터**라고 한다. 0**r** = **0** 즉, 0**r** = $0(x\boldsymbol{i} + y\boldsymbol{j} + z\boldsymbol{k}) = 0 \cdot x\boldsymbol{i} + 0 \cdot y\boldsymbol{j} + 0 \cdot z\boldsymbol{k} = 0\boldsymbol{i} + 0\boldsymbol{j} + 0\boldsymbol{k} = \mathbf{0}$

따라서 다르게 말하면 벡터의 모든 성분이 0인 벡터를 영벡터라고 한다.

(3) 역벡터

크기가 같고 방향이 반대인 벡터를 **역벡터**라고 한다. **A**의 역벡터는 −**A**이고 **B**의 역벡터는 −**B**이다. 그림 2.3에서 $\overrightarrow{OA}$의 역벡터는 $\overrightarrow{AO}$, $\overrightarrow{OD}$, 또는 $\overrightarrow{BC}$, · · · 등이다. $\overrightarrow{AI}$의 역벡터는 −**A**, $\overrightarrow{IA}$, $\overrightarrow{JB}$, $\overrightarrow{LD}$ 등이다.

(4) 합벡터

그림 2.3에서 두 벡터 **A**와 **B**를 더하기 위해서는 **B**의 시점을 **A**의 머리에 놓는다. 이때 **A**의 시점에서 **B**의 머리까지 유향선분이 벡터 **C**가 된다. 기하학적으로 벡터 **A** + **B**는 이웃하는 변이 **A**와 **B**인 평행사변형의 대각선이고 그림 2.4 (b)의 대각선 벡터 **C**의 오른쪽 아랫부분에 해당한다(평행사변형 법칙). 따라서 **A** + **B** = **C**이다. 또 **B** + **A**는 대각선 벡터 **C**의 왼쪽 윗부분에 해당한다. 그러므로 **A** + **B** = **B** + **A**이다.

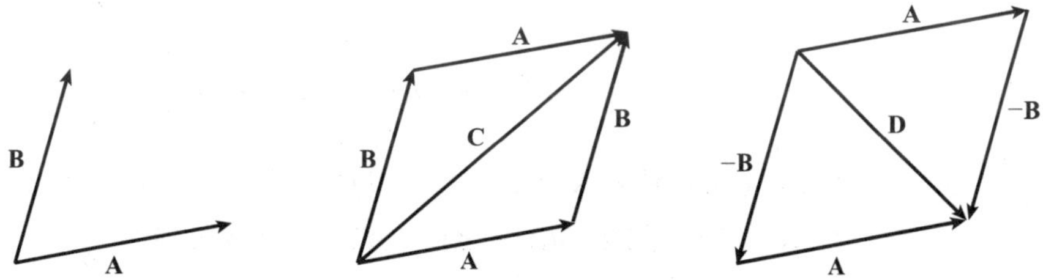

(a) 벡터 **A**와 **B** (b) 벡터 **A**와 **B**의 합 **C** (c) 벡터 **A**와 **B**의 차 **D**

‖그림 2.4‖

A= $A_x\boldsymbol{i} + A_y\boldsymbol{j}$, **B** = $B_x\boldsymbol{i} + B_y\boldsymbol{j}$이면

$\mathbf{A} + \mathbf{B} = (A_x\boldsymbol{i} + A_y\boldsymbol{j}) + (B_x\boldsymbol{i} + B_y\boldsymbol{j}) = (A_x + B_x)\boldsymbol{i} + (A_y + B_y)\boldsymbol{j}$

따라서 두 벡터의 합은 각 성분끼리 더하는 결과가 된다.

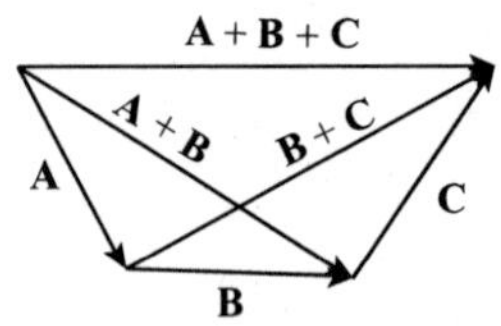

| 그림 2.5 | 벡터 덧셈의 결합성

그림 2.5에 나타낸 것처럼 **A** + (**B** + **C**) = (**A** + **B**) + **C**가 성립하므로 **결합 법칙**이 성립한다.

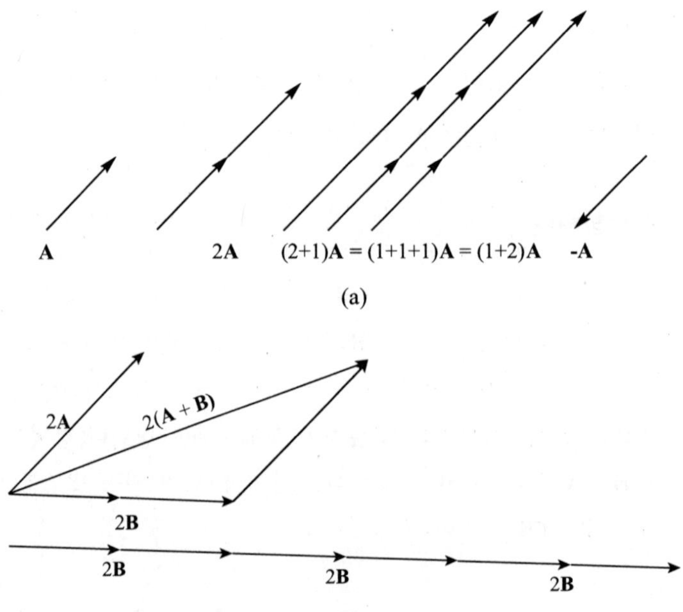

| 그림 2.6 | 벡터의 스칼라 곱 연산

그림 2.6 (a)는 **A** + **A** = 2**A**, (2 + 1)**A** = 2**A** + 1**A** = 3**A**, 그림 2.6 (b)는 2(**A** + **B**) = 2**A** + 2**B**, 3(**B** + **B**) = 3(2**B**) = 6**B**를 보여 준다.

(5) 차벡터: **A** − **B** = **A** + (−**B**)

그림 2.3에서 두 벡터 **A**와 **B**의 차이를 구하기 위해서는 **B**의 역벡터인 −**B**의 시점을 **A**의 머리에 놓는다. 이때 **A**의 시점에서 −**B**의 머리까지 유향선분이 벡터

D가 된다. 기하학적으로 벡터 **A** − **B**는 이웃하는 변이 **A**와 −**B**인 평행사변형의 대각선이고 그림 2.4 (c)의 대각선 벡터 **D**의 오른쪽 윗부분에 해당한다. −**B** + **A**는 대각선 벡터 **D**의 왼쪽 아랫부분에 해당된다.

그림 2.1에서 $\mathbf{A} = \overrightarrow{\mathrm{OB}} - \overrightarrow{\mathrm{OA}}$이고

$$\mathbf{A} = \overrightarrow{\mathrm{OB}} - \overrightarrow{\mathrm{OA}} = (x\boldsymbol{i} + y\boldsymbol{j}) - (x_0\boldsymbol{i} + y_0\boldsymbol{j}) = (x - x_0)\boldsymbol{i} + (y - y_0)\boldsymbol{j}$$

따라서 이것은 두 벡터의 차이는 각 성분끼리 차이를 내는 것과 같다.

그림 2.2에서는 벡터 $\mathbf{A} = \mathbf{r} - \mathbf{r}_0$이고 $\mathbf{A} = (x - x_0)\boldsymbol{i} + (y - y_0)\boldsymbol{j} + (z - z_0)\boldsymbol{k}$이다. $A = |\mathbf{A}| = \sqrt{(x - x_0)^2 + (y - y_0)^2 + (z - z_0)^2}$이다.

- **벡터 공간**

벡터 공간에서 정의되는 벡터 원소 **A**, **B**, **C**, ⋯가 존재하며 m, n, ⋯ 이 스칼라라고 하면 벡터 공간에서는 다음 관계가 성립한다.

1) 상등 $\mathbf{A} = \mathbf{B}$
2) $\mathbf{A} + \mathbf{B} = \mathbf{B} + \mathbf{A}$
3) $\mathbf{A} + (\mathbf{B} + \mathbf{C}) = (\mathbf{A} + \mathbf{B}) + \mathbf{C}$
4) $\mathbf{A} + \mathbf{0} = \mathbf{0} + \mathbf{A} = \mathbf{A}$
5) $\mathbf{A} + (-\mathbf{A}) = \mathbf{0}$
6) $1\mathbf{A} = \mathbf{A}$
7) $m(n\mathbf{A}) = (mn)\mathbf{A} = n(m\mathbf{A})$
8) $(m + n)\mathbf{A} = m\mathbf{A} + n\mathbf{A}$
9) $m(\mathbf{A} + \mathbf{B}) = m\mathbf{A} + m\mathbf{B}$
10) $0\mathbf{A} = \mathbf{0}$

- **일차독립**

n차원 벡터 공간에서 벡터 $\boldsymbol{a}_1, \boldsymbol{a}_2, \cdots, \boldsymbol{a}_n$과 스칼라 $\alpha_1, \alpha_2, \cdots, \alpha_n$에 대하여

$$\alpha_1\boldsymbol{a}_1 + \alpha_2\boldsymbol{a}_2 + \cdots + \alpha_n\boldsymbol{a}_n = 0 \tag{2.1}$$

일 때 모든 α_i가 0인 경우, 즉 $\alpha_1 = \alpha_2 = \cdots = \alpha_n = 0$이면 벡터 $\boldsymbol{a}_1, \boldsymbol{a}_2, \cdots, \boldsymbol{a}_n$은 일차독립이라고 한다.

- **일차종속**

n차원 벡터 공간에서 벡터 $\boldsymbol{a}_1, \boldsymbol{a}_2, \cdots, \boldsymbol{a}_n$과 스칼라 $\alpha_1, \alpha_2, \cdots, \alpha_n$에 대하여

$$\alpha_1\boldsymbol{a}_1 + \alpha_2\boldsymbol{a}_2 + \cdots + \alpha_{i-1}\boldsymbol{a}_{i-1} + \alpha_i\boldsymbol{a}_i + \alpha_{i+1}\boldsymbol{a}_{i+1} + \cdots + \alpha_n\boldsymbol{a}_n = 0$$

일 때 적어도 하나는 0이 아닌 $\alpha_1, \alpha_2, \cdots, \alpha_n$을 가질 경우 $\boldsymbol{a}_1, \boldsymbol{a}_2, \cdots, \boldsymbol{a}_n$은 **일차종속**이라고 한다. 그러면 벡터 $\boldsymbol{a}_1, \boldsymbol{a}_2, \cdots, \boldsymbol{a}_n$ 중 적어도 한 벡터가 다른 벡터의 선형결합으로 표시될 수 있다. 예를 들어 $\alpha_i \neq 0$이라면

$$\begin{aligned}\boldsymbol{a}_i &= -\left(\frac{\alpha_1}{\alpha_i}\boldsymbol{a}_1 + \frac{\alpha_2}{\alpha_i}\boldsymbol{a}_2 + \cdots + \frac{\alpha_{i-1}}{\alpha_i}\boldsymbol{a}_{i-1} + \frac{\alpha_{i+1}}{\alpha_i}\boldsymbol{a}_{i+1} + \cdots + \frac{\alpha_n}{\alpha_i}\boldsymbol{a}_n\right) \\ &= \beta_1\boldsymbol{a}_1 + \beta_2\boldsymbol{a}_2 + \cdots + \beta_{i-1}\boldsymbol{a}_{i-1} + \beta_{i+1}\boldsymbol{a}_{i+1} + \cdots + \beta_n\boldsymbol{a}_n\end{aligned}$$

여기서 $\beta_k = -\frac{\alpha_k}{\alpha_i}$이다. 따라서 $\boldsymbol{a}_i$는 다른 $\boldsymbol{a}_1, \boldsymbol{a}_2, \cdots, \boldsymbol{a}_{i-1}, \boldsymbol{a}_{i+1}, \cdots, \boldsymbol{a}_n$의 선형결합으로 나타낼 수 있다. 즉 일차종속이다. 또 $\alpha_i \neq 0$를 제외한 나머지 $\alpha_1 = \alpha_2 = \cdots = \alpha_{i-1} = \alpha_{i+1} = \cdots = \alpha_n = 0$이면 나머지 벡터들의 선형결합에서는 모든 계수 $\beta_1 = \beta_2 = \cdots = \beta_{i-1} = \beta_{i+1} = \cdots = \beta_n$이 0이 된다. 즉

$$\boldsymbol{a}_i = \beta_1\boldsymbol{a}_1 + \beta_2\boldsymbol{a}_2 + \cdots + \beta_{i-1}\boldsymbol{a}_{i-1} + \beta_{i+1}\boldsymbol{a}_{i+1} + \cdots + \beta_n\boldsymbol{a}_n = \mathbf{0}$$

이므로 $n-1$개의 벡터 $\boldsymbol{a}_1, \boldsymbol{a}_2, \cdots, \boldsymbol{a}_{i-1}, \boldsymbol{a}_{i+1}, \cdots, \boldsymbol{a}_n$은 일차독립이다. 따라서 이때 식 (2.1)이 성립하기 위해서는 $\alpha_i \neq 0$이므로 $\boldsymbol{a}_i = \mathbf{0}$이 되어야 한다. 이것은 $\alpha_i \neq 0$인 경우 식 (2.1)이 성립하기 위해서는 $\boldsymbol{a}_i \neq \mathbf{0}$인 $\boldsymbol{a}_i$가 독립적으로 존재할 수 없음을 의미한다. 5.2절의 (13) 일차독립 (식 (5.36))에도 일차독립과 일차종속에 대하여 언급되어 있으며 유사하게 함수의 일차독립과 일차종속은 3장에 설명되어 있다.

2.2 | 벡터의 곱

벡터의 곱은 두 가지가 있고 둘 다 물리 화학에서 많이 적용되고 있다. 곱의 하나는 스칼라 양으로, 다른 하나는 벡터로 주어진다. 스칼라 양을 주는 곱은 스칼라곱(또는 내적, 점곱, scalar product, inner product, 또는 dot product)이라고 하고 다른 하나는 곱의 결과가 벡터이므로 벡터곱(또는 외적, 교차곱, vector product, outer product, 또는 cross product)이라고 한다.

• 스칼라곱

이차원이나 삼차원 공간에서 두 벡터 **A**, **B**의 **스칼라곱**은 다음과 같이 정의된다.

$$\mathbf{A}\cdot\mathbf{B} = \mathrm{AB}\cos\theta \tag{2.2}$$

여기서 A = |**A**|, B = |**B**|, θ는 두 벡터 **A**와 **B**가 이루는 각이다. 곱을 · (점, dot)을 사용하여 나타내므로 **점곱**이라고도 한다.

정리 2.1

영이 아닌 두 벡터는 그들의 스칼라곱이 영이면 **직교**한다.

A ≠ 0, B ≠ 0이면 $\cos\theta = 0$이어야 하고 그러면 θ는 $\frac{\pi}{2}(90°)$가 되어야 한다. 즉 두 벡터는 서로 수직이어야 한다.

두 벡터가 같으면, 즉 **B** = **A**이면 $\theta = 0$이다.

$$\mathbf{A}\cdot\mathbf{A} = \mathrm{AA}\cos 0 = \mathrm{A}^2 = |\mathbf{A}|^2$$

그러므로 $\mathrm{A} = |\mathbf{A}| = \sqrt{\mathbf{A}\cdot\mathbf{A}}$

$$\cos\theta = \frac{\mathbf{A}\cdot\mathbf{B}}{|\mathbf{A}||\mathbf{B}|} = \frac{\mathbf{A}\cdot\mathbf{B}}{\sqrt{\mathbf{A}\cdot\mathbf{A}}\sqrt{\mathbf{B}\cdot\mathbf{B}}} \tag{2.3}$$

스칼라곱은 다음과 같은 성질을 갖는다.

A, **B**, **C**가 평면 또는 공간에서 벡터이고 m이 실수일 때

1) $\mathbf{A}\cdot\mathbf{B} = \mathbf{B}\cdot\mathbf{A}$ 교환 법칙
2) $\mathbf{A}\cdot(\mathbf{B}+\mathbf{C}) = \mathbf{A}\cdot\mathbf{B}+\mathbf{A}\cdot\mathbf{C}$ 분배 법칙
3) $m(\mathbf{A}\cdot\mathbf{B}) = (m\mathbf{A})\cdot\mathbf{B} = \mathbf{A}\cdot(m\mathbf{B}) = (\mathbf{A}\cdot\mathbf{B})m$ 결합 법칙

xy 평면에서 두 벡터 $\mathbf{A} = \mathrm{A}_x\boldsymbol{i} + \mathrm{A}_y\boldsymbol{j}$와 $\mathbf{B} = \mathrm{B}_x\boldsymbol{i} + \mathrm{B}_y\boldsymbol{j}$로 주어지면, $\boldsymbol{i}\cdot\boldsymbol{i} = \boldsymbol{j}\cdot\boldsymbol{j} = 1$, $\boldsymbol{i}\cdot\boldsymbol{j} = \boldsymbol{j}\cdot\boldsymbol{i} = 0$이므로

$$\begin{aligned}\mathbf{A}\cdot\mathbf{B} &= (\mathrm{A}_x\boldsymbol{i} + \mathrm{A}_y\boldsymbol{j})\cdot(\mathrm{B}_x\boldsymbol{i} + \mathrm{B}_y\boldsymbol{j}) \\ &= \mathrm{A}_x\mathrm{B}_x\boldsymbol{i}\cdot\boldsymbol{i} + \mathrm{A}_x\mathrm{B}_y\boldsymbol{i}\cdot\boldsymbol{j} + \mathrm{A}_y\mathrm{B}_x\boldsymbol{j}\cdot\boldsymbol{i} + \mathrm{A}_y\mathrm{B}_y\boldsymbol{j}\cdot\boldsymbol{j} \\ &= \mathrm{A}_x\mathrm{B}_x + \mathrm{A}_y\mathrm{B}_y\end{aligned}$$

삼차원 xyz 공간에서 두 벡터 $\mathbf{A} = \mathrm{A}_x\boldsymbol{i} + \mathrm{A}_y\boldsymbol{j} + \mathrm{A}_z\boldsymbol{k}$와 $\mathbf{B} = \mathrm{B}_x\boldsymbol{i} + \mathrm{B}_y\boldsymbol{j} + \mathrm{B}_z\boldsymbol{k}$

로 주어지면, $\boldsymbol{i}\cdot\boldsymbol{i} = \boldsymbol{j}\cdot\boldsymbol{j} = \boldsymbol{k}\cdot\boldsymbol{k} = 1$, $\boldsymbol{i}\cdot\boldsymbol{j} = \boldsymbol{j}\cdot\boldsymbol{i} = \boldsymbol{j}\cdot\boldsymbol{k} = \boldsymbol{k}\cdot\boldsymbol{j} = \boldsymbol{k}\cdot\boldsymbol{i} = \boldsymbol{i}\cdot\boldsymbol{k} = 0$이므로

$$\mathbf{A}\cdot\mathbf{B} = \mathrm{A}_x\mathrm{B}_x + \mathrm{A}_y\mathrm{B}_y + \mathrm{A}_z\mathrm{B}_z$$

일반적으로 n차원에서 직교하는 단위벡터 $\boldsymbol{e}_1, \boldsymbol{e}_2, \cdots, \boldsymbol{e}_n$과 각 성분$(a_1, a_2, \cdots, a_n)$과 $(b_1, b_2, \cdots, b_n)$을 사용하여 벡터

$$\mathbf{A} = a_1\boldsymbol{e}_1 + a_2\boldsymbol{e}_2 + \cdots + a_n\boldsymbol{e}_n \tag{2.4a}$$

과

$$\mathbf{B} = b_1\boldsymbol{e}_1 + b_2\boldsymbol{e}_2 + \cdots + b_n\boldsymbol{e}_n \tag{2.4b}$$

을 나타내면

$$\boldsymbol{e}_i\cdot\boldsymbol{e}_j = \delta_{ij} = \begin{cases} 1, & i = j \\ 0, & i \neq j \end{cases} \tag{2.5}$$

이므로

$$\mathbf{A}\cdot\mathbf{B} = a_1b_1 + a_2b_2 + \cdots + a_nb_n \tag{2.6}$$

즉, 두 벡터의 스칼라곱은 각 성분들의 곱의 합으로 주어진다.

스칼라곱 $\mathbf{A}\cdot\mathbf{B} = \mathrm{B}(\mathrm{A}\cos\theta) = \mathrm{A}(\mathrm{B}\cos\theta)$를 B로 나누면

$$\mathbf{A}\cdot\frac{\mathbf{B}}{\mathrm{B}} = \mathrm{A}\cos\theta$$

B 방향으로 **A**의 성분을 얻을 수 있고 이것은 **A**에 **B** 방향의 단위벡터를 스칼라곱한 것이다.

A로 나누면

$$\frac{\mathbf{A}}{\mathrm{A}}\cdot\mathbf{B} = \mathrm{B}\cos\theta$$

A 방향으로 **B**의 성분을 얻을 수 있고 이것은 **B**에 **A** 방향의 단위벡터를 스칼라곱한 것이며 그림 2.7에 각 방향으로의 성분을 나타내었다.

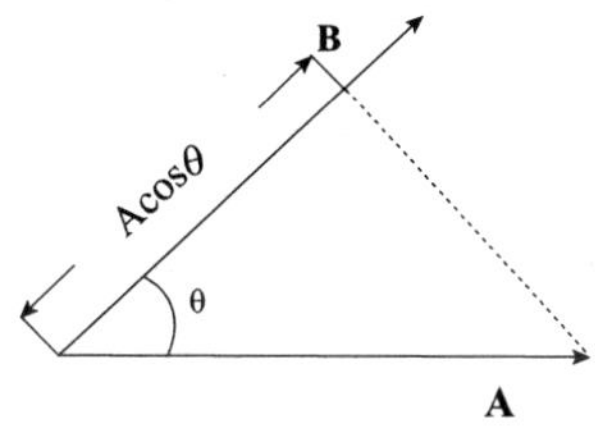

(a) **B** 방향으로 **A**의 성분

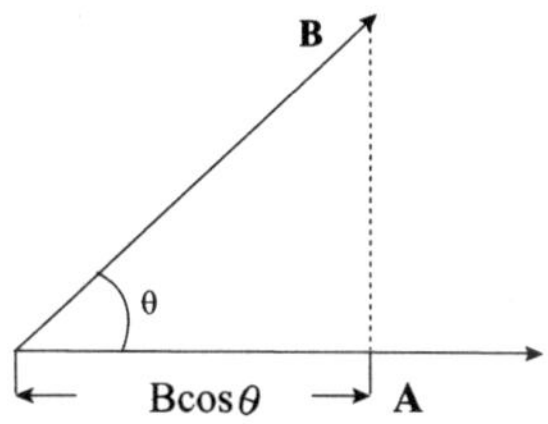

(b) **A** 방향으로 **B**의 성분

| 그림 2.7 |

유사한 방법으로 $\mathbf{A} = A_x\boldsymbol{i} + A_y\boldsymbol{j}$의 x 성분을 얻기 위해서는 **A**와 $\boldsymbol{i}$의 스칼라곱을 구하면 된다.

$$\mathbf{A}\cdot\boldsymbol{i} = (A_x\boldsymbol{i} + A_y\boldsymbol{j})\cdot\boldsymbol{i} = A_x$$

같은 방법으로

$$\mathbf{A}\cdot\boldsymbol{j} = (A_x\boldsymbol{i} + A_y\boldsymbol{j})\cdot\boldsymbol{j} = A_y$$

일반적으로 n차원에서 벡터 $\mathbf{A} = a_1\boldsymbol{e}_1 + a_2\boldsymbol{e}_2 + \cdots + a_n\boldsymbol{e}_n$의 $\boldsymbol{e}_i$ 방향 성분 a_i는

$$a_i = \mathbf{A}\cdot\boldsymbol{e}_i \tag{2.7}$$

로부터 구할 수 있다. 이것은 6장의 직교 함수에서 논의되는 식 (6.16)과 대등하다.

• 벡터곱

이차원에서는 정의되지 않으며 두 벡터 **A**와 **B**의 곱의 결과가 벡터인 **벡터곱** $\mathbf{A}\times\mathbf{B} = \mathbf{C}$가 있다. 곱을 ×(교차, cross)를 사용하여 나타내므로 **교차곱**이라고도 한다. 벡터는 크기와 방향을 가지므로 **C**의 크기와 방향을 정하면 **C**가 결정된다. 삼차원 공간에서 두 벡터 **A**, **B**의 벡터곱의 크기는 다음과 같으며

$$|\mathbf{A}\times\mathbf{B}| = |\mathbf{C}| = C = AB\sin\theta \tag{2.8}$$

여기서 $A = |\mathbf{A}|$, $B = |\mathbf{B}|$, θ는 두 벡터 **A**와 **B**가 이루는 각이다. 방향은 두 벡터 **A**와 **B**가 이루는 평면에 대하여 수직인 선에 대하여 벡터곱 식의 × 앞에 있는 벡터 **A**를 × 뒤에 있는 벡터 **B**로 가져갈 때 오른쪽 나사가 진행하는 방향(엄지를 제외한 오른손의 네 손가락을 **A**에서 **B**로 향하게 감아 쥐면 엄지 손가락이 가리키는 방향)이 벡터 $\mathbf{A}\times\mathbf{B} = \mathbf{C}$의 방향이다.

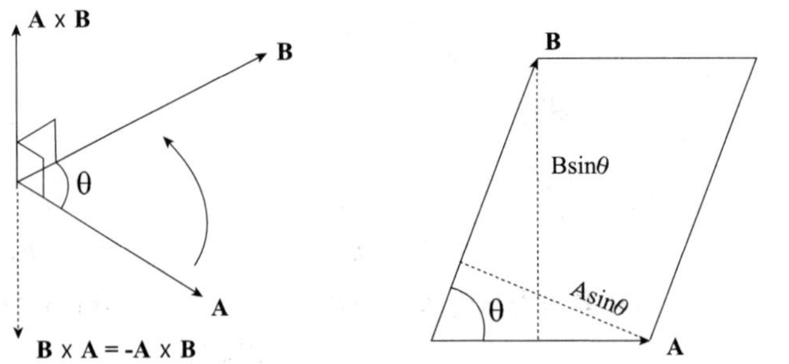

(a) 벡터곱 $\mathbf{A} \times \mathbf{B}$ (b) 벡터곱 $\mathbf{A} \times \mathbf{B}$의 크기 $|\mathbf{A} \times \mathbf{B}|$

| 그림 2.8 |

$|\mathbf{A} \times \mathbf{B}| = \mathrm{A}(\mathrm{B}\sin\theta) = \mathrm{B}(\mathrm{A}\sin\theta)$는 그림 2.8 (b)에서 보는 것처럼 두 벡터가 만드는 평행사변형의 면적과 같다. 두 벡터 **A**와 **B**가 영벡터가 아니고 $\mathbf{A} \times \mathbf{B} = \mathbf{0}$이면 **A**와 **B**는 서로 평행($\theta = 0$)하거나 반평행($\theta = \pi$)하다.

A, **B**, **C**가 공간에서 벡터이고 m이 실수일 때 벡터곱에 대해서 다음과 같은 관계식이 성립한다.

1) $\mathbf{A} \times \mathbf{B} = -\mathbf{B} \times \mathbf{A}$ 반교환
2) $\mathbf{A} \times (\mathbf{B} + \mathbf{C}) = \mathbf{A} \times \mathbf{B} + \mathbf{A} \times \mathbf{C}$ 분배 법칙
3) $m(\mathbf{A} \times \mathbf{B}) = (m\mathbf{A}) \times \mathbf{B} = \mathbf{A} \times (m\mathbf{B}) = (\mathbf{A} \times \mathbf{B})m$ 결합 법칙

벡터곱의 정의에 따라 삼차원 xyz 공간에서 단위벡터 $\boldsymbol{i}, \boldsymbol{j}, \boldsymbol{k}$ 사이의 벡터곱은 다음과 같다.

$$\boldsymbol{i} \times \boldsymbol{i} = \boldsymbol{j} \times \boldsymbol{j} = \boldsymbol{k} \times \boldsymbol{k} = 0$$
$$\boldsymbol{i} \times \boldsymbol{j} = \boldsymbol{k}, \quad \boldsymbol{j} \times \boldsymbol{k} = \boldsymbol{i}, \quad \boldsymbol{k} \times \boldsymbol{i} = \boldsymbol{j}$$
$$\boldsymbol{j} \times \boldsymbol{i} = -\boldsymbol{k}, \quad \boldsymbol{k} \times \boldsymbol{j} = -\boldsymbol{i}, \quad \boldsymbol{i} \times \boldsymbol{k} = -\boldsymbol{j}$$

삼차원 xyz 공간에서 두 벡터 $\mathbf{A} = \mathrm{A}_x\boldsymbol{i} + \mathrm{A}_y\boldsymbol{j} + \mathrm{A}_z\boldsymbol{k}$와 $\mathbf{B} = \mathrm{B}_x\boldsymbol{i} + \mathrm{B}_y\boldsymbol{j} + \mathrm{B}_z\boldsymbol{k}$가 주어지면,

$$\begin{aligned}
\mathbf{C} &= \mathbf{A} \times \mathbf{B} \\
&= (\mathrm{A}_x\boldsymbol{i} + \mathrm{A}_y\boldsymbol{j} + \mathrm{A}_z\boldsymbol{k}) \times (\mathrm{B}_x\boldsymbol{i} + \mathrm{B}_y\boldsymbol{j} + \mathrm{B}_z\boldsymbol{k}) \\
&= \mathrm{A}_x\mathrm{B}_x\boldsymbol{i} \times \boldsymbol{i} + \mathrm{A}_x\mathrm{B}_y\boldsymbol{i} \times \boldsymbol{j} + \mathrm{A}_x\mathrm{B}_z\,\boldsymbol{i} \times \boldsymbol{k} \\
&+ \mathrm{A}_y\mathrm{B}_x\boldsymbol{j} \times \boldsymbol{i} + \mathrm{A}_y\mathrm{B}_y\boldsymbol{j} \times \boldsymbol{j} + \mathrm{A}_y\mathrm{B}_z\boldsymbol{i} \times \boldsymbol{k} \\
&+ \mathrm{A}_z\mathrm{B}_x\boldsymbol{k} \times \boldsymbol{i} + \mathrm{A}_z\mathrm{B}_y\boldsymbol{k} \times \boldsymbol{j} + \mathrm{A}_z\mathrm{B}_z\boldsymbol{k} \times \boldsymbol{k}
\end{aligned}$$

$$= (A_yB_z - A_zB_y)\boldsymbol{i} + (A_zB_x - A_xB_z)\boldsymbol{j} + (A_xB_y - A_yB_x)\boldsymbol{k}$$

$$= \begin{vmatrix} \boldsymbol{i} & \boldsymbol{j} & \boldsymbol{k} \\ A_x & A_y & A_z \\ B_x & B_y & B_z \end{vmatrix} = \begin{vmatrix} \boldsymbol{i} & A_x & B_x \\ \boldsymbol{j} & A_y & B_y \\ \boldsymbol{k} & A_z & B_z \end{vmatrix} \tag{2.9}$$

자기장 안에서 움직이는 전하가 받는 힘, 회전하는 물체의 각속도 **ω**와 각운동량 **L**도 벡터곱으로 표현된다. 예를 들면 속도 **v** m/s를 가진 q C의 전하가 자기유도 **B** T에 의해 받는 힘은 **F** = q**v** × **B**로 주어진다. 입자가 받는 힘의 방향은 **v**에 수직이고 동시에 **B**의 방향에도 수직이다. 또 각속도 **ω**로 회전하는 강체 내의 한 점을 P라 하자. 각속도 벡터 **ω**는 회전축 위에 있고 시간 dt 동안 각도의 변화는 ωdt이다. 점 P에서 회전축까지의 최소 거리(점 P의 회전원의 반지름)는 rsinθ이므로 시간 dt 동안 그 점이 움직인 거리 S는 ωrsinθdt이다. 따라서 속도 벡터의 크기는 $\frac{dS}{dt}$ = ωrsinθ이다. 속도 벡터 **v**는 **ω**와 **r**이 만드는 평면에 수직이기 때문에 방향만 고려하면 **ω**와 **r**의 벡터곱의 방향이다. 그러므로 속도 **v**와 각속도 **ω** 사이의 관계식을 오른손 법칙을 이용하여 **v** = **ω** × **r**로 나타낼 수 있다(그림 2.9 (a)). 유사하게 각운동량 **L**의 방향은 회전축의 방향, 즉 점 P의 회전원의 반지름 벡터 (**r**′)와 속도 벡터 (**v**)가 만드는 평면에 수직이므로 **L** = **r**′ × **p**로 나타낼 수 있다. **r**′ = **r** sinθ이므로 **L**의 크기는 |**L**| = |**r**′||**p**| = |**r** sinθ||**p**| = |**r** ||**p**|sinθ이 된다. 따라서 각운동량 벡터는 **L** = **r** × **p**가 된다(그림 2.9 (b)).

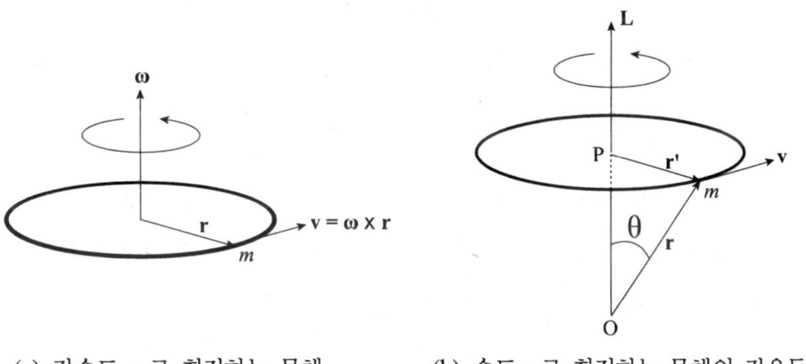

(a) 각속도 **ω**로 회전하는 물체　　(b) 속도 **v**로 회전하는 물체의 각운동량 **L**

| 그림 2.9 |

각운동량을 시간에 대하여 미분하면

$$\begin{aligned}\frac{d\mathbf{L}}{dt} &= \frac{d\mathbf{r}}{dt}\times\mathbf{p}+\mathbf{r}\times\frac{d\mathbf{p}}{dt}\\ &= \mathbf{v}\times m\mathbf{v} + \mathbf{r}\times m\frac{d\mathbf{v}}{dt}\\ &= m(\mathbf{v}\times\mathbf{v}) + \mathbf{r}\times m\boldsymbol{a}\\ &= \mathbf{0} + \mathbf{r}\times\mathbf{F}\\ &= \mathbf{r}\times\mathbf{F} = \boldsymbol{\tau}\end{aligned} \tag{2.10}$$

따라서 회전력 $\boldsymbol{\tau}$는 각운동량의 시간에 대한 변화율로 주어진다. 각운동량이 일정하면, 즉 $\mathbf{L}$은 상수이고 $\frac{d\mathbf{L}}{dt} = 0$이 된다. 위의 식에서 $\mathbf{r} \neq 0$이므로 $\mathbf{F} = 0$이다. 반대로 회전하는 물체에 힘이 작용하지 않으면 각운동량, 즉 회전하는 속도는 일정하게 된다.

$$\begin{aligned}\mathbf{L} &= \mathbf{r}\times\mathbf{p}\\ &= \begin{vmatrix}\boldsymbol{i} & \boldsymbol{j} & \boldsymbol{k}\\ x & y & z\\ p_x & p_y & p_z\end{vmatrix} = (yp_z - zp_y)\boldsymbol{i} + (zp_x - xp_z)\boldsymbol{j} + (xp_y - yp_x)\boldsymbol{k}\\ &= \mathrm{L}_x\boldsymbol{i} + \mathrm{L}_y\boldsymbol{j} + \mathrm{L}_z\boldsymbol{k}\end{aligned} \tag{2.11}$$

따라서 각운동량의 각 성분은

$$\mathrm{L}_x = yp_z - zp_y \tag{2.12a}$$

$$\mathrm{L}_y = zp_x - xp_z \tag{2.12b}$$

$$\mathrm{L}_z = xp_y - yp_x \tag{2.12c}$$

양자 화학에서 각운동량은 고전적인 각운동량의 성분 표현에서 운동량의 성분을 미분 연산자 ($p_x \rightarrow \frac{\hbar}{i}\frac{\partial}{\partial x}$, $p_y \rightarrow \frac{\hbar}{i}\frac{\partial}{\partial y}$, $p_z \rightarrow \frac{\hbar}{i}\frac{\partial}{\partial z}$, 6장 운동량 표현 식 (6.42) 참고)로 바꾸어주면 된다. 즉

$$\mathrm{L}_x = y\frac{\hbar}{i}\frac{\partial}{\partial z} - z\frac{\hbar}{i}\frac{\partial}{\partial y} = \frac{\hbar}{i}\left(y\frac{\partial}{\partial z} - z\frac{\partial}{\partial y}\right) \tag{2.13a}$$

$$\mathrm{L}_y = \frac{\hbar}{i}\left(z\frac{\partial}{\partial x} - x\frac{\partial}{\partial z}\right) \tag{2.13b}$$

$$\mathrm{L}_z = \frac{\hbar}{i}\left(x\frac{\partial}{\partial y} - y\frac{\partial}{\partial x}\right) \tag{2.13c}$$

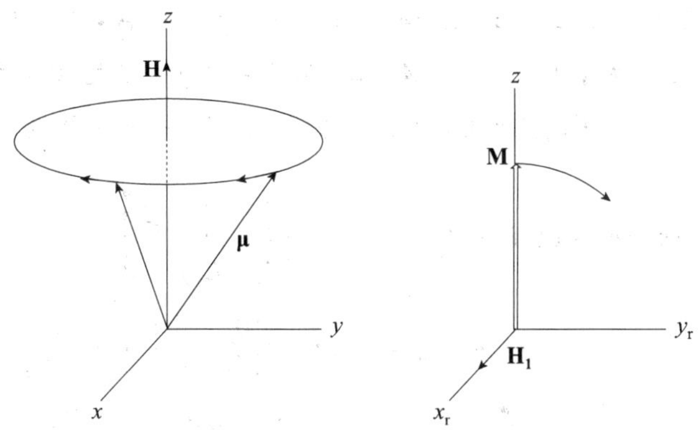

| 그림 2.10 | 자기장 하에서 스핀 자기 모멘트 **μ**와 자기 모멘트 **M**의 운동

자기장 하에서 핵(또는 전자) 스핀은 세차운동을 하게 되는데 스핀의 자기 모멘트 **μ**는 다음과 같은 운동 방정식을 따른다.

$$\frac{d\boldsymbol{\mu}}{dt} = \gamma\boldsymbol{\mu} \times \mathbf{H}$$

시간에 따라서 자기 모멘트 **μ**는 엄지를 제외한 오른손의 네 손가락을 **μ**에서 **H**로 향하게 감아 쥐면 엄지 손가락이 가리키는 방향, 즉 원 둘레의 화살표 방향으로 움직여 세차운동을 하게 된다. 따라서 많은 스핀에 대하여 x, y 성분은 시간에 따라 평균되어 0이 되고 z 성분은 합쳐져 자기 모멘트 **M**으로 된다. 여기에 $\mathbf{H}_1$ 자기장 펄스가 가해지면 회전 좌표계 (x_r, y_r, z)에서 자기 모멘트 **M**의 운동 방정식은 스핀의 자기 모멘트와 유사하게 주어진다.

$$\frac{d\mathbf{M}}{dt} = \gamma\mathbf{M} \times \mathbf{H}_1$$

자기 모멘트 **M**은 엄지를 제외한 오른손의 네 손가락을 **M**(z축)에서 $\mathbf{H}_1$(x_r축)으로 향하게 감아 쥐면 엄지손가락이 가리키는 방향, 즉 x_r축을 중심으로 화살표 방향 (y_r)으로 힘을 받아 회전하게 된다. 회전하는 정도는 $\mathbf{H}_1$의 세기에 비례한다. 일반적으로 y_r축에 검출기를 위치시키므로 **M**이 90° 회전하게 되면 신호가 최대가 된다. 이때의 펄스를 90° 펄스라고 한다.

• 삼중적

$\mathbf{A}\cdot(\mathbf{B}\times\mathbf{C})$은 스칼라 삼중적이라고 한다. 괄호 안의 $\mathbf{B}\times\mathbf{C}$는 벡터이고 **A**와 스칼라곱으로 되어 있으므로 $\mathbf{A}\cdot(\mathbf{B}\times\mathbf{C})$는 스칼라이다. $(\mathbf{A}\cdot\mathbf{B})\times\mathbf{C}$는 $\mathbf{A}\cdot\mathbf{B}$가 스칼라가 되므로 벡터 **C**에 스칼라가 곱해진 벡터가 되므로 스칼라인 $\mathbf{A}\cdot(\mathbf{B}\times\mathbf{C})$와는

다르다. 따라서 $\mathbf{A}\cdot(\mathbf{B}\times\mathbf{C})$에서 괄호 없이 $\mathbf{A}\cdot\mathbf{B}\times\mathbf{C}$로 사용할 수 있다.

$\mathbf{A} = \mathrm{A}_x\boldsymbol{i} + \mathrm{A}_y\boldsymbol{j} + \mathrm{A}_z\boldsymbol{k}$, $\mathbf{B} = \mathrm{B}_x\boldsymbol{i} + \mathrm{B}_y\boldsymbol{j} + \mathrm{B}_z\boldsymbol{k}$, $\mathbf{C} = \mathrm{C}_x\boldsymbol{i} + \mathrm{C}_y\boldsymbol{j} + \mathrm{C}_z\boldsymbol{k}$라 하고 앞의 벡터곱과 Laplace 전개(식 (5.12))를 사용하면

$$\begin{aligned}\mathbf{A}\cdot\mathbf{B}\times\mathbf{C} &= (\mathrm{A}_x\boldsymbol{i} + \mathrm{A}_y\boldsymbol{j} + \mathrm{A}_z\boldsymbol{k})\cdot\begin{vmatrix}\boldsymbol{i} & \boldsymbol{j} & \boldsymbol{k}\\ \mathrm{B}_x & \mathrm{B}_y & \mathrm{B}_z\\ \mathrm{C}_x & \mathrm{C}_y & \mathrm{C}_z\end{vmatrix}\\ &= (\mathrm{A}_x\boldsymbol{i} + \mathrm{A}_y\boldsymbol{j} + \mathrm{A}_z\boldsymbol{k})\cdot\left\{\boldsymbol{i}\begin{vmatrix}\mathrm{B}_y & \mathrm{B}_z\\ \mathrm{C}_y & \mathrm{C}_z\end{vmatrix} + \boldsymbol{j}\left(-\begin{vmatrix}\mathrm{B}_x & \mathrm{B}_z\\ \mathrm{C}_x & \mathrm{C}_z\end{vmatrix}\right) + \boldsymbol{k}\begin{vmatrix}\mathrm{B}_x & \mathrm{B}_y\\ \mathrm{C}_x & \mathrm{C}_y\end{vmatrix}\right\}\\ &= \mathrm{A}_x\begin{vmatrix}\mathrm{B}_y & \mathrm{B}_z\\ \mathrm{C}_y & \mathrm{C}_z\end{vmatrix} + \mathrm{A}_y\left(-\begin{vmatrix}\mathrm{B}_x & \mathrm{B}_z\\ \mathrm{C}_x & \mathrm{C}_z\end{vmatrix}\right) + \mathrm{A}_z\begin{vmatrix}\mathrm{B}_x & \mathrm{B}_y\\ \mathrm{C}_x & \mathrm{C}_y\end{vmatrix}\\ &= \begin{vmatrix}\mathrm{A}_x & \mathrm{A}_y & \mathrm{A}_z\\ \mathrm{B}_x & \mathrm{B}_y & \mathrm{B}_z\\ \mathrm{C}_x & \mathrm{C}_y & \mathrm{C}_z\end{vmatrix}\end{aligned} \tag{2.14}$$

기하학적으로 삼중적은 인접한 세 변이 **A**, **B**, **C**인 평행육면체의 부피와 같다. 벡터곱에서 논의된 것처럼 $|\mathbf{A}\times\mathbf{B}|$는 인접하는 두 변이 **A**와 **B**인 평행사변형의 넓이이다. $\mathbf{A}\times\mathbf{B}$의 방향은 **A**에도 수직, **B**에도 수직, 즉 **A**와 **B**가 이루는 평면에 수직인 **n** 방향이다. β를 **C**와 $\mathbf{A}\times\mathbf{B}$가 이루는 각이라고 하면 **C**와 $\mathbf{A}\times\mathbf{B}$의 스칼라곱은 $|\mathbf{C}||\mathbf{A}\times\mathbf{B}|\cos\beta$이고 $|\mathbf{C}|\cos\beta$는 **C**의 $\mathbf{A}\times\mathbf{B}$에 대한 성분, 즉 높이 h가 된다. 따라서 $\mathbf{C}\cdot\mathbf{A}\times\mathbf{B}$는 $|\mathbf{A}\times\mathbf{B}||\mathbf{C}|\cos\beta$ = 밑면의 면적 · 높이가 되어 인접한 세 변이 **A**, **B**, **C**인 평행육면체의 부피가 된다(그림 2.11).

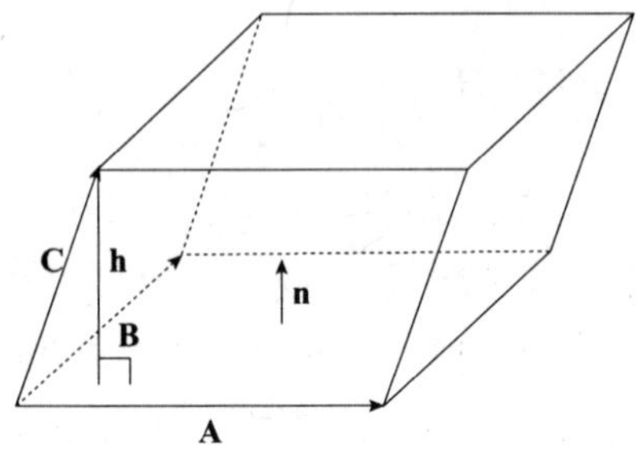

| 그림 2.11 | 인접한 세 변이 **A**, **B**, **C**인 평행육면체

a, ***b***, ***c***를 단위 세포의 격자 벡터라고 하고 한 격자 점에서 다른 격자 점까지의 거리를 **r**이라고 하면

$$\mathbf{r} = n_a\boldsymbol{a} + n_b\boldsymbol{b} + n_c\boldsymbol{c} \tag{2.15}$$

여기서 n_a, n_b, n_c는 정수이다. 앞에서 언급한 것처럼 스칼라 삼중적 $\boldsymbol{a}\cdot(\boldsymbol{b}\times\boldsymbol{c})$는 단위 세포의 부피가 된다. $\boldsymbol{a}^*$, $\boldsymbol{b}^*$, $\boldsymbol{c}^*$를 다음 식과 같이 정의하면

$$\boldsymbol{a}^* = \frac{\boldsymbol{b}\times\boldsymbol{c}}{\boldsymbol{a}\cdot\boldsymbol{b}\times\boldsymbol{c}},\ \boldsymbol{b}^* = \frac{\boldsymbol{c}\times\boldsymbol{a}}{\boldsymbol{a}\cdot\boldsymbol{b}\times\boldsymbol{c}},\ \boldsymbol{c}^* = \frac{\boldsymbol{a}\times\boldsymbol{b}}{\boldsymbol{a}\cdot\boldsymbol{b}\times\boldsymbol{c}} \tag{2.16}$$

각 식 우변의 분자는 면적의 차원을 가지고 분모는 부피의 차원을 가지므로 $\boldsymbol{a}^*$, $\boldsymbol{b}^*$, $\boldsymbol{c}^*$는 길이의 역수 차원을 가진다. 따라서 $\boldsymbol{a}^*$, $\boldsymbol{b}^*$, $\boldsymbol{c}^*$를 **역 격자 벡터**(reciprocal lattice vector)라고 한다. 다음에서 보는 것처럼 격자 벡터와 대응하는 역 격자 벡터를 곱하면 1이 된다.

$$\boldsymbol{a}\cdot\boldsymbol{a}^* = \boldsymbol{b}\cdot\boldsymbol{b}^* = \boldsymbol{c}\cdot\boldsymbol{c}^* = 1$$
$$\boldsymbol{a}^*\cdot\boldsymbol{b} = \boldsymbol{a}^*\cdot\boldsymbol{c} = \boldsymbol{b}^*\cdot\boldsymbol{a} = \boldsymbol{b}^*\cdot\boldsymbol{c} = \boldsymbol{c}^*\cdot\boldsymbol{a} = \boldsymbol{c}^*\cdot\boldsymbol{b} = 0 \tag{2.17}$$

역 격자가 존재하는 수학적 공간을 Fourier 공간이라고 한다. 결정 내의 반복되는 원자들로 구성된 평면에 의하여 산란되는 X-선의 회절 무늬는 Fourier 공간에 나타나게 되므로 관련된 문제를 해석하는 데 Fourier 급수와 Fourier 변환이 유용하다. 이 내용은 6장의 식 (6.47) ~ (6.51)에 설명되어 있다. 또 그림 2.12와 같이 파장 λ를 갖는 X-선이 간격이 일정한 결정의 특정 면에 θ의 각도로 입사(단위벡터 $\mathbf{s}_0$)하여 반사(단위벡터 $\mathbf{s}$)된다면 두 X-선의 광로 차이(path difference)는 $\mathbf{r}\cdot\mathbf{s} - \mathbf{r}\cdot\mathbf{s}_0$이고 산란 벡터 $\mathbf{S}$는 다음과 같이 정의된다.

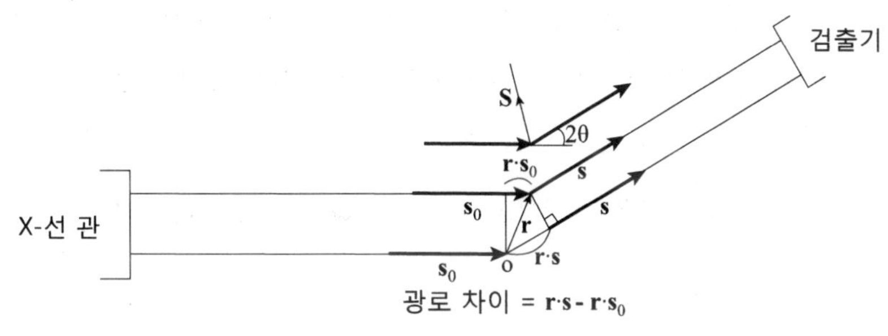

‖그림 2.12‖ 원점 O와 r에서 X-선 산란

$$\mathbf{S} = \frac{\mathbf{s}}{\lambda} - \frac{\mathbf{s}_0}{\lambda} \tag{2.18}$$

$\mathbf{S}$는 입사하는 X-선과 반사되는 X-선 사이의 각을 이등분하는 벡터가 된다.

$$\mathbf{S}\cdot\mathbf{S} = \frac{1}{\lambda^2}(\mathbf{s}^2 + \mathbf{s}_0{}^2 - 2\mathbf{s}\cdot\mathbf{s}_0)$$
$$= \frac{2}{\lambda^2}(1-\cos 2\theta) = \frac{4}{\lambda^2}\sin^2\theta \tag{2.19}$$

S의 크기는

$$|\mathbf{S}| = \frac{2|\sin\theta||\mathbf{s}|}{\lambda} \tag{2.20}$$

이고 0에서 $\frac{2}{\lambda}$까지 변한다. 그러므로 벡터 **S**는 각 축이 길이의 역 단위를 갖는 유한한 좌표계를 구성한다. 이러한 좌표계로 만들어지는 공간을 역공간이라고 부른다. X-선 회절에 관한 6장의 식 (6.54)의 $\mathbf{G}/2\pi$가 **S**에 대응된다.

예제 2.1

세 점 $P_1(x_1, y_1, z_1)$, $P_2(x_2, y_2, z_2)$, $P_3(x_3, y_3, z_3)$를 지나는 평면의 방정식을 구하시오.

풀이

평면 위의 임의의 점 $P(x, y, z)$에 대한 위치 벡터는 $\mathbf{r} = x\boldsymbol{i} + y\boldsymbol{j} + z\boldsymbol{k}$이다. 삼중적을 만들기 위해 세 벡터 $\overrightarrow{P_1P}$, $\overrightarrow{P_1P_2}$, $\overrightarrow{P_1P_3}$를 다음과 같이 위치 벡터들로 나타낼 수 있다.

$$\overrightarrow{P_1P} = \mathbf{r} - \mathbf{r}_1,\ \overrightarrow{P_1P_2} = \mathbf{r}_2 - \mathbf{r}_1,\ \overrightarrow{P_1P_3} = \mathbf{r}_3 - \mathbf{r}_1$$

삼중곱 $\overrightarrow{P_1P} \cdot (\overrightarrow{P_1P_2} \times \overrightarrow{P_1P_3})$에서 벡터곱 $\overrightarrow{P_1P_2} \times \overrightarrow{P_1P_3}$은 이 두 벡터에 수직한 벡터, 즉 평면에 수직한 벡터를 준다. 벡터 $\overrightarrow{P_1P}$은 평면 위에 있으므로 $\overrightarrow{P_1P_2} \times \overrightarrow{P_1P_3}$와 수직 관계이다. 따라서 $\overrightarrow{P_1P}$와 $\overrightarrow{P_1P_2} \times \overrightarrow{P_1P_3}$의 스칼라곱은 0이다. 즉, 평면의 방정식은

$$\overrightarrow{P_1P} \cdot (\overrightarrow{P_1P_2} \times \overrightarrow{P_1P_3}) = (\mathbf{r} - \mathbf{r}_1) \cdot (\mathbf{r}_2 - \mathbf{r}_1) \times (\mathbf{r}_3 - \mathbf{r}_1) = 0$$

이다.

$$\begin{vmatrix} x - x_1 & y - y_1 & z - z_1 \\ x_2 - x_1 & y_2 - y_1 & z_2 - z_1 \\ x_3 - x_1 & y_3 - y_1 & z_3 - z_1 \end{vmatrix} = 0$$

연습 문제 2.1

세 점 $P_1(1, 2, 3)$, $P_2(2, -3, 2)$, $P_3(2, -1, -1)$를 지나는 평면의 방정식을 구하시오.

답 $17x + 3y + 2z - 29 = 0$

두 번째로 중요한 삼중적은 $\mathbf{A} \times (\mathbf{B} \times \mathbf{C})$로 쓰는 벡터 삼중적이다. 여기서는 괄호를 생략할 수 없다. 예를 들어 삼차원 xyz 공간에서 기본 단위벡터를 사용하여 괄호를 달리한 두 벡터 삼중적을 계산해 보면

$$\boldsymbol{i} \times (\boldsymbol{j} \times \boldsymbol{j}) = 0$$
$$(\boldsymbol{i} \times \boldsymbol{j}) \times \boldsymbol{j} = \boldsymbol{k} \times \boldsymbol{j} = -\boldsymbol{i}$$

로 다르다. 따라서 일반적으로 $\mathbf{A} \times (\mathbf{B} \times \mathbf{C}) \neq (\mathbf{A} \times \mathbf{B}) \times \mathbf{C}$이다.

삼중적에 대하여 다음과 같은 관계가 성립한다.

1) $(\mathbf{A} \cdot \mathbf{B})\mathbf{C} \neq \mathbf{A}(\mathbf{B} \cdot \mathbf{C})$
2) $\mathbf{A} \cdot (\mathbf{B} \times \mathbf{C}) = \mathbf{B} \cdot (\mathbf{C} \times \mathbf{A}) = \mathbf{C} \cdot (\mathbf{A} \times \mathbf{B})$
3) $\mathbf{A} \times (\mathbf{B} \times \mathbf{C}) = (\mathbf{A} \cdot \mathbf{C})\mathbf{B} - (\mathbf{A} \cdot \mathbf{B})\mathbf{C}$
4) $(\mathbf{A} \times \mathbf{B}) \times \mathbf{C} = (\mathbf{A} \cdot \mathbf{C})\mathbf{B} - (\mathbf{B} \cdot \mathbf{C})\mathbf{A}$

2.3 벡터 함수

하나의 벡터 $\mathbf{A}$가 하나의 스칼라 u의 각 값에 대응할 때 $\mathbf{A}$는 u의 함수이고 $\mathbf{A}(u)$로 나타낸다. 삼차원에서는 $\mathbf{A}(u) = A_1(u)\,\boldsymbol{i} + A_2(u)\,\boldsymbol{j} + A_3(u)\,\boldsymbol{k}$로 쓸 수 있다. 이를 확장하여 삼차원 xyz 공간에서 점으로 구성된 곡선, 곡면, 삼차원 영역같은 점계의 각 점 $\mathrm{P}(x, y, z)$에 대하여 벡터 $\mathbf{A}$가 주어지면 그들 점에서 벡터장이 주어졌다고 하고 $\mathbf{A}(\mathrm{P})$를 벡터 함수라고 하며 다음과 같이 쓸 수 있다.

$$\mathbf{A}(x, y, z) = A_1(x, y, z)\,\boldsymbol{i} + A_2(x, y, z)\,\boldsymbol{j} + A_3(x, y, z)\,\boldsymbol{k} \tag{2.21}$$

$\mathbf{A}$는 그의 정의 영역 내의 점에 의해서만 결정되며, 일정한 점에서는 어떤 좌표계를 선택하든 좌표계와 무관하게 같은 벡터를 나타낸다.

• 벡터 함수의 극한, 연속, 도함수

벡터 함수의 극한, 연속, 도함수는 1장에서 논의된 스칼라 함수에 대한 것과 유사한 법칙들을 따른다. 다음 명제들이 그 유사성을 보여 준다.

1. 벡터 함수 $\mathbf{A}(u)$에서 임의의 $\varepsilon > 0$에 대하여 $0 < |u - u_0| < \delta$일 때는 언제든지 $|\mathbf{A}(u) - \mathbf{A}(u_0)| < \varepsilon$인 $\delta > 0$를 찾을 수 있다면 벡터 함수 $\mathbf{A}(u)$는 u_0에

서 연속이고 $\lim_{u \to u_0} \mathbf{A}(u) = \mathbf{A}(u_0)$.

2. 도함수는 다음과 같이 정의된다.

$$\frac{d\mathbf{A}}{du} = \lim_{\Delta u \to 0} \frac{\mathbf{A}(u + \Delta u) - \mathbf{A}(u)}{\Delta u} \tag{2.22}$$

도함수가 존재하면 벡터 함수 $\mathbf{A}(u)$는 점 u에서 미분가능하다고 한다.

$\mathbf{A}(u) = A_1(u)\,\boldsymbol{i} + A_2(u)\,\boldsymbol{j} + A_3(u)\,\boldsymbol{k}$의 경우에

$$\frac{d\mathbf{A}}{du} = \frac{dA_1}{du}\boldsymbol{i} + \frac{dA_2}{du}\boldsymbol{j} + \frac{dA_3}{du}\boldsymbol{k} \tag{2.23}$$

벡터 함수를 미분하는 것은 각 성분 함수를 미분하는 것과 같다.

$\frac{d^2A_1}{du^2}$ 같이 고계 미분도 유사하게 정의될 수 있다.

3. $\mathbf{A}(x, y, z) = A_1(x, y, z)\,\boldsymbol{i} + A_2(x, y, z)\,\boldsymbol{j} + A_3(x, y, z)\,\boldsymbol{k}$의 전미분 $d\mathbf{A}$는 다음과 같다.

$$d\mathbf{A} = \frac{\partial \mathbf{A}}{\partial x}dx + \frac{\partial \mathbf{A}}{\partial y}dy + \frac{\partial \mathbf{A}}{\partial z}dz \tag{2.24}$$

4. 곱의 미분도 스칼라 함수의 미분과 유사한 법칙을 따른다.

1) $\frac{d}{du}(\varphi\mathbf{A}) = \varphi\frac{d\mathbf{A}}{du} + \frac{d\varphi}{du}\mathbf{A}$

2) $\frac{d}{du}(\mathbf{A} \cdot \mathbf{B}) = \mathbf{A} \cdot \frac{d\mathbf{B}}{du} + \frac{d\mathbf{A}}{du} \cdot \mathbf{B}$

3) $\frac{d}{du}(\mathbf{A} \times \mathbf{B}) = \mathbf{A} \times \frac{d\mathbf{B}}{du} + \frac{d\mathbf{A}}{du} \times \mathbf{B}$

교차곱의 경우에는 순서가 중요하다.

• 벡터 미분의 기하학적 해석

곡선 C를 따라서 운동하고 있는 입자를 생각하자(그림 2.13). 시간 t에서 원점 O에서 곡선 C에 있는 점 P까지 위치벡터 $\mathbf{r}(t)$, 시간 $t + \Delta t$에서 원점 O에서 곡선 C에 있는 점 Q까지 위치벡터 $\mathbf{r}(t + \Delta t)$, 즉 $\mathbf{r}(t)$를 공간에서 운동하고 있는 입자의 위치벡터라고 하면 $\Delta\mathbf{r}$은 $\overrightarrow{PQ}$의 방향을 갖는다.

$$\Delta\mathbf{r} = \overrightarrow{PQ} = \mathbf{r}(t + \Delta t) - \mathbf{r}(t)$$

따라서 벡터 $\mathbf{r}'$은

$$\mathbf{r}' = \lim_{\Delta t \to 0} \frac{\mathbf{r}(t + \Delta t) - \mathbf{r}(t)}{\Delta t} \tag{2.25}$$

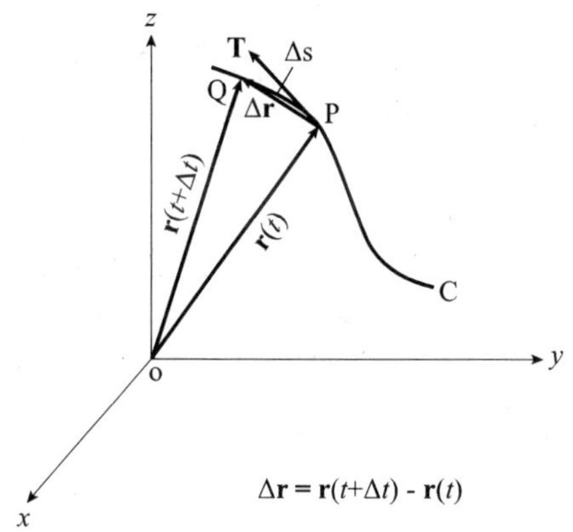

▮그림 2.13▮ 입자의 운동을 나타내는 곡선 C

이 벡터는 점 P에서 곡선 C의 접선 방향을 갖는다. 따라서 $\mathbf{r}'$을 점 P에서 곡선 C의 **접선벡터**라고 하며 이에 대한 단위벡터는

$$\mathbf{u} = \frac{\mathbf{r}'}{|\mathbf{r}'|} = \mathbf{T} \tag{2.26}$$

T는 **단위접선벡터**라고 한다. 또 점 P와 점 Q 사이의 호의 길이를 Δs라고 하면 $\Delta t \to 0$이면 $\Delta s = |\Delta \mathbf{r}|$이므로

$$\mathbf{T} = \frac{d\mathbf{r}}{ds} \tag{2.27}$$

속도 벡터는

$$\mathbf{v} = \frac{d\mathbf{r}}{dt} = \frac{d\mathbf{r}}{ds}\frac{ds}{dt} = \mathbf{T}\mathrm{v} = \mathrm{v}\mathbf{T} \tag{2.28a}$$

$$\mathrm{v} = |\mathbf{v}| = \sqrt{\mathbf{r}' \cdot \mathbf{r}'} = \frac{ds}{dt} \tag{2.28b}$$

v는 물체의 속력을 나타낸다.

2.4 | 기울기, 발산, 회전

• 기울기

곡면 $z = f(x, y)$ 위에 임의의 점 $P(x, y, z)$를 지나며 xz 평면과 yz 평면에 평행

한 면과 만나는 선과 x축과 각도 α를 가지고 두 평면 사이를 지나가는 z축과 평행한 면과 만나는 선을 각각 PR, PS, PQ라고 하고 xy 평면에 투영되는 점을 P′, 선을 P′R′, P′S′, P′Q′이라고 한다.

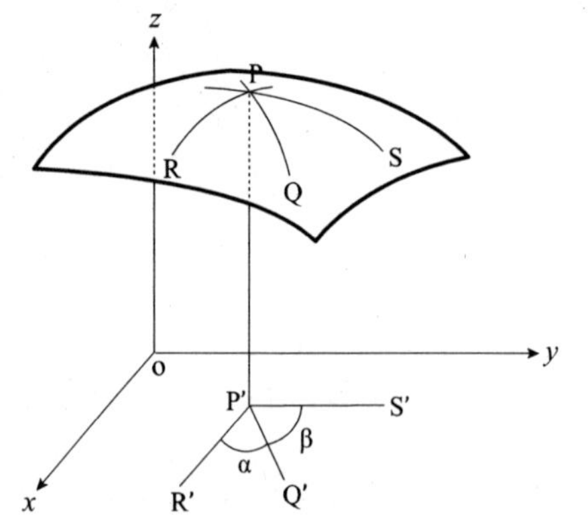

| 그림 2.14 | P에서 $f(x, y)$의 변화율

편도함수 $\frac{\partial z}{\partial x}$와 $\frac{\partial z}{\partial y}$는 각각 y와 x가 고정되었을 때 P(또는 P′)에서 z (= PP′)의 변화율을 나타낸다. 즉, x축과 y축에 평행한 방향으로 각각 z의 변화율을 나타내고 다르게 표현하면 P에서 각각 곡선 PR과 PS의 기울기이다. 선 PQ를 따라서 점 P에서 $f(x, y)$의 **방향도함수**는

$$\frac{dz}{ds} = \frac{\partial z}{\partial x}\cos\alpha + \frac{\partial z}{\partial y}\sin\alpha = \frac{\partial z}{\partial x}\cos\alpha + \frac{\partial z}{\partial y}\cos\beta \tag{2.29}$$

이것은 점 P에서 선 PQ의 기울기 또는 P′Q′ 방향(α 방향)으로 z(= PP′)의 변화율을 나타낸다. 그러므로 점 P에서 방향도함수는 α의 함수이다.

$$\frac{\partial f}{\partial x}\cos\alpha + \frac{\partial f}{\partial y}\sin\alpha = \left(\boldsymbol{i}\frac{\partial f}{\partial x} + \boldsymbol{j}\frac{\partial f}{\partial y}\right)\cdot(\boldsymbol{i}\cos\alpha + \boldsymbol{j}\sin\alpha) \tag{2.30}$$

여기서 $\boldsymbol{a} = \boldsymbol{i}\cos\alpha + \boldsymbol{j}\sin\alpha$는 양의 x축을 따라서 각 α를 갖는 단위벡터이다. 다른 부분은

$$\boldsymbol{i}\frac{\partial f}{\partial x} + \boldsymbol{j}\frac{\partial f}{\partial y} = \left(\boldsymbol{i}\frac{\partial}{\partial x} + \boldsymbol{j}\frac{\partial}{\partial y}\right)f = \nabla f \tag{2.31}$$

로 함수 f에 벡터 미분 연산자(∇ 또는 $\vec{\nabla}$)가 작용한 모양이고 이 미분 연산자를 나블라 또는 델로 읽는다.

$$\nabla = \boldsymbol{i}\frac{\partial}{\partial x} + \boldsymbol{j}\frac{\partial}{\partial y} \tag{2.32}$$

삼차원으로 확장하여 φ(x, y, z)가 함수 φ의 값이 좌표 (x, y, z)에 의존하는 점계 스칼라 함수일 때 함수 $w = \varphi(x, y, z)$에 대하여 점 P(x, y, z)에서 방향 (α, β, γ)로의 방향도함수는

$$\frac{d\varphi}{ds} = \frac{\partial\varphi}{\partial x}\cos\alpha + \frac{\partial\varphi}{\partial y}\cos\beta + \frac{\partial\varphi}{\partial x}\cos\gamma \tag{2.33}$$

로 주어진다. $\cos^2\alpha + \cos^2\beta + \cos^2\gamma = 1$

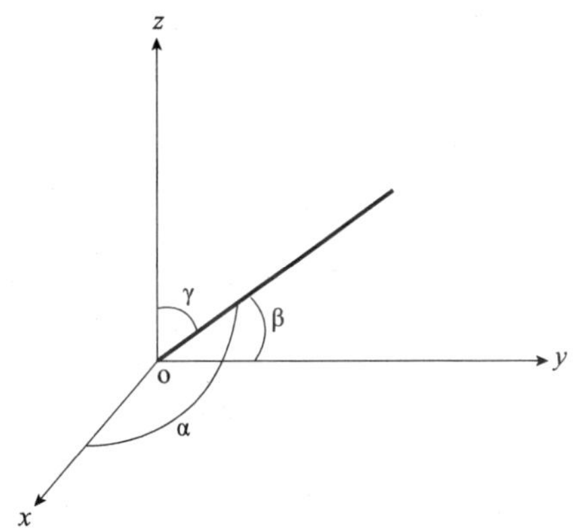

| 그림 2.15 |

앞의 이차원에서와 같은 방법으로 벡터 미분 연산자를 구하여 나타내면

$$\nabla = \boldsymbol{i}\frac{\partial}{\partial x} + \boldsymbol{j}\frac{\partial}{\partial y} + \boldsymbol{k}\frac{\partial}{\partial z} \tag{2.34}$$

$$\nabla\varphi = \mathrm{grad}\varphi = \boldsymbol{i}\frac{\partial\varphi}{\partial x} + \boldsymbol{j}\frac{\partial\varphi}{\partial y} + \boldsymbol{k}\frac{\partial\varphi}{\partial z} \tag{2.35}$$

를 스칼라 함수 φ의 기울기라고 부른다.

∇φ의 기하학적 의미를 이해하기 위하여 곡면의 방정식을 나타내는 함수 φ(x, y, z) = c를 생각하자. 곡면 위의 점 P(x, y, z)에 대하여 위치 벡터를 **r**이라고 하면 전미분

$$d\mathbf{r} = dx\boldsymbol{i} + dy\boldsymbol{j} + dz\boldsymbol{k} \tag{2.36}$$

는 곡면 위의 점 P에서 접선을 의미한다. 함수 φ의 전미분은

$$d\varphi = \frac{\partial\varphi}{\partial x}dx + \frac{\partial\varphi}{\partial y}dy + \frac{\partial\varphi}{\partial z}dz = 0 \tag{2.37a}$$

이고 다음과 같이 $\nabla\varphi$와 $d\mathbf{r}$의 스칼라 곱으로 나타낼 수 있다.

$$\nabla\varphi \cdot d\mathbf{r} = \left(\boldsymbol{i}\frac{\partial\varphi}{\partial x} + \boldsymbol{j}\frac{\partial\varphi}{\partial y} + \boldsymbol{k}\frac{\partial\varphi}{\partial z}\right)\cdot(dx\boldsymbol{i} + dy\boldsymbol{j} + dz\boldsymbol{k})$$

$$= \frac{\partial\varphi}{\partial x}dx + \frac{\partial f}{\partial y}dy + \frac{\partial f}{\partial z}dz = d\varphi = 0 \tag{2.37b}$$

$\nabla\varphi$와 $d\mathbf{r}$의 스칼라곱이 0이므로 $\nabla\varphi$와 $d\mathbf{r}$은 서로 직교한다. $d\mathbf{r}$ ($\Delta\mathbf{r} \to d\mathbf{r}$)은 곡면 위의 점 P에서 접선을 의미하고 접선을 포함하는 평면에 있으므로 그것에 수직인 $\nabla\varphi$는 곡면 위의 점 P에서 곡면에 수직인 벡터가 된다(그림 2.16).

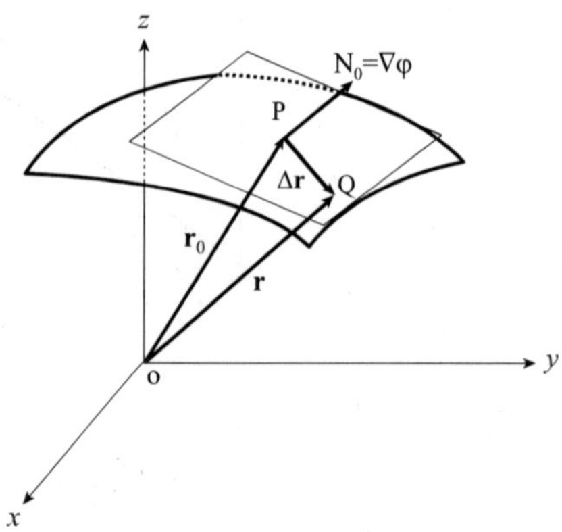

| 그림 2.16 | 곡면 점 P에서 접하는 평면과 평면에 수직인 벡터 $\mathbf{N}_0$

예제 2.2

그림 2.16에서 보는 것처럼 점 $P(x_0, y_0, z_0)$에서 곡면 C에 접하는 평면의 방정식을 구하시오. 단, 곡면의 방정식은 $F(x, y, z) = 0$이고 한 점 $Q(x, y, z)$는 평면 위에 있다.

풀이

식 (2.37)의 결과에서 설명한 것처럼 곡면에 수직한 선의 방정식은 $\mathbf{N}_0 = \nabla F$이므로 곡면에 접하는 평면에 있는 모든 벡터는 $\mathbf{N}_0$에 수직이다. 예를 들면 곡면에 접하는 평면에 있는 벡터 $\Delta\mathbf{r} = \mathbf{r} - \mathbf{r}_0$와 $\mathbf{N}_0$는 서로 수직이므로 두 벡터의 스칼라곱 $\mathbf{N}_0 \cdot \Delta\mathbf{r}$은 0이다.

$$\mathbf{N}_0 \cdot (\mathbf{r}-\mathbf{r}_0)=0$$

$$\mathbf{N}_0 = \nabla \mathrm{F} = \boldsymbol{i}\frac{\partial \mathrm{F}}{\partial x} + \boldsymbol{j}\frac{\partial \mathrm{F}}{\partial y} + \boldsymbol{k}\frac{\partial \mathrm{F}}{\partial z} = \boldsymbol{i}\mathrm{F}_x + \boldsymbol{j}\mathrm{F}_y + \boldsymbol{k}\mathrm{F}_z,$$

$$\mathbf{r}-\mathbf{r}_0 = (x-x_0)\boldsymbol{i} + (y-y_0)\boldsymbol{j} + (z-z_0)\boldsymbol{k}$$

따라서 곡면 C에 접하는 평면의 방정식은

$$\mathrm{F}_x\Big|_{\mathrm{P}}(x-x_0) + \mathrm{F}_y\Big|_{\mathrm{P}}(y-y_0) + \mathrm{F}_z\Big|_{\mathrm{P}}(z-z_0) = 0$$

연습 문제 2.2

곡선의 방정식은 $\mathbf{R}(x, y, z) = \mathbf{R}(f(u), g(u), h(u)) = f(u)\boldsymbol{i} + g(u)\boldsymbol{j} + h(u)\boldsymbol{k}$이고 점 Q$(x, y, z)$는 $\mathbf{T}_0$ 방향의 직선 위에 있다.

(1) 그림 2.17에서 보는 것처럼 점 P(x_0, y_0, z_0)에서 곡선 C에 접하는 선($\mathbf{T}_0$)의 방정식을 구하시오.

(2) $\mathbf{T}_0$에 수직한 평면 위의 한 점을 S(x, y, z)라고 하고 $\mathbf{T}_0$에 수직한 평면의 방정식을 구하시오.

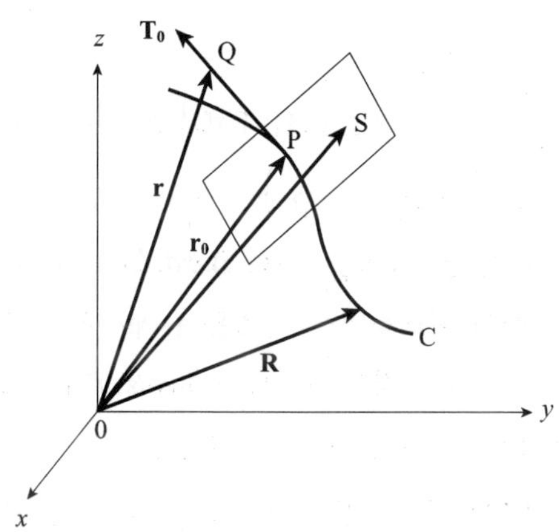

| 그림 2.17 | 점 P에서 곡선 C의 접선 $\mathbf{T}_0$와 수직인 평면

답 (1) $\mathbf{T}_0 = \dfrac{(x-x_0)}{f'(u_0)} = \dfrac{(y-y_0)}{g'(u_0)} = \dfrac{(z-z_0)}{h'(u_0)}$

(2) $(\mathbf{r}-\mathbf{r}_0)\cdot\left(\dfrac{d\mathbf{R}}{du}\right)_{\mathrm{P}} = 0$ 또는 $(x-x_0)f'(u_0) + (y-y_0)g'(u_0) + (z-z_0)h'(u_0) = 0$

- **발산**

xyz 공간에서 $\mathbf{A}(x, y, z) = \mathrm{A}_1\boldsymbol{i} + \mathrm{A}_2\boldsymbol{j} + \mathrm{A}_3\boldsymbol{k}$를 미분가능한 벡터 함수라고 하

면 함수 $\nabla \cdot \mathbf{A}$를 벡터 $\mathbf{A}$의 발산 또는 $\mathbf{A}$에 의해 정의된 벡터장의 발산이라고 하며 다음 식과 같다.

$$\nabla \cdot \mathbf{A} = \text{div}\mathbf{A} = \left(\boldsymbol{i}\frac{\partial}{\partial x} + \boldsymbol{j}\frac{\partial}{\partial y} + \boldsymbol{k}\frac{\partial}{\partial z}\right) \cdot (\mathrm{A}_1\boldsymbol{i} + \mathrm{A}_2\boldsymbol{j} + \mathrm{A}_3\boldsymbol{k})$$
$$= \frac{\partial \mathrm{A}_1}{\partial x} + \frac{\partial \mathrm{A}_2}{\partial y} + \frac{\partial \mathrm{A}_3}{\partial z} \qquad (2.38)$$

유체가 흐르는 영역에서 부피 요소 $dV = dxdydz$를 생각하자. 유체는 부피 요소 육면체의 여섯 면을 통하여 들어오고 나간다.

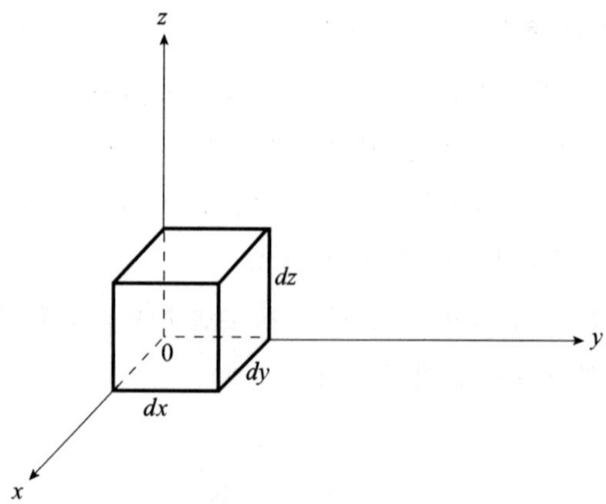

| 그림 2.18 | 유체가 흐르는 영역의 부피 요소 dV

시간 Δt 동안 유속 $\mathbf{v}$로 유체가 흐른다면 왼쪽 면을 통하여 dV로 들어오는 유입률은 $\mathbf{v} \cdot \boldsymbol{j}$이므로 유입률은 $(\mathbf{v} \cdot \boldsymbol{j})dxdz\Delta t = \mathrm{v}_y dxdz\Delta t$가 된다. 같은 방법으로 오른쪽 면을 통하여 흘러나가는 유출률을 계산하기 위해서는 v_y의 변화 $(\mathrm{v}_y + \Delta\mathrm{v}_y)$를 고려해야 한다. 유출량은 $(\mathrm{v}_y + \Delta\mathrm{v}_y)dxdz\Delta t$가 되고 순 유출률은 유출률에서 유입률을 빼면 된다. 그리고 dy의 크기를 고려하면 순 유출률은 $\left(\frac{\partial \mathrm{v}_y}{\partial y}dy\right)dxdz\Delta t$가 된다. 같은 방법으로 앞면과 뒷면에 대하여 순 유출률은 $\left(\frac{\partial \mathrm{v}_x}{\partial x}dx\right)dydz\Delta t$가 된다. 위와 아랫면에 대해서는 $\left(\frac{\partial \mathrm{v}_z}{\partial z}dz\right)dxdy\Delta t$가 된다. 따라서 dV를 통하여 유출되는 유체의 순 유출량은 $\left(\frac{\partial \mathrm{v}_x}{\partial x} + \frac{\partial \mathrm{v}_y}{\partial y} + \frac{\partial \mathrm{v}_z}{\partial z}\right)dxdy\,dz\Delta t = \nabla \cdot \mathbf{v}dV\Delta t$이다. 이것을 $dV\Delta t$로 나누면 단위 시간당 단위 부피당 유체의 순 유출량 $\nabla \cdot \mathbf{v}$를 얻는다. 단위 부피당 유체가 순 유출되는, 즉 유체가 퍼져나가는(발산해나가는) 양이 $\nabla \cdot \mathbf{v}$의 의미이다. 밀도를 고려하면 단위 시간당 단위 부피당 유체의 순 유출량은 $\nabla \cdot (\rho\mathbf{v})$이다. dV에서 Δt 동안 유체는 유체의 밀도 ρ의 시간에 대한 변화를 고려하면 $\frac{\partial \rho}{\partial t}\Delta t dV$만큼 만큼 흘러나간다. 따라서 계에 대한 단위 시간당 단위 부피당 유체의 변화량은

$-\frac{\partial \rho}{\partial t}$가 된다. 따라서 $\nabla \cdot (\rho \mathbf{v}) = -\frac{\partial \rho}{\partial t}$ 또는 $\frac{\partial \rho}{\partial t} + \nabla \cdot (\rho \mathbf{v}) = 0$을 얻는다. 이것을 압축성 유체의 흐름에 대한 **연속 방정식**(continuity equation)이라고 한다. 계가 정류상태에 있어서 ρ가 시간에 무관하다면 $\frac{\partial \rho}{\partial t} = 0$이므로 $\nabla \cdot (\rho \mathbf{v}) = 0$을 얻는다. 비압축성 유체의 경우에도 밀도는 변하지 않는 상수이므로 이에 해당되고 $\rho \nabla \cdot \mathbf{v} = 0$이 된다. 그러므로 $\nabla \cdot \mathbf{v} = 0$은 비압축성의 조건으로 알려져 있다.

• 회전

xyz 공간에서 $\mathbf{A}(x, y, z) = A_1\boldsymbol{i} + A_2\boldsymbol{j} + A_3\boldsymbol{k}$를 미분가능한 벡터 함수라고 하면 함수 $\nabla \times \mathbf{A}$를 벡터 $\mathbf{A}$의 **회전** 또는 $\mathbf{A}$에 의해 정의된 벡터장의 회전이라고 하며 다음 식과 같다.

$$
\begin{aligned}
\nabla \times \mathbf{A} &= \mathrm{curl}\mathbf{A} = \left(\boldsymbol{i}\frac{\partial}{\partial x} + \boldsymbol{j}\frac{\partial}{\partial y} + \boldsymbol{k}\frac{\partial}{\partial z}\right) \times (A_1\boldsymbol{i} + A_2\boldsymbol{j} + A_3\boldsymbol{k}) \\
&= \begin{vmatrix} \boldsymbol{i} & \boldsymbol{j} & \boldsymbol{k} \\ \frac{\partial}{\partial x} & \frac{\partial}{\partial y} & \frac{\partial}{\partial z} \\ A_1 & A_2 & A_3 \end{vmatrix} \\
&= \boldsymbol{i}\begin{vmatrix} \frac{\partial}{\partial y} & \frac{\partial}{\partial z} \\ A_2 & A_3 \end{vmatrix} + \boldsymbol{j}\left(-\begin{vmatrix} \frac{\partial}{\partial x} & \frac{\partial}{\partial z} \\ A_1 & A_3 \end{vmatrix}\right) + \boldsymbol{k}\begin{vmatrix} \frac{\partial}{\partial x} & \frac{\partial}{\partial y} \\ A_1 & A_2 \end{vmatrix} \\
&= \left(\frac{\partial A_3}{\partial y} - \frac{\partial A_2}{\partial z}\right)\boldsymbol{i} + \left(\frac{\partial A_1}{\partial z} - \frac{\partial A_3}{\partial x}\right)\boldsymbol{j} + \left(\frac{\partial A_2}{\partial x} - \frac{\partial A_1}{\partial y}\right)\boldsymbol{k}
\end{aligned} \tag{2.39}
$$

회전의 의미를 이해하기 위하여 강체가 일정한 각속도 $\boldsymbol{\omega}(\omega\boldsymbol{k})$로 회전하고 있다면 강체의 회전 속도 $\mathbf{v}$는 그림 2.9와 관련하여 설명한 것처럼 $\boldsymbol{\omega} \times \mathbf{r}$이다. 이것을 $\nabla \times \mathbf{v}$에 대입하고 ∇ 연산자와 관련된 공식 8을 사용하면

$$
\begin{aligned}
\nabla \times \mathbf{v} &= \nabla \times \boldsymbol{\omega} \times \mathbf{r} \\
&= (\mathbf{r} \cdot \nabla)\boldsymbol{\omega} - \mathbf{r}(\nabla \cdot \boldsymbol{\omega}) - (\boldsymbol{\omega} \cdot \nabla)\mathbf{r} + \boldsymbol{\omega}(\nabla \cdot \mathbf{r}) \\
&= \left\{(x\boldsymbol{i} + y\boldsymbol{j} + z\boldsymbol{k}) \cdot \left(\boldsymbol{i}\frac{\partial}{\partial x} + \boldsymbol{j}\frac{\partial}{\partial y} + \boldsymbol{k}\frac{\partial}{\partial z}\right)\right\}\omega\boldsymbol{k} \\
&\quad - (x\boldsymbol{i} + y\boldsymbol{j} + z\boldsymbol{k})\left\{\left(\boldsymbol{i}\frac{\partial}{\partial x} + \boldsymbol{j}\frac{\partial}{\partial y} + \boldsymbol{k}\frac{\partial}{\partial z}\right) \cdot \omega\boldsymbol{k}\right\} \\
&\quad - \left\{\omega\boldsymbol{k} \cdot \left(\boldsymbol{i}\frac{\partial}{\partial x} + \boldsymbol{j}\frac{\partial}{\partial y} + \boldsymbol{k}\frac{\partial}{\partial z}\right)\right\}(x\boldsymbol{i} + y\boldsymbol{j} + z\boldsymbol{k}) \\
&\quad + \omega\boldsymbol{k}\left\{\left(\boldsymbol{i}\frac{\partial}{\partial x} + \boldsymbol{j}\frac{\partial}{\partial y} + \boldsymbol{k}\frac{\partial}{\partial z}\right) \cdot (x\boldsymbol{i} + y\boldsymbol{j} + z\boldsymbol{k})\right\} \\
&= \left\{x\frac{\partial}{\partial x} + y\frac{\partial}{\partial y} + z\frac{\partial}{\partial z}\right\}\omega\boldsymbol{k} - (x\boldsymbol{i} + y\boldsymbol{j} + z\boldsymbol{k})\left\{\frac{\partial}{\partial z}\omega\right\}
\end{aligned}
$$

$$-\left\{\omega\frac{\partial}{\partial z}\right\}(x\boldsymbol{i} + y\boldsymbol{j} + z\boldsymbol{k}) + \omega\boldsymbol{k}\left\{\frac{\partial}{\partial x}x + \frac{\partial}{\partial y}y + \frac{\partial}{\partial z}z\right\}$$

$$= -\omega\boldsymbol{k} + 3\omega\boldsymbol{k} = 2\omega\boldsymbol{k}$$

$$= 2\boldsymbol{\omega}$$

그러므로 $\nabla \times \mathbf{v}$는 회전 각속도 (2ω)와 직결되어 있음을 알 수 있다.

∇ 연산자와 관련된 공식

1) $\nabla(u + v) = \nabla u + \nabla v$
2) $\nabla \cdot (\mathbf{A} + \mathbf{B}) = \nabla \cdot \mathbf{A} + \nabla \cdot \mathbf{B}$
3) $\nabla \times (\mathbf{A} + \mathbf{B}) = \nabla \times \mathbf{A} + \nabla \times \mathbf{B}$
4) $\nabla \cdot (u\mathbf{A}) = (\nabla u) \cdot \mathbf{A} + u(\nabla \cdot \mathbf{A})$
5) $\nabla \times (u\mathbf{A}) = (\nabla u) \times \mathbf{A} + u(\nabla \times \mathbf{A})$
6) $\nabla \cdot (\mathbf{A} \times \mathbf{B}) = \mathbf{B} \cdot (\nabla \times \mathbf{A}) - \mathbf{A} \cdot (\nabla \times \mathbf{B})$
7) $\mathbf{A} \cdot (\nabla \times \mathbf{B}) = \nabla(\mathbf{A} \cdot \mathbf{B}) - (\mathbf{A} \cdot \nabla)\mathbf{B}$
8) $\nabla \times (\mathbf{A} \times \mathbf{B}) = (\mathbf{B} \cdot \nabla)\mathbf{A} - \mathbf{B}(\nabla \cdot \mathbf{A}) - (\mathbf{A} \cdot \nabla)\mathbf{B} + \mathbf{A}(\nabla \cdot \mathbf{B})$
9) $\nabla \cdot (\mathbf{A} \cdot \mathbf{B}) = (\mathbf{B} \cdot \nabla)\mathbf{A} + (\mathbf{A} \cdot \nabla)\mathbf{B} + \mathbf{B} \times (\nabla \times \mathbf{A}) + \mathbf{A} \times (\nabla \times \mathbf{B})$
10) $\nabla \cdot \nabla u = \nabla^2 u = \frac{\partial^2 u}{\partial x^2} + \frac{\partial^2 u}{\partial y^2} + \frac{\partial^2 u}{\partial z^2}$ (∇^2 : Laplacian 연산자)
11) $\nabla \times (\nabla u) = 0$
12) $\nabla \cdot (\nabla \times \mathbf{A}) = 0$
13) $\nabla \times (\nabla \times \mathbf{A}) = \nabla \cdot (\nabla \cdot \mathbf{A}) - \nabla^2 \mathbf{A}$
14) $\nabla \times (\nabla\varphi_1 \times \nabla\varphi_2) = 0$

- **Maxwell의 전자기 파동 방정식**

전기장을 **E**, 자기 유도를 **B**, 빛의 속도를 c라고 하면 (cgs 단위)

$$\nabla \cdot \mathbf{E} = 0 \tag{2.40a}$$

$$\nabla \cdot \mathbf{B} = 0 \tag{2.40b}$$

$$\nabla \times \mathbf{E} = -\frac{1}{c}\frac{\partial \mathbf{B}}{\partial t} \tag{2.40c}$$

$$\nabla \times \mathbf{B} = \frac{1}{c}\frac{\partial \mathbf{E}}{\partial t} \tag{2.40d}$$

Maxwell 방정식 중 세 번째 식 (2.40c)에 $\nabla \times$를 작용시키면

$$\nabla \times \nabla \times \mathbf{E} = -\frac{1}{c}\frac{\partial(\nabla \times \mathbf{B})}{\partial t}$$

좌변에 ∇ 연산자와 관련된 공식 13과 Maxwell 방정식 중 첫째 식 (2.40a)를 적용하면

$$\nabla \times \nabla \times \mathbf{E} = \nabla \cdot (\nabla \cdot \mathbf{E}) - \nabla^2 \mathbf{E} = -\nabla^2 \mathbf{E}$$

우변에 Maxwell 방정식 중 넷째 식 (2.40d)를 적용하면

$$-\frac{1}{c}\frac{\partial(\nabla \times \mathbf{B})}{\partial t} = -\frac{1}{c}\frac{\partial}{\partial t}\left(\frac{1}{c}\frac{\partial \mathbf{E}}{\partial t}\right) = -\frac{1}{c^2}\frac{\partial^2 \mathbf{E}}{\partial t^2}$$

그러므로

$$\nabla^2 \mathbf{E} = \frac{1}{c^2}\frac{\partial^2 \mathbf{E}}{\partial t^2} \tag{2.41a}$$

Maxwell 방정식 중 네 번째 식 (2.40d)에 $\nabla \times$를 작용시키고 위와 같은 방법으로 정리하면

$$\nabla^2 \mathbf{B} = \frac{1}{c^2}\frac{\partial^2 \mathbf{B}}{\partial t^2} \tag{2.41b}$$

을 얻는다. 따라서 $\Psi = \mathbf{E}$ 또는 $\mathbf{B}$라면

$$\nabla^2 \Psi = \frac{1}{c^2}\frac{\partial^2 \Psi}{\partial t^2} \tag{2.41c}$$

이 식의 좌변은 공간에 대한 함수의 미분 식이고 우변은 시간에 대한 미분 식으로 등식이 성립하려면 어떤 상수와 같다. 이것은 함수를 두 번 미분한 결과가 원래 함수에 상수를 곱한 꼴이 되므로 이 미분방정식의 해는 sine 함수 같은 파동함수가 된다. 전자기파가 공간에 파동으로 전파되는 것을 의미한다.

또 ∇ 연산자와 관련된 공식 6을 $\mathbf{E} \times \mathbf{B}$에 적용하면

$$\begin{aligned}\nabla \cdot (\mathbf{E} \times \mathbf{B}) &= \mathbf{B} \cdot (\nabla \times \mathbf{E}) - \mathbf{E} \cdot (\nabla \times \mathbf{B}) \\ &= \mathbf{B} \cdot \left(-\frac{1}{c}\frac{\partial \mathbf{B}}{\partial t}\right) - \mathbf{E} \cdot \left(\frac{1}{c}\frac{\partial \mathbf{E}}{\partial t}\right) \\ &= -\frac{1}{c}\frac{1}{2}\left(\frac{\partial \mathbf{B}^2}{\partial t} + \frac{\partial \mathbf{E}^2}{\partial t}\right) \\ &= -\frac{1}{2c}\frac{\partial}{\partial t}(\mathbf{B}^2 + \mathbf{E}^2)\end{aligned}$$

따라서

$$\frac{1}{2}\frac{\partial}{\partial t}(\mathbf{B}^2 + \mathbf{E}^2) + c\boldsymbol{\nabla}\cdot(\mathbf{E}\times\mathbf{B}) = 0 \tag{2.42}$$

2.5 직교 곡선 좌표계

이차원 xy 직교 좌표계에서 어떤 물리적 성질을 $f(x, y)$로 나타낼 수 있다. 또 삼각 함수의 관계식을 이용하여 $\rho\varphi$ 극좌표계에서 $g(\rho, \varphi)$로 나타낼 수 있다. 이들 사이의 변환은

$$x = \rho\cos\varphi,\ y = \rho\sin\varphi$$

또는

$$\rho = \sqrt{x^2 + y^2},\ \varphi = \tan^{-1}\frac{y}{x}$$

의 관계식을 사용한다.

1장에서 정의된 gamma 함수 $\Gamma\left(\frac{1}{2}\right)$는 다음과 같이 주어지고 그 값은 $x = u^2$ $(dx = 2udu)$으로 치환한 후 $\rho\varphi$ 극좌표계에서 구할 수 있다.

$$\Gamma\left(\frac{1}{2}\right) = \int_0^\infty x^{-1/2}e^{-x}\,dx$$
$$= 2\int_0^\infty e^{-u^2}\,du$$
$$\mathrm{I} = \int_0^\infty e^{-au^2}\,du$$
$$\mathrm{I}^2 = \int_0^\infty e^{-au^2}\,du \int_0^\infty e^{-av^2}\,dv$$

$u = \rho\cos\varphi,\ v = \rho\sin\varphi,\ \rho = \sqrt{u^2 + v^2}$이라고 하면
직교 좌표계인 uv 평면의 (u, v)에서 미소 면적 변화는 $dudv$이고 극좌표계인 $\rho\varphi$ 평면의 (ρ, φ)에서 ρ가 조금 변하면 $d\rho$이고 φ가 조금 변하면 $\rho d\varphi$가 되며 ρ와 φ가 변하는 방향은 서로 수직이므로 미소 면적 변화는 $\rho d\rho d\varphi$가 된다(그림 2.19). 여기서 $d\rho$와 $\rho d\varphi$는 뒤에 다루는 원기둥 좌표계에서 z 부분을 고려하지 않으면 되므로 각각 원기둥 좌표계의 $h_1 d\rho$과 $h_2 d\varphi(h_1 = 1,\ h_2 = \rho)$와 같다(연습 문제 2.3).

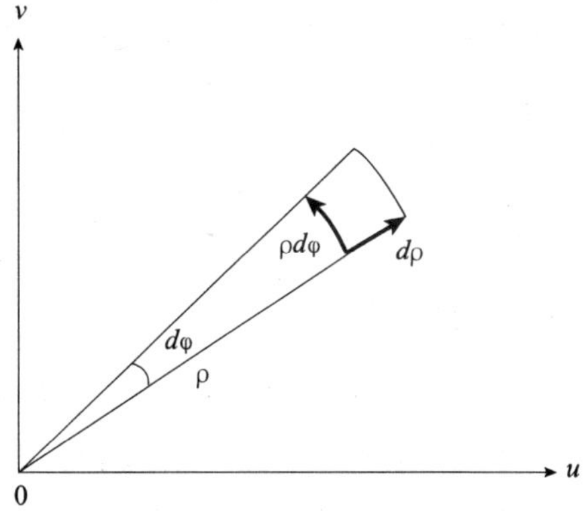

‖그림 2.19‖ 극좌표계에서 미소 면적 변화 $\rho d\rho d\varphi$

그리고 uv 평면의 일사분면에 대한 적분 영역은 $\rho\varphi$ 평면에서는 ρ가 $0 \to \infty$이고 φ는 $0 \to \frac{\pi}{2}$가 된다.

$$I^2 = \int_0^\infty \int_0^\infty e^{-a(u^2+v^2)}\, dudv$$

$$= \int_0^{\pi/2} d\varphi \int_0^\infty e^{-a\rho^2} \frac{2a}{2a} \rho d\rho = \frac{\pi}{2} \frac{-1}{2a} e^{-\rho^2}\Big|_0^\infty = \frac{\pi}{4a}$$

$$I = \int_0^\infty e^{-au^2}\, du = \frac{1}{2}\sqrt{\frac{\pi}{a}} \quad \text{또는} \quad \int_{-\infty}^\infty e^{-au^2}\, du = \sqrt{\frac{\pi}{a}} \tag{2.43}$$

따라서

$$\Gamma\left(\frac{1}{2}\right) = \sqrt{\pi}$$

이 적분값은 4장에서 Hermite 다항식의 정규화 상수를 구할 때 사용되고 7장 Laplace 변환의 계산에도 사용된다.

삼차원 xyz 직교 좌표계와 $r\theta\varphi$ 구면 좌표계 사이의 변환은

$$x = r\sin\theta\cos\varphi,\ y = r\sin\theta\sin\varphi,\ z = r\cos\theta$$

또는

$$r = \sqrt{x^2 + y^2},\ \theta = \cos^{-1}\frac{z}{\sqrt{x^2+y^2+z^2}},\ \varphi = \tan^{-1}\frac{y}{x}$$

의 관계식을 사용한다.

일반적으로 xyz 직교 좌표계로부터 $u_1u_2u_3$ 좌표계로의 변환은

$$x = f(u_1, u_2, u_3) \tag{2.44a}$$

$$y = g(u_1, u_2, u_3) \tag{2.44b}$$

$$z = h(u_1, u_2, u_3) \tag{2.44c}$$

의 관계식을 사용한다. 여기서 f, g, h는 연속이고 연속 편도함수와 일가의 역(inverse)을 갖는다. xyz와 $u_1u_2u_3$ 좌표계에서 각 점들 사이에는 일대일의 대응관계가 성립한다. 벡터 표현으로 위 변환은 다음과 같이 쓸 수 있다.

$$\mathbf{r} = x\boldsymbol{i} + y\boldsymbol{j} + z\boldsymbol{k} = f(u_1, u_2, u_3)\boldsymbol{i} + g(u_1, u_2, u_3)\boldsymbol{j} + h(u_1, u_2, u_3)\boldsymbol{k} \tag{2.45}$$

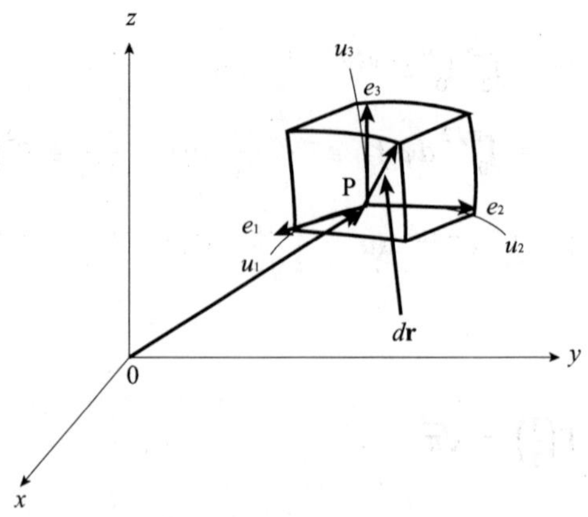

| 그림 2.20 | 직교 곡선 좌표계에서 단위벡터와 미소 체적 변화 dV

그림 2.20의 점 P는 직교 좌표(x, y, z)로 나타낼 수 있을 뿐만 아니라 좌표(u_1, u_2, u_3)로 나타낼 수 있다. 여기서 u_1, u_2, u_3 방향으로의 단위벡터를 $\boldsymbol{e}_1$, $\boldsymbol{e}_2$, $\boldsymbol{e}_3$라고 하고 이들 사이에 다음 관계식이 성립하면

$$\boldsymbol{e}_i \cdot \boldsymbol{e}_j = \delta_{ij} = \begin{cases} 1, & i = j \\ 0, & i \neq j \end{cases} \tag{2.46}$$

$u_1u_2u_3$ 좌표계를 직교 곡선 좌표계(orthogonal curvilinear coordinate)라고 한다. 점 P에서 u_2와 u_3를 고정시키고 u_1을 변화시킬 때 $\mathbf{r}$은 u_1 좌표 곡선이라고 불리는 곡선으로 기술된다. 유사하게 u_2와 u_3를 정의한다. 그러면

$$d\mathbf{r} = \frac{\partial \mathbf{r}}{\partial u_1} du_1 + \frac{\partial \mathbf{r}}{\partial u_2} du_2 + \frac{\partial \mathbf{r}}{\partial u_3} du_3 \tag{2.47}$$

여기서 벡터 $\frac{\partial \mathbf{r}}{\partial u_1}$는 점 P에서 u_1 좌표 곡선의 접선벡터이고 이 방향의 단위벡터는 $\boldsymbol{e}_1$이다. 그러면 $\frac{\partial \mathbf{r}}{\partial u_1} = h_1 \boldsymbol{e}_1$이고 $h_1 = \left|\frac{\partial \mathbf{r}}{\partial u_1}\right|$이다. 유사하게 $\frac{\partial \mathbf{r}}{\partial u_2} = h_2 \boldsymbol{e}_2$이고 $h_2 = \left|\frac{\partial \mathbf{r}}{\partial u_2}\right|$, $\frac{\partial \mathbf{r}}{\partial u_3} = h_3 \boldsymbol{e}_3$이고 $h_3 = \left|\frac{\partial \mathbf{r}}{\partial u_3}\right|$이다. $d\mathbf{r}$을 다시 쓰면

$$d\mathbf{r} = h_1 du_1 \boldsymbol{e}_1 + h_2 du_2 \boldsymbol{e}_2 + h_3 du_3 \boldsymbol{e}_3 \tag{2.48}$$

여기서 h_1, h_2, h_3는 비례인자(scale factor)라고 한다. 이러한 경우, 호의 길이 요소 $ds(|d\mathbf{r}|)$는 다음과 같이 주어진다.

$$ds^2 = {h_1}^2 {du_1}^2 + {h_2}^2 {du_2}^2 + {h_3}^2 {du_3}^2 \tag{2.49}$$

이것은 그림 2.20에서 곡선 u_1, u_2, u_3가 만드는 평행육면체의 대각선 길이의 제곱이 된다.

또 직교 좌표계의 경우에 평행육면체의 부피 요소는 앞에서 논의한 스칼라 삼중적에 의해 다음과 같이 주어진다.

$$\begin{aligned} dV &= |h_1 du_1 \boldsymbol{e}_1 \cdot h_2 du_2 \boldsymbol{e}_2 \times h_3 du_3 \boldsymbol{e}_3| \\ &= h_1 h_2 h_3 du_1 du_2 du_3 \\ &= \left|\frac{\partial \mathbf{r}}{\partial u_1} \cdot \frac{\partial \mathbf{r}}{\partial u_2} \times \frac{\partial \mathbf{r}}{\partial u_3}\right| du_1 du_2 du_3 \\ &= \left|\frac{\partial (x,y,z)}{\partial (u_1,u_2,u_3)}\right| du_1 du_2 du_3 \end{aligned} \tag{2.50}$$

여기서

$$\left|\frac{\partial (x,y,z)}{\partial (u_1,u_2,u_3)}\right| = \begin{vmatrix} \frac{\partial x}{\partial u_1} & \frac{\partial x}{\partial u_2} & \frac{\partial x}{\partial u_3} \\ \frac{\partial y}{\partial u_1} & \frac{\partial y}{\partial u_2} & \frac{\partial y}{\partial u_3} \\ \frac{\partial z}{\partial u_1} & \frac{\partial z}{\partial u_2} & \frac{\partial z}{\partial u_3} \end{vmatrix} \tag{2.51}$$

이고 좌표계 변환의 Jacobian이라고 한다.

예제 2.3

원점에서 점 P(x, y, z)까지의 거리를 **r**, **r**이 z축과 이루는 각도를 θ, **r**이 xy 평면에 투영되는 선이 x축과 이루는 각이 φ인 구면 좌표계(spherical coordinates)에서 비례인자와 부피 요소를 구하시오.

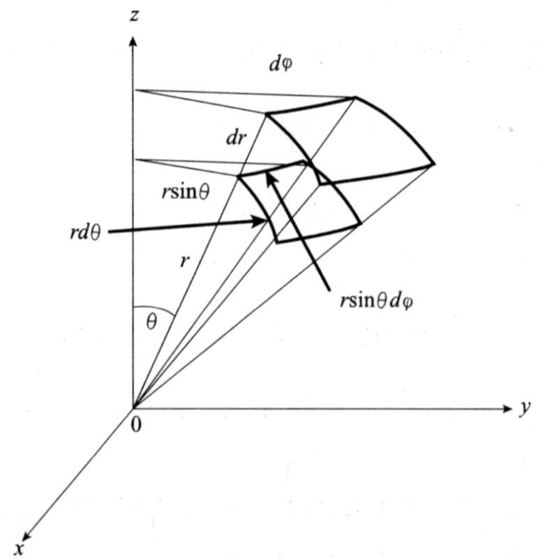

| 그림 2.21 | 구면 좌표계에서 부피 요소 $r\sin\theta d\varphi r d\theta dr$

풀이

$\mathbf{r} = x\boldsymbol{i} + y\boldsymbol{j} + z\boldsymbol{k}$

$x = r\sin\theta\cos\varphi,\ y = r\sin\theta\sin\varphi,\ z = r\cos\theta$

$$h_1 = h_r = \left|\frac{\partial \mathbf{r}}{\partial r}\right| = \left|\frac{\partial}{\partial r}(r\sin\theta\cos\varphi\boldsymbol{i} + r\sin\theta\sin\varphi\boldsymbol{j} + r\cos\theta\boldsymbol{k})\right|$$
$$= |\sin\theta\cos\varphi\boldsymbol{i} + \sin\theta\sin\varphi\boldsymbol{j} + \cos\theta\boldsymbol{k}|$$
$$= \sqrt{(\sin\theta\cos\varphi)^2 + (\sin\theta\sin\varphi)^2 + (\cos\theta)^2}$$
$$= 1$$

$$h_2 = h_\theta = \left|\frac{\partial \mathbf{r}}{\partial \theta}\right| = \left|\frac{\partial}{\partial \theta}(r\sin\theta\cos\varphi\boldsymbol{i} + r\sin\theta\sin\varphi\boldsymbol{j} + r\cos\theta\boldsymbol{k})\right|$$
$$= |r\cos\theta\cos\varphi\boldsymbol{i} + r\cos\theta\sin\varphi\boldsymbol{j} - r\sin\theta\boldsymbol{k}|$$
$$= \sqrt{(r\cos\theta\cos\varphi)^2 + (r\cos\theta\sin\varphi)^2 + (-r\sin\theta)^2}$$
$$= r$$

$$h_3 = h_\varphi = \left|\frac{\partial \mathbf{r}}{\partial \varphi}\right| = \left|\frac{\partial}{\partial \varphi}(r\sin\theta\cos\varphi\boldsymbol{i} + r\sin\theta\sin\varphi\boldsymbol{j} + r\cos\theta\boldsymbol{k})\right|$$
$$= |-r\sin\theta\sin\varphi\boldsymbol{i} + r\sin\theta\cos\varphi\boldsymbol{j} + 0|$$

$$= \sqrt{(-r\sin\theta\sin\varphi)^2 + (r\sin\theta\cos\varphi)^2 + (0)^2}$$

$$= r\sin\theta$$

$$dV = h_1 h_2 h_3 du_1 du_2 du_3$$

$$= 1 \cdot r \cdot r\sin\theta dr d\theta d\varphi = \left|\frac{\partial(x,y,z)}{\partial(r,\theta,\varphi)}\right| dr d\theta d\varphi$$

$$= \begin{vmatrix} \frac{\partial x}{\partial r} & \frac{\partial x}{\partial \theta} & \frac{\partial x}{\partial \varphi} \\ \frac{\partial y}{\partial r} & \frac{\partial y}{\partial \theta} & \frac{\partial y}{\partial \varphi} \\ \frac{\partial z}{\partial r} & \frac{\partial z}{\partial \theta} & \frac{\partial z}{\partial \varphi} \end{vmatrix} dr d\theta d\varphi = \begin{vmatrix} \frac{\partial x}{\partial r} & \frac{\partial x}{\partial \theta} & \frac{\partial x}{\partial \varphi} \\ \frac{\partial y}{\partial r} & \frac{\partial y}{\partial \theta} & \frac{\partial y}{\partial \varphi} \\ \frac{\partial z}{\partial r} & \frac{\partial z}{\partial \theta} & \frac{\partial z}{\partial \varphi} \end{vmatrix} dr d\theta d\varphi$$

$$= \begin{vmatrix} \sin\theta\cos\varphi & r\cos\theta\cos\varphi & -r\sin\theta\sin\varphi \\ \sin\theta\sin\varphi & r\cos\theta\sin\varphi & r\sin\theta\cos\varphi \\ \cos\theta & -r\sin\theta & 0 \end{vmatrix} dr d\theta d\varphi = r^2\sin\theta dr d\theta d\varphi$$

연습 문제 2.3

z축으로부터의 거리를 ρ, ρ가 x축과 이루는 각이 φ, z축으로 나타내는 원기둥 좌표계(cylindrical coordinates) (ρ, φ, z)에서 비례인자와 부피 요소를 구하시오.

답 $h_1 = h_\rho = 1$, $h_2 = h_\varphi = \rho$, $h_3 = h_z = 1$, $dV = \rho d\rho d\varphi dz$

직교 곡선 좌표계에서 델 연산자 ∇는 다음 식과 같다.

$$\nabla = \boldsymbol{e}_1 \frac{1}{h_1}\frac{\partial}{\partial u_1} + \boldsymbol{e}_2 \frac{1}{h_2}\frac{\partial}{\partial u_2} + \boldsymbol{e}_3 \frac{1}{h_3}\frac{\partial}{\partial u_3} \tag{2.52}$$

증명

$\nabla\Phi$는 벡터이므로 직교 곡선 좌표계에서 다음과 같이 쓸 수 있다.

$$\nabla\Phi = a_1\boldsymbol{e}_1 + a_2\boldsymbol{e}_2 + a_3\boldsymbol{e}_3$$

직교 곡선 좌표계에서 함수 Φ의 전미분은

$$d\Phi = \frac{\partial\Phi}{\partial u_1}du_1 + \frac{\partial\Phi}{\partial u_2}du_2 + \frac{\partial\Phi}{\partial u_3}du_3$$

직교 좌표계에서 함수 Φ의 전미분은

$$d\Phi = \frac{\partial\Phi}{\partial x}dx + \frac{\partial\Phi}{\partial y}dy + \frac{\partial\Phi}{\partial z}dz$$

$$= \left(\boldsymbol{i}\frac{\partial\Phi}{\partial x} + \boldsymbol{j}\frac{\partial\Phi}{\partial y} + \boldsymbol{k}\frac{\partial\Phi}{\partial z}\right) \cdot (dx\boldsymbol{i} + dy\boldsymbol{j} + dz\boldsymbol{k}) = \nabla\Phi \cdot d\mathbf{r}$$

직교 곡선 좌표계에서 함수 Φ의 전미분은

$$\nabla\Phi \cdot d\mathbf{r} = (a_1\boldsymbol{e}_1 + a_2\boldsymbol{e}_2 + a_3\boldsymbol{e}_3)\cdot(h_1du_1\boldsymbol{e}_1 + h_2du_2\boldsymbol{e}_2 + h_3du_3\boldsymbol{e}_3)$$
$$= a_1h_1du_1 + a_2h_2du_2 + a_3h_3du_3$$

따라서

$$d\Phi = \frac{\partial\Phi}{\partial u_1}du_1 + \frac{\partial\Phi}{\partial u_2}du_2 + \frac{\partial\Phi}{\partial u_3}du_3$$
$$= a_1h_1du_1 + a_2h_2du_2 + a_3h_3du_3$$

이 식으로부터 다음의 관계식을 얻는다.

$$\frac{\partial\Phi}{\partial u_1} = a_1h_1,\ \frac{\partial\Phi}{\partial u_2} = a_2h_2,\ \frac{\partial\Phi}{\partial u_3} = a_3h_3$$

즉,

$$a_1 = \frac{1}{h_1}\frac{\partial\Phi}{\partial u_1},\ a_2 = \frac{1}{h_2}\frac{\partial\Phi}{\partial u_2},\ a_3 = \frac{1}{h_3}\frac{\partial\Phi}{\partial u_3}$$

그러므로

$$\nabla\Phi = a_1\boldsymbol{e}_1 + a_2\boldsymbol{e}_2 + a_3\boldsymbol{e}_3$$
$$= \frac{1}{h_1}\frac{\partial\Phi}{\partial u_1}\boldsymbol{e}_1 + \frac{1}{h_2}\frac{\partial\Phi}{\partial u_2}\boldsymbol{e}_2 + \frac{1}{h_3}\frac{\partial\Phi}{\partial u_3}\boldsymbol{e}_3$$

직교 곡선 좌표계에서 ∇ 연산자는

$$\nabla = \boldsymbol{e}_1\frac{1}{h_1}\frac{\partial}{\partial u_1} + \boldsymbol{e}_2\frac{1}{h_2}\frac{\partial}{\partial u_2} + \boldsymbol{e}_3\frac{1}{h_3}\frac{\partial}{\partial u_3}$$

예제 2.4

구면 좌표계에서 ∇ 연산자를 구하시오.

풀이

앞의 예제 2.3에서 비례인자 h_1, h_2, h_3를 구했으므로 이를 사용하면

$$\nabla = \boldsymbol{e}_1\frac{1}{h_1}\frac{\partial}{\partial u_1} + \boldsymbol{e}_2\frac{1}{h_2}\frac{\partial}{\partial u_2} + \boldsymbol{e}_3\frac{1}{h_3}\frac{\partial}{\partial u_3}$$
$$= \boldsymbol{e}_1\frac{\partial}{\partial r} + \boldsymbol{e}_2\frac{1}{r}\frac{\partial}{\partial r} + \boldsymbol{e}_3\frac{1}{r\sin\theta}\frac{\partial}{\partial\varphi}$$

연습 문제 2.4

원기둥 좌표계에서 ∇ 연산자를 구하시오.

답 $\nabla = e_1 \frac{\partial}{\partial \rho} + e_2 \frac{1}{\rho}\frac{\partial}{\partial \varphi} + e_3 \frac{\partial}{\partial z}$

• **발산**

직교 곡선 좌표계에서 $\mathbf{A} = A_1 e_1 + A_2 e_2 + A_3 e_3$라고 하면 $\nabla \cdot \mathbf{A}$는

$$\nabla \cdot \mathbf{A} = \mathrm{div}\mathbf{A} = \frac{1}{h_1 h_2 h_3}\left\{\frac{\partial}{\partial u_1}(h_2 h_3 A_1) + \frac{\partial}{\partial u_2}(h_3 h_1 A_2) + \frac{\partial}{\partial u_3}(h_1 h_2 A_3)\right\} \tag{2.53}$$

위의 식에서 보는 것처럼 가급적 앞으로의 식에서는 기억 편의를 위하여 (1, 2, 3) (2, 3, 1) (3, 1, 2)와 같이 첨자를 순환 규칙에 따라 적도록 하겠다.

증명

∇ 연산자와 관련된 공식 4를 사용하여 $\nabla \cdot \mathbf{A}$를 나타내면

$$\begin{aligned}\nabla \cdot \mathbf{A} &= \nabla \cdot (A_1 e_1 + A_2 e_2 + A_3 e_3) \\ &= (\nabla A_1)\cdot e_1 + A_1 \nabla \cdot e_1 + (\nabla A_2)\cdot e_2 + A_2 \nabla \cdot e_2 + (\nabla A_3)\cdot e_3 + A_3 \nabla \cdot e_3\end{aligned}$$

식 전체는 복잡하고 각 성분은 같은 꼴로 되어 있으므로 한 성분을 다루는 것이 편리하다. e_1 성분 중 첫째 항은 ∇ 연산자를 대입하여 정리하면 되므로 둘째 항의 $\nabla \cdot e_1$을 구하기 위하여 먼저 u_1의 기울기 ∇u_1을 구한다.

$$\nabla u_1 = \left(\frac{1}{h_1}\frac{\partial}{\partial u_1} e_1 + \frac{1}{h_2}\frac{\partial}{\partial u_2} e_2 + \frac{1}{h_3}\frac{\partial}{\partial u_3} e_3\right) u_1 = \frac{e_1}{h_1}$$

앞의 ∇ 연산자와 관련된 공식 11과 ∇u_1을 사용하여 $\frac{1}{h_1}\nabla \times e_1$를 얻는다.

$$\begin{aligned}0 = \nabla \times \nabla u_1 &= \nabla \times \frac{e_1}{h_1} \\ &= \nabla\left(\frac{1}{h_1}\right) \times e_1 + \frac{1}{h_1}\nabla \times e_1\end{aligned}$$

$\frac{1}{h_1}\nabla \times e_1$에 대하여 벡터곱의 성질을 이용하고 미분하면

$$\begin{aligned}
\frac{1}{h_1}\boldsymbol{\nabla}\times\boldsymbol{e}_1 &= -\boldsymbol{\nabla}\left(\frac{1}{h_1}\right)\times\boldsymbol{e}_1 = \boldsymbol{e}_1\times\boldsymbol{\nabla}\left(\frac{1}{h_1}\right)\\
&= \boldsymbol{e}_1\times\left(\boldsymbol{e}_1\frac{1}{h_1}\frac{\partial}{\partial u_1}+\boldsymbol{e}_2\frac{1}{h_2}\frac{\partial}{\partial u_2}+\boldsymbol{e}_3\frac{1}{h_3}\frac{\partial}{\partial u_3}\right)h_1^{-1}\\
&= \boldsymbol{e}_1\times\left(\boldsymbol{e}_1\frac{1}{h_1}\frac{-1}{h_1^{\,2}}\frac{\partial h_1}{\partial u_1}+\boldsymbol{e}_2\frac{1}{h_2}\frac{-1}{h_1^{\,2}}\frac{\partial h_1}{\partial u_2}+\boldsymbol{e}_3\frac{1}{h_3}\frac{-1}{h_1^{\,2}}\frac{\partial h_1}{\partial u_3}\right)\\
&= \boldsymbol{e}_1\times\left(-\boldsymbol{e}_2\frac{1}{h_1^{\,2}h_2}\frac{\partial h_1}{\partial u_2}-\boldsymbol{e}_3\frac{1}{h_1^{\,2}h_3}\frac{\partial h_1}{\partial u_3}\right)\\
&= -\frac{\boldsymbol{e}_3}{h_1^{\,2}h_2}\frac{\partial h_1}{\partial u_2}+\frac{\boldsymbol{e}_2}{h_1^{\,2}h_3}\frac{\partial h_1}{\partial u_3}\\
\boldsymbol{\nabla}\times\boldsymbol{e}_1 &= \frac{\boldsymbol{e}_2}{h_3h_1}\frac{\partial h_1}{\partial u_3}-\frac{\boldsymbol{e}_3}{h_1h_2}\frac{\partial h_1}{\partial u_2},
\end{aligned}$$

같은 방법으로

$$\boldsymbol{\nabla}\times\boldsymbol{e}_2 = \frac{\boldsymbol{e}_3}{h_1h_2}\frac{\partial h_2}{\partial u_1}-\frac{\boldsymbol{e}_1}{h_2h_3}\frac{\partial h_2}{\partial u_3},\quad \boldsymbol{\nabla}\times\boldsymbol{e}_3 = \frac{\boldsymbol{e}_1}{h_2h_3}\frac{\partial h_3}{\partial u_2}-\frac{\boldsymbol{e}_2}{h_3h_1}\frac{\partial h_3}{\partial u_1}$$

벡터곱의 성질과 $\boldsymbol{\nabla}$ 연산자와 관련된 공식 6을 이용하고 위에서 얻은 $\boldsymbol{\nabla}\times\boldsymbol{e}_i(i = 1,\ 2,\ 3)$를 대입하면 둘째 항의 $\boldsymbol{\nabla}\cdot\boldsymbol{e}_1$는 다음과 같이 나타낼 수 있다.

$$\begin{aligned}
\boldsymbol{\nabla}\cdot\boldsymbol{e}_1 &= \boldsymbol{\nabla}\cdot(\boldsymbol{e}_2\times\boldsymbol{e}_3)\\
&= \boldsymbol{e}_3\cdot(\boldsymbol{\nabla}\times\boldsymbol{e}_2)-\boldsymbol{e}_2\cdot(\boldsymbol{\nabla}\times\boldsymbol{e}_3)\\
&= \boldsymbol{e}_3\cdot\left(\frac{\boldsymbol{e}_3}{h_1h_2}\frac{\partial h_2}{\partial u_1}-\frac{\boldsymbol{e}_1}{h_2h_3}\frac{\partial h_2}{\partial u_3}\right)-\boldsymbol{e}_2\cdot\left(\frac{\boldsymbol{e}_1}{h_2h_3}\frac{\partial h_3}{\partial u_2}-\frac{\boldsymbol{e}_2}{h_3h_1}\frac{\partial h_3}{\partial u_1}\right)\\
&= \frac{1}{h_1h_2}\frac{\partial h_2}{\partial u_1}+\frac{1}{h_3h_1}\frac{\partial h_3}{\partial u_1}\\
&= \frac{1}{h_1h_2h_3}\frac{\partial}{\partial u_1}(h_2h_3)
\end{aligned}$$

같은 방법으로

$$\begin{aligned}
\boldsymbol{\nabla}\cdot\boldsymbol{e}_2 &= \frac{1}{h_1h_2h_3}\frac{\partial}{\partial u_2}(h_3h_1)\\
\boldsymbol{\nabla}\cdot\boldsymbol{e}_3 &= \frac{1}{h_1h_2h_3}\frac{\partial}{\partial u_3}(h_1h_2)
\end{aligned}$$

$\boldsymbol{\nabla}\cdot\mathbf{A}$에 $\boldsymbol{\nabla}$ 연산자와 $\boldsymbol{\nabla}\times\boldsymbol{e}_i(i = 1,\ 2,\ 3)$를 대입하여 정리하면

$$\begin{aligned}
\boldsymbol{\nabla}\cdot\mathbf{A} &= (\boldsymbol{\nabla}\mathrm{A}_1)\cdot\boldsymbol{e}_1+\mathrm{A}_1\boldsymbol{\nabla}\cdot\boldsymbol{e}_1+(\boldsymbol{\nabla}\mathrm{A}_2)\cdot\boldsymbol{e}_2+\mathrm{A}_2\boldsymbol{\nabla}\cdot\boldsymbol{e}_2+(\boldsymbol{\nabla}\mathrm{A}_3)\cdot\boldsymbol{e}_3\\
&\quad+\mathrm{A}_3\boldsymbol{\nabla}\cdot\boldsymbol{e}_3\\
&= \left\{\left(\frac{1}{h_1}\frac{\partial}{\partial u_1}\boldsymbol{e}_1+\frac{1}{h_2}\frac{\partial}{\partial u_2}\boldsymbol{e}_2+\frac{1}{h_3}\frac{\partial}{\partial u_3}\boldsymbol{e}_3\right)\mathrm{A}_1\right\}\cdot\boldsymbol{e}_1+\mathrm{A}_1\frac{1}{h_1h_2h_3}\frac{\partial}{\partial u_1}(h_2h_3)\\
&\quad+\left\{\left(\frac{1}{h_1}\frac{\partial}{\partial u_1}\boldsymbol{e}_1+\frac{1}{h_2}\frac{\partial}{\partial u_2}\boldsymbol{e}_2+\frac{1}{h_3}\frac{\partial}{\partial u_3}\boldsymbol{e}_3\right)\mathrm{A}_2\right\}\cdot\boldsymbol{e}_2+\mathrm{A}_2\frac{1}{h_1h_2h_3}\frac{\partial}{\partial u_2}(h_3h_1)
\end{aligned}$$

$$+\left\{\left(\frac{1}{h_1}\frac{\partial}{\partial u_1}\boldsymbol{e}_1+\frac{1}{h_2}\frac{\partial}{\partial u_2}\boldsymbol{e}_2+\frac{1}{h_3}\frac{\partial}{\partial u_3}\boldsymbol{e}_3\right)\mathrm{A}_3\right\}\cdot\boldsymbol{e}_3+\mathrm{A}_3\frac{1}{h_1h_2h_3}\frac{\partial}{\partial u_3}(h_1h_2)$$

$$=\frac{1}{h_1}\frac{\partial \mathrm{A}_1}{\partial u_1}+\mathrm{A}_1\frac{1}{h_1h_2h_3}\frac{\partial}{\partial u_1}(h_2h_3)+\frac{1}{h_2}\frac{\partial \mathrm{A}_2}{\partial u_2}+\mathrm{A}_2\frac{1}{h_1h_2h_3}\frac{\partial}{\partial u_2}(h_3h_1)$$

$$+\frac{1}{h_3}\frac{\partial \mathrm{A}_3}{\partial u_3}+\mathrm{A}_3\frac{1}{h_1h_2h_3}\frac{\partial}{\partial u_3}(h_1h_2)$$

$$=\frac{1}{h_1h_2h_3}\left\{\frac{\partial}{\partial u_1}(h_2h_3\mathrm{A}_1)+\frac{\partial}{\partial u_2}(h_3h_1\mathrm{A}_2)+\frac{\partial}{\partial u_3}(h_1h_2\mathrm{A}_3)\right\}$$

그러므로

$$\nabla\cdot\mathbf{A}=\frac{1}{h_1h_2h_3}\left\{\frac{\partial}{\partial u_1}(h_2h_3\mathrm{A}_1)+\frac{\partial}{\partial u_2}(h_3h_1\mathrm{A}_2)+\frac{\partial}{\partial u_3}(h_1h_2\mathrm{A}_3)\right\}$$

- **회전**

직교 곡선 좌표계에서 $\mathbf{A}=\mathrm{A}_1\boldsymbol{e}_1+\mathrm{A}_2\boldsymbol{e}_2+\mathrm{A}_3\boldsymbol{e}_3$라 하면 $\nabla\times\mathbf{A}$는

$$\nabla\times\mathbf{A}=\mathrm{curl}\mathbf{A}$$

$$=\frac{1}{h_1h_2h_3}\begin{vmatrix} h_1\boldsymbol{e}_1 & h_2\boldsymbol{e}_2 & h_3\boldsymbol{e}_3 \\ \frac{\partial}{\partial u_1} & \frac{\partial}{\partial u_2} & \frac{\partial}{\partial u_3} \\ h_1\mathrm{A}_1 & h_2\mathrm{A}_2 & h_3\mathrm{A}_3 \end{vmatrix}$$

$$=\frac{1}{h_1h_2h_3}\left\{h_1\boldsymbol{e}_1\begin{vmatrix} \frac{\partial}{\partial u_2} & \frac{\partial}{\partial u_3} \\ h_2\mathrm{A}_2 & h_3\mathrm{A}_3 \end{vmatrix}+h_2\boldsymbol{e}_2(-)\begin{vmatrix} \frac{\partial}{\partial u_1} & \frac{\partial}{\partial u_3} \\ h_1\mathrm{A}_1 & h_3\mathrm{A}_3 \end{vmatrix}\right.$$

$$\left.+h_3\boldsymbol{e}_3\begin{vmatrix} \frac{\partial}{\partial u_1} & \frac{\partial}{\partial u_2} \\ h_1\mathrm{A}_1 & h_2\mathrm{A}_2 \end{vmatrix}\right\}$$

$$=\frac{1}{h_1h_2h_3}\left\{h_1\left(\frac{\partial}{\partial u_2}h_3\mathrm{A}_3-\frac{\partial}{\partial u_3}h_2\mathrm{A}_2\right)\boldsymbol{e}_1\right.$$

$$\left.+h_2\left(\frac{\partial}{\partial u_3}h_1\mathrm{A}_1-\frac{\partial}{\partial u_1}h_3\mathrm{A}_3\right)\boldsymbol{e}_2+h_3\left(\frac{\partial}{\partial u_1}h_2\mathrm{A}_2-\frac{\partial}{\partial u_2}h_1\mathrm{A}_1\right)\boldsymbol{e}_3\right\}$$

$$=\frac{\boldsymbol{e}_1}{h_2h_3}\left\{\frac{\partial}{\partial u_2}(h_3\mathrm{A}_3)-\frac{\partial}{\partial u_3}(h_2\mathrm{A}_2)\right\}+\frac{\boldsymbol{e}_2}{h_3h_1}\left\{\frac{\partial}{\partial u_3}(h_1\mathrm{A}_1)-\frac{\partial}{\partial u_1}(h_3\mathrm{A}_3)\right\}$$

$$+\frac{\boldsymbol{e}_3}{h_1h_2}\left\{\frac{\partial}{\partial u_1}(h_2\mathrm{A}_2)-\frac{\partial}{\partial u_2}(h_1\mathrm{A}_1)\right\} \tag{2.54}$$

- **Laplacian**

직교 곡선 좌표계에서 $\nabla^2\Phi$는

$$\nabla^2\Phi=\Phi\text{의 Laplacian}$$

$$=\frac{1}{h_1h_2h_3}\left\{\frac{\partial}{\partial u_1}\left(\frac{h_2h_3}{h_1}\frac{\partial\Phi}{\partial u_1}\right)+\frac{\partial}{\partial u_2}\left(\frac{h_3h_1}{h_2}\frac{\partial\Phi}{\partial u_2}\right)+\frac{\partial}{\partial u_3}\left(\frac{h_1h_2}{h_3}\frac{\partial\Phi}{\partial u_3}\right)\right\} \tag{2.55}$$

증명

$$\nabla^2\Phi = \nabla\cdot\nabla\Phi$$

기울기 $\nabla\Phi$는 벡터이므로 다음과 같이 쓸 수 있다.

$$\nabla\Phi = \mathbf{A} = A_1\boldsymbol{e}_1 + A_2\boldsymbol{e}_2 + A_3\boldsymbol{e}_3$$

또 앞의 $\nabla\Phi$의 식에 따라

$$\nabla\Phi = \frac{1}{h_1}\frac{\partial\Phi}{\partial u_1}\boldsymbol{e}_1 + \frac{1}{h_2}\frac{\partial\Phi}{\partial u_2}\boldsymbol{e}_2 + \frac{1}{h_3}\frac{\partial\Phi}{\partial u_3}\boldsymbol{e}_3$$

따라서 두 식으로부터 각 성분이 같으므로

$$A_1 = \frac{1}{h_1}\frac{\partial\Phi}{\partial u_1},\ A_2 = \frac{1}{h_2}\frac{\partial\Phi}{\partial u_2},\ A_3 = \frac{1}{h_3}\frac{\partial\Phi}{\partial u_3}$$

앞의 $\nabla\cdot\mathbf{A}$에 얻은 각 성분을 대입하면

$$\begin{aligned}\nabla^2\Phi &= \nabla\cdot\nabla\Phi = \nabla\cdot\mathbf{A}\\ &= \frac{1}{h_1h_2h_3}\left\{\frac{\partial}{\partial u_1}(h_2h_3A_1) + \frac{\partial}{\partial u_2}(h_3h_1A_2) + \frac{\partial}{\partial u_3}(h_1h_2A_3)\right\}\\ &= \frac{1}{h_1h_2h_3}\left\{\frac{\partial}{\partial u_1}\left(\frac{h_2h_3}{h_1}\frac{\partial\Phi}{\partial u_1}\right) + \frac{\partial}{\partial u_2}\left(\frac{h_3h_1}{h_2}\frac{\partial\Phi}{\partial u_2}\right) + \frac{\partial A_3}{\partial u_3}\left(\frac{h_1h_2}{h_3}\frac{\partial\Phi}{\partial u_3}\right)\right\}\end{aligned}$$

(u_1, u_2, u_3)를 (x, y, z)로 바꾸면 $\boldsymbol{e}_1$, $\boldsymbol{e}_2$, $\boldsymbol{e}_3$는 $\boldsymbol{i}$, $\boldsymbol{j}$, $\boldsymbol{k}$로, 그리고 $h_1 = h_2 = h_3 = 1$로 되고 직교 곡선 좌표계에서 얻은 델 연산자 ∇, 기울기 $\nabla\varphi$, 발산 $\nabla\cdot\mathbf{A}$, 회전 $\nabla\times\mathbf{A}$, Laplacian $\nabla^2\varphi$는 직각 좌표계의 표현으로 환원된다.

• **중요한 직교 곡선 좌표계**

1) 구면 좌표계

변환 식: $x = r\sin\theta\cos\varphi$, $y = r\sin\theta\sin\varphi$, $z = r\cos\theta$

$(r \geq 0,\ 0 \leq \theta \leq \pi,\ 0 \leq \varphi \leq 2\pi)$

비례인자: $h_1 = 1$, $h_2 = r$, $h_3 = r\sin\theta$

호의 길이 요소: $ds^2 = dr^2 + r^2d\theta^2 + r^2\sin^2\theta d\varphi^2$

Jacobian: $\left|\frac{\partial(x,y,z)}{\partial(r,\theta,\varphi)}\right| = r^2\sin\theta$

부피 요소: $dV = r^2\sin\theta drd\theta d\varphi$

$$\text{Laplacian: } \nabla^2\Phi = \frac{1}{r^2\sin\theta}\left\{\frac{\partial}{\partial r}\left(r^2\sin\theta\frac{\partial\Phi}{\partial r}\right)+\frac{\partial}{\partial\theta}\left(\sin\theta\frac{\partial\Phi}{\partial\theta}\right)+\frac{\partial}{\partial\varphi}\left(\frac{1}{\sin\theta}\frac{\partial\Phi}{\partial\varphi}\right)\right\}$$

$$= \left\{\frac{1}{r^2}\frac{\partial}{\partial r}\left(r^2\frac{\partial\Phi}{\partial r}\right)+\frac{1}{r^2\sin\theta}\frac{\partial}{\partial\theta}\left(\sin\theta\frac{\partial\Phi}{\partial\theta}\right)+\frac{1}{r^2\sin^2\theta}\frac{\partial^2\Phi}{\partial\varphi^2}\right\}$$

$$= \frac{\partial^2\Phi}{\partial r^3}+\frac{2}{r}\frac{\partial\Phi}{\partial r}+\frac{1}{r^2}\left\{\frac{\partial^2\Phi}{\partial\theta^2}+\frac{\cos\theta}{\sin\theta}\frac{\partial\Phi}{\partial\theta}+\frac{1}{\sin^2\theta}\frac{\partial^2\Phi}{\partial\varphi^2}\right\}$$

$$= \frac{\partial^2\Phi}{\partial r^2}+\frac{2}{r}\frac{\partial\Phi}{\partial r}+\frac{1}{r^2}\frac{\partial^2\Phi}{\partial\theta^2}+\frac{\cos\theta}{r^2\sin\theta}\frac{\partial\Phi}{\partial\theta}+\frac{1}{r^2\sin^2\theta}\frac{\partial^2\Phi}{\partial\varphi^2} \tag{2.56}$$

이 Laplacian은 수소 원자의 Schrödinger 방정식을 풀 때 필수적으로 사용된다(4장 식 (4.23) 참고).

2) 원기둥 좌표계

변환 식: $x = \rho\cos\varphi, y = \rho\sin\varphi, z = z\ (\rho \geq 0, 0 \leq \varphi \leq \pi, -\infty < z < \infty)$

비례인자: $h_1 = h_\rho = 1,\ h_2 = h_\varphi = \rho,\ h_3 = h_z = 1$

호의 길이 요소: $ds^2 = d\rho^2 + r\rho^2 d\varphi^2 + dz^2$

$$\text{Jacobian: } \left|\frac{\partial(x,y,z)}{\partial(\rho,\varphi,z)}\right| = \rho$$

부피 요소: $dV = \rho d\rho d\varphi dz$

$$\text{Laplacian: } \nabla^2\Phi = \frac{1}{\rho}\left\{\frac{\partial}{\partial\rho}\left(\frac{\rho}{1}\frac{\partial\Phi}{\partial\rho}\right)+\frac{\partial}{\partial\varphi}\left(\frac{1}{\rho}\frac{\partial\Phi}{\partial\varphi}\right)+\frac{\partial}{\partial z}\left(\frac{\rho}{1}\frac{\partial\Phi}{\partial z}\right)\right\}$$

$$= \frac{1}{\rho}\frac{\partial}{\partial\rho}\left(\rho\frac{\partial\Phi}{\partial\rho}\right)+\frac{1}{\rho^2}\frac{\partial^2\Phi}{\partial\varphi^2}+\frac{\partial^2\Phi}{\partial z^2}$$

$$= \frac{\partial^2\Phi}{\partial\rho^2}+\frac{1}{\rho}\frac{\partial\Phi}{\partial\rho}+\frac{1}{\rho^2}\frac{\partial^2\Phi}{\partial\varphi^2}+\frac{\partial^2\Phi}{\partial z^2} \tag{2.57}$$

2.6 | 선적분, 이중적분, 삼중적분

• 선적분

xy 평면에서 점 A(a_1, b_1)과 점 B(a_2, b_2)를 연결하는 곡선을 C라고 하고 함수 **F**(x, y), 즉 $F_1(x, y)$와 $F_2(x, y)$를 C의 모든 점에서 정의되는 일가 함수이고 각 변수 x와 y에 관하여 미분가능하고 또한 적분될 수 있다고 하자.

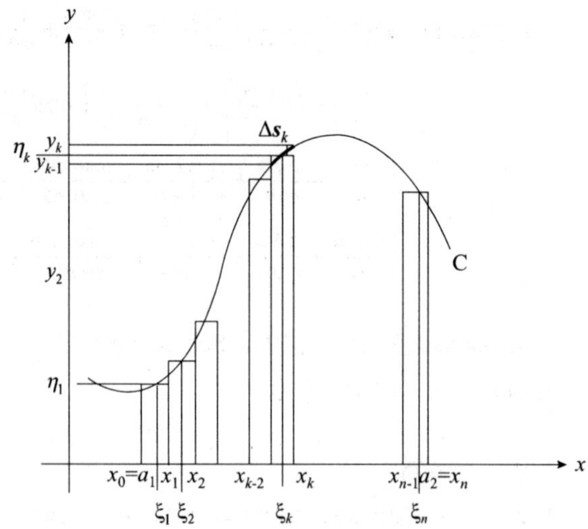

| 그림 2.22 |

곡선 C 위의 점 ($x_0 = a_1$, $y_0 = b_1$), (x_1, y_1), (x_2, y_2), $\cdots$, (x_{n-1}, y_{n-1}), ($x_n = a_2$, $y_n = b_2$)으로 C를 n 부분으로 나눌 수 있다. $\Delta x_k = x_k - x_{k-1}$와 $\Delta x_k = y_k - y_{k-1}$, $k = 1, 2, \cdots, n$이라고 하고 C 위의 점 (x_{k-1}, y_{k-1})와 점 (x_k, y_k) 사이의 점을 (ξ_k, η_k)라고 한다. 각 구간에서 호는 $\Delta \boldsymbol{s}_k = \Delta x_k \boldsymbol{i} + \Delta y_k \boldsymbol{j}$가 된다(그림 2.22 곡선 C 위의 진한 부분). $\mathbf{F}(x, y) = F_1(x, y)\boldsymbol{i} + F_2(x, y)\boldsymbol{j}$라고 하면 다음의 합을 만들 수 있다.

$$\begin{aligned}&\textstyle\sum_{k=1}^{n} \mathbf{F}(\xi_k, \eta_k) \cdot \Delta \boldsymbol{s}_k \\ &= \textstyle\sum_{k=1}^{n} \{F_1(\xi_k, \eta_k)\Delta x_k + F_2(\xi_k, \eta_k)\Delta y_k\}\end{aligned} \tag{2.58}$$

제한 없이 부분영역의 수 n을 무한히 증가시키고 그래서 각 Δx_k와 Δy_k가 0으로 접근하여

$$\lim_{n\to\infty} \textstyle\sum_{k=1}^{n} \{F_1(\xi_k, \eta_k)\Delta x_k + F_2(\xi_k, \eta_k)\Delta y_k\} \tag{2.59}$$

극한 (2.59)가 존재하면 그것을

$$\int_{\mathrm{C}} \mathbf{F}(x, y) \cdot d\boldsymbol{s} = \int_{\mathrm{C}} \{F_1(x, y)dx + F_2(x, y)dy\} \tag{2.60a}$$

또는

$$\int_{(a_1, b_1)}^{(a_2, b_2)} \{F_1 dx + F_2 dy\} \tag{2.60b}$$

로 나타내고 C를 따라서 하는 **선적분**이라고 한다. 이때 곡선 C를 **적분경로**라고 한다. 공간 내의 곡선 C는 A에서 B로, 또는 B에서 A로 두 방향이 있다. 예를 들어 방향 A에서 B를 양으로 택하면 B에서 A 방향은 음이다. 일반적으로 닫힌 곡선의 경우에는 반시계방향을 양으로, 시계방향을 음으로 한다. 여기서

$$\frac{\partial F_1}{\partial y} = \frac{\partial F_2}{\partial x} \tag{2.61}$$

이 성립하면 $F_1(x, y)dx + F_2(x, y)dy$는 완전미분 dF가 된다.

$$dF = F_1 dx + F_2 dy = \frac{\partial F}{\partial x}dx + \frac{\partial F}{\partial y}dy$$

$$F_1 = \frac{\partial F}{\partial x},\ F_2 = \frac{\partial F}{\partial y}$$

그러면 완전미분의 선적분은 경로에 관계없이 일정하고 적분의 상한과 하한 값에만 의존한다. 즉,

$$\int_{(a_1,b_1)}^{(a_2,b_2)} \{F_1 dx + F_2 dy\} = \int_{(a_1,b_1)}^{(a_2,b_2)} dF = F(a_2, b_2) - F(a_1, b_1)$$

예제 2.5

$\int_C xy^2 ds$의 값을 구하시오. 적분경로 C는 xy 평면에 있는 직선 $y = 2x$의 (0, 0)에서 (1, 2)까지의 선분이다.

풀이

$x = t$ 라면

$$\mathbf{r} = x\boldsymbol{i} + y\boldsymbol{j} = t\boldsymbol{i} + 2t\boldsymbol{j},\ \frac{d\mathbf{r}}{dt} = \boldsymbol{i} + 2\boldsymbol{j},\ \frac{ds}{dt} = \sqrt{1+2^2} = \sqrt{5},\ ds = \sqrt{5}dt$$

$$\int_C xy^2 ds = \int_0^1 t(2t)^2 \cdot \sqrt{5}dt = \int_0^1 4t^3 \cdot \sqrt{5}dt = \sqrt{5}t^4\Big|_0^1 = \sqrt{5}$$

연습 문제 2.5

$\int_C (x^2 + y^2 + z^2)ds$의 값을 구하시오. 적분경로 C는 점 (1, 0, 0)에서 (1, 0, 4π)까지 원형나선 $\mathbf{r} = \cos t\boldsymbol{i} + \sin t\boldsymbol{j} + 2t\boldsymbol{k}$의 선분이다.

답 $\sqrt{5}(2\pi + \frac{32}{3}\pi^3)$

예제 2.6

xy 평면 위에서 힘을 나타내는 함수가 $\mathbf{F}(x, y) = xy\boldsymbol{i} + y^2\boldsymbol{j}$로 주어질 때 (0, 0)으로부터 (1, 1)까지 다음에 주어진 경로를 따라 한 일(W)을 구하시오.

(1) 두 점을 연결하는 직선

(2) 최단 거리로 (0, 0)으로부터 (0, 1)을 경유하여 (1, 1)

(3) (0, 0)으로부터 (1, 0)을 경유하여 (1, 1)

(4) $y = x^2$

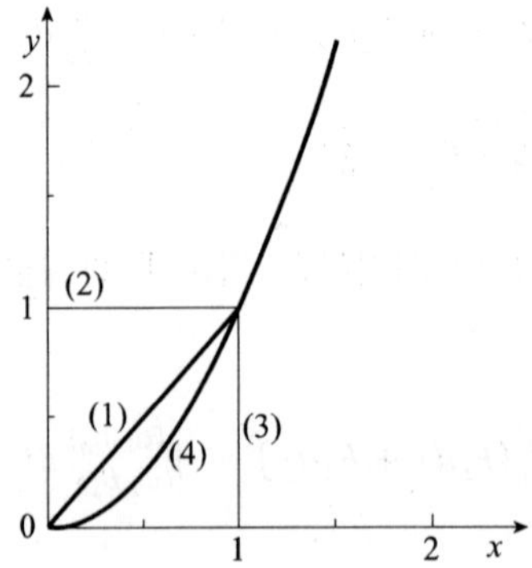

| 그림 2.23 |

풀이

(1) 두 점을 연결하는 직선은 $y = x$, $\mathbf{r} = x\boldsymbol{i} + y\boldsymbol{j}$이므로 $dy = dx$, $d\mathbf{r} = dx\boldsymbol{i} + dy\boldsymbol{j}$

$$\begin{aligned} \mathrm{W} &= \int_{(0,0)}^{(1,1)} \mathbf{F}(x,y)\cdot \mathrm{d}\mathbf{r} = \int_{(0,0)}^{(1,1)} (xy\boldsymbol{i} + y^2\boldsymbol{j})\cdot(dx\boldsymbol{i} + dy\boldsymbol{j}) \\ &= \int_{(0,0)}^{(1,1)} (xydx + y^2dy) \\ &= \int_{(0,0)}^{(1,1)} (xxdx + y^2dy) = \int_{(0,0)}^{(1,1)} 2x^2dx = \int_{(0,0)}^{(1,1)} 2y^2dy \\ &= \frac{2}{3}x^3\Big|_0^1 = \frac{2}{3} \end{aligned}$$

(2) $$\begin{aligned} \mathrm{W} &= \int_{(0,0)}^{(1,1)} (xydx + y^2dy) = \int_{(0,0)}^{(0,1)} (xydx + y^2dy) + \int_{(0,1)}^{(1,1)} (xydx + y^2dy) \\ &= \int_{(0,0)}^{(0,1)} (xydx + y^2dy) + \int_{(0,1)}^{(1,1)} (xydx + y^2dy) \end{aligned}$$

(0, 0)으로부터 (0, 1)까지 적분에서는 $x = 0$, $dx = 0$ 그리고 y는 0에서 1까지 변화하므로 y에 대하여 적분, 그리고 (0, 1)에서부터 (1, 1)까지 적분에서는 $y = 1$, $dy = 0$, 그리고 x는 0에서 1까지 변화하므로 x에 대하여 적분

$$W = \int_{(0,0)}^{(0,1)}(0 + y^2dy) + \int_{(0,1)}^{(1,1)}(x1dx + 1^2 0) = \frac{1}{3}y^3\Big|_0^1 + \frac{1}{2}x^2\Big|_0^1 = \frac{5}{6}$$

(3) $W = \int_{(0,0)}^{(1,1)}(xydx + y^2dy) = \int_{(0,0)}^{(1,0)}(xydx + y^2dy) + \int_{(1,0)}^{(1,1)}(xydx + y^2dy)$

$$= \int_{(0,0)}^{(1,0)}(0dx + 0) + \int_{(1,0)}^{(1,1)}(1y0 + y^2dy)$$

$$= \frac{1}{3}y^3\Big|_0^1 = \frac{1}{3}$$

(4) $y = x^2$이므로 $dy = 2xdx$

$$W = \int_{(0,0)}^{(1,1)}(xydx + y^2dy)$$

$$= \int_{(0,0)}^{(1,1)}(xx^2dx + y^2dy) = \frac{1}{4}x^4\Big|_0^1 + \frac{1}{3}y^3\Big|_0^1$$

$$= \int_{(0,0)}^{(1,1)}(x^3dx + x^4 2xdx) = \frac{1}{4}x^4\Big|_0^1 + \frac{2}{6}x^6\Big|_0^1$$

$$= \frac{7}{12}$$

(1)~(4)의 적분값을 비교해 보면 일을 하는 경로에 따라 적분값이 달라짐을 알 수 있다.

연습 문제 2.6

$\int_{(0,0)}^{(1,1)}\{(x^2 - y)dx + (y^2 + x)dy\}$를 다음에 주어진 경로를 따라 적분하시오.

(1) 두 점을 연결하는 직선

(2) 최단 거리로 (0, 0)으로부터 (0, 1)을 경유하여 (1, 1)

(3) (0, 0)으로부터 (1, 0)을 경유하여 (1, 1)

(4) $y = x^2$

(5) $x = y^2$

답 (1) $\frac{2}{3}$ (2) $-\frac{1}{3}$ (3) $\frac{5}{3}$ (4) 1 (5) $\frac{1}{3}$

예제 2.7

$\int_{(1,2)}^{(3,4)}(xy^2dx + x^2ydy)$를 다음에 주어진 경로를 따라 적분하시오.

(1) 두 점 (1, 2)와 (3, 4)를 연결하는 직선

(2) 최단 거리로 (1, 2)로부터 (3, 2)를 경유하여 (3, 4)

(3) (1, 2)로부터 (1, 4)를 경유하여 (3, 4)

(4) 완전미분을 이용한다.

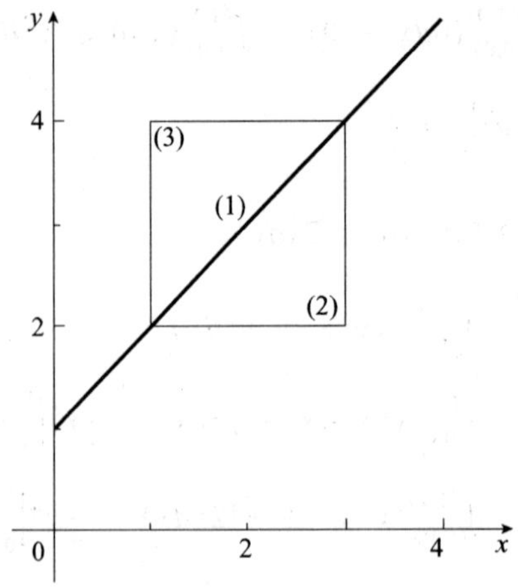

| 그림 2.24 |

풀이

(1) 두 점을 지나는 직선의 방정식은 $y = x + 1$, $dy = dx$

$$\int_{(1,2)}^{(3,4)}(xy^2dx + x^2ydy) = \int_{(1,2)}^{(3,4)}\{x(x + 1)^2dx + x^2(x + 1)dx\}$$

$$= \int_{(1,2)}^{(3,4)}(2x^3 + 3x^2 + x)dx = \frac{2}{4}x^4\Big|_1^3 + x^3|_1^3 + \frac{1}{2}x^2\Big|_1^3 = 70$$

(2) $\int_{(1,2)}^{(3,4)}(xy^2dx + x^2ydy) = \int_{(1,2)}^{(3,2)}(x2^2dx + x^2y0) + \int_{(3,2)}^{(3,4)}(xy^20 + 3^2ydy)$

$= 2x^2|_1^3 + \frac{9}{2}y^2\Big|_2^4 = 16 + 54 = 70$

(3) $\int_{(1,2)}^{(3,4)}(xy^2dx + x^2ydy) = \int_{(1,2)}^{(1,2)}(x2^2dx + x^2y0) + \int_{(3,2)}^{(3,4)}(xy^20 + 3^2ydy)$

$= 2x^2|_1^3 + \frac{9}{2}y^2\Big|_2^4 = 16 + 54 = 70$

(4) $dF = F_1dx + F_2dy = x^2ydx + y^2xdy$는 $\frac{\partial}{\partial y}F_1 = \frac{\partial}{\partial y}xy^2 = \frac{\partial}{\partial x}x^2y = \frac{\partial}{\partial x}F_2$이므로 완전미분이다.

$$\int_{(1,2)}^{(3,4)}(xy^2dx + x^2ydy) = \int_{(1,2)}^{(3,4)}d\left(\frac{1}{2}x^2y^2 + \mathrm{c}\right) = \frac{1}{2}x^2y^2\Big|_{(1,2)}^{(3,4)} = 70$$

이상에서 본 바와 같이 이 선적분은 경로에 무관하게 적분값이 같음을 알 수 있다. 이와 같이 적분의 괄호 안 함수가 완전미분의 형태이면 적분은 경로에 무관함을 알 수 있다. 즉, 적분의 시작점(처음 상태, 적분 하한값)과 끝점(최종 상태, 적분 상한값)에 의해서만 적분값이 결정된다. 이와 같이 경로에 무관하고 상태에 의해서만 결정되는 함수를 열역학에서는 **상태함수**라고 한다. 내부 에너지 U, 엔탈피 H, Gibbs 자유 에너지 G, Helmholtz 자유에너지 A, 엔트로피 S 등의 상태함수가 있다. 따라서 완전미분의 예로 계의 열역학 함수 U, G, H, 그리고 A를 고찰해 보자. U는 S와 V의 함수이므로 전미분 dU는 다음과 같다.

$$dU = \left(\frac{\partial U}{\partial S}\right) dS + \left(\frac{\partial U}{\partial V}\right) dV$$
$$= TdS - PdV \tag{2.62}$$

2계 편도함수가 미분의 순서에 관계없이 같아야 하는 완전미분의 조건 (식 2.63)을 적용하면

$$\frac{\partial}{\partial V}\left(\frac{\partial U}{\partial S}\right) = \left(\frac{\partial T}{\partial V}\right) = \frac{\partial}{\partial S}\left(\frac{\partial U}{\partial V}\right) = -\left(\frac{\partial P}{\partial S}\right)$$

따라서

$$\left(\frac{\partial T}{\partial V}\right)_S = -\left(\frac{\partial P}{\partial S}\right)_V \tag{2.63}$$

같은 방법으로 G(T, P), H(S, P)와 A(T,V)에 대해서는 각각 다음과 같은 식을 얻는다.

$$dG = \left(\frac{\partial G}{\partial T}\right) dT + \left(\frac{\partial G}{\partial P}\right) dP$$
$$= -SdT + VdP$$
$$-\left(\frac{\partial S}{\partial P}\right)_T = \left(\frac{\partial V}{\partial T}\right)_P \tag{2.64}$$

$$dH = \left(\frac{\partial H}{\partial S}\right) dS + \left(\frac{\partial H}{\partial P}\right) dP$$
$$= TdS + VdP$$
$$\left(\frac{\partial T}{\partial P}\right)_S = \left(\frac{\partial V}{\partial S}\right)_P \tag{2.65}$$

$$dA = \left(\frac{\partial A}{\partial T}\right) dT + \left(\frac{\partial A}{\partial V}\right) dV$$
$$= -SdT - PdV$$

$$\left(\frac{\partial S}{\partial V}\right)_T = \left(\frac{\partial P}{\partial T}\right)_V \tag{2.66}$$

이 관계식 (2.62) ~ (2.66)들은 Maxwell 관계라고 한다.

연습 문제 2.7

$\int_{(1,2)}^{(3,6)}\{(x-y+1)dx-(x-y)dy\}$를 다음에 주어진 경로를 따라 적분하시오.

(1) 두 점 (1, 2)와 (3, 6)을 연결하는 직선

(2) 최단 거리로 (1, 2)로부터 (3, 2)를 경유하여 (3, 6)

(3) (1, 2)로부터 (1, 6)을 경유하여 (3, 6)

(4) 완전미분을 이용한다.

답 6

이차원 *xy* 평면에서와 유사하게 삼차원 *xyz* 공간에서 어떤 곡선 C를 따라서 정의되는 선적분은 다음과 같다.

$$\lim_{n\to\infty}\sum_{k=1}^{n}\{F_1(\xi_k,\eta_k,\zeta_k)\Delta x_k+F_2(\xi_k,\eta_k,\zeta_k)\Delta y_k+F_3(\xi_k,\eta_k,\zeta_k)\Delta z_k\}$$
$$=\int_C\{F_1(x,y,z)dx+F_2(x,y,z)dy+F_3(x,y,z)dz\} \tag{2.67}$$

이 선적분은 벡터를 사용하면 간단히 나타낼 수 있다.

$\mathbf{F}=F_1(x,y,z)\boldsymbol{i}+F_2(x,y,z)\boldsymbol{j}+F_3(x,y,z)\boldsymbol{k}$이고

$d\mathbf{r}=dx\boldsymbol{i}+dy\boldsymbol{j}+dz\boldsymbol{k}$

$$\int_C\{F_1(x,y,z)dx+F_2(x,y,z)dy+F_3(x,y,z)dz\}=\int_C\mathbf{F}\cdot d\mathbf{r} \tag{2.68}$$

여기서

$F_1(x,y,z)dx+F_2(x,y,z)dy+F_3(x,y,z)dz$

$=d\varphi=\frac{\partial\varphi}{\partial x}dx+\frac{\partial\varphi}{\partial y}dy+\frac{\partial\varphi}{\partial z}dz$라고 하면

$$\frac{\partial\varphi}{\partial x}=F_1(x,y,z),\ \frac{\partial\varphi}{\partial y}=F_2(x,y,z),\ \frac{\partial\varphi}{\partial z}=F_3(x,y,z)$$

$\frac{\partial F_1}{\partial y}=\frac{\partial F_2}{\partial x},\ \frac{\partial F_2}{\partial z}=\frac{\partial F_3}{\partial y},\ \frac{\partial F_3}{\partial x}=\frac{\partial F_1}{\partial z}$이면

$$\nabla \times \mathbf{F} = \begin{vmatrix} \boldsymbol{i} & \boldsymbol{j} & \boldsymbol{k} \\ \frac{\partial}{\partial x} & \frac{\partial}{\partial y} & \frac{\partial}{\partial z} \\ F_1 & F_2 & F_3 \end{vmatrix}$$

$$= \left(\frac{\partial \mathrm{A}_3}{\partial y} - \frac{\partial \mathrm{A}_2}{\partial z}\right)\boldsymbol{i} + \left(\frac{\partial \mathrm{A}_1}{\partial z} - \frac{\partial \mathrm{A}_3}{\partial x}\right)\boldsymbol{j} + \left(\frac{\partial \mathrm{A}_2}{\partial x} - \frac{\partial \mathrm{A}_1}{\partial y}\right)\boldsymbol{k}$$

$$= \mathbf{0} \tag{2.69}$$

식 (2.69)는 식 (2.68)이 완전미분이 되기 위한 필요조건이다. 또 충분조건임을 보여 줄 수 있으나 여기서는 생략하였다. 따라서 $\nabla \times \mathbf{F} = \mathbf{0}$은 (2.68)이 완전미분이 되기 위한 필요충분조건이다. 이차원에서 식 (2.61)은 삼차원에서의 식 (2.68)에서 $z = 0$인 특별한 경우에 해당되고 완전미분에 대한 조건도 z에 대한 부분이 없는 $\frac{\partial F_1}{\partial y} = \frac{\partial F_2}{\partial x}$이 된다.

예제 2.8

$\int_{\mathrm{C}} \{x^2ydx + (x-z)dy + xyzdz\}$의 값을 구하시오.

(1) 적분경로 C는 xy 평면에 있는 직선 $y = x^2$의 (0, 0, 0)에서 (2, 4, 0)까지의 선분과 $x^2 + z^2 = 4$를 만족하는 원의 호를 따라서 (2, 4, 0)에서 (0, 4, 2)까지의 선분이다.

(2) 적분경로 C는 yz 평면에 있는 포물선 $y = z^2$의 (0, 0, 0)에서 (0, 4, 2)까지의 선분

풀이

(1) $\int_{\mathrm{C}} \{x^2ydx + (x-z)dy + xyzdz\}$

$$= \int_{(0,0,0)}^{(2,4,0)} \{x^2x^2dx + (x-0)2xdx + 0\}$$

$$+ \int_{(2,4,0)}^{(0,4,2)} \{x^2 4dx + (x-z)0 + x4(-xdx)\}$$

$$= \frac{1}{5}x^5\Big|_0^2 + \frac{2}{3}x^3\Big|_0^2 + 0 = \frac{32}{5} + \frac{16}{3} = 11\frac{11}{15}$$

(2) $\int_{\mathrm{C}} \{x^2ydx + (x-z)dy + xyzdz\}$

$$= \int_{(0,0,0)}^{(0,4,2)} \{0^2y0 + (0-z)2zdz + 0yzdz\}$$

$$= \frac{2}{3}z^3\Big|_0^2 = \frac{16}{3}$$

함수가 완전미분이 아니어서 적분값이 경로에 따라 달라진다.

연습 문제 2.8

$\int_C \{4xydx - 8ydy + 2dz\}$를 다음에 주어진 경로를 따라 적분하시오.

(1) 적분경로 C는 xy 평면에 있는 직선 $y = x^2$의 (0, 0, 0)에서 (2, 4, 0)까지의 선분과 $x^2 + z^2 = 4$를 만족하는 원의 호를 따라서 (2, 4, 0)에서 (0, 4, 2)까지의 선분이다.

(2) 적분경로 C는 yz 평면에 있는 포물선 $y = z^2$의 (0, 0, 0)에서 (0, 4, 2)까지의 선분

답 (1) −66 (2) −60

예제 2.9

$\int_C \mathbf{F}\cdot d\mathbf{r} = \int_C \{(y+z)dx + (x+z)dy + (x+y)dz\}$를 다음에 주어진 경로를 따라 적분하시오.

(1) 적분경로 C는 점 (1, 0, 0)에서 (1, 0, 4π)까지 원형나선 $\mathbf{r} = \cos t\boldsymbol{i} + \sin t\boldsymbol{j} + 2t\boldsymbol{k}$의 선분이다.

(2) 적분경로 C는 점 (1, 0, 0)에서 (1, 0, 4π)까지 직선 선분이다.

(3) 완전미분을 사용한다.

풀이

(1) $\frac{d\mathbf{r}}{dt} = -\sin t\boldsymbol{i} + \cos t\boldsymbol{j} + 2\boldsymbol{k} = \frac{\partial x}{\partial t}\boldsymbol{i} + \frac{\partial y}{\partial t}\boldsymbol{j} + \frac{\partial z}{\partial t}\boldsymbol{k}$,

$dx = -\sin td,\ dy = \cos tdt,\ dz = 2dt$

$$\int_{(1,0,0)}^{(1,0,4\pi)}\{(y+z)dx + (x+z)dy + (x+y)dz\}$$

$$= \int_{(1,0,0)}^{(1,0,4\pi)}\{(\sin t + 2t)(-\sin tdt) + (\cos t + 2t)\cos tdt + (\cos t + \sin t)2dt\}$$

$$= \int_0^{2\pi}\{\cos 2tdt + 2t(\cos t - \sin t)dt + 2(\cos t + \sin t)dt\}$$

$$= 2t(\sin t + \cos t)|_0^{2\pi} - \int_0^{2\pi} 2(\sin t + \cos t)dt = 4\pi$$

(2) $\int_{(1,0,0)}^{(1,0,4\pi)}\{(y+z)dx + (x+z)dy + (x+y)dz\}$

$$= \int_{(1,0,0)}^{(1,0,4\pi)}\{(0+z)0 + (1+z)0 + (1+0)dz\} = z|_0^{4\pi} = 4\pi$$

(3) $$\nabla\times\mathbf{F} = \begin{vmatrix} \boldsymbol{i} & \boldsymbol{j} & \boldsymbol{k} \\ \frac{\partial}{\partial x} & \frac{\partial}{\partial y} & \frac{\partial}{\partial z} \\ y+z & x+z & x+y \end{vmatrix}$$

$$= \left(\frac{\partial}{\partial y}(x+y) - \frac{\partial}{\partial z}(x+z)\right)\boldsymbol{i} + \left(\frac{\partial}{\partial z}(y+z) - \frac{\partial}{\partial x}(x+y)\right)\boldsymbol{j}$$

$$+ \left(\frac{\partial}{\partial x}(x+z) - \frac{\partial}{\partial y}(y+z)\right)\boldsymbol{k}$$

$$= \mathbf{0}$$

$\nabla \times \mathbf{F} = \mathbf{0}$이므로 { } 안의 함수는 완전미분 $d\mathbf{F}$로 나타낼 수 있다.

$$\int_{(1,0,0)}^{(1,0,4\pi)} \{(y+z)dx + (x+z)dy + (x+y)dz\}$$

$$= \int_{(1,0,0)}^{(1,0,4\pi)} d\{xy + xz + yz + c\} = 4\pi$$

따라서 경로에 무관하게 적분값이 같음을 알 수 있다. 따라서 $\nabla \times \mathbf{F} = \mathbf{0}$이면 힘 $\mathbf{F}$는 보존력이고 선적분은 경로에 관계없이 일정하다.

연습 문제 2.9

$\int_C \{xdx + ydy + zdz\}$를 다음에 주어진 경로를 따라 적분하시오.

(1) 적분경로 C는 점 (1, 0, 0)에서 (1, 0, 4π)까지 원형나선 $\mathbf{r} = \cos t\boldsymbol{i} + \sin t\boldsymbol{j} + 2t\boldsymbol{k}$의 선분이다.

(2) 적분경로 C는 점 (1, 0, 0)에서 (1, 0, 4π)까지 직선 선분이다.

(3) 완전미분을 사용한다.

답 $8\pi^2$

• 이중적분

xy 평면의 닫힌 영역 R에서 함수 $F(x, y)$가 정의된다고 하자. 함수 $F(x, y)$는 각 변수 x와 y에 관하여 미분가능하고 또한 적분될 수 있다고 하자. 영역 R을 분할하여 면적 ΔA_k를 갖는 n 부분영역 ΔR_k $(k = 1, 2, \cdots, n)$로 나눈다. ΔR_k의 어떤 점을 $P_k(\xi_k, \eta_k)$라고 하면 다음과 같은 합을 만들 수 있다.

$$\sum_{k=1}^{n} F(\xi_k, \eta_k)\,\Delta A_k \tag{2.70}$$

제한 없이 부분영역의 수 n을 무한히 증가시키고 그래서 각 ΔR_k에서 가장 먼 임의의 두 점 사이의 거리가 0으로 접근하면

$$\lim_{n\to\infty} \sum_{k=1}^{n} F(\xi_k, \eta_k)\,\Delta A_k \tag{2.71}$$

이 식의 극한이 존재하면 이것을 다음과 같이 나타내고

$$\iint_R F(x,y)dA \tag{2.72}$$

이것을 영역 R 위에서 $F(x, y)$의 이중적분이라고 한다.

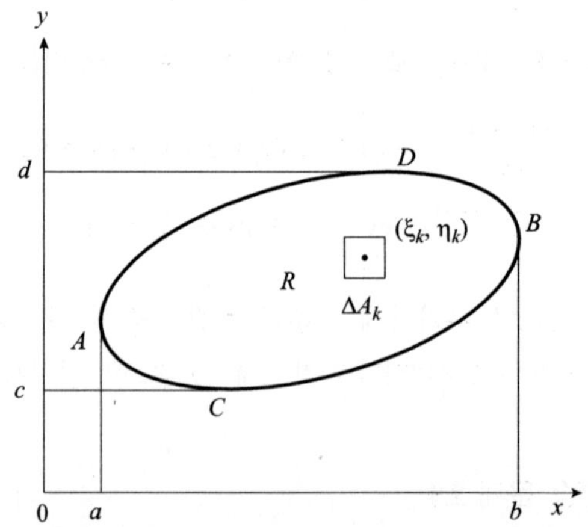

| 그림 2.25 | 영역 R의 경계에서 닫힌 곡선 안의 면적 ΔA_k인 미소 영역 ΔR_k

영역 R의 경계에서 닫힌 곡선이 y축과 평행한 선과 만나는 점을 각각 A와 B라고 하고 x축과 평행한 선과 만나는 점을 각각 C와 D라고 하면 R을 둘러싸는 곡선 ACB와 ADB는 $y = f_1(x)$와 $y = f_2(x)$로 쓸 수 있고 구간 $a \le x \le b$에서 이들은 일가이고 연속이다. 이러한 경우에 이중적분 식 (2.72)는 x와 y축에 평행한 선들로 격자를 형성함으로써 만들어지는 면적 ΔA_k를 갖는 사각형들로써 영역 ΔR_k를 선택하여 적분할 수 있다.

$$\begin{aligned}\iint_R F(x,y)dA &= \int_{x=a}^{b}\int_{y=f_1(x)}^{f_2(x)} F(x,y)dydx \\ &= \int_{x=a}^{b}\left\{\int_{y=f_1(x)}^{f_2(x)} F(x,y)dy\right\}dx\end{aligned} \tag{2.73}$$

x를 일정하게(상수로 취급) 하면서 y에 대한 괄호 안의 적분을 먼저 한 다음 a에서 b까지 x에 관하여 적분한다. 이러한 적분을 **반복적분**(iterated integral)이라고 한다. 또 곡선 CAD와 CBD는 $x = g_1(y)$와 $x = g_2(y)$로 쓸 수 있고

$$\begin{aligned}\iint_R F(x,y)dA &= \int_{y=c}^{d}\int_{x=g_1(y)}^{g_2(y)} F(x,y)dxdy \\ &= \int_{y=c}^{d}\left\{\int_{x=g_1(y)}^{g_2(y)} F(x,y)dx\right\}dy\end{aligned} \tag{2.74}$$

이 경우에는 y를 일정하게(상수로 취급) 하면서 x에 대한 괄호 안의 적분을 먼저 한 다음 c에서 d까지 y에 관하여 적분한다. 일반적으로 이중적분 (2.73)과 (2.74)는 같다.

예제 2.10

R이 그림 2.26에 표시한 영역, 즉 $y = 2x$와 $y = x^2$으로 둘러싸인 영역이라고 할 때 다음의 적분값을 구하시오.

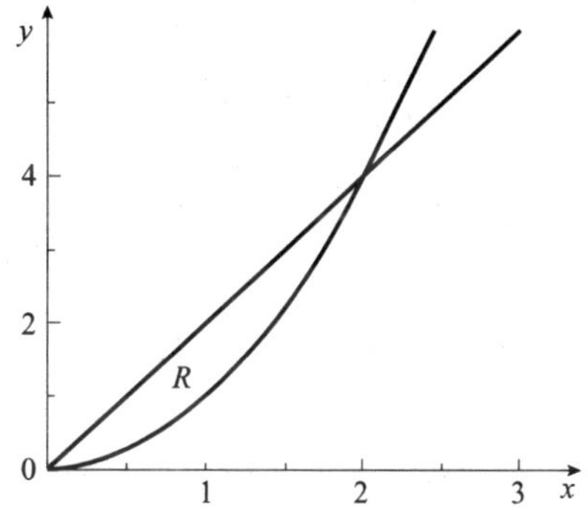

| 그림 2.26 |

(1) $\iint_R \, dydx$

(2) $\iint_R \, xdydx$

(3) $\iint_R \, ydydx$

(4) $\iint_R \, (x^2 + y^2)dydx$

풀이

(1) $$\iint_R \, dydx = \int_{x=0}^{2}\left\{\int_{y=x^2}^{2x} dy\right\}dx = \int_{x=0}^{2} y\Big|_{y=x^2}^{2x} dx = \int_{x=0}^{2}(2x - x^2)dx$$

$$= \left(x^2 - \frac{1}{3}x^3\right)\Big|_0^2 = \frac{4}{3}$$

$$\iint_R \, dxdy = \int_{y=0}^{4}\left\{\int_{x=\frac{1}{2}y}^{\sqrt{y}} dx\right\}dy = \int_{y=0}^{4}\left(\sqrt{y} - \frac{1}{2}y\right)dy$$

$$= \left(\frac{2}{3}y^{3/2} - \frac{1}{4}y^2\right)\Big|_0^4 = \frac{4}{3}$$

이 적분은 영역 R의 면적을 나타낸다.

(2) $\iint_R xdydx = \int_{x=0}^{2}\left\{\int_{y=x^2}^{2x} xdy\right\}dx = \int_{x=0}^{2} xy|_{y=x^2}^{2x}dx = \int_{x=0}^{2}(2x^2 - x^3)dx$

$= \left(\frac{2}{3}x^3 - \frac{1}{4}x^4\right)\Big|_0^2 = \frac{4}{3}$

$\iint_R xdxdy = \int_{y=0}^{4}\left\{\int_{x=\frac{1}{2}y}^{\sqrt{y}} xdx\right\}dy = \int_{y=0}^{4}\left\{\frac{1}{2}x^2\Big|_{x=\frac{1}{2}y}^{\sqrt{y}}\right\}dy$

$= \int_{y=0}^{4}\left\{\frac{1}{2}y - \frac{1}{8}y^2\right\}dy = \left(\frac{1}{4}y^2 - \frac{1}{24}y^3\right)\Big|_0^4 = \frac{4}{3}$

(3) $\iint_R ydydx = \int_{x=0}^{2}\left\{\int_{y=x^2}^{2x} ydy\right\}dx = \int_{x=0}^{2}\frac{1}{2}y^2\Big|_{y=x^2}^{2x}dx$

$= \int_{x=0}^{2}\left(2x^2 - \frac{1}{2}x^4\right)dx = \left(\frac{2}{3}x^3 - \frac{1}{10}x^5\right)\Big|_0^2 = \frac{32}{15}$

$\iint_R ydxdy = \int_{y=0}^{4}\left\{\int_{x=\frac{1}{2}y}^{\sqrt{y}} ydx\right\}dy = \int_{y=0}^{4}\left\{xy\Big|_{x=\frac{1}{2}y}^{\sqrt{y}}\right\}dy$

$= \int_{y=0}^{4}\left\{y^{3/2} - \frac{1}{2}y^2\right\}dy = \left(\frac{2}{5}y^{5/2} - \frac{1}{6}y^3\right)\Big|_0^4 = \frac{32}{15}$

(4) $\iint_R (x^2 + y^2)dydx = \int_{x=0}^{2}\left\{\int_{y=x^2}^{2x}(x^2 + y^2)dy\right\}dx$

$= \int_{x=0}^{2}(yx^2 + \frac{1}{3}y^3)\Big|_{y=x^2}^{2x}dx$

$= \int_{x=0}^{2}\left\{\left(2x^3 + \frac{8}{3}x^3\right) - \left(x^4 + \frac{1}{3}x^6\right)\right\}dx$

$= (\frac{7}{6}x^4 - \frac{1}{5}x^5 - \frac{1}{21}x^7)\Big|_0^2 = \frac{216}{35}$

$\iint_R (x^2 + y^2)dxdy = \int_{x=0}^{2}\left\{\int_{x=\frac{1}{2}y}^{\sqrt{y}}(x^2 + y^2)dx\right\}dy$

$= \int_{y=0}^{4}(\frac{1}{3}x^3 + xy^2)\Big|_{x=\frac{1}{2}y}^{\sqrt{y}}dy$

$= \int_{y=0}^{4}\left\{\left(\frac{1}{3}\sqrt{y}^3 + \sqrt{y}y^2\right) - \left(\frac{1}{24}y^3 + \frac{1}{2}y^3\right)\right\}dy$

$= \left(\frac{2}{15}y^{5/2} + \frac{2}{7}y^{7/2} - \frac{13}{96}y^4\right)\Big|_0^4 = \frac{216}{35}$

그러므로 적분 순서를 바꾸어도 그 결과는 같다.

연습 문제 2.10

R이 $y = x$, $y = -x + 2$와 x축으로 둘러싸인 영역이라고 할 때 다음의 적분값을 구하시오.

(1) $\iint_R dydx$　　(2) $\iint_R xdydx$

(3) $\iint_R ydydx$　　(4) $\iint_R (x^2 + y^2)dydx$

답 (1) 1　(2) $\frac{1}{3}$　(3) $\frac{4}{3}$　(4) $\frac{4}{3}$

xy 좌표계에서는 이중적분의 계산이 복잡한 경우에 적절한 좌표계를 선택한다면 피적분함수와 적분영역을 간단하게 만들어 적분이 쉽게 된다. 새로 선택한 직교 곡선 좌표계를 uv 좌표계라고 하면, xy 평면의 점 (x, y)들을 uv 평면의 점 (u, v)들로 대응시키는 한 조합의 변환 식들이 있고 다음과 같이 나타낼 수 있다.

$$x = f(u, v) \tag{2.75a}$$

$$y = g(u, v) \tag{2.75b}$$

이러한 경우에 xy 평면의 영역 R은 uv 평면의 사상 영역 R'으로 대응된다. 그러면

$$\iint_R F(x,y)dxdy = \iint_{R'} G(u,v)\left|\frac{\partial(x,y)}{\partial(u,v)}\right| dudv \tag{2.76}$$

여기서 $G(u,v) \equiv F\{f(u,v), g(u,v)\}$이고 $\left|\frac{\partial(x,y)}{\partial(u,v)}\right|$는 u, v에 관한 x, y의 Jacobian이다.

$$\left|\frac{\partial(x,y)}{\partial(u,v)}\right| \equiv \begin{vmatrix} \frac{\partial x}{\partial u} & \frac{\partial x}{\partial v} \\ \frac{\partial y}{\partial u} & \frac{\partial y}{\partial v} \end{vmatrix} \tag{2.77}$$

예제 2.11

R이 그림 2.27에 표시한 영역, 즉 x축, $x^2 + y^2 = 1$과 $x^2 + y^2 = 4$ 사이의 영역이라고 할 때 다음의 적분값을 구하시오.

(1) $\iint_R dydx$　　(2) $\iint_R xdydx$

(3) $\iint_R ydydx$　　(4) $\iint_R (x^2 + y^2)dydx$

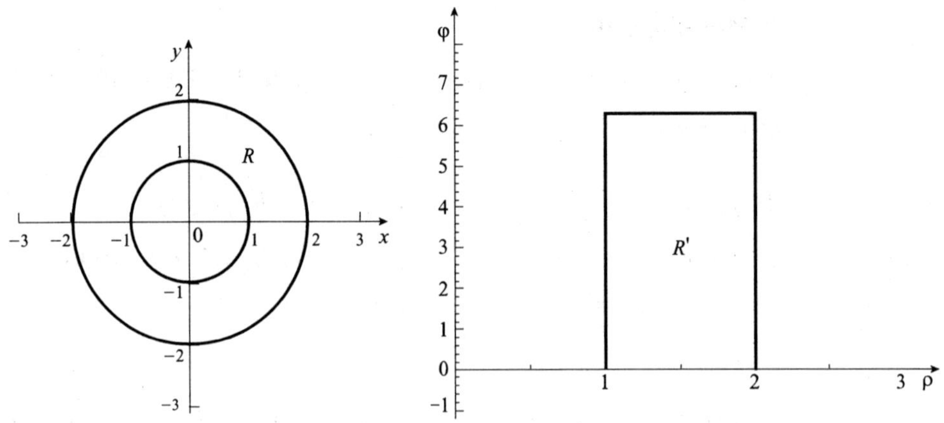

(a) xy 좌표계에서 적분영역 R　　　(b) $\rho\varphi$ 좌표계에서 적분영역 R'

| 그림 2.27 |

풀이

xy 좌표계에서는 이중적분의 계산이 어려우므로 다음과 같이 극좌표계를 선택하고 변환 관계식들을 사용하면

(1) $x = \rho\cos\varphi, y = \rho\sin\varphi,\ x^2 + y^2 = \rho^2$

$$\iint_R dydx = \iint_{R'} \left|\frac{\partial(x,y)}{\partial(\rho,\varphi)}\right| d\rho d\varphi = \iint_{R'} \begin{vmatrix} \frac{\partial x}{\partial \rho} & \frac{\partial x}{\partial \rho} \\ \frac{\partial y}{\partial \varphi} & \frac{\partial y}{\partial \varphi} \end{vmatrix} d\rho d\varphi$$

$$= \iint_{R'} \begin{vmatrix} \cos\varphi & \sin\varphi \\ -\rho\sin\varphi & \rho\cos\varphi \end{vmatrix} d\rho d\varphi$$

$$= \int_0^\pi \int_1^2 \rho d\rho d\varphi = \int_0^\pi \frac{1}{2}\rho^2\Big|_1^2 d\varphi = \int_0^\pi \frac{1}{2}\rho^2\Big|_1^2 d\varphi = \int_0^\pi \frac{3}{2} d\varphi = \frac{3}{2}\varphi\Big|_0^\pi$$

$$= \frac{3}{2}\pi = \int_1^2 \int_0^\pi \rho d\varphi d\rho = \int_1^2 \rho\varphi|_0^\pi d\rho = \int_1^2 \pi\rho d\rho = \frac{1}{2}\pi\rho^2|_1^2 = \frac{3}{2}\pi$$

$$= \int_1^2 \rho d\rho \int_0^\pi d\varphi = \frac{1}{2}\rho^2\Big|_1^2 \varphi|_0^\pi = \frac{3}{2}\pi$$

(2) $\iint_R xdydx = \int_0^\pi \int_1^2 \rho\cos\varphi\rho d\rho d\varphi = \int_1^2 \rho^2 d\rho \int_0^\pi \cos\varphi d\varphi = \frac{1}{3}\rho^3\Big|_1^2 \sin\varphi|_0^\pi = 0$

(3) $\iint_R ydydx = \int_0^\pi \int_1^2 \rho\sin\varphi\rho d\rho d\varphi = \int_1^2 \rho^2 d\rho \int_0^\pi \sin\varphi d\varphi = \frac{1}{3}\rho^3\Big|_1^2 (-\cos\varphi)|_0^\pi$

$$= \frac{7}{3}(-\cos\pi + \cos 0) = \frac{14}{3}$$

(4) $\iint_R (x^2 + y^2)dydx = \int_0^\pi \int_1^2 \rho^2 \rho d\rho d\varphi = \frac{1}{4}\rho^4\Big|_1^2 \varphi|_0^\pi = \frac{15}{4}\pi$

연습 문제 2.11

R이 제1사분면에서 x축, 원 $x^2 + y^2 = 4$와 $(x-2)^2 + y^2 = 4$ 사이의 영역이라고 할 때 다음의 적분값을 구하시오.

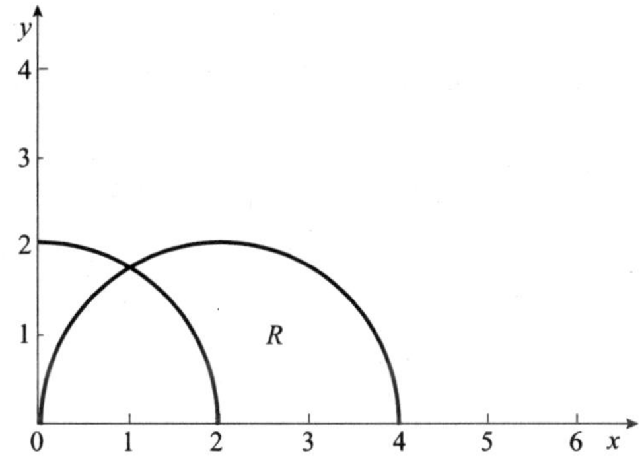

| 그림 2.28 |

(1) $\iint_R dydx$

(2) $\iint_R xdydx$

(3) $\iint_R ydydx$

(4) $\iint_R (x^2 + y^2)dydx$

답 (1) $\frac{2\pi+3\sqrt{3}}{3}$ (2) $\frac{8\pi}{3}+\sqrt{3}$ (3) $\frac{11}{3}$ (4) $\frac{20\pi+21\sqrt{3}}{2\pi+3\sqrt{3}}$

• 삼중적분

삼차원에 대하여 이중적분의 결과를 확장할 수 있다. 삼차원의 닫힌 영역 R에서 정의되는 함수 $F(x, y, z)$를 생각하자. 함수 $F(x, y, z)$는 각 변수 x, y와 z에 관하여 미분가능하고 또한 적분될 수 있다고 하자. 영역 R을 분할하여 부피 ΔV_k를 갖는 n 부분영역 $\Delta R_k(k = 1, 2, \cdots, n)$로 나눈다. ΔR_k의 어떤 점을 $P_k (\xi_k, \eta_k, \zeta_k)$라고 하면 다음과 같은 합을 만들 수 있다.

$$\sum_{k=1}^{n} F(\xi_k, \eta_k, \zeta_k)\Delta V_k \tag{2.78}$$

제한 없이 부분영역의 수 n을 무한히 증가시키고 그래서 각 ΔR_k에서 가장 먼 임의의 두 점 사이의 거리가 0으로 접근하면

$$\lim_{n\to\infty} \sum_{k=1}^{n} F(\xi_k, \eta_k, \zeta_k)\Delta V_k \tag{2.79}$$

이 식의 극한이 존재하면 이것을 다음과 같이 나타내고

$$\iiint_R F(x,y,z)dV \tag{2.80}$$

이것을 영역 R 위에서 $F(x, y, z)$의 삼중적분이라고 한다. xy, yz, xz 평면에 평행한 면들로 구성되는 격자를 형성함으로써 만들어지는 부피 ΔV_k를 갖는 직육면체들로써 부분영역 ΔR_k를 선택하여 적분할 수 있다.

$$\begin{aligned}\iiint_R F(x,y,z)dV &= \int_{x=a}^{b}\int_{y=g_1(x)}^{g_2(x)}\int_{z=f_1(x,y)}^{f_2(x,y)} F(x,y,z)\,dxdydz \\ &= \int_{x=a}^{b}\left[\int_{y=g_1(x)}^{g_2(x)}\left\{\int_{z=f_1(x,y)}^{f_2(x,y)} F(x,y,z)dz\right\}dy\right]dx\end{aligned} \tag{2.81}$$

맨 안쪽 괄호부터 바깥쪽으로 적분을 반복해 나간다. 이중적분에서와 마찬가지로 임의로 적분의 순서를 바꿀 수 있다.

삼차원으로 확장하여 xyz 좌표계에서 uvw 좌표계로의 변환식들은

$$x = f(u, v, w) \tag{2.82a}$$

$$y = g(u, v, w) \tag{2.82b}$$

$$z = h(u, v, w) \tag{2.82c}$$

그러면

$$\iiint_R F(x,y,z)dxdydz = \iiint_{R'} G(u,v,w)\left|\frac{\partial(x,y,z)}{\partial(u,v,w)}\right| dudvdw \tag{2.83}$$

여기서 $G(u,v,w) \equiv F\{f(u,v,w), g(u,v,w), h(u,v,w)\}$이고 $\left|\frac{\partial(x,y,z)}{\partial(u,v,w)}\right|$는 u, v, w에 관한 x, y, z의 Jacobian이다.

$$\left|\frac{\partial(x,y,z)}{\partial(u,v,w)}\right| = \begin{vmatrix} \frac{\partial x}{\partial u} & \frac{\partial x}{\partial v} & \frac{\partial x}{\partial w} \\ \frac{\partial y}{\partial u} & \frac{\partial y}{\partial v} & \frac{\partial y}{\partial w} \\ \frac{\partial z}{\partial u} & \frac{\partial z}{\partial v} & \frac{\partial z}{\partial w} \end{vmatrix} \tag{2.84}$$

예제 2.12

다음 적분을 수행하시오.

(1) $\int_0^3\int_0^{2z}\int_1^{xz} xyz\,dydxdz$　　(2) $\int_0^{12}\int_0^{6-x/2}\int_0^{4-x/3-2y/3} x\,dzdydx$

풀이

(1) $\int_0^3 \int_0^{2z} \int_1^{xz} xyzdydxdz = \int_0^3 \int_0^{2z} xz\frac{1}{2}y^2\Big|_1^{xz} dydxdz$

$= \int_0^3 \int_0^{2z} xz\frac{1}{2}(x^2z^2 - 1)dxdz$

$= \int_0^3 \int_0^{2z} \frac{1}{2}(x^3z^3 - xz)dxdz$

$= \int_0^3 \int_0^{2z} \left(\frac{1}{8}x^4z^3 - \frac{1}{4}x^2z\right)\Big|_0^{2z} dxdz$

$= \int_0^3 \left(\frac{16}{8}z^4z^3 - \frac{4}{4}z^2z\right)dz = \left(\frac{2}{8}z^8 - \frac{1}{4}z^4\right)\Big|_0^3 = 1620$

(2) $\int_0^{12} \int_0^{6-x/2} \int_0^{4-x/3-2y/3} xdzdydx = \int_0^{12} \int_0^{6-x/2} x(z)|_0^{4-x/3-2y/3} dydx$

$= \int_0^{12} \int_0^{6-x/2} x\left(4 - \frac{x}{3} - \frac{2y}{3}\right)dydx$

$= \int_0^{12} x\left(4y - \frac{x}{3}y - \frac{1}{3}y^2\right)\Big|_0^{6-x/2} dx$

$= \int_0^{12} x\left\{4\left(6 - \frac{x}{2}\right) - \frac{x}{3}\left(6 - \frac{x}{2}\right) - \frac{1}{3}\left(6 - \frac{x}{2}\right)^2\right\}dx$

$= \int_0^{12} x\left\{24 - 2x - 2x + \frac{1}{6}x^2 - 12 + 2x - \frac{1}{12}x^2\right\}dx$

$= 144$

연습 문제 2.12

다음 적분을 수행하시오.

(1) $\int_0^1 \int_0^{1-x} \int_0^{2-x} xyzdzdydx$ (2) $\int_0^2 \int_{2-y}^{6-2y} \int_0^{\sqrt{4-y^2}} zdzdydx$

답 (1) $\frac{13}{240}$ (2) $\frac{26}{3}$

2.7 Green의 정리, 표면적분, 발산정리, Stokes의 정리

- **평면에서 Green의 정리**

두 함수 P(x, y), Q(x, y)는 미분가능하고 또한 적분될 수 있다고 가정한다. 좌표축에 평행한 어떤 선들이 대부분 두 점에서 C를 자르는 닫힌 곡선 C로 둘러싸인 영역 R이 있다(그림 2.29). x축과 평행한 선이 만나는 점은 각각 A, B이고 y축과 평행한 선이 만나는 점은 각각 E, F이다. 곡선 AEB와 AFB의 식을 각각 $y = Y_1(x)$와 $y = Y_2(x)$라고 한다.

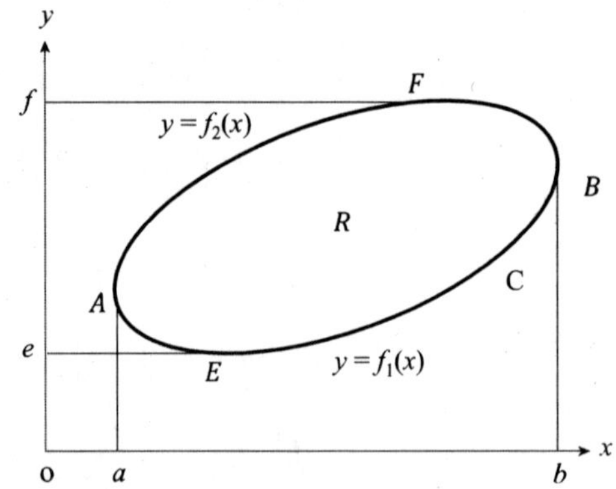

| 그림 2.29 | 닫힌 곡선 C로 둘러싸인 영역 R

$$\iint_R \frac{\partial P}{\partial y}dxdy = \int_{x=a}^{b}\left[\int_{y=Y_1}^{Y_2}\frac{\partial P}{\partial y}dy\right]dx = \int_{x=a}^{b}P(x,y)|_{Y_1}^{Y_2}dx$$

$$= \int_{x=a}^{b}[P(x,Y_2) - P(x,Y_1)]dx = \int_{x=a}^{b}P(x,Y_2)dx - \int_{x=a}^{b}P(x,Y_1)dx$$

$$= -\int_{x=a}^{b}P(x,Y_1)dx - \int_{x=b}^{a}P(x,Y_2)dx = -\oint_C P(x,y)dx$$

$$\oint_C P(x,y)dx = -\iint_R \frac{\partial P}{\partial y}dxdy$$

곡선 FAE와 EBF의 식을 각각 $x = X_1(y)$와 $x = X_2(y)$라고 한다.

$$\iint_R \frac{\partial Q}{\partial x}dxdy = \int_{y=e}^{f}\left[\int_{x=X_1}^{X_2}\frac{\partial Q}{\partial x}dx\right]dy = \int_{y=e}^{f}Q(x,y)|_{X_1}^{X_2}dy$$

$$= \int_{y=e}^{f}[Q(X_2,y) - Q(X_1,y)]dy$$

$$= \int_{y=e}^{f}Q(X_2,y)dy - \int_{y=e}^{f}Q(X_1,y)dy$$

$$= \int_{y=e}^{f}Q(X_2,y)dy + \int_{y=f}^{e}Q(X_1,y)dy = \oint_C Q(x,y)dy$$

$$\oint_C Q(x,y)dx = \iint_R \frac{\partial Q}{\partial x}dxdy$$

$$\oint_C [P(x,y)dx + Q(x,y)dy] = \iint_R \left(\frac{\partial Q}{\partial x} - \frac{\partial P}{\partial y}\right)dxdy \tag{2.85}$$

예제 2.13

$y = x^2$과 $x = y^2$에 의해 만들어진 닫힌 곡선 C에 의하여 둘러싸인 영역을 R이라고 한다. 다음 적분에 대하여 평면에서 Green의 정리가 성립함을 증명하시오.

$\oint_C [(xy - y^2)dx + (2xy + x^2)dy]$

풀이

(0, 0)에서 (1, 1)까지 $y = x^2$을 따라서 적분하고 이때 $dy = 2xdx$이고, (1, 1)에서 (0, 0)까지 $y = \sqrt{x}$를 따라서 $dx = 2ydy$를 사용하여 적분한다.

$$\begin{aligned}
&\oint_C [(xy - y^2)dx + (2xy + x^2)dy] \\
&= \int_{(0,0)}^{(1,1)} [(xy - y^2)dx + (2xy + x^2)dy] \\
&+ \int_{(1,1)}^{(0,0)} [(xy - y^2)dx + (2xy + x^2)dy] \\
&= \int_{(0,0)}^{(1,1)} \left[\left(xx^2 - x^{2^2}\right)dx + (2xx^2 + x^2)2xdx\right] \\
&+ \int_{(1,1)}^{(0,0)} \left[(y^2y - y^2)2ydy + (2y^2y + y^{2^2})dy\right] \\
&= \int_{(0,0)}^{(1,1)} [(x^3 - x^4)dx + (4x^4 + 2x^3)dx] \\
&+ \int_{(1,1)}^{(0,0)} [(2y^4 - 2y^3)dy + (2y^3 + y^4)dy] \\
&= \int_{(0,0)}^{(1,1)} (3x^3 + 3x^4)dx + \int_{(1,1)}^{(0,0)} 3y^4 dy \\
&= \left(\frac{3}{4}x^4 + \frac{3}{5}x^5\right)\Big|_0^1 + \frac{3}{5}y^5\Big|_1^0 = \frac{3}{4}
\end{aligned}$$

$$\iint_R \left(\frac{\partial Q}{\partial x} - \frac{\partial P}{\partial y}\right) dxdy = \iint_R \left\{\frac{\partial}{\partial x}(2xy + x^2) - \frac{\partial}{\partial y}(xy - y^2)\right\} dxdy$$

$$= \iint_R \{(2y + 2x) - (x - 2y)\}dxdy = \iint_R (x + 4y)dxdy$$

$$= \int_0^1 \int_{y=x^2}^{\sqrt{x}} (x + 4y)dy\,dx = \int_0^1 (xy + 2y^2)\Big|_{y=x^2}^{\sqrt{x}} dx$$

$$= \int_0^1 \left\{\left(x\sqrt{x} + 2\sqrt{x}^2\right) - \left(xx^2 + 2x^{2^2}\right)\right\} dx = \int_0^1 \{(x^{3/2} + 2x) - (x^3 + 2x^4)\} dx$$

$$= \left(\frac{2}{5}x^{5/2} + x^2 - \frac{1}{4}x^4 - \frac{2}{5}x^5\right)\Big|_0^1 = \frac{3}{4}$$

$$\oint_C [(xy - y^2)dx + (2xy + x^2)dy] = \iint_R \left\{\frac{\partial}{\partial x}(2xy + x^2) - \frac{\partial}{\partial y}(xy - y^2)\right\} dxdy$$

따라서 평면에서 Green의 정리가 성립한다.

연습 문제 2.13

$y = x^2$, $y = 4$와 $x = 0$에 의해 만들어진 닫힌 곡선 C에 의해 둘러싸인 영역을 R이라고 한다. 다음 적분에 대하여 평면에서 Green의 정리가 성립함을 증명하시오.

$$\oint_C [(xy - y^2)dx + (2xy + x^2)dy]$$

답 $55\frac{1}{5}$

• 표면적분

xy 평면 위에 영역 R로 투영되는 양면을 가진 곡면을 S라 하자(그림 2.30). S에 대한 방정식 $z = f(x, y)$는 R에서 모든 x와 y에 대하여 일가이고 연속이라고 한다. 영역 R을 분할하여 면적 ΔA_k를 갖는 n 부분영역 ΔR_k ($k = 1, 2, \cdots, n$)로 나눈다.

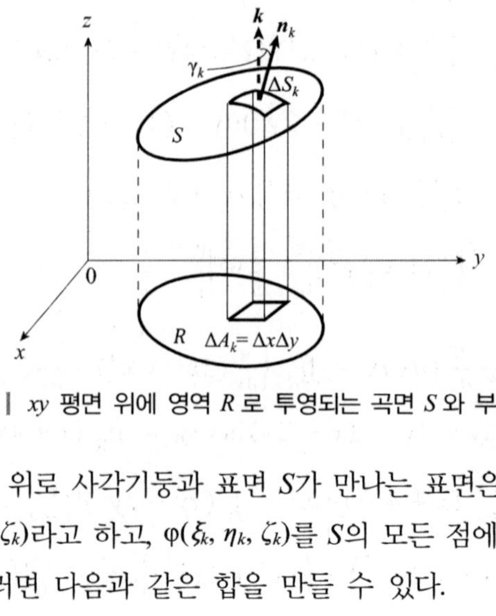

| 그림 2.30 | xy 평면 위에 영역 R로 투영되는 곡면 S와 부분영역 ΔR_k

각 부분영역 ΔR_k 위로 사각기둥과 표면 S가 만나는 표면은 ΔS_k가 된다. ΔS_k의 어떤 점을 $P_k(\xi_k, \eta_k, \zeta_k)$라고 하고, $\varphi(\xi_k, \eta_k, \zeta_k)$를 S의 모든 점에서 일가이고 연속인 함수라고 하자. 그러면 다음과 같은 합을 만들 수 있다.

$$\sum_{k=1}^{n} \varphi(\xi_k, \eta_k, \zeta_k)\Delta S_k \tag{2.86}$$

제한 없이 부분영역의 수 n을 무한히 증가시키고 그래서 각 ΔS_k가 0으로 접근할 때 극한이 존재하면

$$\lim_{n\to\infty} \sum_{k=1}^{n} \varphi(\xi_k, \eta_k, \zeta_k)\Delta S_k = \iint_S \varphi(x, y, z)dS \tag{2.87}$$

이것을 S 위에서 $\varphi(x, y, z)$의 표면적분이라고 한다. 곡면 S에 수직한 선과 양의 z축과 이루는 각을 γ_k라고 하면 $\Delta S_k = |\sec\gamma_k|\Delta A_k$이므로

$$\iint_S \varphi(x,y,z)dS = \iint_R \varphi(x,y,z)|\sec\gamma|dA$$

여기서

$$|\sec\gamma_k| = \frac{1}{\boldsymbol{n}_k\cdot\boldsymbol{k}} = \sqrt{1+\left(\frac{\partial z}{\partial x}\right)^2+\left(\frac{\partial z}{\partial y}\right)^2} \tag{2.88}$$

앞의 기울기($\nabla\varphi$)에서 설명한 것처럼 ∇F는 곡면 F$(x, y, z) = 0$에 수직한 벡터가 된다.

$$\nabla\mathrm{F} = \mathbf{F} = F_x\boldsymbol{i} + F_y\boldsymbol{j} + F_z\boldsymbol{k}$$

$$\nabla\mathrm{F}\cdot\boldsymbol{k} = \left(F_x\boldsymbol{i} + F_y\boldsymbol{j} + F_z\boldsymbol{k}\right)\cdot\boldsymbol{k} = F_z = |\nabla\mathrm{F}||\boldsymbol{k}|\cos\gamma$$

$$= \sqrt{(\mathrm{F}_x)^2+\left(\mathrm{F}_y\right)^2+(\mathrm{F}_z)^2}\cos\gamma$$

$$\left|\frac{1}{\cos\gamma}\right| = \frac{\sqrt{(\mathrm{F}_x)^2+\left(\mathrm{F}_y\right)^2+(\mathrm{F}_z)^2}}{|\mathrm{F}_z|}$$

F$(x, y, z) = 0 = z - f(x, y)$이므로 $F_x = \frac{\partial F}{\partial x} = -z_x$, $F_y = \frac{\partial F}{\partial y} = -z_y$, $F_z = \frac{\partial F}{\partial z} = 1$.

$$|\sec\gamma| = \left|\frac{1}{\cos\gamma}\right| = \sqrt{{z_x}^2+{z_y}^2+1}$$

그러므로

$$\iint_R \varphi(x,y,z)|\sec\gamma_k|dA = \iint_R \varphi(x,y,z)\sqrt{1+\left(\frac{\partial z}{\partial x}\right)^2+\left(\frac{\partial z}{\partial y}\right)^2}\,dxdy \tag{2.89}$$

곡면의 방정식이 $z = f(x, y)$, 즉 F$(x, y, z) = 0$이라면

$$\iint_R \varphi(x,y,z)\sqrt{{z_x}^2+{z_y}^2+1}\,dxdy$$

$$= \iint_R \varphi(x,y,z)\frac{\sqrt{(\mathrm{F}_x)^2+\left(\mathrm{F}_y\right)^2+(\mathrm{F}_z)^2}}{|\mathrm{F}_z|}dxdy \tag{2.90}$$

예제 2.14

xy 평면 위의 영역 R 위의 원기둥 $x^2 + (y-2)^2 = 4$의 내부에 있는 원뿔 $x^2 + y^2 = 4z^2$의 표면 S에서 $\iint_S \mathrm{U}(x,y,z)dS$의 적분을 구하시오.

(1) $\mathrm{U}(x, y, z) = 1$ (2) $\mathrm{U}(x, y, z) = x^2 + y^2$ (3) $\mathrm{U}(x, y, z) = z$

풀이

(1) $\dfrac{\partial z}{\partial x} = \dfrac{x}{4z}, \dfrac{\partial z}{\partial y} = \dfrac{y}{4z}, \dfrac{\partial z}{\partial z} = 1$

$$\iint_S dS = \iint_R \sqrt{z_x{}^2 + z_y{}^2 + 1}dxdy = \iint_R \sqrt{\left(\frac{x}{4z}\right)^2 + \left(\frac{y}{4z}\right)^2 + 1}dxdy$$

$$= \int_0^4 \int_{-\sqrt{4y-y^2}}^{\sqrt{4y-y^2}} \sqrt{2}\,dxdy = \int_0^4 2\sqrt{2}\sqrt{4y-y^2}\,dy = 4\sqrt{2}\pi$$

또는 좌표계를 변환하여

$$\iint_S dS = \int_0^\pi \int_0^{4\sin\varphi} \sqrt{2}\,\rho d\rho d\varphi = \int_0^\pi 8\sqrt{2}\sin^2\varphi\,d\varphi$$

$$= 4\sqrt{2}(\varphi - \sin 2\varphi)\Big|_0^\pi = 4\sqrt{2}\pi$$

(2) $\iint_S \mathrm{U}(x,y,z)dS = \iint_S (x^2+y^2)dS = \iint_R (x^2+y^2)\sqrt{z_x{}^2 + z_y{}^2 + 1}dxdy$

$$= \iint_R (x^2+y^2)\sqrt{2}dxdy = \int_0^\pi \int_0^{4\sin\varphi} \rho^2\sqrt{2}\,\rho d\rho d\varphi = \int_0^\pi \frac{\sqrt{2}}{4}64\sin^4\varphi\,d\varphi$$

$$= \int_0^\pi 16\sqrt{2}\left(-\frac{1}{8}\cos 4\varphi - \frac{1}{2}\cos 2\varphi + \frac{3}{8}\right)d\varphi$$

$$= 16\sqrt{2}\left(-\frac{1}{32}\sin 4\varphi - \frac{1}{4}\sin 2\varphi + \frac{3}{8}\varphi\right)\Big|_0^\pi = 6\sqrt{2}\pi$$

(3) $\iint_S \mathrm{U}(x,y,z)dS = \iint_S zdS = \iint_R z\sqrt{z_x{}^2 + z_y{}^2 + 1}dxdy$

$$= \iint_R \frac{1}{2}\sqrt{x^2+y^2}\sqrt{2}dxdy = \int_0^\pi \int_0^{4\sin\varphi} \frac{1}{2}\rho\sqrt{2}\,\rho d\rho d\varphi = \int_0^\pi \frac{\sqrt{2}}{2}\frac{64}{3}\sin^3\varphi\,d\varphi$$

$$= \frac{32\sqrt{2}}{3}\int_0^\pi (1-\cos^2\varphi)\sin\varphi d\varphi = \frac{32\sqrt{2}}{3}\left(-\cos\varphi + \frac{1}{3}\cos^3\varphi\right)\Big|_0^\pi = \frac{128\sqrt{2}}{9}$$

연습 문제 2.14

$x^2 + y^2 = 4$의 내부인 xy 평면 위의 영역 R 위의 회전포물면 $z = 4 - (x^2 + y^2)$의 표면 S에서 $\iint_S \mathrm{U}(x,y,z)dS$의 적분을 구하시오.

(1) $\mathrm{U}(x, y, z) = 1$ (2) $\mathrm{U}(x, y, z) = x^2 + y^2$

(3) $U(x, y, z) = z$

답 (1) $\frac{13\pi}{3}$ (2) $\frac{149\pi}{30}$ (3) $\frac{111\pi}{30}$

• 발산정리

그림 2.31처럼 부피 V의 영역이 닫힌 곡면 S에 의해 둘러싸여 있고,

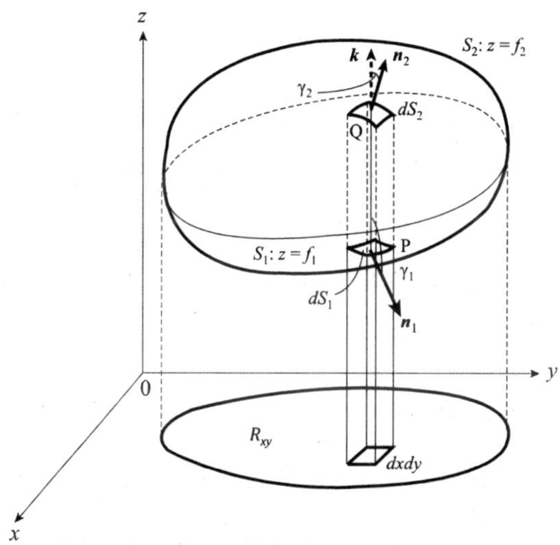

| 그림 2.31 | 닫힌 곡면 S에 의해 둘러싸인 부피 영역 V

곡면의 바깥 방향(양의 방향)으로 향하고 곡면에 수직인 벡터가 양의 x, y, z축과 이루는 각을 각각 α, β, γ라고 하자(그림 2.14 참고). 그 영역에서 일가의 A_1, A_2, A_3가 연속이고 연속인 편도함수를 갖는다고 하면

$$\iiint_V \left(\frac{\partial A_1}{\partial x} + \frac{\partial A_2}{\partial y} + \frac{\partial A_3}{\partial z}\right) dV = \iint_S (A_1\cos\alpha + A_2\cos\beta + A_3\cos\gamma)dS \tag{2.91}$$

닫힌 곡면 S에 대한 적분 각 항은 $\cos\alpha$, $\cos\beta$, $\cos\gamma$ 인자에 의해 각각 yz, zx, xy 평면의 영역 R_{yz}, R_{zx}, R_{xy}에 대한 적분으로 쓸 수 있다.

$$\iiint_V \left(\frac{\partial A_1}{\partial x} + \frac{\partial A_2}{\partial y} + \frac{\partial A_3}{\partial z}\right) dV = \iint_R (A_1 dydz + A_2 dzdx + A_3 dxdy) \tag{2.92}$$

$\mathbf{A} = A_1(x, y, z)\boldsymbol{i} + A_2(x, y, z)\boldsymbol{j} + A_3(x, y, z)\boldsymbol{k}$, $\mathbf{n} = \cos\alpha\boldsymbol{i} + \cos\beta\boldsymbol{j} + \cos\gamma\boldsymbol{k}$이므로 벡터 형식으로 나타내면

$$\iiint_V \nabla \cdot \mathbf{A}\, dV = \iint_S \mathbf{A} \cdot \mathbf{n}\, dS \tag{2.93}$$

이것을 간단히 **발산정리** 또는 **공간에서 Green의 정리**라고 한다. 닫힌 곡면 위에서 벡터 **A**의 수직한 성분의 표면적분은 그 표면 S에 의해 둘러싸인 부피 V에 대해 **A**의 발산을 적분한 것과 같음을 의미한다. 물리에서는 전자기학에, 화학에서는 전해질 용액에서 전하에 의한 전기장 관련 내용과 6장에서 물질과 열의 확산에 관련된 방정식 등에 적용된다.

증명

식 전체는 복잡하고 각 성분은 같은 꼴로 되어 있으므로 한 성분(예를 들면, A_3)을 다루는 것이 편리하다. 그림 2.31처럼 z축에 평행한 선들이 닫힌 곡면과 만나는 점들을 연결하는 닫힌 곡선은 그 곡면을 두 개로 나눈다. 윗부분과 아랫부분은 각각 $z = f_2(x, y)$와 $z = f_1(x, y)$로 나타내지는 곡면 S_2와 S_1이다. 그 곡면이 xy 평면 위에 투영되는 영역을 R_{xy}로 나타낸다.

$$\begin{aligned}\iiint_V \frac{\partial A_3}{\partial z} dV &= \iiint_V \frac{\partial A_3}{\partial z} dzdydx = \iint_{R_{xy}} \int_{z=f_1(x,y)}^{f_2(x,y)} \frac{\partial A_3}{\partial z} dzdydx \\ &= \iint_{R_{xy}} A_3(x,y,z)\Big|_{f_1(x,y)}^{f_2(x,y)} dydx = \iint_{R_{xy}} [A_3(x,y,f_2) - A_3(x,y,f_1)]\, dydx \\ &= \iint_{R_{xy}} A_3(x,y,f_2)\, dydx - \iint_{R_{xy}} A_3(x,y,f_1)\, dydx\end{aligned}$$

xy 평면에 x와 y축에 평행한 선들로 격자를 형성함으로써 만들어지는 사각형들 중 한 영역 ΔR_{xy}를 선택하면 그 영역 ΔR_{xy} 위의 곡면 위의 점들은 $P(x, y, f_1)$, $Q(x, y, f_2)$이다. 점 P와 Q에서 곡면에 수직한 단위벡터는 각각 $\mathbf{n}_1$, $\mathbf{n}_2$이다. 그러면

$$|\boldsymbol{k} \cdot \mathbf{n}_1| = \cos\gamma_1, \quad |\boldsymbol{k} \cdot \mathbf{n}_2| = \cos\gamma_2$$

영역 ΔR_{xy}과 그에 대응하는 곡면 S 위의 ΔS_2와 ΔS_1 사이의 관계는 다음과 같이 표현된다.

$$\begin{aligned} dxdy &= \cos\gamma_2 dS_2 = \boldsymbol{k} \cdot \mathbf{n}_2 dS_2 \\ dxdy &= -\cos\gamma_1 dS_1 = -\boldsymbol{k} \cdot \mathbf{n}_1 dS_1 \end{aligned}$$

그러면

$$\iiint_V \frac{\partial A_3}{\partial z} dV$$

$$= \iint_{R_{xy}} A_3(x,y,f_2)\,dydx - \iint_{R_{xy}} A_3(x,y,f_1)\,dydx$$

$$= \iint_{S_2} A_3(x,y,f_2)\,\boldsymbol{k}\cdot\mathbf{n}_2 dS_2 + \iint_{S_1} A_3(x,y,f_1)\,\boldsymbol{k}\cdot\mathbf{n}_1 dS_1$$

$$= \iint_S A_3\,\boldsymbol{k}\cdot\mathbf{n}dS$$

같은 방법으로 A_1과 A_2 성분에 대하여

$$\iiint_V \frac{\partial A_1}{\partial z} dV = \iint_S A_1\,\boldsymbol{i}\cdot\mathbf{n}dS$$

$$\iiint_V \frac{\partial A_2}{\partial z} dV = \iint_S A_2\,\boldsymbol{j}\cdot\mathbf{n}dS$$

각 성분에 대한 식을 모두 합하면

$$\iiint_V \left(\frac{\partial A_1}{\partial x} + \frac{\partial A_2}{\partial y} + \frac{\partial A_3}{\partial z}\right) dV = \iint_S (A_1\boldsymbol{i} + A_2\boldsymbol{j} + A_3\boldsymbol{k})\cdot\mathbf{n}dS$$

$$= \iint_S \mathbf{A}\cdot\mathbf{n}dS$$

예제 2.15

벡터 함수 $\mathbf{A} = (x+y)\boldsymbol{i} + (2x-z)\boldsymbol{j} + (y+z)\boldsymbol{k}$에 대하여 $x=0$, $x=1$, $y=0$, $y=1$, $z=0$, $z=1$에 의하여 만들어지는 정육면체 영역에서 발산정리가 성립함을 증명하시오.

풀이

$$\iiint_V \nabla\cdot\mathbf{A}\, dV$$

$$= \int_0^1\int_0^1\int_0^1 \left\{\frac{\partial}{\partial x}(x+y) + \frac{\partial}{\partial y}(2x-z) + \frac{\partial}{\partial z}(y+z)\right\} dzdydx$$

$$= \int_0^1\int_0^1\int_0^1 \{1+0+1\} dzdydx = 2$$

윗면에 바깥 방향의 수직한 단위벡터는 $\boldsymbol{k}$이므로

$$\iint_{위} \mathbf{A}\cdot\mathbf{n}dS = \int_0^1\int_0^1 \{(x+y)\boldsymbol{i} + (2x-z)\boldsymbol{j} + (y+z)\boldsymbol{k}\}\cdot\boldsymbol{k}dydx$$

$$= \int_0^1\int_0^1 \{(x+y)\boldsymbol{i} + (2x-1)\boldsymbol{j} + (y+1)\boldsymbol{k}\}\cdot\boldsymbol{k}dydx$$

$$= \int_0^1\int_0^1 (y+1)\,dydx = \int_0^1 (\tfrac{1}{2}+1)\,dx = \frac{3}{2}$$

$$\iint_{아래} \mathbf{A}\cdot\mathbf{n}dS = \int_0^1\int_0^1 \{(x+y)\boldsymbol{i} + (2x-z)\boldsymbol{j} + (y+z)\boldsymbol{k}\}\cdot(-\boldsymbol{k})dydx$$

$$= -\int_0^1\int_0^1\{(x+y)\boldsymbol{i}+(2x-0)\boldsymbol{j}+(y+0)\boldsymbol{k}\}\cdot\boldsymbol{k}dydx$$

$$= -\int_0^1\int_0^1 y\,dydx = -\int_0^1\frac{1}{2}dx = -\frac{1}{2}$$

$$\iint_{앞}\mathbf{A}\cdot\mathbf{n}dS = \int_0^1\int_0^1\{(x+y)\boldsymbol{i}+(2x-z)\boldsymbol{j}+(y+z)\boldsymbol{k}\}\cdot\boldsymbol{i}dzdy$$

$$= \int_0^1\int_0^1\{(1+y)\boldsymbol{i}+(2-z)\boldsymbol{j}+(y+z)\boldsymbol{k}\}\cdot\boldsymbol{i}dzdy$$

$$= \int_0^1\int_0^1(1+y)\,dzdy = \int_0^1(1+y)\,dy = \frac{3}{2}$$

$$\iint_{뒤}\mathbf{A}\cdot\mathbf{n}dS = \int_0^1\int_0^1\{(x+y)\boldsymbol{i}+(2x-z)\boldsymbol{j}+(y+z)\boldsymbol{k}\}\cdot(-\boldsymbol{i})dzdy$$

$$= -\int_0^1\int_0^1\{(0+y)\boldsymbol{i}+(0-z)\boldsymbol{j}+(y+z)\boldsymbol{k}\}\cdot\boldsymbol{i}dzdy$$

$$= -\int_0^1\int_0^1 y\,dzdy = -\int_0^1 y\,dy = -\frac{1}{2}$$

$$\iint_{왼쪽}\mathbf{A}\cdot\mathbf{n}dS = \int_0^1\int_0^1\{(x+y)\boldsymbol{i}+(2x-z)\boldsymbol{j}+(y+z)\boldsymbol{k}\}\cdot(-\boldsymbol{j})dzdx$$

$$= -\int_0^1\int_0^1\{(x+0)\boldsymbol{i}+(2x-z)\boldsymbol{j}+(0+z)\boldsymbol{k}\}\cdot\boldsymbol{j}dzdx$$

$$= -\int_0^1\int_0^1(2x-z)\,dzdx = -\int_0^1\left(2x-\frac{1}{2}\right)dx = -\frac{1}{2}$$

$$\iint_{오른쪽}\mathbf{A}\cdot\mathbf{n}dS = \int_0^1\int_0^1\{(x+y)\boldsymbol{i}+(2x-z)\boldsymbol{j}+(y+z)\boldsymbol{k}\}\cdot\boldsymbol{j}dzdx$$

$$= \int_0^1\int_0^1\{(x+1)\boldsymbol{i}+(2x-z)\boldsymbol{j}+(1+z)\boldsymbol{k}\}\cdot\boldsymbol{j}dzdx$$

$$= \int_0^1\int_0^1(2x-z)\,dzdx = \int_0^1\left(2x-\frac{1}{2}\right)dx = \frac{1}{2}$$

$$\iiint_V \nabla\cdot\mathbf{A}\,dV = 2$$

$$= \iint_{위}\mathbf{A}\cdot\mathbf{n}dS + \iint_{아래}\mathbf{A}\cdot\mathbf{n}dS + \iint_{앞}\mathbf{A}\cdot\mathbf{n}dS + \iint_{뒤}\mathbf{A}\cdot\mathbf{n}dS$$

$$+ \iint_{왼쪽}\mathbf{A}\cdot\mathbf{n}dS + \iint_{오른쪽}\mathbf{A}\cdot\mathbf{n}dS$$

$$= \frac{3}{2}+\left(-\frac{1}{2}\right)+\frac{3}{2}+\left(-\frac{1}{2}\right)+\left(-\frac{1}{2}\right)+\frac{1}{2}$$

연습 문제 2.15

벡터함수 $\mathbf{A} = (x^2 + y)\boldsymbol{i} + (2x - z^2)\boldsymbol{j} + (y^2 + z)\boldsymbol{k}$에 대하여 $x = 0$, $x = 1$, $y = 0$, $y = 1$, $z = 0$, $z = 1$에 의해 만들어지는 정육면체 영역에서 발산정리가 성립함을 증명하시오.

답 2

원점에 있는 전하 q에 의하여 거리 $\mathbf{r}$에 있는 점에서의 전기장 $\mathbf{E}$는 다음 식과 같이 주어진다.

$$\mathbf{E}(\mathbf{r}) = \frac{q}{4\pi\varepsilon_0}\frac{\mathbf{r}}{r^3}$$

전하 q를 둘러싸는 닫힌 곡면 위에서 이 전기장의 수직한 성분의 표면 적분은 다음 식과 같다.

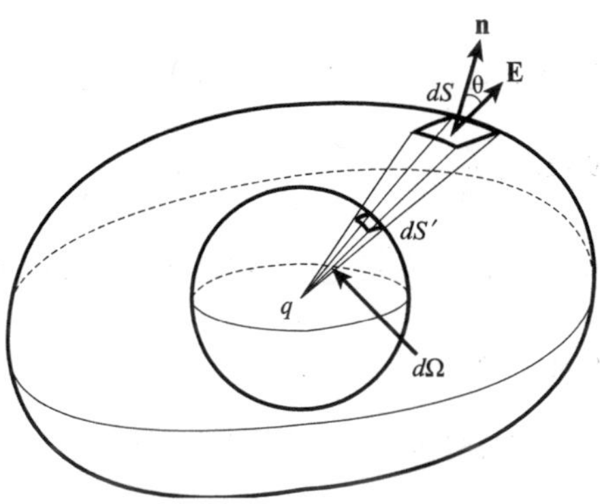

| 그림 2.32 |

$$\oint_S \mathbf{E}\cdot\mathbf{n}dS = \frac{q}{4\pi\varepsilon_0}\oint_S \frac{\mathbf{r}}{r^3}\cdot\mathbf{n}dS$$

$\frac{\mathbf{r}}{r}\cdot\mathbf{n}dS$는 r에 수직한 평면 위로 dS의 투영된 면적을 나타낸다. $\mathbf{r}$과 $\mathbf{n}$이 각도 θ를 이루고 있다면 투영된 면적은

$$dS\cos\theta = r\sin\theta d\varphi r d\theta = r^2\sin\theta d\theta d\varphi = r^2 d\Omega$$

이 투영된 면적을 r^2으로 나눈 것은 $dS\,(dS')$에 의하여 정해지는 입체각이고 $d\Omega$로 나타낸다. 그러면

$$\oint_S \frac{\mathbf{r}}{r^3}\cdot \mathbf{n}dS = \oint_S \frac{1}{r^2}\cos\theta dS = \int_0^{2\pi}\int_0^{\pi}\frac{1}{r^2}r^2\sin\theta d\theta d\varphi$$
$$= \int_0^{2\pi}\int_0^{\pi}\sin\theta d\theta d\varphi = \oint_S \frac{1}{r^2}r^2 d\Omega = 4\pi$$

따라서

$$\oint_S \mathbf{E}\cdot \mathbf{n}dS = \frac{q}{4\pi\varepsilon_0}4\pi = \frac{q}{\varepsilon_0} \tag{2.94}$$

점 전하가 아니라 전하 밀도 ρ에 의하여 규정되는 연속적인 전하의 분포라면 q 대신에 어떤 점 부근의 부피 dV 내의 전하를 점 전하처럼 생각할 수 있다. 따라서 닫힌 곡면 내부의 모든 전하에 의한 기여를 다 합치면 된다. 그러면

$$\oint_S \mathbf{E}\cdot \mathbf{n}dS = \frac{1}{\varepsilon_0}\oint_V \rho dV$$

발산 정리를 적용하면

$$\oint_S \mathbf{E}\cdot \mathbf{n}dS = \oint_V \nabla\cdot \mathbf{E}dV$$

위의 식과 비교하면

$$\nabla\cdot \mathbf{E} = \frac{\rho}{\varepsilon_0}$$

그런데 전기장 **E**는 전위 Φ의 미분으로 주어지므로

$$\mathbf{E} = -\nabla\Phi$$

E를 $\nabla\cdot\mathbf{E}$에 대입하면

$$\nabla^2\Phi = -\frac{\rho}{\varepsilon_0} \tag{2.95}$$

이것이 전하 밀도와 정전기적 전위 사이의 관계인 Poisson 식이다. 전하가 구형으로 분포한다면 ∇^2에서 θ와 φ에 관한 부분은 사라지고 단지 r의 방정식으로 된다.

$$\frac{1}{r^2}\frac{\partial}{\partial r}\left(r^2\frac{\partial\Phi}{\partial r}\right) = -\frac{\rho}{\varepsilon_0} \tag{2.96}$$

식 (2.95)에서 전하가 없다면(ρ = 0),

$$\nabla^2\Phi = 0 \tag{2.97}$$

이 식은 유명한 Laplace 방정식이다.

• Stokes의 정리

S를 교차하지 않는 단순 닫힌 곡선 C에 의해 둘러싸인 열린 양면으로 된 곡면이라고 하자. 곡면의 한 면에 대하여 수직인 선의 방향을 양이라고 하면 다른 면의 수선의 방향은 음이다.

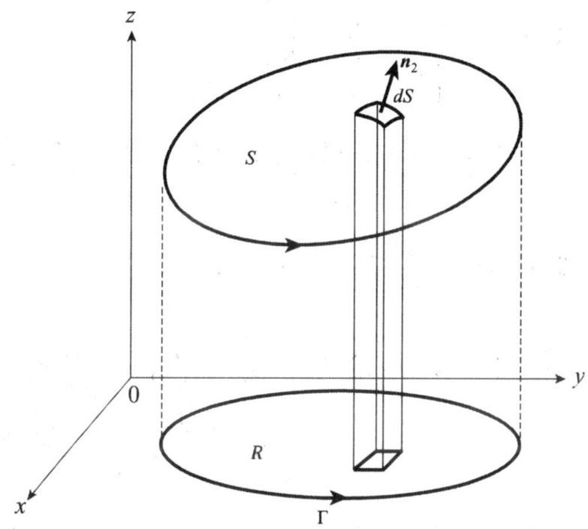

‖ 그림 2.33 ‖

S를 포함하는 공간에서 일가의 A_1, A_2, A_3가 연속이고 연속인 편도함수를 갖는다고 하면

$$\int_C (A_1 dx + A_2 dy + A_3 dz)$$
$$= \iint_S \left[\left(\frac{\partial A_3}{\partial y} - \frac{\partial A_2}{\partial z}\right)\cos\alpha + \left(\frac{\partial A_1}{\partial z} - \frac{\partial A_3}{\partial x}\right)\cos\beta + \left(\frac{\partial A_2}{\partial x} - \frac{\partial A_1}{\partial y}\right)\cos\gamma\right] dS \tag{2.98a}$$

$\mathbf{A} = A_1(x,y,z)\boldsymbol{i} + A_2(x,y,z)\boldsymbol{j} + A_3(x,y,z)\boldsymbol{k}$, $\mathbf{n} = \cos\alpha\boldsymbol{i} + \cos\beta\boldsymbol{j} + \cos\gamma\boldsymbol{k}$이므로 벡터 형식으로 나타내면

$$\int_C \mathbf{A}\cdot d\mathbf{r} = \iint_S (\nabla\times\mathbf{A})\cdot\mathbf{n}dS \tag{2.98b}$$

이것을 Stokes의 정리라고 한다. 닫힌 곡선 C를 따라 행해지는 벡터 **A**의 수직한 성분의 선 적분은 C에 의해 둘러싸인 곡면 S에 대해 회전 **A**의 수직 성분의 표면 적분과 같음을 의미한다.

증명

식 전체는 복잡하고 각 성분은 같은 꼴로 되어 있으므로 한 성분(예를 들면, A_1)을 다루는 것이 편리하다. 닫힌 곡선 C에 둘러싸인 닫힌 곡면의 방정식은 $z = f(x, y)$ 또는 $y = g(x, z)$, 또는 $x = h(y, z)$이다. 닫힌 곡선 C는 xy 평면 위에 닫힌 곡선 Γ로 투영되고 그 곡면이 xy 평면 위에 투영되는 영역을 R_{xy}로 나타낸다.

$$\nabla \times \mathbf{A} = \begin{vmatrix} \boldsymbol{i} & \boldsymbol{j} & \boldsymbol{k} \\ \frac{\partial}{\partial x} & \frac{\partial}{\partial y} & \frac{\partial}{\partial z} \\ A_1 & A_2 & A_3 \end{vmatrix}$$

$$= \left(\frac{\partial A_3}{\partial y} - \frac{\partial A_2}{\partial z}\right)\boldsymbol{i} + \left(\frac{\partial A_1}{\partial z} - \frac{\partial A_3}{\partial x}\right)\boldsymbol{j} + \left(\frac{\partial A_2}{\partial x} - \frac{\partial A_1}{\partial y}\right)\boldsymbol{k}$$

이므로 $\nabla \times A_1\boldsymbol{i} = \frac{\partial A_1}{\partial z}\boldsymbol{j} + \frac{\partial A_1}{\partial y}\boldsymbol{k}$

$$\iint_S (\nabla \times A_1\boldsymbol{i}) \cdot \mathbf{n}dS = \iint_S \left(\frac{\partial A_1}{\partial z}\boldsymbol{j} - \frac{\partial A_1}{\partial y}\boldsymbol{k}\right) \cdot \mathbf{n}dS$$

$$= \iint_S \left(\frac{\partial A_1}{\partial z}\boldsymbol{j} \cdot \mathbf{n} - \frac{\partial A_1}{\partial y}\boldsymbol{k} \cdot \mathbf{n}\right) dS$$

여기서 $\boldsymbol{j} \cdot \mathbf{n}$을 구하기 위해 다음과 같은 과정을 따른다.

곡면 S 위의 어떤 점에 대한 위치벡터는

$$\mathbf{r} = x\boldsymbol{i} + y\boldsymbol{j} + z\boldsymbol{k} = x\boldsymbol{i} + y\boldsymbol{j} + f(x, y)\boldsymbol{k}$$

그 점에서 접선벡터는

$$d\mathbf{r} = dx\boldsymbol{i} + dy\boldsymbol{j} + dz\boldsymbol{k} = dx\boldsymbol{i} + dy\boldsymbol{j} + df(x, y)\boldsymbol{k}$$

따라서 y 방향으로 접선벡터는 $\frac{\partial \mathbf{r}}{\partial y}$이고 다음과 같다.

$$\frac{\partial \mathbf{r}}{\partial y} = \boldsymbol{j} + \frac{\partial f}{\partial y}\boldsymbol{k} = \boldsymbol{j} + \frac{\partial z}{\partial y}\boldsymbol{k}$$

곡면 $z = f(x, y)$에 수직한 단위벡터를 $\mathbf{n}$이라고 하고 크기가 c라고 하면 앞의 식 (2.37)에서 논의된 것처럼 곡면에 수직한 벡터는 다음과 같다.

$$c\mathbf{n} = \nabla\{z - f(x, y)\} = \left(\boldsymbol{i}\frac{\partial}{\partial x} + \boldsymbol{j}\frac{\partial}{\partial y} + \boldsymbol{k}\frac{\partial}{\partial z}\right)\{z - f(x, y)\}$$

$$= -\boldsymbol{i}\frac{\partial f}{\partial x} - \boldsymbol{j}\frac{\partial f}{\partial y} + \boldsymbol{k}$$

벡터 $\mathbf{n}$과 $\frac{\partial \mathbf{r}}{\partial y}$는 서로 수직하므로

$$\begin{aligned}\frac{\partial \mathbf{r}}{\partial y}\cdot\mathbf{n} &= \left(\boldsymbol{j}+\frac{\partial z}{\partial y}\boldsymbol{k}\right)\cdot\left(-\boldsymbol{i}\frac{\partial f}{\partial x}-\boldsymbol{j}\frac{\partial f}{\partial y}+\boldsymbol{k}\right)\frac{1}{\mathrm{c}}\\ &= \left(-\frac{\partial f}{\partial y}+\frac{\partial z}{\partial y}\right)\frac{1}{\mathrm{c}}=0\\ &= \left(\boldsymbol{j}+\frac{\partial z}{\partial y}\boldsymbol{k}\right)\cdot\mathbf{n} = \boldsymbol{j}\cdot\mathbf{n}+\frac{\partial z}{\partial y}\boldsymbol{k}\cdot\mathbf{n}\end{aligned}$$

따라서

$$\boldsymbol{j}\cdot\mathbf{n} = -\frac{\partial z}{\partial y}\boldsymbol{k}\cdot\mathbf{n}$$

이것을 앞에서 얻은 다음 식에 대입하면

$$\iint_S (\boldsymbol{\nabla}\times \mathrm{A}_1\boldsymbol{i})\cdot\mathbf{n}dS = \iint_S \left(\frac{\partial \mathrm{A}_1}{\partial z}\boldsymbol{j}\cdot\mathbf{n}-\frac{\partial \mathrm{A}_1}{\partial y}\boldsymbol{k}\cdot\mathbf{n}\right)dS$$

$$= \iint_S \left(-\frac{\partial \mathrm{A}_1}{\partial z}\frac{\partial z}{\partial y}\boldsymbol{k}\cdot\mathbf{n}-\frac{\partial \mathrm{A}_1}{\partial y}\boldsymbol{k}\cdot\mathbf{n}\right)dS$$

$$= -\iint_S \left(\frac{\partial \mathrm{A}_1}{\partial z}\frac{\partial z}{\partial y}+\frac{\partial \mathrm{A}_1}{\partial y}\right)\boldsymbol{k}\cdot\mathbf{n}dS$$

$$(\boldsymbol{\nabla}\times \mathrm{A}_1\boldsymbol{i})\cdot\mathbf{n}dS = -\left(\frac{\partial \mathrm{A}_1}{\partial z}\frac{\partial z}{\partial y}+\frac{\partial \mathrm{A}_1}{\partial y}\right)\boldsymbol{k}\cdot\mathbf{n}dS$$

곡면 $S(z = f(x, y))$에서 A_1은 x, y의 함수이며 y에 관하여 편미분하면 위의 식에서 괄호 안의 부분을 얻는다.

$$\mathrm{A}_1(x,y,z) = \mathrm{A}_1[x,y,f(x,y)] = \mathrm{F}(x,y)$$

$$\frac{\partial \mathrm{F}}{\partial y} = \frac{\partial \mathrm{A}_1}{\partial y}+\frac{\partial \mathrm{A}_1}{\partial z}\frac{\partial z}{\partial y}$$

따라서

$$(\boldsymbol{\nabla}\times \mathrm{A}_1\boldsymbol{i})\cdot\mathbf{n}dS = -\frac{\partial \mathrm{F}}{\partial y}\boldsymbol{k}\cdot\mathbf{n}dS = -\frac{\partial \mathrm{F}}{\partial y}dydx$$

$$\iint_S (\boldsymbol{\nabla}\times \mathrm{A}_1\boldsymbol{i})\cdot\mathbf{n}dS = -\iint_{R_{xy}}\frac{\partial \mathrm{F}}{\partial y}dydx$$

이 식의 우변은 Green의 정리에 따라 영역 R_{xy}를 둘러싸는 닫힌 곡선 Γ에 대한 선적분으로 된다. 또 Γ의 각 점 (x, y)에서 F의 값은 C의 각 점 (x, y)에서 A_1의 값과 같다.

$$\iint_S (\boldsymbol{\nabla}\times \mathrm{A}_1\boldsymbol{i})\cdot\mathbf{n}dS = -\iint_{R_{xy}}\frac{\partial \mathrm{F}}{\partial y}dydx = \oint_\Gamma \mathrm{F}\,dx = \oint_\mathrm{C} \mathrm{A}_1\,dx$$

곡면의 방정식으로 $y = g(x, z)$ 또는 $x = h(y, z)$을 사용하면서 xz와 yz 평면에 투영하여 유사한 방법으로 유도하면

$$\iint_S (\nabla \times A_2 \boldsymbol{j}) \cdot \mathbf{n} dS = \oint_C A_2\, dy$$

$$\iint_S (\nabla \times A_3 \boldsymbol{k}) \cdot \mathbf{n} dS = \oint_C A_3\, dz$$

모두 합쳐서 나타내면

$$\iint_S (\nabla \times \mathbf{A}) \cdot \mathbf{n} dS = \int_C \mathbf{A} \cdot d\mathbf{r}$$

식 (2.98b)에서 오른쪽 적분에서 보는 것처럼 $\nabla \times \mathbf{A} = 0$이면 닫힌 곡선 C에서 $\int_C \mathbf{A} \cdot d\mathbf{r} = 0$이다. 식 (2.69)에서 언급한 것처럼 $\mathbf{A} \cdot d\mathbf{r}$은 완전미분이다. $\mathbf{A}$가 힘을 나타내는 벡터 함수이면 이 힘은 보존력이고 $\int_a^b \mathbf{A} \cdot d\mathbf{r}$은 경로에 관계없이 일정하다. 즉, 이 적분값은 적분의 상한(최종 상태)과 하한(최초 상태) 값에만 의존한다.

예제 2.16

꼭짓점 (0, 0, 0), (0, 1, 0), (0, 1, 1), (0, 0, 1)인 정사각형 S와 그 정사각형의 둘레 C의 영역에서 벡터 $\mathbf{A} = z\boldsymbol{i} + x\boldsymbol{j} + y\boldsymbol{k}$에 대하여 Stokes의 정리가 성립함을 보이시오.

$$\iint_S (\nabla \times \mathbf{A}) \cdot \mathbf{n} dS = \int_C \mathbf{A} \cdot d\mathbf{r}$$

풀이

$$\nabla \times \mathbf{A} = \begin{vmatrix} \boldsymbol{i} & \boldsymbol{j} & \boldsymbol{k} \\ \frac{\partial}{\partial x} & \frac{\partial}{\partial y} & \frac{\partial}{\partial z} \\ z & x & y \end{vmatrix} = \left(\frac{\partial y}{\partial y} - \frac{\partial x}{\partial z}\right)\boldsymbol{i} + \left(\frac{\partial z}{\partial z} - \frac{\partial y}{\partial x}\right)\boldsymbol{j} + \left(\frac{\partial x}{\partial x} - \frac{\partial z}{\partial y}\right)\boldsymbol{k}$$

$$= \boldsymbol{i} + \boldsymbol{j} + \boldsymbol{k}$$

사각평면은 yz 평면에 있으므로 평면에 수직한 벡터는 $\mathbf{n} = \boldsymbol{i}$이다.

$$\iint_S (\nabla \times \mathbf{A}) \cdot \mathbf{n} dS = \iint_S (\boldsymbol{i} + \boldsymbol{j} + \boldsymbol{k}) \cdot \boldsymbol{i} dydz$$

$$= \int_0^1 \int_0^1 1\, dydz = 1$$

$$\int_C \mathbf{A} \cdot d\mathbf{r} = \int_C (z\boldsymbol{i} + x\boldsymbol{j} + y\boldsymbol{k}) \cdot (dx\boldsymbol{i} + dy\boldsymbol{j} + dz\boldsymbol{k})$$

$$= \int_C (zdx + xdy + ydz)$$

$$= \int_{(0,0,0)}^{(0,1,0)} (z0 + 0dy + y0) + \int_{(0,1,0)}^{(0,1,1)} (z0 + x0 + 1dz)$$

$$+ \int_{(0,1,1)}^{(0,0,1)} (z0 + 0dy + y0) + \int_{(0,0,1)}^{(0,0,0)} (z0 + 0 + 0dz)$$

$$= 1$$

그러므로

$$\iint_S \{\nabla \times (z\boldsymbol{i} + x\boldsymbol{j} + y\boldsymbol{k})\} \cdot \mathbf{n} dS = 1 = \int_C (z\boldsymbol{i} + x\boldsymbol{j} + y\boldsymbol{k}) \cdot d\mathbf{r}$$

연습 문제 2.16

S는 $z = 2$에 의하여 둘러싸인 회전포물면 $2z = x^2 + y^2$이고 그 둘레가 닫힌 영역 C이다.

벡터 $\mathbf{A} = y\boldsymbol{i} - xz\boldsymbol{j} + yz^2\boldsymbol{k}$에 대하여 Stokes의 정리가 성립함을 보이시오.

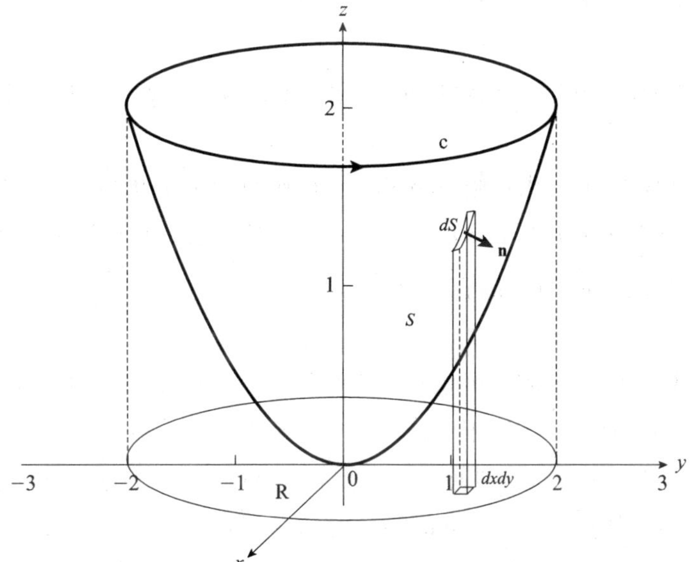

| 그림 2.34 |

답 16π

보충 문제

1. $\mathbf{A} = 2\boldsymbol{i} + 3\boldsymbol{j} - \boldsymbol{k}$, $\mathbf{B} = 4\boldsymbol{i} + 2\boldsymbol{j} + 3\boldsymbol{k}$일 때 (a) $\mathbf{A}\cdot\mathbf{B}$, (b) $\mathbf{A}\times\mathbf{B}$와 (c) $\mathbf{A}\times\mathbf{B}$의 단위벡터를 구하시오.

2. $\mathbf{A} = 3\boldsymbol{i} + 1\boldsymbol{j} - 3\boldsymbol{k}$, $\mathbf{B} = 2\boldsymbol{i} - 2\boldsymbol{j} + \boldsymbol{k}$, $\mathbf{C} = \boldsymbol{i} - \boldsymbol{j} + 2\boldsymbol{k}$일 때 (a) $\mathbf{A}\cdot(\mathbf{B}\times\mathbf{C})$, (b) $(\mathbf{A}\times\mathbf{B})\cdot\mathbf{C}$, (c) $(\mathbf{A}\times\mathbf{B})\times\mathbf{C}$, (d) $\mathbf{A}\times(\mathbf{B}\times\mathbf{C})$를 구하시오.

3. $\mathbf{A}\times(\mathbf{B}\times\mathbf{C}) = \mathbf{B}(\mathbf{A}\cdot\mathbf{C}) - \mathbf{C}(\mathbf{A}\cdot\mathbf{B}) = (\mathbf{A}\cdot\mathbf{C})\mathbf{B} - (\mathbf{A}\cdot\mathbf{B})\mathbf{C}$임을 증명하시오.

4. $\mathbf{A} = x^2\cos z\boldsymbol{i} + z^2\sin y\boldsymbol{j} - 3xy^3\boldsymbol{k}$일 때 (a) $d\mathbf{A}$, (b) $\nabla\cdot\mathbf{A}$, (c) $\nabla\times\mathbf{A}$를 구하시오.

5. $\phi = xy^2z^3$, $\mathbf{A} = z^2\sin y\boldsymbol{i} + x^2\sin y\boldsymbol{j} - yz\boldsymbol{k}$일 때 (a) $d\mathbf{A}$, (b) $\nabla\phi$, (c) $\nabla\cdot\mathbf{A}$, (d) $\nabla\times\mathbf{A}$, (e) $\mathrm{div}(\phi\mathbf{A})$, (f) $\mathrm{curl}(\phi\mathbf{A})$를 구하시오.

6. 임의의 벡터 함수 $\mathbf{A}$에 대하여 div curl $\mathbf{A} = 0$임을 증명하시오.

7. 포물 원기둥 좌표계(parabolic cylindrical coordinate)와 직교 좌표계 사이의 관계는 $x = \frac{1}{2}(u^2 - v^2)$, $y = uv$, $z = z$로 주어진다. (a) 비례인자를 구하시오. (b) ds^2을 구하시오. (c) Jacobian을 구하시오.

8. H_2^+ 이온의 Schrödinger 방정식을 풀 때 공초점 타원 좌표계(confocal elliptic coordinate)를 사용하면 변수 분리가 되어 쉽게 풀 수 있다. 공초점 타원 좌표계와 직교 좌표계 사이의 관계는 $x = \frac{R}{2}\sinh u\sin v\cos\varphi$, $y = \frac{R}{2}\sinh u\sin v\sin\varphi$, $z = \frac{R}{2}\cosh u\cos v$로 주어진다. $r_a = \frac{R}{2}(\cosh u + \cos v)$, $r_b = \frac{R}{2}(\cosh u - \cos v)$를 얻을 수 있으며 $\xi = \cosh u$, $\eta = \cos v$로 치환할 수 있다(화학 수학, 지종기, 형설출판사, 1991).
u, v와 φ의 항으로 (a) 비례인자를 구하시오. (b) ds^2을 구하시오. (c) dV를 구하시오. (d) ∇^2를 구하시오. 또 ξ, η와 φ의 항으로 나타내시오.

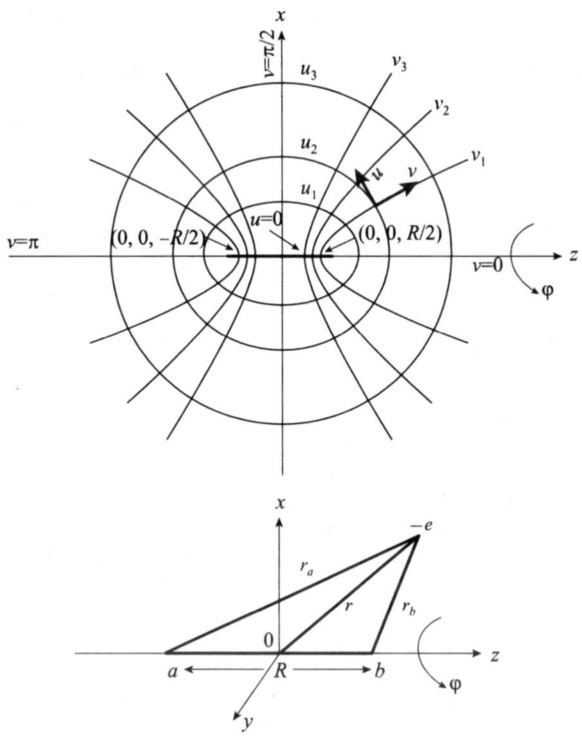

| 그림 2.35 |

9. (a) $t = 0.5$, (b) $t = 1$일 때 $x = \cos\pi t$, $y = \sin\pi t$, $z = t^2$인 곡선의 단위 접선 벡터를 구하시오.

10. 점 (2, 2, 4)에서 곡면 $2z = x^2 + y^2$에 (a) 수직한 단위벡터와 (b) 접하는 평면의 방정식, (c) 수직인 벡터와 z축과의 각 γ를 구하시오.

11. $y = -(x-2)^2 + 4$와 $y = x$로 둘러싸인 영역 R에 대하여 다음 적분을 수행하시오.

(1) $\iint_R dydx$ (2) $\iint_R xdydx$

(3) $\iint_R ydydx$ (4) $\iint_R (x^2 + y^2)dydx$

12. $y = x^2$, $y = x + 2$와 $y = x$로 둘러싸인 영역 R에 대하여 다음 적분을 수행하시오.

(1) $\iint_R dydx$ (2) $\iint_R xdydx$

(3) $\iint_R ydydx$ (4) $\iint_R (x^2 + y^2)dydx$

13. $4x = y^2 - 4$와 $x = y^2 - 4$로 둘러싸인 영역 R에 대하여 다음 적분을 수행하시오.

(1) $\iint_R dydx$ (2) $\iint_R xdydx$

(3) $\iint_R ydydx$ (4) $\iint_R (x^2 + y^2)dydx$

14. $(x - \frac{1}{\sqrt{2}})^2 + (y - \frac{1}{\sqrt{2}})^2 = \frac{1}{2}$로 둘러싸인 영역 R에 대하여 다음 적분을 수행하시오.

(1) $\iint_R dydx$ (2) $\iint_R xdydx$

(3) $\iint_R ydydx$ (4) $\iint_R (x^2 + y^2)dydx$

15. $(x - 1)^2 + y^2 = 1$로 둘러싸인 영역 R에 대하여 다음 적분을 수행하시오.

(1) $\iint_R dydx$ (2) $\iint_R xdydx$

(3) $\iint_R ydydx$ (4) $\iint_R (x^2 + y^2)dydx$

16. $x^2 + y^2 + z^2 = a^2$의 내부에 원기둥 $x^2 + y^2 = ax$에 의해 잘라지는 구의 표면적을 구하시오.

17. $x^2 + y^2 + z^2 = a^2$의 내부에 원기둥 $x^2 + y^2 = ax$에 의해 잘라지는 구의 체적을 구하시오.

18. 다음 적분값을 계산하시오.

(1) $\int_0^1 \int_0^{1-x} \int_0^{2-x} xyzdzdydx$

(2) $\int_0^1 \int_0^{2-x} \int_0^{1-x} xyzdydzdx$

19. 제 1 팔분면에서 $x = 0$, $y = 0$, $z = 0$, 평면 $x + y = 1$, 평면 $2y + x = 4$와 원기둥 $y^2 + z^2 = 4$에 의하여 둘러싸인 영역의 부피를 구하시오.

20. 제 1 팔분면에서 $x = 0$, $y = 0$, $z = 0$, 평면 $x + y = 1$, 평면 $2y + x = 4$와 원기둥 $y^2 + z^2 = 4$에 의하여 둘러싸인 영역 R에 대하여 다음 함수 $\mathrm{F}(x, y, z) = xyz$의 적분 $\int_R \mathrm{F}(x,y,z)dV$ 값을 구하시오.

21. 원점 (0, 0)에서 (1, 1)까지 가장 짧게 다음 경로를 따라 힘 $\mathbf{F} = (2xy + 1)\boldsymbol{i} + x\boldsymbol{j}$로

물체를 움직였을 때의 일을 구하시오.

(1) $y = x$ (2) $y = x^2$

(3) (0, 1)을 경유 (4) $(x - 1)^2 + y^2 = 1$

22. 원점 (0, 0)에서 (2, 4)까지 가장 짧게 다음 경로를 따라 힘 $\mathbf{F} = (xy^2 + 1)\boldsymbol{i} + (x^2y - 1)\boldsymbol{j}$로 물체를 움직였을 때의 일을 구하시오.

(1) $y = 2x$ (2) $y = x^2$

(3) $y^2 = 8x$ (4) (2, 0)을 경유

23. 원점 (0, 0, 0)에서 (1, 1, 1)까지 가장 짧게 다음 경로를 따라 힘 $\mathbf{F} = (2xy + 1)\boldsymbol{i} + (z + xy^2)\boldsymbol{j} + x^2\boldsymbol{k}$로 물체를 움직였을 때의 일을 구하시오.

(1) 대각선 $x = y = z$를 따라

(2) (1, 1, 0)을 경유하여

(3) (1, 0, 0)과 (1, 1, 0)을 경유하여

(4) (0, 1, 0)과 (0, 1, 1)을 경유하여

(5) $\mathbf{F} \cdot \mathbf{dr}$이 완전미분인지 아닌지를 확인한다.

24. 원점 (0, 0, 0)에서 (1, 1, 1)까지 가장 짧게 다음 경로를 따라 힘 $\mathbf{F} = z^2\boldsymbol{i} + 2y\boldsymbol{j} + 2xz\boldsymbol{k}$로 물체를 움직였을 때의 일을 구하시오.

(1) 대각선 $x = y = z$를 따라

(2) (1, 1, 0)을 경유하여

(3) (1, 0, 0)과 (1, 1, 0)을 경유하여

(4) (0, 1, 0)과 (0, 1, 1)을 경유하여

(5) $\mathbf{F} \cdot \mathbf{dr}$이 완전미분인지 아닌지를 확인한다.

25. $\oint_C [(3x^2 + 2y)dx + (3x + 2y)dy]$에 대하여 (0, −2), (0, 2), (2, 0), (−2, 0)의 꼭짓점을 갖는 사각형 C에 대하여 평면에서 Green의 정리가 성립함을 증명하시오.

26. $\oint_C [(3x^2 + y)dx + (x + 2y)dy]$에 대하여 (0, −2), (0, 2), (2, 0), (−2, 0)의 꼭짓점을 갖는 사각형 C에 대하여 평면에서 Green의 정리가 성립함을 증명하시오.

27. $\mathbf{F} = (x^2 + xy^2)\boldsymbol{i} + (y^2 - 2xy)\boldsymbol{j}$에 대하여 (0, 0), (0, 2), (2, 2), (2, 0)의 꼭짓점을 갖

는 사각형 C에 대하여 평면에서 Green의 정리가 성립함을 증명하시오.

28. 다음 그림처럼 평면에서 Green의 정리가 다중-연결된 영역 R에 대해서도 성립함을 증명하시오. 안쪽 곡선 C′은 시계방향, 바깥쪽 곡선 C는 반시계방향임을 주목하시오.

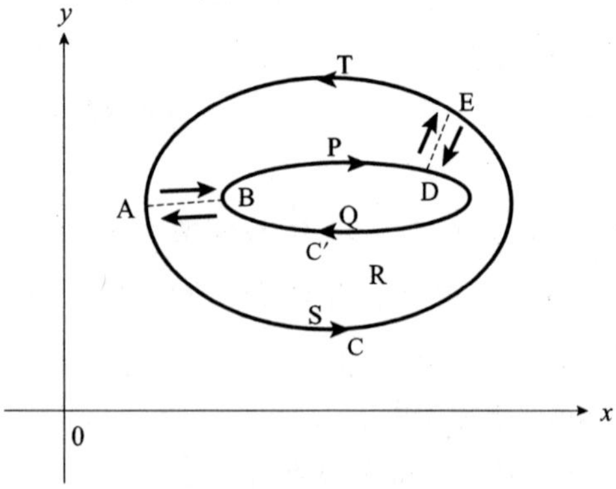

| 그림 2.36 |

29. 보충 문제 27을 적용하여 $\oint_C [x^2(1-2y)dx + y^2(2x+1)dy]$에 대하여 $x^2 + y^2 = 4$와 $x^2 + y^2 = 16$으로 이루어진 닫힌 영역의 경계 C에 대하여 평면에서 Green의 정리가 성립함을 증명하시오.

30. $\mathbf{A} = x^2\boldsymbol{i} + y^2\boldsymbol{j} + z^2\boldsymbol{k}$에 대하여 $x = 0$, $x = 1$, $y = 0$, $y = 1$, $z = 0$, $z = 1$에 의해 만들어지는 정육면체 영역에서 발산정리가 성립함을 보이시오.

31. $\mathbf{A} = x^2\boldsymbol{i} - yz\boldsymbol{j} + z^2\boldsymbol{k}$에 대하여 $x = 0$, $y = 0$, $z = 0$, $z = 1$과 평면 $x + y = 1$로 만들어지는 삼각기둥 영역에서 발산정리가 성립함을 보이시오.

32. $\mathbf{A} = xz\boldsymbol{i} + (xy - z)\boldsymbol{j} + (2xy + yz)\boldsymbol{k}$에 대하여 $x = 0$, $y = 0$, $z = 0$과 평면 $x + y + z = 1$로 만들어지는 삼각뿔의 영역에서 발산정리가 성립함을 보이시오.

33. $\mathbf{n}$이 닫힌 곡면 S에 대하여 수직인 벡터일 때 닫힌 곡면 S에 대하여 $\iint_S \mathbf{r}\cdot\mathbf{n}dS$의 값을 구하시오.

34. $\mathbf{n}$이 닫힌 곡면 S에 대하여 수직인 벡터이고 닫힌 곡면 S에 의하여 둘러싸인 부피가 V라면 $\iiint_V \nabla \cdot \mathbf{n} dV = S$임을 증명하시오.

35. $\mathbf{n}$이 닫힌 곡면 S에 대하여 수직인 벡터라면 $\iint_S \mathbf{n} dS = 0$임을 증명하시오.

36. $\mathbf{n}$이 닫힌 곡면 S에 대하여 수직인 벡터일 때 닫힌 곡면 S에 대하여 $\iint_S (\nabla \times \mathbf{A}) \cdot \mathbf{n} dS = 0$임을 증명하시오.

37. xy 평면의 정사각형 경계 곡선 C를 갖는 xy 평면이 열린 꼭짓점 (0, 0, 0), (1, 0, 0), (0, 0, 1), (0, 1, 0), (1, 1, 0), (0, 1, 1), (1, 0, 1), (1, 1, 1)인 정육면체 상자의 표면 S와 $\mathbf{A} = y^2 z\boldsymbol{i} - (xy + z^2)\boldsymbol{j} + xy^2\boldsymbol{k}$에 대하여 Stokes 정리를 증명하시오.

38. $\mathbf{A} = x^2\boldsymbol{i} + 2x\boldsymbol{j} + z^2\boldsymbol{k}$에 대하여 $x = 0$, $y = 0$, $z = 0$, $z = 1$과 평면 $x + y = 1$로 만들어지는 아랫면이 열린 삼각기둥 영역에서 Stokes 정리가 성립함을 보이시오.

39. $\mathbf{A} = xz\boldsymbol{i} + (xy - z)\boldsymbol{j} + (2xy + yz)\boldsymbol{k}$에 대하여 $x = 0$, $y = 0$, $z = 0$과 평면 $x + y + z = 1$로 만들어지는 아랫면이 열린 삼각뿔의 영역에서 Stokes 정리가 성립함을 보이시오.

40. 경계 곡선 C를 갖는 구 $x^2 + y^2 + z^2 = 4$의 xy 평면 위의 반구 표면 S에서 $\mathbf{A} = y\boldsymbol{i} + 2x\boldsymbol{j} + z^2\boldsymbol{k}$에 대하여 Stokes 정리를 증명하시오.

41. xy 평면에서 경계 곡선 C를 갖는 회전포물면 $2z = 4 - x^2 - y^2$의 xy 평면 위의 표면 S에서 $\mathbf{A} = y\boldsymbol{i} + xz\boldsymbol{j} + z\boldsymbol{k}$에 대하여 Stokes 정리를 증명하시오.

42. $\mathbf{A} = 3x^2y^2z\boldsymbol{i} + 2x^3yz\boldsymbol{j} + x^3y^2\boldsymbol{k}$에 대하여 $\int_{(0,1,2)}^{(2,4,6)} \mathbf{A} \cdot d\mathbf{r}$의 적분값을 구하시오.

43. $\mathbf{A} = (y + z)\boldsymbol{i} + (x + z)\boldsymbol{j} + (x + y)\boldsymbol{k}$에 대하여 $\int_{(0,0,0)}^{(3,3,3)} \mathbf{A} \cdot d\mathbf{r}$의 적분값을 구하시오.

제 3 장

미분방정식

화학을 포함하는 자연과학이나 공학 분야의 탐구에서 가장 많이 접하게 되는 문제의 수학적 표현 중에는 미분방정식으로 기술되는 것이 많고 그 중에서도 변수분리형이 가장 쉽게 풀린다. 예를 들면 시간에 따라 변하는 반응물, 중간체와 생성물의 농도 변화도 미분방정식으로 기술된다. 따라서 미분방정식을 풀 수 없으면 반응 속도를 이해하기 어렵다. 물체의 이동 궤적을 추적할 수 있는 역학에서 가장 기본인 Newton의 법칙(힘 F = $ma = m\, dv/dt$, v = 속도, m = 질량)도 미분방정식으로 나타내어진다. 전기 회로와 관련된 문제도 미분방정식(전류 I = dQ/dt, 저항 R을 가로지르는 전압강하 = IR, 용량 C의 축전기에 의한 전압강하 = Q/C, 인덕턴스가 L인 코일에 의한 전압강하 = $L dI/dt$)으로 나타내어진다. 어떤 용기에서 조그만 구멍을 통해 액체가 누출될 때 액체의 높이 변화와 유출 속도의 변화도 미분방정식으로 나타내진다. 또 공학에서 지지대의 변형과 관련된 문제도 미분방정식으로 나타내진다.

dy/dx와 같은 도함수나 미분을 포함하는 방정식을 **미분방정식**이라고 하고 단지 하나의 독립변수로 이루어진 도함수가 전미분의 형태를 가진 **상미분방정식**과 두 개 또는 그 이상의 독립변수를 포함하는 **편미분방정식**이 있다. 또 이러한 방정식에 포함되는 도함수의 최고차수가 n이라면 n**계**(order) 미분방정식이라고 하고 최고차 도함수의 거듭제곱을 **차수**(degree)라고 한다. 도함수에 대한 지수 중에 분수가 포함되어 있을 경우 그것들을 유리화했을 때 최고차 도함수의 지수를 차수라고 한다.

예

$\frac{d^2y}{dx^2} + f(x,y)\frac{dy}{dx} + g(x,y) = 0$	1차 2계 상미분방정식
$\left(\frac{d^2y}{dx^2}\right)^2 + f(x,y)\frac{dy}{dx} + g(x,y) = 0$	2차 2계 상미분방정식
$\frac{d^2y}{dx^2} + \left(\frac{dy}{dx}\right)^{\frac{1}{2}}\frac{dy}{dx} + g(x,y) = 0$	2차 2계 상미분방정식
$\left(\frac{dy}{dx}\right)^2 + f(x,y) = 0$	2차 1계 상미분방정식
$\frac{\partial^2 V}{\partial x^2} + \frac{\partial^2 V}{\partial y^2} + \frac{\partial^2 V}{\partial z^2} = 0$	1차 2계 편미분방정식

도함수에 대한 거듭제곱이 모두 1이면 **선형 미분방정식**이라고 한다. 2차 이상의 미분방정식은 **비선형 미분방정식**이고 이 책에서는 다루지 않는다. 미분방정식을 풀 때에는 적분을 해야 하고 1차 1계 미분방정식의 경우 하나의 적분상수가

필요하다. 대표적인 1계 미분방정식의 해법을 소개하고 2계 이상의 선형 미분방정식의 해법을 설명한다.

3.1 1계 미분방정식

• **변수 분리**

미분방정식이 다음과 같은 형태인 경우에는 각 **변수**에 관하여 함수들을 정리하고 **분리**하여 적분하면 미분방정식을 풀 수 있다.

$$\frac{dy}{dx} = f(x, y) = -\frac{P(x)}{Q(y)} \tag{3.1}$$

이 식은

$$P(x)dx + Q(y)dy = 0 \tag{3.2}$$

으로 나타낼 수 있다. 따라서 이 식을 적분하면 해를 구할 수 있다.

$$\int P(x)dx + \int Q(y)dy = C \tag{3.3}$$

예제 3.1

다음 미분방정식의 해를 구하시오.

$$(2x + xy^2)dx + (y + 2x^2y)dy = 0$$

풀이

$$x(2 + y^2)dx + y(1 + 2x^2)dy = 0$$

$$\frac{x}{1+2x^2}dx + \frac{y}{2+y^2}dy = 0$$

이 식에 4를 곱하고 적분하면

$$ln(1 + x^2) + 2ln(2 + y^2) = C'$$

$$ln\{(1 + x^2)(2 + y^2)^2\} = C'$$

$$(1 + x^2)(2 + y^2)^2 = e^{C'} = C$$

연습 문제 3.1

(1) 1차 반응 A → P는 다음과 같은 속도식을 갖고 반응 초기(t = 0)에 반응물의 농도는 $[A]_0$이다(k는 반응 속도 상수이다). 농도가 시간의 함수인 반응 속도식을 구하시오.

$$-\frac{d[A]}{dt} = k[A]$$

(2) 다음 미분방정식을 푸시오.

$$\frac{dy}{dx} = \sec y \tan x$$

답 (1) $[A] = [A]_0 e^{-kt}$ (2) $\ln \cos x + \sin y = C$

• 완전 미분방정식

식 (3.2)와 유사한 미분방정식이 다음과 같이 어떤 함수 $U(x, y) = C$의 미분으로 주어지면

$$dU = \frac{\partial U}{\partial x}dx + \frac{\partial U}{\partial y}dy = 0 \tag{3.4}$$

즉

$$P(x, y)dx + Q(x, y)dy = 0 \tag{3.5}$$

따라서

$$\frac{\partial U}{\partial x} = P(x, y), \ \frac{\partial U}{\partial y} = Q(x, y) \tag{3.6}$$

이다. 이때 미분방정식 (3.5)가 **완전 미분방정식**이 되기 위한 **필요충분조건**은 $U(x, y)$의 2계 편도함수가 미분의 순서에 관계없어야 한다는 것이다. 즉,

$$\frac{\partial^2 U}{\partial y \partial x} = \frac{\partial P(x,y)}{\partial y} = \frac{\partial Q(x,y)}{\partial x} = \frac{\partial^2 U}{\partial x \partial y} \tag{3.7}$$

식 (3.6)에서 $P(x, y)$를 x에 관하여 편적분하면 y의 함수 $F(y)$가 적분상수인

$$U(x, y) = \int P(x, y)\partial x + F(y)$$

가 얻어진다. 이것을 y에 관하여 편미분하면

$$\frac{\partial U}{\partial y} = \frac{\partial}{\partial y}\int P(x,y)\partial x + \frac{\partial}{\partial y}F(y) = \frac{\partial}{\partial y}\int P(x,y)\partial x + \frac{d}{dy}F(y) = Q(x,y)$$

$$\frac{d}{dy}F(y) = Q(x,y) - \frac{\partial}{\partial y}\int P(x,y)\partial x$$

이것을 y에 관하여 적분하면

$$F(y) = \int\left\{Q - \frac{\partial}{\partial y}\int P\partial x\right\}dy$$

그러므로

$$U(x,y) = \int P(x,y)\partial x + \int\left\{Q - \frac{\partial}{\partial y}\int P\partial x\right\}dy = C \tag{3.8}$$

완전미분의 적분이 적분 경로에 무관한 것과 경로에 무관한 열역학의 상태함수에 대해서는 2장 선적분에서 다루었다.

예제 3.2

다음 미분방정식을 푸시오.

$$(3x^2 + y\cos x)dx + (\sin x - 2y)dy = 0$$

풀이

(a) $U(x, y) = C,\ dU = \frac{\partial U}{\partial x}dx + \frac{\partial U}{\partial y}dy = 0$

$$\frac{\partial U}{\partial x} = P(x,y) = 3x^2 + y\cos x,\quad \frac{\partial U}{\partial y} = Q(x,y) = \sin x - 2y$$

$$\frac{\partial P(x,y)}{\partial y} = \cos x,\quad \frac{\partial Q(x,y)}{\partial x} = \cos x$$

그러므로 완전 미분방정식이다.

$$\partial U = (3x^2 + y\cos x)\partial x$$

양변을 x에 대하여 편적분하면

$$U(x,y) = x^3 + y\sin x + F(y)$$

여기서 $F(y)$는 적분상수이며 이 식을 y에 대하여 편미분하고 $Q(x, y)$와 같게 하면

$$\frac{\partial U}{\partial y} = \sin x + F(y)' = \sin x - 2y$$

그러면 $F(y)'$를 얻을 수 있고 적분하여 $F(y)$를 구한다.

$$F(y)' = -2y.\ F(y) = -y^2$$

따라서

$$U(x,\ y) = x^3 + y\sin x - y^2 = C$$

(b) 공식

$$U(x, y) = \int P(x,y)\partial x + \int\left\{Q - \frac{\partial}{\partial y}\int P\partial x\right\}dy = C$$

$$U(x, y) = \int(3x^2 + y\cos x)\partial x$$

$$+ \int\left\{\sin x - 2y - \frac{\partial}{\partial y}\int(3x^2 + y\cos x)\partial x\right\}dy = C$$

$$U(x, y) = x^3 + y\sin x + \int\left\{\sin x - 2y - \frac{\partial}{\partial y}(x^3 + y\sin x)\right\}dy$$

$$= x^3 + y\sin x + \int\{\sin x - 2y - \sin x\}dy$$

$$= x^3 + y\sin x - y^2 = C$$

(c) 미분방정식을 풀어 헤친 후 재조합하면

$$3x^2dx + y\cos x dx + \sin x dy - 2ydy = 0$$

$$3x^2dx - 2ydy + (y\cos x dx + \sin x dy) = 0$$

$$3x^2dx - 2ydy + d(y\sin x) = 0$$

$$d(x^3 - y^2 + y\sin x) = 0$$

적분하면

$$x^3 + y\sin x - y^2 = C$$

연습 문제 3.2

다음 미분방정식을 푸시오.

(1) $(3x^2y + xy^2)dx + (x^3 + x^2y)dy = 0$

(2) $\{x\sin(x + y) - \cos(x + y)\}dx + \{x\sin(x + y) + 2y\}dy = 0$

(3) $y\sinh x dx + (\cosh x - 2e^y)dy = 0$

(4) $(\cos x\cosh y + 3x^2)dx + \sin x\sinh y dy = 0$

답 (1) $x^3 + \frac{1}{2}x^2y^2 = C$ (2) $x\cos(x + y) + y^2 = C$

(3) $y\cosh x - 2e^y = C$ (4) $\sin x\cosh y + x^3 = C$

• **적분인자**

$$M(x, y)dx + N(x, y)dy = 0$$

이런 형태의 미분방정식에 대하여 다음 식과 같은 조건일 때 이 방정식은 완전 미분방정식이 아니다.

$$\frac{\partial M(x,y)}{\partial y} \neq \frac{\partial N(x,y)}{\partial x} \quad (3.9)$$

이러한 경우에 적당한 함수 $\mu(x)$, $\mu(y)$ 또는 $\mu(x, y)$를 곱하여

$$\frac{\partial M(x,y)\mu}{\partial y} = \frac{\partial N(x,y)\mu}{\partial x} \quad (3.10)$$

이 성립하면

$$\mu M(x, y)dx + \mu N(x, y)dy = 0 \quad (3.11)$$

원래 미분방정식에 μ를 곱한 미분방정식은 완전 미분방정식이 된다. 이때 μ를 **적분인자**라고 한다. 만약 μ가 단지 x만의 함수라면

$$\frac{\partial M(x,y)\mu(x)}{\partial y} = \frac{\partial N(x,y)\mu(x)}{\partial x}.$$

$$\mu(x)\frac{\partial M(x,y)}{\partial y} = \mu(x)\frac{\partial N(x,y)}{\partial x} + N(x, y)\frac{\partial \mu(x)}{\partial x} = \mu(x)\frac{\partial N(x,y)}{\partial x} + N(x, y)\frac{d\mu(x)}{dx}$$

이항하여 μ에 관하여 정리하면

$$\frac{d\mu(x)}{\mu} = \frac{\left(\frac{\partial M(x,y)}{\partial y} - \frac{\partial N(x,y)}{\partial x}\right)}{N(x,y)}dx = \frac{M_y - N_x}{N(x,y)}dx \quad (3.12)$$

적분하면

$$\ln \mu = \int \frac{M_y - N_x}{N(x,y)}dx = \int f(x)dx$$

$$\mu = e^{\int \frac{M_y - N_x}{N(x,y)}dx} = e^{\int f(x)dx} \quad (3.13)$$

그러면 공식 (3.8)을 이용하거나 항들을 재조합하여 미분방정식을 풀 수 있다.

$$\int \mu M(x,y)\partial x + \int\left\{\mu N - \frac{\partial}{\partial y}\int \mu M\partial x\right\}dy = C \tag{3.14}$$

예제 3.3

다음 미분방정식을 푸시오.

$$ydx - xdy = 0$$

$\frac{\partial P(x,y)}{\partial y} = 1$, $\frac{\partial Q(x,y)}{\partial x} = -1$이므로 완전미분이 아니다. 따라서 적분인자를 구하면

$$\mu = e^{\int\frac{1-(-1)}{-x}dx} = e^{-2\int\frac{1}{x}dx} = e^{-2\ln x} = e^{\ln x^{-2}} = x^{-2}$$

$\frac{ydx - xdy}{x^2} = 0$은 완전 미분방정식이고, 또는 $d\left(\frac{y}{x}\right) = 0$이므로 해는 다음과 같다.

$$\frac{y}{x} = C$$

또 이 미분방정식은 변수 분리로도 쉽게 풀린다.

적분인자는 $\mu(y) = e^{\int\frac{N_x - M_y}{M(x,y)}dy}$ 또는 $\mu(x, y) = x^p y^q$ 등의 형태를 가질 수도 있다.

연습 문제 3.3

다음 미분방정식을 푸시오.

(1) $2ydx + xdy = 0$

(2) $(2xy^2 + 3y)dx + (x^2y + x)dy = 0$

(3) $\sin ydx + \cos ydy = 0$

(4) $ydx + (x + xy)dy = 0$

답 (1) $\mu = x$, $x^2y = C$ (2) $\mu = x^2$, $x^4y^2 + 2x^3y = C$

(3) $\mu = e^x$, $e^x\sin y = C$ (4) $\mu = e^y$, $xye^y = C$

• **선형 미분방정식**

미분방정식 (3.1)에서 $f(x, y)$가 $-P(x)y + Q(x)$의 형태를 가지면 미분방정식은 다음과 같이 된다. 이를 1계 선형 미분방정식이라고 한다.

$$\frac{dy}{dx} + P(x)y = Q(x) \tag{3.15}$$

식 (3.15)를 정리하면 $[P(x)y - Q(x)]dx + dy = 0$이 되고 이는 적분인자 μ가

$$\mu = e^{\int P(x)dx}$$

인 미분방정식이다. $ye^{\int P(x)dx}$에 대하여 함수의 곱에 대한 미분을 수행하면

$$\frac{d}{dx}\left\{ye^{\int P(x)dx}\right\} = \frac{dy}{dx}e^{\int P(x)dx} + y\frac{d}{dx}e^{\int P(x)dx}$$

$$= \frac{dy}{dx}e^{\int P(x)dx} + P(x)\,ye^{\int P(x)dx} = e^{\int P(x)dx}\left\{\frac{dy}{dx} + P(x)y\right\}$$

$$= e^{\int P(x)dx}Q(x)$$

그러므로

$$d\left\{ye^{\int P(x)dx}\right\} = e^{\int P(x)dx}Q(x)dx$$

적분하면

$$ye^{\int P(x)dx} = \int e^{\int P(x)dx}Q(x)dx + \mathrm{C}$$

$$y = e^{-\int P(x)dx}\int e^{\int P(x)dx}Q(x)dx + \mathrm{C}e^{-\int P(x)dx} \tag{3.16}$$

예제 3.4

다음 미분방정식을 푸시오.

$$\frac{dy}{dx} + \frac{1}{x}y = 4x^2$$

$$\mu = e^{\int P(x)dx} = e^{\int x^{-1}dx} = e^{\ln x} = x$$

풀이

미분방정식에 적분인자를 곱하여 정리하면

$$x(x^{-1}y - 4x^2)dx + xdy = 0$$

$$ydx + xdy - 4x^3dx = 0,\ d(xy) - d(x^4) = 0,\ \text{또는}\ d(xy - x^4) = 0$$

적분하면

$$xy - x^4 = \mathrm{C},\ \text{즉}\ y = x^3 + \mathrm{C}x^{-1}$$

또는 공식을 적용하면

$$y = e^{-\int x^{-1}dx}\int e^{\int x^{-1}dx}4x^2dx + Ce^{-\int x^{-1}dx}$$
$$= x^{-1}\int x4x^2dx + Cx^{-1}$$
$$= x^3 + Cx^{-1}$$

연습 문제 3.4

다음 미분방정식을 푸시오.

(1) $x\frac{dy}{dx} - 2y = x^3\cos x$

(2) $\frac{dy}{dx} + y = e^x$

(3) $\frac{dy}{dx} + \frac{1}{x+2}y = \sin x$

(4) $\frac{dy}{dx} + y\cot x = \csc x$

답 (1) $\mu = x^{-2}, y = x^2\sin x + Cx^2$ (2) $\mu = e^x, y = \frac{1}{2}e^x + Ce^{-x}$

(3) $\mu = x+2, y = -\cos x + \frac{\sin x}{x+2} + C\frac{1}{x+2}$

(4) $\mu = |\sin x|, y\sin x = x + C$

지금까지 공부한 미분방정식의 적용은 화학 반응에서 시간에 따른 화학 물질의 농도를 추적하는 데 유용하다. 다음은 **연속반응**으로 불리는 화학 반응이다.

$$\mathrm{A} \xrightarrow{k_1} \mathrm{B} \xrightarrow{k_2} \mathrm{C}$$

반응 속도식을 세우면 첫째, A가 없어지는 속도는 A의 농도에 비례하는 일차 반응이다.

$$-\frac{d[\mathrm{A}]}{dt} = k_1[\mathrm{A}] \quad (3.17)$$

둘째, B의 변화 속도, 즉 B가 없어지는 속도(생성물이 생기는 속도)는 B의 농도에 비례하고, B가 생기는 속도는 A의 농도에 비례하여 증가한다.

$$\frac{d[\mathrm{B}]}{dt} = k_1[\mathrm{A}] - k_2[\mathrm{B}] \quad (3.18)$$

C의 생성 속도는 B의 농도에 비례한다.

$$\frac{d[\mathrm{C}]}{dt} = k_2[\mathrm{B}] \tag{3.19}$$

반응의 초기(t = 0)에는 [A] = $[\mathrm{A}]_0$, $[\mathrm{B}]_0$ = 0, $[\mathrm{C}]_0$ = 0이다.
식 (3.17)을 변수 분리하여 적분(시간 $t = 0 \rightarrow t$, 농도 $[\mathrm{A}] = [\mathrm{A}]_0 \rightarrow [\mathrm{A}]$)하면

$$[\mathrm{A}] = [\mathrm{A}]_0 e^{-k_1 t} \tag{3.20}$$

이것을 식 (3.15)에 대입하면

$$\frac{d[\mathrm{B}]}{dt} = k_1[\mathrm{A}]_0 e^{-k_1 t} - k_2[\mathrm{B}] \quad \text{또는}$$

$$\frac{d[\mathrm{B}]}{dt} + k_2[\mathrm{B}] = k_1[\mathrm{A}]_0 e^{-k_1 t}$$

이 식은 선형 미분방정식이며 적분인자 $\mu = e^{k_2 t}$이다. 따라서

$$\begin{aligned}[\mathrm{B}] &= e^{-k_2 t}\int k_1[\mathrm{A}]_0 e^{-k_1 t} e^{k_2 t}\mathrm{d}t + \mathrm{c}e^{-k_2 t}\\ &= e^{-k_2 t}\frac{k_1[\mathrm{A}]_0}{k_2-k_1}e^{(k_2-k_1)t} + \mathrm{c}e^{-k_2 t}\\ &= \frac{k_1[\mathrm{A}]_0}{k_2-k_1}e^{-k_1 t} + \mathrm{c}e^{-k_2 t}\end{aligned}$$

시간 t = 0에서 $[\mathrm{B}]_0$ = 0이므로

$$\mathrm{c} = -\frac{k_1[\mathrm{A}]_0}{k_2-k_1}$$

그러면

$$\begin{aligned}[\mathrm{B}] &= \frac{k_1[\mathrm{A}]_0}{k_2-k_1}e^{-k_1 t} - \frac{k_1[\mathrm{A}]_0}{k_2-k_1}e^{-k_2 t}\\ &= \frac{k_1}{k_2-k_1}(e^{-k_1 t} - e^{-k_2 t})[\mathrm{A}]_0\end{aligned} \tag{3.21}$$

$[\mathrm{A}] + [\mathrm{B}] + [\mathrm{C}] = [\mathrm{A}]_0$이므로

$$\begin{aligned}[\mathrm{C}] &= [\mathrm{A}]_0 - ([\mathrm{A}] + [\mathrm{B}])\\ &= \left\{1 + \frac{k_1 e^{-k_2 t} - k_2 e^{-k_1 t}}{k_2-k_1}\right\}[\mathrm{A}]_0\\ &= \left\{1 + \frac{k_2 e^{-k_1 t} - k_1 e^{-k_2 t}}{k_1-k_2}\right\}[\mathrm{A}]_0\end{aligned} \tag{3.22}$$

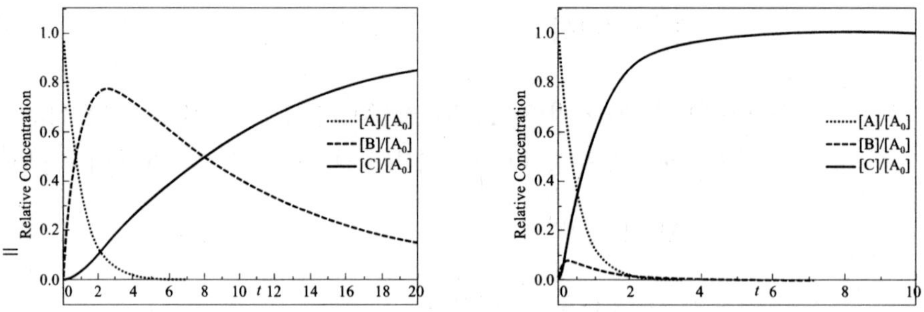

(a) $k_1 = 1,\ k_2 = 0.1$ (b) $k_1 = 1,\ k_2 = 10$

| 그림 3.1 | 연속반응에서 화학종의 상대적 농도 변화

그림 3.1 (a)에서는 A에서 B로 가는 속도는 빠르고 B에서 C로 가는 속도는 느리기 때문에 A가 상당히 줄어들면서 B가 생성되어 축적되면 B의 농도에 따라 C가 만들어지는 속도가 증가하고 그러면 B는 감소하는 경향을 보인다. 반면에 그림 3.1 (b)에서는 B에서 C로 가는 속도가 빨라 B가 만들어지자마자 C가 만들어지므로 A가 감소하는 만큼 C가 증가하는 경향을 보인다.

• Bernoulli의 미분방정식

다음과 같은 형태의 미분방정식을 **Bernoulli의 미분방정식**이라고 한다.

$$\frac{dy}{dx} + P(x)y = Q(x)y^n \tag{3.23}$$

이 방정식은 $z = y^{1-n}$으로 두면 1계 선형 미분방정식으로 바꿀 수 있다.

$$\frac{dz}{dx} = (1-n)\, y^{-n}\frac{dy}{dx}$$

그러면

$$\frac{dz}{dx} + (1-n)P(x)z = (1-n)Q(x) \tag{3.24}$$

예제 3.5

다음 미분방정식을 푸시오.

$$\frac{dy}{dx} + \frac{1}{x}y = y^3$$

풀이

$z = y^{-2}$로 두면

$$\frac{dz}{dx} = -2\,y^{-3}\frac{dy}{dx},\ \frac{dy}{dx} = -\frac{1}{2}y^3\frac{dz}{dx}$$

$$-\frac{1}{2}y^3\frac{dz}{dx} + \frac{1}{x}y = y^3 \text{ 또는 } \frac{dz}{dx} - \frac{2}{xy^2} = -2$$

$$z = 2x + Cx^2,\ \text{따라서 } y^2 = \frac{1}{2x + Cx^2}$$

연습 문제 3.5

다음 미분방정식을 푸시오.

$$\frac{dy}{dx} + y = xy^2$$

답 $\frac{1}{y} = x + 1 + Ce^x$

3.2 | n계 선형 미분방정식

n계 선형 미분방정식은 일반적으로 다음과 같은 형태를 갖는다.

$$a_0(x)\frac{d^ny}{dx^n} + a_1(x)\frac{d^{n-1}y}{dx^{n-1}} + \cdots + a_{n-1}(x)\frac{dy}{dx} + a_n(x)y = R(x) \tag{3.25}$$

계수 ($a_i(x)$, $i = 0, 1, \ldots, n$)들은 x의 함수로 이루어져 있다. $\frac{dy}{dx}, \frac{d^2y}{dx^2}, \cdots, \frac{d^{n-1}y}{dx^{n-1}}, \frac{d^ny}{dx^n}$을 각각 $Dy, D^2y, \cdots, D^{n-1}y, D^ny$로 쓰면 편리하다. 여기서 $D, D^2, \cdots, D^{n-1}, D^n$들은 **미분 연산자**(differential operator)라고 한다. 이 표현을 사용하면

$$[a_0(x)D^n + a_1(x)D^{n-1} + \cdots + a_{n-1}(x)D + a_n(x)]y = R(x) \tag{3.26}$$

또는 간단히

$$\varphi(D)y = R(x) \tag{3.27}$$

로 쓸 수 있다. 여기서

$$\varphi(D) = [a_0(x)D^n + a_1(x)D^{n-1} + \cdots + a_{n-1}(x)D + a_n(x)] \qquad (3.28)$$

이고 대수적 양과 유사하게 취급할 수 있다. 예를 들어

$$x^2\frac{d^2y}{dx^2} + 2x\frac{dy}{dx} + (x^2-1)y = \ln x$$

는 $[x^2D^2 + 2xD + (x^2-1)]y = \ln x$로 쓸 수 있다.

• 선형 연산자

연산자 $\boldsymbol{L}$이 임의의 상수 α와 β, 그리고 함수 u와 v에 대하여 다음과 같은 조건을 만족하면 **선형 연산자**라고 한다.

$$\boldsymbol{L}(\alpha u + \beta v) = \alpha\boldsymbol{L}u + \beta\boldsymbol{L}v \qquad (3.29)$$

예를 들어 $D(2x^3 + 3\sin x) = 2D(x^3) + 3D(\sin x)$이므로 미분 연산자는 선형 연산자이다. 따라서 $\varphi(D)$도 선형 연산자이다. 또 같은 방법으로 적분 연산자도 선형 연산자임을 보일 수 있다.

식 (3.25) ~ (3.27)의 오른쪽 $R(x)$가 0이라면 **동차**(homogeneous)방정식이라고 한다. $R(x) \neq 0$라면 **비동차**(nonhomogeneous)방정식이라고 한다. 동차방정식

$$[a_0(x)D^n + a_1(x)D^{n-1} + \cdots + a_{n-1}(x)D + a_n(x)]y = 0$$

$$\text{또는 } \varphi(D)y = 0 \qquad (3.30)$$

의 해(solution)를 $y_c(x)$라 쓰고 **동차해**(complementary **또는** homogeneous solution)라고 한다. $R(x) \neq 0$인 식 (3.26) 또는 (3.27)을 만족하는 특별한 함수를 $y_p(x)$라 하면 이를 **특수해**(particular solution)라고 한다.

정리 3.1

$R(x) \neq 0$인 식 (3.26)과 (3.27)의 **일반해**(general solution) $y(x)$는 동차해 $y_c(x)$와 특수해 $y_p(x)$의 합으로 이루어진다. 즉,

$$y(x) = y_c(x) + y_p(x) \qquad (3.31)$$

증명

동차방정식 $\varphi(D)y = 0$의 일반해가 $y_c(x)$이므로 $\varphi(D)y_c(x) = 0$이 성립한다. 또 $y_p(x)$가 $\varphi(D)y = R(x)$의 특수해이므로 $\varphi(D)y_p(x) = R(x)$가 성립한다. 그러면 $y(x)$

$= y_c(x) + y_p(x)$이므로 $\varphi(D)y(x)$에 $y(x)$를 대입하여 정리하면 첫째 항은 0이 되고 둘째 항은 $R(x)$가 된다.

$$\varphi(D)y(x) = \varphi(D)\{y_c(x) + y_p(x)\} = \varphi(D)y_c(x) + \varphi(D)y_p(x) = 0 + R(x)$$

따라서 $y(x) = y_c(x) + y_p(x)$가 $\varphi(D)y = R(x)$의 일반해가 된다.

예를 들면 $[D^2 - 2D - 3]y = x^2$의 일반해는 $y(x) = y_c(x) + y_p(x)$이다. 동차방정식 $[D^2 - 2D - 3]y = 0$의 일반해가 $y_c(x) = c_1e^{-x} + c_2e^{3x}$이고 $[D^2 - 2D - 3]y = x^2$의 특수해가 $y_p(x) = -\frac{1}{3}x^2 + \frac{4}{9}x - \frac{14}{27}$이다. 그러므로 $[D^2 - 2D - 3]y = x^2$의 일반해는 $y(x) = c_1e^{-x} + c_2e^{3x} - \frac{1}{3}x^2 + \frac{4}{9}x - \frac{14}{27}$가 된다.

정리 3.2

$y_1, y_2, \cdots, y_n$이 동차방정식 (3.30)의 해라면 이것들의 선형결합 $c_1y_1 + c_2y_2 + \cdots + c_ny_n$도 동차방정식 (3.30)의 해이다. 이것을 **중첩원리**(superposition principle)라고 한다.

증명

$y_1, y_2, \cdots, y_n$이 동차방정식 (3.30)의 해이기 때문에 다음이 성립한다.

$$\varphi(D)y_1 = 0, \varphi(D)y_2 = 0, \cdots, \varphi(D)y_n = 0$$

$$\varphi(D)\{c_1y_1 + c_2y_2 + \cdots + c_ny_n\} = \varphi(D)c_1y_1 + \varphi(D)c_2y_2 + \cdots + \varphi(D)c_ny_n$$

$$= c_1\varphi(D)y_1 + c_2\varphi(D)y_2 + \cdots + c_n\varphi(D)y_n = c_10 + c_20 + \cdots + c_n0 = 0$$

그러므로

$$y_c(x) = c_1y_1 + c_2y_2 + \cdots + c_ny_n \tag{3.32}$$

- **일차독립과 일차종속**

어떤 구간에서 한 조 n개의 함수 $y_1(x), y_2(x), \cdots, y_n(x)$에 대하여

$$c_1y_1(x) + c_2y_2(x) + \cdots + c_ny_n(x) = 0 \tag{3.33}$$

이 성립하는 $c_1, c_2, \cdots, c_n$에 대해 적어도 하나는 0이 아닌 $c_1, c_2, \cdots, c_n$가 존재한다면 $y_1(x), y_2(x), \cdots, y_n(x)$는 **일차종속**이라 한다. 그렇지 않으면 $y_1(x), y_2(x), \cdots, y_n(x)$는 **일차독립**이라고 한다. 즉, 모든 $c_1, c_2, \cdots, c_n$이 0인 경우에 $c_1y_1(x)$

$+ c_2y_2(x) + \cdots + c_ny_n(x) = 0$이 만족된다면 $y_1(x), y_2(x), \cdots, y_n(x)$는 일차독립이다. 이는 2장에서 벡터의 일차독립과 일차종속에 대하여 논의한 것과 의미가 같다. 미분방정식의 해는 일차독립인 함수들의 선형결합으로 이루어진다.

정리 3.3

어떤 구간에서 한 조 n개의 미분가능한 함수 $y_1(x), y_2(x), \cdots, y_n(x)$에 대하여 다음 행렬식이 0이 아니라면 이들은 일차독립이다. 그렇지 않으면 [즉, $W(y_1, y_2, \cdots, y_n) = 0$이면] 일차종속이다.

$$W(y_1, y_2, \cdots, y_n) = \begin{vmatrix} y_1(x) & y_2(x) & \cdots & \cdots & \cdots & y_n(x) \\ y_1(x)' & y_2(x)' & \cdots & \cdots & \cdots & y_n(x)' \\ \vdots & \vdots & \ddots & & & \vdots \\ \vdots & \vdots & & \ddots & & \vdots \\ \vdots & \vdots & & & \ddots & \vdots \\ y_1(x)^{(n-1)} & y_2(x)^{(n-1)} & \cdots & \cdots & \cdots & y_n(x)^{(n-1)} \end{vmatrix} \tag{3.34}$$

식 (3.34)는 Wronskian 또는 Wronski 행렬식이라고 한다.

증명

$c_1y_1(x) + c_2y_2(x) + \cdots + c_ny_n(x) = 0$인 모든 $c_1, c_2, \cdots, c_n$이 0인지 아닌지 알아보면 된다. 이 식을 연속적으로 $n-1$번 미분하면 다음과 같은 식들을 얻을 수 있다.

$$c_1y_1' + c_2y_2' + \cdots + c_ny_n' = 0$$
$$c_1y_1'' + c_2y_2'' + \cdots + c_ny_n'' = 0$$
$$\cdots\cdots\cdots\cdots\cdots\cdots$$
$$c_1y_1^{(n-1)} + c_2y_2^{(n-1)} + \cdots + c_ny_n^{(n-1)} = 0$$

따라서 이 식들로부터 $c_1, c_2, \cdots, c_n$을 구하는 문제가 되고 5장 3절(예제 5.7)에 설명되어 있는 것과 같이 자명해가 아닌 해(적어도 하나 이상의 0이 아닌 해)를 갖기 위해서는 그 계수들로 이루어진 행렬식이 0이 되어야 하며 그 계수들로 이루어진 행렬식이 0이 아니면 모든 $c_1, c_2, \cdots, c_n$이 0이 된다. 따라서 계수들로 이루어진 행렬식은 식 (3.34)의 Wronskian과 같고 $W(y_1, y_2, \cdots, y_n) \neq 0$이면 모든 $c_1, c_2, \cdots, c_n$이 0이 되고 $y_1(x), y_2(x), \cdots, y_n(x)$는 일차독립이다.

예제 3.6

다음 함수들이 일차독립인지 일차종속인지 결정하시오.

(1) $2e^{-x}, 7e^{x}, 5e^{x}$ (2) e^{x}, xe^{x} (3) $\sin x, \sin 2x, \sin 3x$

풀이

(1) y_1, y_2, y_3를 각각 $2e^{-x}$, $7e^{x}$, $5e^{x}$라 하면 $c_1 2e^{-x} + c_2 7e^{x} + c_3 5e^{x} = 0$에 대하여 c_1, c_2, c_3가 모두 0인지 아닌지를 알아보면 된다. 직관적으로 $c_1 = 0$, $c_2 = 5$, $c_3 = -7$인 경우 위의 식이 성립하므로 $2e^{-x}$, $7e^{x}$, $5e^{x}$는 일차종속이다. 식 3.3을 적용하기 위하여 미분을 연속으로 두 번 하면 다음 식을 얻는다. $-c_1 2e^{-x} + c_2 7e^{x} + c_3 5e^{x} = 0$과 $c_1 2e^{-x} + c_2 7e^{x} + c_3 5e^{x} = 0$. Wronskian을 만들면 다음과 같이 두 열이 비례하므로 행렬식의 값은 0이다. 따라서 c_1, c_2, c_3는 적어도 하나 이상이 0이 아닌 해를 가지므로 일차종속이다.

$$\begin{vmatrix} 2e^{-x} & 7e^{x} & 5e^{x} \\ -2e^{-x} & 7e^{x} & 5e^{x} \\ 2e^{-x} & 7e^{x} & 5e^{x} \end{vmatrix} = 0$$

(2) $c_1 e^{x} + c_2 xe^{x} = 0$에 대하여 c_1, c_2가 모두 0인지 아닌지를 알아보면 된다. 이 경우는 $c_1 = 0$, $c_2 = 0$인 경우 위의 식이 성립하므로 e^{x}, xe^{x}는 일차독립이다. 또 미분을 하면 $c_1 e^{x} + c_2(1 + x)e^{x} = 0$이 된다. Wronskian을 만들면 다음과 같이

$$\begin{vmatrix} e^{x} & xe^{x} \\ e^{x} & (1+x)e^{x} \end{vmatrix} = e^{x}e^{x}\begin{vmatrix} 1 & x \\ 1 & 1+x \end{vmatrix} = e^{2x}\{(1+x) - 1\} \neq 0$$

라서 $c_1 = 0$, $c_2 = 0$, $c_3 = 0$이므로 일차독립이다.

(3) y_1, y_2, y_3를 각각 $\sin x$, $\sin 2x$, $\sin 3x$라 하면 식 (3.33)에 해당하는 식은 다음과 같다.

$$c_1 \sin x + c_2 \sin 2x + c_3 \sin 3x = 0$$

위 식을 미분하고 그것을 또 미분하면 다음과 같은 식들이 얻어진다.

$$c_1 \cos x + 2c_2 \cos 2x + 3c_3 \cos 3x = 0$$
$$-c_1 \sin x - 4c_2 \sin 2x - 9c_3 \sin 3x = 0$$

따라서 c_1, c_2, c_3의 계수들로 이루어진 행렬식 W는

$$W(y_1, y_2, y_3) = \begin{vmatrix} \sin x & \sin 2x & \sin 3x \\ \cos x & 2\cos 2x & 3\cos 3x \\ -\sin x & -4\sin 2x & -9\sin 3x \end{vmatrix} = -16(\sin x)^6 \neq 0$$

따라서 $c_1 = \frac{0}{W} = 0, c_2 = \frac{0}{W} = 0, c_3 = \frac{0}{W} = 0.$

그러므로 $\sin x$, $\sin 2x$, $\sin 3x$는 일차독립이다.

연습 문제 3.6

Wronskian을 이용하여 다음 함수들이 일차독립인지 일차종속인지 결정하시오.

(1) $2e^{-x}, 7e^{x}, 5e^{x}$ (2) e^x, xe^x (3) $1, x, x\sin x$

(4) 1, e^x, e^{2x} (5) $\sin x$, $\cos x$

답 (1) 일차종속 (2) 일차독립 (3) 일차독립 (4) 일차독립 (5) 일차독립

3.2.1 동차방정식의 해

동차방정식 (3.30)의 계수가 상수라면, 즉

$$[a_0D^n + a_1D^{n-1} + \cdots + a_{n-1}D + a_n]y = 0 \tag{3.35}$$

동차방정식 (3.35)의 해, 간단히 동차해는 $y = e^{mx}$라 하여 구할 수 있다. 따라서

$$y' = me^{mx}, y'' = m^2e^{mx}, \cdots, y^{(n)} = m^ne^{mx}$$

이들을 동차방정식 (3.35)에 대입하면

$$[a_0m^n + a_1m^{n-1} + \cdots + a_{n-1}m + a_n]y = 0$$

y는 0이 아니므로 괄호 안이 0이다.

$$a_0m^n + a_1m^{n-1} + \cdots + a_{n-1}m + a_n = 0 \tag{3.36}$$

이것을 <u>보조방정식</u>(auxiliary equation) 또는 <u>특성방정식</u>(characteristic equation)이라고 한다. 이 식을 인수분해하면

$$a_0(m - m_1)(m - m_2)\cdots(m - m_n) = 0 \tag{3.37}$$

여기서 $m_1, m_2, \cdots, m_n$은 식 (3.37)의 근이다. 다음 3가지 경우가 고려된다.

경우 1 모든 근이 실수이고 다를 때

각 근에 대하여 $y_1 = e^{m_1x}$, $y_2 = e^{m_2x}$, $\cdot\cdot\cdot$, $y_n = e^{m_nx}$를 얻는다. 이들은 일차독립인 함수들이므로 중첩의 원리, 식 (3.32)에 따라

$$\begin{aligned} y_c &= c_1y_1(x) + c_2y_2(x) + \cdot\cdot\cdot + c_ny_n(x) \\ &= c_1e^{m_1x} + c_2e^{m_2x} + \cdot\cdot\cdot + c_ne^{m_nx} \end{aligned} \tag{3.38}$$

예제 3.7

다음 미분방정식의 해를 구하시오.

$$(2D^3 - D^2 - 5D - 2)y = 0$$

풀이

$y = e^{mx}$라 하면 $y' = me^{mx}$, $y'' = m^2e^{mx}$, $y''' = m^3e^{mx}$가 된다. 이것을 미분방정식에 대입하여 정리하면 $(2m^3 - m^2 - 5m - 2)e^{mx} = 0$.

따라서 $(2m^3 - m^2 - 5m - 2) = 0$. 이 식은 아주 단순하게 $\varphi(D)$에 D 대신 m을 치환한 것과 같다.

인수분해하면

$$(2m + 1)(m + 1)(m - 2) = 0$$

그러므로

$$y = c_1e^{-x/2} + c_2e^{-x} + c_3e^{2x}$$

연습 문제 3.7

다음 미분방정식의 해를 구하시오.

(1) $(D^3 - 4D)y = 0$

(2) $(D^3 - 13D + 12)y = 0$

답 (1) $y = c_1 + c_2e^{-2x} + c_3e^{2x}$

(2) $y = c_1e^{-3x} + c_2e^{-x} + c_3e^{4x}$

경우 2 근의 일부가 복소수일 때

예를 들어 하나의 근 m_1이 복소수 $(a + bi)$이면 복소켤레 $(a - bi)$도 근이고 이를 m_2라고 한다. Euler의 공식 $e^{\pm ikx} = \cos kx \pm i\sin kx$를 사용하여 정리하면

$$y_c = e^{ax}(c_1'\cos bx + c_2'\sin bx) + c_3e^{m_3x} + \cdots + c_ne^{m_nx} \tag{3.39}$$

여기서 $c_1' = c_1 + c_2$, $c_2' = (c_1 - c_2)i$이다. 물론 다음과 같이 복소수를 그대로 쓰기도 한다.

$$y_c = e^{ax}\left(c_1e^{ibx} + c_2e^{-ibx}\right) + c_3e^{m_3x} + \cdots + c_ne^{m_nx}$$

예제 3.8

다음 미분방정식의 해를 구하시오.

$$(D^3 + D^2 + 8D - 10)y = 0$$

풀이

$y = e^{mx}$라 하면 $y' = me^{mx}$, $y'' = m^2e^{mx}$, $y''' = m^3e^{mx}$가 된다. 이것을 미분방정식에 대입하여 정리하면 $(m^3 + m^2 + 8m - 12)e^{mx} = 0$.

따라서 $(m^3 + m^2 + 8m - 12) = 0$. 또는 단순히 $\varphi(D)$에 D 대신 m을 치환하여 얻을 수 있다.

인수분해하면

$$(m - 1)(m^2 + 2m + 10) = 0$$

그러므로 $m = 1, -1 + 3i, -1 - 3i$

$$y = c_1e^x + c_2e^{(-1+3i)x} + c_3e^{(-1-3i)x}$$

또는

$$y = c_1e^x + e^{-x}(c_2\cos 3x + c_3\sin 3x)$$

연습 문제 3.8

다음 미분방정식의 해를 구하시오.

(1) $(D^2 + 1)y = 0$

(2) $(D^2 - 4D + 8)y = 0$

답 (1) $y = c_1\cos x + c_2\sin x$ (2) $y = e^{2x}(c_1\cos 2x + c_2\sin 2x)$

경우 3 근의 일부가 반복될 때

예를 들어 하나의 근 m_1이 j번 반복된다면

$$y_c = (c_1 + c_2 x + \cdots + c_j x^{j-1})\, e^{m_1 x} + c_{j+1} e^{m_{j+1} x} + \cdots + c_n e^{m_n x} \tag{3.40}$$

예제 3.9

다음 미분방정식의 해를 구하시오.

$$(D^4 - 2D^3 + D^2)y = 0$$

풀이

$\varphi(D)$에 D 대신 m을 치환하여 특성방정식을 얻을 수 있다.

$$m^5 - 2m^4 + m^3 = 0 \text{ 또는 } m^3(m-1)^2 = 0.\ m = 0, 1$$

$$y = (c_1 + c_2 x + c_3 x^2) + (c_4 + c_5 x)e^x$$

연습 문제 3.9

다음 미분방정식의 해를 구하시오.

(1) $(D^4 + 2D^3 + D^2)y = 0$

(2) $(D+2)^3(D-2)^4(D^2 - 2D + 5)^2 y = 0$

답 (1) $y = (c_1 + c_2 x) + (c_3 + c_4 x)e^{-x}$

(2) $y = (c_1 + c_2 x + c_3 x^2)e^{-2x} + (c_4 + c_5 x + c_6 x^2 + c_7 x^3)e^{2x}$
$\quad + (c_8 + c_9 x)e^x(c_{10}\cos 2x + c_{11}\sin 2x)$

$y_1(x)$, $y_2(x)$ (간단히 y_1, y_2)가 2계 미분방정식 $y'' + p(x)y' + q(x)y = 0$의 해라 하고 이 중 하나 $y_1(x)$가 알려진다면 $y_1(x)$에 일차독립인 다른 해 $y_2(x)$는 다음 식과 같다.

$$y_2 = y_1 \int \frac{ce^{-\int p dx}}{y_1^2} \tag{3.41}$$

증명

y_2가 미분방정식의 해이므로 $y_2'' + p(x)y_2' + q(x)y_2 = 0$이 성립하고 y_1을 곱하면 다음과 같은 식을 얻는다.

$$y_1 y_2'' + p(x)\, y_1 y_2' + q(x)\, y_1 y_2 = 0$$

같은 방법으로 y_1을 미분방정식에 대입하고 y_2를 곱하면 다음과 같은 식을 얻는다.

$$y_2y_1'' + p(x)\,y_2y_1' + q(x)\,y_1y_2 = 0$$

위 식에서 아래 식을 빼면

$$y_1y_2'' - y_2y_1'' + p(y_1y_2' - y_2y_1') = 0$$

식 (3.34)의 Wronskian을 사용하여 정리하면 위의 식은 다음과 같이 된다.

$$y_1y_2'' - y_2y_1'' + pW = 0, \text{ 여기서 } W = y_1y_2' - y_2y_1' = \begin{vmatrix} y_1 & y_2 \\ y_1' & y_2' \end{vmatrix}$$

W를 미분하면

$$\frac{dW}{dx} = y_1'y_2' - y_2'y_1' + y_1y_2'' - y_2y_1'' = y_1y_2'' - y_2y_1''$$

이 식의 $y_1y_2'' - y_2y_1''$는 $y_1y_2'' - y_2y_1'' + pW = 0$의 첫 두 항과 같으므로 $\frac{dW}{dx} = -pW$가 된다. 변수 분리하여 적분하면

$$W = ce^{-\int p dx} \tag{3.42}$$

$$\frac{d}{dx}\left(\frac{y_2}{y_1}\right) = \frac{d}{dx}(y_2y_1^{-1}) = y_2'y_1^{-1} - y_2y_1^{-2}y_1' = \frac{y_1y_2' - y_2y_1'}{y_1^2} = \frac{W}{y_1^2}$$

따라서 양변을 적분하면

$$\frac{y_2}{y_1} = \int \frac{W}{y_1^2}dx = \int \frac{ce^{-\int p dx}}{y_1^2}dx$$

$$y_2 = c\,y_1\int \frac{e^{-\int p dx}}{y_1^2}dx \tag{3.43}$$

예제 3.10

다음 미분방정식의 해를 구하시오.

$$(D^2 - 6D + 9)y = 0$$

풀이

(a) 특성방정식 $(m^2 - 6m + 9) = 0$ 또는 $(m - 3)^2 = 0$이다. 중근을 가지므로

$$y = (c_1 + c_2x)e^{3x}$$

(b) $(D^2 - 6D + 9)y = 0$은 $(D - 3)(D - 3)y = 0$으로 쓸 수 있고 $(D - 3)y = y_1$이라면 미분방정식은 $(D - 3)(D - 3)y = (D - 3)y_1 = 0$이 된다. 즉, 2계 미분방정식 $(D - 3)(D - 3)y = 0$이 1계 미분방정식 $(D - 3)y_1 = 0$으로 계가 줄어든 형태이다. 따라서

$$y_1 = e^{3x}$$

그러면 $(D - 3)\,y = y_1$, 즉 $(D - 3)\,y = e^{3x}$이고 이것은 앞 장에서 설명된 $P(x) = -3$, $Q(x) = e^{3x}$인 1계 선형 미분방정식이다. 식 (3.16)을 적용하면

$$\begin{aligned} y_2 &= e^{-\int P(x)dx} \int e^{\int P(x)dx} Q(x)dx + Ce^{-\int P(x)dx} \\ &= e^{-\int -3dx} \int e^{\int -3dx} e^{3x} dx + Ce^{-\int -3dx} \\ &= e^{3x} \int e^{-3x} e^{3x} dx + Ce^{3x} \\ &= xe^{3x} + Ce^{3x} \end{aligned}$$

C가 있는 둘째 항은 y_1과 같아 일차종속이어서 버린다. 첫 항은 y_1에 일차독립인 해이다. 따라서 y_1과 y_2를 중첩시키면

$$y = (c_1 + c_2 x)e^{3x}$$

(c) 특성방정식으로부터 $m = 3$인 하나의 해 $y_1 = e^{3x}$를 구할 수 있다. 식 (3.43)을 이용하면

$$\begin{aligned} y_2 &= c\, y_1 \int \frac{e^{-\int p dx}}{{y_1}^2} dx = ce^{3x} \int \frac{e^{-\int -6dx}}{e^{3x^2}} dx = ce^{3x} \int \frac{e^{6x}}{e^{3x^2}} dx \\ &= ce^{3x} \int 1\, dx = cxe^{3x} \end{aligned}$$

그러므로

$$y = c_1 e^{3x} + c_2 x e^{3x} = (c_1 + c_2 x)e^{3x}$$

연습 문제 3.10

다음 미분방정식의 해를 구하시오.

(1) $y = x$가 미분방정식 $(xD^2 + xD - 1)y = 0$의 한 해이다.

(2) $(D^2 + 4D + 4)y = 0$

답 (1) $y = c_1 x + c_2 x \int \frac{e^{-x}}{x^2} dx$　　(2) $y = (c_1 + c_2 x)e^{-2x}$

3.2.2 특수해

특수해를 구하는 방법은 몇 가지가 알려져 있으며 여기서는 **미정계수법**(undetermined coefficients), 역연산자법(inverse operator), 파라미터 변화법(variation of parameters)을 다룬다.

(1) 계를 줄이는 법

예제 3.10 풀이 (b)에서 사용된 방법으로 미분방정식의 계(order)를 줄이는 방법이다. $a_0(D - m_1)(D - m_2) \cdots (D - m_{n-1})(D - m_n)y = R(x)$에서 $a_0(D - m_2)(D - m_3) \cdots (D - m_{n-1})(D - m_n)y = Y_1$으로 놓으면 $a_0(D - m_1)(D - m_2) \cdots (D - m_{n-1})(D - m_n)y = R(x)$는 $(D - m_1)Y_1 = R(x)$가 되고 Y_1에 대하여 풀 수 있다. 그런 다음 $a_0(D - m_3) \cdots (D - m_{n-1})(D - m_n)y = Y_2$로 놓으면 $(D - m_2)Y_2 = Y_1$이 되고 Y_2에 대하여 풀 수 있다. 이런 방법을 계속하면 y를 구할 수 있다. 이 방법에서 임의의 적분상수를 유지하면 일반해가 얻어지고 그 상수를 생략하면 특수해가 얻어진다.

(2) 미정계수법

이 방법에서는 정해지지 않은 상수를 포함하는 함수를 사용한다. 이때 사용되는 함수들은 $R(x)$의 형태에 따라 정해지고 약간의 함수를 다음 표에 나타내었다.

$R(x)$	$y_p(x)$
① ce^{px}	ae^{px}
② $(c\cos px + d\sin px)$	$(a\cos px + b\sin px)$
③ $c_0x^j + c_1x^{j-1} + \cdots + c_j$	$a_0x^j + a_1x^{j-1} + \cdots + a_j$
④ $e^{qx}(c\cos px + d\sin px)$	$e^{qx}(a\cos px + b\sin px)$
⑤ $e^{qx}(c_0x^j + c_1x^{j-1} + \cdots + c_j)$	$e^{qx}(a_0x^j + a_1x^{j-1} + \cdots + a_j)$
⑥ $(c_0x^j + c_1x^{j-1} + \cdots + c_j)\cos px$ $+ (d_0x^j + d_1x^{j-1} + \cdots + d_j)\sin px$	$(a_0x^j + a_1x^{j-1} + \cdots + a_j)\cos px$ $+ (b_0x^j + b_1x^{j-1} + \cdots + b_j)\sin px$
⑦ $e^{qx}(c_0x^j + c_1x^{j-1} + \cdots + c_j)\cos px$ $+ e^{qx}(d_0x^j + d_1x^{j-1} + \cdots + d_j)\sin px$	$e^{qx}(a_0x^j + a_1x^{j-1} + \cdots + a_j)\cos px$ $+ e^{qx}(b_0x^j + b_1x^{j-1} + \cdots + b_j)\sin px$
상수: $c, d, c_0, \cdots, c_j, d_0, \cdots, d_j$	미정계수: $a, b, a_0, \cdots, a_j, b_0, \cdots, b_j$

예제 3.11

다음 미분방정식의 해를 구하시오.

(1) $(D^2 + 2D + 4)y = 6e^{-x}$　　(2) $(D^2 + 2D + 5)y = 5x^2$

(3) $(D^2 + 4)y = 4\cos 2x$　　(4) $(D^2 - 2D + 1)y = 2e^{x}$

풀이

(1) $(m^2 + 2m + 4) = 0$의 근은 $m = -1 + \sqrt{3}i, m = -1 - \sqrt{3}i$이다. 따라서

$$y_c = e^{-x}(c_1\cos\sqrt{3}x + c_2\sin\sqrt{3}x)$$

$R(x) = 6e^{-x}$이므로 $y_p = ae^{-x}$의 형태를 갖는다(공식 ①). 그러면 $y_p{}' = -ae^{-x}$, $y_p{}'' = ae^{-x}$. 미분방정식에 y_p, $y_p{}'$, $y_p{}''$을 대입하면 $ae^{-x} - 2ae^{-x} + 4ae^{-x} = 6e^{-x}$. 계산하면 $a = 2$가 된다. 따라서

$$y = e^{-x}(c_1\cos\sqrt{3}x + c_2\sin\sqrt{3}x) + 2e^{-x}$$

(2) $(m^2 + 2m + 5) = 0$의 근은 $m = -1 + 2i$, $m = -1 - 2i$이다. 따라서

$$y_c = e^{-x}(c_1\cos 2x + c_2\sin 2x)$$

$R(x) = 5x^2$이므로 $y_p = a + bx + cx^2$의 형태를 갖는다(공식 ③). 그러면 $y_p{}' = b + 2cx$, $y_p{}'' = 2c$이고 미분방정식에 y_p, $y_p{}'$, $y_p{}''$을 대입하면 $2c + 2(b + 2cx) + 5(a + bx + cx^2) = 5x^2$. 계산하면 $c = 1, b = -\frac{4}{5}, a = -\frac{2}{25}$가 된다. 따라서

$$y_p = -\frac{2}{25} - \frac{4}{5}x + x^2$$

$$y = e^{-x}(c_1\cos 2x + c_2\sin 2x) - \frac{2}{25} - \frac{4}{5}x + x^2$$

(3) $(m^2 + 4) = 0, m = -2i, +2i$

$$y_c = c_1\cos 2x + c_2\sin 2x$$

그런데 $y_p = a\cos 2x + b\sin 2x$의 형태(공식 ②)를 가지면 y_c와 일차종속이 되므로 x를 곱하여 일차독립인 $y_p = x(a\cos 2x + b\sin 2x)$를 사용한다.

$$y_p{}' = a\cos 2x + b\sin 2x + x(-2a\sin 2x + 2b\cos 2x)$$

$$y_p{}'' = -2a\sin 2x + 2b\cos 2x - 2a\sin 2x + 2b\cos 2x$$

$$+ x(-4a\cos 2x - 4b\sin 2x)$$
$$= 4b\cos 2x - 4a\sin 2x + x(-4a\cos 2x - 4b\sin 2x)$$

미분방정식에 y_p, y_p', y_p''을 대입하면

$$4b\cos 2x - 4a\sin 2x + x(-4a\cos 2x - 4b\sin 2x)$$
$$+ 4x(a\cos 2x + b\sin 2x) = 4\cos 2x$$

$4b = 4,\ -4a = 0$ 그러므로 $b = 1, a = 0, y_p = x\sin 2x$

$y = c_1\cos 2x + c_2\sin 2x + x\sin 2x$

(4) $(m-1)^2 = 0, y_c = (c_1 + c_2x)e^x$

$R(x) = 2e^x$이므로 $y_p = ae^x$의 형태(공식 ①)를 갖는다고 하면 이는 y_c에 일차 종속이 된다. $y_p = axe^x$도 일차종속이다. 따라서 일차독립인 $y_p = ax^2e^x$를 특수해의 형태로 한다.

$$y_p' = 2axe^x + ax^2e^x = (2ax + ax^2)\,e^x$$
$$y_p'' = (2a + 2ax)\,e^x + (2ax + ax^2)\,e^x = (2a + 4ax + ax^2)\,e^x$$

미분방정식에 y_p, y_p', y_p''을 대입하면

$$(2a + 4ax + ax^2)\,e^x - 2(2ax + ax^2)\,e^x + ax^2e^x = 2e^x$$

그러므로 $a = 1, y_p = x^2e^x$

$$y = (c_1 + c_2x)e^x + x^2e^x$$

연습 문제 3.11

다음 미분방정식의 해를 구하시오.

(1) $(D^2 + 2D + 1)y = x + x^2$

(2) $(D^2 + 4D + 3)y = 4\cosh x$

(3) $(D^4 + 5D^2 + 4)y = 4\cos x$

(4) $(D^2 + D - 2)\,y = 2e^x$

답 (1) $y = (c_1 + c_2x)e^{-x} + 4 - 3x + x^2$

(2) $y = c_1e^{-x} + c_2e^{-3x} + \frac{1}{4}e^x + xe^{-x}$

(3) $y = c_1\cos x + c_2\sin x + c_3\cos 2x + c_4\sin 2x - \frac{2}{5}x\cos x$

(4) $y = c_1e^x + c_2e^{-2x} + \frac{2}{3}xe^x$

(3) 파라미터 변화법

$\varphi(D)y = R(x)$의 동차방정식의 해 $y_c = c_1y_1(x) + c_2y_2(x) + \cdots + c_ny_n(x)$라 하자. 이 식의 계수 $c_1, c_2, \cdots, c_n$을 x의 함수 $K_1(x), K_2(x), \cdots, K_n(x)$로 치환한

$$y_p = K_1y_1 + K_2y_2 + \cdots + K_ny_n \tag{3.44}$$

가 $\varphi(D)y = R(x)$를 만족하는 $K_1(x), K_2(x), \cdots, K_n(x)$를 결정하면 된다. 이들 n개의 함수들을 결정하기 위하여 n개의 방정식이 필요하다. 다음과 같이 미분하고 미분한 결과에서 조건을 부과하면 $K_1(x), K_2(x), \cdots, K_n(x)$를 구할 수 있다. y_p를 미분하면

$$y_p' = K_1'y_1 + K_2'y_2 + \cdots + K_n'y_n + K_1y_1' + K_2y_2' + \cdots + K_ny_n'$$

여기서 $K_1', K_2', \cdots, K_n'$이 포함된 부분을 0으로 두면, 즉 $K_1'y_1 + K_2'y_2 + \cdots + K_n'y_n = 0$이면

$$y_p' = K_1y_1' + K_2y_2' + \cdots + K_ny_n'$$

이 된다. y_p'를 미분하면

$$y_p'' = K_1'y_1' + K_2'y_2' + \cdots + K_n'y_n' + K_1y_1'' + K_2y_2'' + \cdots + K_ny_n''$$

여기서도 같은 방법으로 $K_1', K_2', \cdots, K_n'$이 포함된 부분을 0으로 두면, 즉

$K_1'y_1' + K_2'y_2' + \cdots + K_n'y_n' = 0$이면

$$y_p'' = K_1y_1'' + K_2y_2'' + \cdots + K_ny_n''$$

같은 방법으로 계속 $3 \sim n-1$번 미분하고 $K_1', K_2', \cdots, K_n'$이 포함된 부분을 0으로 두면 세 번째 미분에서

$$y_p''' = K_1'y_1'' + K_2'y_2'' + \cdots + K_n'y_n'' + K_1y_1''' + K_2y_2''' + \cdots + K_ny_n'''$$

$K_1'y_1'' + K_2'y_2'' + \cdots + K_n'y_n'' = 0$과

$y_p''' = K_1y_1''' + K_2y_2''' + \cdots + K_ny_n'''$를 얻고,

. . . .

$n-1$번째 미분에서

$$y_p^{(n-1)} = K_1'y_1^{(n-2)} + K_2'y_2^{(n-2)} + \cdots + K_n'y_n^{(n-2)} + K_1y_1^{(n-1)}$$

$$+ K_2 y_2^{(n-1)} + \cdots + K_n y_n^{(n-1)}$$

$$K_1' y_1^{(n-2)} + K_2' y_2^{(n-2)} + \cdots + K_n' y_n^{(n-2)} = 0$$과

$$y_p^{(n-1)} = K_1 y_1^{(n-1)} + K_2 y_2^{(n-1)} + \cdots + K_n y_n^{(n-1)}$$

를 얻는다. $n-1$번째 미분 $y_p^{(n-1)}$에서는 K_1', K_2', $\cdots$, K_n'이 포함된 부분을 $R(x)/a_0$로 둔다.

$$y_p^{(n)} = K_1' y_1^{(n-1)} + K_2' y_2^{(n-1)} + \cdots + K_n' y_n^{(n-1)} + K_1 y_1^{(n)} + K_2 y_2^{(n)} + \cdots + K_n y_n^{(n)}$$

$$K_1' y_1^{(n-1)} + K_2' y_2^{(n-1)} + \cdots + K_n' y_n^{(n-1)} = R(x)/a_0$$

미분방정식에 y_p, y_p', y_p'', $\cdots$, $y_p^{(n-1)}$, $y_p^{(n)}$와 $K_1' y_1^{(n-1)} + K_2' y_2^{(n-1)} + \cdots + K_n' y_n^{(n-1)} = R(x)/a_0$를 대입하여 정리하면 각 항들이 소거되고 양변이 $R(x)$로 같아진다. 따라서

$$\begin{cases} K_1' y_1 + K_2' y_2 + \cdots + K_n' y_n = 0 \\ K_1' y_1' + K_2' y_2' + \cdots + K_n' y_n' = 0 \\ \cdots\cdots\cdots\cdots\cdots\cdots\cdots\cdots \\ K_1' y_1^{(n-2)} + K_2' y_2^{(n-2)} + \cdots + K_n' y_n^{(n-2)} = 0 \\ K_1' y_1^{(n-1)} + K_2' y_2^{(n-1)} + \cdots + K_n' y_n^{(n-1)} = R(x)/a_0 \end{cases} \tag{3.45}$$

위의 식에서 $y_1(x)$, $y_2(x)$, $\cdots$, $y_n(x)$가 일차독립이기 때문에 K_1', K_2', $\cdots$, K_n'의 계수로 이루어진 행렬식, 즉 Wronskian은 0이 아니고 $R(x)/a_0 \neq 0$이므로 K_1', K_2', $\cdots$, K_n'을 구할 수 있으며 이들을 적분하면 $K_1(x)$, $K_2(x)$, $\cdots$, $K_n(x)$를 구할 수 있다.

예제 3.12

다음 미분방정식의 해를 구하시오.

$$(D^2 + 1)y = \sec x$$

풀이

동차해가 $y_c = c_1 \cos x + c_2 \sin x$이므로, $y_1 = \cos x$, $y_2 = \sin x$이고 c_1, c_2를 $K_1(x)$, $K_2(x)$로 치환하여 y_p를 만든다.

$$y_p = K_1 \cos x + K_2 \sin x$$

$$y_p' = K_1'\cos x + K_2'\sin x - K_1\sin x + K_2\cos x$$

여기서 $K_1'\cos x + K_2'\sin x = 0$으로 두면 $y_p' = -K_1\sin x + K_2\cos x$이 된다. K_1', K_2'항이 포함된 앞의 식이 K_1', K_2'항을 구하는 하나의 식이 되고 뒤 식 y_p'을 다시 미분하면

$$y_p'' = -K_1'\sin x + K_2'\cos x - K_1\cos x - K_2\sin x$$

2계 미분방정식이므로 더 이상의 미분이 필요하지 않고 y_p와 y_p''를 미분방정식에 대입하여 정리하면

$$-K_1'\sin x + K_2'\cos x = \sec x$$

즉 K_1', K_2'항이 포함된 식이 $R(x)/a_0 = R(x) = \sec x$와 같게 되고 ($a_0 = 1$) K_1', K_2'항을 구하는 두 번째 식이 된다.
따라서 K_1', K_2'항이 포함된 두 식을 얻을 수 있고 연립방정식을 풀어 다음과 같이 K_1', K_2'를 구할 수 있다.

$$\begin{cases} K_1'\cos x + K_2'\sin x = 0 \\ -K_1'\sin x + K_2'\cos x = \sec x \end{cases}$$

$$K_1' = \frac{\begin{vmatrix} 0 & \sin x \\ \sec x & \cos x \end{vmatrix}}{\begin{vmatrix} \cos x & \sin x \\ -\sin x & \cos x \end{vmatrix}} = \frac{-y_2R(x)/a_0}{W} = -\sin x \sec x = \frac{-\sin x}{\cos x} = -\tan x$$

$$K_2' = \frac{\begin{vmatrix} \cos x & 0 \\ -\sin x & \sec x \end{vmatrix}}{\begin{vmatrix} \cos x & \sin x \\ -\sin x & \cos x \end{vmatrix}} = \frac{y_1R(x)/a_0}{W} = \cos x \sec x = 1$$

적분하면 $K_1 = \ln\cos x + C_1$, $K_2 = x + C_2$를 처음의 y_p에 대입하면, C_1과 C_2 부분은 y_c에 일차종속인 함수이므로 버리고 나머지에서 일차독립인
$y_p = \cos x \ln\cos x + x\sin x$를 얻는다.
그러므로 일반해는 다음과 같다.

$$y = c_1\cos x + c_2\sin x + \cos x \ln\cos x + x\sin x$$

연습 문제 3.12

다음 미분방정식의 해를 구하시오.

(1) $(D^3 + 4D)y = 4\sin 4x$

(2) $(D^2 + 2D + 1)y = 2\ln x e^{-x}$

답 (1) $y = c_1 + c_2\cos 2x + c_3\sin 2x + \frac{1}{2}\sin^2 2x + \frac{1}{3}\cos^4 2x - \frac{1}{3}\sin^4 2x$

(2) $y_c = (c_1 + c_2x)e^{-x} + \frac{1}{2}(2\ln x - 3)x^2e^{-x}$

4) 역연산자법

$\frac{1}{\varphi(D)}R(x)$가 $\varphi(D)y = R(x)$를 만족하는 그러한 특수해 y_p로 정의된다고 하자. 여기서 $\frac{1}{\varphi(D)}$을 역연산자(inverse operator)라고 한다.

$$\frac{1}{\varphi(D)}\{c_1R_1(x) + c_2R_2(x) + \cdots + c_kR_k(x)\}$$
$$= c_1\frac{1}{\varphi(D)}R_1(x) + c_2\frac{1}{\varphi(D)}R_2(x) + \cdots + c_k\frac{1}{\varphi(D)}R_k(x) \tag{3.46}$$

이기 때문에 역연산자는 선형 연산자이다.

$\frac{1}{\varphi(D)}R(x)$	$y_p(x)$
① $\frac{1}{D-m}R(x)$	$e^{mx}\int e^{-mx}R(x)dx$
② $\frac{1}{(D-m_1)(D-m_2)\cdots(D-m_n)}R(x)$	$e^{m_1x}\int e^{-m_1x}e^{m_2x}\int\cdots\int e^{-m_{n-1}x}e^{m_nx}$ $\int e^{-m_nx}R(x)dx^n$
③ $\frac{1}{\varphi(D)}e^{px}$	$\frac{e^{px}}{\varphi(p)}$; $\varphi(p) \neq 0$, $\frac{x^ke^{px}}{\varphi(p)^{(k)}}$; $\varphi(p) = \varphi(p)' = \cdots = \varphi(p)^{(k-1)} = 0$, $\varphi(p)^{(k)} \neq 0$
④ $\frac{1}{\varphi(D^2)}\cos(px+q)$, $\frac{1}{\varphi(D^2)}\sin(px+q)$	$\frac{\cos(px+q)}{\varphi(-p^2)}$, $\frac{\sin(px+q)}{\varphi(-p^2)}$; $\varphi(-p^2) \neq 0$
⑤ $\frac{1}{\varphi(D)}\cos(px+q)=\mathrm{Re}\left\{\frac{1}{\varphi(D)}e^{i(px+q)}\right\}$, $\frac{1}{\varphi(D^2)}\sin(px+q)=\mathrm{Im}\left\{\frac{1}{\varphi(D)}e^{i(px+q)}\right\}$	$\mathrm{Re}\left\{\frac{e^{i(px+q)}}{\varphi(ip)}\right\}$, $\mathrm{Im}\left\{\frac{e^{i(px+q)}}{\varphi(ip)}\right\}$; $\varphi(ip) \neq 0$
⑥ $\frac{1}{\varphi(D)}x^p = (c_0 + c_1D + \cdots + c_kD^k + \cdots)$ x^p; $1/\varphi(D)$을 급수로 확장 $(p>0)$	$(c_0 + c_1D + \cdots + c_pD^p)x^p$
⑦ $\frac{1}{\varphi(D)}e^{px}F(x)$	$e^{px}\frac{1}{\varphi(D+p)}F(x)$
⑧ $\frac{1}{\varphi(D)}xF(x)$	$x\frac{1}{\varphi(D)}F(x) - \frac{\varphi(D)'}{\varphi(D)^2}F(x)$

Re = 실수 부분, Im = 허수 부분

예제 3.13

다음 식으로 기술된 특수해를 구하시오.

(1) $\frac{1}{D-2}e^{-2x}$ (2) $\frac{1}{D+2}e^{-2x}$ (3) $\frac{1}{(D+1)(D-2)}e^{-2x}$

(4) $\frac{1}{(D-1)(D-2)}e^{2x}$ (5) $\frac{1}{D^3-D^2+2D-2}\sin 2x$ (6) $\frac{1}{D^3+2D^2+4D-4}e^{-x}\cos 2x$

(7) $\frac{1}{D^2-4D+1}(x+x^2)e^{-x}$ (8) $\frac{1}{D^2-2D+1}x\cos x$

풀이

(1)

(a) 정의에 따라 $\frac{1}{D-2}e^{-2x} = y_p$이므로 $(D-2)y = e^{-2x}$의 특수해를 구하라는 것과 같다. 또 이 미분방정식은 식 (3.15) 선형 미분방정식의 형태이고 적분인자 $\mu = e^{\int -2dx} = e^{2x}$이다.

$$y = e^{-\int -2dx}\int e^{\int -2x}e^{-2x}dx + Ce^{-\int -2dx} = e^{2x}\frac{-1}{4}e^{-4x} + Ce^{2x}$$
$$= \frac{-1}{4}e^{-2x} + Ce^{2x}$$

Ce^{2x}는 일반해이고 적분상수가 없는 부분에서 특수해 $\frac{-1}{4}e^{-2x}$를 얻는다.

$$y_p = \frac{-1}{4}e^{-2x}$$

(b) 표의 공식 ①을 적용하면 $(m = 2, R(x) = e^{-2x})$

$$\frac{1}{D-2}e^{-2x} = e^{2x}\int e^{-2x}e^{-2x}dx = \frac{-1}{4}e^{-2x}$$

(c) $\varphi(D) = (D-2)$이므로 D 대신에 $p = -2$를 대입하면 $\varphi(p) = (-2-2) = -4$이므로 표의 공식 ③을 적용한다. 즉,

$$\frac{e^{px}}{\varphi(p)} = \frac{e^{-2x}}{-4} = \frac{-1}{4}e^{-2x}$$

(2)

(a) $(D+2)y = e^{-2x}$의 특수해를 구하라는 것과 같다. 또 이 미분방정식은 식 (3.15) 선형 미분방정식의 형태이고 적분인자 $\mu = e^{\int 2dx} = e^{2x}$이다.

$$y = e^{-\int 2dx}\int e^{\int 2x}e^{-2x}dx + Ce^{-\int 2dx} = xe^{-2x} + Ce^{-2x}$$

Ce^{-2x}는 일반해이고 적분상수가 없는 부분에서 특수해 xe^{-2x}를 얻는다.

$$y_p = xe^{-2x}$$

(b) 표의 공식 ①을 적용하면 ($m = -2, R(x) = e^{-2x}$)

$$\frac{1}{D+2}e^{-2x} = e^{-2x}\int e^{2x}e^{-2x}dx = xe^{-2x}$$

(c) $\varphi(D) = (D+2)$이므로 D 대신에 $p = -2$를 대입하면 $\varphi(p) = (-2+2) = 0$ ($m = -2, R(x) = e^{px} = e^{-2x}$)이므로 표의 공식 ③ 중 두 번째 공식을 적용하면 된다. 즉,

$$\frac{x^1e^{-2x}}{\varphi(p)'} = \frac{xe^{-2x}}{1} = xe^{-2x}$$

(3)

(a) 공식 ①을 순차적으로 적용하면

$$\frac{1}{(D+1)(D-2)}e^{-2x} = \frac{1}{D+1}\left(\frac{1}{D-2}e^{-2x}\right) = \frac{1}{D+1}\left(e^{2x}\int e^{-2x}e^{-2x}dx\right)$$

$$= \frac{1}{D+1}\left(\frac{-1}{4}e^{-2x}\right) = \frac{-1}{4}e^{-x}\int e^{x}e^{-2x}dx = \frac{1}{4}e^{-2x}$$

(b) 부분 분수로 나누어 구하면

$$\frac{1}{(D+1)(D-2)}e^{-2x} = \frac{1}{3}\left(\frac{1}{D-2} - \frac{1}{D+1}\right)e^{-2x}$$

$$= \frac{1}{3}\left\{e^{2x}\int e^{-2x}e^{-2x}dx - e^{-x}\int e^{x}e^{-2x}dx\right\} = \frac{1}{4}e^{-2x}$$

(c) 표의 공식 ③ 중 첫 번째 공식을 적용하면

$$\frac{1}{(D+1)(D-2)}e^{-2x} = \frac{1}{(-2+1)(-2-2)}e^{-2x} = \frac{1}{4}e^{-2x}$$

(4)

(a) 공식 ①을 순차적으로 적용하면

$$\frac{1}{(D-1)(D-2)}e^{2x} = \frac{1}{(D-1)}\left(\frac{1}{(D-2)}e^{2x}\right) = \frac{1}{(D-1)}\left(e^{2x}\int e^{-2x}e^{2x}dx\right)$$

$$= \frac{1}{(D-1)}(xe^{2x})$$

여기서 $\frac{1}{\varphi(D)}e^{px}F(x) = e^{px}\frac{1}{\varphi(D+p)}F(x)$ 공식을 적용하면

$$\frac{1}{(D-1)}(xe^{2x}) = e^{2x}\frac{1}{(D+2)-1}x = e^{2x}\frac{1}{D+1}x$$

여기서 1을 $D+1$로 나누어 다항식으로 $\frac{1}{D+1}$을 나타내면 (표의 공식 ⑥)

$$\frac{1}{D+1} = 1 - D + D^2 + \cdots .$$

$$e^{2x}\frac{1}{D+1}x = e^{2x}(1 - D + D^2 + \cdots)x$$

$$= e^{2x}(x-1)$$

(b) 부분 분수로 나누면

$$\frac{1}{(D-2)}\frac{1}{(D-1)}e^{2x} = \left(\frac{1}{D-2} - \frac{1}{D-1}\right)e^{2x} = \frac{1}{D-2}e^{2x} - \frac{1}{D-1}e^{2x}$$

$$= \frac{xe^{2x}}{1} - e^x\int e^{-x}e^{2x}dx = (x-1)e^{2x}$$

(5) D^2의 항을 갖도록 변형하고 위의 공식 ④에서처럼 $-p^2 = -4$를 대입한 다음 미분 연산자를 적용한다.

$$\frac{1}{D^3-D^2+2D-2}\sin 2x = \frac{1}{DD^2-D^2+2D-2}\sin 2x = \frac{1}{D(-4)-(-4)+2D-2}\sin 2x$$

$$= \frac{1}{-2(D-1)}\sin 2x = \frac{D+1}{-2(D^2-1)}\sin 2x = \frac{D+1}{-2(-4-1)}\sin 2x = \frac{D+1}{10}\sin 2x$$

$$= \frac{1}{10}(2\cos 2x + \sin 2x)$$

(6) $$\frac{1}{D^3+2D^2+4D-4}e^{-x}\cos 2x = e^{-x}\frac{1}{(D-1)^3+2(D-1)^2+4(D-1)-4}\cos 2x \quad \text{(공식 ⑦)}$$

$$= e^{-x}\frac{1}{2D^3-4D^2+6D-8}\cos 2x = e^{-x}\frac{1}{2D(-4)-4(-4)+6D-8}\cos 2x$$

$$= e^{-x}\frac{1}{-2(D-4)}\cos 2x = e^{-x}\frac{D+4}{-2(D^2-16)}\cos 2x$$

$$= e^{-x}\frac{D+4}{-2(-4-16)}\cos 2x = e^{-x}\frac{D+4}{40}\cos 2x = \frac{1}{20}e^{-x}(2\cos 2x - \sin 2x)$$

(7) $$\frac{1}{D^2-4D+1}(x+x^2)e^{-x} = e^{-x}\frac{1}{(D-1)^2-4(D-1)+1}(x+x^2) \quad \text{(공식 ⑦)}$$

$$= e^{-x}\frac{1}{D^2-6D+6}(x+x^2) \quad \text{(공식 ⑥)}$$

$$= e^{-x}\left\{\frac{1}{6} + \frac{1}{6}D + \frac{5}{36}D^2 + \frac{1}{6}D^3 + \cdots\cdots\right\}(x+x^2)$$

$$= e^{-x}\left(\frac{4}{9} + \frac{1}{2}x + \frac{1}{6}x^2\right)$$

(8) $\frac{1}{D^2-2D+1}x\cos x = x\frac{1}{D^2-2D+1}\cos x - \frac{2D-2}{(D^2-2D+1)^2}\cos x$ (공식 ⑧)

$= x\frac{1}{-1-2D+1}\cos x - \frac{2D-2}{(-1)^2-4D(-1)+6(-1)-4D+1}\cos x$

$= x\frac{1}{-2D}\cos x + \frac{D-1}{2}\cos x = -\frac{1}{2}x\sin x - \frac{1}{2}\cos x - \frac{1}{2}\sin x$

연습 문제 3.13

다음 식으로 기술된 특수해를 구하시오.

(1) $\frac{1}{D+2}e^{2x}$ (2) $\frac{1}{D-1}e^{x}$ (3) $\frac{1}{(D+1)(D-2)}e^{3x}$

(4) $\frac{1}{(D-1)(D-2)}e^{x}$ (5) $\frac{1}{D^2+2D-2}\sin 2x$ (6) $\frac{1}{D^3+D^2+D-1}e^{x}\sin x$

(7) $\frac{1}{D^2-2D+1}x^3e^{-x}$ (8) $\frac{1}{D^2+2D+1}x\sin x$

답 (1) $\frac{1}{4}e^{2x}$ (2) xe^{x} (3) $\frac{1}{4}e^{3x}$

(4) $-(1+x)e^{x}$ (5) $-\frac{3}{26}\sin 2x - \frac{1}{13}\cos 2x$

(6) $\left(-\frac{2}{29}\sin x - \frac{5}{29}\cos x\right)e^{x}$ (7) $\left(\frac{3}{4}+\frac{9}{8}x+\frac{3}{4}x^2+\frac{1}{4}x^3\right)e^{-x}$

(8) $x\left(-\frac{3}{13}\sin x - \frac{2}{13}\cos x\right) - \left(\frac{5}{169}\sin x + \frac{12}{169}\cos x\right)$

3.2.3 급수해

다음과 같은 식 (3.1)의 미분방정식의 해를 식 (3.47)과 같은 급수의 형태로 구할 수 있다.

$$\frac{dy}{dx} = f(x,y)$$

$$y = a_0 + a_1(x-x_0) + a_2(x-x_0)^2 + a_3(x-x_0)^3 + \cdots + a_n(x-x_0)^n + \cdots$$

$$= \sum_{k=0}^{\infty} a_k(x-x_0)^k \qquad (3.47)$$

이 방법은 변수계수를 갖는 선형 미분방정식을 푸는 데 아주 좋은 방법이다. x_0는 중심이라고 부르는 상수이고 $x_0 = 0$이면 x의 지수인 급수로 해를 얻는다.

$$y = a_0 + a_1x + a_2x^2 + a_3x^3 + \cdots + a_nx^n + \cdots$$

$$= \sum_{k=0}^{\infty} a_kx^k \qquad (3.48)$$

해인 위의 급수를 미분하면

$$y' = a_1 + 2a_2x + 3a_3x^2 + \cdots + na_nx^{n-1} + \cdots = \sum_{k=1}^{\infty} ka_kx^{k-1} \qquad (3.49)$$

y'을 미분방정식에 대입하고 x의 지수가 같은 항들을 골라서 모은다. x의 지수가 같은 항들을 골라서 모은 식에서 1, x, x^2, … 등은 일차독립이므로 각 항의 계수는 0이 되어야 한다. 이렇게 하여 식 (3.48)의 계수를 결정해 나가면 된다.

예제 3.14

다음 미분방정식의 해를 구하시오.

$$y' - y = 0$$

풀이

급수해 y를 다음과 같이 두고 미분하면 y'을 다음과 같이 얻는다.

$$y = a_0 + a_1x + a_2x^2 + a_3x^3 + \cdots + a_nx^n + \cdots$$
$$= \sum_{k=0}^{\infty} a_kx^k$$
$$y' = a_1 + 2a_2x + 3a_3x^2 + \cdots + na_nx^{n-1} + \cdots$$
$$= \sum_{k=1}^{\infty} ka_kx^{k-1}$$

이들을 미분방정식에 대입하면

$$a_1 + 2a_2x + 3a_3x^2 + \cdots + na_nx^{n-1} + \cdots$$
$$-(a_0 + a_1x + a_2x^2 + a_3x^3 + \cdots + a_nx^n + \cdots) = 0 \text{ 또는}$$
$$\sum_{k=1}^{\infty} ka_kx^{k-1} - \sum_{k=0}^{\infty} a_kx^k = 0$$

x의 지수가 같은 항들을 골라서 모으면

$$a_1 - a_0 + (2a_2 - a_1)x + (3a_3 - a_2)x^2 + \cdots + \{(n+1)a_{n+1} - a_n\}x^n + \cdots = 0$$

또는

$$\sum_{k=0}^{\infty}\{(k+1)a_{k+1} - a_k\}x^k = 0$$

여기서 1, x, x^2, $\cdots$ 등은 일차독립이므로 각 항의 계수는 0이 되어야 한다. 따라서

$$a_1 - a_0 = 0,\ 2a_2 - a_1 = 0,\ 3a_3 - a_2 = 0, \cdots$$

이 방정식을 풀어 임의의 상수인 a_0의 항으로 나타내면

$$a_1 = a_0,\ a_2 = \frac{1}{2}a_1 = \frac{1}{2}a_0 = \frac{1}{2!}a_0,\ a_3 = \frac{1}{3}a_2 = \frac{1}{3}\frac{1}{2}a_0 = \frac{1}{3!}a_0, \cdots$$

이 값들을 급수해 y에 대입하면

$$y = a_0 + a_0x + \frac{1}{2!}a_0x^2 + \frac{1}{3!}a_0x^3 + \cdots + \frac{1}{n!}a_0x^n + \cdots$$
$$= a_0\sum_{k=0}^{\infty}\frac{1}{k!}x^k$$
$$= a_0e^x$$

급수해는 e^x를 Maclaurin 급수로 전개한 것과 같아서 위의 마지막과 같이 쓸 수 있다. 또 앞에서 논의한 바와 같이 $y = e^{mx}$라고 두면 $m - 1 = 0$의 특성방정식을 얻고 따라서 급수해와 같은 결과를 얻게 된다.

연습 문제 3.14

다음 미분방정식의 해를 구하시오.

$$y' - xy = 0$$

답 $y = a_0(1 + \frac{1}{2}x^2 + \frac{1}{2!}\frac{1}{4}x^4 + \frac{1}{3!}\frac{1}{8}x^6 + \cdots + \frac{1}{2n!}\frac{1}{2^n}x^{2n} + \cdots) = a_0\sum_{k=0}^{\infty}\frac{1}{k!}\frac{1}{2^k}x^{2k} = a_0e^{\frac{1}{2}x^2}$

미분방정식의 계수가 x의 다항식으로 이루어진 다음과 같은 2계 미분방정식을 생각하자.

$$p(x)y'' + q(x)y'' + r(x)y = 0 \tag{3.50}$$

$p(a) \neq 0$라면 $x = a$는 **보통점**(ordinary point)이라 하고 $p(x)$는 **해석적**(analytic)이라고 한다. 그렇지 않으면 $x = a$는 **특이점**(singular point)이다. 만약 $a = 0$, 즉 $x = 0$이 보통점이라면 일차독립이고 $x = 0$을 둘러싸는 영역(수렴 반경 내)에서 수렴하는 두 급수해의 선형결합으로 풀려질 수 있다. 예를 들어 다음과 같은 2계 미분방정식도 1계 미분방정식과 유사하게 풀 수 있다.

예제 3.15

다음 미분방정식의 급수해를 구하시오.

$$y'' + y = 0$$

풀이

y를 식 (3.48)과 같이 두고 미분하여 식 (3.49)와 같은 y'을 얻고 또 미분하여 다

음의 y''을 얻는다.

$$y = a_0 + a_1x + a_2x^2 + a_3x^3 + \cdots + a_nx^n + \cdots$$
$$= \textstyle\sum_{k=0}^{\infty} a_kx^k$$
$$y' = a_1 + 2a_2x + 3a_3x^2 + \cdots + na_nx^{n-1} + \cdots$$
$$= \textstyle\sum_{k=1}^{\infty} ka_kx^{k-1}$$
$$y'' = 2a_2 + 3\cdot2a_3x + \cdots + n(n-1)a_nx^{n-2} + \cdots$$
$$= \textstyle\sum_{k=2}^{\infty} k(k-1)a_kx^{k-2} \tag{3.51}$$

이 식들을 미분방정식에 대입하여 x의 지수가 같은 항들을 골라서 모으면

$$2a_2 + 3\cdot2a_3x + \cdots + n(n-1)a_nx^{n-2} + \cdots$$
$$+ (a_0 + a_1x + a_2x^2 + a_3x^3 + \cdots + a_nx^n + \cdots) = 0$$
$$(2a_2 + a_0) + (3\cdot2a_3 + a_1)x + (4\cdot3a_4 + a_2)x^2 + \cdots + \{n(n-1)a_n + a_{n-2}\}x^{n-2} +$$
$$\{(n+1)na_{n+1} + a_{n-1}\}x^{n-1} + \{(n+2)(n+1)a_{n+2} + a_n\}x^n + \cdots = 0$$
$$\textstyle\sum_{k=0}^{\infty}\{(k+2)(k+1)a_{k+2} - a_k\}x^k = 0 \tag{3.52}$$

각 항의 계수들을 0으로 두면 짝수 항은 a_0의 항으로, 홀수 항은 a_1의 항으로 나타낼 수 있고 2계 미분방정식이므로 a_0와 a_1의 두 상수가 필요하다. 일반항 x^k의 계수가 0이 되어야 하므로 다음과 같은 관계식을 얻는다.

$$a_{n+2} = \frac{1}{(k+2)(k+1)}a_n \tag{3.53}$$

이와 같은 관계식을 점화식(recursion formula)이라고 한다.

$$a_2 = -\frac{1}{2}a_0,\ \ a_3 = -\frac{1}{3\cdot2}a_1,\ \ a_4 = -\frac{1}{4\cdot3}a_2 = \frac{1}{4\cdot3\cdot2}a_0,$$
$$a_5 = -\frac{1}{5\cdot4}a_3 = \frac{1}{5\cdot4}\frac{1}{3\cdot2}a_1, \cdots,\ \ a_{2n} = (-1)^n\frac{1}{2n!}a_0,$$
$$a_{2n+1} = (-1)^{n+1}\frac{1}{(2n+1)!}a_1, \cdots$$
$$y = a_0\{1 - \frac{1}{2!}x^2 + \frac{1}{4!}x^4 - \frac{1}{3!}x^6 + \cdots + (-1)^n\frac{1}{2n!}x^{2n} - \cdots\}$$
$$+ a_1\{x - \frac{1}{3!}x^3 + \frac{1}{5!}x^5 - \frac{1}{7!}x^7 + \cdots + (-1)^{n+1}\frac{1}{(2n+1)!}x^{2n+1} - \cdots\}$$
$$= a_0\cos x + a_1\sin x$$

이 미분방정식도 $y = e^{mx}$라 하여 특성방정식 $m^2 + 1 = 0$을 얻어서 구한 일반해와 같다.

연습 문제 3.15

다음 미분방정식의 급수해를 구하시오.

$$y'' - 2x^2y' + 4xy = x^2 + 2$$

답 $y = a_0\{1 - \frac{2}{3}x^3 - \frac{2}{45}x^6 - \frac{2}{405}x^9 - \cdots\cdots\} + a_1\{x - \frac{1}{6}x^4 + \frac{1}{63}x^7 - \frac{1}{567}x^{10} - \cdots\cdots\} + x^2$

식 (3.50)의 미분방정식에서 $p(x_0) = 0$, 즉 $x = x_0$가 특이점인 경우 식 (3.50)의 미분방정식을 $p(x)$로 나누어 다음과 같이 쓸 수 있다.

$$y'' + \frac{q(x)}{p(x)}y' + \frac{r(x)}{p(x)}y = 0,\ y'' + f(x)y' + g(x)y = 0 \text{ 또는}$$

$$y'' + \frac{q_1(x)}{x-x_0}y' + \frac{r_1(x)}{(x-x_0)^2}y = 0 \tag{3.54}$$

이 미분방정식에서 함수 $f(x)$와 $g(x)$가 해석적이 아니라도(즉, $f(x)$와 $g(x)$가 특정 $x = x_0$에서 발산하여도) $(x - x_0)f(x)$와 $(x - x_0)^2g(x)$가 해석적이면 $x = x_0$를 **정칙 특이점**(regular singular point)이라고 하고, 이런 형태의 미분방정식은 다음과 같은 형태의 급수해를 갖는다. 이런 급수를 **Frobenius 급수**라고 한다.

$$y = x^\beta(a_0 + a_1x + a_2x^2 + a_3x^3 + \cdots + a_nx^n + \cdots)$$
$$= x^\beta\sum_{k=0}^{\infty} a_kx^k \tag{3.55}$$

이런 형태의 해로 미분방정식을 푸는 법을 **Frobenius 법**이라고 한다.

예제 3.16

다음 미분방정식의 급수해를 구하시오.

$$2x^2y'' - xy' + (x^2 + 1) = 0$$

풀이

미분방정식을 $2x^2$으로 나누면

$$y'' - \frac{1}{2x}y' + \frac{x^2+1}{2x^2} = 0$$

이 미분방정식에서 $xf(x) = x\left(-\frac{1}{2x}\right) = -\frac{1}{2}$과 $x^2g(x) = x^2\frac{x^2+1}{2x^2} = x^2 + 1$은 해석적이어서 $x = 0$이 정칙 특이점이다. 따라서 다음과 같은 Frobenius 급수를 해로 갖는다.

$$y = x^{\beta}(a_0 + a_1x + a_2x^2 + a_3x^3 + \cdots + a_nx^n + \cdots)$$
$$= x^{\beta}\textstyle\sum_{k=0}^{\infty} a_k x^k$$

미분하면

$$y' = x^{\beta-1}\{\beta a_0 + (\beta+1)a_1x + (\beta+2)a_2x^2 + (\beta+3)a_3x^3 + \cdots$$
$$+ (\beta+n)a_nx^n + \cdots\} = x^{\beta-1}\textstyle\sum_{k=0}^{\infty}(\beta + k)a_k x^k$$
$$y'' = x^{\beta-2}\{\beta(\beta-1)a_0 + (\beta+1)\beta a_1x + (\beta+2)(\beta+1)a_2x^2 + \cdots$$
$$+ (\beta+n)(\beta+n-1)a_nx^n + \cdots\} = x^{\beta-2}\textstyle\sum_{k=0}^{\infty}(\beta+k)(\beta+k-1)a_k x^k$$

주어진 미분방정식 속으로 y'과 y''을 대입하면

$$2x^2[x^{\beta-2}\{\beta(\beta-1)a_0 + (\beta+1)\beta a_1x + (\beta+2)(\beta+1)a_2x^2$$
$$+ (\beta+3)(\beta+2)a_3x^3 + \cdots + (\beta+n)(\beta+n-1)a_nx^n + \cdots\}]$$
$$- x[x^{\beta-1}\{\beta a_0 + (\beta+1)a_1x + (\beta+2)a_2x^2 + (\beta+3)a_3x^3$$
$$+ \cdots + (\beta+n)a_nx^n + \cdots\}]$$
$$+ (x^2+1)[x^{\beta}(a_0 + a_1x + a_2x^2 + a_3x^3 + \cdots + a_nx^n + \cdots)] = 0$$

x의 지수가 같은 항들을 골라서 모으면

$$\{2\beta(\beta-1)a_0 - \beta a_0 + a_0\}x^{\beta} + \{2(\beta+1)\beta a_1 - (\beta+1)a_1 + a_1\}x^{\beta+1}$$
$$+ \{2(\beta+2)(\beta+1)a_2 - (\beta+2)a_2 + a_0 + a_2\}x^{\beta+2}$$
$$+ \{2(\beta+3)(\beta+2)a_3 - (\beta+3)a_3 + a_1 + a_3\}x^{\beta+3} + \cdots$$
$$+ \{2(\beta+n)(\beta+n-1)a_n - (\beta+n)a_n + a_n + a_{n-2}\}x^{\beta+n} + \cdots = 0$$
$$(\beta-1)(2\beta-1)a_0x^{\beta} + \beta(2\beta+1)a_1x^{\beta+1} + [\{(\beta+2)(2\beta+1)+1\}a_2 + a_0]x^{\beta+2}$$
$$+ [\{(\beta+3)(2\beta+3)+1\}a_3 + a_1]x^{\beta+3} + \cdots$$
$$+ [\{(\beta+n)(2\beta+2n-3)+1\}a_n + a_{n-2}]x^{\beta+n} + \cdots = 0$$

여기서 x^{β}, $x^{\beta+1}$, $\cdots$ 등은 일차독립이므로 각 항의 계수는 0이 되어야 한다. 따라서

$$(\beta-1)(2\beta-1)a_0 = 0,\ \beta(2\beta+1)a_1 = 0,\ \cdots,$$
$$\{(\beta+n)(2\beta+2n-3)+1\}a_n + a_{n-2} = 0,\ \cdots$$

첫 항에서 $a_0 \neq 0$이라 하면, $(\beta - 1)(2\beta - 1) = 0$이다. 이 식을 **결정방정식**(indicial equation)이라고 한다. $\beta = 1$ 또는 $\frac{1}{2}$이다. 그러면 둘째 항에서 β가 포함된 부분이 0이 아니므로 $a_1 = 0$이다. 일반항 $x^{\beta+n}$의 계수가 0이 되어야 하므로 다음과 같은 점화식을 얻는다.

$$a_n = \frac{-1}{(\beta+n)(2\beta+2n-3)+1} a_{n-2}$$

그러므로 $a_1 = a_3 = a_5 = a_7 = \cdots = 0$

점화식을 사용하여 정리하면

$$\begin{aligned} y &= x^\beta(a_0 + a_2x^2 + \cdots + a_{2n}x^{2n} + \cdots) \\ &= x^\beta a_0(1 - \frac{1}{(\beta+2)(2\beta+1)+1}x^2 + \frac{1}{\{(\beta+2)(2\beta+1)+1\}\{\{(\beta+4)(2\beta+5)+1\}\}}x^4 \\ &\quad - \cdots + a_{2n}x^{2n} + \cdots) \end{aligned}$$

결정방정식에서 구한 β를 사용하면 일차독립인 두 해를 구할 수 있다.

$\beta = \frac{1}{2}$과 $a_0 = 1$일 때

$$y_1 = \sqrt{x}(1 - \frac{x^2}{6} + \frac{x^4}{168} - \frac{x^6}{11088} + \cdots)$$

$\beta = 1$과 $a_0 = 1$일 때

$$y_2 = x(1 - \frac{x^2}{10} + \frac{x^4}{360} - \frac{x^6}{28080} + \cdots)$$

$$y = c_1\sqrt{x}(1 - \frac{x^2}{6} + \frac{x^4}{168} - \frac{x^6}{11088} + \cdots) + c_2x(1 - \frac{x^2}{10} + \frac{x^4}{360} - \frac{x^6}{28080} + \cdots)$$

결정방정식에서 구해지는 다양한 경우의 β에 대한 미분방정식의 해법은 다른 수학책을 참고하기 바란다.

연습 문제 3.16

다음 미분방정식의 급수해를 구하시오.

$$xy'' + 2y' - xy = 0$$

답 $y = c_1x^{-1}(1 + \frac{1}{2!}x^2 + \frac{1}{4!}x^4 + \frac{1}{6!}x^6 + \cdots + \frac{1}{2n!}x^{2n} + \cdots) + c_2x^{-1}(x + \frac{1}{3!}x^3 + \frac{1}{5!}x^5 + \frac{1}{7!}x^7 + \cdots + \frac{1}{(2n+1)!}x^{2n+1} + \cdots) = x^{-1}(a_1 \cosh x + a_2 \sinh x)$

보충 문제

1. 다음 미분방정식의 해를 구하시오.

(1) $\cot y dx + x dy = 0$

(2) $(3x^2 + y)dx + (y^3 + x)dy = 0$

(3) $(2xy^2 - y)dx + (2x - x^2 y)dy = 0$

(4) $(3y - e^x)dx + xdy = 0$

(5) $2xydx + (1 + x^2)dy = 0$

(6) $2xydx + (x^2 + 2y^2)dy = 0$

(7) $(3y - xye^{-x})dx + xdy = 0$

(8) $(y + 4x^3)dx - xdy = 0$

(9) $e^x \cos y dx + (1 + e^x)\sin y dy = 0$

(10) $(x + e^x \sin y)dx + (y + e^x \cos y)dy = 0$

(11) $y^2 dx + (1 + xy)dy = 0$

(12) $(2y - 6x^4)dx + xdy = 0$

(13) $(1 + y^3)dx + 6xy^2(1 + x^2)dy = 0$

(14) $(x + 2\sin y + 2)dx + (2x - 4\sin y - 3)\cos y dy = 0$

(15) $xydx + (y^2 - x^2)dy = 0$

(16) $(4y - x)dx - xdy = 0$

2. 용액 속에서 화합물 C가 녹는 속도는 포화 농도 $[C]_s$ (0.2 kg/L)와 어떤 순간의 농도 [C]의 차이에 반비례하고 그 순간에 녹지 않은 C의 양에 비례한다. 천 주머니에 10 kg의 C를 100 L의 물에 매달아 잘 교반하였더니 한 시간 후에 2 kg이 녹았다.

(1) 2시간 후에 용액의 농도는 얼마인가?

(2) C가 90% 녹는 데 걸리는 시간은 얼마인가?

3. Newton의 냉각의 법칙에 따르면 물체의 온도 변화의 속도는 물체와 주위의 온도 차이에 따라 변한다. 주위의 온도가 20°C일 때 90°C에서 70°C까지 냉각되는 데 15분이 걸렸다면 1시간 후에는 몇 °C가 되겠는가?

4. 질량이 m인 물체를 초기 속도 49 m/sec로 쏘아 올렸다. 공기의 저항을 무시하고 다음 물음에 답하시오(중력 가속도: 9.8 m/sec^2).

(1) 물체가 도달하는 최대 높이
(2) 물체가 되돌아오는 데 걸리는 시간

5. 질량이 m인 물체를 떨어뜨렸다. 물체의 공기 저항이 속도 v에 비례(kv)한다고 하면 물체가 도달하는 최대 속도는 얼마인가? (중력 가속도: g)

6. 그림 3.2처럼 저항 R = 8 Ω과 축전기 C = 0.025가 전원 E(120 V)에 직렬로 연결되어 있다. 시간 $t = 0$일 때 축전기에 6 coulomb이 충전되어 있었다면 시간 $t\,(> 0)$에 따른 전류 I를 구하시오.

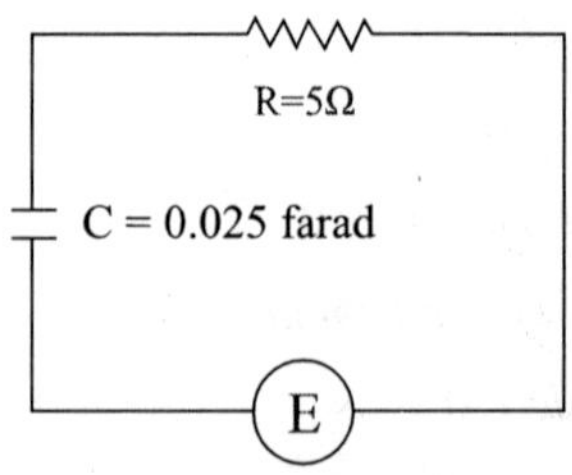

| 그림 3.2 |

7. 그림 3.3처럼 코일 L(henry)과 축전기 C(farad)가 직렬로 연결되어 있다. 시간 $t = 0$일 때 $Q = Q_0$, $I = 0$이다. 시간 $t\,(> 0)$에 따른 Q와 전류 I를 구하시오.

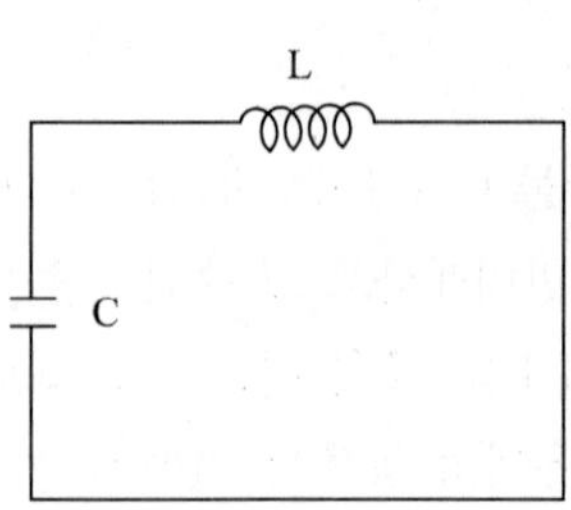

| 그림 3.3 |

8. 다음 함수들이 일차독립인지 일차종속인지 결정하시오.
(1) $1,\ x,\ x^2$
(2) $e^{ax}\cos bx,\ e^{ax}\sin bx$
(3) $\ln x,\ x\ln x,\ x^2\ln x$
(4) $e^{ax}\sin cx,\ e^{bx}\sin cx\ \ (a \neq b)$

(5) $\cos^2 x$, $\sin^2 x$, $\cos 2x$, $\sin 2x$

9. 다음 미분방정식의 해를 구하시오.

(1) $(2D^3 - D^2 - 5D - 2)y = 0$

(2) $D^3(D+2)^3(D^2+2D+2)^3(D^2+1)y = 0$

(3) $(D^3 + 6D^2 + 9D + 2)y = 4x^3 + 2x^2$

(4) $(D-2)^3 y = e^{2x}$

(5) $(D^2 - 3D - 4)y = 4\cosh x$

(6) $(D^2 + 2D + 1)y = e^{-x} + x^2$

(7) $(D^2 + 2D + 1)y = (x + x^2)\, e^{-x}$

(8) $(D^2 - 2D + 2)y = 4\sin x\, e^x$

(9) $(D^2 + 2D + 5)y = 4e^{-x}\sin 2x + 8e^{-x}\cos 2x$

(10) $(D^2 + 1)y = (x-1)e^x + x^3 + 1 + 2\sin x$

12. 파라미터 변화법을 이용하여 다음 미분방정식의 해를 구하시오.

(1) $(D^2 - 2D + 1)\,y = \sin x e^x$

(2) $(D^2 - D - 2)\,y = (1 - e^{-x})^{-1}$

11. Frobenius 법으로 다음 미분방정식의 해를 구하시오.

(1) $xy'' + (x-1)y' - y = 0$

(2) $xy'' + 2y' + xy = 0$

제 4 장

미분방정식과 양자론

3장에서는 대표적인 몇 가지 미분방정식의 해법과 간단한 화학적 문제를 논의하였다. 이 장에서는 물리나 화학에서 원자 및 분자의 근본적인 성질을 이해하기 위하여는 양자론을 피해갈 수 없다. 양자론에 관련된 미분방정식들은 2계 선형 미분방정식에 해당된다. 따라서 4장에서는 3장에서 공부한 선형 미분방정식의 적용으로 모델계인 상자 속의 입자, 터널 효과, 강체 회전자, 조화 진동자를 비롯하여 수소 원자에 대한 파동방정식의 해와 각운동량에 대한 내용을 기술한다.

4.1 상자 속의 입자

미분방정식의 예는 길이 L인 일차원 상자 속의 입자의 운동에 대한 것으로 양자론의 단순한 기본 예이다. 고전적으로 입자의 전체 에너지는 운동 에너지와 퍼텐셜 에너지의 합이다.

$$\mathrm{E} = \frac{1}{2}mv^2 + \mathrm{V}(x, y, z) = \frac{p^2}{2m} + \mathrm{V}(x, y, z),\ p^2 = {p_x}^2 + {p_y}^2 + {p_z}^2 \tag{4.1}$$

양자론에서는 고전적인 위의 식에서 운동량(p_x, p_y, p_z)을 각각 대응하는 미분연산자($\frac{\hbar}{i}\frac{d}{dx}$, $\frac{\hbar}{i}\frac{d}{dy}$, $\frac{\hbar}{i}\frac{d}{dz}$)로 바꾸면(식 (6.37) ~ (6.42)) 계의 에너지를 기술하는 Hamiltonian 연산자 $\hat{\mathbf{H}}$가 되고, 일차원에 대하여 적용하면

$$\hat{\mathbf{H}} = \frac{-\hbar^2}{2m}\frac{d^2}{dx^2} + \mathrm{V}(x) \tag{4.2}$$

좌표계는 상자의 왼쪽을 $x = 0$, 오른쪽을 $x = \mathrm{L}$로 하며 상자 안의 퍼텐셜 에너지 $\mathrm{V} = 0$, 상자 밖의 퍼텐셜 에너지 $\mathrm{V} = \infty$이다. 따라서 입자의 질량이 m인 입자가 상자 밖으로 나가려면 무한대의 에너지를 극복해야 하며 유한한 에너지를 가진 입자는 상자 속에 갇혀 있다.

상자 내에서 입자에 대한 Schrödinger 방정식은 다음과 같다. 이 방정식은 행렬의 고윳값 방정식 (5.51) $\boldsymbol{AX} = \lambda\boldsymbol{X}$와 같이 고윳값 방정식이다. Ψ는 고유함수로써 파동 함수라고 한다.

$$\hat{\mathbf{H}}\Psi = \mathrm{E}\Psi$$

$$\left\{\frac{-\hbar^2}{2m}\frac{d^2}{dx^2} + \mathrm{V}(x)\right\}\Psi = \mathrm{E}\Psi \tag{4.3}$$

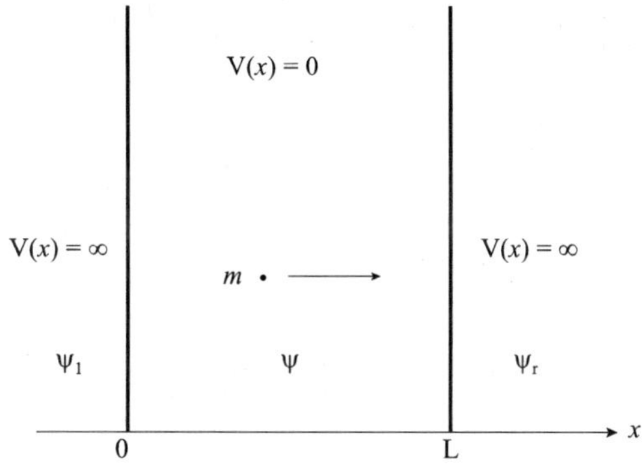

| 그림 4.1 | 상자 속의 입자

파동 함수는 유한한 함수이므로 이를 미분한 함수도 유한하고 따라서 좌변의 첫 항은 유한하다. 또 에너지 E도 유한한 값이다. 그런데 상자 밖의 영역에서는 좌변의 둘째 항인 퍼텐셜이 무한하므로 좌변과 유한한 우변의 등식이 성립하기 위해서는 $\Psi_l = \Psi_r = \Psi = 0$이 되어야 한다($\infty \cdot 0 = 0$). 상자 안에서 Schrödinger 방정식은 퍼텐셜이 0이므로 다음과 같다.

$$\frac{-\hbar^2}{2m}\frac{d^2\Psi}{dx^2} = \mathrm{E}\Psi \quad \text{또는} \quad \left(D^2 + \frac{2m\mathrm{E}}{\hbar^2}\right)\Psi = 0$$

$\Psi = e^{\alpha x}$라 두고 풀면 $\alpha^2 + \frac{2m\mathrm{E}}{\hbar^2} = 0,\ \alpha = \pm i\sqrt{2m\mathrm{E}}/\hbar$

$$\Psi = \mathrm{C}e^{ikx} + \mathrm{D}e^{-ikx},\ k = \sqrt{2m\mathrm{E}}/\hbar$$

또는

$$\Psi = \mathrm{A}\sin kx + \mathrm{B}\cos kx$$

파동 함수가 상자의 안과 밖의 경계에서 연속이어야 하므로 $x = 0$에서 $\Psi_l(0) = \Psi(0) = 0$이어야 한다.

$$\mathrm{A}\sin(k \cdot 0) + \mathrm{B}\cos(k \cdot 0) = 0$$

$\cos 0 = 1$이므로 등식이 성립하기 위해서는 $\mathrm{B} = 0$이 되어야 한다. 또 다른 경계($x = \mathrm{L}$)에서도 연속이어야 하므로 $x = \mathrm{L}$에서 $\Psi_r(\mathrm{L}) = \Psi(\mathrm{L}) = 0$이어야 한다.

$$\Psi(\mathrm{L}) = \mathrm{A}\sin k\mathrm{L} = 0,\ k\mathrm{L} = n\pi \quad \text{또는} \quad k = \frac{n\pi}{\mathrm{L}}, n = 1, 2, 3, \cdots\cdots.$$

$$\Psi(x) = \mathrm{A}\sin\frac{n\pi x}{\mathrm{L}}$$

$$\int_{-\infty}^{+\infty} \Psi^2 dx = 1, \int_0^L \left(A \sin\frac{n\pi x}{L}\right)^2 dx = 1 = A^2\frac{L}{2}$$

따라서 $A = \sqrt{\frac{2}{L}}$이다. 그러므로

$$\Psi_n = \sqrt{\frac{2}{L}} \sin\frac{n\pi x}{L} \tag{4.4}$$

Ψ를 두 번 미분하여 Schrödinger 방정식에 대입하면 입자의 에너지 E를 구할 수 있다.

$$E_n = \frac{n^2 h^2}{8mL^2} \tag{4.5}$$

n은 정수이므로 에너지가 불연속이고 양자화된 값만 허용된다. 입자를 발견할 확률(Ψ^2)도 에너지와 상자 안에서의 위치에 따라 다르다. 고전적인 입자는 속도가 일정하면 입자가 발견될 확률은 일정하며 벽에 부딪힐 때 속도가 +에서 −로 바뀌므로 속도가 0이 되어 벽 근처에서 발견될 확률이 다른 곳보다 높다. 그러나 양자론적인 입자는 벽 근처에서 입자가 발견될 확률은 0으로 접근한다. 또 n = 0인 에너지가 0인 상태는 허용되지 않기 때문에 바닥 상태에서도 정지하지 않고 움직이며 이는 불확정성 원리와 부합한다(영점 에너지가 있다). 또 sinkx를 지수 함수 꼴로 나타내면

$$\Psi_n = \sqrt{\frac{2}{L}} \sin kx = \sqrt{\frac{2}{L}} \frac{e^{ikx} - e^{-ikx}}{2i} = Ce^{ikx} + De^{-ikx} \tag{4.6}$$

e^{ikx}는 입자가 운동량 +ħk를 갖는 상태를 기술하고 e^{-ikx}는 입자가 운동량 −ħk를 갖는 상태를 기술한다. 따라서 파동 함수는 입자가 어느 방향으로 움직이는지 결정하고 있지 않으며 두 상태의 선형결합으로 설명된다. 즉, 위치는 x에 의해 알 수 있으나 대응하는 운동량은 알 수 없다. 이 사실은 불확정성 원리와 부합한다.

연습 문제 4.1

다음 그림과 같은 일차원 상자(길이 L) 속의 입자에 대하여 파동 함수와 대응하는 에너지를 구하시오.

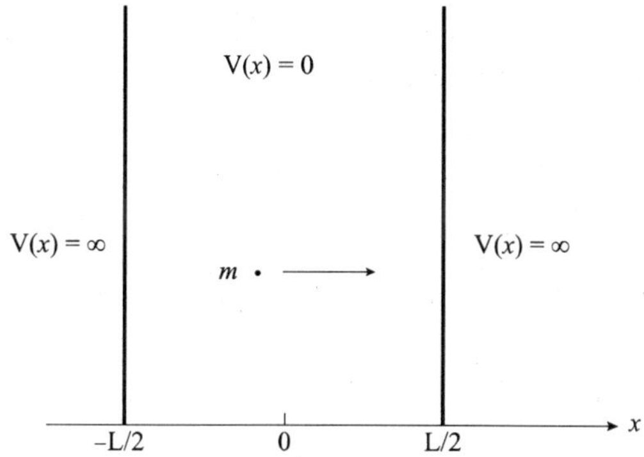

ǀ 그림 4.2 ǀ

답 $E_{2n-1} = \frac{(2n-1)^2h^2}{8mL^2}, \Psi_{2n-1} = \sqrt{\frac{2}{L}}\cos\frac{(2n-1)\pi x}{L} = \sqrt{\frac{1}{2L}}\left(e^{\frac{i(2n-1)\pi x}{L}} + e^{\frac{-i(2n-1)\pi x}{L}}\right),$

$E_{2n} = \frac{(2n)^2h^2}{8mL^2}, \Psi_{2n} = \sqrt{\frac{2}{L}}\sin\frac{2n\pi x}{L} = \frac{1}{2i}\sqrt{\frac{1}{2L}}\left(e^{\frac{i(2n-1)\pi x}{L}} - e^{\frac{-i(2n-1)\pi x}{L}}\right)$

Ψ_{2n-1}은 짝함수이고 Ψ_{2n}은 홀함수이며 에너지가 높아짐에 따라 교대로 나타난다. 또 파동 함수를 그림으로 그려서 비교해 볼 때 좌표계를 x축으로 L/2만큼 이동하여도 이동시키지 않은 계의 에너지와 파동 함수(식 (4.4)와 (4.5))가 이동된 계의 에너지와 파동 함수(연습 문제 4.1의 답)와 같음을 알 수 있다.

4.2 | 터널 효과

양자론적 입자가 고전적으로 금지된 영역으로 누출되는 현상을 터널 효과(tunnel effect)라고 한다. 일차원으로 움직이는 속도 v_1의 입자가 $x = 0$의 왼쪽에서 오른쪽으로 들어올 경우를 생각하자. $x = 0$의 왼쪽에서 퍼텐셜은 0이고 오른쪽은 V이다.

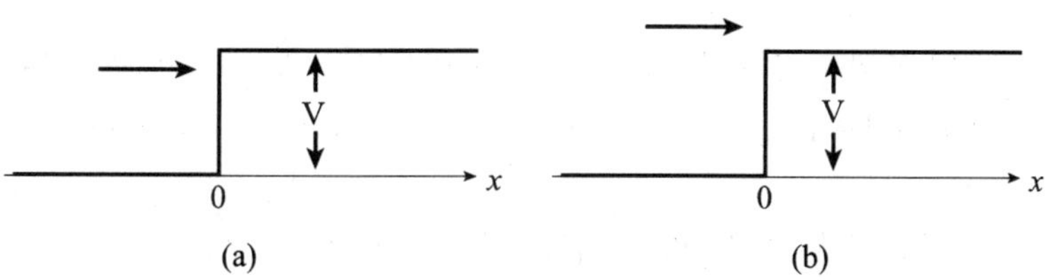

ǀ 그림 4.3 ǀ 왼쪽에서 오른쪽으로 에너지 E < V (a)와 E > V (b)인 입자의 입사

1) 입자의 에너지 E < V인 경우

V = 0인 왼쪽 영역(x < 0)에서는

$$\frac{-\hbar^2}{2m}\frac{d^2\Psi}{dx^2} = \mathrm{E}\Psi \ \text{ 또는 } \left(D^2 + \frac{2m\mathrm{E}}{\hbar^2}\right)\Psi = 0$$

$$\Psi = e^{\alpha x} \text{라 두고 풀면 } \alpha^2 + \frac{2m\mathrm{E}}{\hbar^2} = 0,\ \alpha = \pm i\sqrt{2m\mathrm{E}}/\hbar$$

$$\Psi_l = \mathrm{A}e^{ikx} + \mathrm{B}e^{-ikx},\ k = \sqrt{2m\mathrm{E}}/\hbar$$

퍼텐셜이 V인 영역(x > 0)에서는

$$\frac{-\hbar^2}{2m}\frac{d^2\Psi}{dx^2} + \mathrm{V}\Psi = \mathrm{E}\Psi \ \text{ 또는 } \frac{-\hbar^2}{2m}\frac{d^2\Psi}{dx^2} + \{\mathrm{V}-\mathrm{E}\}\Psi = 0$$

$$\Psi_r = \mathrm{C}e^{\kappa x} + \mathrm{D}e^{-\kappa x} = \mathrm{D}e^{-\kappa x},\ \kappa = \sqrt{2m(\mathrm{V}-\mathrm{E})}/\hbar \tag{4.7}$$

$x \to \infty$에 따라 $e^{\kappa x} \to \infty$이므로 확률 ${\Psi_r}^2$이 발산하지 않기 위해서 C = 0이어야 한다. 입자가 반사될 확률 R은 입사 입자의 밀도에 대한 반사 입자의 밀도이다.

$$\mathrm{R} = \frac{\mathrm{B}^2}{\mathrm{A}^2} = \frac{\mathrm{B}^*\mathrm{B}}{\mathrm{A}^*\mathrm{A}}$$

경계조건(x = 0)에서 $\Psi_l = \Psi_r$ 및 $\Psi_l' = \Psi_r'$이어야 하므로 다음 두 식을 얻는다.

A + B = D, 이항하여 정리하면 B − D = −A

ik(A − B) = −κD, 이항하여 정리하면 ikB − κD = ikA

위의 두 식을 행렬식을 이용하여 B를 A의 항으로 나타내면(식 (5.3) 참고)

$$\mathrm{B} = \frac{\begin{vmatrix} -\mathrm{A} & -1 \\ ik\mathrm{A} & -\kappa \end{vmatrix}}{\begin{vmatrix} 1 & -1 \\ ik & -\kappa \end{vmatrix}} = \frac{\kappa\mathrm{A}+ik\mathrm{A}}{ik-\kappa} = \frac{\kappa+ik}{ik-\kappa}\mathrm{A}$$

$$\mathrm{R} = \frac{\mathrm{B}^*\mathrm{B}}{\mathrm{A}^*\mathrm{A}} = \frac{\frac{\kappa-ik}{-ik-\kappa}\mathrm{A}^*\frac{\kappa+ik}{ik-\kappa}\mathrm{A}}{\mathrm{A}^*\mathrm{A}} = 1 \tag{4.8}$$

이 결과는 입사한 입자가 100% 반사되는 것으로 고전역학의 결과와 일치한다. 고전적으로 금지된 x > 0 영역에서 입자가 발견될 확률은

$${\Psi_r}^2 = {\Psi_r}^*\Psi_r = \mathrm{D}^*\mathrm{D}e^{-2\kappa x} = \mathrm{D}^*\mathrm{D}e^{-2\frac{\sqrt{2m(\mathrm{V}-\mathrm{E})}}{\hbar}x} \tag{4.9}$$

그러므로 이것은 장벽 안($x > 0$)에서도 입자가 존재할 확률이 유한함을 보여준다. 고전적으로는 입자가 장벽 속에 존재할 수 없으나 양자론적인 입자는 존재할 수 있으므로 이것을 터널 효과라고 한다.

입자의 에너지 E가 퍼텐셜 V보다 클 경우의 V = 0인 왼쪽 영역($x < 0$)에서는

$$\frac{-\hbar^2}{2m}\frac{d^2\Psi}{dx^2} = \mathrm{E}\Psi \text{ 또는 } \left(D^2 + \frac{2m\mathrm{E}}{\hbar^2}\right)\Psi = 0$$

$\Psi = e^{\alpha x}$라 두고 풀면 $\alpha^2 + \frac{2m\mathrm{E}}{\hbar^2} = 0, \alpha = \pm i\sqrt{2m\mathrm{E}}/\hbar$

$$\Psi_l = \mathrm{A}e^{ikx} + \mathrm{B}e^{-ikx}, k = \sqrt{2m\mathrm{E}}/\hbar$$

퍼텐셜이 V인 영역($x > 0$)에서는

$$\frac{-\hbar^2}{2m}\frac{d^2\Psi}{dx^2} + \mathrm{V}\Psi = \mathrm{E}\Psi \text{ 또는 } \frac{-\hbar^2}{2m}\frac{d^2\Psi}{dx^2} + \{\mathrm{V} - \mathrm{E}\}\Psi = 0$$

$$\Psi_r = \mathrm{C}e^{ik'x} + \mathrm{D}e^{-ik'x},\ k' = \sqrt{2m(\mathrm{E} - \mathrm{V})}/\hbar$$

초기에 입자의 흐름이 왼쪽에서 들어온다면 D = 0이다. 경계조건($x = 0$)을 적용하면

$$\mathrm{A} + \mathrm{B} = \mathrm{C},\ \text{이항하여 정리하면 } \mathrm{B} - \mathrm{C} = -\mathrm{A}$$

$$ik(\mathrm{A} - \mathrm{B}) = ik'\mathrm{C},\ \text{이항하여 정리하면 } ik\mathrm{B} + ik'\mathrm{C} = ik\mathrm{A}$$

B와 C를 A의 항으로 나타내면

$$\mathrm{B} = \frac{\begin{vmatrix} -\mathrm{A} & -1 \\ ik\mathrm{A} & ik' \end{vmatrix}}{\begin{vmatrix} 1 & -1 \\ ik & ik' \end{vmatrix}} = \frac{ik\mathrm{A} - ik'\mathrm{A}}{ik + ik'} = \frac{k - k'}{k + k'}\mathrm{A}$$

$$\mathrm{C} = \frac{\begin{vmatrix} 1 & -\mathrm{A} \\ ik & ik\mathrm{A} \end{vmatrix}}{\begin{vmatrix} 1 & -1 \\ ik & ik' \end{vmatrix}} = \frac{ik\mathrm{A} + ik\mathrm{A}}{ik + ik'} = \frac{2k}{k + k'}\mathrm{A}$$

C는 속도 v_2의 입자가 계속 오른쪽으로 진행해갈 확률과 관련이 있다. 퍼텐셜이 달라지므로 속도가 달라진다. 그러므로 반사되는 입자의 확률 R과 지나가는 입자의 확률 T는 각각

$$\mathrm{R} = \frac{\mathrm{B}^2}{\mathrm{A}^2} = \frac{\left(\frac{k - k'}{k + k'}\mathrm{A}\right)^2}{\mathrm{A}^2} = \left(\frac{k - k'}{k + k'}\right)^2 = \left(\frac{\sqrt{\mathrm{E}} - \sqrt{\mathrm{E} - \mathrm{V}}}{\sqrt{\mathrm{E}} + \sqrt{\mathrm{E} - \mathrm{V}}}\right)^2 \tag{4.10}$$

$$T = \frac{v_2}{v_1}\frac{C^2}{A^2} = \left(\frac{E-V}{E}\right)^{1/2}\frac{\left(\frac{2k}{k+k'}A\right)^2}{A^2} = \sqrt{\frac{E-V}{E}}\left(\frac{2k}{k+k'}\right)^2 = \frac{4\sqrt{E}\cdot\sqrt{E-V}}{(\sqrt{E}+\sqrt{E-V})^2} \tag{4.11}$$

이 결과는 입사한 입자가 R의 확률로 오른쪽으로 계속 진행하고 T의 확률로 반사됨을 의미한다. 이는 고전적인 입자의 에너지가 장벽보다 클 때 반사되지 않고 100% 오른쪽으로 진행하는 것과는 달리 양자 효과가 있는 입자는 에너지가 장벽보다 커도 반사될 확률이 있는 양자 효과를 보여 준다.

4.3 | 수소 원자

급수 해법의 중요한 예는 원자와 분자의 세계에 대한 물리적 현상을 나타내는 식들이다. 먼저 수소꼴 원자에 대한 Schrödinger 방정식은 정확하게 풀리는 예 중의 하나이다. 다전자 원자는 2개 이상의 전자를 갖는 원자나 이온이며 수소 이외의 모든 원자가 이에 해당된다. 수소를 제외한 여러 개의 전자를 갖는 다전자 원자들은 정확하게 풀 수가 없지만 수소에 대한 해를 바탕으로 근사법을 사용하여 이해할 수 있다. 많은 책들은 강체 회전자를 수소 원자보다 먼저 다루고 있지만 이 책에서는 수소에 대한 Schrödinger 방정식을 풀 때 변수 분리 시에 양자수가 도입되는 것을 볼 수 있으므로 수소 원자를 먼저 다룬다. 강체 회전자는 원자와 분자의 경우 각각 각운동량과 회전 분광학의 기초가 되므로 뒤에 다룬다. 수소꼴 원자는 He^+, Li^{2+}, Be^{3+}, · · · 등과 같이 전하가 Z+인 핵과 전자가 하나인 두 입자로 구성된 계이며 이는 수학적으로 정확히 풀리는 2체 문제(2 body problem)이다. 좌표계를 다음 그림 4.4와 같이 하고 벡터의 성질을 이용하여 정리하면 수소 원자에 대한 핵(m_N)과 전자(m_e)에 대한 상대적 거리 **r**, 질량 중심 **R**

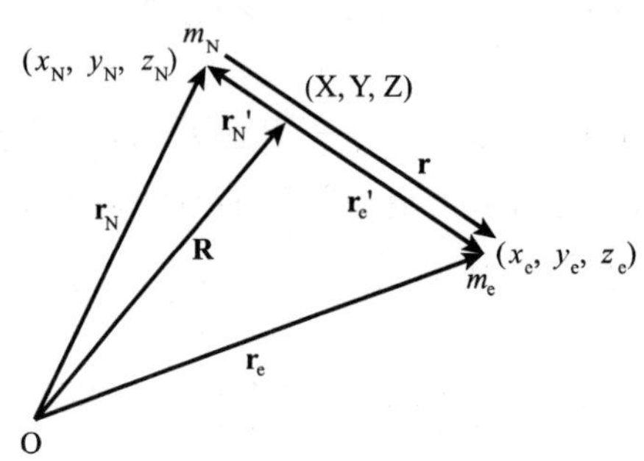

| 그림 4.4 | 수소 원자의 전자, 핵, 질량 중심의 좌표

에서 핵과 전자에 대한 거리 $\mathbf{r}_N{}'$과 $\mathbf{r}_e{}'$는 다음과 같이 나타낼 수 있다.

$$\mathbf{r} = \mathbf{r}_e - \mathbf{r}_N, \text{ 즉 } x = x_e - x_N,\ y = y_e - y_N,\ z = z_e - z_N \tag{4.12a}$$

$$\mathbf{r}_N{}' = \mathbf{r}_N - \mathbf{R} = \frac{m_e}{m_N + m_e}(\mathbf{r}_N - \mathbf{r}_e) = \frac{m_e}{m_N + m_e}\mathbf{r} \tag{4.12b}$$

$$\mathbf{r}_e{}' = \mathbf{r}_e - \mathbf{R} = \frac{m_N}{m_N + m_e}(\mathbf{r}_e - \mathbf{r}_N) \tag{4.12c}$$

전체 질량 m인 질량 중심의 좌표를 각 입자의 질량과 핵과 전자의 좌표로 다음과 같이 나타낼 수 있다.

$$\begin{aligned}\mathbf{R} &= \mathbf{r}_e - \mathbf{r}_e{}' = \mathbf{r}_e - \frac{m_N}{m_N + m_e}(\mathbf{r}_e - \mathbf{r}_N) \\ &= \frac{m_N + m_e}{m_N + m_e}\mathbf{r}_e - \frac{m_N}{m_N + m_e}(\mathbf{r}_e - \mathbf{r}_N) \\ &= \frac{m_e}{m_N + m_e}\mathbf{r}_e + \frac{m_N}{m_N + m_e}\mathbf{r}_N \\ &= \frac{m_e}{m}\mathbf{r}_e + \frac{m_N}{m}\mathbf{r}_N, \qquad m = m_N + m_e\end{aligned} \tag{4.13a}$$

$$\mathrm{X} = \frac{m_e}{m}x_e + \frac{m_N}{m}x_N \tag{4.13b}$$

$$\mathrm{Y} = \frac{m_e}{m}y_e + \frac{m_N}{m}y_N \tag{4.13c}$$

$$\mathrm{Z} = \frac{m_e}{m}z_e + \frac{m_N}{m}z_N \tag{4.13d}$$

각 입자에 대한 운동 방정식에 나타나는 미분 연산자를 질량 중심과 전자의 핵에 대한 상대적 운동에 대한 식으로 변환할 수 있다.

$$\frac{\partial \mathrm{X}}{\partial x_e} = \frac{\partial \mathrm{X}}{\partial x_e}\frac{\partial}{\partial \mathrm{X}} + \frac{\partial \mathrm{X}}{\partial x_e}\frac{\partial}{\partial \mathrm{X}} = \frac{m_e}{m}\frac{\partial}{\partial \mathrm{X}} + \frac{\partial}{\partial \mathrm{X}} \tag{4.14a}$$

$$\frac{\partial \mathrm{X}}{\partial x_N} = \frac{\partial \mathrm{X}}{\partial x_N}\frac{\partial}{\partial \mathrm{X}} + \frac{\partial \mathrm{X}}{\partial x_N}\frac{\partial}{\partial \mathrm{X}} = \frac{m_N}{m}\frac{\partial}{\partial \mathrm{X}} - \frac{\partial}{\partial x} \tag{4.14b}$$

$$\frac{\partial^2}{\partial x_e^2} = \frac{m_e^2}{m^2}\frac{\partial^2}{\partial \mathrm{X}^2} + \frac{2m_e}{m}\frac{\partial}{\partial \mathrm{X}}\frac{\partial}{\partial x} + \frac{\partial^2}{\partial \mathrm{X}^2} \tag{4.14c}$$

$$\frac{\partial^2}{\partial x_N^2} = \frac{m_N^2}{m^2}\frac{\partial^2}{\partial \mathrm{X}^2} + \frac{2m_N}{m}\frac{\partial}{\partial \mathrm{X}}\frac{\partial}{\partial x} + \frac{\partial^2}{\partial \mathrm{X}^2} \tag{4.14d}$$

$$\frac{1}{m_e}\frac{\partial^2}{\partial x_e^2} + \frac{1}{m_N}\frac{\partial^2}{\partial x_N^2} = \frac{1}{m}\frac{\partial^2}{\partial \mathrm{X}^2} + \left(\frac{1}{m_e} + \frac{1}{m_N}\right)\frac{\partial^2}{\partial \mathrm{X}^2}$$

이 식들을 전자와 핵에 대한 운동 방정식에서 나타나는 미분 연산자에 대입하면

$$\frac{1}{m_e}\left(\frac{\partial^2}{\partial x_e^2}+\frac{\partial^2}{\partial y_e^2}+\frac{\partial^2}{\partial z_e^2}\right)+\frac{1}{m_N}\left(\frac{\partial^2}{\partial x_N^2}+\frac{\partial^2}{\partial y_N^2}+\frac{\partial^2}{\partial z_N^2}\right)$$
$$=\frac{1}{m}\left(\frac{\partial^2}{\partial X^2}+\frac{\partial^2}{\partial Y^2}+\frac{\partial^2}{\partial Z^2}\right)+\frac{1}{\mu}\left(\frac{\partial^2}{\partial x^2}+\frac{\partial^2}{\partial y^2}+\frac{\partial^2}{\partial z^2}\right),\ \mu=\frac{m_e m_N}{m_e+m_N} \tag{4.15}$$

이 식은 전자와 핵에 대한 운동 방정식이 전체 질량의 질량 중심의 운동 방정식과 환산 질량의 핵에 대한 전자의 상대적 거리에 관한 운동 방정식으로 바뀜을 의미한다.

$$\hat{\mathbf{H}}\Psi=E\Psi \tag{4.16}$$

핵과 전자에 대한 Schrödinger 방정식은 다음과 같고 여기서 퍼텐셜 에너지 $V(\mathbf{r})$는 핵과 전자의 Coulomb 인력을 적분하여 얻는다.

$$V(\mathbf{r})=-\frac{Ze^2}{4\pi\varepsilon_0\mathbf{r}} \tag{4.17}$$

$$\left\{-\frac{\hbar^2}{2m_N}\left(\frac{\partial^2}{\partial x_N^2}+\frac{\partial^2}{\partial y_N^2}+\frac{\partial^2}{\partial z_N^2}\right)-\frac{\hbar^2}{2m_e}\left(\frac{\partial^2}{\partial x^2}+\frac{\partial^2}{\partial y^2}+\frac{\partial^2}{\partial z^2}\right)-\frac{Ze^2}{4\pi\varepsilon_0\mathbf{r}}\right\}\Psi=E\Psi \tag{4.18}$$

이것을 식 (4.15)를 이용하여 질량 중심의 운동 방정식과 환산 질량의 핵에 대한 전자의 상대적 운동 방정식으로 변환하면

$$\left\{-\frac{\hbar^2}{2m}\left(\frac{\partial^2}{\partial X^2}+\frac{\partial^2}{\partial Y^2}+\frac{\partial^2}{\partial Z^2}\right)-\frac{\hbar^2}{2\mu}\left(\frac{\partial^2}{\partial x^2}+\frac{\partial^2}{\partial y^2}+\frac{\partial^2}{\partial z^2}\right)-\frac{Ze^2}{4\pi\varepsilon_0\mathbf{r}}\right\}\Psi=E\Psi \tag{4.19}$$

$$\Psi=\psi(\mathbf{R})\psi(\mathbf{r}),\quad \nabla_{cm}^2=\frac{\partial^2}{\partial X^2}+\frac{\partial^2}{\partial Y^2}+\frac{\partial^2}{\partial Z^2},\qquad \nabla^2=\frac{\partial^2}{\partial x^2}+\frac{\partial^2}{\partial y^2}+\frac{\partial^2}{\partial z^2}$$

$$-\frac{\hbar^2}{2m}\nabla_{cm}^2\psi(\mathbf{R})\psi(\mathbf{r})-\frac{\hbar^2}{2\mu}\nabla^2\psi(\mathbf{R})\psi(\mathbf{r})-\frac{Ze^2}{4\pi\varepsilon_0\mathbf{r}}\psi(\mathbf{R})\psi(\mathbf{r})=E\psi(\mathbf{R})\psi(\mathbf{r})$$

$$-\frac{\hbar^2}{2m}\psi(\mathbf{r})\nabla_{cm}^2\psi(\mathbf{R})-\frac{\hbar^2}{2\mu}\psi(\mathbf{R})\nabla^2\psi(\mathbf{r})-\frac{Ze^2}{4\pi\varepsilon_0\mathbf{r}}\psi(\mathbf{R})\psi(\mathbf{r})=E\psi(\mathbf{R})\psi(\mathbf{r})$$

양변을 $\psi(\mathbf{R})\psi(\mathbf{r})$로 나누면

$$-\frac{\hbar^2}{2m}\frac{1}{\psi(\mathbf{R})}\nabla_{cm}^2\psi(\mathbf{R})-\frac{\hbar^2}{2\mu}\frac{1}{\psi(\mathbf{r})}\nabla^2\psi(\mathbf{r})-\frac{Ze^2}{4\pi\varepsilon_0\mathbf{r}}=E \tag{4.20}$$

이 식의 첫째 항은 **R**의 함수로만 이루어져 **r**에 무관하고 둘째와 셋째 항은 **r**의 함수로만 이루어져 **R**에 무관하므로 어떤 **R**과 **r**에 대해서도 전체가 상수 E로 되기 위해서는 **R**만의 함수로 이루어진 부분과 **r**만의 함수로 이루어진 부분이 각각

어떤 상수 E_1과 E_2로 되어야 한다($E = E_1 + E_2$). 따라서 위의 식은 다음과 같이 두 미분방정식으로 분리된다. **R**에 관한 미분방정식은

$$(1)\quad -\frac{\hbar^2}{2m}\frac{1}{\psi(\mathbf{R})}\nabla^2_{\mathrm{cm}}\psi(\mathbf{R}) = E_1$$

$\psi(\mathbf{R})$을 곱하여 위의 식을 정리하면

$$\nabla^2_{\mathrm{cm}}\psi(\mathbf{R}) + \frac{2mE_1}{\hbar^2}\psi(\mathbf{R}) = 0 \tag{4.21}$$

이 미분방정식의 해는

$$\psi(\mathbf{R}) = c_1 e^{ik\mathbf{R}} + c_2 e^{-ik\mathbf{R}} \qquad k = \frac{\sqrt{2mE_1}}{\hbar} \tag{4.22}$$

이 결과는 수소 원자의 총 질량($m = m_N + m_e$)을 가진 자유 입자의 운동, 즉 수소 원자의 병진운동과 같다. 그리고 **r**에 관한 미분방정식은

$$(2)\quad -\frac{\hbar^2}{2\mu}\frac{1}{\psi(\mathbf{r})}\nabla^2\psi(\mathbf{r}) - \frac{Ze^2}{4\pi\varepsilon_0\mathbf{r}} = E_2 \text{ 또는}$$

$$-\frac{\hbar^2}{2\mu}\frac{1}{\psi(\mathbf{r})}\left(\frac{\partial^2}{\partial x^2}+\frac{\partial^2}{\partial y^2}+\frac{\partial^2}{\partial z^2}\right)\psi(\mathbf{r}) - \frac{Ze^2}{4\pi\varepsilon_0\mathbf{r}} = E_2 \tag{4.23a}$$

이 식은 핵에 대한 전자의 상대적 운동을 나타내는 방정식이다. 퍼텐셜은 단지 거리 r만의 함수이고 수소 원자는 구형이므로 xyz 직각 좌표계에서는 풀기 어렵고 $r\theta\phi$ 구면 좌표계에서는 상대적으로 쉽게 풀리므로 다음과 같은 관계를 이용하여 변환하면(식 (2.56)) 다음 식이 얻어진다.

$$x = r\sin\theta\cos\phi,\ \ y = r\sin\theta\sin\phi,\ \ z = r\cos\theta$$

$$-\frac{\hbar^2}{2\mu}\frac{1}{\psi(\mathbf{r})}\left\{\frac{\partial^2}{\partial r^2}+\frac{2}{r}\frac{\partial}{\partial r}+\frac{1}{r^2}\left[\frac{1}{\sin^2\theta}\frac{\partial^2}{\partial\phi^2}+\frac{1}{\sin\theta}\frac{\partial}{\partial\theta}\left(\sin\theta\frac{\partial}{\partial\theta}\right)\right]\right\}\psi(\mathbf{r}) - \frac{Ze^2}{4\pi\varepsilon_0 r}$$
$$= E_2 \tag{4.23b}$$

$\psi(\mathbf{r})$을 곱하면

$$-\frac{\hbar^2}{2\mu}\left\{\frac{\partial^2}{\partial r^2}+\frac{2}{r}\frac{\partial}{\partial r}+\frac{1}{r^2}\left[\frac{1}{\sin^2\theta}\frac{\partial^2}{\partial\phi^2}+\frac{1}{\sin\theta}\frac{\partial}{\partial\theta}\left(\sin\theta\frac{\partial}{\partial\theta}\right)\right]\right\}\psi(\mathbf{r}) - \frac{Ze^2}{4\pi\varepsilon_0 r}\psi(\mathbf{r})$$
$$= E_2\psi(\mathbf{r}) \tag{4.23c}$$

$\psi(\mathbf{r}) = \psi(r, \theta, \phi)$를 원점(핵)으로부터 거리 r과 각도 θ, ϕ에 의존하는 함수의

곱 $\psi(r, \theta, \phi) = R(r)\,Y(\theta, \phi)$로 쓰고 앞의 식에 대입하여 정리하면

$$-\frac{\hbar^2}{2\mu}\left\{\frac{\partial^2}{\partial r^2} + \frac{2}{r}\frac{\partial}{\partial r} + \frac{1}{r^2}\Lambda^2\right\}\psi(r, \theta, \phi) - \frac{Ze^2}{4\pi\varepsilon_0 r}\psi(r, \theta, \phi) = E_2\psi(r, \theta, \phi),$$

$$\Lambda^2 = \frac{1}{\sin^2\theta}\frac{\partial^2}{\partial\phi^2} + \frac{1}{\sin\theta}\frac{\partial}{\partial\theta}\left(\sin\theta\frac{\partial}{\partial\theta}\right)$$

$$\left\{\frac{\partial^2}{\partial r^2} + \frac{2}{r}\frac{\partial}{\partial r} + \frac{1}{r^2}\Lambda^2\right\}\psi(r, \theta, \phi) + \frac{2\mu}{\hbar^2}\left(\frac{Ze^2}{4\pi\varepsilon_0 r} + E_2\right)\psi(r, \theta, \phi) = 0$$

$$r^2\left\{\frac{\partial^2}{\partial r^2} + \frac{2}{r}\frac{\partial}{\partial r}\right\}\psi(r, \theta, \phi) + \frac{2\mu r^2}{\hbar^2}\left(\frac{Ze^2}{4\pi\varepsilon_0 r} + E_2\right)\psi(r, \theta, \phi) + \Lambda^2\psi(r, \theta, \phi) = 0$$

$$r^2\left\{\frac{\partial^2}{\partial r^2} + \frac{2}{r}\frac{\partial}{\partial r}\right\}R(r)Y(\theta, \phi) + \frac{2\mu r^2}{\hbar^2}\left(\frac{Ze^2}{4\pi\varepsilon_0 r} + E_2\right)R(r)Y(\theta, \phi)$$

$$+ \Lambda^2 Y(\theta, \phi)R(r) = 0$$

$$Y(\theta, \phi)r^2\left\{\frac{\partial^2}{\partial r^2} + \frac{2}{r}\frac{\partial}{\partial r}\right\}R(r) + \frac{2\mu r^2}{\hbar^2}\left(\frac{Ze^2}{4\pi\varepsilon_0 r} + E_2\right)R(r)Y(\theta, \phi)$$

$$+R(r)\Lambda^2 Y(\theta, \phi) = 0$$

$R(r)Y(\theta, \phi)$로 나누면

$$\frac{r^2}{R(r)}\left\{\frac{\partial^2}{\partial r^2} + \frac{2}{r}\frac{\partial}{\partial r}\right\}R(r) + \frac{2\mu r^2}{\hbar^2}\left(\frac{Ze^2}{4\pi\varepsilon_0 r} + E_2\right) + \frac{1}{Y(\theta, \phi)}\Lambda^2 Y(\theta, \phi) = 0 \tag{4.24}$$

첫째 항과 둘째 항은 단지 r만의 함수이고 셋째 항은 단지 θ와 ϕ의 함수이므로 어떤 r, θ, ϕ에도 이 식이 성립하기 위해서는 r만의 함수와 θ와 ϕ의 함수 부분이 각각 상수로 되어야 한다. r만의 함수는 $l(l+1)$로, θ와 ϕ의 함수는 $-l(l+1)$로 두면 변수 r과 (θ, ϕ)에 따라 두 개의 미분방정식으로 분리가 된다. 여기서 나타나는 l이 수소 원자의 양자수 중의 하나인 각운동량 양자수가 된다. 따라서

1) $$\frac{r^2}{R(r)}\left\{\frac{\partial^2}{\partial r^2} + \frac{2}{r}\frac{\partial}{\partial r}\right\}R(r) + \frac{2\mu r^2}{\hbar^2}\left(\frac{Ze^2}{4\pi\varepsilon_0 r} + E_2\right) = l(l+1) \tag{4.25}$$

2) $$\Lambda^2 Y(\theta, \phi) = -l(l+1)Y(\theta, \phi) \tag{4.26}$$

식 (4.25)에 $R(r)$을 곱한 후 정리하면

$$r^2\left\{\frac{\partial^2}{\partial r^2} + \frac{2}{r}\frac{\partial}{\partial r}\right\}R(r) + \left\{\frac{2\mu r^2}{\hbar^2}\left(\frac{Ze^2}{4\pi\varepsilon_0 r} + E_2\right) - l(l+1)\right\}R(r) = 0$$

이 미분방정식은 단지 r만의 함수이므로 편미분 연산자 $\left(\frac{\partial}{\partial r}, \frac{\partial^2}{\partial r^2}\right)$는 상미분 연

산자 $\frac{d}{dr}$, $\frac{d^2}{dr^2}$로 쓸 수 있고 r^2으로 나누면

$$\frac{d^2R(r)}{dr^2}+\frac{2}{r}\frac{d}{dr}+\left\{\frac{2\mu}{\hbar^2}\left(\frac{Ze^2}{4\pi\varepsilon_0 r}+E_2\right)-\frac{l(l+1)}{r^2}\right\}R(r)=0$$

여기서 $\rho=\alpha r, \lambda=\frac{2\mu Ze^2}{\alpha\hbar^2}$, $\rho=\frac{2Zr}{na_0}$로 치환하면

$$\frac{d^2R}{d\rho^2}+\frac{2}{\rho}\frac{dR}{d\rho}+\left\{\frac{\lambda}{\rho}-\frac{1}{4}-\frac{l(l+1)}{\rho^2}\right\}R=0 \tag{4.27}$$

여기서 $\alpha^2=\frac{-8\mu E_2}{\hbar^2}$, $\lambda=\frac{Ze^2}{\hbar}(-\frac{\mu}{2E_2})^{\frac{1}{2}}$

ρ가 ∞로 발산할 때 $\frac{2}{\rho}$, $\frac{\lambda}{\rho}$, $\frac{l(l+1)}{\rho^2}$항은 0으로 수렴하므로 위의 식은 다음 미분방정식으로 된다.

$$\frac{d^2R_\infty}{d\rho^2}-\frac{1}{4}R_\infty=0 \tag{4.28}$$

이 미분방정식의 해는 $R_\infty=Ae^{-\rho/2}+Be^{\rho/2}$이다. 이 중에서 $Be^{\rho/2}$는 ρ가 ∞로 발산할 때 발산하므로 $B=0$이 되어야 한다. 그러므로 $R_\infty=Ae^{-\rho/2}$이 되고 이것을 식 (4.27)의 **점근해**(asymptotic solution)라고 한다. 따라서 식 (4.27)의 해는 점근해에 어떤 ρ의 함수를 곱한 것, 즉 $R=F(\rho)R_\infty=F(\rho)e^{-\rho/2}$이 된다. 이것을 미분하면

$$R'=F(\rho)\left(-\frac{1}{2}\right)e^{-\rho/2}+F'(\rho)e^{-\rho/2}=F'(\rho)e^{-\rho/2}-\frac{1}{2}F(\rho)e^{-\rho/2}$$

$$R''=\left(-\frac{1}{2}\right)\left(-\frac{1}{2}\right)F(\rho)e^{-\rho/2}+\left(-\frac{1}{2}\right)F'(\rho)e^{-\rho/2}+\left(-\frac{1}{2}\right)F'(\rho)e^{-\rho/2}+F''(\rho)e^{-\rho/2}$$

$$=F''(\rho)e^{-\rho/2}-F'(\rho)e^{-\rho/2}+\frac{1}{4}F(\rho)e^{-\rho/2}$$

R, R', R''을 미분방정식 (4.27)에 대입하여 정리하면 다음 미분방정식을 얻는다.

$$F''+\left(\frac{2}{\rho}-1\right)F'+\left[\frac{\lambda-1}{\rho}-\frac{l(l+1)}{\rho^2}\right]F=0 \tag{4.29}$$

$f(\rho)=\frac{2}{\rho}-1$, $g(\rho)=\frac{\lambda-1}{\rho}-\frac{l(l+1)}{\rho^2}$는 ρ가 0에 수렴할 때 ∞로 발산(특이점 $\rho=0$)하지만 $\rho f(\rho)=\rho\left(\frac{2}{\rho}-1\right)=2-\rho$, $\rho^2 g(\rho)=(\lambda-1)\rho-l(l+1)$는 해석적이므로 식 (3.55)에서 설명한 것처럼 다음과 같이 Frobenius 급수를 해로 갖는다.

$$\begin{aligned}
F &= \textstyle\sum_{k=0} a_k \rho^{\beta+k} \\
&= a_0\rho^{\beta} + a_1\rho^{\beta+1} + a_2\rho^{\beta+2} + \cdots + a_k\rho^{\beta+k} + \cdots \\
F' &= \textstyle\sum_{k=0} (\beta+k) a_k \rho^{\beta+k-1} \\
&= \beta a_0\rho^{\beta-1} + (\beta+1)a_1\rho^{\beta} + \cdots + (\beta+k)a_k\rho^{\beta+k-1} + \cdots \\
F'' &= \textstyle\sum_{k=0} (\beta+k)(\beta+k-1) a_k \rho^{\beta+k-2} \\
&= \beta(\beta-1)a_0\rho^{\beta-2} + (\beta+1)\beta a_1\rho^{\beta-1} + \cdots \\
&\quad + (\beta+k)(\beta+k-1)a_k\rho^{\beta+k-2} + \cdots
\end{aligned}$$

F, F′, F″을 미분방정식 (4.29)에 대입하면

$$\begin{aligned}
&\beta(\beta-1)a_0\rho^{\beta-2} + (\beta+1)\beta a_1\rho^{\beta-1} + \cdots + a_k\rho^{\beta+k} + \cdots + \\
&\left(\frac{2}{\rho} - 1\right)\{\beta a_0\rho^{\beta-1} + (\beta+1)a_1\rho^{\beta} + \cdots + (\beta+k)a_k\rho^{\beta+k-1} + \cdots + \\
&\left[\frac{\lambda-1}{\rho} - \frac{l(l+1)}{\rho^2}\right]\{a_0\rho^{\beta} + a_1\rho^{\beta+1} + a_2\rho^{\beta+2} + \cdots + a_k\rho^{\beta+k} + \cdots\} = 0
\end{aligned}$$

ρ의 지수에 따라 정리하면

$$\begin{aligned}
&\{\beta(\beta-1) + 2\beta - l(l+1)\}a_0\rho^{\beta-2} \\
&+ [\{(\beta+1)\beta + 2(\beta+1) - l(l+1)\}a_1 + (\lambda-1-\beta)a_0]\rho^{\beta-1} + \cdots \\
&+ [\{(\beta+k+1)(\beta+k) + 2(\beta+k+1) - l(l+1)\}a_{k+1} + (\lambda-1-k-\beta)a_k]\rho^{\beta+k-1} \\
&+ \cdots = 0
\end{aligned} \tag{4.30}$$

각 항의 계수가 0이 되어야 하므로 첫 항에서 $\beta(\beta-1) + 2\beta - l(l+1) = 0$, 즉 인수분해하여 결정방정식 $(\beta - l)(\beta + l + 1) = 0$을 얻는다. 따라서

$$\beta = l \quad \text{또는} \quad \beta = -(l+1) \tag{4.31}$$

여기서 $\beta = -(l+1)$을 선택할 경우에는 ρ가 0으로 수렴하면 $F(\rho) = \sum_{k=0} a_k \rho^{\beta+k} = \sum_{k=0} a_k \frac{\rho^k}{\rho^{l+1}}$가 ∞로 발산하므로 버리고 $\beta = l$을 선택한다.

$$\beta = l \tag{4.32}$$

그러면 일반항 $\rho^{\beta+k-1}$의 계수가 0인 조건에서 다음과 같은 점화식을 얻는다.

$$\begin{aligned}
&\{(l+k+1)(l+k) + 2(l+k+1) - l(l+1)\}\, a_{k+1} \\
&+ (\lambda - 1 - k - l)\, a_k = 0
\end{aligned}$$

$$\frac{a_{k+1}}{a_k} = \frac{k+l+1-\lambda}{(k+1)(k+2l+2)} \tag{4.33}$$

식 (4.33)은 k가 ∞로 감에 따라 $\frac{a_{k+1}}{a_k}$이 $\frac{1}{k}$로 된다. 지수 함수 e^{ρ}를 Maclaurin 급수 식 (1.60)으로 전개하면

$$e^{\rho} = 1 + \rho + \frac{\rho^2}{2!} + \cdots + \frac{\rho^n}{n!} + \frac{\rho^{n+1}}{(n+1)!} + \cdots$$

이 급수의 ρ^{n+1}항의 계수와 ρ^n항의 계수의 비도 n이 ∞로 감에 따라 $\frac{1}{n}$이 된다. 그러므로 ρ가 ∞로 감에 따라 F(ρ)는 e^{ρ}와 같이 행동한다. 결과적으로 ρ가 ∞로 감에 따라 $R = F(\rho)e^{-\rho/2}$은 $e^{\rho/2}$와 같이 행동하고 이것은 발산한다. 그러므로 R(ρ)가 발산하지 않도록 적절하게 유한한 항에서 끝내야 한다. 즉, R(ρ)의 F(ρ) 급수에서 $a_{n'} \neq 0$, $a_{n'+1} = 0$이 되도록 하면 점화식으로부터 얻어진 다음 식 우변의 분자가 0이 되어야 한다.

$$\frac{a_{n'+1}}{a_{n'}} = \frac{n'+l+1-\lambda}{(n'+1)+(n'+2l+2)} = 0 \tag{4.34}$$

따라서 $n' + l + 1 = \lambda$를 얻고 항의 수와 ρ의 지수를 나타내는 수 n', l들이 정수이므로 λ도 정수가 된다. 그러므로 다음과 같이 **주양자수** n과 **각운동량 양자수** l을 얻는다. l이 각운동량 양자수인 것은 뒤에 각운동량을 다룰 때 알 수 있다.

$$\lambda = n(\text{자연수}) = n' + l + 1, \quad l = n - n' - 1 \tag{4.35}$$

여기서 n은 n'과 l이 0일 때 최솟값 1을 갖고 2, 3, 4, $\cdots$ 정수가 허용된다. 주어진 n에 대하여 l은 n'이 0일 때 최대 $n-1$, $n'+1$일 때 최소 0의 값을 갖는다. 즉, 주어진 n에 대하여 l은 0에서 $n-1$까지 허용된다. 여기서 자연수 n은 주양자수이고 이것으로부터 각운동량 양자수 l의 범위가 정해진다.

$$\begin{aligned} F(\rho) &= \rho^l \sum_{k=0}^{n'} a_k\rho^k = \rho^l(a_0 + a_1\rho + a_2\rho^2 + \cdots + a_{n'}\rho^{n'}) \\ &= \rho^l\{a_0 + \frac{l+1-\lambda}{2l+2}a_0\rho^1 + \frac{l+2-\lambda}{2(2l+3)}a_1\rho^2 + \frac{l+3-\lambda}{3(2l+4)}a_2\rho^3 + \cdots\} \\ &= \rho^l\{a_0 + \frac{l+1-\lambda}{2l+2}a_0\rho^1 + \frac{l+2-\lambda}{2(2l+3)}\frac{l+1-\lambda}{2l+2}a_0\rho^2 + \frac{l+3-\lambda}{3(2l+4)}\frac{l+2-\lambda}{2l+3}\frac{l+1-\lambda}{2l+2}a_0\rho^3 \\ &+ \frac{l+4-\lambda}{4(2l+5)}\frac{l+3-\lambda}{2l+4}\frac{l+2-\lambda}{2l+3}\frac{l+1-\lambda}{2l+2}a_0\rho^4 + \cdots\} \end{aligned} \tag{4.36}$$

구체적으로 식 (4.36)에 양자수를 대입하여 F(ρ)를 구하면 다음과 같다.

양자수	F(ρ)	
$n'=0\ \ l=0\ \ n=1$	a_0	1*s*
$n'=1\ \ l=0\ \ n=2$	$\frac{a_0}{2}(2-\rho)$	2*s*
$n'=2\ \ l=0\ \ n=3$	$\frac{a_0}{6}(6-6\rho+\rho^2)$	3*s*
⋮		
$n'=2-1\ -1=0$ $l=1\ \ n=2$	$a_0\rho$	2*p*
$n'=3-1\ -1=1$ $l=1\ \ n=3$	$\frac{a_0}{4}\rho(4-\rho)$	3*p*
$n'=4-1\ -1=2$ $l=1\ \ n=4$	$\frac{a_0}{20}\rho(20-10\rho+\rho^2)$	4*p*
⋮		
$n'=0\ \ l=2\ \ n=3$	$\rho^2 a_0$	3*d*
$n'=0\ \ l=2\ \ n=4$	$\frac{a_0}{6}\rho^2(6-\rho)$	4*d*
$n'=0\ \ l=2\ \ n=5$	$\frac{a_0}{42}\rho^2(42-14\rho+\rho^2)$	5*d*

앞에서 식 (4.27)을 얻을 때 사용하였던 치환 관계식

$$\rho=\frac{2Zr}{na_0},\ \lambda=\frac{Ze^2}{\hbar}\left(-\frac{\mu}{2E_2}\right)^{\frac{1}{2}},\ \lambda^2=\frac{Z^2e^4}{\hbar^2}\left(-\frac{\mu}{2E_2}\right),\ E_2=-\frac{\mu Z^2e^4}{\hbar^2\lambda^2},\ \lambda=n$$

들을 사용하여 에너지를 구하면 E_2가 단지 주양자수 n에 의존하고 불연속적이므로 E_n으로 나타낸다. 여기서 F(ρ)는 n과 l에 의존하므로 F(ρ) 중에서 ρ^l을 제외한 $\sum_{k=0}^{n'} a_k\rho^k$ 부분을 n과 l에 따라 $L_{n+l}^{2l+1}(\rho)$로 쓰고 associated Laguerre 다항식(associated (또는 부수된) Laguerre polynomial)이라고 한다. E_n에 대응하는 파동 함수 $R_n(\rho)$는 위에서 구한 F(ρ)에 $e^{-\rho/2}$를 곱한 것이다. 따라서 수소꼴 파동함수는 l에도 의존하므로 $R_{n,l}(\rho)$로 쓴다. 파동 함수 $R_{n,l}(\rho)$에 $\rho=\frac{2Zr}{na_0}$를 대입하여 다음 적분을 수행하면 정규화 상수 $N_{n,l}$과 정규화된 $R_{n,l}(r)$을 얻는다.

$$\int_0^\infty {N_{n,l}}^2 R_{n,l}(\rho)^2 r^2 dr=1$$

$$N_{n,l}=-\left\{\left(\frac{2Z}{na_0}\right)^3\frac{(n-l-1)!}{2n[(n+l)!]^3}\right\}^{1/2},\quad R_{n,l}(\rho)=N_{n,l}\rho^l L_{n+l}^{2l+1}(\rho)e^{-\rho/2}$$

$$E_n=-\frac{\mu Z^2e^4}{2\hbar^2n^2} \tag{4.37}$$

| 표 4.1 | 몇 개의 associated Laguerre 다항식 L_{n+l}^{2l+1}

$n=1;\ l=0$	$L_1^1(x) = -1$	$x = 2r/a_0$
$n=2;\ l=0$ $l=1$	$L_2^1(x) = -2!\,(2-x)$ $L_3^3(x) = -3!$	$x = r/a_0$
$n=3;\ l=0$ $l=1$ $l=2$	$L_3^1(x) = -3!\left(3-3x+\frac{1}{2}x^2\right)$ $L_4^3(x) = -4!\,(4-x)$ $L_5^5(x) = -5!$	$x = 2r/3a_0$
$n=4;\ l=0$ $l=1$ $l=2$ $l=3$	$L_4^1(x) = -4!\left(4-6x+2x^2-\frac{1}{6}x^3\right)$ $L_5^3(x) = -5!\,(10-5x+\frac{1}{2}x^2)$ $L_6^5(x) = -6!\,(6-x)$ $L_7^7(x) = -7!$	$x = r/2a_0$

| 표 4.2 | 수소 꼴 파동 함수 $R_{n,l}(r)$

$R_{1,0} = 1s = 2\left(\frac{Z}{a_0}\right)^{3/2} e^{-Zr/a_0}$
$R_{2,0} = 2s = \frac{1}{\sqrt{2}}\left(\frac{Z}{a_0}\right)^{3/2}\left(1-\frac{Zr}{2a_0}\right) e^{-Zr/2a_0}$
$R_{2,1} = 2p = \frac{1}{2\sqrt{6}}\left(\frac{Z}{a_0}\right)^{5/2} re^{-Zr/2a_0}$
$R_{3,0} = 3s = \frac{2}{3\sqrt{3}}\left(\frac{Z}{a_0}\right)^{3/2}\left(1-\frac{2Zr}{3a_0}+\frac{2Z^2r^2}{27a_0{}^2}\right) e^{-Zr/3a_0}$
$R_{3,1} = 3p = \frac{8}{27\sqrt{6}}\left(\frac{Z}{a_0}\right)^{3/2}\left(\frac{Zr}{a_0}-\frac{Z^2\ {}^2}{6a_0{}^2}\right) e^{-Zr/3a_0}$
$R_{3,2} = 3d = \frac{4}{81\sqrt{30}}\left(\frac{Z}{a_0}\right)^{7/2} r^2e^{-Zr/3a_0}$

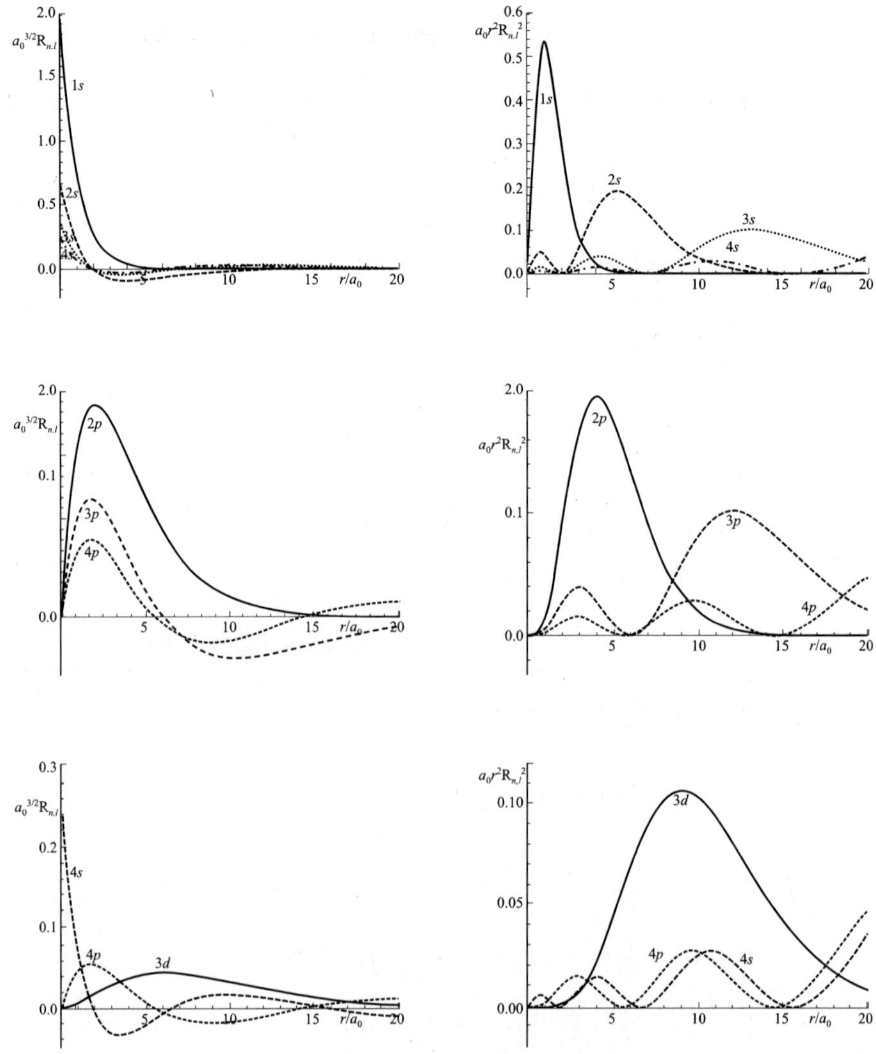

| 그림 4.5 | 수소 원자의 파동 함수 $R_{n,l}(r)$과 $r^2R_{n,l}(r)^2$

식 (4.26)의 θ, ϕ의 함수 부분은 $Y(\theta, \phi) = \Theta(\theta)\Phi(\phi)$로 두면 다음과 같이 변수에 따라 두 개의 미분방정식으로 분리되어 풀 수 있다. 여기서 $Y(\theta, \phi)$는 **구면 조화함수**(spherical harmonics)라고 한다.

$$\Lambda^2 Y(\theta, \phi) = -\,l(l+1)Y(\theta, \phi)$$

$$\left\{\frac{1}{\sin^2\theta}\Theta\frac{\partial^2}{\partial\phi^2} + \frac{1}{\sin\theta}\frac{\partial}{\partial\theta}\left(\sin\theta\frac{\partial}{\partial\theta}\right)\right\}\Theta(\theta)\Phi(\phi) = -\,l(l+1)\Theta(\theta)\Phi(\phi)$$

$$\frac{1}{\sin^2\theta}\Theta\frac{d^2\Phi}{d\phi^2} + \frac{1}{\sin\theta}\Phi\frac{d}{d\theta}\left(\sin\theta\frac{\partial}{\partial\theta}\right)\Theta = -\,l(l+1)\Theta\,\Phi$$

양변을 $\sin^2\theta$를 곱하고 $\Theta\,\Phi$로 나누면

$$\frac{1}{\Phi}\frac{d^2\Phi}{d\phi^2} + \frac{\sin\theta}{\Theta}\frac{d}{d\theta}\left(\sin\theta\frac{d}{d\theta}\right)\Theta + l(l+1)\sin^2\theta = 0 \qquad (4.38)$$

식 (4.38)의 첫 항은 ϕ만의 함수이고 나머지는 θ만의 함수로 되어 있어서 어떤 ϕ와 θ에도 항등식이 성립하기 위해서는 첫 항을 상수 $-m_l^2$으로 두면 나머지는 m_l^2이 된다. 여기서 나타나는 m_l은 수소 원자의 **자기 양자수**이고 정수이다.

$$\frac{1}{\Phi}\frac{d^2\Phi}{d\phi^2} = -m_l^2 \qquad (4.39)$$

$$\frac{\sin\theta}{\Theta}\frac{d}{d\theta}\left(\sin\theta\frac{d}{d\theta}\right)\Theta + l(l+1)\sin^2\theta = m_l^2 \qquad (4.40)$$

각도 의존성이 있는 식 중에서 ϕ에 관한 식 (4.39)를 정리하면 다음과 같은 미분방정식이 된다.

$$\frac{d^2\Phi}{d\phi^2} + m_l^2\Phi = 0$$

이 미분방정식의 해는

$$\Phi = c_1e^{-im_l\phi} + c_2e^{im_l\phi},\ (m_l = 0,\ 1,\ 2,\ \cdots)$$
$$= ce^{im_l\phi}\ \ (m_l = 0,\ \pm1,\ \pm2,\ \cdots)$$

정규화하면

$$\Phi_{m_l} = \sqrt{\frac{1}{2\pi}}e^{im_l\phi}\ \ (m_l = 0,\ \pm1,\ \pm2,\ \cdots) \qquad (4.41)$$

각도 의존성이 있는 식 중에서 θ에 관한 식 (4.40)을 정리하면

$$\sin\theta\frac{d}{d\theta}\left(\sin\theta\frac{d}{d\theta}\right)\Theta + \{l(l+1)\sin^2\theta - m_l^2\}\Theta = 0$$

$$\sin^2\theta\frac{d^2\Theta}{d\theta^2} + \sin\theta\cos\theta\frac{d\Theta}{d\theta} + \{l(l+1)\sin^2\theta - m_l^2\}\Theta = 0 \qquad (4.42)$$

$\cos\theta$를 ξ로 치환하면 미분 연산자는 다음과 같이 된다.

$$\xi = \cos\theta$$
$$\frac{d}{d\theta} = \frac{\xi}{d\theta}\frac{d}{d\xi} = -\sin\theta\frac{d}{d\xi}$$

$$\frac{d}{d\theta}\left(\frac{d}{d\theta}\right) = \frac{d}{d\theta}\left(-\sin\theta\,\frac{d}{d\xi}\right) = -\cos\theta\frac{d}{d\xi} - \sin\theta\,\frac{d}{d\theta}\frac{d}{d\xi}$$

$$= -\cos\theta\,\frac{d}{d\xi} - \sin\theta\,(-\sin\theta\,\frac{d}{d\xi})\,\frac{d}{d\xi} = -\cos\theta\,\frac{d}{d\xi} + \sin^2\theta\,\frac{d^2}{d\xi^2}$$

$$\sin^2\theta\,\left(-\cos\theta\,\frac{d}{d\xi} + \sin^2\theta\,\frac{d^2}{d\xi^2}\right)\Theta + \sin\theta\cos\theta\left(-\sin\theta\,\frac{d}{d\xi}\right)\Theta$$

$$+ \{\,l(l+1)\sin^2\theta - m_l^2\}\,\Theta = 0$$

$$\sin^2\theta\,\frac{d^2\Theta}{d\xi^2} - 2\cos\theta\frac{d\Theta}{d\xi} + \{\,l(l+1) - \frac{m_l^2}{\sin^2\theta}\}\Theta = 0$$

$$(1-\xi^2)\Theta'' - 2\,\xi\Theta' + \{l(l+1) - \frac{m_l^2}{1-\xi^2}\}\Theta = 0 \tag{4.43}$$

$m_l = 0$인 경우 미분방정식 (4.43)은 다음과 같이 된다.

$$(1-\xi^2)\Theta'' - 2\xi\Theta' + l(l+1)\Theta = 0 \tag{4.44}$$

$\xi = \pm1$이 정칙 특이점이므로 다음과 같이 Frobenius 급수를 해로 갖는다.

$$\Theta = \textstyle\sum_{k=0}^{\infty} a_k \xi^{k+\beta}$$

$$= a_0\xi^{\beta} + a_1\xi^{1+\beta} + a_2\xi^{2+\beta} + \cdots + a_k\xi^{k+\beta} + \cdots$$

$$\Theta' = \textstyle\sum_{k=0}^{\infty}(k+\beta)a_k\xi^{k+\beta-1}$$

$$= \beta a_0\xi^{\beta-1} + (1+\beta)a_1\xi^{\beta} + \cdots + (k+\beta)a_k\xi^{k+\beta-1} + \cdots$$

$$\Theta'' = \textstyle\sum_{k=0}^{\infty}(k+\beta)(k+\beta-1)\,a_k\xi^{k+\beta-2}$$

$$= \beta(\beta-1)a_0\xi^{\beta-2} + (1+\beta)\beta a_1\xi^{\beta-1} + \cdots$$

$$+ (k+\beta)(k+\beta-1)a_k\xi^{k+\beta-2} + \cdots$$

Θ, Θ', Θ''를 미분방정식 (4.44)에 대입하면

$$(1-\xi^2)\textstyle\sum(k+\beta)(k+\beta-1)a_k\xi^{k+\beta-2} - 2\xi\sum(k+\beta)\,a_k\xi^{k+\beta-1}$$

$$+ l(l+1)\textstyle\sum a_k\xi^{k+\beta} = 0$$

$$(1-\xi^2)\{\,\beta(\beta-1)a_0\xi^{\beta-2} + (1+\beta)\beta a_1\xi^{\beta-1} + \cdots +$$

$$(k+\beta)(k+\beta-1)a_k\xi^{k+\beta-2} + \cdots\}$$

$$-2\xi\{\beta a_0\xi^{\beta-1} + (1+\beta)a_1\xi^{\beta} + \cdots + (k+\beta)a_k\xi^{k+\beta-1} + \cdots\}$$

$$+ l(l+1)\{\,a_0\xi^{\beta} + a_1\xi^{1+\beta} + \cdots + a_k\xi^{k+\beta} + \cdots\} = 0$$

$$\beta(\beta-1)a_0\xi^{\beta-2} + (1+\beta)\beta a_1\xi^{\beta-1} + [(2+\beta)(1+\beta)\,a_2$$

$$+ \{ l(l+1) - \beta(\beta+1)\, a_0]\xi^{\beta} + \cdots$$
$$- [(k+\beta+2)(k+\beta+1)a_{k+2} + \{l(l+1)$$
$$-(k+\beta)(k+\beta+1)\}a_k]\, \xi^{k+\beta} + \cdots = 0$$

ξ의 지수에 따라 정리하면

$$\beta(\beta-1)a_0\xi^{\beta-2} + (1+\beta)\beta a_1\xi^{\beta-1} + \sum_{k=0}^{\infty}[(k+\beta+2)(k+\beta+1)a_{k+2}$$
$$+ \{ l(l+1) - (k+\beta)(k+\beta+1)\}a_k]\, \xi^{k+\beta} = 0 \tag{4.45}$$

첫째 항에서 $\xi^{\beta-2}$의 계수가 0인 결정방정식은 다음과 같다.

$$\beta(\beta-1)a_0 = 0,\ \text{즉}\ \beta = 0\ \text{또는}\ 1 \tag{4.46}$$

$$\text{점화식}\ a_{k+2} = \frac{(k+\beta)(k+\beta+1) - l(l+1)}{(k+\beta+2)(k+\beta+1)}a_k \tag{4.47}$$

두 β 값 중 작은 0을 선택하면

$$a_{k+2} = \frac{k(k+1) - l(l+1)}{(k+2)(k+1)}a_k$$

$$a_2 = -\frac{l(l+1)}{2!}a_0 \qquad a_3 = \frac{1\cdot 2 - l(l+1)}{4\cdot 3}\, a_1 = \frac{-l(l-1)(l+2)}{3!}a_1$$

$$a_4 = \frac{2\cdot 3 - l(l+1)}{4\cdot 3}\, a_2 = \frac{(l-2)(l+1)(l+3)}{4!}a_0 \qquad a_5 = -\frac{(l-1)(l-3)(l+2)(l+4)}{5!}a_1\ \cdots$$

$$\Theta = a_0\{1 - \frac{l(l+1)}{2!}\xi^2 + \frac{(l-2)(l+1)(l+3)}{4!}\xi^4 - \cdots\}$$
$$+ a_1\{\xi - \frac{l(l-1)(l+2)}{3!}\xi^3 + \frac{(l-1)(l-3)(l+2)(l+4)}{5!}\xi^5 - \cdots\} \tag{4.48}$$

$\beta = 1$인 경우는 $\beta = 0$인 경우의 해가 두 상수 a_0와 a_1을 갖는 해로 얻어졌기 때문에 고려할 필요가 없다. 짝수 $l \geq 0$에 대하여 a_0가 있는 첫째 급수는 유한한 항에서 끝난다. 또 홀수 $l > 0$에 대하여 a_1이 있는 둘째 급수는 유한한 항에서 끝난다. 여기서 짝수 l에 대하여 a_1이 있는 둘째 급수는 유한한 항에서 끝나지 않고 무한히 계속된다. 따라서 짝수 l에 대하여 $a_1 = 0$이 되어야 한다. 또 홀수 l에 대하여 a_0가 있는 첫째 급수는 유한한 항에서 끝나지 않고 무한히 계속된다. 따라서 홀수 l에 대하여 $a_0 = 0$이 되어야 한다. 그러면 유한한 다항식으로 구성되는 해를 가진다. 이것이 상수를 제외하고는 Legendre 다항식(Legendre polynomial)과 같은 다항식이다. 다음에 처음 몇 개의 해를 l 값에 따라 나열하였고 옆에 정규화하여 $P_l(\xi)$로 나타내었다. 이들은 전자의 θ 각도 의존성을 나타

$l = 0$	s	$\Theta = a_0$	$P_0(\xi) = 1$
$l = 1$	p	$\Theta = a_1\xi$	$P_1(\xi) = \cos\theta$
$l = 2$	d	$\Theta = a_0(1 - 3\xi^2)$	$P_2(\xi) = \frac{1}{2}(3\cos^2\theta - 1)$
$l = 3$	f	$\Theta = a_1(\xi - \frac{2\cdot5}{3!}\xi^3)$	$P_3(\xi) = \frac{1}{2}(5\cos^3\theta - 3\cos\theta)$

낸다. $l = 0$의 경우에 ξ가 포함되어 있지 않아 각도 의존성이 없으므로 구형이다.

$m_l \neq 0$인 경우, 즉 식 (4.43)을 다음과 같이 다시 쓸 수 있다.

$$(1-\xi^2)\frac{d^2}{d\xi^2}P_l^{m_l}(\xi) - 2\xi\frac{d}{d\xi}P_l^{m_l}(\xi) + \{l(l+1) - \frac{m_l{}^2}{1-\xi^2}\}P_l^{m_l}(\xi) = 0 \quad (4.49)$$

$m_l = 0$이면 앞에서 풀었던 식 (4.44)로 되고 ($\Theta = P_l(\xi)$) 다음과 같이 다시 쓸 수 있다.

$$(1-\xi^2)P_l'' - 2\xi P_l' + l(l+1)P_l = 0 \quad (4.50)$$

함수의 곱 $A(x)B(x)$에 대한 미분은 다음과 같이 나타낼 수 있고

$$\frac{d^n}{dx^n}[A(x)B(x)] = \sum_{s=0}^{n}\frac{n!}{(n-s)!s!}\frac{d^{n-s}}{dx^{n-s}}A(x)\frac{d^s}{dx^s}B(x)$$

$m_l = 0$인 식 (4.44)를 이 식을 이용하여 m_l번 미분하면

$$(1-\xi^2)\frac{d^{m_l+2}}{d\xi^{m_l+2}}P_l(\xi) - 2(m_l+1)\xi\frac{d^{m_l+1}}{d\xi^{m_l+1}}P_l(\xi)$$
$$+(m_l + l + 1)(l - m_l)\frac{d^{m_l}}{d\xi^{m_l}}P_l(\xi) = 0 \quad (4.51)$$

$\frac{d^{m_l}}{d\xi^{m_l}}P_l(\xi) = u$로 하면

$$v(\xi) = (1-\xi^2)^{m_l/2}u(\xi) = (1-\xi^2)^{m_l/2}\frac{d^{m_l}}{d\xi^{m_l}}P_l(\xi)$$

$$u' = \frac{d^{m_l+1}}{d\xi^{m_l+1}}P_l(\xi) = (v' + \frac{m_l\xi v}{1-\xi^2})(1-\xi^2)^{m_l/2}$$

$$u'' = \frac{d^{m_l+2}}{d\xi^{m_l+2}}P_l(\xi) = \{v'' + \frac{2m_l\xi v'}{1-\xi^2} + \frac{m_l v}{1-\xi^2} + \frac{m_l(m_l+2)\xi^2 v}{(1-\xi^2)^2}\}(1-\xi^2)^{m_l/2}$$

u''과 u'를 미분방정식 (4.51)에 대입하여 정리하면 다음과 같이 된다.

$$(1-\xi^2)v''+2\xi v'+\{-l(l+1)-\frac{{m_l}^2}{1-\xi^2}\}v=0$$

이 식은 원래 풀려고 했던 미분방정식 (4.49)와 같은 꼴이다. 그러므로

$$v=(1-\xi^2)^{m_l/2}\frac{d^{m_l}}{d\xi^{m_l}}\mathrm{P}_l(\xi) \tag{4.52}$$

이것이 미분방정식 (4.49)의 해가 되고 $\mathrm{P}_l^{m_l}(\xi)$로 나타낸다. 이를 **부르장드르 다항식**(associated Legendre polynomial)이라고 한다. l과 m_l은 정수이고 다항식 $\mathrm{P}_l(\xi)$에서 ξ의 지수의 최댓값은 l이므로 $l \geq m_l$이어야 한다. 미분방정식에 포함되어 있는 m_l의 항은 ${m_l}^2$의 형태이므로 음의 m_l 값에 대해서도 같은 결과를 얻는다. 그러므로 다음과 같이 쓸 수 있다.

$$\mathrm{P}_l^{|m_l|}(\xi)=(1-\xi^2)^{|m_l|/2}\frac{d^{|m_l|}}{d\xi^{|m_l|}}\mathrm{P}_l(\xi) \quad (l\geq|m_l|) \tag{4.53}$$

다시 Legendre 다항식으로 돌아가서 함수의 성질을 조사한다. 일반식으로 표시된 Legendre 다항식은 다음과 같다.

$$\mathrm{P}_n(\xi)=\frac{(2n-1)(2n-3)\cdots1}{n!}\left\{\xi^n-\frac{n(n-1)}{2(2n-1)}\xi^{n-2}+\frac{n(n-1)(n-2)(n-3)}{2\cdot4(2n-1)(2n-3)}\xi^{n-4}-\cdots\right\} \tag{4.54}$$

이를 위해서는 Legendre 다항식에 대한 **생성함수**(generating function)가 필요하며 다음 식과 같이 주어진다.

$$\frac{1}{\sqrt{1-2\xi t+t^2}}=\sum_{n=0}^{\infty}\mathrm{P}_n(\xi)t^n \tag{4.55}$$

식 (4.55)의 좌변을 이항정리를 사용하여 전개하면 t^n의 계수가 $\mathrm{P}_n(\xi)$가 된다. $m\neq n$이면 $\int_{-1}^{1}\mathrm{P}_m(\xi)\mathrm{P}_n(\xi)d\xi=0$이기 때문에 Legendre 다항식은 직교성을 가진다. 이는 $\mathrm{P}_m(\xi), \mathrm{P}_n(\xi)$이 식 (4.50)을 만족하기 때문에 다음과 같이 보여 줄 수 있다.

$$(1-\xi^2)\mathrm{P}_m''-2\xi\mathrm{P}_m'+m(m+1)\mathrm{P}_m=0$$
$$(1-\xi^2)\mathrm{P}_n''-2\xi\mathrm{P}_n'+n(n+1)\mathrm{P}_n=0$$

위의 식에는 P_n를 곱하고 아래의 식에는 P_m을 곱하여 빼면

$$(1-\xi^2)[\mathrm{P}_n\mathrm{P}_m''-\mathrm{P}_m\mathrm{P}_n'']-2\xi[\mathrm{P}_n\mathrm{P}_m'-\mathrm{P}_m\mathrm{P}_n']+\{m(m+1)-n(n+1)\}\mathrm{P}_m\mathrm{P}_n=0$$

$$(1-\xi^2)\frac{d}{d\xi}[\mathrm{P}_n\mathrm{P}_m' - \mathrm{P}_m\mathrm{P}_n'] - 2\xi[\mathrm{P}_n\mathrm{P}_m' - \mathrm{P}_m\mathrm{P}_n'] + \{m(m+1) - n(n+1)\}\mathrm{P}_m\mathrm{P}_n = 0$$

$$\frac{d}{d\xi}\{(1-\xi^2)[\mathrm{P}_n\mathrm{P}_m' - \mathrm{P}_m\mathrm{P}_n']\} = \{n(n+1) - m(m+1)\}\mathrm{P}_m\mathrm{P}_n$$

적분하면

$$(1-\xi^2)[\mathrm{P}_n\mathrm{P}_m' - \mathrm{P}_m\mathrm{P}_n']|_{-1}^{1} = \{n(n+1) - m(m+1)\}\int_{-1}^{1}\mathrm{P}_m\mathrm{P}_n\,d\xi = 0$$

위 식의 좌변에 적분 상한값과 하한값 $\xi = 1, -1$을 대입하면 0이고 $m \neq n$이므로

$$\int_{-1}^{1}\mathrm{P}_m(\xi)\mathrm{P}_n(\xi)d\xi = 0 \tag{4.56}$$

$m = n$이면 $\int_{-1}^{1}\mathrm{P}_n(\xi)^2 d\xi = \frac{2}{2n+1}$이 되는 것을 다음과 같이 생성함수를 이용하여 보여 줄 수 있다. 생성함수를 제곱하면, 즉 다음 식의 각 변을 서로 곱하면

$$\frac{1}{\sqrt{1-2\xi t+t^2}} = \sum_{m=0}^{\infty}\mathrm{P}_m(\xi)t^m \quad \text{또는} \quad \frac{1}{\sqrt{1-2\xi t+t^2}} = \sum_{n=0}^{\infty}\mathrm{P}_n(\xi)t^n$$

$$\frac{1}{1-2\xi t+t^2} = \sum_{m=0}^{\infty}\sum_{n=0}^{\infty}\mathrm{P}_m(\xi)t^m\mathrm{P}_n(\xi)t^n = \sum_{m=0}^{\infty}\sum_{n=0}^{\infty}\mathrm{P}_m(\xi)\mathrm{P}_n(\xi)t^{m+n}$$

적분하면

$$\int_{-1}^{1}\frac{1}{1-2\xi t+t^2}d\xi = \int_{-1}^{1}\sum_{m=0}^{\infty}\sum_{n=0}^{\infty}\mathrm{P}_m(\xi)\mathrm{P}_n(\xi)\,d\xi\,t^{m+n}$$

우변의 적분 중에서 $m \neq n$ 부분은 위의 식 (4.56)에 따라 0이 되고 $m = n$인 부분만 살아남는다. 따라서

$$-\frac{1}{2t}ln(1-2\xi t+t^2)\,|_{-1}^{1} = \int_{-1}^{1}\sum_{n=0}^{\infty}\mathrm{P}_n(\xi)^2 d\xi\,t^{2n} = \sum_{n=0}^{\infty}t^{2n}\int_{-1}^{1}\mathrm{P}_n(\xi)^2 d\xi$$

$$\frac{1}{t}ln\frac{1+t}{1-t} = \frac{1}{t}\{ln(1+t) - ln(1-t)\} = \sum_{n=0}^{\infty}\{\int_{-1}^{1}\mathrm{P}_n(\xi)^2 d\xi\}\,t^{2n}$$

이 식을 1장의 Maclaurin 급수 $ln(1+x) = x - \frac{x^2}{2} + \frac{x^3}{3} - \frac{x^4}{4} + \frac{x^5}{5} - \cdots$를 이용하여 전개하면

$$\sum_{n=0}^{\infty}\frac{2t^{2n}}{2n+1} = \sum_{n=0}^{\infty}\{\int_{-1}^{1}\mathrm{P}_n(\xi)^2 d\xi\}\,t^{2n}$$

t^{2n}의 계수를 같게 하면

$$\int_{-1}^{1}\mathrm{P}_n(\xi)^2 d\xi = \frac{2}{2n+1} \tag{4.57}$$

부르장드르 다항식을 정규화하면 $\sqrt{\frac{2l+1}{2}\frac{(l-m)!}{(l+m)!}}\mathrm{P}_l^m(\xi)$이 된다. 부르장드르 다항식의 정규화는 수리 물리나 공업 수학 책을 참고하기 바란다. 또 다음과 같은 점화식도 함수들 사이의 곱에 대한 적분을 위해 필요하다.

$$(2n+1)\xi\mathrm{P}_n^m(\xi) = (n+m)\mathrm{P}_{n-1}^m(\xi) + (n-m+1)\xi\mathrm{P}_{n+1}^m(\xi) \tag{4.58}$$

$$\begin{aligned}(2n+1)(1-\xi^2)^{1/2}\mathrm{P}_n^m(\xi) &= \mathrm{P}_{n+1}^{m+1}(\xi) - \mathrm{P}_{n-1}^{m+1}(\xi)\\ &= (n+m)(n+m-1)\,\mathrm{P}_{n-1}^{m-1}(\xi) - (n-m+1)(n-m+2)\,\mathrm{P}_{n+1}^{m-1}(\xi)\end{aligned} \tag{4.59}$$

$$(2n+1)\mathrm{P}_n(\xi) = \mathrm{P}_{n+1}(\xi)' - \mathrm{P}_{n-1}(\xi)' \tag{4.60}$$

구형과 관련된 문제를 풀 때 $\mathrm{Y}(\theta,\phi)$를 만나게 된다. 이를 **구면조화함수** (spherical harmonics)라 하고 양자수 l과 m_l에 의존하므로 $\mathrm{Y}_{l,m_l}(\theta,\phi)$로 나타낸다.

$$\mathrm{Y}_{l,m_l}(\theta,\phi) = \left(\frac{2l+1}{4\pi}\frac{(l-|m_l|)!}{(l+|m_l|)!}\right)^{1/2}\mathrm{P}_n^{|m_l|}(\cos\theta)e^{im_l\phi}$$

| 표 4.3 | 구면조화함수 Y_{l,m_l}

$\mathrm{Y}_{0,0} = \frac{1}{(4\pi)^{1/2}}$	$\mathrm{Y}_{1,0} = \left(\frac{3}{4\pi}\right)^{1/2}\cos\theta$
$\mathrm{Y}_{1,1} = \left(\frac{3}{8\pi}\right)^{1/2}\sin\theta\, e^{i\phi}$	$\mathrm{Y}_{1,-1} = \left(\frac{3}{8\pi}\right)^{1/2}\sin\theta\, e^{-i\phi}$
$\mathrm{Y}_{2,0} = \left(\frac{5}{16\pi}\right)^{1/2}(3\cos^2\theta - 1)$	$\mathrm{Y}_{2,1} = \left(\frac{15}{8\pi}\right)^{1/2}\sin\theta\cos\theta\, e^{i\phi}$
$\mathrm{Y}_{2,-1} = \left(\frac{15}{8\pi}\right)^{1/2}\sin\theta\cos\theta\, e^{-i\phi}$	$\mathrm{Y}_{2,2} = \left(\frac{15}{32\pi}\right)^{1/2}\sin^2\theta\, e^{2i\phi}$
$\mathrm{Y}_{2,-2} = \left(\frac{15}{32\pi}\right)^{1/2}\sin^2\theta\, e^{-2i\phi}$	

마지막으로 지금까지 구해진 함수들을 곱하여 수소 원자의 파동 함수를 나타낼 수 있으며 정규화시키면 계수들이 고정된다. 따라서 최종 직교정규화된 수소의 파동 함수는

$$\psi(\mathbf{r}) = \psi_{n,l,m_l}(r,\theta,\phi) = \mathrm{R}_{n,l}(r)\mathrm{Y}_{l,m_l}(\theta,\phi)$$

복소수로 되어 있는 함수들은 켤레복소 함수끼리 더하거나 차이를 구하여 실수 부분과 허수 부분을 구하여 실수 수소꼴 파동 함수로 나타낼 수 있다. 함수들의 아래 첨자들이 파동 함수들의 방향성을 나타낸다. 예를 들면 $2p_z$는 $\cos\theta$를 포

함하고 있는데 이는 좌표 변환할 때 $z = r\cos\theta$가 같은 $\cos\theta$를 가지고 있다. $2p_x$, $2p_y$도 각각 x, y와 같은 θ, ϕ 함수를 갖는다. d 파동 함수들의 각도 의존성도 유사하다.

| 표 4.4 | 실수 수소꼴 파동 함수

$$\psi_{1,0,0} = 1s = \frac{1}{\sqrt{\pi}}\left(\frac{Z}{a_0}\right)^{3/2} e^{-Zr/a_0}$$

$$\psi_{1,0,0} = 2s = \frac{1}{4\sqrt{2\pi}}\left(\frac{Z}{a_0}\right)^{3/2}\left(1-\frac{Zr}{2a_0}\right) e^{-Zr/2a_0}$$

$$\psi_{2,1,0} = 2p_z = \frac{1}{4\sqrt{2\pi}}\left(\frac{Z}{a_0}\right)^{5/2} re^{-Zr/2a_0}\cos\theta$$

$$2p_x = \frac{1}{4\sqrt{2\pi}}\left(\frac{Z}{a_0}\right)^{5/2} re^{-Zr/2a_0}\sin\theta\cos\phi = \frac{1}{\sqrt{2}}(\psi_{2,1,1}+\psi_{2,1,-1})$$

$$2p_y = \frac{1}{4\sqrt{2\pi}}\left(\frac{Z}{a_0}\right)^{5/2} re^{-Zr/2a_0}\sin\theta\sin\phi = \frac{1}{i\sqrt{2}}(\psi_{2,1,1}-\psi_{2,1,-1})$$

$$\psi_{3,0,0} = 3s = \frac{1}{81\sqrt{3\pi}}\left(\frac{Z}{a_0}\right)^{3/2}\left(1-\frac{2Zr}{3a_0}+\frac{2Z^2r^2}{27a_0{}^2}\right) e^{-Zr/3a_0}$$

$$\psi_{3,1,0} = 3p_z = \frac{\sqrt{2}}{81\sqrt{\pi}}\left(\frac{Z}{a_0}\right)^{5/2}\left(6-\frac{Zr}{a_0}\right) re^{-Zr/3a_0}\cos\theta$$

$$3p_x = \frac{\sqrt{2}}{81\sqrt{\pi}}\left(\frac{Z}{a_0}\right)^{5/2}\left(6-\frac{Zr}{a_0}\right) re^{-Zr/3a_0}\sin\theta\cos\phi = \frac{1}{\sqrt{2}}(\psi_{3,1,1}+\psi_{3,1,-1})$$

$$3p_y = \frac{\sqrt{2}}{81\sqrt{\pi}}\left(\frac{Z}{a_0}\right)^{5/2}\left(6-\frac{Zr}{a_0}\right) re^{-Zr/3a_0}\sin\theta\sin\phi = \frac{1}{i\sqrt{2}}(\psi_{3,1,1}-\psi_{3,1,-1})$$

$$\psi_{3,2,0} = 3d_{z^2} = \frac{1}{81\sqrt{6\pi}}\left(\frac{Z}{a_0}\right)^{7/2} r^2e^{-Zr/3a_0}(3\cos^2\theta-1)$$

$$3d_{xz} = \frac{\sqrt{2}}{81\sqrt{\pi}}\left(\frac{Z}{a_0}\right)^{7/2} r^2e^{-Zr/3a_0}\sin\theta\cos\theta\cos\phi = \frac{1}{\sqrt{2}}(\psi_{3,2,1}+\psi_{3,2,-1})$$

$$3d_{yz} = \frac{\sqrt{2}}{81\sqrt{\pi}}\left(\frac{Z}{a_0}\right)^{7/2} r^2e^{-Zr/3a_0}\sin\theta\cos\theta\sin\phi = \frac{1}{i\sqrt{2}}(\psi_{3,2,1}-\psi_{3,2,-1})$$

$$3d_{x^2-y^2} = \frac{1}{81\sqrt{2\pi}}\left(\frac{Z}{a_0}\right)^{7/2} r^2e^{-Zr/3a_0}\sin^2\theta\cos 2\phi = \frac{1}{\sqrt{2}}(\psi_{3,2,2}+\psi_{3,2,-2})$$

$$3d_{xy} = \frac{\sqrt{2}}{81\sqrt{\pi}}\left(\frac{Z}{a_0}\right)^{7/2} r^2e^{-Zr/3a_0}\sin^2\theta\sin 2\phi = \frac{1}{i\sqrt{2}}(\psi_{3,2,2}-\psi_{3,2,-2})$$

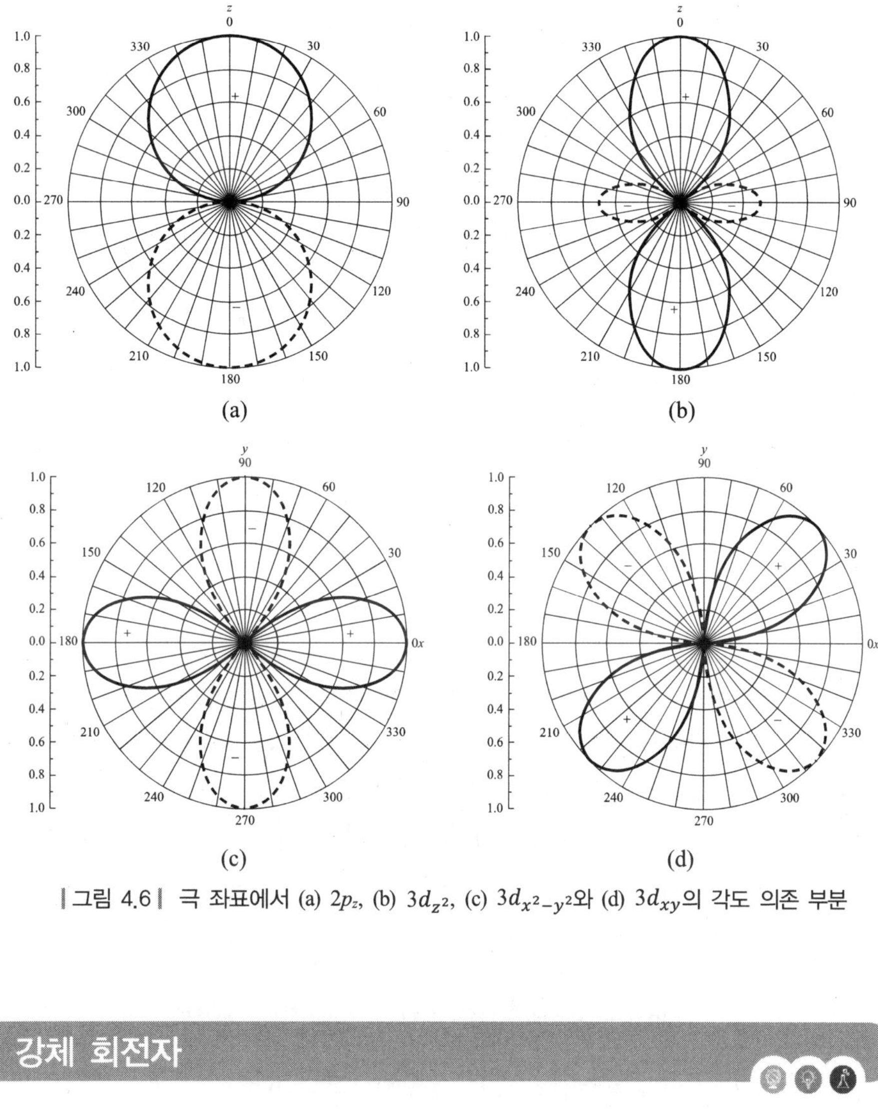

┃그림 4.6┃ 극 좌표에서 (a) $2p_z$, (b) $3d_{z^2}$, (c) $3d_{x^2-y^2}$와 (d) $3d_{xy}$의 각도 의존 부분

4.4 | 강체 회전자

반경 r인 구면상에서 자유롭게 회전운동을 하는 질량이 m인 입자를 생각해 보자. 거리가 r로 변하지 않고 고정되어 있으므로 **강체 회전자**(rigid rotor)라고 한다. 이 경우는 구면상 어디에서나 퍼텐셜 에너지가 0이므로 삼차원에서 Schrödinger 방정식은 식 (4.23)에서 퍼텐셜 에너지를 0으로 놓을 수 있다. 게다가 r도 변하지 않으므로 r에 관한 미분은 사라지게 된다. 따라서 다음과 같은 식을 얻는다.

$$-\frac{\hbar^2}{2\mu}\frac{1}{r^2}\left\{\frac{1}{\sin^2\theta}\frac{\partial^2}{\partial\phi^2}+\frac{1}{\sin\theta}\frac{\partial}{\partial\theta}\left(\sin\theta\frac{\partial}{\partial\theta}\right)\right\}\psi(\mathbf{r})=\mathrm{E}\psi(\mathbf{r}) \tag{4.61}$$

관성모멘트 $I = \mu r^2$이므로

$$-\frac{\hbar^2}{2I}\left\{\frac{1}{\sin^2\theta}\frac{\partial^2}{\partial\phi^2} + \frac{1}{\sin\theta}\frac{\partial}{\partial\theta}\left(\sin\theta\frac{\partial}{\partial\theta}\right)\right\}\psi = E\psi$$

$$\left\{\frac{1}{\sin^2\theta}\frac{\partial^2}{\partial\phi^2} + \frac{1}{\sin\theta}\frac{\partial}{\partial\theta}\left(\sin\theta\frac{\partial}{\partial\theta}\right)\right\}\psi = -\frac{2IE}{\hbar^2}\psi$$

이 식은 수소 원자에 대한 Schrödinger 방정식을 풀 때 나타났던 식 (4.26)과 같다. 식 (4.26)을 다시 쓰면

$$\left\{\frac{1}{\sin^2\theta}\frac{\partial^2}{\partial\phi^2} + \frac{1}{\sin\theta}\frac{\partial}{\partial\theta}\left(\sin\theta\frac{\partial}{\partial\theta}\right)\right\}Y_{l,m_l}(\theta,\phi) = -l(l+1)Y_{l,m_l}(\theta,\phi)$$

그러면 위의 두 식을 비교하여 $\psi = Y_{l,m_l}(\theta,\phi)$

$$-\frac{2IE}{\hbar^2} = -l(l+1), \quad \text{또는 } E = \frac{\hbar^2}{2I}l(l+1) \tag{4.62}$$

이 식은 회전자의 에너지를 나타내고 l은 정수이므로 신기하게도 강체 회전자의 에너지가 양자화되어 나타남을 알 수 있다. 회전하는 물체는 각운동량을 가지므로 여기서 나타나는 양자수 l을 각운동량 양자수라고 한다. 이 양자화된 에너지 준위 사이의 전이를 회전 분광학에서 연구한다. 따라서 이 식은 분자의 회전 분광학에서 스펙트럼으로부터 원자 간 거리 r을 구하는 기초가 된다.

$Y(\theta,\phi) = \Theta(\theta)\Phi(\phi)$와 $\alpha = \frac{2IE}{\hbar^2} = l(l+1)$를 사용하면 수소 원자의 미분방정식과 같이 변수분리가 되고 식 (4.39)와 (4.40)과 같은 미분방정식들의 해를 얻게 된다.

$$\sin\theta\frac{d}{d\theta}\left(\sin\theta\frac{d}{d\theta}\right)\Theta + \{l(l+1)\sin^2\theta - m_l^2\}\Theta = 0,$$

$$\Theta = P_l^{|m_l|}(\xi) = (1-\xi^2)^{|m_l|/2}\frac{d^{|m_l|}}{d\xi^{|m_l|}}P_l(\xi) \tag{4.63a}$$

$$\frac{1}{\Phi(\phi)}\frac{d^2\Phi}{d\phi^2} = -m_l^2, \quad \Phi(\phi) = \sqrt{\frac{1}{2\pi}}e^{im_l\phi} \tag{4.63b}$$

4.5 | 각운동량

회전하는 물체의 고전적인 각운동량은 다음과 같이 나타낼 수 있다(식 (2.11) 참고).

$$\mathbf{L} = \mathbf{r} \times \boldsymbol{p} = \begin{vmatrix} \vec{i} & \vec{j} & \vec{k} \\ x & y & z \\ p_x & p_y & p_z \end{vmatrix} \tag{4.64}$$

행렬식을 전개하여 다음과 같이 각운동량의 성분을 얻는다.

$$\mathrm{L}_x = yp_z - zp_y$$
$$\mathrm{L}_y = zp_x - xp_z$$
$$\mathrm{L}_z = xp_y - yp_x$$

양자론에서 각운동량 연산자는 Hamiltonian 연산자에서 했던 것처럼 운동량 p_α를 $\frac{\hbar}{i}\frac{d}{d\alpha}$($\alpha = x,\ y,\ z$)로 치환하면 얻어진다(식 (6.42)를 얻는 과정을 살펴보라).

$$\hat{\mathrm{L}}_x = y\frac{\hbar}{i}\frac{\partial}{\partial z} - z\frac{\hbar}{i}\frac{\partial}{\partial y} = \frac{\hbar}{i}\left(y\frac{\partial}{\partial z} - z\frac{\partial}{\partial y}\right)$$
$$\hat{\mathrm{L}}_y = z\frac{\hbar}{i}\frac{\partial}{\partial x} - x\frac{\hbar}{i}\frac{\partial}{\partial z} = \frac{\hbar}{i}\left(z\frac{\partial}{\partial x} - x\frac{\partial}{\partial z}\right)$$
$$\hat{\mathrm{L}}_z = x\frac{\hbar}{i}\frac{\partial}{\partial y} - y\frac{\hbar}{i}\frac{\partial}{\partial x} = \frac{\hbar}{i}\left(x\frac{\partial}{\partial y} - y\frac{\partial}{\partial x}\right) \tag{4.65}$$

이 식에서 ($x,\ y,\ z$)를 ($r,\ \theta,\ \phi$)로 변환하면

$$\hat{\mathrm{L}}_x = \frac{\hbar}{i}\Big[r\sin\theta\sin\phi\left(\cos\theta\frac{\partial}{\partial r} - \frac{\sin\theta}{r}\frac{\partial}{\partial\theta}\right)$$
$$- r\cos\theta\left(\sin\theta\sin\phi\frac{\partial}{\partial r} + \frac{\cos\theta\sin\phi}{r}\frac{\partial}{\partial\theta} + \frac{\cos\phi}{r\sin\theta}\frac{\partial}{\partial\phi}\right)\Big]$$
$$= \frac{\hbar}{i}\left(\sin\phi\frac{\partial}{\partial\theta} + \frac{\cos\theta\cos\phi}{\sin\theta}\frac{\partial}{\partial\phi}\right)$$
$$\hat{\mathrm{L}}_y = \frac{\hbar}{i}\left(\cos\phi\frac{\partial}{\partial\theta} - \frac{\cos\theta\sin\phi}{\sin\theta}\frac{\partial}{\partial\phi}\right)$$
$$\hat{\mathrm{L}}_z = \frac{\hbar}{i}\frac{d}{d\phi} \tag{4.66}$$

각운동량의 크기의 제곱을 나타내는 연산자 $\hat{\mathrm{L}}^2$는 다음과 같이 되고

$$\hat{\mathrm{L}}^2 = -\hbar^2\left\{\frac{1}{\sin\theta}\frac{\partial}{\partial\theta}\left(\sin\theta\frac{\partial}{\partial\theta}\right) + \frac{1}{\sin^2\theta}\frac{\partial^2}{\partial\phi^2}\right\} \tag{4.67}$$

$\hat{L}^2$와 $\hat{L}_z$를 구면조화함수에 적용하면 각각 다음과 같다.

$$\hat{L}^2 Y(\theta,\phi) = -\hbar^2\left\{\frac{1}{\sin\theta}\frac{\partial}{\partial\theta}\left(\sin\theta\frac{\partial}{\partial\theta}\right)+\frac{1}{\sin^2\theta}\frac{\partial^2}{\partial\phi^2}\right\} Y_{l,m_l}(\theta,\phi)$$
$$= l(l+1)\hbar^2 Y_{l,m_l}(\theta,\phi)$$

$$\hat{L}_z Y_{l,m_l}(\theta,\phi) = \frac{\hbar}{i}\frac{\partial}{\partial\phi}\Theta(\theta)\Phi(\phi) = \frac{\hbar}{i}\Theta(\theta)\frac{\partial}{\partial\phi}\left(\frac{1}{2\pi}\right)^{\frac{1}{2}} e^{im_l\phi}$$
$$= \frac{\hbar}{i}\Theta(\theta)(im_l)\left(\frac{1}{2\pi}\right)^{\frac{1}{2}} e^{im_l\phi}$$
$$= m_l\hbar\Theta(\theta)\Phi(\phi) = m_l\hbar Y_{l,m_l}(\theta,\phi)$$

이 결과는 행렬의 고윳값 방정식 (5.51) $\boldsymbol{AX} = \lambda\boldsymbol{X}$나 Schrödinger 방정식 $\hat{\mathbf{H}}\Psi = \mathrm{E}\Psi$와 같이 고윳값 방정식이다. $Y(\theta,\phi)$에 대한 $\hat{L}^2$의 고윳값은 $l(l+1)\hbar^2$이고 $\hat{L}_z$의 고윳값은 $m_l\hbar$이다. 따라서 $Y(\theta,\phi)$는 동시에 $\hat{L}^2$와 $\hat{L}_z$의 고유함수가 된다. 이런 경우에는 두 연산자의 교환자가 0이다. 즉 $\hat{L}^2\hat{L}_z - \hat{L}_z\hat{L}^2 = 0$이다(식 4.71). 일반적으로 연산자 $\hat{A}$와 $\hat{B}$에 대하여 **교환자**(commutator) $[\hat{A},\ \hat{B}]$는 다음과 같이 정의된다.

$$[\hat{A},\ \hat{B}] = \hat{A}\hat{B} - \hat{B}\hat{A} \tag{4.68}$$

교환자 $[\hat{A},\ \hat{B}] = 0$이면 $\hat{A}\hat{B} = \hat{B}\hat{A}$이므로 어떤 함수에 적용할 때 순서에 무관하다. 교환자 관계를 조사하는 것은 어떤 한 함수가 동시에 다른 두 물리적 양에 대한 고유함수가 되는지 어떤지를 결정하기 때문에 중요하다. 각운동량에 대하여 교환자 관계를 조사해 보면 먼저 $\hat{L}_x$, $\hat{L}_y$에 대하여

$$[\hat{L}_x,\ \hat{L}_y]f = (\hat{L}_x\hat{L}_y - \hat{L}_y\hat{L}_x)f$$
$$= \left\{\frac{\hbar}{i}\left(y\frac{\partial}{\partial z} - z\frac{\partial}{\partial y}\right)\frac{\hbar}{i}\left(z\frac{\partial f}{\partial x} - x\frac{\partial f}{\partial z}\right) - \frac{\hbar}{i}\left(z\frac{\partial}{\partial x} - x\frac{\partial}{\partial z}\right)\frac{\hbar}{i}\left(y\frac{\partial f}{\partial z} - z\frac{\partial f}{\partial y}\right)\right\}$$
$$= -\hbar^2\left\{\left(y\frac{\partial f}{\partial x} + yz\frac{\partial}{\partial z}\frac{\partial f}{\partial x} - yx\frac{\partial}{\partial z}\frac{\partial f}{\partial z} - z^2\frac{\partial}{\partial y}\frac{\partial f}{\partial x} + xz\frac{\partial}{\partial y}\frac{\partial f}{\partial z}\right)\right.$$
$$\left. - \left(zy\frac{\partial}{\partial x}\frac{\partial f}{\partial z} - z^2\frac{\partial}{\partial x}\frac{\partial f}{\partial y} - xy\frac{\partial}{\partial z}\frac{\partial f}{\partial z} + x\frac{\partial}{\partial y} + xz\frac{\partial}{\partial z}\frac{\partial f}{\partial y}\right)\right\}$$
$$= -\hbar^2\left(y\frac{\partial f}{\partial x} - x\frac{\partial f}{\partial y}\right) = i\hbar\frac{\hbar}{i}\left(x\frac{\partial}{\partial y} - y\frac{\partial}{\partial x}\right)f$$
$$= i\hbar\hat{L}_z f$$

그러므로

$$[\hat{L}_x,\ \hat{L}_y] = i\hbar\hat{L}_z \tag{4.69}$$

같은 방법으로 풀거나 계산을 하지 않고 x, y, z의 순환순열 y, z, x와 z, x, y를 식 (4.69)에 적용하면 쉽게 다음 두 관계식을 얻는다.

$$[\hat{L}_y,\ \hat{L}_z] = i\hbar\hat{L}_x,\ [\hat{L}_z,\ \hat{L}_x] = i\hbar\hat{L}_y \tag{4.70}$$

식 (4.69)와 (4.70)에서 계산된 것처럼 교환자가 0이 아니므로 $Y(\theta,\phi)$는 동시에 $\hat{L}_z$와 $\hat{L}_x$, $\hat{L}_z$와 $\hat{L}_y$, 또는 $\hat{L}_x$와 $\hat{L}_y$의 고유함수가 될 수 없다.

이제 $\hat{L}^2$와 각운동량의 성분과의 교환자를 계산할 수 있다.

$$\begin{aligned}
[\hat{L}^2,\ \hat{L}_z] &= [\hat{L}_x{}^2 + \hat{L}_y{}^2 + \hat{L}_z{}^2,\ \hat{L}_z] = [\hat{L}_x{}^2,\ \hat{L}_z] + [\hat{L}_y{}^2,\ \hat{L}_z] + [\hat{L}_z{}^2,\ \hat{L}_z] \\
&= [\hat{L}_x{}^2,\ \hat{L}_z] + [\hat{L}_y{}^2,\ \hat{L}_z] = [\hat{L}_x\hat{L}_x,\ \hat{L}_z] + [\hat{L}_y\hat{L}_y,\ \hat{L}_z] \\
&= \hat{L}_x\hat{L}_x\hat{L}_z - \hat{L}_z\hat{L}_x\hat{L}_x + \hat{L}_y\hat{L}_y\hat{L}_z - \hat{L}_z\hat{L}_y\hat{L}_y \\
&= \hat{L}_x\hat{L}_x\hat{L}_z - \hat{L}_x\hat{L}_z\hat{L}_x + \hat{L}_x\hat{L}_z\hat{L}_x - \hat{L}_z\hat{L}_x\hat{L}_x + \hat{L}_y\hat{L}_y\hat{L}_z \\
&\quad - \hat{L}_y\hat{L}_z\hat{L}_y + \hat{L}_y\hat{L}_z\hat{L}_y - \hat{L}_z\hat{L}_y\hat{L}_y \\
&= \hat{L}_x[\hat{L}_x,\ \hat{L}_z] + [\hat{L}_x,\ \hat{L}_z]\hat{L}_x + \hat{L}_y[\hat{L}_y,\ \hat{L}_z] + [\hat{L}_y,\ \hat{L}_z]\hat{L}_y \\
&= -i\hbar\hat{L}_x\hat{L}_y - i\hbar\hat{L}_y\hat{L}_x + i\hbar\hat{L}_y\hat{L}_x + i\hbar\hat{L}_x\hat{L}_y \\
&= 0
\end{aligned} \tag{4.71}$$

앞에서 언급한 것처럼 $Y(\theta,\phi)$는 동시에 $\hat{L}^2$와 $\hat{L}_z$의 고유함수가 된다. 위에서 보는 것처럼 $\hat{L}^2$와 $\hat{L}_z$의 교환자 $[\hat{L}^2,\ \hat{L}_z] = 0$이면 이러한 성질을 갖는다. 같은 방법으로 계산하면

$$[\hat{L}^2,\ \hat{L}_x] = 0,\ [\hat{L}^2,\ \hat{L}_y] = 0 \tag{4.72}$$

그러면 $Y(\theta,\phi)$는 동시에 $\hat{L}^2$와 $\hat{L}_x$, $\hat{L}_y$, $\hat{L}_z$의 고유함수가 될 수 있는가 하는 문제에 부딪히게 된다. 고전적으로 각운동량은 보존되기 때문에 세 성분이 각각 일정한 값을 가지지만 양자론에서는 $\hat{L}^2$와 하나의 성분(통상 $\hat{L}_z$)만 규정지을 수 있다. 따라서 $Y(\theta,\phi)$는 동시에 $\hat{L}^2$와 $\hat{L}_z$의 고유함수라면 $Y(\theta,\phi)$는 동시에 $\hat{L}^2$와 $\hat{L}_x$, $\hat{L}_y$의 고유함수가 될 수 없다.

다음은 새로운 두 연산자, 올리기 연산자(raising operator) $\hat{L}_+$와 내리기 연산자(lowering operator) $\hat{L}_-$를 정의한다.

$$\hat{L}_+ = \hat{L}_x + i\hat{L}_y \tag{4.73}$$

$$\hat{L}_- = \hat{L}_x - i\hat{L}_y \tag{4.74}$$

이들의 성질을 알기 위해 다음의 몇 가지 곱이나 교환자를 계산한다.

$$\begin{aligned}\hat{L}_+\hat{L}_- &= (\hat{L}_x + i\hat{L}_y)(\hat{L}_x - i\hat{L}_y) = \hat{L}_x(\hat{L}_x - i\hat{L}_y) + i\hat{L}_y(\hat{L}_x - i\hat{L}_y)\\ &= \hat{L}_x{}^2 - i\hat{L}_x\hat{L}_y + i\hat{L}_y\hat{L}_x + \hat{L}_y{}^2 = \hat{L}^2 - \hat{L}_z{}^2 + i[\hat{L}_y, \hat{L}_x]\\ &= \hat{L}^2 - \hat{L}_z{}^2 + \hbar\hat{L}_z\end{aligned} \tag{4.75}$$

또

$$[\hat{L}_+, \hat{L}_z] = [(\hat{L}_x + i\hat{L}_y), \hat{L}_z] = [\hat{L}_x, \hat{L}_z] + i[\hat{L}_y, \hat{L}_z] = -i\hbar\hat{L}_y - \hbar\hat{L}_x = -\hbar\hat{L}_+$$

그러므로

$$\begin{aligned}[\hat{L}_+, \hat{L}_z] &= \hat{L}_+\hat{L}_z - \hat{L}_z\hat{L}_+ = -\hbar\hat{L}_+\\ \hat{L}_+\hat{L}_z &= \hat{L}_z\hat{L}_+ - \hbar\hat{L}_+\end{aligned} \tag{4.76}$$

$\hat{L}_z\mathrm{Y} = m_l\hbar\mathrm{Y}$이므로 위의 식 (4.76)을 Y에 적용하면

$$\hat{L}_+\hat{L}_z\mathrm{Y} = \hat{L}_+m_l\hbar\mathrm{Y} = m_l\hbar\hat{L}_+\mathrm{Y} = (\hat{L}_z\hat{L}_+ - \hbar\hat{L}_+)\mathrm{Y} = \hat{L}_z\hat{L}_+\mathrm{Y} - \hbar\hat{L}_+\mathrm{Y}.$$

가장 오른쪽 항에 있는 $\hat{L}_z\hat{L}_+$에 관하여 정리하면

$$\hat{L}_z\hat{L}_+\mathrm{Y} = m_l\hbar\hat{L}_+\mathrm{Y} + \hbar\hat{L}_+\mathrm{Y} = (m_l + 1)\hbar\hat{L}_+\mathrm{Y} \tag{4.77}$$

이 결과를 $\hat{L}_z\mathrm{Y} = m_l\hbar\mathrm{Y}$와 위의 식 $\hat{L}_z(\hat{L}_+\mathrm{Y}) = (m_l + 1)\hbar(\hat{L}_+\mathrm{Y})$을 비교해 보면 $\hat{L}_+\mathrm{Y}$가 $\hat{L}_z$의 고유함수임을 알 수 있고 그것의 $\hat{L}_z$에 대한 고윳값이 $1\hbar$가 증가한, 즉 양자수가 1 증가한 함수임을 알 수 있다. 그러므로 또 한 번 더 $\hat{L}_+$를 적용하면

$$\hat{L}_z\hat{L}_+{}^2\mathrm{Y} = (m_l + 2)\hbar(\hat{L}_+{}^2\mathrm{Y})$$

그러므로 k번 $\hat{L}_+$를 반복해서 적용하면

$$\hat{L}_z\hat{L}_+{}^k\mathrm{Y} = (m_l + k)\hbar(\hat{L}_+{}^k\mathrm{Y}),\ k = 0, 1, 2, 3, \ldots \tag{4.78}$$

식 (4.75)와 같은 방법으로

$$\hat{L}_-\hat{L}_+ = \hat{L}^2 - \hat{L}_z^{\ 2} - \hbar\hat{L}_z \tag{4.79}$$

유사한 방법으로 $\hat{L}_-$에 대해서는 다음 식들을 얻는다.

$$[\hat{L}_-, \hat{L}_z] = \hat{L}_-\hat{L}_z - \hat{L}_z\hat{L}_- = \hbar\hat{L}_-$$
$$\hat{L}_-\hat{L}_z = \hat{L}_z\hat{L}_- + \hbar\hat{L}_-$$
$$\hat{L}_z\hat{L}_-\mathrm{Y} = m_l\hbar\hat{L}_-\mathrm{Y} - \hbar\hat{L}_-\mathrm{Y} = (m_l - 1)\hbar\hat{L}_-\mathrm{Y} \tag{4.80}$$

그러므로 k번 $\hat{L}_-$를 반복해서 적용하면

$$\hat{L}_z\hat{L}_-^{\ k}\mathrm{Y} = (m_l - k)\hbar(\hat{L}_-^{\ k}\mathrm{Y}),\ k = 0, 1, 2, 3, \ldots \tag{4.81}$$

이와 같이 $\hat{L}_+$와 $\hat{L}_-$를 Y에 적용할 때마다 고윳값이 ħ 단위로 증가하거나 감소된 $\hat{L}_z$의 새로운 고유함수를 생성한다. 따라서 $\hat{L}_+$와 $\hat{L}_-$를 각각 올리기 연산자와 내리기 연산자라고 하고 이들을 사다리 연산자(ladder operator)라고 한다. 위에서 설명한 $\hat{L}_\pm$의 결과를 다시 쓰면

$$\hat{L}_\pm\mathrm{Y}_{l,m_l} = \mathrm{C}_\pm\mathrm{Y}_{l,m_l\pm1}$$

$\mathrm{C}_\pm$는 결정되어야 할 상수이다. 다음 적분값으로부터 구할 수 있다(bracket 표기법은 5장 4절 끝을 참조).

$$\langle\hat{L}_\pm\mathrm{Y}_{l,m_l}|\hat{L}_\pm\mathrm{Y}_{l,m_l}\rangle = \langle\mathrm{C}_\pm\mathrm{Y}_{l,m_l}|\mathrm{C}_\pm\mathrm{Y}_{l,m_l}\rangle = \mathrm{C}_\pm^{\ 2}\langle\mathrm{Y}_{l,m_l\pm1}|\mathrm{Y}_{l,m_l\pm1}\rangle = \mathrm{C}_\pm^{\ 2}$$

이 식에서 $\hat{L}_\pm$가 Hermitian 연산자(식 (5.73) 적용)이고 서로 복소켤레이기 때문에 $\hat{L}_\pm^{\ *} = \hat{L}_\pm^{\ \dagger} = \hat{L}_\mp$와 식 (4.75)와 (4.79)를 사용하면

$$\begin{aligned}
\mathrm{C}_\pm^{\ 2} &= \langle\hat{L}_\pm\mathrm{Y}_{l,m_l}|\hat{L}_\pm\mathrm{Y}_{l,m_l}\rangle = \langle\mathrm{Y}_{l,m_l}|\hat{L}_\pm^{\ *}\hat{L}_\pm|\mathrm{Y}_{l,m_l}\rangle = \left\langle\mathrm{Y}_{l,m_l}\middle|\hat{L}_\pm^{\ \dagger}\hat{L}_\pm\middle|\mathrm{Y}_{l,m_l}\right\rangle \\
&= \langle\mathrm{Y}_{l,m_l}|\hat{L}_\mp\hat{L}_\pm|\mathrm{Y}_{l,m_l}\rangle = \left\langle\mathrm{Y}_{l,m_l}\middle|\hat{L}^2 - \hat{L}_z^{\ 2} \mp \hbar\hat{L}_z\middle|\mathrm{Y}_{l,m_l}\right\rangle \\
&= \langle\mathrm{Y}_{l,m_l}|l(l+1)\hbar^2 - m_l^{\ 2}\hbar^2 \mp m_l\hbar^2|\mathrm{Y}_{l,m_l}\rangle \\
&= \{l(l+1) - m_l^{\ 2} \mp m_l\}\hbar^2\langle\mathrm{Y}_{l,m_l}|\mathrm{Y}_{l,m_l}\rangle \\
&= \{l(l+1) - m_l^{\ 2} \mp m_l\}\hbar^2 = \{(l \mp m_l)(l \pm m_l + 1)\}\hbar^2 \\
\mathrm{C}_\pm &= \sqrt{(l \mp m_l)(l \pm m_l + 1)}\hbar
\end{aligned}$$

따라서 $$\hat{L}_\pm\mathrm{Y}_{l,m_l} = \sqrt{(l \mp m_l)(l \pm m_l + 1)}\hbar\mathrm{Y}_{l,m_l\pm1} \tag{4.82}$$

이들 $\hat{L}_\pm$와 $\hat{L}^2$의 교환자는 다음과 같이

$$[\hat{L}^2,\ \hat{L}_\pm] = [\hat{L}^2,\ \hat{L}_x \pm i\hat{L}_y] = [\hat{L}^2,\ \hat{L}_x] \pm i[\hat{L}^2,\ \hat{L}_y] = 0$$

또

$$[\hat{L}^2,\ \hat{L}_\pm{}^2] = [\hat{L}^2,\ \hat{L}_\pm]\,\hat{L}_\pm + \hat{L}_\pm[\hat{L}^2,\ \hat{L}_\pm] = 0$$

연속적으로 조사해 보면

$$[\hat{L}^2,\ \hat{L}_\pm{}^k] = 0 \ \text{또는}\ \hat{L}^2\hat{L}_\pm{}^k = \hat{L}_\pm{}^k\hat{L}^2, k = 0, 1, 2, \ldots \tag{4.83}$$

$\hat{L}^2$에 대하여 특별한 Y가 고윳값 b를 갖는다고 하면 $\hat{L}^2\mathrm{Y} = b\mathrm{Y}$이므로

$$\hat{L}^2\hat{L}_\pm{}^k\mathrm{Y} = \hat{L}_\pm{}^k\hat{L}^2\mathrm{Y} = \hat{L}_\pm{}^k b\mathrm{Y} = b\hat{L}_\pm{}^k\mathrm{Y}$$

여기서 $\mathrm{Y}^k = \hat{L}_\pm{}^k\mathrm{Y}$라 하면

$$\hat{L}^2(\hat{L}_\pm{}^k\mathrm{Y}) = b(\hat{L}_\pm{}^k\mathrm{Y}) \ \text{또는}\ \hat{L}^2\mathrm{Y}^k = b\mathrm{Y}^k \tag{4.84}$$

$\hat{L}_z$에 대하여 특별한 Y가 고윳값 a를 갖는다고 하면 $\hat{L}_z\mathrm{Y} = a\mathrm{Y}$이고 사다리 연산자에 의하여 생성되는 고유함수와 고윳값에 대하여 다음과 같이 쓸 수 있다.

$$\hat{L}_z\mathrm{Y}^k = a_k\mathrm{Y}^k \tag{4.85}$$

여기서 $a_k = a \pm k\hbar$ (4.86)

$$\hat{L}_z{}^2\mathrm{Y}^k = a_k\hat{L}_z\mathrm{Y}^k = a_k{}^2\mathrm{Y}^k \tag{4.87}$$

식 (4.84)로부터 식 (4.87)을 빼고 $\hat{L}^2 = \hat{L}_z{}^2 + \hat{L}_x{}^2 + \hat{L}_y{}^2$이므로

$$\hat{L}^2\mathrm{Y}^k - \hat{L}_z{}^2\mathrm{Y}^k = b\mathrm{Y}^k - a_k{}^2\mathrm{Y}^k$$
$$(\hat{L}_x{}^2 + \hat{L}_y{}^2)\mathrm{Y}^k = (b - a_k{}^2)\mathrm{Y}^k$$

연산자 $\hat{L}_x{}^2 + \hat{L}_y{}^2$에 대응하는 물리적 양은 음의 값을 가질 수 없고 고윳값 $b - a_k{}^2 \geq 0$이어야 한다. 그러므로

$$\sqrt{b} \geq a_k \geq -\sqrt{b}, k = 0,\ \pm 1,\ \pm 2, \ldots$$

k가 변하더라도 b는 변하지 않으므로 a_k는 위와 아래가 제한된다. 그래서 그 a_k의 최댓값, 최솟값을 각각 a_{max}, a_{min}으로 나타내면

$$\hat{L}_z Y_{max} = a_{max} Y_{max},\ \hat{L}_z Y_{min} = a_{min} Y_{min} \tag{4.88}$$

위의 첫째 식에 올리기 연산자를 적용하면 식 (4.77)에 따라

$$\hat{L}_+ \hat{L}_z Y_{max} = \hat{L}_+ (\hat{L}_z Y_{max}) = \hat{L}_+ a_{max} Y_{max} = a_{max} \hat{L}_+ Y_{max}$$
$$\hat{L}_z \hat{L}_+ Y_{max} = (a_{max} + \hbar) \hat{L}_+ Y_{max}$$

a_{max}가 $\hat{L}_z$의 최대 고윳값이므로 위의 마지막 식에서 얻어진 고윳값 $a_{max} + \hbar$는 모순이다. 이 모순을 피하기 위한 방법은 $\hat{L}_+ Y_{max}$가 0이 되어 사라지는 것이다.

$$\hat{L}_+ Y_{max} = 0 \tag{4.89}$$

이 식에 $\hat{L}_-$를 적용하고 식 (4.75)를 사용하면

$$\hat{L}_- \hat{L}_+ Y_{max} = 0$$
$$(\hat{L}^2 - {\hat{L}_z}^2 - \hbar \hat{L}_z) Y_{max} = 0$$
$$(b - {a_{max}}^2 - \hbar a_{max}) Y_{max} = 0$$
$$b - {a_{max}}^2 - \hbar a_{max} = 0$$
$$b = {a_{max}}^2 + \hbar a_{max} \tag{4.90}$$

식 (4.88)의 $\hat{L}_z Y_{min}$에 내리기 연산자를 적용하고 유사한 방법으로 다음 결과를 얻는다.

$$\hat{L}_- Y_{min} = 0 \tag{4.91}$$

$$b = {a_{min}}^2 - \hbar a_{min} \tag{4.92}$$

식 (4.90)에서 식 (4.92)를 빼면

$${a_{max}}^2 + \hbar a_{max} - ({a_{min}}^2 - \hbar a_{min}) = 0,$$
$${a_{max}}^2 - {a_{min}}^2 + \hbar a_{max} + \hbar a_{min} = 0,$$
$$(a_{max} + a_{min})(a_{max} - a_{min} + \hbar) = 0,$$
$$a_{max} = -a_{min},\ a_{max} = a_{min} - \hbar$$

두 번째 근은 최댓값이 최솟값보다 작아 모순이므로 버리면

$$a_{max} = -a_{min} \tag{4.93}$$

식 (4.86)으로부터, 즉 ħ의 정수 단위로 증가하거나 감소하므로 그 차이는 ħ의 정수배가 되어야 한다. 따라서

$$a_{max} - a_{min} = 2a_{max} = n\hbar, n = 0, 1, 2, \ldots$$
$$a_{max} = \frac{n}{2}\hbar$$
$$a_{max} = l\hbar, l = 0, \frac{1}{2}, 1, \frac{3}{2}, 2, \ldots \tag{4.94}$$

$$a_{min} = -l\hbar$$
$$a = -l\hbar, (-l+1)\hbar, (-l+2)\hbar, \ldots, (l-2)\hbar, (l-1)\hbar, l\hbar \tag{4.95}$$

$\hat{L}^2$에 대하여 특별한 Y가 고윳값 b를 갖는다고 하였으며 또 식 (4.90)에 a_{max}를 대입하면 $\hat{L}^2$의 고윳값은

$$b = l^2\hbar^2 + l\hbar^2 = l(l+1)\hbar^2, l = 0, \frac{1}{2}, 1, \frac{3}{2}, 2, \ldots$$

즉,

$$\hat{L}^2 Y = l(l+1)\hbar^2 Y, l = 0, \frac{1}{2}, 1, \frac{3}{2}, 2, \ldots \tag{4.96}$$

$$\hat{L}_z Y = m_l \hbar Y, \ m_l = -l, -l+1, \ldots, l-1, l \tag{4.97}$$

여기서 신기하게도 각운동량에 대한 양자수 l이 정수 또는 반정수 ($\frac{1}{2}, \frac{3}{2}, \frac{5}{2}, \frac{7}{2}, \ldots$)를 가지는 것을 알 수 있다. 예를 들면, 전자의 스핀 각운동량 양자수 $S = \frac{1}{2}$이고, 핵 스핀 각운동량 양자수 I에 대하여 ^{1}H, ^{13}C, ^{15}N, ^{29}Si, ^{31}P 등은 $I = \frac{1}{2}$, ^{2}H (D), ^{14}N 등은 I = 1, ^{23}Na, ^{39}K, ^{87}Rb 등은 $I = \frac{3}{2}$, ^{85}Rb 등은 $I = \frac{5}{2}$, ^{133}Cs 등은 $I = \frac{7}{2}$을 갖는다. 각운동량에 대한 관계식은 다른 모든 각운동량($\hat{I}$, $\hat{J}$와 $\hat{S}$ 등)에 대해서도 똑같이 성립한다. $\hat{I}_+$, $\hat{I}_-$,$\hat{S}_+$, $\hat{S}_-$ 등을 사용하면 식 (5.84)와 (5.86)의 Hamiltonian 행렬의 원소를 계산할 수 있다. 예를 들어 식 (5.84)에서 언급하게 되는 수소 핵자기 공명의 AB 스핀 계의 계산에서 다음과 같은 Hamiltonian ($\hat{\mathbf{H}}$)을 각운동량 연산자들을 사용하여 Hamiltonian 행렬의 원소 H_{ij}를 얻을 수 있다.

$$\begin{aligned} h^{-1}\hat{\mathbf{H}} &= \nu_0(1-\sigma_A)\hat{I}_{zA} + \nu_0(1-\sigma_B)\hat{I}_{zB} + J\hat{\mathbf{I}}_A \cdot \hat{\mathbf{I}}_B \\ &= \nu_0(\hat{I}_{zA} + \hat{I}_{zB}) - \nu_0(\sigma_A\hat{I}_{zA} + \sigma_B\hat{I}_{zB}) + J\hat{\mathbf{I}}_A \cdot \hat{\mathbf{I}}_B \end{aligned}$$

수소는 핵스핀 양자수 I = 1/2이므로 m_I = 1/2, −1/2이고 이에 대응하는 스핀 파동 함수는 각각 α, β이다. 따라서 두 수소 원자핵에 대한 스핀 파동 함수는 $\phi_1 = |\alpha_A\alpha_B\rangle$, $\phi_2 = |\alpha_A\beta_B\rangle$, $\phi_3 = |\beta_A\alpha_B\rangle$와 $\phi_4 = |\beta_A\beta_B\rangle$이다. $\hat{\mathbf{I}}_A \cdot \hat{\mathbf{I}}_B$는 다음 식과 같이 주어지고(bracket 표기법은 식 (5.74) ~ (5.76) 참고)

$$\hat{\mathbf{I}}_A \cdot \hat{\mathbf{I}}_B = \hat{I}_{xA} \cdot \hat{I}_{xB} + \hat{I}_{yA} \cdot \hat{I}_{yB} + \hat{I}_{zA} \cdot \hat{I}_{zB}$$

$\hat{I}_+ = \hat{I}_x + i\hat{I}_y$, $\hat{I}_- = \hat{I}_x - i\hat{I}_y$이므로 $\hat{I}_x = \frac{1}{2}(\hat{I}_+ + \hat{I}_-)$, $\hat{I}_y = \frac{1}{2i}(\hat{I}_+ - \hat{I}_-)$이다. 그러면

$$\hat{\mathbf{I}}_A \cdot \hat{\mathbf{I}}_B = \frac{1}{2}(\hat{I}_{+A} + \hat{I}_{-A})\frac{1}{2}(\hat{I}_{+B} + \hat{I}_{-B})$$
$$+ \frac{1}{2i}(\hat{I}_{+A} - \hat{I}_{-A})\frac{1}{2i}(\hat{I}_{+B} - \hat{I}_{-B}) + \hat{I}_{zA} \cdot \hat{I}_{zB} = \frac{1}{2}(\hat{I}_{+A}\hat{I}_{-B} + \hat{I}_{-A}\hat{I}_{+B}) + \hat{I}_{zA} \cdot \hat{I}_{zB}$$

그러므로 $\hat{\mathbf{H}}$은 다음과 같이 된다.

$$h^{-1}\hat{\mathbf{H}} = \nu_0(\hat{I}_{zA} + \hat{I}_{zB}) - \nu_0(\sigma_A\hat{I}_{zA} + \sigma_B\hat{I}_{zB}) + J\{\frac{1}{2}(\hat{I}_{+A}\hat{I}_{-B} + \hat{I}_{-A}\hat{I}_{+B}) + \hat{I}_{zA} \cdot \hat{I}_{zB}\}$$

$\hat{I}_z$를 스핀 파동 함수 $|\alpha\rangle$와 $|\beta\rangle$에 작용시키면 각각 고윳값(m_s) 1/2과 −1/2을 얻고 $\hat{I}_-|\alpha\rangle = |\beta\rangle$와 $\hat{I}_+|\beta\rangle = |\alpha\rangle$, $\hat{I}_+|\alpha\rangle = 0$과 $\hat{I}_-|\beta\rangle = 0$, $\langle\alpha|\alpha\rangle = \langle\beta|\beta\rangle = 1$ 그리고 $\langle\beta|\alpha\rangle = \langle\alpha|\beta\rangle = 0$이 된다. 이 성질을 이용하여 각 연산자를 기저 함수 $|\alpha_A\alpha_B\rangle$, $|\alpha_A\beta_B\rangle$, $|\beta_A\alpha_B\rangle$와 $|\beta_A\beta_B\rangle$에 적용하면 다음과 같은 결과를 얻는다.

$$\hat{I}_{zA}|\alpha_A\alpha_B\rangle = \frac{1}{2}|\alpha_A\alpha_B\rangle,\ \hat{I}_{zA}|\alpha_A\beta_B\rangle = \frac{1}{2}|\alpha_A\beta_B\rangle,$$
$$\hat{I}_{zA}|\beta_A\alpha_B\rangle = -\frac{1}{2}|\beta_A\alpha_B\rangle,\ \hat{I}_{zA}|\beta_A\beta_B\rangle = -\frac{1}{2}|\beta_A\beta_B\rangle,$$
$$\hat{I}_{+A}|\alpha_A\alpha_B\rangle = 0,\ \hat{I}_{+A}|\alpha_A\beta_B\rangle = 0\ \ \hat{I}_{+A}|\beta_A\alpha_B\rangle = |\alpha_A\alpha_B\rangle,$$
$$\hat{I}_{+A}|\beta_A\beta_B\rangle = |\alpha_A\beta_B\rangle,\ \hat{I}_{-A}|\alpha_A\alpha_B\rangle = |\beta_A\alpha_B\rangle,\ \hat{I}_{-A}|\alpha_A\beta_B\rangle = |\beta_A\beta_B\rangle,$$
$$\hat{I}_{-A}|\beta_A\alpha_B\rangle = 0,\ \hat{I}_{-A}|\beta_A\beta_B\rangle = 0,\ \hat{I}_{zB}|\alpha_A\alpha_B\rangle = \frac{1}{2}|\alpha_A\alpha_B\rangle,$$
$$\hat{I}_{zB}|\alpha_A\beta_B\rangle = -\frac{1}{2}|\alpha_A\beta_B\rangle,\ \hat{I}_{zB}|\beta_A\alpha_B\rangle = \frac{1}{2}|\beta_A\alpha_B\rangle,\ \hat{I}_{zB}|\beta_A\beta_B\rangle = -\frac{1}{2}|\beta_A\beta_B\rangle,$$
$$\hat{I}_{+B}|\alpha_A\alpha_B\rangle = 0,\ \hat{I}_{+B}|\alpha_A\beta_B\rangle = |\alpha_A\alpha_B\rangle,\ \hat{I}_{+B}|\beta_A\alpha_B\rangle = 0,$$
$$\hat{I}_{+B}|\beta_A\beta_B\rangle = |\beta_A\alpha_B\rangle,\ \hat{I}_{-B}|\alpha_A\alpha_B\rangle = |\alpha_A\beta_B\rangle,\ \hat{I}_{-B}|\alpha_A\beta_B\rangle = 0,$$
$$\hat{I}_{-B}|\beta_A\alpha_B\rangle = |\beta_A\beta_B\rangle,\ \hat{I}_{-B}|\beta_A\beta_B\rangle = 0$$

그러므로 Hamiltonian 행렬 원소 H_{11}에 위의 결과를 대입하면

$$\begin{aligned}
\mathrm{H}_{11} &= \langle \phi_1|\hat{\mathbf{H}}|\phi_1\rangle = \langle \alpha_A\alpha_B|\hat{\mathbf{H}}|\alpha_A\alpha_B\rangle \\
&= \Big\langle \alpha_A\alpha_B\Big|\nu_0(\hat{I}_{zA} + \hat{I}_{zB}) - \nu_0(\sigma_A\hat{I}_{zA} + \sigma_B\hat{I}_{zB}) \\
&+ J\left\{\frac{1}{2}(\hat{I}_{+A}\hat{I}_{-B} + \hat{I}_{-A}\hat{I}_{+B}) + \hat{I}_{zA}\cdot\hat{I}_{zB}\right\}\Big|\alpha_A\alpha_B\Big\rangle \\
&= \nu_0\langle\alpha_A\alpha_B|\hat{I}_{zA} + \hat{I}_{zB}|\alpha_A\alpha_B\rangle - \nu_0\langle\alpha_A\alpha_B|\sigma_A\hat{I}_{zA} + \sigma_B\hat{I}_{zB}|\alpha_A\alpha_B\rangle \\
&+ \frac{1}{2}J\langle\alpha_A\alpha_B|\hat{I}_{+A}\hat{I}_{-B}|\alpha_A\alpha_B\rangle + \frac{1}{2}J\langle\alpha_A\alpha_B|\hat{I}_{-A}\hat{I}_{+B}|\alpha_A\alpha_B\rangle \\
&+ J\langle\alpha_A\alpha_B|\hat{I}_{zA}\cdot\hat{I}_{zB}|\alpha_A\alpha_B\rangle \\
&= \nu_0\left\langle\alpha_A\alpha_B\Big|\frac{1}{2} + \frac{1}{2}\Big|\alpha_A\alpha_B\right\rangle - \nu_0\left\langle\alpha_A\alpha_B\Big|\sigma_A\frac{1}{2} + \sigma_B\frac{1}{2}\Big|\alpha_A\alpha_B\right\rangle \\
&+ \frac{1}{2}J\langle\alpha_A\alpha_B|0\beta_B\rangle + \frac{1}{2}J\langle\alpha_A\alpha_B|\beta_A 0\rangle + J\left\langle\alpha_A\alpha_B\Big|\frac{1}{2}\cdot\frac{1}{2}\Big|\alpha_A\alpha_B\right\rangle \\
&= \nu_0 - \frac{1}{2}\nu_0(\sigma_A + \sigma_B) + \frac{1}{4}J = \nu_0\{1 - \frac{1}{2}(\sigma_A + \sigma_B)\} + \frac{1}{4}J
\end{aligned}$$

같은 방법으로

$$\begin{aligned}
&\mathrm{H}_{12} = \langle\alpha_A\alpha_B|\hat{\mathbf{H}}|\alpha_A\beta_B\rangle = 0,\ \mathrm{H}_{13} = \langle\alpha_A\alpha_B|\hat{\mathbf{H}}|\beta_A\alpha_B\rangle = 0, \\
&\mathrm{H}_{14} = \langle\alpha_A\alpha_B|\hat{\mathbf{H}}|\beta_A\beta_B\rangle = 0,\ \mathrm{H}_{21} = \langle\alpha_A\beta_B|\hat{\mathbf{H}}|\alpha_A\alpha_B\rangle = 0, \\
&\mathrm{H}_{22} = \langle\alpha_A\beta_B|\hat{\mathbf{H}}|\alpha_A\beta_B\rangle = -\frac{1}{2}\nu_0(\sigma_A - \sigma_B) - \frac{1}{4}J, \\
&\mathrm{H}_{23} = \langle\alpha_A\beta_B|\hat{\mathbf{H}}|\beta_A\alpha_B\rangle = \frac{1}{2}J,\ \mathrm{H}_{24} = \langle\alpha_A\beta_B|\hat{\mathbf{H}}|\beta_A\beta_B\rangle = 0, \\
&\mathrm{H}_{31} = \langle\beta_A\alpha_B|\hat{\mathbf{H}}|\alpha_A\alpha_B\rangle = 0,\ \mathrm{H}_{32} = \langle\beta_A\alpha_B|\hat{\mathbf{H}}|\alpha_A\beta_B\rangle = \frac{1}{2}J, \\
&\mathrm{H}_{33} = \langle\beta_A\alpha_B|\hat{\mathbf{H}}|\beta_A\alpha_B\rangle = \frac{1}{2}\nu_0(\sigma_A - \sigma_B) - \frac{1}{4}J, \\
&\mathrm{H}_{34} = \langle\beta_A\alpha_B|\hat{\mathbf{H}}|\beta_A\beta_B\rangle = 0,\ \mathrm{H}_{41} = \langle\beta_A\beta_B|\hat{\mathbf{H}}|\alpha_A\alpha_B\rangle = 0, \\
&\mathrm{H}_{42} = \langle\beta_A\beta_B|\hat{\mathbf{H}}|\alpha_A\beta_B\rangle = 0,\ \mathrm{H}_{43} = \langle\beta_A\beta_B|\mathbf{H}|\beta_A\alpha_B\rangle = 0, \\
&\mathrm{H}_{44} = \langle\beta_A\alpha_B|\mathbf{H}|\beta_A\beta_B\rangle = \nu_0\{-1 + \frac{1}{2}(\sigma_A + \sigma_B)\} + \frac{1}{4}J
\end{aligned}$$

이 Hamiltonian 행렬 원소들로 행렬을 쓰면 식 (5.85)가 된다.

4.6 선택 규칙

원자 분광학에서 가해지는 전자기파(빛)와 원자의 상호작용을 시간-종속 섭동론(식 (8.49))으로 풀면 전자기파의 흡수 세기 I는 **전이 쌍극자 모멘트**(μ_{nm})의 제곱에 비례한다. 전이 쌍극자 모멘트 μ_{nm}는 8장 식 (8.65)에 논의되어 있다.

$$\mu_{nm} = e\int \psi_n{}^* \mathbf{r}\,\psi_m d\tau \tag{4.98}$$

여기서 $\mathbf{r} = x\boldsymbol{i} + y\boldsymbol{j} + z\boldsymbol{k}$이고

$$x = r\sin\theta\cos\phi$$
$$y = r\sin\theta\sin\phi$$
$$z = r\cos\theta$$

이다. 따라서 수소 원자에 대해서는 전이 쌍극자 모멘트의 z, x, y 세 성분에 따라 각각 다음과 같은 적분을 계산해야 한다.

$$\int \mathrm{Y}_{l',m_l'}{}^* \cos\theta\, \mathrm{Y}_{l,m_l} d\Omega,\ \int \mathrm{Y}_{l',m_l'}{}^* \sin\theta\cos\phi\, \mathrm{Y}_{l,m_l} d\Omega$$
$$\text{또는}\ \int \mathrm{Y}_{l',m_l'}{}^* \sin\theta\sin\phi\, \mathrm{Y}_{l,m_l} d\Omega$$

$\cos\theta = \xi$이므로 정규화된 $\mathrm{Y}_{l,m}$과 점화식 (4.58)과 (4.59)를 이용하면 다음 관계를 얻을 수 있다.

$$\cos\theta\, \mathrm{Y}_{l,m_l} = \left[\frac{(l-m_l)(l+m_l)}{(2l-1)(2l+1)}\right]^{1/2} \mathrm{Y}_{l-1,m_l} + \left[\frac{(l-m_l+1)(l+m_l+1)}{(2l+1)(2l+3)}\right]^{1/2} \mathrm{Y}_{l+1,m_l},$$

$$\sin\theta\, e^{i\phi}\mathrm{Y}_{l,m_l} = -\left[\frac{(l+m_l+1)(l+m_l+2)}{(2l+1)(2l+3)}\right]^{1/2} \mathrm{Y}_{l+1,m_l+1} + \left[\frac{(l-m_l)(l-m_l-1)}{(2l-1)(2l+1)}\right]^{1/2} \mathrm{Y}_{l-1,m_l+1},$$

$$\sin\theta\, e^{-i\phi}\mathrm{Y}_{l,m_l} = \left[\frac{(l-m_l+1)(l-m_l+2)}{(2l+1)(2l+3)}\right]^{1/2} \mathrm{Y}_{l+1,m_l-1} - \left[\frac{(l+m_l)(l+m_l-1)}{(2l-1)(2l+1)}\right]^{1/2} \mathrm{Y}_{l-1,m_l-1}$$

그러므로 z 성분에 대한 적분은 다음과 같이 된다.

$$\int Y_{l',m_l'}{}^* \cos\theta \, Y_{l,m_l} d\Omega$$

$$= \int Y_{l',m_l'}{}^* \left\{ \left[\frac{(l-m_l)(l+m_l)}{(2l-1)(2l+1)}\right]^{1/2} Y_{l-1,m_l} + \left[\frac{(l-m_l+1)(l+m_l+1)}{(2l+1)(2l+3)}\right]^{1/2} Y_{l+1,m_l} \right\} d\Omega$$

$$= \left[\frac{(l-m_l)(l+m_l)}{(2l-1)(2l+1)}\right]^{1/2} \delta_{l',l-1}\delta_{m_l',m_l} + \left[\frac{(l-m_l+1)(l+m_l+1)}{(2l+1)(2l+3)}\right]^{1/2} \delta_{l',l+1}\delta_{m_l',m_l} \tag{4.99}$$

이 적분값이 0이 되지 않는 경우는 $l' = l-1$과 $m_l' = m_l$ 또는 $l' = l+1$과 $m_l' = m_l$, 즉

$$\Delta l = \pm 1, \Delta m_l = 0 \tag{4.100}$$

x와 y 성분은 위상이 90°만 차이가 나고 결과는 같으므로 그 중 한 성분 x에 대하여 계산하면

$$\sin\theta\cos\phi \, Y_{l,m_l} = \frac{1}{2}\left\{ -\left[\frac{(l+m_l+1)(l+m_l+2)}{(2l+1)(2l+3)}\right]^{1/2} Y_{l+1,m_l+1} \right.$$

$$+ \left[\frac{(l-m_l)(l-m_l-1)}{(2l-1)(2l+1)}\right]^{1/2} Y_{l-1,m_l+1}$$

$$\left. + \left[\frac{(l-m_l+1)(l-m_l+2)}{(2l+1)(2l+3)}\right]^{1/2} Y_{l+1,m_l-1} - \left[\frac{(l+m_l)(l+m_l-1)}{(2l-1)(2l+1)}\right]^{1/2} Y_{l-1,m_l-1} \right\}$$

$$\int Y_{l',m_l'}{}^* \sin\theta\cos\phi \, Y_{l,m_l} d\Omega$$

$$= \frac{1}{2}\int Y_{l',m_l'}{}^* \left\{ -\left[\frac{(l+m_l+1)(l+m_l+2)}{(2l+1)(2l+3)}\right]^{1/2} Y_{l+1,m_l+1} \right.$$

$$\left. + \left[\frac{(l-m_l)(l-m_l-1)}{(2l-1)(2l+1)}\right]^{1/2} Y_{l-1,m_l+1} \right\} d\Omega$$

$$+ \frac{1}{2}\int Y_{l',m_l'}{}^* \left\{ \left[\frac{(l-m_l+1)(l-m_l+2)}{(2l+1)(2l+3)}\right]^{1/2} Y_{l+1,m_l-1} \right.$$

$$\left. - \left[\frac{(l+m_l)(l+m_l-1)}{(2l-1)(2l+1)}\right]^{1/2} Y_{l-1,m_l-1} \right\} d\Omega$$

$$= \frac{1}{2}\left\{ -\left[\frac{(l+m_l+1)(l+m_l+2)}{(2l+1)(2l+3)}\right]^{1/2} \delta_{l',l+1}\delta_{m_l',m_l+1} \right.$$

$$\left. + \left[\frac{(l-m_l)(l-m_l-1)}{(2l-1)(2l+1)}\right]^{1/2} \delta_{l',l-1}\delta_{m_l',m_l+1} \right\}$$

$$+ \frac{1}{2}\left\{ \left[\frac{(l-m_l+1)(l-m_l+2)}{(2l+1)(2l+3)}\right]^{1/2} \delta_{l',l+1}\delta_{m_l',m_l-1} \right.$$

$$\left. - \left[\frac{(l+m_l)(l+m_l-1)}{(2l-1)(2l+1)}\right]^{1/2} \delta_{l',l-1}\delta_{m_l',m_l-1} \right\} \tag{4.101}$$

이 적분값이 0이 되지 않는 경우는 $l' = l \pm 1$과 $m_l' = m_l + 1$ 또는 $l' = l \pm 1$과 $m_l' = m_l - 1$, 즉

$$\Delta l = \pm 1, \Delta m_l = \pm 1 \tag{4.102}$$

따라서 수소 원자에 대한 선택 규칙은 $\Delta l = \pm 1$과 $\Delta m_l = 0$ 또는 ± 1이 된다.

4.7 조화 진동자

물체의 진동이 Hook의 법칙 ($F = -kx$)을 따라 진동한다면 이를 **조화 진동자**(harmonic ocillator)라 하고 $F = -\frac{dV}{dx}$이므로 적분하여 퍼텐셜 에너지를 얻는다. 실제 이원자 분자의 진동 퍼텐셜 함수는 퍼텐셜 에너지가 극소로 되는 평형점 근처의 영역에서는 근사적으로 퍼텐셜 에너지가 포물선으로 된다. 따라서 조화 진동자는 적외선 분광학의 기초가 된다.

$$V = \frac{1}{2}kx^2$$

조화 진동자에 대한 Schrödinger 방정식은 다음과 같이 된다.

$$-\frac{\hbar^2}{2m}\frac{d^2\psi}{dx^2} + \frac{1}{2}kx^2\psi = E\psi \tag{4.103}$$

다음과 같은 파라미터를 사용하여 치환하면

$$\xi = x/\alpha,\ \varepsilon = E/\frac{1}{2}\hbar\omega = \frac{2\alpha^2 mE}{\hbar^2},\ \alpha = \left(\frac{\hbar^2}{mk}\right)^{\frac{1}{4}},\ \omega = \left(\frac{k}{m}\right)^{\frac{1}{2}} \tag{4.104}$$

$$\frac{d^2}{d\xi^2} = \frac{d^2}{\left(\frac{dx}{\alpha}\right)^2} = \alpha^2\frac{d^2}{dx^2}$$

미분방정식은 다음과 같이 된다.

$$\frac{d^2\psi}{d\xi^2} + (\varepsilon - \xi^2)\psi = 0 \tag{4.105}$$

아주 큰 $\xi(\infty)$에 대하여 미분방정식은 다음과 같이 된다.

$$\frac{d^2\psi_\infty}{d\xi^2} - \xi^2\psi_\infty = 0 \qquad (\varepsilon - \xi^2 \cong -\xi^2) \tag{4.106}$$

$$\psi_\infty = ce^{\pm\xi^2/2}$$

$$\frac{d^2}{d\xi^2}\left(e^{\pm\xi^2/2}\right) = \frac{d}{d\xi}\left(\pm\xi e^{\pm\xi^2/2}\right) = \pm e^{\pm\xi^2/2} + \xi^2 e^{\pm\xi^2/2}$$

$$= (\xi^2 \pm 1)e^{\pm\xi^2/2} \approx \xi^2 e^{\pm\xi^2/2}$$

ξ가 ∞로 증가함에 따라 $e^{\xi^2/2}$가 ∞로 발산하므로 $e^{\xi^2/2}$는 버린다. 따라서 아주 큰 ξ에 대하여 미분방정식의 해는 다음과 같다.

$$\psi_\infty = ce^{-\xi^2/2} \tag{4.107}$$

그러므로 원래의 미분방정식 (4.105)의 해는 이 점근해 ψ_∞에 ξ가 작을 때 역할을 하는 함수 $f(\xi)$를 곱한 함수로 생각할 수 있다.

$$\psi = f(\xi)e^{-\xi^2/2}$$

$$\psi' = f'(\xi)e^{-\xi^2/2} + f(\xi)(-\xi)e^{-\xi^2/2}$$

$$\psi'' = f''(\xi)e^{-\xi^2/2} + f'(\xi)(-\xi)e^{-\xi^2/2} + f'(\xi)(-\xi)e^{-\xi^2/2}$$

$$+ f(\xi)(-e^{-\xi^2/2} + \xi^2 e^{-\xi^2/2})$$

$$= f''(\xi)e^{-\xi^2/2} - 2\xi f'(\xi)e^{-\xi^2/2} - f(\xi)e^{-\xi^2/2} + \xi^2 f(\xi)e^{-\xi^2/2}$$

이 식들을 식 (4.105)에 대입하면

$$f''(\xi)e^{-\xi^2/2} - 2\xi f'(\xi)e^{-\xi^2/2} - f(\xi)e^{-\xi^2/2} + \xi^2 f(\xi)e^{-\xi^2/2}$$

$$+ (\varepsilon - \xi^2)f(\xi^2)e^{-\xi^2/2} = 0$$

$$\{f''(\xi) - 2\xi f'(\xi) + (\varepsilon - 1)f(\xi)\}e^{-\xi^2/2} = 0$$

$e^{\xi^2/2}$는 0이 될 수 없으므로

$$f''(\xi) - 2\xi f'(\xi) + (\varepsilon - 1)f(\xi) = 0 \tag{4.108}$$

$p(\xi) = -2\xi$와 $q(\xi) = \varepsilon - 1$로 해석적이어서 일반적인 급수해를 가지므로

$$f = a_0 + a_1\xi + \cdots + a_2\xi^2 + a_k\xi^k + a_{k+1}\xi^{k+1} + a_{k+2}\xi^{k+2} + \cdots$$

$$f' = a_1 + a_2\cdot 2\xi + a_3\cdot 3\xi^2 + \cdots + a_{k+1}(k+1)\xi^k + a_{k+2}(k+2)\xi^{k+1} + \cdots$$

$$f'' = a_2\cdot 2 + a_3\cdot 3\cdot 2\xi + \cdots + a_{k+1}(k+1)k\xi^{k-1} + a_{k+2}(k+2)(k+1)\xi^k + \cdots$$

f, f', f''을 식 (4.108)에 대입하면

$$2a_2 + 3\cdot 2a_3\xi + \cdots + (k+1)ka_{k+1}\xi^{k-1} + (k+2)(k+1)a_{k+2}\xi^k + \cdots$$
$$-2\xi\{a_1 + 2a_1\xi + 3a_3\xi^2 + \cdots + (k+1)a_{k+1}\xi^k + (k+2)a_{k+2}\xi^{k+1} + \cdots\}$$
$$+(\varepsilon-1)\{a_0 + a_1\xi + a_2\xi^2 + \cdots + a_k\xi^k + a_{k+1}\xi^{k+1} + a_{k+2}\xi^{k+2} + \cdots\} = 0$$

ξ의 지수가 같은 것끼리 정리하면

$$2a_2 + (\varepsilon-1)a_0 + \{3\cdot 2a_3 - 2a_1 + (\varepsilon-1)a_1\}\xi$$
$$+\cdots + \{(k+2)(k+1)a_{k+2} - 2ka_k + (\varepsilon-1)a_k\}\xi^k + \cdots = 0$$

ξ^k 항의 계수가 0이 되어야 하므로 다음과 같은 점화식을 얻는다.

$$a_{k+2} = -\frac{\varepsilon-1-2k}{(k+2)(k+1)}a_k$$

아주 큰 k 값에 대하여 두 계수의 비는 다음과 같이 $\frac{2}{k}$와 같이 행동하게 된다.

$$\frac{a_{k+2}}{a_k} = -\frac{\varepsilon-1-2k}{(k+2)(k+1)} \approx \frac{2}{k}$$

이것은 다음과 같이 e^{ξ^2}를 Maclaurin 급수로 전개하여 두 항의 계수를 비교해 보면 $\frac{b_{n+2}}{b_n}$와 같은 행동을 보여 준다.

$$e^{\xi^2} = 1 + \xi^2 + \frac{\xi^4}{2!} + \frac{\xi^6}{3!} + \cdots + \frac{\xi^n}{\left(\frac{n}{2}\right)!} + \frac{\xi^{n+2}}{\left(\frac{n+2}{2}\right)!} + \frac{\xi^{n+4}}{\left(\frac{n+4}{2}\right)!} + \cdots$$

$$\frac{b_{n+2}}{b_n} = \frac{1/\left(\frac{n+2}{2}\right)!}{1/\left(\frac{n}{2}\right)!} = \frac{\left(\frac{n}{2}\right)!}{\left(\frac{n+2}{2}\right)!} = \frac{\left(\frac{n}{2}\right)!}{\left(\frac{n+2}{2}\right)\left(\frac{n}{2}\right)!} = \frac{1}{\frac{n}{2}+1} = \frac{2}{n+2} \approx \frac{2}{n}$$

그러므로 함수 $f(\xi)$는 ξ가 ∞로 감에 따라 e^{ξ^2}와 같이 행동함을 나타낸다. 따라서 ξ가 ∞로 감에 따라 파동 함수는 다음의 $e^{\xi^2/2}$와 같이 행동하고 발산함을 알 수 있다.

$$\psi = f(\xi)e^{-\xi^2/2} \approx e^{\xi^2}\cdot e^{-\xi^2/2} = e^{\xi^2/2}$$

따라서 ψ가 ∞로 발산하지 않도록 유한해야 한다. 즉 n항까지의 계수 $a_n \neq 0$이고 그 다음 항의 계수부터는 $a_{n+1} = 0$, $a_{n+2} = 0$, $\cdots$ 이 되도록 한다.

$$f(\xi) = a_0 + a_1\xi + a_2\xi^2 + \cdots + a_n\xi^n + a_{n+1}\xi^{n+1} + \cdots$$
$$a_{n+2} = -\frac{\varepsilon-1-2n}{(n+2)(n+1)}a_n = 0$$

$a_n \neq 0$이므로 분자의 $\varepsilon - 1 - 2n = 0$ 또는 $\varepsilon - 1 = 2n$이다. 처음 미분방정식 (4.103)을 치환할 때의 ε에 대한 관계식 (4.104)에 대입하면 E를 구할 수 있다.

$$\frac{\mathrm{E}}{\frac{1}{2}\hbar\omega} - 1 - 2n = 0, \text{ 즉}$$

$$\mathrm{E} = \mathrm{E}_n = \left(\frac{1}{2} + n\right)\hbar\omega = \left(\frac{1}{2} + n\right)\mathrm{h}\nu,\ n = 0, 1, 2, \cdots \tag{4.109}$$

조화 진동자의 에너지는 $\mathrm{h}\nu$ 간격으로 양자화되어 있으며 절대 온도 0도에서도 에너지가 0이 되지 않는 영점 에너지$\left(\mathrm{E}_0 = \frac{1}{2}\mathrm{h}\nu\right)$가 존재한다. 따라서 절대 온도 0도에서도 진동자가 움직이고 있으며 에너지로부터 운동량의 부호는 결정되지 않는다. 이는 위치와 운동량을 동시에 정확히 알 수 없는 불확정성 원리의 한 예이다.

$$n = 0 \quad a_2 = -\frac{\varepsilon - 1}{2\cdot 1}a_0 \qquad\qquad n = 1 \quad a_3 = -\frac{\varepsilon - 1 - 2}{3\cdot 2}a_1$$

$$n = 2 \quad a_4 = -\frac{\varepsilon - 1 - 4}{4\cdot 3}a_2 = -\frac{(\varepsilon-1)(\varepsilon-5)}{4\cdot 3\cdot 2\cdot 1}a_0 \qquad n = 3 \quad a_5 = -\frac{(\varepsilon-3)(\varepsilon-7)}{5\cdot 4\cdot 3\cdot 2}a_1$$

$$n = 4 \quad a_6 = -\frac{(\varepsilon-1)(\varepsilon-5)(\varepsilon-9)}{6\cdot 5\cdot 4\cdot 3\cdot 2\cdot 1}a_0 \qquad n = 5 \quad a_7 = -\frac{(\varepsilon-3)(\varepsilon-7)(\varepsilon-11)}{7\cdot 6\cdot 5\cdot 4\cdot 3\cdot 2}a$$

$$\vdots$$

$$\begin{aligned} f(\xi) &= a_0 + a_1\xi + a_2\xi^2 + \cdots + {}_n\xi^n \\ &= a_0\left\{1 - \frac{\varepsilon-1}{2!}\xi^2 + \frac{(\varepsilon-1)(\varepsilon-5)}{4!}\xi^4 - \frac{(\varepsilon-1)(\varepsilon-5)(\varepsilon-9)}{6!}\xi^6 + \cdots\right\} \\ &\quad + a_1\left\{\xi - \frac{\varepsilon-3}{3!}\xi^3 + \frac{(\varepsilon-3)(\varepsilon-7)}{5!}\xi^5 - \frac{(\varepsilon-3)(\varepsilon-7)(\varepsilon-11)}{7!}\xi^7 + \cdots\right\} \end{aligned}$$

여기서 ξ의 지수가 짝수이면 $a_1 = 0$, 홀수이면 $a_0 = 0$을 취하고 $\varepsilon - 1 - 2n = 0$이 되도록 정리하면 다음 해를 얻는다.

$$n = 0 \quad \varepsilon = 2n + 1 = 1 \quad f(\xi) = a_0$$

$$n = 1 \quad \varepsilon = 3 \quad f(\xi) = a_1\xi$$

$$n = 2 \quad \varepsilon = 5 \quad f(\xi) = a_0\left(1 - \frac{4}{2!}\xi^2\right) = a_0(1 - 2\xi^2)$$

$$n = 3 \quad \varepsilon = 7 \quad f(\xi) = a_1\left(\xi - \frac{4}{3!}\xi^3\right) = a_1(3\xi - 2\xi^3)/3$$

$$n = 4 \quad \varepsilon = 9 \quad f(\xi) = a_0\left(1 - \frac{8}{2!}\xi^2 + \frac{32}{4!}\xi^4\right)$$

$$= a_0(3 - 12\xi^2 + 4\xi^4)/3$$

$$\vdots$$

$\varepsilon - 1 = 2n$이므로 식 (4.108)에 대입하면 다음과 같은 미분방정식이 되고 Hermite 미분방정식이라고 한다.

$$f''(\xi) - 2\xi f'(\xi) + 2nf(\xi) = 0 \tag{4.110}$$

이 미분방정식의 해를 Hermite 다항식이라 하고 처음 몇 가지를 표 4.5에 나타내었으며 위의 함수 $f(\xi)$와 본질적으로 같다.

‖ 표 4.5 ‖ 몇 가지 Hermite 다항식

$H_0(\xi) = 1$
$H_1(\xi) = 2\xi$
$H_2(\xi) = 4\xi^2 - 2$
$H_3(\xi) = 8\xi^3 - 12$
$H_4(\xi) = 16\xi^4 - 48\xi^2 + 12$
$H_5(\xi) = 32\xi^5 - 160\xi^3 + 120\xi$
⋮

그러므로 에너지 E_n에 대응하는 파동 함수 ψ_n은 다음과 같다.

$$\psi_n = N_n H_n e^{-\xi^2/2} \tag{4.111}$$

여기서 N_n은 정규화 상수이다.

Hermite 다항식의 생성함수는 다음 식으로 주어진다.

$$e^{2xt-t^2} = \sum_{n=0}^{\infty} \frac{H_n(x)}{n!} t^n \tag{4.112}$$

$$\int_{-\infty}^{\infty} \psi_m \psi_n dx = N_n{}^2 \int_{-\infty}^{\infty} H_m e^{-\xi^2/2} H_n e^{-\xi^2/2} dx = \begin{cases} 0 & n \neq m \\ N_n{}^2 & n = m \end{cases}$$

$$\begin{aligned} \int_{-\infty}^{\infty} H_m e^{-\xi^2/2} H_n e^{-\xi^2/2} dx &= \alpha \int_{-\infty}^{\infty} H_m e^{-\xi^2/2} H_n e^{-\xi^2/2} d\xi \\ &= \alpha \int_{-\infty}^{\infty} H_m H_n e^{-\xi^2} d\xi \end{aligned} \tag{4.113}$$

여기서 다음 생성함수들의 곱을 하면

$$e^{2\xi t-t^2} = \sum_{m=0}^{\infty} \frac{H_m(\xi)}{m!} t^m, \quad e^{2\xi u-u^2} = \sum_{n=0}^{\infty} \frac{H_n(\xi)}{n!} u^n$$

$$e^{2\xi t-t^2} e^{2\xi u-u^2} = \sum_{m=0}^{\infty} \frac{H_m(\xi)}{m!} t^m \sum_{n=0}^{\infty} \frac{H_n(\xi)}{n!} u^n$$

$$= \sum_{m=0}^{\infty} \sum_{n=0}^{\infty} \frac{H_m(\xi)}{m!} \frac{H_n(\xi)}{n!} t^m u^n$$

이 식의 양변에 $e^{-\xi^2}$를 곱하고 적분하면

$$e^{2ut} \int e^{-(\xi+t+u)^2} d\xi = \sum_{m=0}^{\infty} \sum_{n=0}^{\infty} \frac{t^m u^n}{m!n!} \int \mathrm{H}_m(\xi) \mathrm{H}_n(\xi) e^{-\xi^2} d\xi$$

$\xi + t + u = q$로 치환하고 e^{2ut}를 급수로 전개하고 좌변을 적분(2장 식 (2.43) 참조)하면

$$e^{2ut} \int e^{-q^2} dq = \sum_{m=0}^{\infty} \sum_{n=0}^{\infty} \frac{t^m u^n}{m!n!} \int \mathrm{H}_m(\xi) \mathrm{H}_n(\xi) e^{-\xi^2} d\xi$$

$$= e^{2ut}\sqrt{\pi} = \sqrt{\pi} \sum_{n=0}^{\infty} \frac{(2ut)^n}{n!} = \sqrt{\pi} \sum_{n=0}^{\infty} \frac{2^n u^n t^n}{n!}$$

여기서 m과 n이 있는 이중 합에서 m과 n이 서로 다른 항은 마지막 항에서는 없으므로 등식이 성립하기 위해서는 적분값이 0이 되어야 한다.
그러므로

$$\int \mathrm{H}_m(\xi) \mathrm{H}_n(\xi) e^{-\xi^2} d\xi = 0 \tag{4.114}$$

m과 n이 같으면

$$\frac{1}{n!n!} \int \mathrm{H}_n(\xi) \mathrm{H}_n(\xi) e^{-\xi^2} d\xi = \frac{1}{n!n!} \int \mathrm{H}_n(\xi)^2 e^{-\xi^2} d\xi = \sqrt{\pi} \frac{2^n}{n!}$$

따라서

$$\int \mathrm{H}_n(\xi)^2 e^{-\xi^2} d\xi = n!\, 2^n \sqrt{\pi}$$

식 (4.113)에 N_n^2을 곱하고 이 결과를 대입하여 1로 하면 N_n이 구해진다.

$$\mathrm{N}_n{}^2 \int_{-\infty}^{\infty} \mathrm{H}_n e^{-\xi^2/2} \mathrm{H}_n e^{-\xi^2/2} dx = \mathrm{N}_n{}^2 \alpha \int_{-\infty}^{\infty} \mathrm{H}_n \mathrm{H}_n e^{-\xi^2} d\xi$$

$$= \mathrm{N}_n{}^2 \alpha\, n!\, 2^n \sqrt{\pi} = 1$$

$$\mathrm{N}_n = 1/\sqrt{\alpha\, n!\, 2^n \sqrt{\pi}}$$

정규화된 파동 함수는 다음과 같다.

$$\psi_n = 1/\sqrt{\alpha\, n!\, 2^n \sqrt{\pi}}\, \mathrm{H}_n e^{-\xi^2/2} \tag{4.115}$$

또 다음과 같은 점화식도 함수들 사이의 곱에 대한 적분을 위해 필요하다.

$$H_{n+1}(\xi) = 2\xi H_n(\xi) - 2nH_{n-1}(\xi) \tag{4.116}$$

$$H_n(\xi)' = 2nH_{n-1}(\xi) \tag{4.117}$$

다음 x 성분에 대한 전이 쌍극자 모멘트 μ_{nm}(식 (8.65))을 계산하기 위하여 위의 점화식과 $\xi = x/\alpha$을 사용하면

$$\begin{aligned}\mu_{nm} &= \int_{-\infty}^{\infty} \psi_m x \psi_n dx = \alpha^2 N_m N_n \int_{-\infty}^{\infty} H_m \xi H_n e^{-\xi^2} d\xi \\ &= \alpha^2 N_m N_n \int_{-\infty}^{\infty} H_m \left\{ nH_{n-1}(\xi) + \frac{1}{2}H_{n+1}(\xi) \right\} e^{-\xi^2} d\xi \end{aligned} \tag{4.118}$$

따라서 이 적분값이 0이 되지 않는 조건은 $m = n - 1$ 또는 $m = n + 1$이다. 즉

$$\Delta n = \pm 1 \tag{4.119}$$

조화 진동자의 경우 바로 아래 에너지 준위나 바로 위의 에너지 준위로만 전이가 가능함을 나타낸다.

x의 기댓값은

$$\begin{aligned}\langle x \rangle &= \int_{-\infty}^{\infty} \psi_n x \psi_n dx = \alpha^2 {N_n}^2 \int_{-\infty}^{\infty} H_n \xi H_n e^{-\xi^2} d\xi \\ &= \alpha^2 {N_n}^2 \int_{-\infty}^{\infty} H_n \left\{ nH_{n-1} + \frac{1}{2}H_{n+1} \right\} e^{-\xi^2} d\xi = 0\end{aligned}$$

따라서 진동자가 평형점 근처에서 움직이고 있음을 알 수 있다.

$$\begin{aligned}\langle x^2 \rangle &= \int_{-\infty}^{\infty} \psi_n x^2 \psi_n dx = \alpha^3 {N_n}^2 \int_{-\infty}^{\infty} H_n \xi^2 H_n e^{-\xi^2} d\xi \\ &= \alpha^3 {N_n}^2 \int_{-\infty}^{\infty} H_n \xi \left\{ nH_{n-1} + \frac{1}{2}H_{n+1} \right\} e^{-\xi^2} d\xi \\ &= \alpha^3 {N_n}^2 \int_{-\infty}^{\infty} \left\{ nH_n \xi H_{n-1} + \frac{1}{2}H_n \xi H_{n+1} \right\} e^{-\xi^2} d\xi \\ &= \alpha^3 {N_n}^2 \int_{-\infty}^{\infty} \left[nH_n \left\{ (n-1)H_{n-2} + \frac{1}{2}H_n \right\} \right. \\ &\left. + \frac{1}{2}H_n \left\{ (n+1)H_n + \frac{1}{2}H_{n+2} \right\} \right] e^{-\xi^2} d\xi \\ &= \alpha^3 {N_n}^2 \int_{-\infty}^{\infty} \left[n(n-1)H_n H_{n-2} + \frac{1}{2}nH_n(\xi)H_n(\xi) \right. \\ &\left. + \frac{1}{2}(n+1)H_n H_n + \frac{1}{4}H_n H_{n+2} \right] e^{-\xi^2} d\xi\end{aligned}$$

$$= \alpha^2 \alpha N_n{}^2 \int_{-\infty}^{\infty} \left(n+\frac{1}{2}\right) H_n H_n e^{-\xi^2} d\xi$$
$$= \left(n+\frac{1}{2}\right)\alpha^2$$
$$= \left(n+\frac{1}{2}\right)\left(\frac{\hbar^2}{mk}\right)^{1/2}$$

따라서 $<V> = <\frac{1}{2}kx^2> = \frac{1}{2}k<x^2> = \frac{1}{2}k\left(n+\frac{1}{2}\right)\left(\frac{\hbar^2}{mk}\right)^{1/2} = \frac{1}{2}\hbar\left(n+\frac{1}{2}\right)\left(\frac{k}{m}\right)^{1/2}$
$$= \frac{1}{2}\left(n+\frac{1}{2}\right)\hbar\omega = \frac{1}{2}\left(n+\frac{1}{2}\right)h\nu$$

퍼텐셜 에너지의 기댓값을 다음 식에 대입하면

$$E_n = E_k + V = \left(n+\frac{1}{2}\right)h\nu$$

$\langle E_k \rangle$를 얻는다.

$$<E_k> = \frac{1}{2}\left(n+\frac{1}{2}\right)h\nu$$

결론적으로 진동자의 운동 에너지(E_k)의 기댓값도 퍼텐셜 에너지의 기댓값과 같고 진동 에너지 E_n의 $\frac{1}{2}$과 같다.

보충 문제

1. 다음 퍼텐셜 우물 안($E < V$인 경우)에서 움직이는 입자에 대하여 에너지와 파동 함수를 구하시오.

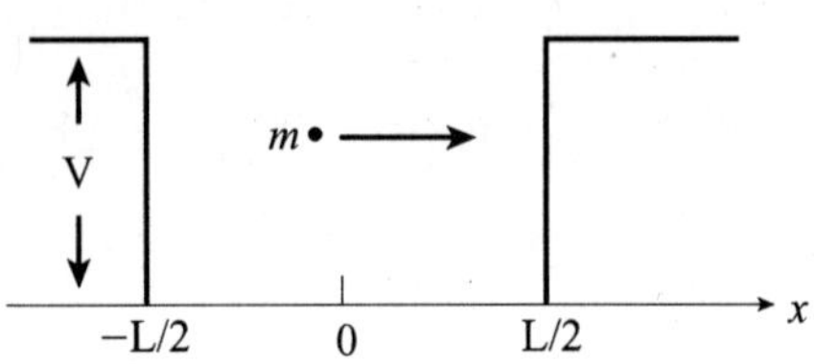

| 그림 4.7 |

2. 일차원으로 움직이는 속도 v_1과 에너지 E인 입자가 x = 0의 왼쪽에서 오른쪽으로 들어올 경우를 생각하자. x = 0의 왼쪽에서 퍼텐셜은 0이고, x = 0에서 x = a까지는 V이며, x > a에서는 0이다.

(1) E < V인 경우 장벽을 통과하여 투과되는 확률은?

(2) E < V인 경우 반사되는 확률은?

(3) E > V인 경우 장벽을 통과하여 투과되는 확률은?

(4) E > V인 경우 반사되는 확률은?

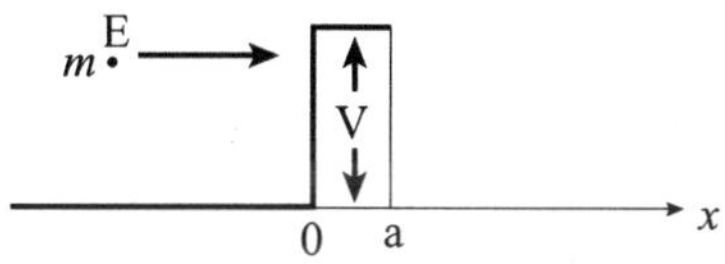

| 그림 4.8 |

3. H_2^+ 이온의 $\hat{\mathbf{H}}_{el}$은 다음과 같이 주어진다.

$$\hat{\mathbf{H}}_{el} = -\frac{2}{R^2(\xi^2-\eta^2)}\left[(\xi^2-1)\frac{\partial^2 \mathrm{T}}{\partial \xi^2} + 2\xi\frac{\partial}{\partial \xi} + (1-\eta^2)\frac{\partial^2 \mathrm{T}}{\partial \eta^2} - 2\eta\frac{\partial}{\partial \eta} + \left(\frac{1}{\xi^2-1} + \frac{1}{1-\eta^2}\right)\frac{\partial^2}{\partial \phi^2}\right] - \frac{2}{R(\xi+\eta)} - \frac{2}{R(\xi-\eta)}$$

$[\hat{L}_z, \hat{\mathbf{H}}_{el}]$를 계산하시오.

4. $\hat{\mathbf{H}} = -2J(\hat{S}_i \cdot \hat{S}_j) + a\hat{S}_i^{\,z} + b\hat{S}_j^{\,z}$의 Hamiltonian 행렬 원소를 계산하시오. 식 (5.87)을 얻게 된다.

제 5 장

행렬식과 행렬

행렬과 행렬식은 양자 화학에서 원자와 분자에서 전자의 에너지와 파동 함수를 구하는 데 사용된다. 물리 화학이나 무기 화학에서 사용하는 군론도 행렬식과 행렬에 대한 지식을 사용하지 않고는 이해가 불가능하다.

5.1 행렬식

행렬식은 가로와 세로로 같은 수(n개), 즉 n^2개를 다음과 같이 사각형으로 나열하여 쓰며 n차의 행렬식이라고 한다.

$$\det(\boldsymbol{A}) = \begin{vmatrix} a_{11} & a_{12} & \cdots & \cdots & \cdots & a_{1n} \\ a_{21} & a_{22} & \cdots & \cdots & \cdots & a_{2n} \\ \vdots & \vdots & \ddots & & & \vdots \\ \vdots & \vdots & & \ddots & & \vdots \\ \vdots & \vdots & & & \ddots & \vdots \\ a_{n1} & a_{n2} & \cdots & \cdots & \cdots & a_{nn} \end{vmatrix} \tag{5.1}$$

여기서 각 a_{ij}를 **원소**(element)라고 한다. 위의 행렬식을 $\det(\boldsymbol{A})$ 또는 $|\boldsymbol{A}|$로 나타낸다. 행렬식은 값이 있고 그 값을 구하는 방법이 있다. 가장 간단한 것은 1차 행렬식이며 1차 행렬식의 값은 그 원소의 값과 같다.

$$|a_{11}| = a_{11} \tag{5.2}$$

2차 행렬식의 값은 다음과 같은 곱의 차로 구할 수 있다.

$$\begin{vmatrix} a_{11} & a_{12} \\ a_{21} & a_{22} \end{vmatrix} = a_{11}a_{22} - a_{12}a_{21} \tag{5.3}$$

2차 행렬식의 계산에서는 대각선 방향, 즉 왼쪽 위의 원소와 오른쪽 아래의 원소를 곱하면 양의 부호를, 오른쪽 위의 원소와 왼쪽 아래의 원소를 곱하면 음의 부호를 갖는다.

다음과 같은 연립방정식이 주어질 때

$$\begin{cases} a_1x + b_1y = c_1 \\ a_2x + b_2y = c_2 \end{cases} \tag{5.4}$$

이 방정식의 해를 구하기 위하여 첫째 방정식에 b_2를 곱하고 둘째 방정식에 b_1을 곱한 후 그 결과들을 뺀 후 x에 대하여 풀면(단, $a_1b_2 - a_2b_1 \neq 0$일 경우에 한함)

$$x = (c_1b_2 - c_2b_1)/(a_1b_2 - a_2b_1) \tag{5.5}$$

이 되고, 같은 방법으로 y에 대하여 풀면 다음을 얻는다.

$$y = (a_1c_2 - a_2c_1)/(a_1b_2 - a_2b_1) \tag{5.6}$$

이것을 이차 행렬식의 값에 대한 식 (5.3)을 사용하면 다음과 같이 쓸 수 있다.

$$x = \frac{\begin{vmatrix} c_1 & b_1 \\ c_2 & b_2 \end{vmatrix}}{\begin{vmatrix} a_1 & b_1 \\ a_2 & b_2 \end{vmatrix}}, \quad y = \frac{\begin{vmatrix} a_1 & c_1 \\ a_2 & c_2 \end{vmatrix}}{\begin{vmatrix} a_1 & b_1 \\ a_2 & b_2 \end{vmatrix}} \tag{5.7}$$

이것은 연립방정식에서 x와 y의 계수들로 이루어진 행렬식이 분모가 되며 분자는 x의 경우 분모의 행렬식의 x열에 해당하는 a_1, a_2 대신에 c_1, c_2를 각각 대입한 것과 같다. y의 경우 분모의 행렬식의 y열에 해당하는 b_1, b_2 대신에 c_1, c_2를 각각 대입한 것과 같다.

예제 5.1

다음 연립방정식을 푸시오.

$$\begin{cases} 3x + 4y = 10 \\ 2x - y = 3 \end{cases}$$

풀이

$$x = \frac{\begin{vmatrix} 10 & 4 \\ 3 & -1 \end{vmatrix}}{\begin{vmatrix} 3 & 4 \\ 2 & -1 \end{vmatrix}} = \frac{-22}{-11} = 2, \quad y = \frac{\begin{vmatrix} 3 & 10 \\ 2 & 3 \end{vmatrix}}{\begin{vmatrix} 3 & 4 \\ 2 & -1 \end{vmatrix}} = \frac{-11}{-11} = 1$$

연습 문제 5.1

다음 연립방정식을 푸시오.

$$\begin{cases} x + y = 3 \\ -2x + y = -3 \end{cases}$$

답 $x = 2, y = 1$

3차 행렬식의 값은 다음과 같다.

$$\begin{vmatrix} a_{11} & a_{12} & a_{13} \\ a_{21} & a_{22} & a_{23} \\ a_{31} & a_{32} & a_{33} \end{vmatrix}$$
$$= a_{11}a_{22}a_{33} + a_{12}a_{23}a_{31} + a_{13}a_{21}a_{32} - a_{11}a_{23}a_{32} - a_{12}a_{21}a_{33} - a_{13}a_{22}a_{31} \quad (5.8)$$

3차 행렬식의 계산에서도 2차 행렬식의 계산에서와 유사하게 대각선 방향, 즉 왼쪽 위의 원소와 오른쪽 아래의 원소를 곱하면 양의 부호를 갖고 오른쪽 위의 원소와 왼쪽 아래의 원소를 곱하면 음의 부호를 갖는다. 즉, 아래 식의 처음 세 항은 양의 부호를 갖고 뒤의 세 항은 음의 부호를 갖는다. 따라서 구체적인 계산은 식 (5.8)의 오른쪽 항의 각 항이 다음 식에서 보여 주는 오른쪽 항의 각 항과 같다.

$$\begin{vmatrix} a_{11} & a_{12} & a_{13} \\ a_{21} & a_{22} & a_{23} \\ a_{31} & a_{32} & a_{33} \end{vmatrix} = \begin{vmatrix} a_{11} & 0 & 0 \\ 0 & a_{22} & 0 \\ 0 & 0 & a_{33} \end{vmatrix} + \begin{vmatrix} 0 & a_{12} & 0 \\ 0 & 0 & a_{23} \\ a_{31} & 0 & 0 \end{vmatrix} + \begin{vmatrix} 0 & 0 & a_{13} \\ a_{21} & 0 & 0 \\ 0 & a_{32} & 0 \end{vmatrix}$$
$$+ \begin{vmatrix} 0 & 0 & a_{13} \\ 0 & a_{22} & 0 \\ a_{31} & 0 & 0 \end{vmatrix} + \begin{vmatrix} 0 & a_{12} & 0 \\ a_{21} & 0 & 0 \\ 0 & 0 & a_{33} \end{vmatrix} + \begin{vmatrix} a_{11} & 0 & 0 \\ 0 & 0 & a_{23} \\ 0 & a_{32} & 0 \end{vmatrix}$$
$$= a_{11}a_{22}a_{33} + a_{12}a_{23}a_{31} + a_{13}a_{21}a_{32} - a_{13}a_{22}a_{31} - a_{12}a_{21}a_{33} - a_{11}a_{23}a_{32}$$

다음 연립방정식의 해는 3차 행렬식의 값에 대한 식 (5.8)을 사용하여 앞의 연립방정식 (5.4)와 유사한 방법으로 구할 수 있다.

$$\begin{cases} a_1x + b_1y + c_1z = d_1 \\ a_2x + b_2y + c_2z = d_2 \\ a_3x + b_3y + c_3z = d_3 \end{cases}$$

$$x = \frac{\begin{vmatrix} d_1 & b_1 & c_1 \\ d_2 & b_2 & c_2 \\ d_3 & b_3 & c_3 \end{vmatrix}}{\begin{vmatrix} a_1 & b_1 & c_1 \\ a_2 & b_2 & c_2 \\ a_3 & b_3 & c_3 \end{vmatrix}},\ y = \frac{\begin{vmatrix} a_1 & d_1 & c_1 \\ a_2 & d_2 & c_2 \\ a_3 & d_3 & c_3 \end{vmatrix}}{\begin{vmatrix} a_1 & b_1 & c_1 \\ a_2 & b_2 & c_2 \\ a_3 & b_3 & c_3 \end{vmatrix}},\ z = \frac{\begin{vmatrix} a_1 & b_1 & d_1 \\ a_2 & b_2 & d_2 \\ a_3 & b_3 & d_3 \end{vmatrix}}{\begin{vmatrix} a_1 & b_1 & c_1 \\ a_2 & b_2 & c_2 \\ a_3 & b_3 & c_3 \end{vmatrix}} \quad (5.9)$$

예제 5.2

다음 연립방정식을 푸시오.

$$\begin{cases} x + y + z = 4 \\ x - y - 2z = 3 \\ x + 2y - 3z = -1 \end{cases}$$

풀이

$$x = \frac{\begin{vmatrix} 4 & 1 & 1 \\ 3 & -1 & -2 \\ -1 & 2 & -3 \end{vmatrix}}{\begin{vmatrix} 1 & 1 & 1 \\ 1 & -1 & -2 \\ 1 & 2 & -3 \end{vmatrix}} = \frac{44}{11} = 4, y = \frac{\begin{vmatrix} 1 & 4 & 1 \\ 1 & 3 & -2 \\ 1 & -1 & -3 \end{vmatrix}}{\begin{vmatrix} 1 & 1 & 1 \\ 1 & -1 & -2 \\ 1 & 2 & -3 \end{vmatrix}} = \frac{-11}{11} = -1,$$

$$z = \frac{\begin{vmatrix} 1 & 1 & 4 \\ 1 & -1 & 3 \\ 1 & 2 & -1 \end{vmatrix}}{\begin{vmatrix} 1 & 1 & 1 \\ 1 & -1 & -2 \\ 1 & 2 & -3 \end{vmatrix}} = \frac{11}{11} = 1$$

연습 문제 5.2

다음 연립방정식을 푸시오.

$$\begin{cases} x + y + z = 2 \\ 2x - y - z = 1 \\ x + 2y - z = -3 \end{cases}$$

답 $x = 1, y = -1, z = 2$

식 (5.1)의 n차 행렬식 $|\boldsymbol{A}|$에서 i번째 행과 j번째 열을 제거하여 $n - 1$차의 행렬식을 얻을 수 있으며, 이것을 **소행렬식**(minor of determinant)이라고 한다. 즉 행렬식의 요소 a_{ij}를 제거하여 얻어지는 행렬식을 A_{ij}라고 하자. 제거할 수 있는 행과 열의 수는 각각 n개이므로 n^2개의 소행렬식을 만들 수 있다. 부호까지 고려한 소행렬식 $(-1)^{i+j}A_{ij}$를 a_{ij}의 **여인수**(cofactor)라고 부른다. 예로 3차 행렬식 (5.8)을 예로 들면

$$|\boldsymbol{A}| = \begin{vmatrix} a_{11} & a_{12} & a_{13} \\ a_{21} & a_{22} & a_{23} \\ a_{31} & a_{32} & a_{33} \end{vmatrix}$$

a_{11}의 여인수 (A_{11})는 첫 번째 행과 첫 번째 열을 제외한 2차의 행렬식에

$(-1)^{1+1}$을 곱하여 다음과 같이 된다.

$$A_{11} = (-1)^{1+1}\begin{vmatrix} a_{22} & a_{23} \\ a_{32} & a_{33} \end{vmatrix} = \begin{vmatrix} a_{22} & a_{23} \\ a_{32} & a_{33} \end{vmatrix} \tag{5.10}$$

또 a_{12}의 여인수 (A_{12})는 다음과 같이 된다.

$$A_{12} = (-1)^{1+2}\begin{vmatrix} a_{21} & a_{23} \\ a_{31} & a_{33} \end{vmatrix} = -\begin{vmatrix} a_{21} & a_{23} \\ a_{31} & a_{33} \end{vmatrix} \tag{5.11}$$

4차 이상 행렬식의 값을 구하는 방법은 1~3차 행렬식처럼 간단히 계산할 수 없다. 그러나 차수가 높은 행렬식은 여인수들을 이용하여 차수가 낮은 행렬식의 합으로 표현할 수 있다. j행에 관하여 전개하면

$$\det(\boldsymbol{A}) = \textstyle\sum_{\mathrm{k}=1}^{n} a_{\mathrm{jk}}A_{\mathrm{jk}} \tag{5.12}$$

j열에 관하여 전개하면

$$\det(\boldsymbol{A}) = \textstyle\sum_{\mathrm{k}=1}^{n} a_{\mathrm{kj}}A_{\mathrm{kj}} \tag{5.13}$$

이와 같이 표현하는 것을 Laplace 전개라고 한다. 이를 이용하여 차수가 높은 행렬식의 값을 구할 수 있다.

예를 들어 첫 행에 관하여 다음 행렬식을 전개하면

$$\begin{aligned} |\boldsymbol{A}| &= \begin{vmatrix} a_{11} & a_{12} & a_{13} \\ a_{21} & a_{22} & a_{23} \\ a_{31} & a_{32} & a_{33} \end{vmatrix} = a_{11}A_{11} + a_{12}A_{12} + a_{13}A_{13} \\ &= a_{11}\begin{vmatrix} a_{22} & a_{23} \\ a_{32} & a_{33} \end{vmatrix} + a_{12}\left(-\begin{vmatrix} a_{21} & a_{23} \\ a_{31} & a_{33} \end{vmatrix}\right) + a_{13}\begin{vmatrix} a_{21} & a_{22} \\ a_{31} & a_{32} \end{vmatrix} \\ &= a_{11}(a_{22}a_{33} - a_{23}a_{32}) - a_{12}(a_{21}a_{33} - a_{23}a_{31}) + a_{13}(a_{21}a_{32} - a_{22}a_{31}) \\ &= a_{11}a_{22}a_{33} - a_{11}a_{23}a_{32} + a_{12}a_{23}a_{31} - a_{12}a_{21}a_{33} + a_{13}a_{21}a_{32} - a_{13}a_{22}a_{31} \end{aligned}$$

이것은 식 (5.8)의 결과와 같다.

예제 5.3

다음과 같은 행렬식의 값을 구하시오.

$$|\boldsymbol{A}| = \begin{vmatrix} 2 & -1 & 1 & 3 \\ -3 & 2 & 5 & 0 \\ 1 & 0 & -2 & 2 \\ 4 & -2 & 3 & 1 \end{vmatrix}$$

풀이

3행에 관하여 Laplace 전개하면

$$|A| = \sum_{k=1}^{4} a_{3k}A_{3k} = a_{31}A_{31} + a_{32}A_{32} + a_{33}A_{33} + a_{34}A_{34}$$

$$= 1(-1)^{3+1}\begin{vmatrix} -1 & 1 & 3 \\ 2 & 5 & 0 \\ -2 & 3 & 1 \end{vmatrix} + 0(-1)^{3+2}\begin{vmatrix} 2 & 1 & 3 \\ -3 & 5 & 0 \\ 4 & 3 & 1 \end{vmatrix} + (-2)(-1)^{3+3}\begin{vmatrix} 2 & -1 & 3 \\ -3 & 2 & 0 \\ 4 & -2 & 1 \end{vmatrix}$$

$$+ 2(-1)^{3+4}\begin{vmatrix} 2 & -1 & 1 \\ -3 & 2 & 5 \\ 4 & -2 & 3 \end{vmatrix}$$

$$= 41 + 0 + 10 - 2 = 49$$

연습 문제 5.3

다음은 Hückel 근사를 이용하여 trimethylenemethane 분자의 π-분자 오비탈을 구할 때 얻어지는 행렬식이다. Laplace 전개를 사용하여 $ax^4 + bx^3 + cx^2 + dx + e = 0$ 형태의 식으로 전개하고 이 방정식을 만족하는 x를 구하시오.

$$\begin{vmatrix} x & 1 & 1 & 1 \\ 1 & x & 0 & 0 \\ 1 & 0 & x & 0 \\ 1 & 0 & 0 & x \end{vmatrix} = 0$$

답 $x^4 - 3x^2 = 0$ 또는 $x^2(x^2 - 3) = 0,\ x = 0, 0, -\sqrt{3}, \sqrt{3}$

• 행렬식의 성질

1) 행렬식 det($\boldsymbol{A}$)의 값은 행과 열을 대각선에 관하여 대칭 조작하여 바꾼 **전치 행렬식** det($\boldsymbol{A}^T$)의 값과 같다.

$$\begin{vmatrix} a_{11} & a_{12} \\ a_{21} & a_{22} \end{vmatrix} = \begin{vmatrix} a_{11} & a_{21} \\ a_{12} & a_{22} \end{vmatrix}$$

$$\begin{vmatrix} a_{11} & a_{12} & a_{13} \\ a_{21} & a_{22} & a_{23} \\ a_{31} & a_{32} & a_{33} \end{vmatrix} = \begin{vmatrix} a_{11} & a_{21} & a_{31} \\ a_{12} & a_{22} & a_{32} \\ a_{13} & a_{23} & a_{33} \end{vmatrix}$$

2) 한 원소 (a_{ij})를 제외한 그 행(또는 열)의 원소가 모두 0이면 Laplace 전개로부터 det($\boldsymbol{A}$) = $a_{ij}A_{ij}$

$$\begin{vmatrix} a_{11} & a_{12} & a_{13} \\ 0 & a_{22} & 0 \\ a_{31} & a_{32} & a_{33} \end{vmatrix} = a_{21}A_{21} + a_{22}A_{22} + a_{23}A_{23}$$

$$= 0A_{21} + a_{22}A_{22} + 0A_{23} = a_{22}(-1)^{2+2}\begin{vmatrix} a_{11} & a_{13} \\ a_{31} & a_{33} \end{vmatrix} = a_{11}a_{22}a_{33} - a_{13}a_{22}a_{31}.$$

3) 두 행(또는 열)의 교환은 부호가 바뀐다.

$$\begin{vmatrix} a_{11} & a_{12} \\ a_{21} & a_{22} \end{vmatrix} = a_{11}a_{22} - a_{12}a_{21} = -\begin{vmatrix} a_{21} & a_{22} \\ a_{11} & a_{12} \end{vmatrix} = -(a_{12}a_{21} - a_{11}a_{22}).$$

$$\begin{vmatrix} a_{11} & a_{12} & a_{13} \\ a_{21} & a_{22} & a_{23} \\ a_{31} & a_{32} & a_{33} \end{vmatrix} = -\begin{vmatrix} a_{12} & a_{11} & a_{31} \\ a_{22} & a_{21} & a_{32} \\ a_{32} & a_{31} & a_{33} \end{vmatrix}.$$

예

$$\begin{vmatrix} 2 & -1 & 3 \\ -3 & 2 & 0 \\ 4 & -2 & 1 \end{vmatrix} = 4 + 18 + 0 - 24 - 3 - 0 = -5$$

다음은 첫째 열과 둘째 열이 교환된 것으로 행렬식 값의 부호가 반대이다.

$$\begin{vmatrix} -1 & 2 & 3 \\ 2 & -3 & 0 \\ -2 & 4 & 1 \end{vmatrix} = 3 + 24 + 0 - 18 - 4 - 0 = 5$$

다음은 첫째 행과 둘째 행이 교환된 것으로 행렬식 값의 부호가 반대이다.

$$\begin{vmatrix} -3 & 2 & 0 \\ 2 & -1 & 3 \\ 4 & -2 & 1 \end{vmatrix} = 3 + 24 + 0 - 0 - 4 - 18 = 5$$

Fermion은 두 입자의 교환에 대하여 부호가 바뀌는 성질이 있다. 전자는 Fermion이므로 2개 이상의 전자를 포함하는 계의 전자를 기술하는 파동 함수는 두 전자의 교환에 대하여 부호가 바뀌어야 한다. 이 성질은 여기에서 언급된 행렬식의 성질과 같으므로 파동 함수를 행렬식으로 나타낼 수 있다. 만약 두 전자의 위치벡터가 $\mathbf{r}_1$과 $\mathbf{r}_2$이고 파동 함수가 Ψ라면

$$\Psi(\mathbf{r}_1, \mathbf{r}_2) = -\Psi(\mathbf{r}_2, \mathbf{r}_1) \tag{5.14}$$

많은 다전자 파동 함수들은 개개의 일-전자 파동 함수의 곱으로 구성될 수 있다. n개의 각 전자에 대한 오비탈을 ψ_1, ψ_2, ψ_3,⋯ 등으로 나타낸다면 n전자에 대한 전체 파동 함수는

$$\Psi = \psi_1(\mathbf{r}_1)\psi_2(\mathbf{r}_2)\psi_3(\mathbf{r}_3)\psi_4(\mathbf{r}_4)\cdots\psi_n(\mathbf{r}_n) \tag{5.15}$$

$$\Psi(\mathbf{r}_1, \mathbf{r}_2, \cdots, \mathbf{r}_n) = \frac{1}{\sqrt{n!}} \begin{vmatrix} \psi_1(\mathbf{r}_1) & \psi_1(\mathbf{r}_2) & \cdots & \cdots & \cdots & \psi_1(\mathbf{r}_n) \\ \psi_2(\mathbf{r}_1) & \psi_2(\mathbf{r}_2) & \cdots & \cdots & \cdots & \psi_2(\mathbf{r}_n) \\ \vdots & \vdots & \ddots & & & \vdots \\ \vdots & \vdots & & \ddots & & \vdots \\ \vdots & \vdots & & & \ddots & \vdots \\ \psi_n(\mathbf{r}_1) & \psi_n(\mathbf{r}_2) & \cdots & \cdots & \cdots & \psi_n(\mathbf{r}_n) \end{vmatrix} \tag{5.16}$$

이 식은 Slater의 행렬식이라고 불린다.

4) 한 행이나 열에 어떤 수 c가 곱해진 것은 원래 행렬식의 값에 c를 곱한 것과 같다.

$$\begin{vmatrix} a_{11} & a_{12} & \cdots & \cdots & \cdots & a_{1n} \\ ca_{21} & ca_{22} & \cdots & \cdots & \cdots & ca_{2n} \\ \vdots & \vdots & \ddots & & & \vdots \\ \vdots & \vdots & & \ddots & & \vdots \\ \vdots & \vdots & & & \ddots & \vdots \\ a_{n1} & a_{n2} & \cdots & \cdots & \cdots & a_{nn} \end{vmatrix} = c \begin{vmatrix} a_{11} & a_{12} & \cdots & \cdots & \cdots & a_{1n} \\ a_{21} & a_{22} & \cdots & \cdots & \cdots & a_{2n} \\ \vdots & \vdots & \ddots & & & \vdots \\ \vdots & \vdots & & \ddots & & \vdots \\ \vdots & \vdots & & & \ddots & \vdots \\ a_{n1} & a_{n2} & \cdots & \cdots & \cdots & a_{nn} \end{vmatrix} \tag{5.17}$$

위 왼쪽의 행렬식을 두 번째 행에 관하여 Laplace 전개를 하면

$$\begin{vmatrix} a_{11} & a_{12} & \cdots & \cdots & \cdots & a_{1n} \\ ca_{21} & ca_{22} & \cdots & \cdots & \cdots & ca_{2n} \\ \vdots & \vdots & \ddots & & & \vdots \\ \vdots & \vdots & & \ddots & & \vdots \\ \vdots & \vdots & & & \ddots & \vdots \\ a_{n1} & a_{n2} & \cdots & \cdots & \cdots & a_{nn} \end{vmatrix}$$

$$= ca_{21}A_{21} + ca_{22}A_{22} + \cdots + ca_{2n}A_{2n} = c(a_2 A_{21} + a_{22} A_{22} + \cdots + a_{2n} A_{2n})$$

$$= c \begin{vmatrix} a_{11} & a_{12} & \cdots & \cdots & \cdots & a_{1n} \\ a_{21} & a_{22} & \cdots & \cdots & \cdots & a_{2n} \\ \vdots & \vdots & \ddots & & & \vdots \\ \vdots & \vdots & & \ddots & & \vdots \\ \vdots & \vdots & & & \ddots & \vdots \\ a_{n1} & a_{n2} & \cdots & \cdots & \cdots & a_{nn} \end{vmatrix}$$

5) 한 행이나 열에 속하는 모든 원소가 0이면 그 행렬식의 값은 0이다.
위의 성질 4 (식 5.17)에서 c가 0이면 한 행이 모두 0이고 원 행렬식에 0인 c가 곱해지므로 그 행렬식의 값도 0이다.

$$\begin{vmatrix} a_{11} & a_{12} & \cdots & \cdots & \cdots & a_{1n} \\ ca_{21} & ca_{22} & \cdots & \cdots & \cdots & ca_{2n} \\ \vdots & \vdots & \ddots & & & \vdots \\ \vdots & \vdots & & \ddots & & \vdots \\ \vdots & \vdots & & & \ddots & \vdots \\ a_{n1} & a_{n2} & \cdots & \cdots & \cdots & a_{nn} \end{vmatrix} = c \begin{vmatrix} a_{11} & a_{12} & \cdots & \cdots & \cdots & a_{1n} \\ a_{21} & a_{22} & \cdots & \cdots & \cdots & a_{2n} \\ \vdots & \vdots & \ddots & & & \vdots \\ \vdots & \vdots & & \ddots & & \vdots \\ \vdots & \vdots & & & \ddots & \vdots \\ a_{n1} & a_{n2} & \cdots & \cdots & \cdots & a_{nn} \end{vmatrix}$$

$$= \begin{vmatrix} a_{11} & a_{12} & \cdots & \cdots & \cdots & a_{1n} \\ 0 & 0 & \cdots & \cdots & \cdots & 0 \\ \vdots & \vdots & \ddots & & & \vdots \\ \vdots & \vdots & & \ddots & & \vdots \\ \vdots & \vdots & & & \ddots & \vdots \\ a_{n1} & a_{n2} & \cdots & \cdots & \cdots & a_{nn} \end{vmatrix} = 0 \begin{vmatrix} a_{11} & a_{12} & \cdots & \cdots & \cdots & a_{1n} \\ a_{21} & a_{22} & \cdots & \cdots & \cdots & a_{2n} \\ \vdots & \vdots & \ddots & & & \vdots \\ \vdots & \vdots & & \ddots & & \vdots \\ \vdots & \vdots & & & \ddots & \vdots \\ a_{n1} & a_{n2} & \cdots & \cdots & \cdots & a_{nn} \end{vmatrix} = 0$$

6) 두 개의 행(또는 열)이 같거나 비례하면 그 행렬식의 값은 0이다.

$$\begin{vmatrix} a_{11} & a_{12} & \cdots & \cdots & \cdots & a_{1n} \\ c_1a_{21} & c_1a_{22} & \cdots & \cdots & \cdots & c_1a_{2n} \\ c_2a_{21} & c_2a_{22} & \cdots & & & c_2a_{2n} \\ \vdots & \vdots & & \ddots & & \vdots \\ \vdots & \vdots & & & \ddots & \vdots \\ a_{n1} & a_{n2} & \cdots & \cdots & \cdots & a_{nn} \end{vmatrix} = 0 \tag{5.18}$$

앞에 설명된 행렬식의 성질 4를 이용하면

$$\begin{vmatrix} a_{11} & a_{12} & \cdots & \cdots & \cdots & a_{1n} \\ c_1a_{21} & c_1a_{22} & \cdots & \cdots & \cdots & c_1a_{2n} \\ c_2a_{21} & c_2a_{22} & \cdots & \cdots & \cdots & c_2a_{2n} \\ \vdots & \vdots & & \ddots & & \vdots \\ \vdots & \vdots & & & \ddots & \vdots \\ a_{n1} & a_{n2} & \cdots & \cdots & \cdots & a_{nn} \end{vmatrix} = c_1c_2 \begin{vmatrix} a_{11} & a_{12} & \cdots & \cdots & \cdots & a_{1n} \\ a_{21} & a_{22} & \cdots & \cdots & \cdots & a_{2n} \\ a_{21} & a_{22} & \cdots & \cdots & \cdots & a_{2n} \\ \vdots & \vdots & & \ddots & & \vdots \\ \vdots & \vdots & & & \ddots & \vdots \\ a_{n1} & a_{n2} & \cdots & \cdots & \cdots & a_{nn} \end{vmatrix} \tag{5.19}$$

앞 (5.17) 식의 왼쪽 행렬식의 두 행, 즉 둘째 행과 셋째 행을 교환하면 부호가 바뀌므로 다음과 같이 되고

$$\begin{vmatrix} a_{11} & a_{12} & \cdots & \cdots & \cdots & a_{1n} \\ c_1a_{21} & c_1a_{22} & \cdots & \cdots & \cdots & c_1a_{2n} \\ c_2a_{21} & c_2a_{22} & \cdots & \cdots & \cdots & c_2a_{2n} \\ \vdots & \vdots & & \ddots & & \vdots \\ \vdots & \vdots & & & \ddots & \vdots \\ a_{n1} & a_{n2} & \cdots & \cdots & \cdots & a_{nn} \end{vmatrix}$$

$$= -\begin{vmatrix} a_{11} & a_{12} & \cdots & \cdots & \cdots & a_{1n} \\ c_2a_{21} & c_2a_{22} & \cdots & \cdots & \cdots & c_2a_{2n} \\ c_1a_{21} & c_1a_{22} & \cdots & \cdots & \cdots & c_1a_{2n} \\ \vdots & \vdots & & \ddots & & \vdots \\ \vdots & \vdots & & & \ddots & \vdots \\ a_{n1} & a_{n2} & \cdots & \cdots & \cdots & a_{nn} \end{vmatrix}$$

$$= -c_1c\begin{vmatrix} a_{11} & a_{12} & \cdots & \cdots & \cdots & a_{1n} \\ a_{21} & a_{22} & \cdots & \cdots & \cdots & a_{2n} \\ a_{21} & a_{22} & \cdots & & & a_{2n} \\ \vdots & \vdots & & \ddots & & \vdots \\ \vdots & \vdots & & & \ddots & \vdots \\ a_{n1} & a_{n2} & \cdots & \cdots & \cdots & a_{nn} \end{vmatrix} \tag{5.20}$$

식 (5.19)와 식 (5.20)은 같으므로 이항하여 정리하면

$$(c_1c_2 + c_1c_2)\begin{vmatrix} a_{11} & a_{12} & \cdots & \cdots & \cdots & a_{1n} \\ a_{21} & a_{22} & \cdots & \cdots & \cdots & a_{2n} \\ a_{21} & a_{22} & \cdots & & & a_{2n} \\ \vdots & \vdots & & \ddots & & \vdots \\ \vdots & \vdots & & & \ddots & \vdots \\ a_{n1} & a_{n2} & \cdots & \cdots & \cdots & a_{nn} \end{vmatrix} = 0$$

c_1과 c_2는 0이 아니므로 행렬식의 값이 0이 될 수밖에 없다. 따라서 두 개의 행(또는 열)이 같거나 비례하면 그 행렬식의 값은 0이다.

7) 어느 행(또는 열)이 두 항의 합으로 되어 있으면 두 행렬식으로 나눌 수 있다. 다음 행렬식의 2열을 제외하고는 행렬식 (5.1)과 같다. 다음 행렬식을 2열에 관하여 Laplace 전개를 하면

$$\begin{vmatrix} a_{11} & a_{12}+b_{12} & \cdots & \cdots & \cdots & a_{1n} \\ a_{21} & a_{22}+b_{22} & \cdots & \cdots & \cdots & a_{2n} \\ \vdots & \vdots & \ddots & & & \vdots \\ \vdots & \vdots & & \ddots & & \vdots \\ \vdots & \vdots & & & \ddots & \vdots \\ a_{n1} & a_{n2}+b_{n2} & \cdots & \cdots & \cdots & a_{nn} \end{vmatrix}$$

$$= (a_{12} + b_{12})A_{12} + (a_{22} + b_{22})A_{22} + \cdots + (a_{n2} + b_{n2})A_{n2}$$

$$= a_{12}A_{12} + a_{22}A_{22} + \cdots + a_{n2}A_{n2} + b_{12}A_{12} + b_{22}A_{22} + \cdots + b_{n2}A_{n2}$$

(Laplace 전개가 되어 있는 a_{i2}를 포함하는 앞부분은 det(**A**)가 되고 b_{i2}를 포함하는 뒷부분은 det(**A**)와 같으나 2열이 b_{i2}로 바뀐 행렬식이다.)

$$= \begin{vmatrix} a_{11} & a_{12} & \cdots & \cdots & \cdots & a_{1n} \\ a_{21} & a_{22} & \cdots & \cdots & \cdots & a_{2n} \\ a_{31} & a_{32} & \cdots & & & a_{3n} \\ \vdots & \vdots & & \ddots & & \vdots \\ \vdots & \vdots & & & \ddots & \vdots \\ a_{n1} & a_{n2} & \cdots & \cdots & \cdots & a_{nn} \end{vmatrix} + \begin{vmatrix} a_{11} & b_{12} & \cdots & \cdots & \cdots & a_{1n} \\ a_{21} & b_{22} & \cdots & \cdots & \cdots & a_{2n} \\ a_{31} & b_{32} & \cdots & & & a_{2n} \\ \vdots & \vdots & & \ddots & & \vdots \\ \vdots & \vdots & & & \ddots & \vdots \\ a_{n1} & b_{n2} & \cdots & \cdots & \cdots & a_{nn} \end{vmatrix} \tag{5.21}$$

8) 어느 행(또는 열)에 수를 곱하여 다른 행과 더하거나 빼도 행렬식의 값은 변하지 않는다.

첫 열에 λ를 곱하여 둘째 열에 더하면 행렬식의 성질 7에 따라 다음과 같이 두 행렬식으로 나눌 수 있고

$$\begin{vmatrix} a_{11} & a_{12}+\lambda a_{11} & \cdots & \cdots & \cdots & a_{1n} \\ a_{21} & a_{22}+\lambda a_{21} & \cdots & \cdots & \cdots & a_{2n} \\ \vdots & \vdots & \ddots & & & \vdots \\ \vdots & \vdots & & \ddots & & \vdots \\ \vdots & \vdots & & & \ddots & \vdots \\ a_{n1} & a_{n2}+\lambda a_{n1} & \cdots & \cdots & \cdots & a_{nn} \end{vmatrix}$$

$$= \begin{vmatrix} a_{11} & a_{12} & \cdots & \cdots & \cdots & a_{1n} \\ a_{21} & a_{22} & \cdots & \cdots & \cdots & a_{2n} \\ \vdots & \vdots & \ddots & & & \vdots \\ \vdots & \vdots & & \ddots & & \vdots \\ \vdots & \vdots & & & \ddots & \vdots \\ a_{n1} & a_{n2} & \cdots & \cdots & \cdots & a_{nn} \end{vmatrix} + \begin{vmatrix} a_{11} & \lambda a_{11} & \cdots & \cdots & \cdots & a_{1n} \\ a_{21} & \lambda a_{21} & \cdots & \cdots & \cdots & a_{2n} \\ \vdots & \vdots & \ddots & & & \vdots \\ \vdots & \vdots & & \ddots & & \vdots \\ \vdots & \vdots & & & \ddots & \vdots \\ a_{n1} & \lambda a_{n1} & \cdots & \cdots & \cdots & a_{nn} \end{vmatrix}$$

$$= \begin{vmatrix} a_{11} & a_{12} & \cdots & \cdots & \cdots & a_{1n} \\ a_{21} & a_{22} & \cdots & \cdots & \cdots & a_{2n} \\ \vdots & \vdots & \ddots & & & \vdots \\ \vdots & \vdots & & \ddots & & \vdots \\ \vdots & \vdots & & & \ddots & \vdots \\ a_{n1} & a_{n2} & \cdots & \cdots & \cdots & a_{nn} \end{vmatrix} \tag{5.22}$$

위에서 λ가 포함된 오른쪽 행렬식은 첫째 열과 둘째 열이 비례하므로 행렬식 성질 6에 따라서 값이 0이다.

9) 어느 행(또는 열)의 원소와 다른 행(또는 열)의 여인수를 곱하여 더하면 0이다.

행에 관하여

$$\sum_{\mathrm{k}=1}^{n} a_{\mathrm{pk}} A_{\mathrm{qk}} = 0 \qquad \mathrm{p} \neq \mathrm{q} \tag{5.23}$$

행렬식 |A|를 p행에 관하여 Laplace 전개를 하면

$$|A| = \begin{vmatrix} a_{11} & a_{12} & \cdots & \cdots & \cdots & \cdots & a_{1n} \\ a_{21} & a_{22} & \cdots & \cdots & \cdots & \cdots & a_{2n} \\ \cdots & \cdots & \ddots & \cdots & \cdots & \cdots & \cdots \\ a_{p1} & a_{p2} & & \ddots & & & a_{pn} \\ a_{q1} & a_{q2} & & & \ddots & & a_{qn} \\ \vdots & \vdots & & & & \ddots & \vdots \\ a_{n1} & a_{n2} & \cdots & \cdots & \cdots & \cdots & a_{nn} \end{vmatrix}$$

$$= a_{p1}A_{p1} + a_{p2}A_{p2} + a_{p3}A_{p3} + \cdots + a_{pn}A_{pn}$$

다음 행렬식 $|\boldsymbol{B}|$는 p행의 원소가 q행의 원소와 같고, p행을 제외하고는 행렬식 $|\boldsymbol{A}|$와 같다. 따라서 여인수 A_{pk}는 B_{pk}와 같다. 행렬식 |B|를 p행에 관하여 Laplace 전개를 하면

$$|\boldsymbol{B}| = \begin{vmatrix} a_{11} & a_{12} & \cdots & \cdots & \cdots & a_{1n} \\ \cdots & \cdots & \cdots & \cdots & \cdots & \cdots \\ a_{q1} & a_{q2} & \ddots & & & a_{qn} \\ a_{q1} & a_{q2} & & \ddots & & a_{qn} \\ \vdots & \vdots & & & \ddots & \vdots \\ a_{n1} & a_{n2} & \cdots & \cdots & \cdots & a_{nn} \end{vmatrix}$$

$$= a_{q1}B_{p1} + a_{q2}B_{p2} + a_{q3}B_{p3} + \cdots + a_{qn}B_{pn}$$

$$= a_{q1}A_{p1} + a_{q2}A_{p2} + a_{q3}A_{p3} + \cdots + a_{qn}A_{pn}$$

그런데 행렬식 $|\boldsymbol{B}|$는 두 행(p와 q행)이 같으므로 성질 6에 의하여 값이 0이다. 즉,

$$a_{q1}A_{p1} + a_{q2}A_{p2} + a_{q3}A_{p3} + \cdots + a_{qn}A_{pn} = 0$$

어느 행(p)의 원소와 다른 행(q)의 여인수를 곱하여 더하면 0이다. 유사한 방법으로 열에 관하여

$$\sum_{k=1}^{n} a_{kp}A_{kq} = 0, \qquad p \neq q \tag{5.24}$$

예제 5.4

식 (5.23) [어느 행의 원소와 다른 행의 여인수를 곱하여 더하면 0이다]이 성립함을 보이시오.

$$|A| = \begin{vmatrix} a_{11} & a_{12} & a_{13} \\ a_{21} & a_{22} & a_{23} \\ a_{31} & a_{32} & a_{33} \end{vmatrix}$$

풀이

첫 행의 원소와 둘째 행의 여인수를 곱하면

$$\sum_{k=1}^{3} a_{1k}A_{2k} = a_{11}A_{21} + a_{12}A_{22} + a_{13}A_{23}$$
$$= a_{11}(-1)^{2+1}\begin{vmatrix} a_{12} & a_{13} \\ a_{32} & a_{33} \end{vmatrix} + a_{12}(-1)^{2+2}\begin{vmatrix} a_{11} & a_{13} \\ a_{31} & a_{33} \end{vmatrix} + a_{13}(-1)^{2+3}\begin{vmatrix} a_{11} & a_{12} \\ a_{31} & a_{32} \end{vmatrix}$$
$$= -a_{11}(a_{12}a_{33} - a_{13}a_{32}) + a_{12}(a_{11}a_{33} - a_{13}a_{31}) - a_{13}(a_{11}a_{32} - a_{12}a_{31})$$
$$= -a_{11}a_{12}a_{33} + a_{11}a_{13}a_{32} + a_{12}a_{11}a_{33} - a_{12}a_{13}a_{31} - a_{13}a_{11}a_{32} + a_{13}a_{12}a_{31}$$
$$= 0$$

연습 문제 5.4

다음 행렬식에 대하여 식 (5.23) 또는 (5.24)가 성립함을 보이시오.

$$|A| = \begin{vmatrix} 2 & -1 & 1 & 3 \\ -3 & 2 & 5 & 0 \\ 1 & 0 & -2 & 2 \\ 4 & -2 & 3 & 1 \end{vmatrix}$$

답 2행 $\sum_{k=1}^{4} a_{2k}A_{3k} = -3\times41 - 2\times(-74) + 5\times(-5) - 0\times1 = 0$

1열 $\sum_{k=1}^{4} a_{k1}A_{k2} = 2\times(-59) + (-3)\times24 + 1\times74 + 4\times29 = 0$

5.2 행렬

행렬이란 $(m\times n)$개의 숫자를 m행 n열로 나란히 나열하여 그 양쪽을 ( ), [ ], 또는 ‖ ‖로 둘러싼 것을 말한다. $(m\times n)$ 행렬 또는 (m, n) 행렬이라고 하고 행렬식과는 달리 행렬의 경우 m과 n이 같을 필요는 없다.

$$A = \begin{pmatrix} a_{11} & a_{12} & a_{13} & \cdots & a_{1n} \\ a_{21} & a_{22} & a_{23} & \cdots & a_{2n} \\ \vdots & \vdots & \vdots & \vdots & \vdots \\ a_{m1} & a_{m2} & a_{m3} & \cdots & a_{mn} \end{pmatrix} \tag{5.25}$$

또 ***A***, ***B***라는 기호로 행렬을 나타낼 수도 있다. 행렬 중에 행이 하나인 것을 **행벡터**, 열이 하나인 것을 **열벡터**라고 한다.

$$\text{행벡터} \quad \boldsymbol{A} = (a_{11} \quad a_{12} \quad a_{13} \cdots a_{1n}) \tag{5.26}$$

$$\text{열벡터} \quad \boldsymbol{B} = \begin{pmatrix} b_{11} \\ b_{21} \\ \vdots \\ b_{n1} \end{pmatrix} \tag{5.27}$$

특히 행 (n)과 열 (n)의 수가 같은 것을 **정사각행렬**(square matrix)이라고 한다. 정사각행렬의 경우만이 그 행렬의 원소로 이루어진 행렬식의 계산을 할 수 있다. $\begin{pmatrix} 1 & 2 \\ 3 & 4 \end{pmatrix}$, $\begin{pmatrix} 1 & 2 & 3 \\ 4 & 5 & 6 \\ 7 & 8 & 9 \end{pmatrix}$는 각각 2차, 3차의 정사각행렬이다.

(1) 상등(equality)

2개의 행렬 ***A***와 ***B***에 있어서 대응하는 원소 a_{ij}와 b_{ij}에 관하여

$$a_{ij} = b_{ij}$$

의 관계가 모든 원소에 대해서 성립할 때만 두 행렬이 같다. 즉

$$\boldsymbol{A} = \boldsymbol{B} \tag{5.28}$$

이다.

(2) 행렬의 합

$$\boldsymbol{A} + \boldsymbol{B} = \boldsymbol{C} \tag{5.29}$$

이면, 모든 ij에 대해서 다음과 같은 관계가 성립한다.

$$a_{ij} + b_{ij} = c_{ij}$$

또 교환 법칙

$$\boldsymbol{A} + \boldsymbol{B} = \boldsymbol{B} + \boldsymbol{A}$$

및 결합 법칙

$$(\boldsymbol{A} + \boldsymbol{B}) + \boldsymbol{C} = \boldsymbol{A} + (\boldsymbol{B} + \boldsymbol{C})$$

도 성립한다.

(3) 행렬의 곱

행렬 $\boldsymbol{A}$를

$$\boldsymbol{A} = (a_{\mathrm{ij}})$$

로 나타내면 행렬 $\boldsymbol{A}$에 어떤 수 α를 곱하면

$$\alpha\boldsymbol{A} = \boldsymbol{A}\alpha = (\alpha a_{\mathrm{ij}}) \tag{5.30}$$

즉, 모든 원소에 α가 곱해진다. 이것은 행렬식의 밖에 어떤 수가 곱해지면 그 결과는 행렬식 내의 한 행 또는 한 열의 원소에 어떤 수가 곱해지는 행렬식의 경우와 다른 점이다.

$$4\begin{pmatrix} 2 & 1 & 4 \\ -3 & 0 & 2 \end{pmatrix} = \begin{pmatrix} 8 & 4 & 16 \\ -12 & 0 & 8 \end{pmatrix}$$

2개의 행렬 $\boldsymbol{A}$와 $\boldsymbol{B}$에 대하여 $\boldsymbol{A}$ 행렬의 열의 수와 $\boldsymbol{B}$ 행렬의 행의 수가 같을 때에만 행렬의 $\boldsymbol{AB}$라는 순서대로 곱을 쓸 수 있다. $(m\times l)$ 행렬 $\boldsymbol{A}$와 $(l\times n)$ 행렬 $\boldsymbol{B}$의 곱은 $(m\times n)$ 행렬 $\boldsymbol{C}$가 된다. $\boldsymbol{C}$의 각 원소 c_{ij}는

$$c_{\mathrm{ij}} = \textstyle\sum_{\mathrm{k}=1}^{l} a_{\mathrm{ik}} b_{\mathrm{kj}} \quad (\mathrm{i} = 1, 2, \cdots, n;\ \mathrm{j} = 1, 2, \cdots, m) \tag{5.31}$$

로 된다.

$$\boldsymbol{A} = \begin{pmatrix} a_{11} & a_{12} & a_{13} \\ a_{21} & a_{22} & a_{23} \end{pmatrix}$$

$$\boldsymbol{B} = \begin{pmatrix} b_{11} & b_{12} \\ b_{21} & b_{22} \\ b_{31} & b_{32} \end{pmatrix}$$

$$\boldsymbol{AB} = \begin{pmatrix} a_{11}b_{11} + a_{12}b_{21} + a_{13}b_{31} & a_{11}b_{12} + a_{12}b_{22} + a_{13}b_{32} \\ a_{21}b_{11} + a_{22}b_{21} + a_{23}b_{31} & a_{21}b_{11} + a_{22}b_{22} + a_{23}b_{32} \end{pmatrix}$$

$$BA = \begin{pmatrix} a_{11}b_{11} + a_{21}b_{12} & a_{12}b_{11} + a_{22}b_{12} & a_{13}b_{11} + a_{23}b_{12} \\ a_{11}b_{21} + a_{21}b_{22} & a_{12}b_{21} + a_{12}b_{21} & a_{13}b_{21} + a_{23}b_{22} \\ a_{11}b_{31} + a_{21}b_{32} & a_{12}b_{31} + a_{22}b_{32} & a_{13}b_{31} + a_{23}b_{32} \end{pmatrix}$$

일반적으로 $\boldsymbol{AB} \neq \boldsymbol{BA}$이다. 그러나 결합 법칙

$$(\boldsymbol{AB})\boldsymbol{C} = \boldsymbol{A}(\boldsymbol{BC})$$

과 분배 법칙

$$\boldsymbol{A}(\boldsymbol{B} + \boldsymbol{C}) = \boldsymbol{AB} + \boldsymbol{AC} \quad \text{및} \quad (\boldsymbol{B} + \boldsymbol{C})\boldsymbol{A} = \boldsymbol{BA} + \boldsymbol{CA}$$

은 성립한다. 행렬이 $(n \times n)$ 정사각행렬이라면 자체로 곱할 수가 있고 그 곱은 $\boldsymbol{AA}$로 쓸 수 있고 이러한 경우 $\boldsymbol{A}^2$으로 나타낼 수 있다.

(4) 행렬의 전치

행렬 $\boldsymbol{A}$의 행과 열을 교환할 수 있다면 행렬 $\boldsymbol{A}$의 행과 열이 교환된 행렬을 $\boldsymbol{A}$의 **전치행렬**이라고 하고 $\boldsymbol{A}^{\mathrm{T}}$ (또는 $\tilde{A}$)로 나타낸다. 앞에 언급된 것처럼 행렬 $\boldsymbol{A}$가

$$\boldsymbol{A} = (a_{\mathrm{ij}})$$

라면

$$\boldsymbol{A}^{\mathrm{T}} = (a_{\mathrm{ji}})$$

예를 들면
$\boldsymbol{A} = (1 \ \ 2 \ \ 3)$이면

$$\boldsymbol{A}^{\mathrm{T}} = \begin{pmatrix} 1 \\ 2 \\ 3 \end{pmatrix}$$

$$\boldsymbol{B} = \begin{pmatrix} 1 & 7 & 9 \\ 2 & 5 & 8 \end{pmatrix}$$

$$\boldsymbol{B}^{\mathrm{T}} = \begin{pmatrix} 1 & 2 \\ 7 & 5 \\ 9 & 8 \end{pmatrix}$$

또 $(\boldsymbol{A} + \boldsymbol{B})^{\mathrm{T}} = \boldsymbol{A}^{\mathrm{T}} + \boldsymbol{B}^{\mathrm{T}}$, $(\boldsymbol{AB})^{\mathrm{T}} = \boldsymbol{B}^{\mathrm{T}}\boldsymbol{A}^{\mathrm{T}}$, 그리고 $(\boldsymbol{A}^{\mathrm{T}})^{\mathrm{T}} = \boldsymbol{A}$임을 보여 줄 수 있다.

(5) 대칭행렬과 반대칭행렬

정사각행렬 $\boldsymbol{A}$에 대하여 $\boldsymbol{A}^{\mathrm{T}} = \boldsymbol{A}$라면 $\boldsymbol{A}$는 대칭(symmetric)행렬이다. 또 $\boldsymbol{A}^{\mathrm{T}} = -\boldsymbol{A}$라면 $\boldsymbol{A}$는 반대칭(skew-symmetric)행렬이다.

예

$$\text{행렬 } \boldsymbol{D} = \begin{pmatrix} 1 & -2 \\ -2 & 3 \end{pmatrix}$$

는 대칭이고

$$\text{행렬 } \boldsymbol{E} = \begin{pmatrix} 0 & 2 \\ -2 & 0 \end{pmatrix}$$

는 반대칭이다.

(6) 행렬의 복소켤레

행렬 $\boldsymbol{A}$의 모든 원소 (a_{ij})를 그것의 복소켤레 a_{ji}^*로 바꾸었을 때의 행렬을 그 행렬의 복소켤레(또는 복소공액, complex conjugate)라 하고 $\boldsymbol{A}^*$(또는 $\tilde{A}$)로 나타낸다.

(7) Hermitian 행렬과 skew-Hermitian 행렬

행렬 $\boldsymbol{A} = (a_{ij})$의 모든 a_{ij}에 대하여 $a_{ij} = a_{ji}^*$이면 행렬 A는 Hermitian이라고 한다. 또 $a_{ij} = -a_{ji}^*$ 이면 skew-Hermitian이라고 한다. a_{ij}가 실수이면 이들 행렬 A는 각각 대칭행렬과 반대칭행렬이 된다.

예

행렬 $A = \begin{pmatrix} 1 & i \\ -i & 1 \end{pmatrix}$는 Hermitian이다.

(8) 수반행렬

행렬 $\boldsymbol{A}$의 복소켤레를 취한 행렬 $\boldsymbol{A}^*$를 전치시켜 얻은 행렬 $A^{*\mathrm{T}} = (a_{ji}{}^*)$를 수반행렬(adjoint matrix $A^\dagger = (a_{ij}{}^\dagger)$)이라고 한다. 즉, $a_{ij}{}^\dagger = a_{ji}{}^*$. $A^{*\mathrm{T}} = A$ (self-adjoint)이면 행렬 $\boldsymbol{A}$는 Hermitian이다. 양자론에서는 self-adjoint와 Hermitian은 동의어로 쓰인다.

(9) 주대각선과 행렬의 Trace

행렬 $A = (a_{ij})$가 정사각행렬이라면 i와 j가 같은 모든 원소를 포함하는 대각선을 주대각선(principal 또는 main diagonal)이라고 한다. 그 원소들의 합을 대각합(trace, character, 독일어: spur)이라고 하고 Tr$\{A\}$로 나타낸다.

(10) 단위 행렬

정사각행렬의 주대각선 원소들 모두가 1이고 그 외의 모든 원소가 0인 행렬을 **단위행렬**이라고 하고 $\boldsymbol{I}$로 나타낸다. 그러면

$$A\boldsymbol{I} = \boldsymbol{I}A = A, \boldsymbol{I}^n = \boldsymbol{I}, n = 1, 2, 3, \ldots$$

일차원, 이차원, 그리고 삼차원의 경우에 대해 단위행렬은 다음과 같다.

$$(1), \begin{pmatrix} 1 & 0 \\ 0 & 1 \end{pmatrix}, \begin{pmatrix} 1 & 0 & 0 \\ 0 & 1 & 0 \\ 0 & 0 & 1 \end{pmatrix}$$

(11) *0* 행렬

행렬의 모든 원소가 0인 행렬을 $\boldsymbol{0}$ **행렬**이라고 한다.

$$A + \boldsymbol{0} = \boldsymbol{0} + A = A$$

또 A와 $\boldsymbol{0}$이 정사각행렬이라면

$$A\boldsymbol{0} = \boldsymbol{0}A = \boldsymbol{0}$$

(12) 행렬의 직접곱

앞의 3에서 언급된 곱과는 다른 **직접곱**(direct product)으로 알려진 행렬의 곱이 있다. A 행렬이 $(m\times m)$ 정사각행렬이고 B 행렬이 $(n\times n)$ 정사각행렬이라면 직접곱은

$$A \otimes B = C$$

행렬 $C = (c_{\alpha\beta})$는 원소 $c_{\alpha\beta} = a_{ij}b_{kl}$이고

여기서

$$\alpha = n(i-1)+k, \beta = n(j-1)+l$$

예를 들면

행렬 $A = \begin{pmatrix} a_{11} & a_{12} \\ a_{21} & a_{22} \end{pmatrix}$와 행렬 $B = \begin{pmatrix} b_{11} & b_{12} & b_{13} \\ b_{21} & b_{22} & b_{23} \\ b_{31} & b_{32} & b_{33} \end{pmatrix}$에 대하여 직접곱 $A \otimes B$와 $B \otimes A$는 각각 다음과 같다.

$$A \otimes B = \begin{pmatrix} a_{11} & a_{12} \\ a_{21} & a_{22} \end{pmatrix} \otimes \begin{pmatrix} b_{11} & b_{12} & b_{13} \\ b_{21} & b_{22} & b_{23} \\ b_{31} & b_{32} & b_{33} \end{pmatrix} = \begin{pmatrix} a_{11}B & a_{12}B \\ a_{21}B & a_{22}B \end{pmatrix}$$

$$= \begin{pmatrix} a_{11}b_{11} & a_{11}b_{12} & a_{11}b_{13} & a_{12}b_{11} & a_{12}b_{12} & a_{12}b_{13} \\ a_{11}b_{21} & a_{11}b_{22} & a_{11}b_{23} & a_{12}b_{21} & a_{12}b_{22} & a_{12}b_{23} \\ a_{11}b_{31} & a_{11}b_{32} & a_{11}b_{33} & a_{12}b_{31} & a_{12}b_{32} & a_{12}b_{33} \\ a_{21}b_{11} & a_{21}b_{12} & a_{21}b_{13} & a_{22}b_{11} & a_{22}b_{12} & a_{22}b_{13} \\ a_{21}b_{21} & a_{21}b_{22} & a_{21}b_{23} & a_{22}b_{21} & a_{22}b_{22} & a_{22}b_{23} \\ a_{21}b_{31} & a_{21}b_{32} & a_{21}b_{33} & a_{22}b_{31} & a_{22}b_{32} & a_{22}b_{33} \end{pmatrix} \quad (5.32)$$

$$B \otimes A = \begin{pmatrix} b_{11}A & b_{12}A & b_{13}A \\ b_{21}A & b_{22}A & b_{23}A \\ b_{31}A & b_{32}A & b_{33}A \end{pmatrix}$$

$$= \begin{pmatrix} a_{11}b_{11} & a_{12}b_{11} & a_{11}b_{12} & a_{12}b_{12} & a_{11}b_{13} & a_{12}b_{13} \\ a_{21}b_{11} & a_{22}b_{11} & a_{21}b_{12} & a_{22}b_{12} & a_{21}b_{13} & a_{22}b_{13} \\ a_{11}b_{21} & a_{12}b_{21} & a_{11}b_{22} & a_{12}b_{22} & a_{11}b_{23} & a_{12}b_{23} \\ a_{21}b_{21} & a_{22}b_{21} & a_{21}b_{22} & a_{22}b_{22} & a_{21}b_{23} & a_{22}b_{23} \\ a_{11}b_{31} & a_{12}b_{31} & a_{11}b_{32} & a_{12}b_{32} & a_{11}b_{33} & a_{12}b_{33} \\ a_{21}b_{31} & a_{22}b_{31} & a_{21}b_{32} & a_{22}b_{32} & a_{21}b_{33} & a_{22}b_{33} \end{pmatrix} \quad (5.33)$$

위에서 보는 것처럼 직접곱은 가환(commutative)은 아니다. 여기서 행렬 A, B와 C의 주대각합은 각각

$$\mathrm{Tr}\{A\} = a_{11} + a_{22},\ \mathrm{Tr}\{B\} = b_{11} + b_{22} + b_{33}$$

그리고

$$\mathrm{Tr}\{C\} = a_{11}b_{11} + a_{11}b_{22} + a_{11}b_{33} + a_{22}b_{11} + a_{22}b_{22} + a_{22}b_{33}$$

$$\mathrm{Tr}\{A\}\mathrm{Tr}\{B\} = (a_{11} + a_{22})(b_{11} + b_{22} + b_{33})$$
$$= a_{11}b_{11} + a_{11}b_{22} + a_{11}b_{33} + a_{22}b_{11} + a_{22}b_{22} + a_{22}b_{33}$$

그러므로

$$\mathrm{Tr}\{C\} = \mathrm{Tr}\{A \otimes B\} = \mathrm{Tr}\{A\}\mathrm{Tr}\{B\}$$

$$\mathrm{Tr}\{B \otimes A\} = a_{11}b_{11} + a_{22}b_{11} + a_{11}b_{22} + a_{22}b_{22} + a_{11}b_{33} + a_{22}b_{33}$$
$$= (b_{11} + b_{22} + b_{33})(a_{11} + a_{22}) = \mathrm{Tr}\{B\}\mathrm{Tr}\{A\} \quad (5.34)$$

행렬의 직접곱은 가환은 아니나 그들의 Trace는 곱의 순서에 관계없이 같다. 즉,

$$\mathrm{Tr}\{A \otimes B\} = \mathrm{Tr}\{A\}\mathrm{Tr}\{B\} = \mathrm{Tr}\{B \otimes A\} = \mathrm{Tr}\{B\}\mathrm{Tr}\{A\} \tag{5.35}$$

군론에서 **지표표**(character table)는 대칭 조작을 행렬로 나타내어 얻은 행렬의 대각합으로부터 얻어진 숫자들의 나열이다. 그러므로 대칭성에 따른 함수들의 곱의 결과에 대한 대칭성을 구할 때 지표표에서 각 함수의 표현에 대한 지표를 찾아 **직접 곱**하여 얻은 결과가 함수들의 곱이 나타내는 대칭성이 된다.

예

C_{2v}	E	C_2	σ_v^{xz}	σ_v^{yz}
A_1	1	1	1	1
A_2	1	1	–1	–1
B_1	1	–1	1	–1
B_2	1	–1	–1	1
$A_2 \otimes B_1$	1 × 1	1 × (–1)	–1 × 1	–1 × (–1)
$A_2 \otimes B_2$	1 × 1	1 × (–1)	–1 × (–1)	–1 × 1
$B_1 \otimes B_2$	1 × 1	–1 × (–1)	1 × (–1)	–1 × 1

함수 ψ_1, ψ_2, ψ_3가 각각 A_2, B_1, B_2 표현에 따른 대칭성을 가진다면 이 함수들의 다음 곱들은 직접곱에 의하여

$$\psi_1 \times \psi_2 \leftrightarrow A_2 \otimes B_1 = B_2$$
$$\psi_1 \times \psi_3 \leftrightarrow A_2 \otimes B_2 = B_1$$
$$\psi_2 \times \psi_3 \leftrightarrow B_1 \otimes B_2 = A_2$$

즉, $\psi_1 \times \psi_2$는 B_2, $\psi_1 \times \psi_3$는 B_1, $\psi_2 \times \psi_3$는 A_2 표현의 대칭성을 따른다.

(13) 일차독립

차수 n의 정사각행렬 A의 열벡터(또는 행벡터) $\boldsymbol{a}_1$, $\boldsymbol{a}_2$, $\cdots$, $\boldsymbol{a}_n$으로 구성된다. 만약

$$\lambda_1 \boldsymbol{a}_1 + \lambda_2 \boldsymbol{a}_2 + \cdots + \lambda_n \boldsymbol{a}_n = \boldsymbol{0} \ (\boldsymbol{0}\text{: 0 행렬}) \tag{5.36}$$

을 만족하는 λ_i가 적어도 하나는 0이 아닌 λ_1, λ_2, $\cdots$, λ_n이 존재한다면 벡터

$\boldsymbol{a}_1$, $\boldsymbol{a}_2$, $\cdots$, $\boldsymbol{a}_n$는 **일차종속**이다. 그렇지 않으면(즉, 모든 λ_i가 0인 경우에 식 (5.36)이 만족된다면) 벡터 $\boldsymbol{a}_1$, $\boldsymbol{a}_2$, $\cdots$, $\boldsymbol{a}_n$은 **일차독립**이다. $\det(A) = 0$인 행렬 A는 **특이행렬**(singular matrix)이다. $\det(A) \neq 0$이라면 행렬 A는 **정칙행렬**(non-singular matrix)이다.

(14) 여인수 행렬

행렬식 $|A|$에 있어서 원소 a_{ij}의 여인수 A_{ij}로 구성된 행렬의 전치행렬을 **여인수 행렬** $\hat{A}$라고 한다.

$$\hat{A} = \begin{pmatrix} A_{11} & A_{21} & \cdots & \cdots & \cdots & A_{n1} \\ A_{12} & A_{22} & \cdots & \cdots & \cdots & A_{n2} \\ \vdots & \vdots & \ddots & & & \vdots \\ \vdots & \vdots & & \ddots & & \vdots \\ \vdots & \vdots & & & \ddots & \vdots \\ A_{1n} & A_{2n} & \cdots & \cdots & \cdots & A_{nn} \end{pmatrix} \tag{5.37}$$

(15) 역행렬

주어진 행렬 $\boldsymbol{A}$에 대하여

$$AB = AB = \boldsymbol{I}$$

인 B가 A의 **역행렬** A^{-1}이다. 그러면

$$A\hat{A} = \hat{A}A = |A|\boldsymbol{I} \text{ 또는 } A\frac{\hat{A}}{|A|} = \frac{\hat{A}}{|A|}A = I$$

이므로

$$A^{-1} = \frac{\hat{A}}{|A|} \tag{5.38}$$

이 식으로 역행렬을 구할 수 있음을 다음과 같이 보여 줄 수 있다.

$$A\hat{A} = \begin{pmatrix} a_{11} & a_{12} & \cdots & \cdots & \cdots & a_{1n} \\ a_{21} & a_{22} & \cdots & \cdots & \cdots & a_{2n} \\ \vdots & \vdots & \ddots & & & \vdots \\ \vdots & \vdots & & \ddots & & \vdots \\ \vdots & \vdots & & & \ddots & \vdots \\ a_{n1} & a_{n2} & \cdots & \cdots & \cdots & a_{nn} \end{pmatrix} \begin{pmatrix} A_{11} & A_{21} & \cdots & \cdots & \cdots & A_{n1} \\ A_{12} & A_{22} & \cdots & \cdots & \cdots & A_{n2} \\ \vdots & \vdots & \ddots & & & \vdots \\ \vdots & \vdots & & \ddots & & \vdots \\ \vdots & \vdots & & & \ddots & \vdots \\ A_{1n} & A_{2n} & \cdots & \cdots & \cdots & A_{nn} \end{pmatrix} = \boldsymbol{C}$$

A의 i행과 $\hat{A}$의 j열을 곱하여 얻은 c_{ij}는

$$c_{ij} = a_{i1}A_{j1} + a_{i2}A_{j2} + \cdots + a_{in}A_{jn} = \sum_{k=1}^{n} a_{ik}A_{jk} = \begin{cases} 0 & i \neq j \\ \det(A) & i = j \end{cases}$$

따라서

$$\boldsymbol{C} = (c_{ij}) = \begin{pmatrix} c_{11} & c_{12} & \cdots & \cdots & \cdots & c_{1n} \\ c_{21} & c_{22} & \cdots & \cdots & \cdots & c_{2n} \\ \vdots & \vdots & \ddots & & & \vdots \\ \vdots & \vdots & & \ddots & & \vdots \\ \vdots & \vdots & & & \ddots & \vdots \\ c_{n1} & c_{n2} & \cdots & \cdots & \cdots & c_{nn} \end{pmatrix}$$

$$= \begin{pmatrix} |A| & 0 & \cdots & \cdots & \cdots & 0 \\ 0 & |A| & \cdots & \cdots & \cdots & 0 \\ \vdots & \vdots & \ddots & & & \vdots \\ \vdots & \vdots & & \ddots & & \vdots \\ \vdots & \vdots & & & \ddots & 0 \\ 0 & 0 & \cdots & \cdots & 0 & |A| \end{pmatrix} = |A| \begin{pmatrix} 1 & 0 & \cdots & \cdots & \cdots & 0 \\ 0 & 1 & \cdots & \cdots & \cdots & 0 \\ \vdots & \vdots & \ddots & & & \vdots \\ \vdots & \vdots & & \ddots & & \vdots \\ \vdots & \vdots & & & \ddots & \vdots \\ 0 & 0 & \cdots & \cdots & \cdots & 1 \end{pmatrix} = A\hat{A}$$

그러므로

$$\boldsymbol{A}^{-1} = \frac{\hat{A}}{|A|}$$

예제 5.5

행렬 A의 역행렬을 구하시오.

$$A = \begin{pmatrix} -1 & 2 & 3 \\ 2 & 1 & 3 \\ 3 & 3 & 1 \end{pmatrix}$$

풀이

$$A_{11} = \begin{vmatrix} 1 & 3 \\ 3 & 1 \end{vmatrix} = -8,\ A_{12} = -\begin{vmatrix} 2 & 3 \\ 3 & 1 \end{vmatrix} = 7,\ A_{13} = \begin{vmatrix} 2 & 1 \\ 3 & 3 \end{vmatrix} = 3,$$

$$A_{21} = -\begin{vmatrix} 2 & 3 \\ 3 & 1 \end{vmatrix} = 7,\ A_{22} = \begin{vmatrix} -1 & 3 \\ 3 & 1 \end{vmatrix} = -10,\ A_{23} = -\begin{vmatrix} -1 & 2 \\ 3 & 3 \end{vmatrix} = 9,$$

$$A_{31} = \begin{vmatrix} 2 & 3 \\ 1 & 3 \end{vmatrix} = 3,\ A_{32} = -\begin{vmatrix} -1 & 3 \\ 2 & 3 \end{vmatrix} = 9,\ A_{33} = \begin{vmatrix} -1 & 2 \\ 2 & 1 \end{vmatrix} = -5,$$

$$\hat{A} = \begin{pmatrix} -8 & 7 & 3 \\ 7 & -10 & 9 \\ 3 & 9 & -5 \end{pmatrix}.\ \det(A) = \begin{vmatrix} -1 & 2 & 3 \\ 2 & 1 & 3 \\ 3 & 3 & 1 \end{vmatrix} = 31$$

$$A\hat{A} = \begin{pmatrix} -1 & 2 & 3 \\ 2 & 1 & 3 \\ 3 & 3 & 1 \end{pmatrix} \begin{pmatrix} -8 & 7 & 3 \\ 7 & -10 & 9 \\ 3 & 9 & -5 \end{pmatrix} = \begin{pmatrix} 31 & 0 & 0 \\ 0 & 31 & 0 \\ 0 & 0 & 31 \end{pmatrix}$$

$$= 31\begin{pmatrix} 1 & 0 & 0 \\ 0 & 1 & 0 \\ 0 & 0 & 1 \end{pmatrix}$$

$$A^{-1} = \frac{\hat{A}}{|A|} = \frac{1}{31}\begin{pmatrix} -8 & 7 & 3 \\ 7 & -10 & 9 \\ 3 & 9 & -5 \end{pmatrix}$$

연습 문제 5.5

다음 행렬의 역행렬을 구하시오.

$$A = \begin{pmatrix} 2 & 1 & 0 \\ 1 & 2 & 1 \\ 0 & 1 & 2 \end{pmatrix}$$

답 $\det(A) = 4$, $\hat{A} = \begin{pmatrix} 3 & -2 & 1 \\ -2 & 4 & -2 \\ 1 & -2 & 3 \end{pmatrix}$, $A^{-1} = \frac{1}{4}\begin{pmatrix} 3 & -2 & 1 \\ -2 & 4 & -2 \\ 1 & -2 & 3 \end{pmatrix}$

정방행렬 A, B, C에 대하여 행렬 ABC의 역행렬은 전치행렬처럼 곱셈의 순서가 거꾸로 된다. 즉,

$$(ABC)^{-1} = C^{-1}B^{-1}A^{-1} \tag{5.39}$$

행렬의 곱 $ABC = X$라고 하면

$$(ABC)^{-1} = X^{-1}$$

$ABC = X$의 왼쪽에 A^{-1}를 곱하면

$$A^{-1}ABC = A^{-1}X, \text{ 즉 } BC = A^{-1}X$$

이 된다. 순서대로 왼쪽에 B^{-1}와 C^{-1}를 곱하면

$$C^{-1}B^{-1}A^{-1}ABC = \boldsymbol{I} = C^{-1}B^{-1}A^{-1}X = X^{-1}X$$

따라서 $X^{-1} = C^{-1}B^{-1}A^{-1}$

(15) 직교(orthogonal) 행렬과 유니타리(unitary) 행렬

실수행렬 A의 전치행렬이 그 역행렬과 같다면, 즉 $A^{T} = A^{-1}$ 또는 $A^{T}A = \boldsymbol{I}$라면

A는 직교행렬이라고 한다.

복소행렬 A의 복소켤레의 전치행렬이 그 역행렬과 같다면, 즉 $A^{T*} = A^{-1}$ 또는 $A^{T*}A = \boldsymbol{I}$ 라면 A는 유니타리 행렬이라고 한다.

(16) 직교 벡터

식 (5.17)과 (5.18)에 언급된 것과 같은

열벡터 $\boldsymbol{A} = \begin{pmatrix} a_1 \\ a_2 \\ \vdots \\ a_n \end{pmatrix}$ 와 $\boldsymbol{B} = \begin{pmatrix} b_1 \\ b_2 \\ \vdots \\ b_n \end{pmatrix}$ 는 직교 단위벡터($\boldsymbol{e}_1 \quad \boldsymbol{e}_2 \quad \cdots \quad \boldsymbol{e}_n$)를 사용하여 다음과 같이 나타낼 수 있다($a_i$, b_i: 실수, i = 1, · · · , n).

$$\boldsymbol{A} = a_1\boldsymbol{e}_1 + a_2\boldsymbol{e}_2 + \cdots + a_n\boldsymbol{e}_n \tag{5.40}$$

$$\boldsymbol{B} = b_1\boldsymbol{e}_1 + b_2\boldsymbol{e}_2 + \cdots + b_n\boldsymbol{e}_n \tag{5.41}$$

두 벡터 $\boldsymbol{A}$와 $\boldsymbol{B}$의 스칼라곱(내적, 점곱)은

$$\begin{aligned} \boldsymbol{A} \cdot \boldsymbol{B} &= (a_1\boldsymbol{e}_1 + a_2\boldsymbol{e}_2 + \cdots + a_n\boldsymbol{e}_n)(b_1\boldsymbol{e}_1 + b_2\boldsymbol{e}_2 + \cdots + b_n\boldsymbol{e}_n) \\ &= a_1b_1 + a_2b_2 + a_3b_3 + \cdots + a_nb_n \end{aligned} \tag{5.42}$$

여기서 $\boldsymbol{e}_i$와 $\boldsymbol{e}_j$는 직교 단위벡터이므로

$$\boldsymbol{e}_i \cdot \boldsymbol{e}_j = \begin{cases} 0, & i \neq j \\ 1, & i = j \end{cases} \tag{5.43}$$

또 두 벡터 $\boldsymbol{A}$와 $\boldsymbol{B}$ 사이의 각도가 θ라면 스칼라곱은 다음과 같다(2장 스칼라곱 참고).

$$\boldsymbol{A} \cdot \boldsymbol{B} = |\boldsymbol{A}||\boldsymbol{B}|\cos\theta \tag{5.44}$$

만약 두 벡터가 직교한다면 $\theta = 90°$이고 $\boldsymbol{A} \cdot \boldsymbol{B} = 0$이 된다. 따라서 이것을 행렬의 곱을 이용하여 나타내면 다음과 같다.

$$\begin{aligned} \boldsymbol{A}^T\boldsymbol{B} &= (a_1 \quad a_2 \quad \cdots \quad a_n)\begin{pmatrix} b_1 \\ b_2 \\ \vdots \\ b_n \end{pmatrix} \\ &= a_1b_1 + a_2b_2 + a_3b_3 + \cdots + a_nb_n \end{aligned}$$

여기서 $A^{T}B = 0$이면 두 벡터 A와 B는 직교한다고 한다. 유사하게

$$X_i^{T^*}X_j = \begin{cases} 0, & i \neq j \\ 1, & i = j \end{cases} \tag{5.45}$$

이 성립하면 한 세트의 벡터 $(X_1, X_2, \cdots, X_n)$는 유니타리 집합이라고 하고 벡터들이 실수라면 이들은 단위벡터의 직교 집합이라고 한다.

5.3 | 연립방정식

앞의 식 (5.4) ~ (5.9)에서 간단한 연립방정식을 행렬식을 이용하여 해를 구하였다. 이를 확장하여 n개의 미지수 $x_1, x_2, \cdots\cdots, x_n$의 m 연립선형방정식을 다음과 같이 쓸 수 있다.

$$\begin{cases} a_{11}x_1 + a_{12}x_2 + \cdots + a_{1n}x_n = r_1 \\ a_{21}x_1 + a_{22}x_2 + \cdots + a_{2n}x_n = r_2 \\ \cdots\cdots\cdots\cdots\cdots\cdots\cdots\cdots\cdots \\ a_{m1}x_1 + a_{m2}x_2 + \cdots + a_{mn}x_n = r_m \end{cases} \tag{5.46}$$

만약 모든 $r_1, r_2, \cdots\cdots r_n$이 0이라면 이 연립방정식은 동차(homogeneous)라고 한다. 이 식을 만족하는 $x_1, x_2, \cdots\cdots, x_n$의 집합을 연립방정식의 해라고 한다. 이를 행렬의 형태로 나타내면 다음과 같다.

$$\begin{pmatrix} a_{11} & a_{12} & \cdots & \cdots & \cdots & a_{1n} \\ a_{21} & a_{22} & \cdots & \cdots & \cdots & a_{2n} \\ \vdots & \vdots & \ddots & & & \vdots \\ \vdots & \vdots & & \ddots & & \vdots \\ \vdots & \vdots & & & \ddots & \vdots \\ a_{n1} & a_{n2} & \cdots & \cdots & \cdots & a_{nn} \end{pmatrix} \begin{pmatrix} x_1 \\ x_2 \\ \vdots \\ \vdots \\ \vdots \\ x_n \end{pmatrix} = \begin{pmatrix} r_1 \\ r_2 \\ \vdots \\ \vdots \\ \vdots \\ r_n \end{pmatrix} \tag{5.47}$$

간단히 다음과 같이 쓸 수 있고

$$AX = R \tag{5.48}$$

여기서 A, X, R은 식 (5.47)에 대응하는 행렬들이다. 만약 $m = n$이고 A^{-1}이 존재하도록 A가 정칙행렬이라면 위 식 (5.47) 또는 (5.46)은

$$X = A^{-1}R \tag{5.49}$$

로 풀 수 있고 연립방정식은 **유일한** 해(unique solution)를 갖는다. 앞에서 논의된 역행렬을 이용하고 det(*A*)를 Δ로, det(*A*)에서 i열이 열벡터 ***R***로 치환된 행렬식을 Δ_i로 나타내면

$$x_1 = \frac{\Delta_1}{\Delta},\ x_2 = \frac{\Delta_2}{\Delta},\ \cdots\cdots\cdots,\ x_n = \frac{\Delta_n}{\Delta} \tag{5.50}$$

식 (5.50)은 Cramer의 **규칙**이라고 한다.

증명

$\boldsymbol{AX} = \boldsymbol{R}$의 왼쪽에 $\boldsymbol{A}^{-1}$를 곱하면

$$\boldsymbol{A}^{-1}\boldsymbol{AX} = \boldsymbol{A}^{-1}\boldsymbol{R},\ \text{즉}\ \boldsymbol{X} = \boldsymbol{A}^{-1}\boldsymbol{R}$$

식 (5.38)의 역행렬을 대입하면

$$\boldsymbol{X} = \begin{pmatrix} x_1 \\ x_2 \\ \vdots \\ \vdots \\ \vdots \\ x_n \end{pmatrix} = \frac{\hat{A}}{|A|}\boldsymbol{R}$$

$$= \frac{1}{|\boldsymbol{A}|}\begin{pmatrix} A_{11} & A_{21} & \cdots & \cdots & \cdots & A_{n1} \\ A_{12} & A_{22} & \cdots & \cdots & \cdots & A_{n2} \\ \vdots & \vdots & \ddots & & & \vdots \\ \vdots & \vdots & & \ddots & & \vdots \\ \vdots & \vdots & & & \ddots & \vdots \\ A_{1n} & A_{2n} & \cdots & \cdots & \cdots & A_{nn} \end{pmatrix}\begin{pmatrix} r_1 \\ r_2 \\ \vdots \\ \vdots \\ \vdots \\ r_n \end{pmatrix}$$

$$= \frac{1}{|\boldsymbol{A}|}\begin{pmatrix} A_{11}r_1 + & A_{21}r_2 + & \cdots & \cdots & \cdots & +A_{n1}r_n \\ A_{12}r_1 + & A_{22}r_2 + & \cdots & \cdots & \cdots & +A_{n2}r_n \\ \vdots & \vdots & \ddots & & & \vdots \\ \vdots & \vdots & & \ddots & & \vdots \\ \vdots & \vdots & & & \ddots & \vdots \\ A_{1n}r_1 + & A_{2n}r_2 + & \cdots & \cdots & \cdots & +A_{nn}r_n \end{pmatrix}$$

위에서 행렬의 각 원소를 맞추면

$$x_1 = \frac{1}{|\boldsymbol{A}|}(A_{11}r_1 + A_{21}r_2 + \cdots + A_{n1}r_n)$$

$$x_2 = \frac{1}{|\boldsymbol{A}|}(A_{12}r_1 + A_{22}r_2 + \cdots + A_{n2}r_n)$$

$$\cdots\cdots\cdots\cdots\cdots\cdots\cdots\cdots\cdots\cdots\cdots\cdots$$

$$x_n = \frac{1}{|\boldsymbol{A}|}(A_{1n}r_1 + A_{2n}r_2 + \cdots + A_{nn}r_n)$$

열에 관한 Laplace 전개 식 (5.13)을 사용하여 x_1, x_2, ⋯⋯ , x_n을 다음과 같이 쓸 수 있다.

$$x_1 = \frac{1}{|\boldsymbol{A}|}\begin{pmatrix} r_1 & A_{21} & \cdots & \cdots & \cdots & A_{n1} \\ r_2 & A_{22} & \cdots & \cdots & \cdots & A_{n2} \\ \vdots & \vdots & \ddots & & & \vdots \\ \vdots & \vdots & & \ddots & & \vdots \\ \vdots & \vdots & & & \ddots & \vdots \\ r_n & A_{2n} & \cdots & \cdots & \cdots & A_{nn} \end{pmatrix} = \frac{\Delta_1}{\Delta}$$

$$x_2 = \frac{1}{|\boldsymbol{A}|}\begin{pmatrix} A_{11} & r_1 & \cdots & \cdots & \cdots & A_{n1} \\ A_{12} & r_2 & \cdots & \cdots & \cdots & A_{n2} \\ \vdots & \vdots & \ddots & & & \vdots \\ \vdots & \vdots & & \ddots & & \vdots \\ \vdots & \vdots & & & \ddots & \vdots \\ A_{1n} & r_n & \cdots & \cdots & \cdots & A_{nn} \end{pmatrix} = \frac{\Delta_2}{\Delta}$$

$$\cdots\cdots\cdots\cdots\cdots\cdots\cdots\cdots\cdots\cdots\cdots\cdots$$

$$x_n = \frac{1}{|\boldsymbol{A}|}\begin{pmatrix} A_{11} & A_{21} & \cdots & \cdots & \cdots & r_1 \\ A_{12} & A_{22} & \cdots & \cdots & \cdots & r_2 \\ \vdots & \vdots & \ddots & & & \vdots \\ \vdots & \vdots & & \ddots & & \vdots \\ \vdots & \vdots & & & \ddots & \vdots \\ A_{1n} & A_{2n} & \cdots & \cdots & \cdots & r_n \end{pmatrix} = \frac{\Delta_n}{\Delta}$$

다음 4가지 경우가 생긴다.

경우 1 $\Delta \neq 0$, $\boldsymbol{R} \neq 0$

이 경우는 자명해가 아닌, 즉 모두는 0이 아닌 유일한 해를 갖는다.
예제 5.1, 5.2와 연습 문제 5.1, 5.2가 여기에 해당된다.

경우 2 $\Delta \neq 0$, $\boldsymbol{R} = 0$.

이 경우 해는 오직 $x_1 = 0$, $x_2 = 0$, ⋯⋯ , $x_n = 0$, 즉 $\boldsymbol{X} = 0$인 해를 갖는다. 이 해를 **자명해**(trivial solution)라고 한다.

예제 5.6

다음 연립방정식을 푸시오.

$$\begin{cases} 4x_1 + 2x_2 + x_3 = 0 \\ 3x_1 - 3x_2 + 2x_3 = 0 \\ -x_1 + 4x_2 + 5x_3 = 0 \end{cases}$$

풀이

$\Delta = -117$이므로 $x_1 = \frac{0}{-117} = 0, x_2 = \frac{0}{-117} = 0, x_3 = \frac{0}{-117} = 0$인 자명해를 갖는다.

연습 문제 5.6

다음 연립방정식을 푸시오.

$$\begin{cases} x_1 + 5x_3 = 0 \\ x_1 - 3x_2 + 5x_3 = 0 \\ 2x_1 + 7x_2 - 4x_3 = 0 \end{cases}$$

답 $\Delta = 42, x_1 = \frac{0}{42} = 0, x_2 = \frac{0}{42} = 0, x_3 = \frac{0}{42} = 0$

경우 3 $\Delta = 0$, $\boldsymbol{R} = 0$

이 경우는 자명해 외에도 무한히 많은 해를 갖는다. 정해지지 않은 무한히 많은 해를 가지므로 부정이라고 하고 다른 어떤 조건이 주어지면 정해질 수 있다. 이러한 경우는 양자 화학에서 변분론으로 분자 오비탈을 구할 때 나타나며 정규화 조건을 사용하면 분자 오비탈을 구할 수 있다(8장 2절).

예제 5.7

다음 연립방정식을 푸시오.

$$\begin{cases} x_1 - 2x_2 + 3x_3 = 0 \\ x_1 + 4x_2 - 6x_3 = 0 \\ 2x_1 + 2x_2 - 3x_3 = 0 \end{cases}$$

풀이

$\Delta = 0$, 따라서 $x_1 = \frac{0}{0}$, $x_2 = \frac{0}{0}$, $x_3 = \frac{0}{0}$이므로 $x_1 = 0$, $x_2 = 0$, $x_3 = 0$인 자명해 외에도 무한히 많은 해를 갖는다. 예를 들면 $x_3 = 2$이면 $x_2 = 3$, $x_1 = 0$과 같이 $x_1 = 0$이고 $2x_2 = 3x_3$가 성립하는 0이 아닌 무한히 많은 해를 갖는다.

연습 문제 5.7

다음 연립방정식을 푸시오.

$$\begin{cases} -x_1 + x_2 + 2x_3 = 1 \\ 3x_1 + 4x_2 + x_3 = 2 \\ 2x_1 + 5x_2 + 3x_3 = 3 \end{cases}$$

답 $\Delta = 0$, $\Delta_1 = 0$, $\Delta_2 = 0$, $\Delta_3 = 0$, $x_1 = \frac{0}{0}$, $x_2 = \frac{0}{0}$, $x_3 = \frac{0}{0}$으로 부정이다. 즉 어떤수든지 해가 될 수 있다. 세 식에서 x_1을 소거하면 $7x_2+7x_3=5$의 식만 얻어진다. 따라서 $x_3 = 0$, $x_2 = \frac{5}{7}$, $x_1 = -\frac{2}{7}$; $x_3 = 1$, $x_2 = -\frac{2}{7}$, $x_1 = -\frac{5}{7}$; $x_3 = 1$, $x_2 = -\frac{9}{7}$, $x_1 = -\frac{12}{7}$ 등 무한히 많은 해가 존재한다.

경우4 $\Delta = 0$, $\boldsymbol{R} \neq 0$

이 경우는 식 (5.50)에서의 모든 행렬식 Δ_i가 0이면 무수히 많은 해가 존재할 것이다. 그렇지 않으면 해가 없을 것이다.

예제 5.8

다음 연립방정식을 푸시오.

$$\begin{cases} x_1 - 2x_2 + x_3 = 2 \\ 2x_1 + 5x_2 - 3x_3 = 3 \\ 7x_1 + 4x_2 - 3x_3 = -4 \end{cases}$$

풀이

$$\Delta = \begin{vmatrix} 1 & -2 & 1 \\ 2 & 5 & -3 \\ 7 & 4 & -3 \end{vmatrix} = 0,$$

$$x_1 = \frac{\begin{vmatrix} 2 & -2 & 1 \\ 3 & 5 & -3 \\ -4 & 4 & -3 \end{vmatrix}}{0} = \frac{16}{0}, \quad x_2 = \frac{\begin{vmatrix} 1 & 2 & 1 \\ 2 & 3 & -3 \\ 7 & -4 & -3 \end{vmatrix}}{0} = \frac{80}{0},$$

$$x_3 = \frac{\begin{vmatrix} 1 & -2 & 2 \\ 2 & 5 & 3 \\ 7 & 4 & -4 \end{vmatrix}}{0} = \frac{144}{0}$$

이므로, 즉 $\Delta_1 = 16$, $\Delta_2 = 80$, $\Delta_3 = 144$이므로 해를 갖지 않는다. 첫째 식에 2를 곱하여 둘째 식에서 빼고 첫째 식에 7을 곱하여 셋째 식에서 빼고 2로 나누면 x_1이 소거되어 순서대로

$$9x_2 - 5x_3 = -1,\ 9x_2 - 5x_3 = -9$$

를 얻는다. 두 식의 왼쪽 항이 같은데 오른쪽 항이 다르므로 이를 만족하는 x_2, x_3가 존재하지 않는다. 따라서 이 연립방정식은 해를 갖지 않는다.

연습 문제 5.8

다음 연립방정식을 푸시오.

$$\begin{cases} x_1 - x_2 + 2x_3 = 2 \\ 2x_1 + 3x_2 - x_3 = 3 \\ 2x_1 - 2x_2 + 4x_3 = 1 \end{cases}$$

5.4 | 고윳값과 고유벡터

$(n \times n)$ 행렬 $\boldsymbol{A}$와 열벡터 $\boldsymbol{X}$에 대하여 다음과 같이 상수 λ를 갖는 방정식을 쓸 수 있다.

$$\boldsymbol{AX} = \lambda \boldsymbol{X} \tag{5.51}$$

구체적인 행렬로 쓰면

$$\begin{pmatrix} a_{11} & a_{12} & \cdots & \cdots & \cdots & a_{1n} \\ a_{21} & a_{22} & \cdots & \cdots & \cdots & a_{2n} \\ \vdots & \vdots & \ddots & & & \vdots \\ \vdots & \vdots & & \ddots & & \vdots \\ \vdots & \vdots & & & \ddots & \vdots \\ a_{n1} & a_{n2} & \cdots & \cdots & \cdots & a_{nn} \end{pmatrix} \begin{pmatrix} x_1 \\ x_2 \\ \vdots \\ \vdots \\ \vdots \\ x_n \end{pmatrix} = \lambda \begin{pmatrix} x_1 \\ x_2 \\ \vdots \\ \vdots \\ \vdots \\ x_n \end{pmatrix} \tag{5.52}$$

또 $\boldsymbol{AX} = \lambda \boldsymbol{X}$를

$$\boldsymbol{AX} = \lambda \boldsymbol{IX} \text{ 또는 } (\boldsymbol{A} - \lambda \boldsymbol{I})\boldsymbol{X} = \boldsymbol{0} \tag{5.53}$$

로 쓸 수 있다.

식 (5.52)에서 왼쪽 항의 두 행렬을 곱하고 오른쪽 항의 상수를 열벡터에 곱하여 왼쪽 항으로 이항시켜 정리하면

$$\begin{pmatrix} (a_{11}-\lambda)x_1 + a_{12}x_2 + \cdots + a_{1n}x_n \\ a_{21}x_1 + (a_{22}-\lambda)x_2 + \cdots + a_{2n}x_n \\ \vdots \\ \vdots \\ \vdots \\ a_{n1}x_1 + a_{n2}x_2 + \cdots + (a_{22}-\lambda)x_n \end{pmatrix} = \boldsymbol{0}$$

이 되고 따라서

$$\begin{cases} (a_{11}-\lambda)x_1 + a_{12}x_2 + \cdots + a_{1n}x_n = 0 \\ a_{21}x_1 + (a_{22}-\lambda)x_2 + \cdots + a_{2n}x_n = 0 \\ \vdots \\ \vdots \\ \vdots \\ a_{n1}x_1 + a_{n2}x_2 + \cdots + (a_{22}-\lambda)x_n = 0 \end{cases} \tag{5.54}$$

앞의 Cramer의 규칙(예제 5.7)에서 공부한 것처럼 자명해(모든 $x_i = 0$)가 아닌 해(x_i가 모두는 0이 아닌 해)를 갖기 위해서는 x_i의 계수들로 이루어진 행렬식이 0이 되어야 한다. 천문학적 이론의 적용에서 나타나는 이와 같은 행렬식을 **영년방정식**(secular determinant)이라고 하며 원자 또는 분자 오비탈을 풀 때도 나타난다.

$$\begin{vmatrix} a_{11}-\lambda & a_{12} & \cdots & \cdots & \cdots & a_{1n} \\ a_{21} & a_{22}-\lambda & \cdots & \cdots & \cdots & a_{2n} \\ \vdots & \vdots & \ddots & & & \vdots \\ \vdots & \vdots & & \ddots & & \vdots \\ \vdots & \vdots & & & \ddots & \vdots \\ a_{n1} & a_{n2} & \cdots & \cdots & \cdots & a_{nn}-\lambda \end{vmatrix} = 0 \tag{5.55}$$

식 (5.53)은 $\boldsymbol{X} \neq \boldsymbol{0}$이므로

$$\det(\boldsymbol{A} - \lambda \boldsymbol{I}) = 0 \tag{5.56}$$

로 쓸 수 있고 **특성방정식**(characteristic equation)이라고 불린다. 여기서 열벡터 $\boldsymbol{X}$는 **고유벡터**(eigenvector)라 하고 λ는 **고윳값**(eigenvalue)이라고 한다.

예제 5.9

다음 행렬 A의 고윳값과 고유벡터를 구하시오.

$$A = \begin{pmatrix} 2 & 1 & 0 \\ 1 & 2 & 1 \\ 0 & 1 & 2 \end{pmatrix}$$

풀이

고유벡터를

$$X = \begin{pmatrix} x_1 \\ x_2 \\ x_3 \end{pmatrix}$$

라 하면 $AX = \lambda X$

$$XA = \begin{pmatrix} 2 & 1 & 0 \\ 1 & 2 & 1 \\ 0 & 1 & 2 \end{pmatrix}\begin{pmatrix} x_1 \\ x_2 \\ x_3 \end{pmatrix} = \lambda X = \lambda\begin{pmatrix} x_1 \\ x_2 \\ x_3 \end{pmatrix}$$

$$= \begin{pmatrix} 2x_1 + x_2 + 0x_3 \\ x_1 + 2x_2 + x_3 \\ 0x_1 + x_2 + 2x_3 \end{pmatrix} = \begin{pmatrix} \lambda x_1 \\ \lambda x_2 \\ \lambda x_3 \end{pmatrix}$$

이들 행렬의 각 원소들을 같게 하고 오른쪽의 λx_i를 왼쪽으로 이항하여 정리하면

$$\begin{cases} (2-\lambda)x_1 + x_2 + 0x_3 = 0 \\ x_1 + (2-\lambda)x_2 + x_3 = 0 \\ 0x_1 + x_2 + (2-\lambda)x_3 = 0 \end{cases}$$

이 연립방정식이 자명해가 아닌 해를 갖기 위해서는 위의 방정식의 x_i의 계수들로 이루어진 행렬식이 0이 되어야 한다.

$$\begin{vmatrix} 2-\lambda & 1 & 0 \\ 1 & 2-\lambda & 1 \\ 0 & 1 & 2-\lambda \end{vmatrix} = 0$$

행렬식을 풀면

$$(2-\lambda)\{(2-\lambda)^2 - 2\} = 0$$

그러면 고윳값 $\lambda = 2, 2-\sqrt{2}, 2+\sqrt{2}$이다.
고유벡터를 구하기 위하여 고윳값을 위의 연립방정식에 대입하면
$\lambda = 2$의 경우에는

$$\begin{cases} 0x_1 + x_2 + 0x_3 = 0 \\ x_1 + 0x_2 + x_3 = 0 \\ 0x_1 + x_2 + 0x_3 = 0 \end{cases}$$

첫째 식에서 $x_2 = 0$, 둘째 식에서 $x_3 = -x_1$이다. 따라서 고유벡터

$$\boldsymbol{X} = \begin{pmatrix} x_1 \\ x_2 \\ x_3 \end{pmatrix} = \begin{pmatrix} x_1 \\ 0 \\ -x_1 \end{pmatrix} = x_1\begin{pmatrix} 1 \\ 0 \\ -1 \end{pmatrix} \text{ 또는 단순하게 } \boldsymbol{X} = \begin{pmatrix} 1 \\ 0 \\ -1 \end{pmatrix}$$

$\boldsymbol{X}^{\mathrm{T}}\boldsymbol{X} = (1 \quad 0 \quad -1)\begin{pmatrix} 1 \\ 0 \\ -1 \end{pmatrix} = 1(1) + 0(0) + (-1)(-1) = 2 = (\sqrt{2})^2$이므로 열벡터의 크기가 1이 되도록 하면

$$\boldsymbol{X} = \frac{1}{\sqrt{2}}\begin{pmatrix} 1 \\ 0 \\ -1 \end{pmatrix} = \begin{pmatrix} \frac{1}{\sqrt{2}} \\ 0 \\ \frac{-1}{\sqrt{2}} \end{pmatrix}$$

$\lambda = 2 - \sqrt{2}$의 경우에 λ를 위의 연립방정식에 대입하면

$$\begin{cases} \sqrt{2}x_1 + x_2 + 0x_3 = 0 \\ x_1 + \sqrt{2}x_2 + x_3 = 0 \\ 0x_1 + x_2 + \sqrt{2}x_3 = 0 \end{cases}$$

첫째 식에서 $x_2 = -\sqrt{2}x_1$, 셋째 식에서 $x_3 = -x_2/\sqrt{2} = -(-\sqrt{2}x_1)/\sqrt{2} = x_1$이다. 따라서 고유벡터

$$\boldsymbol{X} = \begin{pmatrix} x_1 \\ x_2 \\ x_3 \end{pmatrix} = \begin{pmatrix} x_1 \\ -\sqrt{2}x_1 \\ x_1 \end{pmatrix} = x_1\begin{pmatrix} 1 \\ -\sqrt{2} \\ 1 \end{pmatrix} \text{ 또는 단순하게 } \boldsymbol{X} = \begin{pmatrix} 1 \\ -\sqrt{2} \\ 1 \end{pmatrix}$$

$\boldsymbol{X}^{\mathrm{T}}\boldsymbol{X} = (1 \quad -\sqrt{2} \quad 1)\begin{pmatrix} 1 \\ -\sqrt{2} \\ 1 \end{pmatrix} = 1(1) + (-\sqrt{2})(-\sqrt{2}) + 1(1) = 4 = 2^2$이므로

열벡터의 크기가 1이 되도록 하면

$$\boldsymbol{X} = \frac{1}{2}\begin{pmatrix} 1 \\ -\sqrt{2} \\ 1 \end{pmatrix} = \begin{pmatrix} \frac{1}{2} \\ \frac{-1}{\sqrt{2}} \\ \frac{1}{2} \end{pmatrix}$$

$\lambda = 2 + \sqrt{2}$의 경우에 λ를 위의 연립방정식에 대입하면

$$\begin{cases} -\sqrt{2}x_1 + x_2 + 0x_3 = 0 \\ x_1 - \sqrt{2}x_2 + x_3 = 0 \\ 0x_1 + x_2 - \sqrt{2}x_3 = 0 \end{cases}$$

첫째 식에서 $x_2 = \sqrt{2}x_1$, 셋째 식에서 $x_3 = x_2/\sqrt{2} = (\sqrt{2}x_1)/\sqrt{2} = x_1$이다. 따라서 고유벡터

$$\boldsymbol{X} = \begin{pmatrix} x_1 \\ x_2 \\ x_3 \end{pmatrix} = \begin{pmatrix} x_1 \\ \sqrt{2}x_1 \\ x_1 \end{pmatrix} = x_1\begin{pmatrix} 1 \\ \sqrt{2} \\ 1 \end{pmatrix} \text{ 또는 단순하게 } \boldsymbol{X} = \begin{pmatrix} 1 \\ \sqrt{2} \\ 1 \end{pmatrix}$$

$\boldsymbol{X}^{\mathrm{T}}\boldsymbol{X} = (1 \quad \sqrt{2} \quad 1)\begin{pmatrix} 1 \\ \sqrt{2} \\ 1 \end{pmatrix} = 1(1) + (\sqrt{2})(\sqrt{2}) + 1(1) = 4 = 2^2$이므로 열벡터의 크기가 1이 되도록 하면

$$\boldsymbol{X} = \frac{1}{2}\begin{pmatrix} 1 \\ \sqrt{2} \\ 1 \end{pmatrix} = \begin{pmatrix} \frac{1}{2} \\ \frac{1}{\sqrt{2}} \\ \frac{1}{2} \end{pmatrix}$$

연습 문제 5.9

다음 행렬 $\boldsymbol{A}$의 고윳값과 고유벡터를 구하시오.

$$\boldsymbol{A} = \begin{pmatrix} 1 & \sqrt{8} & 0 \\ \sqrt{8} & 1 & \sqrt{8} \\ 0 & \sqrt{8} & 1 \end{pmatrix}$$

답 $\lambda_1 = -3, \boldsymbol{X}_1 = \begin{pmatrix} \frac{1}{2} \\ \frac{-1}{\sqrt{2}} \\ \frac{1}{2} \end{pmatrix}, \lambda_2 = 1, \boldsymbol{X}_2 = \begin{pmatrix} \frac{1}{\sqrt{2}} \\ 0 \\ \frac{-1}{\sqrt{2}} \end{pmatrix}, \lambda_3 = 5, \boldsymbol{X}_3 = \begin{pmatrix} \frac{1}{2} \\ \frac{1}{\sqrt{2}} \\ \frac{1}{2} \end{pmatrix}$

정리 5.1

Hermitian 행렬(또는 실수 대칭행렬)의 고윳값은 실수이다.

증명

Hermitian 행렬 $\boldsymbol{A}$의 고윳값을 λ라 하면

$$\boldsymbol{AX} = \lambda\boldsymbol{X} \tag{5.57}$$

양변의 왼쪽에 X^{T^*}를 곱하면

$$X^{\mathrm{T}^*}\boldsymbol{AX} = \lambda X^{\mathrm{T}^*}\boldsymbol{X} \tag{5.58}$$

복소켤레를 취하면

$$X^{\mathrm{T}}(AX)^* = \lambda^* X^{\mathrm{T}} X^* \tag{5.59}$$

식 (5.39)를 이용하여 전치시키면

$$(X^{\mathrm{T}}A^*X^*)^{\mathrm{T}} = X^{\mathrm{T}^*}A^{\mathrm{T}^*}\boldsymbol{X} = \lambda^* A^{\mathrm{T}^*}\boldsymbol{X} \tag{5.60}$$

Hermitian 행렬은 $A^{\mathrm{T}^*} = \boldsymbol{A}$이기 때문에

$$X^{\mathrm{T}^*}A^{\mathrm{T}^*}\boldsymbol{X} = X^{\mathrm{T}^*}\boldsymbol{AX} \tag{5.61}$$

왼쪽 항은 (5.60)에서 $\lambda^* A^{\mathrm{T}^*}\boldsymbol{X}$이고 오른쪽 항은 (5.58)에서 $\lambda A^{\mathrm{T}^*}\boldsymbol{X}$이다. 따라서

$$\lambda^* A^{\mathrm{T}^*}\boldsymbol{X} = \lambda A^{\mathrm{T}^*}\boldsymbol{X},\ 즉\ (\lambda^* - \lambda)A^{\mathrm{T}^*}\boldsymbol{X} = \boldsymbol{0} \tag{5.62}$$

$A^{\mathrm{T}^*}\boldsymbol{X} \neq \boldsymbol{0}$이므로 $(\lambda^* - \lambda) = 0$, 즉

$$\lambda = \lambda^* \tag{5.63}$$

λ는 실수이어야 한다.

정리 5.2

다른 고윳값들에 속하는 Hermitian 행렬(또는 실수 대칭행렬)의 고유벡터들은 서로 직교한다.

증명

고유벡터 $\boldsymbol{X}_1$의 고윳값을 λ_1, 고유벡터 $\boldsymbol{X}_2$의 고윳값을 λ_2라 하면

$$\boldsymbol{AX}_1 = \lambda_1\boldsymbol{X}_1,\ \boldsymbol{AX}_2 = \lambda_2\boldsymbol{X}_2 \tag{5.64}$$

위 식들의 각각에 $X_2^{T^*}$와 $X_1^{T^*}$를 왼편에 곱한다.

$$X_2^{T^*}\boldsymbol{A}\boldsymbol{X}_1 = \lambda_1 X_2^{T^*}\boldsymbol{X}_1,\ X_1^{T^*}\boldsymbol{A}\boldsymbol{X}_2 = \lambda_2 X_1^{T^*}\boldsymbol{X}_2 \tag{5.65}$$

식 (5.65)의 왼쪽 수식에 복소켤레를 취하고

$$\boldsymbol{X}_2^{T}A^*X_1^* = \lambda_1^*\boldsymbol{X}_2^{T}X_1^* \tag{5.66}$$

전치한다. 그러면

$$X_1^{*T}A^{*T}\boldsymbol{X}_2 = \lambda_1^* X_1^{*T}\boldsymbol{X}_2 \tag{5.67}$$

여기서 Hermitian 행렬의 성질($A^{*T} = A^{T^*} = \boldsymbol{A}, \lambda = \lambda^*$)을 이용하면 (5.67)은

$$X_1^{*T}\boldsymbol{A}\boldsymbol{X}_2 = \lambda_1^* X_1^{*T}\boldsymbol{X}_2 = \lambda_1 X_1^{*T}\boldsymbol{X}_2 \tag{5.68}$$

식 (5.68)의 왼쪽 항은 식 (5.65)의 오른쪽 식의 왼쪽 항과 같다. 따라서

$$\lambda_1 X_1^{T^*}\boldsymbol{X}_2 = \lambda_2 X_1^{T^*}\boldsymbol{X}_2 \tag{5.69}$$

$$(\lambda_1 - \lambda_2)\, X_1^{T^*}\boldsymbol{X}_2 = \boldsymbol{0} \tag{5.70}$$

λ_1과 λ_2는 서로 다른 고윳값($\lambda_1 \neq \lambda_2$)이므로

$$X_1^{T^*}\boldsymbol{X}_2 = \boldsymbol{0} \tag{5.71}$$

즉, $\boldsymbol{X}_1$과 $\boldsymbol{X}_2$는 직교한다.

Hermitian 행렬과 유사하게 양자론에서는 다음 식을 만족하면

$$\int \psi_m^* A\psi_n d\tau = \int (A\psi_m)^* \psi_n d\tau \tag{5.72}$$

연산자 A는 Hermitian 연산자라고 한다.
연산자 A의 adjoint $A^\dagger$는 다음과 같이 정의된다.

$$\int \psi_m^* A^\dagger \psi_n d\tau = \int (A\psi_m)^* \psi_n d\tau \tag{5.73}$$

여기서 $A = A^\dagger$(self-adjoint)이면 A는 Hermitian이다.

함수를 벡터에 대응시켜 양자론에서 만나는 적분을 Dirac의 **bracket** 표기법으로 나타내면

$$\int \psi_m{}^* A \psi_n d\tau \equiv \langle \psi_m | A | \psi_n \rangle \equiv \langle m | A | n \rangle \tag{5.74}$$

또 적분을 a_{mn}으로 나타내고

$$\int \psi_m{}^* A \psi_n d\tau = a_{mn} \tag{5.75}$$

a_{mn}을 연산자 A의 행렬 원소라고 한다.
또

$$\int \psi_m{}^* \psi_n d\tau \equiv \langle \psi_m | \psi_n \rangle \equiv \langle m | n \rangle \tag{5.76}$$

여기서 $\langle m|$와 $|n\rangle$을 각각 bra 벡터와 ket 벡터라고 한다. 따라서 연산자 A의 적분 $\int \psi_m{}^* A \psi_n d\tau$, 함수 ψ_n와 $\psi_m{}^*$는 각각 a_{mn}, 열벡터와 행벡터의 각 원소에 대응한다.

5.5 | 행렬의 대각화

어떤 행렬 $\boldsymbol{F}$의 양쪽에 어떤 행렬 $\boldsymbol{Y}$와 그 역행렬 $\boldsymbol{Y}^{-1}$을 곱하여 행렬 $\boldsymbol{G}$를 얻는다면 이러한 변환을 **유사변환**(similarity transformation)이라고 한다. 행렬 $\boldsymbol{G}$는 $\boldsymbol{F}$에 유사하다고 한다. 유사변환을 하여도 대각합은 변하지 않는 성질이 있다.

$$\boldsymbol{Y}^{-1}\boldsymbol{F}\boldsymbol{Y} = \boldsymbol{G} \tag{5.77}$$

정칙행렬 $\boldsymbol{A}$가 구별되는 고윳값 $\lambda_1, \lambda_2, \lambda_3, \cdots, \lambda_n$을 갖고 그에 대응하는 열벡터로 구성되는 행렬이 $\boldsymbol{B}$라면

$$\boldsymbol{B}^{-1}\boldsymbol{A}\boldsymbol{B} = \begin{pmatrix} \lambda_1 & 0 & \cdots & \cdots & \cdots & 0 \\ 0 & \lambda_2 & \cdots & \cdots & \cdots & 0 \\ \vdots & \vdots & \ddots & & & \vdots \\ \vdots & \vdots & & \ddots & & \vdots \\ \vdots & \vdots & & & \ddots & \vdots \\ 0 & 0 & \cdots & \cdots & \cdots & \lambda_n \end{pmatrix} \tag{5.78}$$

$$\boldsymbol{B} = \begin{pmatrix} b_{11} & b_{12} & \cdots & \cdots & \cdots & b_{1n} \\ b_{21} & b_{22} & \cdots & \cdots & \cdots & b_{2n} \\ \vdots & \vdots & \ddots & & & \vdots \\ \vdots & \vdots & & \ddots & & \vdots \\ \vdots & \vdots & & & \ddots & \vdots \\ b_{n1} & b_{n2} & \cdots & \cdots & \cdots & b_{nn} \end{pmatrix} \tag{5.79}$$

여기서 각 열은 고윳값 λ_i에 대응하는 행벡터 $\boldsymbol{B}_i^T = (b_{1i}\ b_{2i}\ \cdots\cdots\ b_{ni})$의 전치행렬이다.

식 (5.78)의 결과는 고유벡터로 이루어진 행렬 $\boldsymbol{B}$로 행렬 $\boldsymbol{A}$를 유사변환하면 행렬 $\boldsymbol{A}$가 주대각선에 고윳값이 나열되고 비대각선 원소는 모두 0이 되어 대각화된다. 즉 행렬을 대각화하는 것이 고윳값을 구하는 것과 같음을 알 수 있다.

예제 5.10

(1) (3×3) 행렬 $\boldsymbol{A}$의 고윳값이 λ_1, λ_2, λ_3이고 그에 대응하는 열벡터로 구성되는 (3×3) 행렬이 $\boldsymbol{B}$이다. 위의 식 (5.78)이 성립함을 보이시오.

(2) 예제 5.9의 행렬 $\boldsymbol{A}$를 대각화하시오.

$$\boldsymbol{A} = \begin{pmatrix} 2 & 1 & 0 \\ 1 & 2 & 1 \\ 0 & 1 & 2 \end{pmatrix}$$

풀이

(1) 행렬 $\boldsymbol{A}$의 고유벡터가 $\boldsymbol{X}_1$, $\boldsymbol{X}_2$, $\boldsymbol{X}_3$라면 $\boldsymbol{AX}_i = \lambda_i\boldsymbol{X}_i$이므로

$$\begin{pmatrix} a_{11} & a_{12} & a_{13} \\ a_{21} & a_{22} & a_{23} \\ a_{31} & a_{32} & a_{33} \end{pmatrix}\begin{pmatrix} b_{11} \\ b_{21} \\ b_{31} \end{pmatrix} = \lambda_1\begin{pmatrix} b_{11} \\ b_{21} \\ b_{31} \end{pmatrix}, \boldsymbol{AX}_2 = \lambda_2\boldsymbol{X}_2 = \lambda_2\begin{pmatrix} b_{12} \\ b_{22} \\ b_{32} \end{pmatrix},$$

$$\boldsymbol{AX}_3 = \lambda_2\boldsymbol{X}_3 = \lambda_3\begin{pmatrix} b_{13} \\ b_{23} \\ b_{33} \end{pmatrix}$$

이것을 다음 행렬의 곱에 적용하면

$$\boldsymbol{AB} = \boldsymbol{A}\begin{pmatrix} b_{11} & b_{12} & b_{13} \\ b_{21} & b_{22} & b_{23} \\ b_{31} & b_{23} & b_{33} \end{pmatrix} = \begin{pmatrix} \lambda_1 b_{11} & \lambda_2 b_{12} & \lambda_3 b_{13} \\ \lambda_1 b_{21} & \lambda_2 b_{22} & \lambda_3 b_{23} \\ \lambda_1 b_{31} & \lambda_2 b_{23} & \lambda_3 b_{33} \end{pmatrix}$$

$$= \begin{pmatrix} b_{11} & b_{12} & b_{13} \\ b_{21} & b_{22} & b_{23} \\ b_{31} & b_{23} & b_{33} \end{pmatrix}\begin{pmatrix} \lambda_1 & 0 & 0 \\ 0 & \lambda_2 & 0 \\ 0 & 0 & \lambda_3 \end{pmatrix}$$

$$= \boldsymbol{B}\begin{pmatrix} \lambda_1 & 0 & 0 \\ 0 & \lambda_2 & 0 \\ 0 & 0 & \lambda_3 \end{pmatrix}$$

이 식의 왼쪽에 $\boldsymbol{B}^{-1}$을 곱하면

$$B^{-1}AB = B^{-1}B\begin{pmatrix}\lambda_1 & 0 & 0\\ 0 & \lambda_2 & 0\\ 0 & 0 & \lambda_3\end{pmatrix} = \begin{pmatrix}\lambda_1 & 0 & 0\\ 0 & \lambda_2 & 0\\ 0 & 0 & \lambda_3\end{pmatrix}.$$

그러므로 행렬 A의 고유벡터로 이루어진 행렬 B로 유사변환시키면 행렬 A가 대각화된다.

(2) 예제 5.9에서 구한 고유벡터로 행렬 B를 구성하면

$$B = \begin{pmatrix}\frac{1}{\sqrt{2}} & \frac{1}{2} & \frac{1}{2}\\ 0 & \frac{-1}{\sqrt{2}} & \frac{1}{\sqrt{2}}\\ \frac{-1}{\sqrt{2}} & \frac{1}{2} & \frac{1}{2}\end{pmatrix}$$

B의 역행렬을 구하면

$$B^{-1} = \begin{pmatrix}\frac{1}{\sqrt{2}} & 0 & \frac{-1}{\sqrt{2}}\\ \frac{1}{2} & \frac{-1}{\sqrt{2}} & \frac{1}{2}\\ \frac{1}{2} & \frac{1}{\sqrt{2}} & \frac{1}{2}\end{pmatrix}$$

$$B^{-1}AB = \begin{pmatrix}\frac{1}{\sqrt{2}} & 0 & \frac{-1}{\sqrt{2}}\\ \frac{1}{2} & \frac{-1}{\sqrt{2}} & \frac{1}{2}\\ \frac{1}{2} & \frac{1}{\sqrt{2}} & \frac{1}{2}\end{pmatrix}\begin{pmatrix}2 & 1 & 0\\ 1 & 2 & 1\\ 0 & 1 & 2\end{pmatrix}\begin{pmatrix}\frac{1}{\sqrt{2}} & \frac{1}{2} & \frac{1}{2}\\ 0 & \frac{-1}{\sqrt{2}} & \frac{1}{\sqrt{2}}\\ \frac{-1}{\sqrt{2}} & \frac{1}{2} & \frac{1}{2}\end{pmatrix}$$

$$= \begin{pmatrix}\frac{2}{\sqrt{2}} & 0 & -\frac{2}{\sqrt{2}}\\ 1-\frac{1}{\sqrt{2}} & 1-\frac{2}{\sqrt{2}} & 1-\frac{1}{\sqrt{2}}\\ 1+\frac{1}{\sqrt{2}} & 1+\frac{2}{\sqrt{2}} & 1+\frac{1}{\sqrt{2}}\end{pmatrix}\begin{pmatrix}\frac{1}{\sqrt{2}} & \frac{1}{2} & \frac{1}{2}\\ 0 & \frac{-1}{\sqrt{2}} & \frac{1}{\sqrt{2}}\\ \frac{-1}{\sqrt{2}} & \frac{1}{2} & \frac{1}{2}\end{pmatrix}$$

$$= \begin{pmatrix}2 & 0 & 0\\ 0 & 2-\sqrt{2} & 0\\ 0 & 0 & 2+\sqrt{2}\end{pmatrix}$$

따라서 예제 5.9에서 구한 고윳값이 주대각선에 나타난다.

연습 문제 5.10

(1) 연습 문제 5.9 행렬 A의 고유벡터로 이루어진 행렬을 사용하여 행렬 A를 대각화하시오.

(2) 다음 행렬 $\boldsymbol{A}$의 고윳값과 고유벡터를 구하시오. 고유벡터로 이루어진 행렬을 사용하여 행렬 $\boldsymbol{A}$를 대각화하시오.

$$\boldsymbol{A} = \begin{pmatrix} 1 & 1 & 0 \\ 1 & 0 & 1 \\ 0 & 1 & 1 \end{pmatrix}$$

답 (1) $\begin{pmatrix} -3 & 0 & 0 \\ 0 & 1 & 0 \\ 0 & 0 & 5 \end{pmatrix}$, $\boldsymbol{B} = \begin{pmatrix} \frac{1}{2} & \frac{1}{\sqrt{2}} & \frac{1}{2} \\ \frac{-1}{\sqrt{2}} & 0 & \frac{1}{\sqrt{2}} \\ \frac{1}{2} & \frac{-1}{\sqrt{2}} & \frac{1}{2} \end{pmatrix}$ (2) $\begin{pmatrix} -1 & 0 & 0 \\ 0 & 1 & 0 \\ 0 & 0 & 2 \end{pmatrix}$, $\boldsymbol{B} = \begin{pmatrix} \frac{1}{\sqrt{6}} & \frac{1}{\sqrt{2}} & \frac{1}{\sqrt{3}} \\ \frac{-2}{\sqrt{6}} & 0 & \frac{1}{\sqrt{3}} \\ \frac{1}{\sqrt{6}} & \frac{-1}{\sqrt{2}} & \frac{1}{\sqrt{3}} \end{pmatrix}$

• Jacobi 변환

양자 화학 계산에서 만나게 되는 큰 행렬 고윳값을 구할 때 일부가 대각화되어 있고 부분적으로 비대각화되어 있어서 그 부분을 (2×2) 대칭행렬 $\boldsymbol{A}$로 나타낼 수 있다면 대각화하는 방법으로 다음과 같은 행렬 $\boldsymbol{B}$와 그 역행렬 $\boldsymbol{B}^{-1}$을 사용하는 Jacobi 변환이 있다.

$$\boldsymbol{B} = \begin{pmatrix} \cos\theta & \sin\theta \\ -\sin\theta & \cos\theta \end{pmatrix}, \quad \boldsymbol{B}^{-1} = \begin{pmatrix} \cos\theta & -\sin\theta \\ \sin\theta & \cos\theta \end{pmatrix}$$

$$\boldsymbol{B}^{-1}\boldsymbol{A}\boldsymbol{B} = \begin{pmatrix} \cos\theta & -\sin\theta \\ \sin\theta & \cos\theta \end{pmatrix} \begin{pmatrix} a_{11} & a_{12} \\ a_{12} & a_{22} \end{pmatrix} \begin{pmatrix} \cos\theta & \sin\theta \\ -\sin\theta & \cos\theta \end{pmatrix} = \begin{pmatrix} \lambda_1 & 0 \\ 0 & \lambda_2 \end{pmatrix} \tag{5.80}$$

가운데 행렬의 곱을 계산하여 얻어진 행렬의 각 원소를 오른쪽 대각화된 행렬의 각 원소와 일치시키면 다음과 같은 식을 얻는다.

$$\begin{aligned} &a_{11}\cos^2\theta - 2a_{12}\sin\theta\cos\theta + a_{22}\sin^2\theta = \lambda_1 \\ &(a_{11} - a_{22})\sin\theta\cos\theta + a_{12}(\cos^2\theta - \sin^2\theta) = 0 \\ &a_{11}\sin^2\theta + 2a_{12}\sin\theta\cos\theta + a_{22}\cos^2\theta = \lambda_2 \end{aligned} \tag{5.81}$$

대각화된 행렬의 비대각선 원소로부터 얻어진 식 (5.80)의 두 번째 식으로부터 다음 관계를 얻는다.

$$\frac{a_{11}-a_{22}}{a_{12}} = \frac{\sin^2\theta - \cos^2\theta}{\sin\theta\,\cos\theta} = \frac{-2\cos 2\theta}{\sin 2\theta} = -2\frac{1}{\tan 2\theta} \tag{5.82}$$

$$\tan 2\theta = \frac{2\tan\theta}{1-\tan^2\theta}, \quad \tan^2\theta + \frac{2}{\tan 2\theta}\tan\theta - \tan 2\theta = 0$$

$$\tan\theta = -\frac{1}{\tan 2\theta} \pm \sqrt{\left(\frac{1}{\tan 2\theta}\right)^2 + 1} \tag{5.83}$$

이것을 이용하여 $\cos\theta$와 $\sin\theta$를 구할 수 있다.

$$\cos\theta = \sqrt{\frac{1}{1+\tan^2\theta}},\ \sin\theta = \pm\sqrt{1-\cos^2\theta}$$

그런데 여기서 $\sin\theta$ 앞의 부호는 $\tan\theta$의 값으로 결정된다.

예

핵자기 공명의 AB 스핀 계의 계산에서 스핀 파동 함수 $\phi_1 = |\alpha_A\alpha_B\rangle$, $\phi_2 = |\alpha_A\beta_B\rangle$, $\phi_3 = |\beta_A\alpha_B\rangle$ 와 $\phi_4 = |\beta_A\beta_B\rangle$으로 Hamiltonian ($\hat{\mathbf{H}}$) 행렬 원소를 계산(4장 각운동량 참고)하여 Hamiltonian 행렬($\mathcal{H}$)을 얻을 수 있고 Jacobi 변환을 사용하여 고윳값을 계산할 수 있다.

$$h^{-1}\hat{\mathbf{H}} = \nu_0(1-\sigma_A)\hat{\mathbf{I}}_{zA} + \nu_0(1-\sigma_B)\hat{\mathbf{I}}_{zB} + J\hat{\mathbf{I}}_A\cdot\hat{\mathbf{I}}_B \tag{5.84}$$

$$h^{-1}\mathcal{H} = \begin{pmatrix} \nu_0\left(1-\frac{1}{2}\sigma_A-\frac{1}{2}\sigma_B\right)+\frac{1}{4}J & 0 & 0 & 0 \\ 0 & -\frac{1}{2}\nu_0(\sigma_A-\sigma_B)-\frac{1}{4}J & \frac{1}{2}J & 0 \\ 0 & \frac{1}{2}J & \frac{1}{2}\nu_0(\sigma_A-\sigma_B)-\frac{1}{4}J & 0 \\ 0 & 0 & 0 & \nu_0\left(-1+\frac{1}{2}\sigma_A+\frac{1}{2}\sigma_B\right)+\frac{1}{4}J \end{pmatrix} \tag{5.85}$$

$$\boldsymbol{B} = \begin{pmatrix} 1 & 0 & 0 & 0 \\ 0 & \cos\theta & \sin\theta & 0 \\ 0 & -\sin\theta & \cos\theta & 0 \\ 0 & 0 & 0 & 1 \end{pmatrix}$$

여기서 $\tan 2\theta = \frac{J}{\delta}$, $\sin 2\theta = \frac{\frac{1}{2}J}{\frac{1}{2}\sqrt{J^2+\delta^2}}$, $\cos 2\theta = \frac{\frac{1}{2}\nu_0(\sigma_A-\sigma_B)}{\frac{1}{2}\sqrt{J^2+\delta^2}}$, $\delta = \nu_0(\sigma_A-\sigma_B)$. 고윳값은 다음과 같다. 파동 함수는 뒤에 설명될 예제 5.11의 식 (5.91)과 (5.92)를 사용하여 얻을 수 있다.

$$E_1 = \nu_0\{1-\frac{1}{2}(\sigma_A+\sigma_B)\} + \frac{1}{4}J, \qquad \psi_1 = \phi_1 = |\alpha_A\alpha_B\rangle$$

$$E_2 = -\frac{1}{4}J - \frac{1}{2}\sqrt{\nu_0{}^2(\sigma_A-\sigma_B)^2 + J^2},$$

$$\psi_2 = \cos\theta\, \phi_2 - \sin\theta\, \phi_3 = \cos\theta\, |\alpha_A\beta_B\rangle - \sin\theta\, |\beta_A\alpha_B\rangle$$

$$E_3 = -\frac{1}{4}J + \frac{1}{2}\sqrt{\nu_0{}^2(\sigma_A - \sigma_B)^2 + J^2},$$

$$\psi_3 = \sin\theta\, \phi_2 + \cos\theta\, \phi_3 = \sin\theta\, |\alpha_A\beta_B\rangle + \cos\theta\, |\beta_A\alpha_B\rangle$$

$$E_4 = \nu_0\{1 - \frac{1}{2}(\sigma_A + \sigma_B)\} + \frac{1}{4}J, \qquad \psi_4 = \phi_4 = |\beta_A\beta_B\rangle$$

또 자화율에 관한 T. Oguchi의 논문(*Prog. Theo. Phys.* **1955**, *13*, 148.)을 보면 다음과 같은 Hamiltonian($\hat{\mathbf{H}}$)을 계산(4장 각운동량 참고)하여 Hamiltonian 행렬($\mathcal{H}$)을 얻을 수 있고 Jacobi 변환을 사용하여 고윳값과 파동 함수를 계산할 수 있다.

$$\hat{\mathbf{H}} = -2J(\hat{S}_i \cdot \hat{S}_j) + a\hat{S}_i{}^z + b\hat{S}_j{}^z \tag{5.86}$$

$$\mathcal{H} = \frac{1}{2}\begin{pmatrix} -J + a + b & 0 & 0 & 0 \\ 0 & -J & 0 & a - b \\ 0 & 0 & -J - a - b & 0 \\ 0 & a - b & 0 & 3J \end{pmatrix}, \tag{5.87}$$

$$\boldsymbol{B} = \begin{pmatrix} 1 & 0 & 0 & 0 \\ 0 & \cos\theta & 0 & \sin\theta \\ 0 & 0 & 1 & 0 \\ 0 & -\sin\theta & 0 & \cos\theta \end{pmatrix}, \ \tan 2\theta = 2(z-1)\bar{S}, \ \sin 2\theta = \frac{2(z-1)\bar{S}}{R},$$

$$\cos 2\theta = \frac{1}{R}$$

5.6 | 이차형식에서 표준형으로 축소

예를 들어 다음과 같이 $\boldsymbol{A}$를 실수 대칭행렬이라고 하고 $\boldsymbol{X}$를 열벡터라고 하면

$$\boldsymbol{A} = \begin{pmatrix} a_{11} & a_{12} & a_{13} \\ a_{21} & a_{22} & a_{23} \\ a_{31} & a_{32} & a_{33} \end{pmatrix}, \ a_{12} = a_{21},\ a_{13} = a_{31},\ a_{23} = a_{32},\ \boldsymbol{X} = \begin{pmatrix} x_1 \\ x_2 \\ x_3 \end{pmatrix}$$

x_1x_2, x_1x_3, x_2x_3과 같은 교차 항이 있는 이차형식(quadratic form)은

$$\boldsymbol{X}^T\boldsymbol{A}\boldsymbol{X} = (x_1 \quad x_2 \quad x_3)\begin{pmatrix} a_{11} & a_{12} & a_{13} \\ a_{12} & a_{22} & a_{23} \\ a_{13} & a_{23} & a_{33} \end{pmatrix}\begin{pmatrix} x_1 \\ x_2 \\ x_3 \end{pmatrix}$$

$$= a_{11}x_1^2 + a_{22}x_2^2 + a_{33}x_3^2 + 2\,a_{12}x_1x_2 + 2\,a_{13}x_1x_3 + 2\,a_{23}x_2x_3 \tag{5.88}$$

$\boldsymbol{A}$를 대각화시키는 직교행렬 $\boldsymbol{B}$를 사용하여 변환하면 열벡터의 원소가 u_1, u_2, u_3인 행렬 $\boldsymbol{U}$에 의하여 u_1u_2, u_1u_3, u_2u_3 같은 교차 항이 없는 **표준형**(canonical form)으로 된다.

$$\boldsymbol{U}^{\mathrm{T}}\boldsymbol{\Lambda}\boldsymbol{U} = \lambda_1u_1^2 + \lambda_2u_2^2 + \lambda_3u_3^2 \tag{5.89}$$

여기서 $\boldsymbol{\Lambda} = \begin{pmatrix} \lambda_1 & 0 & 0 \\ 0 & \lambda_2 & 0 \\ 0 & 0 & \lambda_3 \end{pmatrix}$, $\lambda_1, \lambda_2, \lambda_3$는 행렬 $\boldsymbol{A}$의 고윳값이고

$$\boldsymbol{X} = \boldsymbol{BU} \tag{5.90}$$

이다.

예제 5.11

다음 이차형식(예제 5.10의 행렬 $\boldsymbol{A}$)을 행렬의 곱으로 나타내고 표준형으로 변환하시오.

$$2x_1^2 + 2x_2^2 + 2x_3^2 + 2x_1x_2 + 2x_2x_3$$

풀이

$$2x_1^2 + 2x_2^2 + 2x_3^2 + 2x_1x_2 + 2(0)x_1x_3 + 2x_2x_3$$

$$= (x_1 \quad x_2 \quad x_3)\begin{pmatrix} 2 & 1 & 0 \\ 1 & 2 & 1 \\ 0 & 1 & 2 \end{pmatrix}\begin{pmatrix} x_1 \\ x_2 \\ x_3 \end{pmatrix} = \boldsymbol{X}^{\mathrm{T}}\boldsymbol{AX}$$

행렬의 곱 사이에 고유벡터로 이루어진 행렬 $\boldsymbol{B}$와 그 전치(역)행렬의 곱으로 된 단위행렬 $\boldsymbol{I} = \boldsymbol{BB}^{-1} = \boldsymbol{BB}^{\mathrm{T}} = \boldsymbol{I}^{-1} = \boldsymbol{I}^{\mathrm{T}} = \boldsymbol{B}^{-1}\boldsymbol{B} = \boldsymbol{B}^{\mathrm{T}}\boldsymbol{B}$를 곱하면

$$\boldsymbol{X}^{\mathrm{T}}\boldsymbol{AX} = \boldsymbol{X}^{\mathrm{T}}\boldsymbol{IAIX} = \boldsymbol{X}^{\mathrm{T}}(\boldsymbol{BB}^{\mathrm{T}})\,\boldsymbol{A}(\boldsymbol{BB}^{\mathrm{T}})\boldsymbol{X} = (\boldsymbol{X}^{\mathrm{T}}\boldsymbol{B})(\boldsymbol{B}^{\mathrm{T}}\boldsymbol{AB})(\boldsymbol{B}^{\mathrm{T}}\boldsymbol{X}) \tag{5.91}$$

$$= (x_1 \quad x_2 \quad x_3)\begin{pmatrix} \frac{1}{\sqrt{2}} & \frac{1}{2} & \frac{1}{2} \\ 0 & \frac{-1}{\sqrt{2}} & \frac{1}{\sqrt{2}} \\ \frac{-1}{\sqrt{2}} & \frac{1}{2} & \frac{1}{2} \end{pmatrix}\begin{pmatrix} \frac{1}{\sqrt{2}} & 0 & \frac{-1}{\sqrt{2}} \\ \frac{1}{2} & \frac{-1}{\sqrt{2}} & \frac{1}{2} \\ \frac{1}{2} & \frac{1}{\sqrt{2}} & \frac{1}{2} \end{pmatrix}\begin{pmatrix} 2 & 1 & 0 \\ 1 & 2 & 1 \\ 0 & 1 & 2 \end{pmatrix}$$

$$\begin{pmatrix} \frac{1}{\sqrt{2}} & \frac{1}{2} & \frac{1}{2} \\ 0 & \frac{-1}{\sqrt{2}} & \frac{1}{\sqrt{2}} \\ \frac{-1}{\sqrt{2}} & \frac{1}{2} & \frac{1}{2} \end{pmatrix} \begin{pmatrix} \frac{1}{\sqrt{2}} & 0 & \frac{-1}{\sqrt{2}} \\ \frac{1}{2} & \frac{-1}{\sqrt{2}} & \frac{1}{2} \\ \frac{1}{2} & \frac{1}{\sqrt{2}} & \frac{1}{2} \end{pmatrix} \begin{pmatrix} x_1 \\ x_2 \\ x_3 \end{pmatrix}$$

$$= (x_1 \quad x_2 \quad x_3) \begin{pmatrix} \frac{1}{\sqrt{2}} & \frac{1}{2} & \frac{1}{2} \\ 0 & \frac{-1}{\sqrt{2}} & \frac{1}{\sqrt{2}} \\ \frac{-1}{\sqrt{2}} & \frac{1}{2} & \frac{1}{2} \end{pmatrix} \begin{pmatrix} 2 & 0 & 0 \\ 0 & 2-\sqrt{2} & 0 \\ 0 & 0 & 2+\sqrt{2} \end{pmatrix} \begin{pmatrix} \frac{1}{\sqrt{2}} & 0 & \frac{-1}{\sqrt{2}} \\ \frac{1}{2} & \frac{-1}{\sqrt{2}} & \frac{1}{2} \\ \frac{1}{2} & \frac{1}{\sqrt{2}} & \frac{1}{2} \end{pmatrix} \begin{pmatrix} x_1 \\ x_2 \\ x_3 \end{pmatrix}$$

$$= (u_1 \quad u_2 \quad u_3) \begin{pmatrix} 2 & 0 & 0 \\ 0 & 2-\sqrt{2} & 0 \\ 0 & 0 & 2+\sqrt{2} \end{pmatrix} \begin{pmatrix} u_1 \\ u_2 \\ u_3 \end{pmatrix}$$

$$= \left(2u_1 \quad (2-\sqrt{2})u_2 \quad (2+\sqrt{2})u_3\right) \begin{pmatrix} u_1 \\ u_2 \\ u_3 \end{pmatrix}$$

$$= 2u_1^2 + (2 - \sqrt{2})u_2^2 + (2 + \sqrt{2})u_3^2$$

$$U = B^{\mathrm{T}}X = B^{-1}X \tag{5.92}$$

왼쪽에 $\boldsymbol{B}$를 곱하면 $\boldsymbol{X} = \boldsymbol{BU}$. 그러면

$$\boldsymbol{X} = \begin{pmatrix} x_1 \\ x_2 \\ x_3 \end{pmatrix} = \boldsymbol{BU} = \begin{pmatrix} \frac{1}{\sqrt{2}} & \frac{1}{2} & \frac{1}{2} \\ 0 & \frac{-1}{\sqrt{2}} & \frac{1}{\sqrt{2}} \\ \frac{-1}{\sqrt{2}} & \frac{1}{2} & \frac{1}{2} \end{pmatrix} \begin{pmatrix} u_1 \\ u_2 \\ u_3 \end{pmatrix}$$

$$x_1 = \frac{1}{\sqrt{2}}u_1 + \frac{1}{2}u_2 + \frac{1}{2}u_3,\ x_2 = -\frac{1}{\sqrt{2}}u_2 + \frac{1}{\sqrt{2}}u_3,\ x_1 = -\frac{1}{\sqrt{2}}u_1 + \frac{1}{2}u_2 + \frac{1}{2}u_3$$

연습 문제 5.11

다음 이차형식을 행렬의 곱으로 나타내고 표준형으로 변환하시오.

(1) $x_1^2 + x_2^2 + x_1x_2$

$x_1^2 + x_2^2 + x_1x_2 = 16$과 표준형으로 변환된 식에 대하여 기하학적으로 어떤 설명을 할 수 있는가?

(2) 이차형식(연습 문제 5.10의 행렬 $\boldsymbol{A}$ 관련 문제)을 행렬의 곱으로 나타내고 표준형으로 변환하시오.

$x_1^2 + x_3^2 + 2x_1x_2 + 2x_2x_3$

답 (1) $(x_1 \quad x_2)\begin{pmatrix} 1 & \frac{1}{2} \\ \frac{1}{2} & 1 \end{pmatrix}\begin{pmatrix} x_1 \\ x_2 \end{pmatrix}$, $\lambda_1 = \frac{1}{2}$, $\lambda_2 = \frac{3}{2}$, $\frac{1}{2}u_1^2 + \frac{3}{2}u_2^2 = 16$

이차형식은 타원이 축 (x_1, x_2)를 벗어나 회전되어 있다. 그러나 표준형으로 변환된 식은 장축과 단축이 새로운 축 (u_1, u_2)를 따라 위치한다. 따라서 원점으로부터의 거리를 구하는 데 이차형식은 어려움이 있으나 표준형에서는 좌표축에 만나는 점의 좌표로 바로 알 수 있다.

(2) $(x_1 \quad x_2 \quad x_3)\begin{pmatrix} 1 & 1 & 0 \\ 1 & 0 & 1 \\ 0 & 1 & 1 \end{pmatrix}\begin{pmatrix} x_1 \\ x_2 \\ x_3 \end{pmatrix}$, $-u_1^2 + u_2^2 + 2u_3^2$

보충 문제

1. Cyclobutadiene의 π-분자 오비탈을 구할 때 얻어지는 방정식이다. 행렬식을 전개하고 이 방정식을 만족하는 x를 구하시오.

$$\begin{vmatrix} x & 1 & 0 & 1 \\ 1 & x & 1 & 0 \\ 0 & 1 & x & 1 \\ 1 & 0 & 1 & x \end{vmatrix} = 0$$

2. Methylene cyclopropene의 π-분자 오비탈을 구할 때 얻어지는 방정식이다. 행렬식을 전개하고 이 방정식을 만족하는 x를 구하시오.

$$\begin{vmatrix} x & 1 & 0 & 0 \\ 1 & x & 1 & 1 \\ 0 & 1 & x & 1 \\ 0 & 1 & 1 & x \end{vmatrix} = 0$$

3. Benzene의 π-분자 오비탈을 구할 때 얻어지는 방정식이다. 행렬식을 전개하고 이 방정식을 만족하는 x를 구하시오.

$$\begin{vmatrix} x & 1 & 0 & 0 & 0 & 1 \\ 1 & x & 1 & 0 & 0 & 0 \\ 0 & 1 & x & 1 & 0 & 0 \\ 0 & 0 & 1 & x & 1 & 0 \\ 0 & 0 & 0 & 1 & x & 1 \\ 1 & 0 & 0 & 0 & 1 & x \end{vmatrix} = 0$$

4. 다음 연립방정식을 푸시오.

$$\begin{cases} x_1 + x_2 + x_3 = 3 \\ x_1 + 2x_2 - 3x_3 = 4 \\ x_1 - 2x_2 + 13x_3 = 0 \end{cases}$$

5. 다음 연립방정식을 푸시오.

$$\begin{cases} x + y + z + u = 5 \\ y + z + u + v = 1 \\ x + z + u + v = 2 \\ x + y + u + v = 0 \\ x + y + z + v = 4 \end{cases}$$

6. 다음 연립방정식이 자명해가 아닌 해를 가질 조건은(k의 값은)?

$$\begin{cases} 2x_1 + kx_2 + x_3 = 0 \\ kx_1 - x_2 + 2x_3 = 0 \\ 2x_1 + x_2 + x_3 = 0 \end{cases}$$

$x_1^2 + x_2^2 + x_3^2 = 1$일 때의 해 x_1, x_2, x_3를 구하시오.

7. 다음 연립방정식이 자명해가 아닌 해를 가질 조건은(k의 값은)?

$$\begin{cases} 2x_1 - 3kx_2 + x_3 = 0 \\ x_2 + x_3 - 2x_4 = 0 \\ kx_1 - x_2 - x_4 = 0 \\ x_1 + 3x_4 = 0 \end{cases}$$

8. 다음 행렬들의 역행렬을 구하시오.

$$\begin{pmatrix} \cos\theta & \sin\theta \\ -\sin\theta & \cos\theta \end{pmatrix}, \begin{pmatrix} 4 & 1 & 1 \\ 1 & 3 & 2 \\ 1 & 2 & 2 \end{pmatrix}$$

9. 다음 행렬들의 고윳값과 정규화된 고유벡터를 구하시오.

(1) $\begin{pmatrix} \cos\theta & \sin\theta \\ -\sin\theta & \cos\theta \end{pmatrix}$ (2) $\begin{pmatrix} 2 & 1+i \\ 1-i & 1 \end{pmatrix}$ (3) $\begin{pmatrix} 0 & i \\ -i & 0 \end{pmatrix}$

(4) $\begin{pmatrix} 1 & 1 & 0 \\ 1 & 0 & 1 \\ 0 & 1 & 1 \end{pmatrix}$ (5) $\begin{pmatrix} 1 & 3 & 2 \\ 3 & 1 & 2 \\ 2 & 2 & -3 \end{pmatrix}$ (6) $\begin{pmatrix} 5 & 0 & 2 \\ 0 & 3 & 0 \\ 2 & 0 & 2 \end{pmatrix}$

(7) $\begin{pmatrix} 1 & 2 & 2 \\ 2 & 3 & 0 \\ 2 & 0 & 3 \end{pmatrix}$

10. 다음 행렬들을 대각화하시오.

(1) $\begin{pmatrix} 2 & 1 \\ 1 & 2 \end{pmatrix}$ (2) $\begin{pmatrix} 4 & 0 & 0 \\ 0 & 5 & 1 \\ 0 & 1 & 5 \end{pmatrix}$ (3) $\begin{pmatrix} 1 & 1 & -1 \\ 1 & 1 & 1 \\ -1 & 1 & -1 \end{pmatrix}$

(4) $\begin{pmatrix} 2 & -1 & 0 \\ -1 & 2 & -1 \\ 0 & -1 & 2 \end{pmatrix}$ (5) $\begin{pmatrix} 2 & 0 & 1 \\ 0 & 2 & -1 \\ 1 & -1 & 2 \end{pmatrix}$ (6) $\begin{pmatrix} 1 & 1 & 0 \\ 1 & 2 & 1 \\ 0 & 1 & 3 \end{pmatrix}$

11. 이차형식을 행렬의 곱으로 나타내고 표준형으로 변환하시오.

(1) $x_1^2 - 2x_2^2 + x_3^2 + 6x_1x_2 - 2x_2x_3$

(2) $2x_1^2 + 2x_2^2 + 2x_3^2 - 2x_1x_2 - 2x_2x_3$

12. 다음 이차형식의 방정식이 나타내는 곡면에 대하여 표준형으로 변환하여 원점으로부터의 최대 및 최소 거리를 구하시오. u_i를 x_i로 나타내시오(1장의 Lagrange 미정계수법으로 풀 수도 있음).

(1) $2x_1^2 + 4x_2^2 + x_3^2 - 4x_2x_3 = 100$

(2) $2x_1^2 + 2x_2^2 + 2x_3^2 - 2x_1x_2 - 2x_2x_3 = 36$

제 6 장

Fourier 급수와 Fourier 변환

결정에서 원자의 쌓임은 규칙적으로 반복되고 있다. 또 건축물이나 벽지의 무늬도 반복적으로 나타나는 것을 많이 볼 수 있다. 이와 같이 반복하여 나타나는 함수들은 sine과 cosine 함수의 합으로 나타낼 수 있다. 이와 같이 주기적으로 반복되는 결정성 고체의 성질도 주기적으로 반복되므로 Fourier 급수로 나타낼 수 있다. 결정에서 원자의 좌표를 실 공간의 직각 좌표계 (x, y, z)로 나타낸다면 X-선 회절에서 검출되는 간섭 반점들은 Fourier 공간(역 공간)에 나타난다. 따라서 회절 반점들의 Fourier 분석을 통하여 실 공간에서 원자에 관한 정보, 즉 결정 구조를 얻게 된다. 또 원자에서 전자의 분포에 관한 기술이 실 공간에서 전자의 위치에 대한 xyz의 함수로 나타낸다면, 전자의 운동량의 함수로도 나타낼 수 있으며 그것은 Fourier 공간에서 기술된다. 또 자기장 펄스를 사용하는 핵자기 공명 분광기에서는 시간에 따라 감쇠하는 신호(free induction decay, FID)가 얻어지게 되는데 이를 Fourier 변환을 시키면 진동수의 영역에서 얻는 스펙트럼을 얻게 된다. 핵자기 공명과 마찬가지로 펄스 전자 상자성 공명(pulsed EPR), FT-IR, FT-Raman 등도 Fourier 변환을 사용하며 확산 방정식의 해를 구하는 데도 Fourier 변환이 사용된다.

6.1 Fourier 급수

함수 $f(x)$가 양의 상수 T에 대하여 모든 영역의 x에 대하여 $f(x) = f(x + \mathrm{T})$이면 함수 $f(x)$는 주기 함수라고 하고 그 중 가장 작은 T를 주기라고 한다. 예를 들면 $\sin x$는 $\sin(x + 2\pi)$, $\sin(x + 4\pi)$, $\sin(x + 6\pi)$, $\cdots$ 등과 같다. 따라서 주기함수이고 주기는 2π이다. 상자 속의 입자에서 나타났던 함수 $\sin\frac{n\pi x}{\mathrm{L}}$는 주기가 $2\mathrm{L}/n$이다.

주기 $\mathrm{T} = 2\mathrm{L}$을 갖는 주기 함수 $f(x)$가 구간 $(-\mathrm{L}, \mathrm{L})$에서 정의되고 그 밖에서는 $f(x) = f(x + 2\mathrm{L})$이 성립한다고 하자. 그러면 $f(x)$에 대응하는 함수는 다음 식과 같이 주어지고 이를 Fourier 전개라고 한다.

$$f(x) = \frac{1}{2}a_0 + \sum_{n=1}^{\infty}\left(a_n \cos\frac{n\pi x}{\mathrm{L}} + b_n \sin\frac{n\pi x}{\mathrm{L}}\right) \tag{6.1}$$

$$= \frac{1}{2}a_0 + a_1\cos\frac{\pi x}{\mathrm{L}} + a_2\cos\frac{2\pi x}{\mathrm{L}} + a_3\cos\frac{3\pi x}{\mathrm{L}} + \cdots$$

$$+ b_1\sin\frac{\pi x}{\mathrm{L}} + b_2\sin\frac{2\pi x}{\mathrm{L}} + b_3\sin\frac{3\pi x}{\mathrm{L}} + \cdots$$

여기서 a_n과 b_n을 Fourier 계수라고 하고 다음과 같이 주어진다. 한 주기의 구간 $(-\mathrm{L}, \mathrm{L})$에서

$$a_n = \frac{1}{\mathrm{L}}\int_{-\mathrm{L}}^{\mathrm{L}} f(x)\cos\frac{n\pi x}{\mathrm{L}}dx,\ b_n = \frac{1}{\mathrm{L}}\int_{-\mathrm{L}}^{\mathrm{L}} f(x)\sin\frac{n\pi x}{\mathrm{L}}dx,\ n = 0, 1, 2, \cdots \tag{6.2}$$

이고 임의의 한 주기의 구간 $(\mathrm{c}, \mathrm{c}+2\mathrm{L})$에서는

$$a_n = \frac{1}{\mathrm{L}}\int_{\mathrm{c}}^{\mathrm{c}+2\mathrm{L}} f(x)\cos\frac{n\pi x}{\mathrm{L}}dx,\ b_n = \frac{1}{\mathrm{L}}\int_{\mathrm{c}}^{\mathrm{c}+2\mathrm{L}} f(x)\sin\frac{n\pi x}{\mathrm{L}}dx,\ n = 0, 1, 2, \cdots \tag{6.3}$$

Fourier 급수의 기초로 다음 삼각 함수 및 곱의 적분이 필요하다.

$$\int_{-\mathrm{L}}^{\mathrm{L}} \sin\frac{k\pi x}{\mathrm{L}}dx = -\frac{\mathrm{L}}{k\pi}\cos\frac{k\pi x}{\mathrm{L}}\Big|_{-\mathrm{L}}^{\mathrm{L}} = -\frac{\mathrm{L}}{k\pi}\{\cos k\pi - \cos(-k\pi)\} = 0$$

$$\int_{-\mathrm{L}}^{\mathrm{L}} \cos\frac{k\pi x}{\mathrm{L}}dx = \frac{\mathrm{L}}{k\pi}\sin\frac{k\pi x}{\mathrm{L}}\Big|_{-\mathrm{L}}^{\mathrm{L}} = -\frac{\mathrm{L}}{k\pi}\{\sin k\pi - \sin(-k\pi)\} = 0$$

$$\int_{-\mathrm{L}}^{\mathrm{L}} \cos\frac{m\pi x}{\mathrm{L}}\cos\frac{n\pi x}{\mathrm{L}}dx = \int_{-\mathrm{L}}^{\mathrm{L}} \frac{1}{2}\left\{\cos\frac{(m+n)\pi x}{\mathrm{L}} + \cos\frac{(m-n)\pi x}{\mathrm{L}}\right\}dx$$

$$= \begin{cases} \int_{-\mathrm{L}}^{\mathrm{L}} \frac{1}{2}\left(\cos\frac{k\pi x}{\mathrm{L}} + \cos\frac{k'\pi x}{\mathrm{L}}\right)dx = 0, m \neq n, k = m+n, k' = m-n \\ \int_{-\mathrm{L}}^{\mathrm{L}} \frac{1}{2}\left(\cos\frac{k\pi x}{\mathrm{L}} + \cos 0\right)dx = \frac{1}{2}x\Big|_{-\mathrm{L}}^{\mathrm{L}} = \mathrm{L}, m = n, k = 2n \end{cases} \tag{6.4}$$

$$\int_{-\mathrm{L}}^{\mathrm{L}} \sin\frac{m\pi x}{\mathrm{L}}\cos\frac{n\pi x}{\mathrm{L}}dx = \int_{-\mathrm{L}}^{\mathrm{L}} \frac{1}{2}\left\{\sin\frac{(m+n)\pi x}{\mathrm{L}} + \sin\frac{(m-n)\pi x}{\mathrm{L}}\right\}dx$$

$$= \begin{cases} \int_{-\mathrm{L}}^{\mathrm{L}} \frac{1}{2}\left(\sin\frac{k\pi x}{\mathrm{L}} + \sin\frac{k'\pi x}{\mathrm{L}}\right)dx = 0, \quad m \neq n \\ \int_{-\mathrm{L}}^{\mathrm{L}} \frac{1}{2}\left(\sin\frac{k\pi x}{\mathrm{L}} + \sin 0\right)dx = 0, \quad m = n \end{cases} \tag{6.5}$$

$$\int_{-\mathrm{L}}^{\mathrm{L}} \sin\frac{m\pi x}{\mathrm{L}}\sin\frac{n\pi x}{\mathrm{L}}dx = \int_{-\mathrm{L}}^{\mathrm{L}} (-\frac{1}{2})\left\{\cos\frac{(m+n)\pi x}{\mathrm{L}} - \cos\frac{(m-n)\pi x}{\mathrm{L}}\right\}dx$$

$$= \begin{cases} -\frac{1}{2}\int_{-\mathrm{L}}^{\mathrm{L}} \left(\cos\frac{k\pi x}{\mathrm{L}} + \cos\frac{k'\pi x}{\mathrm{L}}\right)dx = 0, \quad m \neq n \\ -\frac{1}{2}\int_{-\mathrm{L}}^{\mathrm{L}} \left(\cos\frac{k\pi x}{\mathrm{L}} - \cos 0\right)dx = \mathrm{L}, \quad m = n \end{cases} \tag{6.6}$$

Sine 함수들은 $m \neq n$일 경우 서로 직교함을 알 수 있고 m과 n이 같은 경우만 적분값 L로 살아남는다. Cosine 함수에 대해서도 같은 결과를 얻는다. Sine과 cosine 함수의 곱은 m과 n에 관계없이 0이므로 서로 직교하며 sine과 cosine 함수는 서로 일차독립인 함수들이다. 이를 바탕으로 다음 적분을 수행하면 Fourier 급수의 계수(a_0, a_n, b_n)들을 구할 수 있다. 다음 적분에서 0이 아닌 항은 진하

게 표시하였다.

$$\int_{-L}^{L} f(x)dx$$
$$= \int_{-L}^{L}\left\{\frac{a_0}{2} + a_1\cos\frac{\pi x}{L} + a_2\cos\frac{2\pi x}{L} + \cdots + b_1\sin\frac{\pi x}{L} + b_2\sin\frac{2\pi x}{L} + \cdots\right\}dx$$
$$= \frac{a_0}{2}x\Big|_{-L}^{L} = a_0 L$$
$$\therefore a_0 = \frac{1}{L}\int_{-L}^{L} f(x)dx \tag{6.7}$$

$$\int_{-L}^{L} f(x)\cos\frac{n\pi x}{L}dx$$
$$= \int_{-L}^{L}\left\{\frac{1}{2}a_0 + \sum_{n=1}^{\infty}\left(a_n\cos\frac{n\pi x}{L} + b_n\sin\frac{n\pi x}{L}\right)\right\}\cos\frac{n\pi x}{L}dx$$
$$= \int_{-L}^{L}\left\{\frac{a_0}{2}\cos\frac{n\pi x}{L} + a_1\cos\frac{\pi x}{L}\cos\frac{n\pi x}{L} + a_2\cos\frac{2\pi x}{L}\cos\frac{n\pi x}{L} + \cdots\right.$$
$$+ a_{n-1}\cos\frac{(n-1)\pi x}{L}\cos\frac{n\pi x}{L} + \boldsymbol{a_n\cos\frac{n\pi x}{L}\cos\frac{n\pi x}{L}}$$
$$+ a_{n+1}\cos\frac{(n+1)\pi x}{L}\cos\frac{n\pi x}{L} + \cdots + b_1\sin\frac{\pi x}{L}\cos\frac{n\pi x}{L}$$
$$\left.+ b_2\sin\frac{2\pi x}{L}\cos\frac{n\pi x}{L} + \cdots + b_n\sin\frac{n\pi x}{L}\cos\frac{n\pi x}{L} + \cdots\right\}dx = a_n L$$
$$\therefore a_n = \frac{1}{L}\int_{-L}^{L} f(x)\cos\frac{n\pi x}{L}dx \tag{6.8}$$

$$\int_{-L}^{L} f(x)\sin\frac{n\pi x}{L}dx$$
$$= \int_{-L}^{L}\left\{\frac{1}{2}a_0 + \sum_{n=1}^{\infty}\left(a_n\cos\frac{n\pi x}{L} + b_n\sin\frac{n\pi x}{L}\right)\right\}\sin\frac{n\pi x}{L}dx$$
$$= \int_{-L}^{L}\left\{\frac{a_0}{2}\sin\frac{n\pi x}{L} + a_1\cos\frac{\pi x}{L}\sin\frac{n\pi x}{L} + a_2\cos\frac{2\pi x}{L}\sin\frac{n\pi x}{L} + \cdots\right.$$
$$+ b_1\sin\frac{\pi x}{L}\sin\frac{n\pi x}{L} + \cdots + \boldsymbol{b_n\sin\frac{n\pi x}{L}\sin\frac{n\pi x}{L}}$$
$$\left.+ b_{n+1}\sin\frac{(n+1)\pi x}{L}\sin\frac{n\pi x}{L} + \cdots\right\}dx = b_n L$$
$$\therefore b_n = \frac{1}{L}\int_{-L}^{L} f(x)\sin\frac{n\pi x}{L}dx \tag{6.9}$$

- **Dirichlet 조건**

$f(x)$가 다음 조건을 만족한다면, $f(x)$가 구간 $(-L, L)$ 내의 유한한 수의 점에 대하여 정의되는 일가 함수이고 $f(x)$가 그 밖의 영역에서는 주기 2L을 갖는 주기 함수이고 $f(x)$와 $f(x)'$가 구간 $(-L, L)$에서 연속 또는 부분 연속이면 Fourier 급수 식 (6.1)은 $f(x)$가 연속인 곳에서는 $f(x)$로 수렴하고 불연속 점에서는

$\frac{f(x_{-0})+f(x_{+0})}{2}$로 수렴한다. 여기서 $f(x_{-0})$와 $f(x_{+0})$는 각각 함수 $f(x)$가 불연속인 x의 왼쪽 극한과 오른쪽 극한이다. 이 조건은 Fourier 급수 식 (6.1)의 수렴에 대한 충분조건이다.

예제 6.1

주기가 2π인 함수 $f(x)$를 Fourier 급수로 나타내시오.

(1) $f(x) = \begin{cases} x & (-\pi < x \le 0) \\ 0 & (0 \le x < \pi) \end{cases}$ (그림 6.1)

(2) $f(x) = x + \pi \quad (-\pi < x < \pi)$ (그림 6.2)

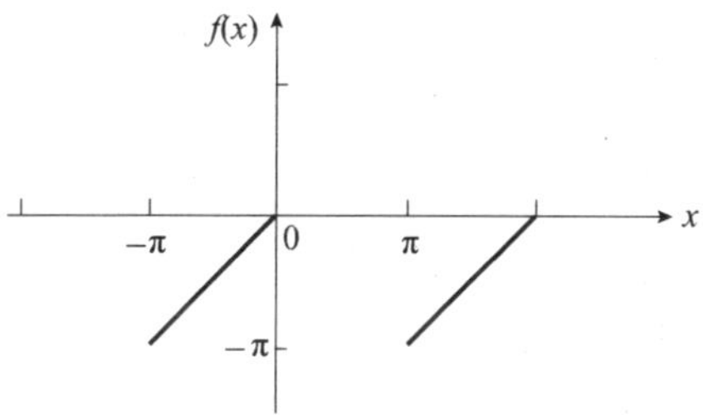

| 그림 6.1 |

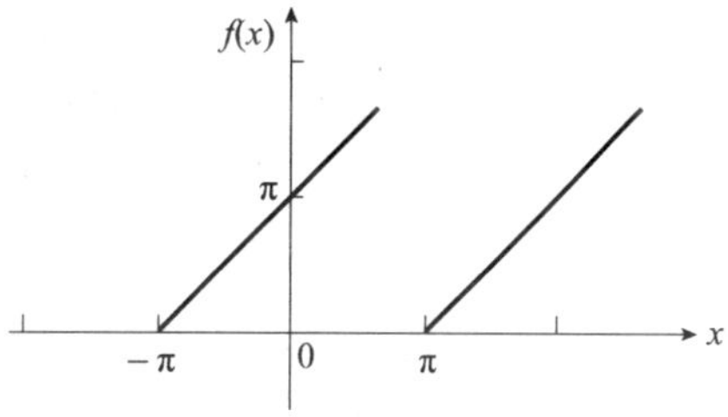

| 그림 6.2 |

풀이

(1) $a_0 = \frac{1}{\pi}\int_{-\pi}^{\pi} f(x)dx = \frac{1}{\pi}\left(\int_{-\pi}^{0} x\,dx + \int_0^{\pi} 0\cdot dx\right) = \frac{1}{\pi}\left(\frac{x^2}{2}\bigg|_{-\pi}^{0}\right) = -\frac{\pi}{2}$

$$a_n = \frac{1}{\pi}\int_{-\pi}^{\pi} f(x)\cos nx\,dx = \frac{1}{\pi}\left(\int_{-\pi}^{0} x\cos nx\,dx + \int_0^{\pi} 0\cdot\cos nx\,dx\right)$$

$$= \frac{1}{\pi}\left(\frac{x}{n}\sin nx\bigg|_{-\pi}^{0} - \int_{-\pi}^{0}\frac{1}{n}\sin nx\,dx\right)$$

$$= \frac{1}{\pi}\left(0 + \frac{1}{n^2}\cos nx\bigg|_{-\pi}^{0}\right) = \begin{cases} \frac{2}{n^2\pi}, & n = 1, 3, 5, \cdots\cdots \\ 0, & n = 2, 4, 6, \cdots\cdots \end{cases}$$

$$b_n = \frac{1}{\pi}\int_{-\pi}^{\pi} f(x)\sin nx\,dx = \frac{1}{\pi}\left(\int_{-\pi}^{0} x\sin nx\,dx + \int_0^{\pi} 0\cdot\sin nx\,dx\right)$$

$$= \frac{1}{\pi}\left(x\frac{-1}{n}\cos nx\bigg|_{-\pi}^{0} - \int_{-\pi}^{0}\frac{-1}{n}\cos nx\,dx\right)$$

$$= \frac{1}{\pi}\left(\frac{-\pi}{n}\cos n\pi + \frac{1}{n^2}\sin nx\bigg|_{-\pi}^{0}\right) = (-1)^{n+1}\frac{1}{n}$$

$$f(x) = -\frac{\pi}{4} + \frac{2}{\pi}\cos x + \frac{2}{9\pi}\cos 3x + \frac{2}{25\pi}\cos 5x + \cdots$$

$$+ \sin x - \frac{1}{2}\sin 2x + \frac{1}{3}\sin 3x - \frac{1}{4}\sin 4x + \frac{1}{5}\sin 5x - \cdots$$

(2) $a_0 = \frac{1}{\pi}\int_{-\pi}^{\pi} f(x)dx = \frac{1}{\pi}\int_{-\pi}^{\pi}(x+\pi)\,dx = \frac{1}{\pi}\left(\frac{x^2}{2}+\pi x\right)\Big|_{-\pi}^{\pi} = 2\pi$

$a_n = \frac{1}{\pi}\int_{-\pi}^{\pi} f(x)\cos nx\,dx = \frac{1}{\pi}\int_{-\pi}^{\pi}(x+\pi)\cos nx\,dx = 0$

$b_n = \frac{1}{\pi}\int_{-\pi}^{\pi} f(x)\sin nx\,dx = \frac{1}{\pi}\int_{-\pi}^{\pi}(x+\pi)\sin nx\,dx$

$= \frac{1}{\pi}\int_{-\pi}^{\pi} x\sin nx\,dx + \frac{1}{\pi}\int_{-\pi}^{\pi} \pi\sin nx\,dx$

$= \frac{2}{\pi}\int_{0}^{\pi} x\sin nx\,dx = \frac{2}{\pi}\left(\frac{-x\cos nx}{n}\right)\Big|_{-\pi}^{\pi} - \frac{2}{\pi}\int_{0}^{\pi}\frac{-1}{n}\cos nx\,dx$

$= -\frac{2}{n}\cos n\pi$

$f(x) = \pi + 2(\sin x - \frac{1}{2}\sin 2x + \frac{1}{3}\sin 3x - \frac{1}{4}\sin 4x + \frac{1}{5}\sin 5x - \cdots)$

$f(x)$ = S와 상수 항 $S_0 = \frac{a_0}{2}$, x의 첫째 항까지의 합 S_1, x의 둘째 항까지의 합 S_2, x의 넷째 항까지의 합 S_4, 그리고 x의 여덟째 항까지의 합 S_8을 그림 6.3에 나타내었다. S_8은 $f(x)$의 아래위로 작은 진폭으로 진동하고 있음을 볼 수 있고 항의 수가 늘어남에 따라 최대, 최소 꼭짓점의 x 값이 점점 π, -π에 가까워지고, 합은 $f(x)$에 접근함을 알 수 있다.

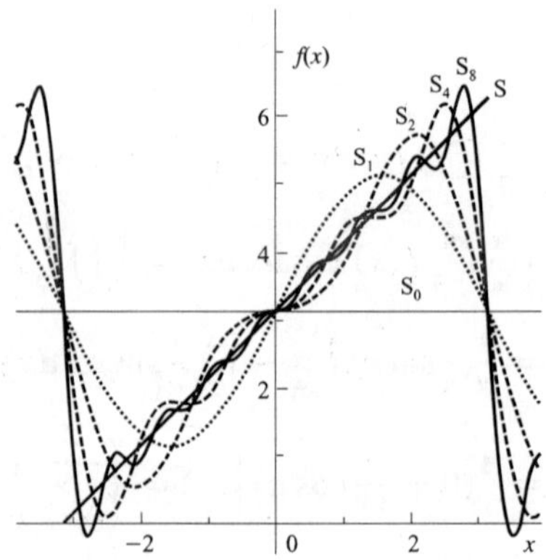

| 그림 6.3 | $f(x) = S$, $S_0 = \frac{a_0}{2}$, S_1, S_2, S_4, S_8 합

연습 문제 6.1

(1) 주기가 $\frac{2\pi}{\omega}$인 다음 함수 $f(x)$(그림 6.4)를 Fourier 급수로 나타내시오. 이 함수는 교류를 정류하여 음의 부분은 없애버리고 얻는 반파 정류의 결과와 같다.

$$f(t) = \begin{cases} 0 & (-\frac{\pi}{\omega} \le t \le 0) \\ V \sin \omega t & (0 \le t \le \frac{\pi}{\omega}) \end{cases}$$

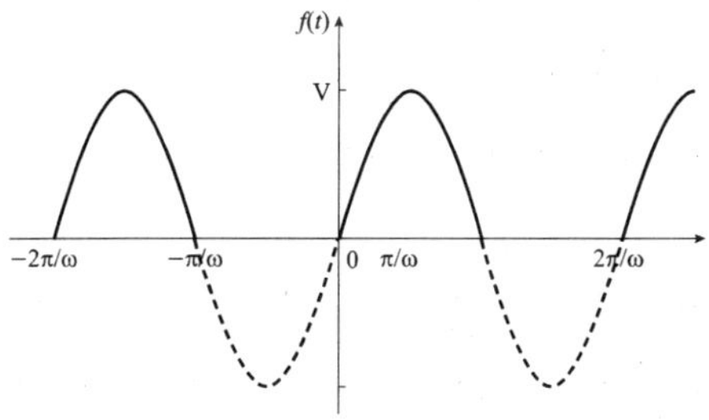

| 그림 6.4 |

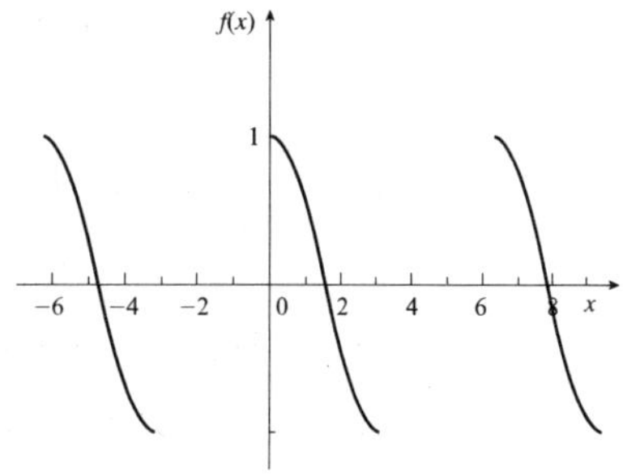

| 그림 6.5 |

(2) 주기가 2π인 다음 함수 $f(x)$(그림 6.5)를 Fourier 급수로 나타내시오.

$$f(x) = \begin{cases} 0 & (-\pi < x < 0) \\ \cos x & (0 < x < \pi) \end{cases}$$

(3) 주기가 π인 다음 함수 $f(x)$(그림 6.6)를 Fourier 급수로 나타내시오.

$$f(x) = x^2 \quad (0 < x < 2\pi)$$

(4) 주기가 2π인 다음 함수 $f(x)$(그림 6.7)를 Fourier 급수로 나타내시오.

$$f(x) = \begin{cases} x + \pi & (-\pi < x \le 0) \\ \pi & (0 \le x < \pi) \end{cases}$$

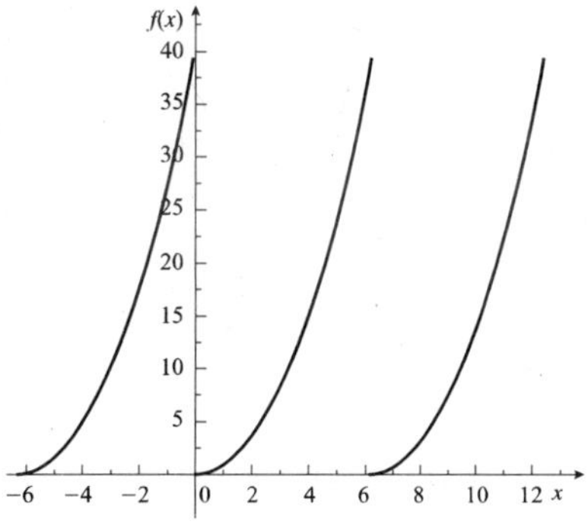

| 그림 6.6 |

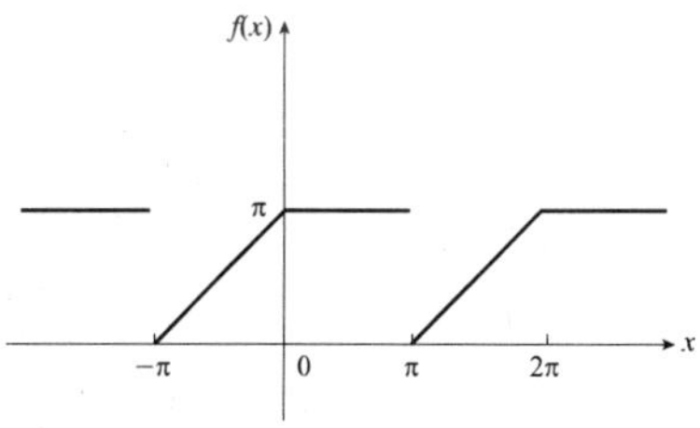

| 그림 6.7 |

답 (1) $f(x) = \frac{V}{\pi} + \frac{V}{2}\sin\omega t - \frac{2V}{\pi}\left(\frac{1}{1\cdot3}\cos2\omega t + \frac{1}{3\cdot5}\cos4\omega t + \frac{1}{5\cdot7}\cos6\omega t + \cdots\right)$

(2) $f(x) = \frac{1}{2}\cos x + \frac{1}{\pi}\left(\frac{4}{2^2-1}\cos2x + \frac{8}{4^2-1}\cos4x + \frac{12}{6^2-1}\cos6x + \cdots\right)$

(3) $f(x) = \frac{4\pi^2}{3} + \sum_{n=1}^{\infty}\left(\frac{4}{n^2}\cos nx - \frac{4\pi}{n}\sin nx\right)$

(4) $f(x) = \frac{3\pi}{4} + \frac{2}{\pi}\cos x + \frac{2}{9\pi}\cos3x + \frac{2}{25\pi}\cos5x + \cdots$
$+ \sin x - \frac{1}{2}\sin2x + \frac{1}{3}\sin3x - \frac{1}{4}\sin4x + \frac{1}{5}\sin5x - \cdots$

$f(x)$가 짝함수라면 Fourier 급수의 계수 a_0, a_n, b_n을 구할 때 $a_0 = \frac{1}{L}\int_{-L}^{L}f(x)dx$, $a_n = \frac{1}{L}\int_{-L}^{L}f(x)\cos\frac{n\pi x}{L}dx$은 피적분함수가 짝함수여서 적분값이 0이 아니므로 적분해야 하지만 $b_n = \frac{1}{L}\int_{-L}^{L}f(x)\sin\frac{n\pi x}{L}dx$은 피적분함수가 홀함수이어서 계산할 필요도 없이 0이 된다. 적분할 때 적분 구간을 0에서 L까지 하고 적분값을 2배 하면 되므로 $a_n = \frac{2}{L}\int_0^L f(x)\cos\frac{n\pi x}{L}dx$. 또 $f(x)$가 홀함수라면 a_0와 a_n이 0이 되고 피적분함수가 짝함수인 b_n만 구하면 되고 적분 구간을 반으로 하고 적분값을 2배 하면 되므로 $b_n = \frac{2}{L}\int_0^L f(x)\sin\frac{n\pi x}{L}dx$가 된다. 예를 들어 주기가 4인 다음 함수 $f(x)$ 그림 6.8 (a)는 $f(x)$가 짝함수이므로 cosine 급수로 나타낼 수 있다.

$$f(x) = \begin{cases} 0 & (-2 < x < -1) \\ 1 & (-1 < x < 1) \\ 0 & (1 < x < 2) \end{cases}$$

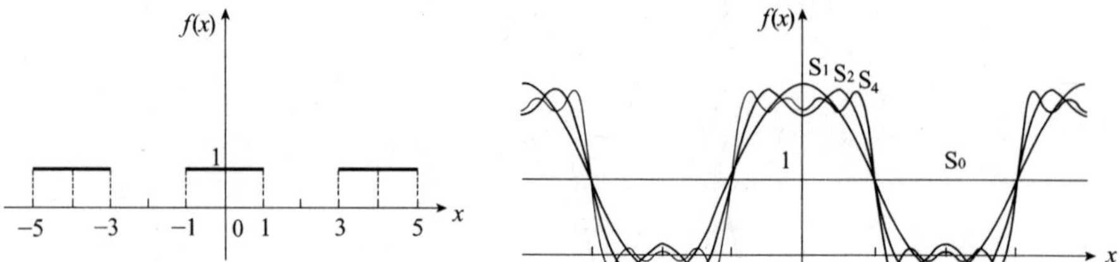

(a) $f(x)$ (b) $S_0 = \frac{a_0}{2}$, S_1, S_2, S_4 합

| 그림 6.8 |

$$a_0 = \frac{2}{2}\int_0^2 f(x)\,dx = \int_0^1 1\,dx = x|_0^1 = 1$$

$$a_n = \frac{2}{2}\int_0^2 f(x)\cos\frac{n\pi x}{2}\,dx = \int_0^1\cos\frac{n\pi x}{2}\,dx$$

$$= \frac{2}{n\pi}\sin\frac{n\pi x}{2}\Big|_0^1 = \frac{2}{n\pi}\sin\frac{n\pi}{2}$$

$$b_n = \frac{1}{2}\int_{-2}^{2} f(x)\sin\frac{n\pi x}{2}\,dx = 0$$

$$f(x) = \frac{1}{2} + \sum_{n=1}^{\infty}\frac{2}{n\pi}\sin\frac{n\pi}{2}\cos\frac{n\pi x}{2}$$

$$= \frac{1}{2} + \frac{2}{\pi}\sin\frac{\pi}{2}\cos\frac{\pi x}{2} + \frac{2}{2\pi}\sin\frac{2\pi}{2}\cos\frac{2\pi x}{2} + \frac{2}{3\pi}\sin\frac{3\pi}{2}\cos\frac{3\pi x}{2}$$

$$+ \frac{2}{4\pi}\sin\frac{4\pi}{2}\cos\frac{4\pi x}{2} + \frac{2}{5\pi}\sin\frac{5\pi}{2}\cos\frac{5\pi x}{2} + \frac{2}{6\pi}\sin\frac{6\pi}{2}\cos\frac{6\pi x}{2}$$

$$+ \frac{2}{7\pi}\sin\frac{7\pi}{2}\cos\frac{7\pi x}{2} + \cdots$$

$$= \frac{1}{2} + \frac{2}{\pi}\left\{\cos\frac{\pi x}{2} - \frac{1}{3}\cos\frac{3\pi x}{2} + \frac{1}{5}\cos\frac{5\pi x}{2} - \frac{1}{7}\cos\frac{7\pi x}{2} + \cdots\right\}$$

$f(x)$와 상수 항 $S_0 = \frac{a_0}{2}$, x의 첫째 항까지의 합 S_1, x의 둘째 항까지의 합 S_2, 그리고 x의 넷째 항까지의 합 S_4를 그림 6.8에 나타내었다. 항의 수가 늘어남에 따라 합의 값이 점점 사각파에 가까이 가고, 따라서 $n \to \infty$이면 $f(x)$에 접근함을 알 수 있다.

예제 6.2

(1) 주기가 2π인 다음 함수 $f(x)$(그림 6.9)를 Fourier 급수로 나타내시오.

풀이

$$f(x) = \begin{cases} -x & (-\pi < x < 0) \\ x & (0 < x < \pi) \end{cases}$$

$$a_0 = \frac{1}{\pi}\int_{-\pi}^{\pi} x\,dx = \frac{2}{\pi}\int_0^{\pi} x\,dx = \frac{2}{\pi}\frac{1}{2}x^2\Big|_0^{\pi} = \pi$$

$$a_n = \frac{1}{\pi}\int_{-\pi}^{\pi} x\cos nx\,dx = \frac{2}{\pi}\int_0^{\pi} x\cos nx\,dx$$

$$= \frac{2}{\pi}\left\{x\frac{1}{n}\sin nx\Big|_0^{\pi} - \int_0^{\pi}\frac{1}{n}\sin nx\,dx\right\}$$

$$= \frac{2}{\pi}\left\{0 - \frac{1}{n}\frac{-1}{n}\cos nx\Big|_0^{\pi}\right\} = \frac{2}{\pi n^2}\cos n\pi - 1 = \frac{2}{\pi n^2}\{(-1)^n - 1\}$$

$$b_n = \frac{1}{\pi}\int_{-\pi}^{\pi} f(x)\sin nx\,dx = 0$$

$$f(x) = \frac{\pi}{2} + \sum_{n=1}^{\infty}\{(-1)^n - 1\}\frac{2}{\pi n^2}\cos nx$$

$$= \frac{\pi}{2} - \frac{4}{\pi}\left(\cos x + \frac{1}{9}\cos 3x + \frac{1}{25}\cos 5x + \cdots\right)$$

(2) 주기가 2인 다음 함수 $f(x)$(그림 6.10)를 Fourier 급수로 나타내시오.

$$f(x) = x \quad (-1 < x < 1)$$

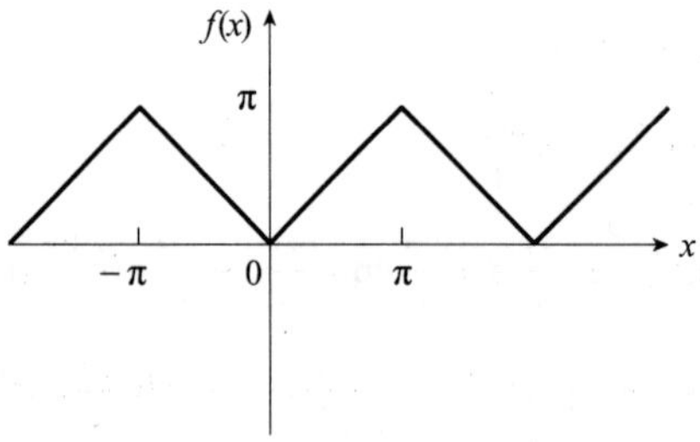

| 그림 6.9 |

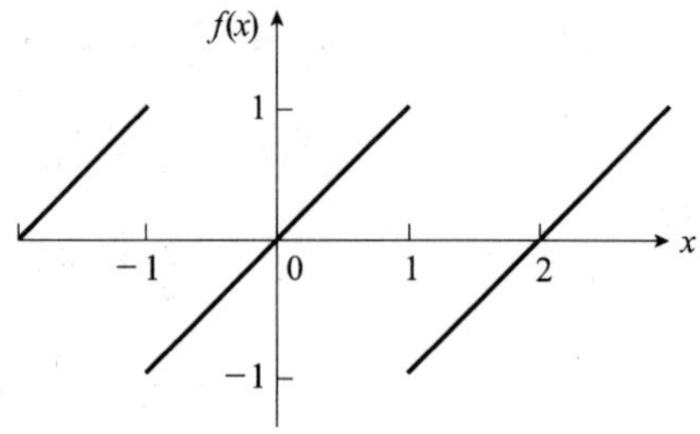

| 그림 6.10 |

풀이

$$a_0 = \frac{1}{1}\int_{-1}^{1} x dx = 0$$

$$a_n = \frac{1}{1}\int_{-1}^{1} x \cos n\pi x \, dx = 0$$

$$b_n = \frac{1}{1}\int_{-1}^{1} x \sin n\pi x \, dx = 2\int_0^1 x \sin n\pi x \, dx$$

$$= 2\left\{x \frac{-1}{n\pi}\cos n\pi x\Big|_0^1 - \int_0^1 \frac{-1}{n\pi}\cos n\pi x \, dx\right\}$$

$$= 2\left\{\frac{-1}{n\pi}\cos n\pi + \frac{1}{n\pi}\frac{1}{n\pi}\sin n\pi x\Big|_0^1\right\} = \frac{-2}{n\pi}\cos n\pi = (-1)^n \frac{-2}{n\pi}$$

$$f(x) = \sum_{n=1}^{\infty}(-1)^n \frac{-2}{n\pi}\sin n\pi x$$

$$= \frac{2}{\pi}\left(\sin \pi x - \frac{1}{2}\sin 2\pi x + \frac{1}{3}\sin 3\pi x - \frac{1}{4}\sin 4\pi x + \cdots\right)$$

연습 문제 6.2

다음 주기 함수 $f(x)$를 Fourier 급수로 나타내시오.

(1) $f(x) = \begin{cases} -x(\pi + x), & -\pi < x < 0 \\ x(\pi - x), & 0 < x < \pi \end{cases}$ (그림 6.11)

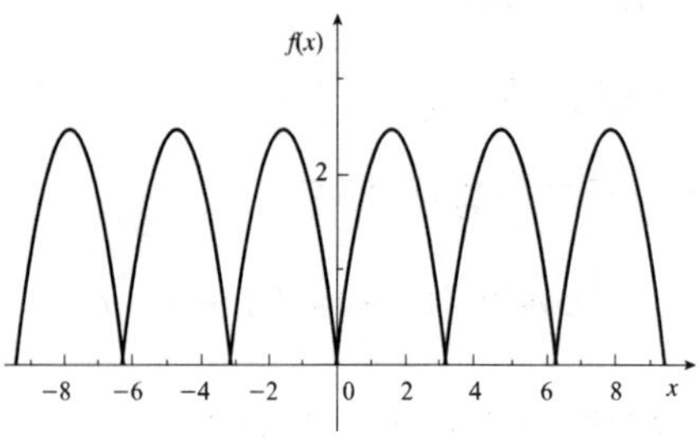

| 그림 6.11 |

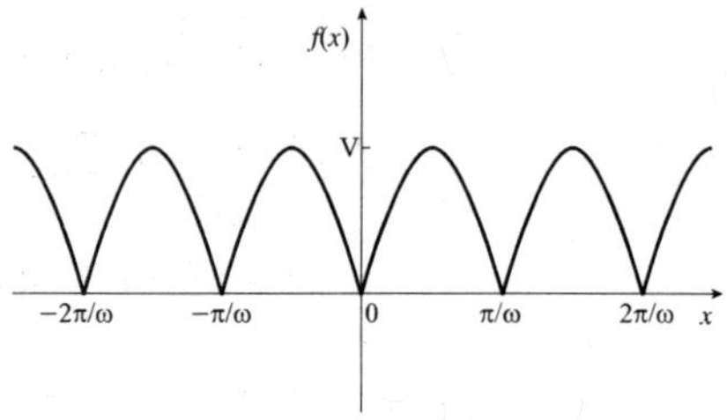

| 그림 6.12 |

(2) $f(t) = \begin{cases} -\mathrm{V}\sin\omega t, & -\frac{\pi}{\omega} < t < 0 \\ \mathrm{V}\sin\omega t, & 0 < t < \frac{\pi}{\omega} \end{cases}$ (그림 6.12)

(3) $f(x)=\begin{cases} 0, & -1 < x < 0 \\ 1, & 0 < x < 1 \end{cases}$ (그림 6.13)

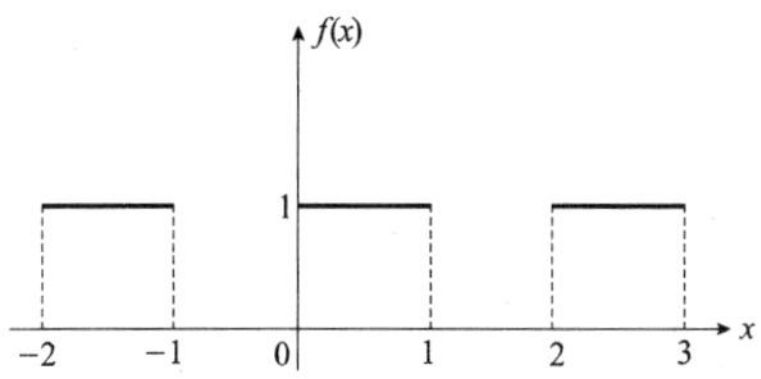

| 그림 6.13 |

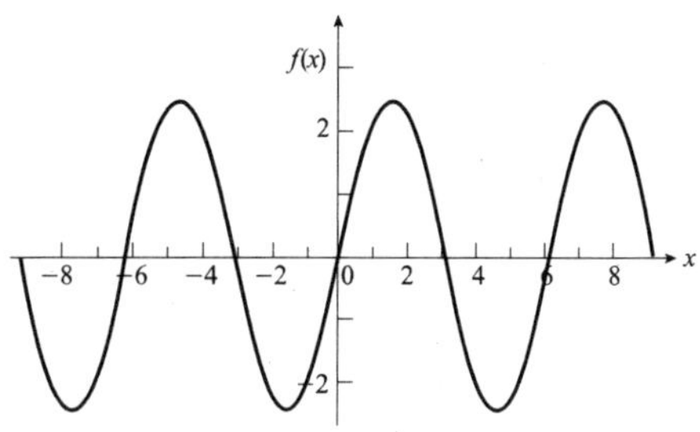

| 그림 6.14 |

(4) $f(x) = \begin{cases} x(\pi + x), & -\pi < x < 0 \\ x(\pi - x), & 0 < x < \pi \end{cases}$ (그림 6.14)

답 (1) $f(x) = \frac{\pi^2}{6} - \left(\frac{\cos 2x}{1^2} + \frac{\cos 4x}{2^2} + \frac{\cos 6x}{3^2} + \frac{\cos 8x}{4^2} + \cdots\right)$

(2) $f(t) = \frac{2\mathrm{V}}{\pi} + \sum \frac{-4\mathrm{V}}{\pi(4n^2-1)} \cos\frac{n\pi t}{\frac{\pi}{2\omega}} = \frac{2\mathrm{V}}{\pi} - \frac{4\mathrm{V}}{\pi}\sum\frac{\cos 2n\omega t}{4n^2-1}$

$$= \frac{2\mathrm{V}}{\pi} - \frac{4\mathrm{V}}{\pi}\left(\frac{\cos 2\omega t}{4-1} + \frac{\cos 4\omega t}{16-1} + \frac{\cos 6\omega t}{36-1} + \cdots\right)$$

이것은 교류 중 음의 부분을 반전시켜 얻는 전파 정류의 결과와 같고 참고로 예제 6.1 (1)의 반파 정류의 결과와 비교해 보면 첫째 항이 두 배이다. 이 첫째 항이 직류 성분을 나타낸다.

(3) $f(x) = \frac{1}{2} + \frac{2}{\pi}\left(\sin\pi x - \frac{1}{2}\sin 2\pi x + \frac{1}{3}\sin 3\pi x - \frac{1}{4}\sin 4\pi x + \cdots\right)$

(4) $f(x) = \frac{8}{\pi}\left(\frac{\sin x}{1^3} + \frac{\sin 3x}{3^3} + \frac{\sin 5x}{5^3} + \frac{\sin 7x}{7^3} + \cdots\right)$

• 복소 지수 함수에 의한 Fourier 급수

식 (6.1)에 아래의 삼각 함수와 지수 함수와의 관계식을 대입하면 다음과 같이 $f(x)$를 복소 지수 함수로 나타낼 수 있다.

$$\cos\frac{n\pi x}{\mathrm{L}} = \frac{1}{2}\left\{\exp\left(\frac{in\pi x}{\mathrm{L}}\right) + \exp\left(\frac{-in\pi x}{\mathrm{L}}\right)\right\},$$

$$\sin\frac{n\pi x}{\mathrm{L}} = \frac{1}{2i}\left\{\exp\left(\frac{in\pi x}{\mathrm{L}}\right) - \exp\left(\frac{-in\pi x}{\mathrm{L}}\right)\right\}$$

$$f(x) = \frac{1}{2}a_0 + a_1 \cos\frac{\pi x}{L} + a_2 \cos\frac{2\pi x}{L} + \cdots\cdots + b_1 \sin\frac{\pi x}{L}$$

$$+ b_2 \sin\frac{2\pi x}{L} + \cdots\cdots = \frac{1}{2}a_0 + \frac{a_1}{2}\left\{\exp\left(\frac{i\pi x}{L}\right) + \exp\left(\frac{-i\pi x}{L}\right)\right\}$$

$$+ \frac{a_2}{2}\left\{\exp\left(\frac{i2\pi x}{L}\right) + \exp\left(\frac{-i2\pi x}{L}\right)\right\} + \cdots\cdots$$

$$+ \frac{a_n}{2}\left\{\exp\left(\frac{in\pi x}{L}\right) + \exp\left(\frac{-in\pi x}{L}\right)\right\} + \cdots\cdots$$

$$+ \frac{b_1}{2i}\left\{\exp\left(\frac{i\pi x}{L}\right) - \exp\left(\frac{-i\pi x}{L}\right)\right\} + \cdots\cdots$$

$$+ \frac{b_n}{2i}\left\{\exp\left(\frac{in\pi x}{L}\right) - \exp\left(\frac{-in\pi x}{L}\right)\right\} + \cdots\cdots$$

$$= \frac{1}{2}a_0 + \frac{a_1 - ib_1}{2}\exp\left(\frac{i\pi x}{L}\right) + \frac{a_2 - ib_2}{2}\exp\left(\frac{i2\pi x}{L}\right) + \cdots\cdots$$

$$+ \frac{a_1 + ib_1}{2}\exp\left(\frac{-i\pi x}{L}\right) + \frac{a_2 + ib_2}{2}\exp\left(\frac{-i2\pi x}{L}\right) + \cdots\cdots$$

$$= c_0 + c_1 \exp\left(\frac{i\pi x}{L}\right) + c_2 \exp\left(\frac{i2\pi x}{L}\right) + c_3 \exp\left(\frac{i3\pi x}{L}\right) + \cdots\cdots$$

$$+ c_{-1} \exp\left(\frac{-i\pi x}{L}\right) + c_{-2} \exp\left(\frac{-i2\pi x}{L}\right) + c_{-3} \exp\left(\frac{-i3\pi x}{L}\right) + \cdots\cdots.$$

$$c_0 = \frac{1}{2}a_0 \quad c_n = \frac{a_n - ib_n}{2} \qquad c_{-n} = \frac{a_n + ib_n}{2}$$

$$f(x) = \sum_{n=-\infty}^{\infty} c_n \exp\left(\frac{in\pi x}{L}\right) \tag{6.10}$$

계수 c_m을 구하기 위하여 다음과 같은 적분을 수행한다.

$$\int_{-L}^{L} f(x)\exp\left(\frac{-im\pi x}{L}\right) dx = \sum_{n=-\infty}^{\infty} c_n \exp\left(\frac{in\pi x}{L}\right)\exp\left(\frac{-im\pi x}{L}\right) dx$$

$$= \sum_{n=-\infty}^{\infty} c_n \int_{-L}^{L} \left\{\exp\left(\frac{i(n-m)\pi x}{L}\right)\right\} dx$$

$$= \begin{cases} c_m \int_{-L}^{L} 1 \cdot dx = 2Lc_m, & m = n \\ \sum_{n=-\infty}^{\infty} c_n \frac{L}{i(n-m)\pi}\exp\left(\frac{i(n-m)\pi x}{L}\right)\Big|_{-L}^{L} = 0, & m \neq n \end{cases}$$

$m \neq n$일 경우 적분값은 다음과 같이 0이 된다.

$$\exp\left(\frac{i(n-m)\pi x}{L}\right)\Big|_{-L}^{L} = \exp\{i(n-m)\pi\} - \exp\{-i(n-m)\pi\}$$

$$= \cos(n-m)\pi + i\sin(n-m)\pi - \{\cos(n-m)\pi - i\sin(n-m)\pi\}$$

$$= 2i\sin(n-m)\pi = 0$$

$$c_m = \frac{1}{2L}\int_{-L}^{L} f(x)\exp\left(^{im\pi x}/_{L}\right) dx \tag{6.11}$$

그러므로 Fourier 급수의 복소 지수 함수 표현은 다음과 같다.

$$f(x) = \sum_{n=-\infty}^{\infty} c_n \exp\left(\frac{in\pi x}{\mathrm{L}}\right),\ \text{여기서}\ c_n = \frac{1}{2\mathrm{L}}\int_{-\mathrm{L}}^{\mathrm{L}} f(x)\exp\left(\frac{-in\pi x}{\mathrm{L}}\right)dx \tag{6.12}$$

- **직교 함수**

구간 (a, b)에서 두 함수 A(x)와 B(x) 곱의 적분이 0이라면, 즉

$$\int_a^b \mathrm{A}(x)\mathrm{B}(x)\,dx = 0$$

두 함수 A(x)와 B(x)는 **직교**한다고 한다. 또 구간 (a, b)에서 함수의 제곱을 적분하여 1이 된다면, 즉

$$\int_a^b \{\mathrm{A}(x)\}^2\,dx = 1$$

함수 A(x)는 정규화되었다고 한다.

$$\begin{cases} \int_a^b \phi_m(x)\phi_n(x)dx = 0, & m \neq n \\ \int_a^b \{\phi_m(x)\}^2\,dx = \int_a^b \{\phi_n(x)\}^2 dx = 1, & m = 1, 2, \cdots,\ n = 1, 2, \cdots \end{cases} \tag{6.13}$$

이 조건을 모두 만족한다면, 즉 식 (6.13)을 하나의 식으로 쓴다면

$$\int_a^b \phi_m(x)\phi_n(x)dx = \delta_{mn} \tag{6.14}$$

이 되고 여기서 $\phi_m(x)$과 $\phi_n(x)$은 **직교정규화**(orthonormal) 함수이고 δ_{mn}은 $m = n$이면 1이고, $m \neq n$이면 0인 Dirac의 델타이다.

보기

4장의 식 (4.4)에 얻어진 상자 속 입자의 파동 함수 $\phi_n = \sqrt{\frac{2}{\mathrm{L}}}\sin\frac{n\pi x}{\mathrm{L}}$, $\phi_m = \sqrt{\frac{2}{\mathrm{L}}}\sin\frac{m\pi x}{\mathrm{L}}$은 직교정규화 함수이다. 즉

$$\int_a^b \phi_m(x)\phi_n(x)dx = \int_a^b \sqrt{\frac{2}{\mathrm{L}}}\sin\frac{m\pi x}{\mathrm{L}}\sqrt{\frac{2}{\mathrm{L}}}\sin\frac{n\pi x}{\mathrm{L}}dx = \delta_{mn}$$

구간 (a, b)에서 두 함수 A(x)와 B(x) 곱의 적분이 0 또는 1이 아니라 하더라도 어떤 함수 $w(x)$를 곱하여 적분한 값이 0 또는 1이라면, 즉

$$\int_a^b w(x)\phi_m(x)\phi_n(x)dx = \delta_{mn} \quad (6.15)$$

이라면 새로운 함수 $\sqrt{w(x)}\phi_m(x)$와 $\sqrt{w(x)}\phi_n(x)$은 직교정규화 함수가 되고 $w(x)$는 **무게 함수**(weight function)라고 한다. 무게 함수의 보기로는 앞의 4장에서 논의된 수소 원자 파동 함수 $R(r)$의 $\sqrt{w(\rho)} = e^{-\rho/2}$, 조화 진동자 파동 함수 ψ_n의 $\sqrt{w(\xi)} = e^{-\xi^2/2}$ 등이 있다.

$\{\phi_i(x)\}$가 구간 $a \le x \le b$에서 서로 직교정규화되어 있다면, 즉 $\int_a^b \phi_m(x)\phi_n(x)dx = \delta_{mn}$이라면, $\phi_i(x)$의 선형결합으로 이루어진 함수 $f(x)$에서 ϕ_m의 기여도, 즉 c_m은 다음과 같이 함수 $f(x)$에 $\phi_m(x)$을 곱하여 적분하면 된다.

$$f(x) = \sum_{n=1}^{\infty} c_n\phi_n(x)$$
$$= c_1\phi_1(x) + c_2\phi_2(x) + c_3\phi_3(x) + \cdots\cdots \quad a \le x \le b$$

$$\int_a^b f(x)\phi_m(x)dx = \int_a^b \sum_{n=1}^{\infty} c_n\phi_n(x)\,\phi_m(x)dx$$
$$= \int_a^b \{c_1\phi_1(x) + c_2\phi_2(x) + \cdots + c_{m-1}\phi_{m-1}(x)$$
$$+ \boldsymbol{c_m\phi_m(x)} + c_{m+1}\phi_{m+1}(x) + \cdots\}\boldsymbol{\phi_m(x)}dx$$
$$= c_m$$

$$c_m = \int_a^b f(x)\phi_m(x)dx \quad (6.16)$$

예제 6.3

다음 세 함수가 x의 구간 (0, 1)에서 서로 직교정규화되도록 계수들을 결정하시오.

$$\phi_1(x) = c_1,\ \phi_2(x) = c_2 + c_3x,\ \phi_3(x) = c_4 + c_5x + c_6x^2$$

풀이

$$\int_0^1 \phi_1(x)\phi_1(x)dx = \int_0^1 \phi_1(x)\phi_1(x)dx = c_1{}^2\int_0^1 dx = c_1{}^2 = 1,\ c_1 = 1$$

$$\int_0^1 \phi_1(x)\phi_2(x)dx = \int_0^1 1(c_2 + c_3x)dx = \left(c_2x + \frac{1}{2}c_3x^2\right)\Big|_0^1$$
$$= c_2 + \frac{1}{2}c_3 = 0,\ c_3 = -2c_2$$

$$\int_0^1 \phi_2(x)\phi_2(x)dx = \int_0^1 (c_2 + c_3x)^2dx$$

$$= \int_0^1 (c_2^2 + 2c_2c_3x + c_3^2x^2)dx$$

$$= (c_2^2x + c_2c_3x^2 + \frac{1}{3}c_3^2x^3)\Big|_0^1 = c_2^2 + c_2c_3 + \frac{1}{3}c_3^2 = 1,$$

$$c_2^2 + c_2(-2c_2) + \frac{1}{3}(-2c_2)^2 = 1$$

$$\frac{1}{3}c_2^2 = 1,\ c_2 = \sqrt{3},\ c_3 = -2c_2 = -2\sqrt{3}$$

$$\int_0^1 \phi_1(x)\phi_3(x)dx = \int_0^1 1(c_4 + c_5x + c_6x^2)dx$$

$$= (c_4x + \frac{1}{2}c_5x^2 + \frac{1}{3}c_6x^3)\Big|_0^1 = c_4 + \frac{1}{2}c_5 + \frac{1}{3}c_6 = 0$$

$$\int_0^1 \phi_2(x)\phi_3(x)dx = \int_0^1 (\sqrt{3} - 2\sqrt{3}x)(c_4 + c_5x + c_6x^2)dx$$

$$= \sqrt{3}\left\{c_4x + \frac{1}{2}(c_5 - 2c_4)x^2 + \frac{1}{3}(c_6 - 2c_5)x^3 - \frac{1}{2}c_6x^4\right\}\Big|_0^1$$

$$= c_4 + \frac{1}{2}(c_5 - 2c_4) + \frac{1}{3}(c_6 - 2c_5) - \frac{1}{2}c_6 = -\frac{1}{6}c_5 - \frac{1}{6}c_6 = 0,$$

$$c_6 = -c_5,\ c_5 = -6c_4$$

$$\int_0^1 \phi_3(x)\phi_3(x)dx = \int_0^1 (c_4 + c_5x + c_6x^2)^2dx$$

$$= (c_4^2x + \frac{1}{3}c_5^2x^3 + \frac{1}{5}c_6x^5 + c_4c_5x^2 + \frac{2}{3}c_4c_6x^3 + \frac{1}{2}c_5c_6x^4)\Big|_0^1$$

$$= c_4^2 + \frac{1}{3}c_5^2 + \frac{1}{5}c_6^2 + c_4c_5 + \frac{2}{3}c_4c_6 + \frac{1}{2}c_5c_6 = 1$$

$$c_4^2 + \frac{1}{3}(-6c_4)^2 + \frac{1}{5}(6c_4)^2 + c_4(-6c_4) + \frac{2}{3}c_4(6c_4) + \frac{1}{2}(-6c_4)(6c_4) = 1,$$

$$c_4 = \sqrt{5},\ \phi_1(x) = 1,\ \phi_2(x) = \sqrt{3}(1 - 2x),\ \phi_3(x) = \sqrt{5}(1 - 6x + 6x^2)$$

연습 문제 6.3

수소 원자의 Schrödinger 방정식을 풀어 얻어지는 각도 의존성 파동 함수 $\Phi_{m_l} = \sqrt{\frac{1}{2\pi}}e^{im_l\phi}, (m_l = 0,\ \pm1,\ \pm2, \dots)$이 서로 직교정규화 함수임을 증명하시오.

• 파세발 항등식

$f(x)$가 Dirichlet 조건을 만족하고 a_n과 b_n이 $f(x)$에 대응하는 Fourier 계수라면

$$\frac{1}{L}\int_{-L}^{L}\{f(x)\}^2dx = \frac{{a_0}^2}{2}+\sum_{n=1}^{\infty}({a_n}^2 + {b_n}^2)$$

이것을 파세발 항등식(Parseval's identity)이라고 한다.

증명

구간 $(-L, L)$에서 $f(x)$에 대응하는 Fourier 급수가 $f(x)$에 균일하게 수렴한다면,

$$\int_{-L}^{L}\{f(x)\}^2dx = \int_{-L}^{L}\{f(x)\}f(x)dx$$

$$= \int_{-L}^{L}\left\{\frac{1}{2}a_0+\sum_{n=1}^{\infty}\left(a_n\cos\frac{n\pi x}{L}+ b_n\sin\frac{n\pi x}{L}\right)\right\}f(x)dx$$

$$= \int_{-L}^{L}\left\{\frac{1}{2}a_0 f(x)+\sum_{n=1}^{\infty}\left(a_n\cos\frac{n\pi x}{L}f(x)+ b_n\sin\frac{n\pi x}{L}f(x)\right)\right\}dx$$

$$= \frac{1}{2}a_0\int_{-L}^{L}f(x)dx+\sum_{n=1}^{\infty}a_n\int_{-L}^{L}\cos\frac{n\pi x}{L}f(x)dx$$

$$+\sum_{n=1}^{\infty}b_n\int_{-L}^{L}\sin\frac{n\pi x}{L}f(x)dx$$

$$= \frac{{a_0}^2 L}{2}+\sum_{n=1}^{\infty}a_n L a_n+\sum_{n=1}^{\infty}b_n L b_n$$

$$= \frac{{a_0}^2 L}{2}+L\sum_{n=1}^{\infty}\left({a_n}^2+{b_n}^2\right)$$

그러므로

$$\frac{1}{L}\int_{-L}^{L}\{f(x)\}^2dx = \frac{{a_0}^2}{2}+\sum_{n=1}^{\infty}({a_n}^2 + {b_n}^2) \qquad (6.17)$$

예제 6.4

파세발 항등식을 이용하여 다음 급수의 합을 구하시오.

(1) $\sum_{n=1}^{\infty}\frac{1}{n^2}$ (2) $\sum_{n=1}^{\infty}\frac{1}{n^4}$

풀이

(1) 예제 6.2 (2)로부터

$$f(x) = x\ (-1<x<1) = \sum_{n=1}^{\infty}(-1)^n\frac{-2}{n\pi}\sin n\pi x$$

$a_n = 0$이므로

$$\frac{1}{1}\int_{-1}^{1}\{f(x)\}^2dx = \sum_{n=1}^{\infty}{b_n}^2 = \sum_{n=1}^{\infty}\left\{(-1)^n\frac{-2}{n\pi}\right\}^2$$

$$= \frac{2^2}{\pi^2}\sum_{n=1}^{\infty}\frac{1}{n^2} = \int_{-1}^{1}x^2dx = \frac{1}{3}x^3|_{-1}^{1} = \frac{2}{3}$$

정리하면

$$\sum_{n=1}^{\infty}\frac{1}{n^2} = \frac{\pi^2}{6}$$

(2) 파세발 항등식을 이용하고 연습 문제 6.2 (1)로부터

$$f(x) = \begin{cases} -x(\pi + x), & -\pi < x < 0 \\ x(\pi - x), & 0 < x < \pi \end{cases}$$

$$= \frac{\pi^2}{6} - \left(\frac{\cos 2x}{1^2} + \frac{\cos 4x}{2^2} + \frac{\cos 6x}{3^2} + \frac{\cos 8x}{4^2} + \cdots\right)$$

함수 $f(x)$의 그림을 그려보면 짝함수이고 주기 $2L = \pi$ $(-\frac{\pi}{2} \leq x \leq \frac{\pi}{2})$로 할 수 있고 $b_n = 0$이므로

$$\frac{2}{\frac{\pi}{2}}\int_0^{\frac{\pi}{2}}\{x(\pi - x)\}^2dx = \frac{{a_0}^2}{2} + \sum_{n=1}^{\infty}{a_n}^2 = \frac{\left(\frac{\pi^2}{3}\right)^2}{2} + \sum_{n=1}^{\infty}\left(\frac{1}{n^2}\right)^2$$

$$= \frac{4}{\pi}\int_0^{\frac{\pi}{2}}\{\pi^2x^2 - 2\pi x^3 + x^4\}dx = \frac{4}{\pi}\left\{\pi^2\frac{1}{3}x^3 - 2\pi\frac{1}{4}x^4 + \frac{1}{5}x^5\right\}\Big|_0^{\frac{\pi}{2}} = \frac{1}{15}\pi^4$$

정리하면

$$\sum_{n=1}^{\infty}\frac{1}{n^4} = \frac{1}{90}\pi^4$$

연습 문제 6.4

파세발 항등식을 이용하여 다음 급수의 합을 구하시오.

(1) $\sum_{n=1}^{\infty}\frac{1}{(2n-1)^4}$ (2) $\sum_{n=1}^{\infty}\frac{1}{n^6}$

답 (1) $\frac{1}{96}\pi^4$ (2) $\frac{1}{945}\pi^6$

6.2 | Fourier 적분

실제로 문제는 주기가 없는 경우도 많이 있다. 다음 그림 6.15는 주기 2L = 2, 4, ∞인 경우를 보여 주고 있다. 주기 2L의 값이 커짐에 따라 삼각형이 점점 멀

어짐을 알 수 있다. 따라서 주기가 없는 것은 주기 2L = ∞인 것으로 생각할 수 있다.

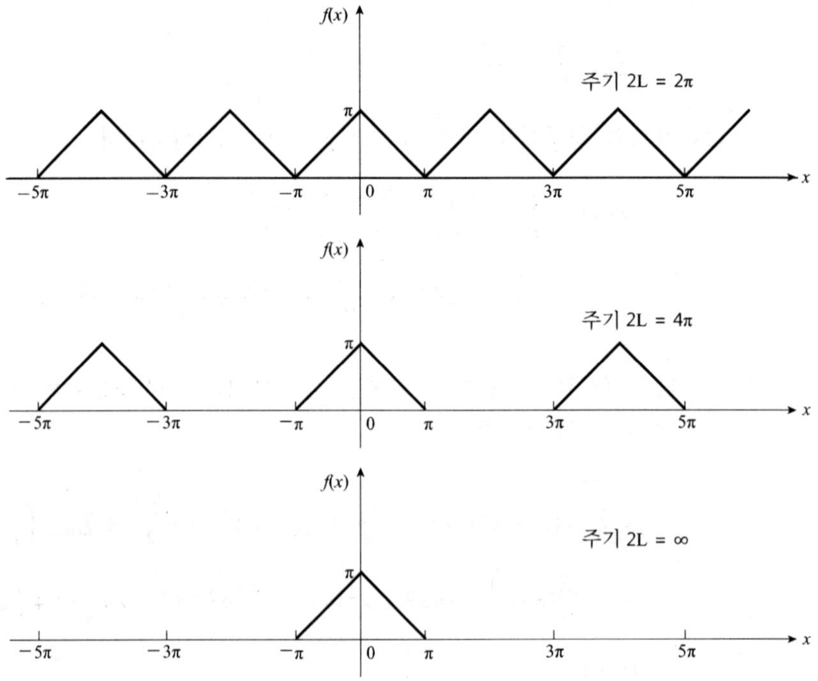

| 그림 6.15 |

정리 6.1

$f(x)$가 다음 조건을 만족하면, 즉 $f(x)$가 모든 유한한 구간 $(-L, L)$ 내에서 Dirichlet 조건을 만족하고 적분 $\int_{-\infty}^{\infty}|f(x)|\,dx$가 수렴하고, 즉 $f(x)$가 구간 $(-\infty, \infty)$에서 절대적으로 적분 가능하다면 함수 $f(x)$를 다음과 같이 Fourier 적분(Fourier integral)으로 표시할 수 있다.

$$f(x) = \int_0^{\infty}\{A(\alpha)\cos\alpha x + B(\alpha)\sin\alpha x\}d\alpha \tag{6.18}$$

여기서

$$A(\alpha) = \frac{1}{\pi}\int_{-\infty}^{\infty} f(x)\cos\alpha x\,dx \tag{6.19}$$

$$B(\alpha) = \frac{1}{\pi}\int_{-\infty}^{\infty} f(x)\sin\alpha x\,dx \tag{6.20}$$

식 (6.18)의 우변을 $f(x)$의 Fourier 적분 전개(Fourier integral expansion)라고도 한다.

증명

식 (6.1)로부터 Fourier 적분의 논의를 시작할 수 있다.

$$f(x) = \frac{a_0}{2} + \sum_{n=1}^{\infty}\left(a_n\cos\frac{n\pi x}{L} + b_n\sin\frac{n\pi x}{L}\right)$$

$$a_0 = \frac{1}{L}\int_{-L}^{L} f(u)\,du,\ a_n = a_0\int_{-L}^{L} f(u)\cos\frac{n\pi u}{L}du,$$

$$b_n = \frac{1}{L}\int_{-L}^{L} f(u)\sin\frac{n\pi u}{L}du$$

Fourier 급수에서 주기가 없는 함수는 그림 6.15에서 보여 주는 것처럼 ∞마다 반복된다고 생각할 수 있으므로 주기 T = 2L이 ∞, 즉 함수가 유한한 구간 (−L = −∞, L = ∞)에서 주기적이라고 할 수 있다. 그러면 $\frac{\pi}{L} = \Delta\alpha$, $\frac{n\pi}{L} = n\Delta\alpha = \alpha$로 치환할 수 있고 L이 ∞로 접근하면 $\Delta\alpha$는 0으로 수렴하므로 $d\alpha$로 둔다. 첫 항은 유한한 적분값을 무한한 L로 나눈 것이므로 0이 된다. 둘째 항은 Riemann 적분 식 (1.51)과 같은 형태가 된다.

$$\begin{aligned} f(x) &= \frac{1}{2L}\int_{-L}^{L} f(u)\,du \\ &+ \frac{1}{L}\sum_{n=1}^{\infty}\left\{\int_{-L}^{L} f(u)\cos\frac{n\pi u}{L}du\cos\frac{n\pi x}{L} + \int_{-L}^{L} f(u)\sin\frac{n\pi u}{L}du\sin\frac{n\pi x}{L}\right\} \\ &= \frac{\Delta\alpha}{\pi}\sum_{n=1}^{\infty}\left\{\int_{-\infty}^{\infty} f(u)\cos\alpha u\,du\cos\alpha x + \int_{-\infty}^{\infty} f(u)\sin\alpha u du\sin\alpha x\right\} \\ &= \frac{1}{\pi}\int_0^{\infty} d\alpha\int_{-\infty}^{\infty}\left\{f(u)\cos\alpha u\,du\cos\alpha x + \int_{-\infty}^{\infty} f(u)\sin\alpha u du\sin\alpha x\right\} \\ &= \int_0^{\infty}\{A(\alpha)\cos\alpha x + B(\alpha)\sin\alpha x\}d\alpha \\ &= \int_0^{\infty} A(\alpha)\cos\alpha x d\alpha + \int_0^{\infty} B(\alpha)\sin\alpha x d\alpha \end{aligned}$$

$$A(\alpha) = \frac{1}{\pi}\int_{-\infty}^{\infty} f(x)\cos\alpha x dx,\ B(\alpha) = \frac{1}{\pi}\int_{-\infty}^{\infty} f(x)\sin\alpha x dx$$

삼각 함수의 관계식 $\cos(A - B) = \cos A\cos B + \sin A\sin B$를 이용하면

$$\begin{aligned} f(x) &= \int_0^{\infty} d\alpha\frac{1}{\pi}\int_{-\infty}^{\infty} f(u)\,(\cos\alpha u\cos\alpha x + \sin\alpha u\,\sin\alpha x)du \\ &= \int_0^{\infty} d\alpha\frac{1}{\pi}\int_{-\infty}^{\infty} f(u)\cos\alpha(u - x)du \end{aligned}$$

$$= \frac{1}{\pi}\int_0^{\infty} F(\alpha)\, d\alpha$$

$$F(\alpha) = \int_{-\infty}^{\infty} f(\alpha)\ \cos\alpha(u-x)du \tag{6.21}$$

• **지수형 Fourier 변환**

증명

식 (6.12)로부터

$$f(x) = \sum_{n=-\infty}^{\infty} c_n \exp\left(\frac{in\pi x}{L}\right),\ c_n = \frac{1}{2L}\int_{-L}^{L} f(x)\exp\left(\frac{-in\pi x}{L}\right)$$

$$f(x) = \sum_{n=-\infty}^{\infty} c_n \exp\left(\frac{in\pi x}{L}\right)$$

$$= \sum_{n=-\infty}^{\infty} \frac{1}{2L}\int_{-L}^{L} f(u)\exp\left(\frac{-in\pi u}{L}\right) du\exp\left(\frac{in\pi x}{L}\right)$$

$$= \frac{1}{2\pi}\sum_{n=-\infty}^{\infty} \int_{-L}^{L} f(u)\exp\left(\frac{-in\pi u}{L}\right) du\exp\left(\frac{in\pi x}{L}\right)\frac{\pi}{L}$$

앞에서처럼 $\frac{\pi}{L} = \Delta\alpha$, $\frac{n\pi}{L} = n\Delta\alpha = \alpha$라 두고 L이 ∞로 접근하면 $\Delta\alpha$는 0으로 수렴하므로 $d\alpha$로 치환하고 적분의 정의를 적용하면

$$f(x) = \frac{1}{2\pi}\sum_{n=-\infty}^{\infty} \int_{-L}^{L} f(u)\exp(-i\alpha u)\, du\exp(i\alpha x)\, \Delta\alpha$$

$$= \frac{1}{2\pi}\int_{-\infty}^{\infty}\int_{-\infty}^{\infty} f(u)\exp(-i\alpha u)\, du\exp(i\alpha x)\, d\alpha$$

$$= \frac{1}{\sqrt{2\pi}}\int_{-\infty}^{\infty} \frac{1}{\sqrt{2\pi}}\int_{-\infty}^{\infty} f(u)\exp(-i\alpha u)du\, \exp(i\alpha x)\, d\alpha$$

$$= \frac{1}{\sqrt{2\pi}}\int_{-\infty}^{\infty} F(\alpha)\, \exp(i\alpha x)d\alpha$$

$$f(x) = \frac{1}{\sqrt{2\pi}}\int_{-\infty}^{\infty} F(\alpha)e^{i\alpha x}d\alpha \tag{6.22}$$

$$F(\alpha) = \frac{1}{\sqrt{2\pi}}\int_{-\infty}^{\infty} f(u)e^{-i\alpha u}\, du \tag{6.23}$$

여기서 함수 $F(\alpha)$는 함수 $f(x)$의 Fourier **변환**(Fourier transform)이라고 하고 $F(\alpha) = \mathcal{F}\{f(x)\}$로 쓰기도 하며, $f(x)$는 함수 $F(\alpha)$의 역 Fourier **변환**(inverse Fourier transform)이라고 하고 $f(x) = \mathcal{F}^{-1}\{F(\alpha)\}$로 쓰기도 한다. 그러나 간단히 이들은 적분에서 부호만 서로 반대이므로 구별하지 않고 하나를 다른 하나의 Fourier 변환이라고도 한다.

• **Fourier cosine 변환**

$f(x)$가 짝함수라면 다음 식의 둘째 행의 $\sin\alpha u$는 u에 대한 홀함수이므로 적분

값은 0이 된다.

$$f(x) = \frac{1}{\pi}\int_0^\infty \int_{-\infty}^\infty f(u)\cos\alpha(x-u)\,dud\alpha$$
$$= \frac{1}{\pi}\int_0^\infty \int_{-\infty}^\infty f(u)\{\cos\alpha x\cos\alpha u + \sin\alpha x\sin\alpha u\}dud\alpha$$
$$= \frac{2}{\pi}\int_0^\infty \int_{-\infty}^\infty f(u)\cos\alpha u\,du\cos\alpha x\,d\alpha$$
$$= \sqrt{\frac{2}{\pi}}\int_0^\infty \left\{\sqrt{\frac{2}{\pi}}\int_0^\infty f(u)\cos\alpha u\,du\right\}\cos\alpha x\,d\alpha$$
$$= \sqrt{\frac{2}{\pi}}\int_0^\infty F_c(\alpha)\cos\alpha x\,d\alpha \tag{6.24}$$

$$F_c = \sqrt{\frac{2}{\pi}}\int_0^\infty f(u)\,\cos\alpha u\,du \tag{6.25}$$

- **Fourier sine 변환**

$f(x)$가 홀함수라면 다음 식의 둘째 행의 $f(u)\cos\alpha u$는 u에 대한 홀함수이므로 적분값은 0이 된다.

$$f(x) = \frac{1}{\pi}\int_0^\infty \int_{-\infty}^\infty f(u)\{\cos\alpha x\cos\alpha u + \sin\alpha x\sin\alpha u\}dud\alpha$$
$$= \sqrt{\frac{2}{\pi}}\int_0^\infty \left\{\sqrt{\frac{2}{\pi}}\int_0^\infty f(u)\sin\alpha u\,du\right\}\sin\alpha x\,d\alpha$$
$$= \sqrt{\frac{2}{\pi}}\int_0^\infty F_s(\alpha)\sin\alpha x\,d\alpha \tag{6.26}$$

$$F_s(\alpha) = \sqrt{\frac{2}{\pi}}\int_0^\infty f(u)\sin\alpha u\,du \tag{6.27}$$

$F_s(\alpha)$는 지수형 Fourier 변환 식 (6.23)에서 sine 함수는 허수 부분에 해당하므로 식 (6.23)을 사용하여 구한 $F(\alpha)$와는 $F_s(\alpha) = \mathrm{Im}\{F(\alpha)\}$의 관계에 있다.

예제 6.5

(1) 다음 함수 $f(x)$(그림 6.16)의 Fourier 변환을 구하시오.

$$f(x) = \begin{cases} 1, & |x| < a \\ 0, & |x| > a \end{cases}$$

(2) $\int_0^\infty \frac{\sin x}{x}dx$의 값을 구하시오.

(3) 다음 함수 $F(\alpha)$에 대한 함수 $f(x)$를 구하시오.

$$\sqrt{\frac{2}{\pi}}\int_0^\infty f(u)\cos\alpha u\,du = \begin{cases}\sqrt{\frac{2}{\pi}}(1-\alpha), & 0 \le \alpha \le 1 \\ 0, & \alpha > 1\end{cases}$$

(4) $\int_0^\infty \frac{\sin^2 x}{x^2}dx$의 값을 구하시오.

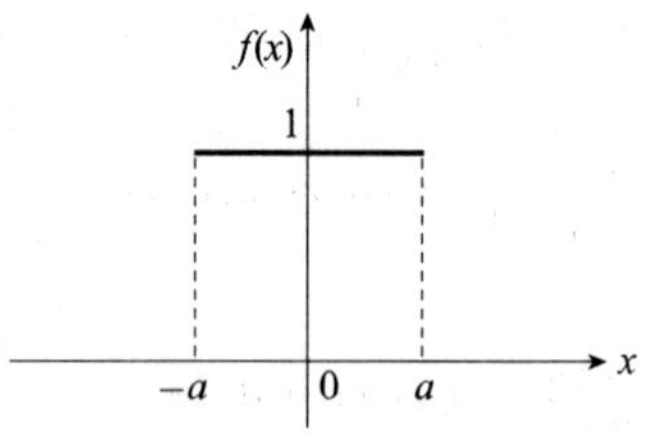

| 그림 6.16 |

풀이

(1)

1) $\alpha = 0$의 경우,

$$F(0) = \frac{1}{\sqrt{2\pi}}\int_{-a}^{a} 1e^{-i\alpha 0}\,du = \frac{1}{\sqrt{2\pi}}u|_{-a}^{a} = \sqrt{\frac{2}{\pi}}a$$

$\alpha \neq 0$의 경우,

$$F(\alpha) = \frac{1}{\sqrt{2\pi}}\int_{-\infty}^{\infty} f(u)e^{-i\alpha u}\,du = \frac{1}{\sqrt{2\pi}}\int_{-a}^{a} 1\cdot e^{-i\alpha u}\,du = \frac{1}{\sqrt{2\pi}}\frac{1}{-i\alpha}e^{-i\alpha u}\Big|_{-a}^{a}$$

$$= \frac{1}{\sqrt{2\pi}}\frac{1}{-i\alpha}\{(\cos\alpha a - i\sin\alpha a) - (\cos\alpha a + i\sin\alpha a)\}$$

$$= \sqrt{\frac{2}{\pi}}\frac{\sin\alpha a}{\alpha}$$

2) $f(x)$가 짝함수이므로

$$F_c(0) = \sqrt{\frac{2}{\pi}}\int_0^\infty f(u)\cos 0u\,du = \sqrt{\frac{2}{\pi}}\int_0^a 1\cos 0u\,du = \sqrt{\frac{2}{\pi}}u|_0^a = \sqrt{\frac{2}{\pi}}a$$

$$F_c(\alpha) = \sqrt{\frac{2}{\pi}}\int_0^\infty f(u)\cos 0u\,du = \sqrt{\frac{2}{\pi}}\int_0^a 1\cos\alpha u\,du = \sqrt{\frac{2}{\pi}}\frac{1}{\alpha}\sin\alpha u\,|_0^a$$

$$= \sqrt{\frac{2}{\pi}}\frac{\sin\alpha a}{\alpha}$$

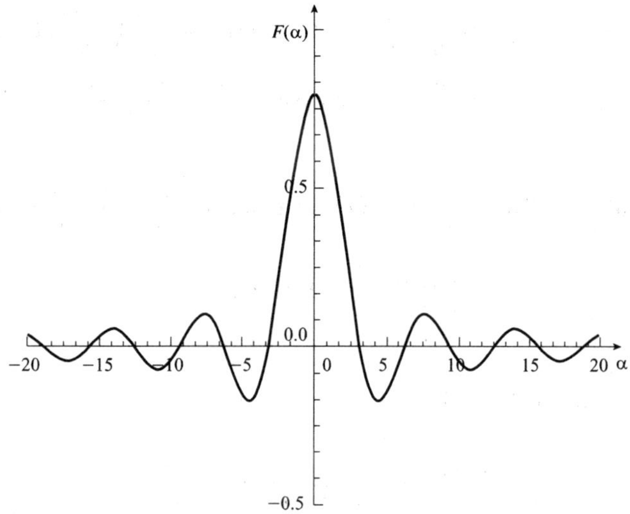

‖그림 6.17‖ $a=1$인 경우의 $F(\alpha)$

a가 커지면 $f(x)$는 넓게 되고 그것의 Fourier 변환 $F(\alpha)$가 0이 되는 마디는 $\alpha = n\pi/a$이므로 마디 사이의 간격은 좁아지며 가운데 피크의 선 폭은 더욱 좁아지고 높이($\sqrt{\frac{2}{\pi}}a$)는 더욱 높아진다. a가 작아지면 $f(x)$는 넓게 되고 그것의 Fourier 변환 $F(\alpha)$가 0이 되는 마디는 $\alpha = n\pi/a$이므로 마디 사이의 간격은 넓어지며 가운데 피크의 선 폭은 더욱 좁아지고 높이($\sqrt{\frac{2}{\pi}}a$)는 더욱 높아진다(delta 함수 참고).

(2) $$f(x) = \sqrt{\frac{2}{\pi}}\int_0^\infty \sqrt{\frac{2}{\pi}}\frac{\sin\alpha a}{\alpha}\cos\alpha x\, d\alpha$$

$$= \frac{2}{\pi}\int_0^\infty \frac{\sin\alpha a}{\alpha}\cos\alpha x\, d\alpha = \begin{cases} 1, & |x| < a \\ 0, & |x| > a \end{cases}$$

$x=0$, $a=1$을 선택하면

$$\frac{2}{\pi}\int_0^\infty \frac{\sin\alpha}{\alpha}\, d\alpha = 1$$

따라서

$$\int_0^\infty \frac{\sin\alpha}{\alpha}\, d\alpha = \frac{\pi}{2}$$

이 적분값은 Laplace 변환을 사용해도 구할 수 있다(예제 7.3).

(3) $$f(x) = \sqrt{\frac{2}{\pi}}\int_0^\infty F_c(\alpha)\cos\alpha x\, d\alpha = \sqrt{\frac{2}{\pi}}\int_0^\infty \sqrt{\frac{2}{\pi}}(1-\alpha)\cos\alpha x\ d\alpha$$
$$= \frac{2}{\pi}\int_0^1 (1-\alpha)\cos\alpha x\ d\alpha = \frac{2(1-\cos x)}{\pi x^2}$$

(4) $$F(\alpha) = \sqrt{\frac{2}{\pi}}\int_0^\infty f(x)\cos\alpha x\, dx = \sqrt{\frac{2}{\pi}}\int_0^\infty \frac{2(1-\cos x)}{\pi x^2}\cos\alpha x\, dx$$
$$= \begin{cases} \sqrt{\frac{2}{\pi}}(1-\alpha), & 0 \le \alpha \le 1 \\ 0, & \alpha > 1 \end{cases}$$

$\alpha = 0$ 을 선택하면

$$\sqrt{\frac{2}{\pi}}\int_0^\infty \frac{2(1-\cos x)}{\pi x^2}dx = \sqrt{\frac{2}{\pi}}$$

$$1-\cos x = 1-(1-2\sin^2\frac{x}{2}) = 2\sin^2\frac{x}{2},\ \frac{x}{2} = t,\ dx = 2dt,\ x^2 = 4t^2$$

$$\sqrt{\frac{2}{\pi}}\int_0^\infty \frac{2(1-\cos x)}{\pi x^2}dx = \sqrt{\frac{2}{\pi}} = \sqrt{\frac{2}{\pi}}\int_0^\infty \frac{2\cdot 2\sin^2\frac{x}{2}}{\pi x^2}dx = \sqrt{\frac{2}{\pi}}\int_0^\infty \frac{2\cdot 2\sin^2 t}{\pi 4t^2}2dt$$
$$= \frac{2}{\pi}\sqrt{\frac{2}{\pi}}\int_0^\infty \frac{\sin^2 t}{t^2}dt$$

따라서

$$\int_0^\infty \frac{\sin^2 x}{x^2}dx = \frac{\pi}{2}$$

이 적분값은 8장의 식 (8.67)을 구할 때 사용된다. 또 Parseval's identity 식 (6.48)을 사용해도 같은 결과를 얻을 수 있다.

연습 문제 6.5

다음 함수 $f(x)$의 Fourier 변환 $F(\alpha)$를 구하시오.

(1) $f(x) = e^{-a|x|},\ -\infty < x < \infty,\ \ a \ge 0$ (그림 6.18)

(2) $f(t) = \begin{cases} -e^{ax}, & x < 0 \\ e^{-ax}, & x > 0 \end{cases}$, $a \ge 0$ (그림 6.19)

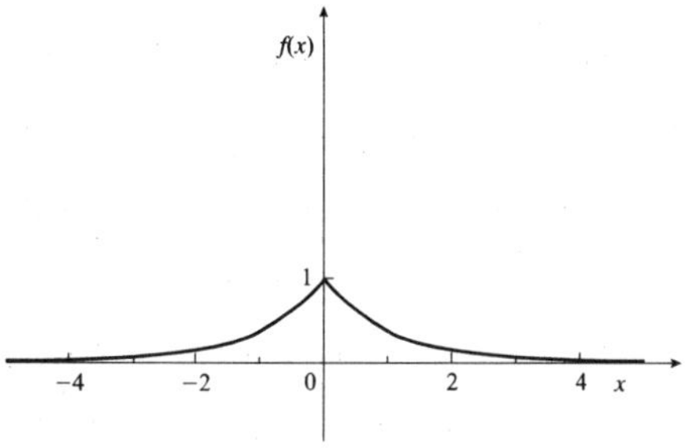

‖그림 6.18‖

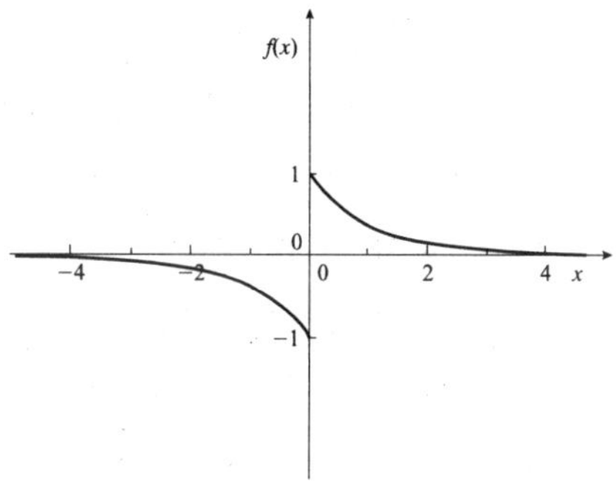

‖그림 6.19‖

(3) $f(t) = \begin{cases} \sin \omega_0 t, & |t| < \dfrac{N\pi}{\omega_0} \\ 0, & |t| > \dfrac{N\pi}{\omega_0} \end{cases}$ (그림 6.20)

답 (1) $F(\alpha) = \sqrt{\frac{2}{\pi}} \frac{a}{\alpha^2 + a^2}$

(2) $F(\alpha) = \sqrt{\frac{2}{\pi}} \frac{\alpha}{\alpha^2 + a^2}$

(3) $F(\omega) = \sqrt{\frac{2}{\pi}} \left[\frac{\sin\{(\omega_0 - \omega)(N\pi/\omega_0)\}}{2(\omega_0 - \omega)} - \frac{\sin\{(\omega_0 + \omega)(N\pi/\omega_0)\}}{2(\omega_0 + \omega)} \right] \approx \sqrt{\frac{2}{\pi}} \left[\frac{\sin\{(\omega_0 - \omega)(N\pi/\omega_0)\}}{2(\omega_0 - \omega)} \right]$

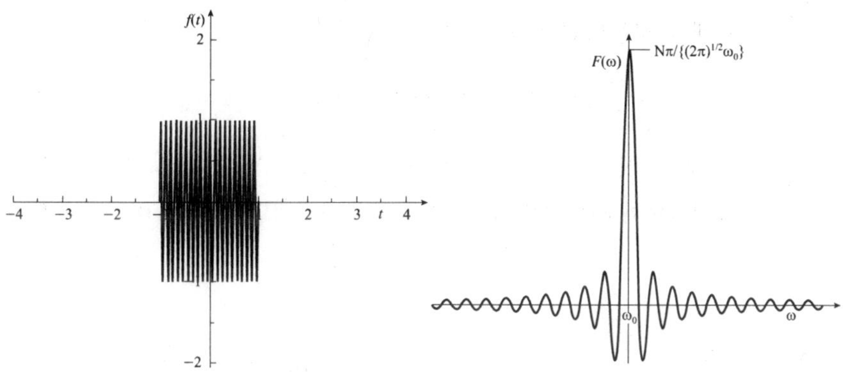

(a) 펄스 $\sin \omega t$ $(|\omega t| = 10\pi)$ (b) power spectrum $F(\omega)$

‖그림 6.20‖

이 문제는 핵자기 공명(NMR) 분광기와 같은 기기에서 유한한 sine파의 자기장 펄스를 가하였을 때 어떤 진동수 영역에 에너지가 가해지는지를 Fourier 변환을 통해서 알 수 있다. 둘째 항은 분모가 커서 무시할 수 있고 첫째 항의 기여가 대부분이며 주로 ω_0 근처이다. $F(\omega)$가 0이 되는 곳은 $(\omega_0 - \omega)(N\pi/\omega_0) = n\pi$,

즉 $\frac{\omega_0-\omega}{\omega} = \frac{\Delta\omega}{\omega} = \frac{n}{\mathrm{N}} = \pm\frac{1}{\mathrm{N}}, \pm\frac{2}{\mathrm{N}}, \pm\frac{3}{\mathrm{N}}, \cdots$. 세기가 가장 큰 중앙 띠 밖의 기여는 작으므로 $\Delta\omega$ 중 가장 작은 것을 취하면 $\frac{\Delta\omega}{\omega_0} = \frac{1}{\mathrm{N}}$이 된다. 펄스가 짧아 N이 작으면 $\Delta\omega$(선폭)이 커지고 펄스가 길어 N이 커지면 $\Delta\omega$가 작아진다. 따라서 고체 상태 NMR 스펙트럼은 선폭이 넓어 스펙트럼의 전 영역을 들뜨게 하려면 짧은 펄스를 사용해야 하므로 펄스가 짧은 대신 에너지가 커야 한다. 따라서 고체 상태 NMR 분광기는 펄스 증폭기의 출력이 액체 상태 NMR의 펄스 증폭기의 출력보다 아주 큰 kW 단위로 되어 있다. 또 스펙트럼과 자유 유도 감쇠(FID)는 Fourier 변환 관계에 있기 때문에 FID를 Fourier 변환하여 핵자기 공명 스펙트럼을 얻는다. 액체 상태 NMR의 FID는 선폭이 좁아 FID가 시간에 따라 천천히 줄어들지만 선폭이 넓은 고체 상태 시료로부터의 FID는 아주 짧은 시간 안에 사라지기 때문에 아주 빠른 digitizer를 사용하여 검출하게 된다.

- **Fourier 변환에 의한 δ 함수의 정의**

다음과 같이 정의되는 함수

$$h_a(x) = \begin{cases} 0, & |x| > a \\ h, & |x| < a \end{cases} \tag{6.28}$$

여기서 h와 a는 이 함수의 적분값, 즉 곡선 아래 함수의 면적 $2ah$가 1이 되는 관계를 갖는다면 다음 식과 같이 된다.

$$\int_{-\infty}^{\infty} h_a(x)dx = \int_{-a}^{a} hdx = 2ah = 1 \tag{6.29}$$

a가 자연수의 역수 $1/n$인 경우에 대하여 몇 가지 $f_n = h_{1/n}$을 그림 6.21에 나타내었으며 n을 아주 큰 자연수로 증가시키면, 즉 a를 0으로 수렴시키면 $x = 0$ 근

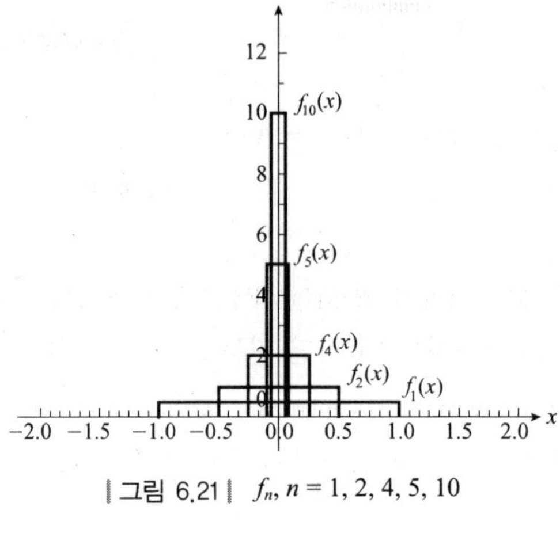

| 그림 6.21 | f_n, $n = 1, 2, 4, 5, 10$

처에서 함수는 점점 좁아지고 높이는 높아지며 곡선 아래 넓이는 항상 1이 된다.

연속 함수 $f(x)$에 대하여 위의 $h_a(x)$를 곱한 후의 적분 I를 도입한다.

$$\mathrm{I} = \int_{-\infty}^{\infty} h_a(x) f(x) dx$$

a를 0으로 수렴시키면 x가 $-a$에서 a 사이에 있을 때 함수 $f(x)$는 $f(0)$과 다르지 않다. 따라서 $f(0)$을 적분 기호 안에서 밖으로 꺼낼 수 있다. 즉

$$\begin{aligned}\lim_{a\to 0} \mathrm{I} &= \lim_{a\to 0} \int_{-\infty}^{\infty} h_a(x) f(x) dx = \lim_{a\to 0} \int_{-a}^{a} h_a(x) f(x) dx \\ &= f(0) \lim_{a\to 0} \int_{-a}^{a} h_a(x) dx = f(0) \lim_{a\to 0} \int_{-a}^{a} h dx = f(0)\end{aligned} \tag{6.30}$$

이 결과는 연속 함수 $f(x)$에 $h_a(x)$를 곱하고 적분하여 a를 0으로 수렴시키고 h가 ∞로 되어 $2ah = 1$이 되면 $x = 0$에서의 함수값 $f(0)$을 빼낼 수 있다. $x = 0$이 아닌 $x = x_0$에서 함수값 $f(x_0)$를 분리해 내기 위해서 $h_a(x)$를 다음과 같이 변형하고 $2ah = 1$로 하면

$$h_a(x - x_0) = \begin{cases} 0, & x < x_0 - a \\ h, & x_0 - a < x < x_0 + a \\ 0, & x_0 + a < x \end{cases} \tag{6.31}$$

$$\lim_{a\to 0} \int_{-\infty}^{\infty} h_a(x - x_0) f(x) dx = f(x_0) \tag{6.32}$$

$a \to 0$일 때 식 (6.31)의 극한 함수 h_a를 $\delta(x - x_0)$로 나타내면

$$\delta(x - x_0) = \begin{cases} 0, & x \neq x_0 \\ \infty, & x = x_0 \end{cases} \tag{6.33}$$

여기서 $a \to 0, h \to \infty, 2ah = 1$이므로 $\delta(x - x_0)$의 적분값은 다음과 같이 1이 된다. 그러나 이 함수는 $x = x_0$에서 발산한다.

$$\int_{-\infty}^{\infty} \delta(x - x_0) dx = 1 \tag{6.34}$$

그리고

$$\int_{-\infty}^{\infty} \delta(x - x_0) f(x) dx = f(x_0) \tag{6.35}$$

$x = x_0$에서의 함수값 $f(x_0)$를 빼낼 수 있다. 식 (6.33), (6.34), (6.35)의 $\delta(x - x_0)$를 Dirac delta 함수라고 한다. Fourier 변환을 사용하여 이 delta 함수

를 나타낼 수 있다. $h(x) = \delta(x - x_0)$라 하면 Fourier 변환과 식 (6.35)를 이용하면 다음 식과 같이 $H(\alpha)$를 얻을 수 있다.

$$H(\alpha) = \frac{1}{\sqrt{2\pi}}\int_{-\infty}^{\infty} h(x)e^{-i\alpha x}\,dx = \frac{1}{\sqrt{2\pi}}\int_{-\infty}^{\infty} \delta(x - x_0)e^{-i\alpha x}\,dx = \frac{e^{-i\alpha x_0}}{\sqrt{2\pi}}$$

형식적으로 이 $H(\alpha)$를 역 Fourier 변환을 하면 다음과 같이 $h(x)$, 즉 $\delta(x - x_0)$를 얻을 수 있다.

$$h(x) = \frac{1}{\sqrt{2\pi}}\int_{-\infty}^{\infty} H(\alpha)e^{i\alpha x}d\alpha = \frac{1}{\sqrt{2\pi}}\int_{-\infty}^{\infty} \frac{e^{-i\alpha x_0}}{\sqrt{2\pi}}e^{i\alpha x}d\alpha$$

$$= \frac{1}{2\pi}\int_{-\infty}^{\infty} e^{i\alpha(x-x_0)}d\alpha$$

$$\delta(x - x_0) = \frac{1}{2\pi}\int_{-\infty}^{\infty} e^{i\alpha(x-x_0)}d\alpha \tag{6.36}$$

이 식이 Dirac delta 함수의 또 다른 표현이고 다음에 전자 위치의 함수로 기술되는 실 공간의 파동 함수와 Fourier 공간에서 운동량의 함수로 기술되는 물리적 양을 논의할 때 사용된다. 또 순간적인 충격량이나 점전하에 대한 전하 밀도 등을 나타내는 데 유용하다.

• 운동량 표현

일차원 (예를 들면 x)에서 양자역학적 입자의 상태는 파동 함수 $\psi(x)$로 기술 ($\hat{H}\psi(x) = E\psi(x)$)되고 다음의 성질을 갖는다.

첫째, x와 $x + dx$ 사이에서 입자를 발견할 확률은 $\psi(x)^*\psi(x)dx$와 같다.

둘째, 전 공간에서 입자를 발견할 확률은 1(100%)이다. 즉

$$\int_{-\infty}^{\infty} \psi(x)^*\psi(x)dx = 1 \tag{6.37}$$

셋째, 기댓값인 입자의 평균 위치는 다음과 같이 주어진다.

$$\langle x\rangle = \int_{-\infty}^{\infty} \psi(x)^* x\psi(x)dx \tag{6.38}$$

마찬가지로 입자의 운동량 상태를 기술하는 함수를 $f(p)$로 나타낸다면

첫째, 운동량 공간의 p와 $p + dp$ 사이에서 입자를 발견할 확률은 $f(p)^*f(p)dp$와 같다.

둘째, 전 공간에서 입자를 발견할 확률은 1(100%)이다. 즉

$$\int_{-\infty}^{\infty} f(p)^*f(p)dp = 1 \tag{6.39}$$

셋째, 기댓값인 입자의 평균 운동량은 다음과 같이 주어진다.

$$<p> = \int_{-\infty}^{\infty} f(p)^* p f(p) dp \tag{6.40}$$

여기서 함수 $f(p)$는 다음과 같이 $\psi(x)$의 Fourier 변환으로 주어진다. 즉

$$f(p) = \frac{1}{\sqrt{2\pi\hbar}} \int_{-\infty}^{\infty} \psi(x)\, e^{-ipx/\hbar} dx,\quad f(p)^* = \frac{1}{\sqrt{2\pi\hbar}} \int_{-\infty}^{\infty} \psi(x)^*\, e^{ipx/\hbar} dx \tag{6.41}$$

삼차원에서는 $f(\boldsymbol{p}) = \frac{1}{(2\pi\hbar)^{3/2}} \iiint_{-\infty}^{\infty} \psi(\boldsymbol{r}) e^{-i\boldsymbol{p}\cdot\boldsymbol{r}/\hbar} dxdydz$이다.

일차원에 대하여 식 (6.40)에 위의 운동량 파동 함수 $f(p)$와 $f(p)^*$를 대입하면

$$\begin{aligned} <p> &= \int_{-\infty}^{\infty} f(p)^* p f(p) dp \\ &= \int_{-\infty}^{\infty} \frac{1}{\sqrt{2\pi\hbar}} \int_{-\infty}^{\infty} \psi(x')^*\, e^{ipx'/\hbar} dx' p \frac{1}{\sqrt{2\pi\hbar}} \int_{-\infty}^{\infty} \psi(x)\, e^{-ipx/\hbar} dx dp \\ &= \frac{1}{2\pi\hbar} \iiint_{-\infty}^{\infty} p e^{-ip(x-x')/\hbar} \psi(x')^* \psi(x) dp dx' dx \end{aligned}$$

$\frac{d}{dx}\left\{-\frac{\hbar}{i} e^{-ip(x-x')/\hbar}\right\} = p e^{-ip(x-x')/\hbar}$를 사용하고 x에 관하여 부분적분하면 파동 함수 $\psi(\pm\infty) = 0$이고 $\left|e^{-ip(x-x')/\hbar}\right| \le 1$이므로

$$\begin{aligned} <p> &= \frac{1}{2\pi\hbar} \iiint_{-\infty}^{\infty} \frac{d}{dx}\left\{-\frac{\hbar}{i} e^{-ip(x-x')/\hbar}\right\} \psi(x')^* \psi(x) dp dx' dx \\ &= \frac{1}{2\pi\hbar} \iint_{-\infty}^{\infty} p e^{-ip(x-x')/\hbar}\ \psi(x')^* \psi(x) dp dx' \Big|_{-\infty}^{\infty} \\ &- \frac{1}{2\pi\hbar} \iiint_{-\infty}^{\infty} \left\{-\frac{\hbar}{i} e^{-ip(x-x')/\hbar}\right\} \psi(x')^* \frac{d}{dx} \psi(x) dx dp dx' \\ &= \frac{1}{2\pi\hbar} \iiint_{-\infty}^{\infty} \left\{\frac{\hbar}{i} e^{-ip(x-x')/\hbar}\right\} \psi(x')^* \frac{d}{dx} \psi(x) dx dp dx' \\ &= \iiint_{-\infty}^{\infty} \frac{1}{2\pi\hbar} \left\{e^{-ip(x-x')/\hbar}\right\} dp \psi(x')^* \frac{\hbar}{i} \frac{d}{dx} \psi(x) dx dx' \\ &= \iint_{-\infty}^{\infty} \delta(x-x')\, \psi(x')^* \frac{\hbar}{i} \frac{d}{dx} \psi(x) dx dx' \\ &= \int_{-\infty}^{\infty} \psi(x)^* \frac{\hbar}{i} \frac{d}{dx} \psi(x) dx \end{aligned}$$

위 적분의 끝에서 세 번째 식은 delta 함수 식 (6.36)과 같고, 적분의 끝에서 두 번째 식은 delta 함수의 성질에 따라 $x = x'$인 경우의 식 (6.35)처럼 되므로 마지막 식을 얻게 된다. 다시 정리하면

$$<p> = \int_{-\infty}^{\infty} f(p)^* p f(p) dp = \int_{-\infty}^{\infty} \psi(x)^* \frac{\hbar}{i} \frac{d}{dx} \psi(x) dx \tag{6.42}$$

이 결과는 운동량의 기댓값이 운동량 연산자 $\hat{p}_x$ 대신에 $\frac{\hbar}{i}\frac{d}{dx}$를 위의 식과 같이 전자의 위치와 관련된 파동 함수 $\psi(x)^*$와 $\psi(x)$ 사이에 넣고 적분하면 얻어짐을 의미한다. 따라서 양자론에서는 운동량 연산자 p_k를 $\frac{\hbar}{i}\frac{\partial}{\partial k}$ $(k = x, y, z)$로 대치하며 식 (4.1)을 얻을 때 사용하였다. 삼차원에서 전체 에너지는 운동 에너지와 퍼텐셜 에너지의 합으로 주어지므로 계의 에너지를 기술하는 Hamiltonian 연산자는 다음과 같이 나타내어진다.

$$\hat{\mathrm{H}} = \frac{p^2}{2m} + \mathrm{V} = \frac{1}{2m}\frac{\hbar^2}{i^2}\left(\frac{\partial^2}{\partial x^2} + \frac{\partial^2}{\partial y^2} + \frac{\partial^2}{\partial z^2}\right) + \mathrm{V} = \frac{-\hbar^2}{2m}\left(\frac{\partial^2}{\partial x^2} + \frac{\partial^2}{\partial y^2} + \frac{\partial^2}{\partial z^2}\right) + \mathrm{V} \tag{6.43}$$

따라서 일차원 Hamiltonian 연산자는 다음과 같이 나타내어진다.

$$\hat{\mathrm{H}} = \frac{p_x{}^2}{2m} + \mathrm{V} = \frac{1}{2m}\frac{\hbar^2}{i^2}\frac{d^2}{dx^2} + \mathrm{V} = \frac{-\hbar^2}{2m}\frac{d^2}{dx^2} + \mathrm{V}$$

예제 6.6

바닥 상태에서 식 (4.115)에 주어진 일차원 조화 진동자 파동 함수는 다음과 같다.

$$\psi(x) = \frac{1}{(\alpha\sqrt{\pi})^{1/2}}e^{-x^2/2\alpha^2}$$

대응하는 운동량 파동 함수 $f(p)$를 구하시오. 또 $<x>$, $<x^2>$, $<\Delta x>^2$, $<p>$, $<p^2>$, $<\Delta p>^2$, $\Delta x\, \Delta p$를 계산하시오. $\Delta x \Delta p$는 Heisenberg의 **불확정성 원리**(uncertainty principle)의 값을 보여 준다.

풀이

$$f(p) = \frac{1}{\sqrt{2\pi\hbar}}\int_{-\infty}^{\infty}\psi(x)\, e^{-ipx/\hbar}dx = \frac{1}{\sqrt{2\pi\hbar}}\int_{-\infty}^{\infty}\frac{1}{(\alpha\sqrt{\pi})^{1/2}}e^{-x^2/2\alpha^2}\; e^{-ipx/\hbar}dx$$

$$= \frac{\alpha^{1/2}}{(\sqrt{\pi}\hbar)^{1/2}}e^{-\alpha^2p^2/2\hbar^2}$$

$$<x> = \int_{-\infty}^{\infty}\psi(x)^* x\psi(x)dx$$

$$= \int_{-\infty}^{\infty}\frac{1}{(\alpha\sqrt{\pi})^{1/2}}e^{-x^2/2\alpha^2}x\frac{1}{(\alpha\sqrt{\pi})^{1/2}}e^{-x^2/2\alpha^2}dx = 0$$

$$<x^2> = \int_{-\infty}^{\infty}\frac{1}{(\alpha\sqrt{\pi})^{1/2}}e^{-x^2/2\alpha^2}x^2\frac{1}{(\alpha\sqrt{\pi})^{1/2}}e^{-x^2/2\alpha^2}dx$$

$$= \frac{1}{\alpha\sqrt{\pi}}\int_{-\infty}^{\infty}x^2e^{-x^2/\alpha^2}dx = \frac{\alpha^2}{2}$$

$$< \Delta x^2 > = < x^2 - 2x < x > + < x >^2 > = <x^2> - < x >^2$$

$$= \frac{\alpha^2}{2} - 0 = \frac{\alpha^2}{2}$$

$$<p> = \int_{-\infty}^{\infty} \frac{\alpha^{1/2}}{(\sqrt{\pi}\hbar)^{1/2}} e^{-\alpha^2 p^2/2\hbar^2} p \frac{\alpha^{1/2}}{(\sqrt{\pi}\hbar)^{1/2}} e^{-\alpha^2 p^2/2\hbar^2} dp = 0$$

$$<p^2> = \int_{-\infty}^{\infty} \frac{\alpha^{1/2}}{(\sqrt{\pi}\hbar)^{1/2}} e^{-\alpha^2 p^2/2\hbar^2} p^2 \frac{\alpha^{1/2}}{(\sqrt{\pi}\hbar)^{1/2}} e^{-\alpha^2 p^2/2\hbar^2} dp$$

$$= \frac{\alpha}{\sqrt{\pi}\hbar} \int_{-\infty}^{\infty} p^2 e^{-\alpha^2 p^2/\hbar^2} dp = \frac{\hbar^2}{2\alpha^2}$$

$$< \Delta p^2 > = <p^2> - < p >^2 = \frac{\hbar^2}{2\alpha^2} - 0 = \frac{\hbar^2}{2\alpha^2}$$

$$\Delta x \Delta p = \frac{\alpha}{\sqrt{2}} \frac{\hbar}{\sqrt{2}\alpha} = \frac{\hbar}{2}$$

연습 문제 6.6

바닥 상태 수소 원자의 파동 함수가 다음과 같이 주어진다. 대응하는 수소의 운동량 파동 함수 $f(\boldsymbol{p})$를 구하시오.(적분할 때 구면 좌표계를 사용하시오.)

$$\psi(\boldsymbol{r}) = \left(\frac{1}{\pi a_0{}^3}\right)^{1/2} e^{-\boldsymbol{r}/a_0}$$

답 $f(\boldsymbol{p}) = \frac{2^{3/2}}{\pi} \frac{a_0{}^{3/2}\hbar^{5/2}}{(a_0{}^2 p^2 + \hbar^2)^2}$

- **합성곱 정리**

$F(\alpha)$와 $G(\alpha)$를 $f(x)$와 $g(x)$의 Fourier 변환이라고 할 때

$$F(\alpha) = \frac{1}{\sqrt{2\pi}} \int_{-\infty}^{\infty} f(x) e^{-i\alpha x} dx, \quad G(\alpha) = \frac{1}{\sqrt{2\pi}} \int_{-\infty}^{\infty} g(\alpha) e^{-i\alpha x} dx,$$

$$f(x) = \frac{1}{\sqrt{2\pi}} \int_{-\infty}^{\infty} F(\alpha) e^{i\alpha x} d\alpha, \quad g(x) = \frac{1}{\sqrt{2\pi}} \int_{-\infty}^{\infty} G(\alpha) e^{i\alpha x} d\alpha$$

그들에 관한 다음의 연산을 **합성곱**(convolution)이라고 한다.

$$f * g = \frac{1}{\sqrt{2\pi}} \int_{-\infty}^{\infty} f(x)\, g(u - x) dx \tag{6.44}$$

그러면

$$\mathcal{F}\{ f * g \} = \mathcal{F}\{ f \}\ \mathcal{F}\{ g \} \tag{6.45}$$

다시 말해서 두 함수 $f(x)$와 $g(x)$의 합성곱의 Fourier 변환은 각 함수의 Fourier 변환의 곱과 같다. 이것을 Fourier 변환의 합성곱 정리라고 한다. 역으로

$$\int_{-\infty}^{\infty} F(\alpha)\, G(\alpha) e^{i\alpha u} du \;=\; \int_{-\infty}^{\infty} f(x)\, g(u-x) dx \tag{6.46}$$

$$\begin{aligned} f * g &= \frac{1}{\sqrt{2\pi}} \int_{-\infty}^{\infty} f(x)\, g(u-x) dx \\ &= \frac{1}{\sqrt{2\pi}} \int_{-\infty}^{\infty} \frac{1}{\sqrt{2\pi}} \int_{-\infty}^{\infty} F(\alpha) e^{i\alpha x} d\alpha \frac{1}{\sqrt{2\pi}} \int_{-\infty}^{\infty} G(\alpha') e^{i\alpha'(u-x)} d\alpha'\, dx \\ &= \frac{1}{\sqrt{2\pi}} \int_{-\infty}^{\infty} \frac{1}{2\pi} \int_{-\infty}^{\infty} \int_{-\infty}^{\infty} F(\alpha) G(\alpha') e^{i\alpha x} e^{i\alpha'(u-x)} d\alpha d\alpha'\, dx \\ &= \frac{1}{\sqrt{2\pi}} \int_{-\infty}^{\infty} \frac{1}{2\pi} \int_{-\infty}^{\infty} \int_{-\infty}^{\infty} F(\alpha) G(\alpha') e^{ix(\alpha-\alpha')} e^{i\alpha' u} d\alpha d\alpha'\, dx \end{aligned}$$

여기서 $\delta(\alpha-\alpha') \;=\; \frac{1}{2\pi} \int_{-\infty}^{\infty} e^{ix(\alpha-\alpha')} dx$를 적용하면

$$\begin{aligned} f * g &= \frac{1}{\sqrt{2\pi}} \int_{-\infty}^{\infty} \int_{-\infty}^{\infty} F(\alpha) G(\alpha') e^{i\alpha' u} \delta(\alpha-\alpha') d\alpha d\alpha' \\ &= \frac{1}{\sqrt{2\pi}} \int_{-\infty}^{\infty} F(\alpha) G(\alpha) e^{i\alpha u} d\alpha \end{aligned}$$

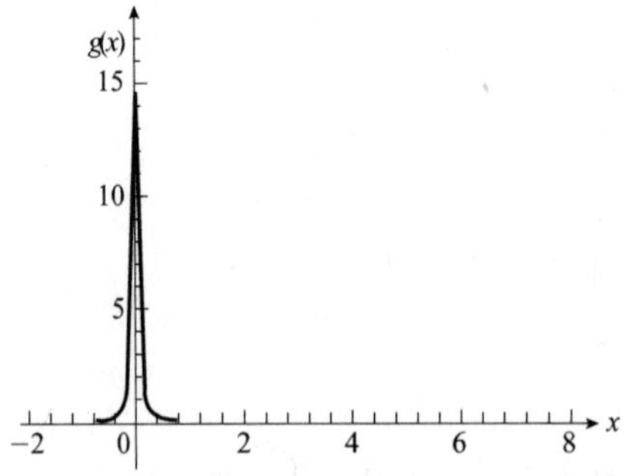

(a) 함수 $g(x)$

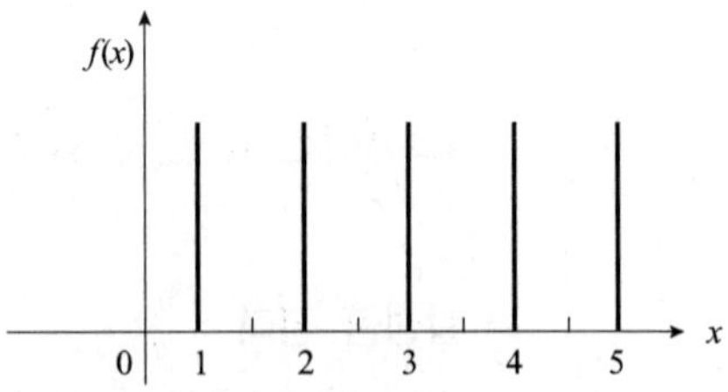

(b) $f(x) \;=\; \sum_{n=1}^{5} \delta(x-(2n-1))$

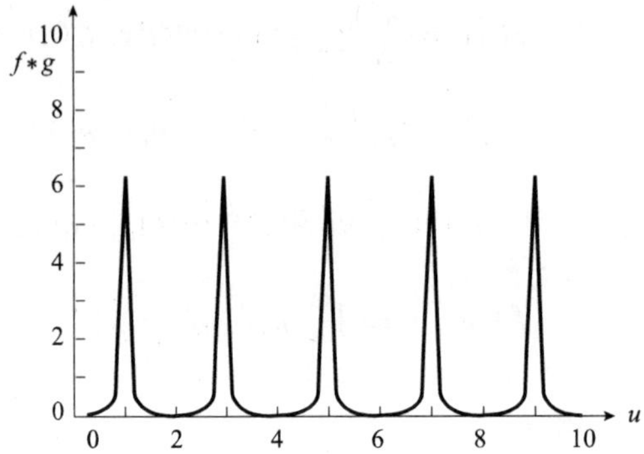

(c) 합성곱 $f * g$(c)

| 그림 6.22 |

따라서 식 (6.46)이 성립함을 알 수 있다.

$f(x)$가 Dirac delta 함수, $\delta(x-a)$라고 하면

$$f * g = \frac{1}{\sqrt{2\pi}}\int_{-\infty}^{\infty} f(x)\, g(u-x)dx = \frac{1}{\sqrt{2\pi}}\int_{-\infty}^{\infty} \delta(x-a)\, g(u-x)dx$$
$$= \frac{1}{\sqrt{2\pi}} g(u-a)$$

이 결과는 u 좌표계에서 함수 g를 $\frac{1}{\sqrt{2\pi}}$만큼 가중하여 a만큼 이동한 것이다.

그림 6.22에 나타낸 것처럼 결정은 단위 세포 내의 특정한 점($f(x)$에 해당)에 비대칭 단위($g(x)$에 해당)의 원자들이 위치하여 모든 단위 세포에 똑같이 규칙적으로 배열된 것이므로 합성곱을 사용하여 설명할 수 있다.

• 파세발 항등식

$f(x)$와 $g(x)$의 Fourier 변환이 각각 $F(\alpha)$와 $G(\alpha)$라면

$$\int_{-\infty}^{\infty} F(\alpha)G(\alpha)^* d\alpha = \int_{-\infty}^{\infty} f(x)g(x)^* dx \tag{6.47}$$

여기서 *는 복소켤레를 의미하며

$f(x) = g(x)$라면

$$\int_{-\infty}^{\infty} \{F(\alpha)\}^2 d\alpha = \int_{-\infty}^{\infty} \{f(x)\}^2 dx \tag{6.48}$$

이것을 Fourier 변환에 대한 파세발 항등식이라고 한다.

• X-선 결정학

단결정에서는 원자가 규칙적으로 반복하여 배열되어 있다. 따라서 원자 주위의 전자 밀도도 주기적으로 반복되는 함수이다. 결정의 단위 세포에서 각 축의 길이가 a, b, c라면, 전자 밀도 $\rho(\boldsymbol{r})$가 결정의 세 축 방향에 대해 주기가 a, b, c인 $\boldsymbol{r}$의 함수라는 것이다. 그러므로

$$\rho(\boldsymbol{r}) = \rho(\boldsymbol{r} + \mathbf{T}) \tag{6.49}$$

여기서 $\mathbf{T} = n_a\boldsymbol{a} + n_b\boldsymbol{b} + n_c\boldsymbol{c}$ (n_a, n_b, n_c는 정수, $\boldsymbol{a}$, $\boldsymbol{b}$, $\boldsymbol{c}$는 격자 벡터)이다. 따라서 이와 같은 주기성은 Fourier 급수로 표현할 수 있으며 결정이 가지고 있는 많은 성질들은 전자 밀도의 Fourier 성분과 직접 관련되어 있다. 논의를 편하게 하기 위해 일차원 x 방향으로 주기 a ($\mathrm{T} = 2\mathrm{L} = a$)를 갖는 함수 $\rho(x)$를 생각

한다. ρ(x)를 식 (6.1)처럼 Fourier 급수로 전개하면

$$\rho(x) = \rho_0 + \sum_k\{C_k \cos(2\pi kx/a) + S_k \sin(2\pi kx/a)\} \tag{6.50}$$

여기서 k는 양의 정수이고 C_k, S_k는 Fourier 계수이다. Cosine과 sine 함수의 성질에 따라 주기 a를 갖는다. 여기서 $2\pi k / a$는 격자 상수 a가 분모에 있으므로 **역격자**(reciprocal lattice) 공간에 있는 한 점 또는 Fourier 공간에 있는 한 점이 된다. 식 (6.50)을 식 (6.10)처럼 복소수로 표시하면 다음과 같다.

$$\rho(x) = \sum_{k=-\infty}^{\infty} \rho_k \exp\,(i2\pi kx/a) \tag{6.51}$$

삼차원으로 확장시키면

$$\rho(\boldsymbol{r}) = \sum_{\mathrm{G}} \rho_{\mathrm{G}} \exp(i\mathbf{G}\cdot\boldsymbol{r}) \tag{6.52}$$

이고 여기서 $\mathbf{G} = h\boldsymbol{A} + k\boldsymbol{B} + l\boldsymbol{C}$ (h, k, l는 정수)는 역 격자 공간에서의 벡터이다.

X-선을 결정에 조사하면 전자에 의해 산란되고, 산란된 X-선의 세기가 전자 밀도의 Fourier 계수 ρ_{G}로부터 결정된다. 다시 일차원으로 돌아가서 Fourier 계수 ρ_k는 식 (6.12)와 같은 다음 식으로 구할 수 있다.

$$\rho_k = \frac{1}{a}\int_0^a \rho(x)\exp(-\,i2\pi kx/a)dx \tag{6.53}$$

이 식이 성립하는 것은 ρ(x)에 식 (6.51)을 대입하여 적분을 수행하면

$$\begin{aligned}\rho_k &= \frac{1}{a}\int_0^a \sum_{k'=-\infty}^{\infty} \rho_{k'} \exp\,(i2\pi k'x/a)\exp(-\,i2\pi kx/a)dx \\ &= \frac{1}{a}\int_0^a \sum_{k'=-\infty}^{\infty} \rho_{k'} \exp\,\{(i2\pi(k'-k)x/a)\}dx\end{aligned}$$

만약 $k' \neq k$이면 $k'-k$가 정수가 되어 적분값이 0이 된다.

$$\frac{a}{i2\pi(k'-k)}\exp\,\{(i2\pi(k'-k)x/a)\}\Big|_0^a = 0$$

$k' = k$이면 피적분함수 $\exp\,\{(i2\pi 0x/a)\} = 1$이므로 적분값은 a가 되고 위의 계산은 양변이 ρ_k로 같아진다. 따라서 식 (6.53)이 성립하며 X-선 산란 계수로부터 Fourier 해석을 하면 단위 세포 내 원자의 전자 밀도 분포, 즉 원자를 알 수 있다. 그러므로 결정 구조 해석이 가능하다. 삼차원에 대해서는

$$\rho_G = \frac{1}{V}\int_{cell}\rho(\mathbf{r})\exp(-i\mathbf{G}\cdot\mathbf{r})dV \tag{6.54}$$

여기서 V는 단위 세포(cell)의 부피이다.

• 확산 방정식

확산에 대한 Fick의 법칙은 물리 화학 교재에서 다루고 있다. 확산은 농도가 진한 곳에서 낮은 곳으로 일어난다. 농도가 c인 물질이 계 내의 단위 부피(일차원인 경우 면적)를 단위 시간 동안 통과하는 **유량** J는 농도 기울기에 비례한다.

$$J = -D\text{grad}c \tag{6.55}$$

여기서 D는 **확산계수**이다. 그 단위 부피 내의 농도 변화는 거기에 들어오는 물질의 양과 나가는 물질의 양의 차이(2장)로 결정된다.

$$\frac{dc}{dt} = -\text{div}J \tag{6.56}$$

식 (6.55)를 식 (6.56)에 대입하면

$$\frac{dc}{dt} = -\text{div}(-D\text{grad}c) = D\nabla^2 c \tag{6.57}$$

이 등식의 왼쪽은 시간에 대한 식이고 오른쪽은 좌표계에 대한 식이므로 단순함을 위해 일차원의 경우를 생각하고 수소 원자의 Schrödinger 방정식을 풀 때처럼 농도 c는 좌표의 함수 X와 시간의 함수 T의 곱 $c = X(x)T(t)$로 두고 식 (6.57)에 농도를 대입하여 정리하면

$$\frac{T(t)'}{T(t)} = D\frac{X(x)''}{X(x)}$$

시간이나 좌표와 관계없이 이 식이 성립하려면 어떤 상수가 되어야 하고 이를 $-Dk^2$로 두면 다음의 두 미분방정식을 얻는다.

$$\frac{T(t)'}{T(t)} = -Dk^2 \tag{6.58}$$

$$\frac{X(x)''}{X(x)} = -k^2 \quad \text{또는} \quad X(x)'' - k^2X(x) = 0 \tag{6.59}$$

식 (6.58)의 해는

$$T(t) = \alpha e^{-Dk^2t} \tag{6.60}$$

여기서 α는 상수이다.

식 (6.59)의 해는

$$X(x) = \chi_k e^{ikx} + \chi_{-k} e^{-ikx} \text{ 또는 } X(x) = \chi_\kappa e^{i\kappa x},\ \kappa = \pm k$$

그러면 식 (6.57)의 해는 여러 k에 대하여

$$c = \sum_\kappa \alpha\chi_\kappa\, e^{i\kappa x}\, e^{-D\kappa^2 t} = \sum_\kappa C(\kappa)\, e^{i\kappa x - D\kappa^2 t} = \int_{-\infty}^{\infty} C(\kappa) e^{i\kappa x - D\kappa^2 t} d\kappa \tag{6.61}$$

여기서 상수 $C(\kappa)$는 $t = 0$의 초기 조건에 따라 결정된다. 이 식으로부터 $t = 0$에서 농도 분포 $c_0(x)$는 다음과 같이 된다.

$$c_0(x) = \int_{-\infty}^{\infty} C(\kappa) e^{i\kappa x} d\kappa \text{ 또는 } \frac{1}{\sqrt{2\pi}} c_0(x) = \frac{1}{\sqrt{2\pi}} \int_{-\infty}^{\infty} C(\kappa) e^{i\kappa x} d\kappa \tag{6.62}$$

식 (6.62)는 식 (6.21)과 같은 형태이므로 $C(\kappa)$는 다음과 같이 주어진다.

$$C(\kappa) = \frac{1}{\sqrt{2\pi}} \int_{-\infty}^{\infty} \frac{1}{\sqrt{2\pi}} c_0(x)\, e^{-i\kappa x} dx = \frac{1}{2\pi} \int_{-\infty}^{\infty} c_0(x)\, e^{-i\kappa x} dx \tag{6.63}$$

그러면 식 (6.61)은

$$c = \frac{1}{2\pi} \int_{-\infty}^{\infty} \int_{-\infty}^{\infty} c_0(x')\ e^{i\kappa(x-x') - D\kappa^2 t} d\kappa\, dx'$$

여기서 x'은 x와 같지만 $t = 0$에서 x의 좌표이므로 구별하였다. $\kappa - \frac{i(x-x')}{2Dt} = p$로 치환하여 적분하면(2장 5절 식 (2.43) 참고)

$$\begin{aligned} c &= \frac{1}{2\pi} \int_{-\infty}^{\infty} c_0(x') \int_{-\infty}^{\infty} e^{i\kappa(x-x') - D\kappa^2 t} d\kappa\, dx' \\ &= \frac{1}{2\pi} \int_{-\infty}^{\infty} c_0(x') e^{\{-(x-x')^2/4Dt\}} \int_{-\infty}^{\infty} e^{-Dtp^2} dp\, dx' \\ &= \frac{1}{2\pi} \int_{-\infty}^{\infty} c_0(x') e^{\{-(x-x')^2/4Dt\}} \int_{-\infty}^{\infty} e^{-Dtp^2} dp\, dx' \\ &= \frac{1}{2\pi} \int_{-\infty}^{\infty} c_0(x') e^{\{-(x-x')^2/4Dt\}} \sqrt{\frac{\pi}{Dt}}\, dx' \\ &= \frac{1}{2\sqrt{\pi Dt}} \int_{-\infty}^{\infty} c_0(x') e^{\{-(x-x')^2/4Dt\}}\, dx' \end{aligned}$$

그러므로

$$c(x, t) = \frac{1}{2\sqrt{\pi Dt}} \int_{-\infty}^{\infty} c_0(x') e^{\{-(x-x')^2/4Dt\}}\, dx' \tag{6.64}$$

$x' = 0$일 경우 $\int_{-\infty}^{\infty} c_0(x')\,dx' = 1$이고 $x' \neq 0$일 경우 $c_0(x')$라면 이 식은

$$c(x, t) = \frac{1}{2\sqrt{\pi D t}} e^{\{-x^2/4Dt\}} \tag{6.65}$$

이 함수는 통계에서 Gauss 분포 (또는 정규 분포) 함수와 같다. Dt의 값에 따른 함수를 그림 6.23에 나타내었다.

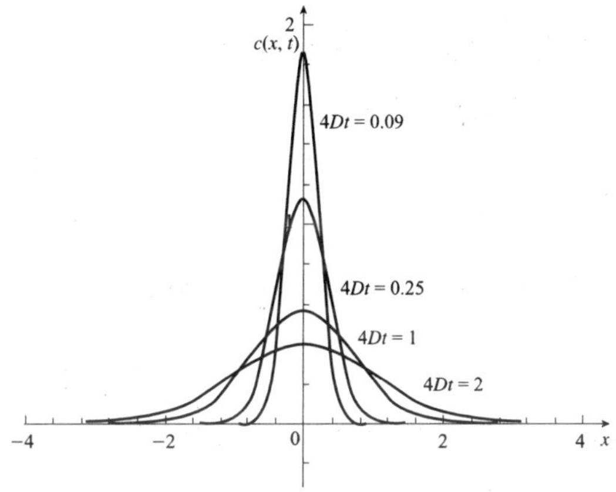

| 그림 6.23 | $c(x, t)$

이 결과는 D를 고정하고 t에 대하여 살펴보면 상식적으로 알 수 있는 것처럼 시간이 짧을 때에는 물질이 원래 있던 곳에 몰려 있고 시간이 길어짐에 따라 점점 퍼져나가는 것을 볼 수 있으며, 시간이 같다면 D가 큰 것, 즉 확산 계수가 큰 것이 빨리 퍼져나감을 알 수 있다.

상수 κ, σ, d를 각각 열 전도도, 비열, 밀도라면 시간 t에서 고체의 한 점 (x, y, z)에서 온도는 $T(x, y, z, t)$로 주어진다.

고체 안에 존재하는 임의의 부피를 V라고 하고 그것을 둘러싼 표면적을 S라 하면 표면을 가로질러 흐르는 열 흐름 또는 단위 시간 동안 표면 S를 빠져나가는 열량은

$$\iint_S (-K\nabla T)\cdot \mathbf{n}dS,\ K = \kappa\sigma d \tag{6.66}$$

발산 정리 식 (2.95)를 사용하여 나타내면 단위 시간 동안 S에 들어오는 열량은

$$\iint_S K\nabla T\cdot \mathbf{n}dS = \iiint_V \nabla\cdot(K\nabla T)\,dV \tag{6.67}$$

부피 V에 들어 있는 열은

$$\iiint_V \sigma d\mathrm{T}\ dV \tag{6.68}$$

그러면 시간에 따른 열의 증가는

$$\frac{\partial}{\partial t}\iiint_V \sigma d\mathrm{T}\ dV = \iiint_V \sigma d\frac{\partial \mathrm{T}}{\partial t}\ dV \tag{6.69}$$

식 (6.67)과 (6.69)의 열의 변화량은 같으므로 정리하면

$$\iiint_V \left\{\sigma d\frac{\partial \mathrm{T}}{\partial t} - \nabla\cdot(K\nabla\mathrm{T})\right\} dV = 0$$

$$\sigma d\frac{\partial \mathrm{T}}{\partial t} - \nabla\cdot(K\nabla\mathrm{T}) = 0$$

그러므로

$$\frac{\partial \mathrm{T}}{\partial t} = \frac{K}{\sigma d}\nabla\cdot(\nabla\mathrm{T}) \ \text{ 또는 } \ \frac{\partial \mathrm{T}}{\partial t} = \kappa\nabla^2\mathrm{T} \tag{6.70}$$

이는 고체에서 위치와 시간에 따른 온도의 변화(열의 확산)는 물질의 확산 방정식 (6.57)과 유사하게 주어짐을 알수 있다.

$$\frac{d\mathrm{T}}{dt} = \kappa\nabla^2\mathrm{T},\ \kappa = K/\sigma d$$

보충 문제

1. 주기가 2π인 함수 $f(x)$를 Fourier 급수로 나타내시오.

$$f(x) = \begin{cases} 0, & -\pi < x < 0 \\ x, & 0 < x < \pi \end{cases}$$

2. 주기가 2인 함수 $f(x)$를 Fourier 급수로 나타내시오.

$$f(x) = \begin{cases} x+1, & -1 < x < 0 \\ 1, & 0 < x < 1 \end{cases}$$

3. 주기가 2인 함수 $f(x)$를 Fourier 급수로 나타내시오.

$$f(x) = x^2, \quad 0 < x < 2$$

4. 주기가 2π인 함수 $f(x)$를 Fourier 급수로 나타내시오.

$$f(x) = \begin{cases} \cos x, & -\pi < x < 0 \\ 0, & 0 < x < \pi \end{cases}$$

5. 주기가 2인 함수 $f(x)$를 Fourier 급수로 나타내시오.

$$f(x) = \begin{cases} -1, & -1 < x < 0 \\ 1, & 0 < x < 1 \end{cases}$$

6. 주기가 π인 함수 $f(x)$를 Fourier 급수로 나타내시오.

$$f(x) = \sin x, \quad -\frac{\pi}{2} < x < \frac{\pi}{2}$$

7. 주기가 2인 함수 $f(x)$를 Fourier 급수로 나타내시오.

$$f(x) = x, \quad -1 < x < 1$$

8. 주기가 2인 함수 $f(x)$를 Fourier 급수로 나타내시오.

$$f(x) = \begin{cases} x(x+1), & -1 < x < 0 \\ x(1-x), & 0 < x < 1 \end{cases}$$

9. 주기가 2인 함수 $f(x)$를 Fourier 급수로 나타내시오.

$$f(x) = \begin{cases} -1, & -\frac{1}{2} < x < \frac{1}{2} \\ 1, & \frac{1}{2} < x < \frac{3}{2} \end{cases}$$

10. 주기가 π인 함수 $f(x)$를 Fourier 급수로 나타내시오.

$$f(x) = \cos x, \quad -\frac{\pi}{2} < x < \frac{\pi}{2}$$

11. 주기가 2인 함수 $f(x)$를 Fourier 급수로 나타내시오.

$$f(x) = \begin{cases} -x, & -1 < x < 0 \\ x, & 0 < x < 1 \end{cases}$$

12. 주기가 2인 함수 $f(x)$를 Fourier 급수로 나타내시오(주기를 1로 할 수 있음).

$$f(x) = \begin{cases} -x(x+1), & -1 < x < 0 \\ x(1-x), & 0 < x < 1 \end{cases}$$

13. 적당한 함수 $f(x)$의 Fourier 급수와 파세발 항등식을 사용하여 다음 급수의 합을 구하시오.

(1) $\sum_{n=1}^{\infty} \frac{1}{(2n-1)(2n+1)}$ (2) $\sum_{n=1}^{\infty} \frac{1}{(2n-1)^2(2n+1)^2}$ (3) $\sum_{n=1}^{\infty} \frac{(-1)^{n-1}}{n^2}$

(4) $\sum_{n=1}^{\infty} \frac{(-1)^{n-1}}{(2n-1)^3}$ (5) $\sum_{n=1}^{\infty} \frac{1}{(2n-1)^6}$

14. Fourier 적분에 대한 파세발 항등식을 사용하여 다음 적분값을 구하시오.

$$\int_{-\infty}^{\infty} \frac{\sin^2 x}{x^2} dx$$

15. 다음 함수 $f(x)$의 Fourier 변환을 구하시오.

$$f(x) = \begin{cases} -1, & -1 < x < 0 \\ 1, & 0 < x < 1 \\ 0, & 1 < |x| \end{cases}$$

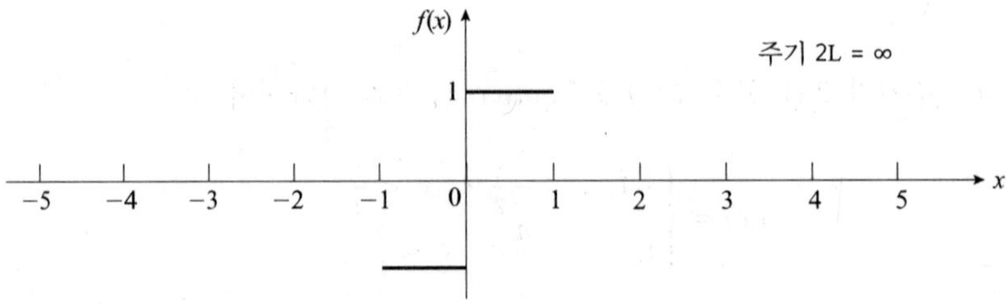

| 그림 6.24 |

16. 다음 함수 $f(x)$의 Fourier 변환을 구하시오.

$$f(x) = \begin{cases} x+1, & -1 < x < 0 \\ -x+1, & 0 < x < 1 \\ 0, & 1 < |x| \end{cases}$$

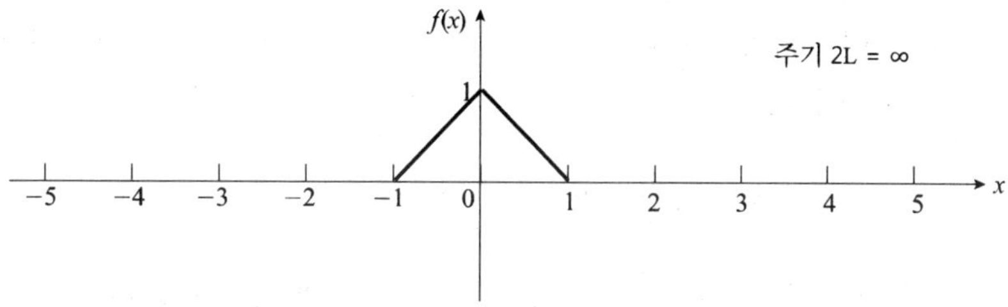

| 그림 6.25 |

17. 다음 함수 $f(x)$의 Fourier 변환을 구하시오.

$$f(x) = \begin{cases} -x-1, & -1 < x < 0 \\ -x+1, & 0 < x < 1 \\ 0, & 1 < |x| \end{cases}$$

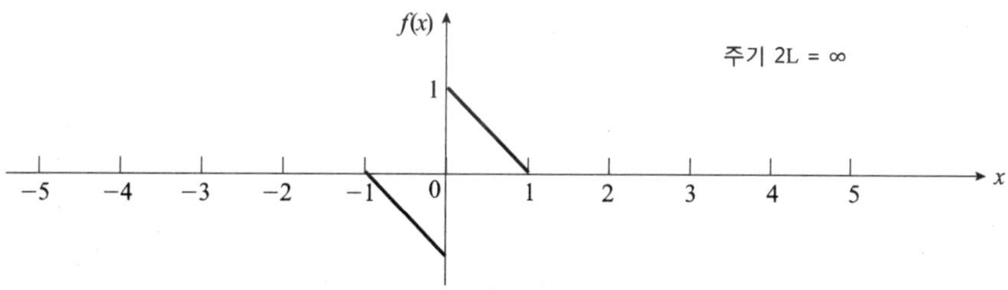

| 그림 6.26 |

18. 연습 문제 6.5의 결과를 이용하여 다음 적분값을 구하시오.

$$\int_0^\infty \frac{\cos ax}{x^2+b^2}dx$$

19. 연습 문제 6.5의 결과를 이용하여 다음 적분값을 구하시오.

$$\int_0^\infty \frac{x\sin ax}{x^2+b^2}dx$$

20. 5장에서 설명된 상자 속의 입자에 대한 파동 함수 $\psi_n(x)$는 다음과 같이 주어진다.

$$\psi_n(x) = \sqrt{\frac{2}{L}}\sin\frac{n\pi x}{L}$$

$\psi_n(x)$에 대응하는 운동량 공간에서의 파동 함수 $f(p)$를 구하시오.

21. 핵 형태 인자 $F(k)$와 전하 분포 $\rho(r)$ 사이의 관계는 다음과 같은 Fourier 변환 식으로 주어진다(양자 산란에서 Yukawa 퍼텐셜 V(r)에 의한 산란 세기 f(θ) 사이의 관계와 대등함).

$$F(k) = \frac{1}{(2\pi)^{3/2}} \int \rho(r) e^{i\mathbf{k}\cdot\mathbf{r}} dx\, dy dz$$

$F(k)$가 다음과 같이 주어진다면 전하 분포 $\rho(r)$를 구하시오.

$$F(k) = \frac{1}{(2\pi)^{3/2}} \frac{1}{\left(1+\frac{k^2}{a^2}\right)}$$

제 7 장

Laplace 변환

Laplace 변환은 Fourier 변환처럼 적분 변환의 하나이다. Laplace 변환은 초기 조건이 주어진 선형 미분방정식을 푸는 데 아주 유용하다. 특히, 화학에서는 반응 물질이나 생성 물질의 농도 변화가 미분방정식으로 표현되는 반응 속도론에서 중요한 역할을 한다.

$f(t)$를 모든 $t \geq 0$의 값에 대하여 정의되는 주어진 함수라 하자. $f(t)$에 e^{-st}를 곱하고 t에 관하여 0에서 무한대까지 적분한다. 이 적분값이 존재한다면 이는 s의 함수, 즉 $F(s)$가 되고 이를 함수 $f(t)$의 Laplace **변환**이라고 한다. 이 책에서는 원 함수 $f(t)$는 소문자, 그리고 그것의 Laplace 변환은 대문자 $F(s)$로 표기한다.

$$F(s) = \mathcal{L}\{f(t)\} = \int_0^\infty e^{-st} f(t)dt \tag{7.1}$$

여기서 기호 $\mathcal{L}$은 Laplace 변환 연산자라고 한다. Laplace 변환 연산자 $\mathcal{L}$은 다음 식과 같은 성질을 갖기 때문에 선형 연산자이다.

$$\mathcal{L}\{c_1 f_1(t) + c_2 f_2(t)\} = c_1 \mathcal{L}\{f_1(t)\} + c_2 \mathcal{L}\{f_2(t)\} \tag{7.2}$$

증명

$$\mathcal{L}\{c_1 f_1(t) + c_2 f_2(t)\} = \int_0^\infty e^{-st}\{c_1 f_1(t) + c_2 f_2(t)\}\, dt$$

$$= c_1 \int_0^\infty e^{-st} f_1(t)dt + c_2 \int_0^\infty e^{-st} f_2(t)dt$$

$$= c_1 \mathcal{L}\{f_1(t)\} + c_2 \mathcal{L}\{f_2(t)\}$$

예제 7.1

다음 함수의 Laplace 변환을 구하시오.

(1) $f(t) = 1$ (2) $f(t) = t$ (3) $f(t) = e^{at}$

(4) $f(t) = \cos\omega t$ (5) $f(t) = \sin\omega t$

풀이

(1) $$F(s) = \mathcal{L}\{f(t)\} = \int_0^\infty e^{-st} f(t)dt = \int_0^\infty e^{-st}\, 1dt$$

$$= -\frac{1}{s}e^{-st}\Big|_0^\infty = \frac{1}{s}$$

(2) $$F(s) = \mathcal{L}\{t\} = \int_0^\infty e^{-st}\, tdt = -\frac{1}{s}te^{-st}\Big|_0^\infty - \int_0^\infty -\frac{1}{s}e^{-st}\, 1dt$$

$$= \frac{1}{s}\int_0^\infty e^{-st}\, dt = \frac{1}{s^2}$$

(3) $$\mathcal{L}\{f(t)\} = \int_0^\infty e^{-st} e^{at}\, dt, \quad s > a$$

$$= \int_0^\infty e^{-(s-a)t}\ dt$$

$$= -\frac{1}{s-a}e^{-(s-a)t}\Big|_0^\infty$$

$$= \frac{1}{s-a}$$

(4) $\int_0^\infty e^{-st}\cos\omega t\,dt = e^{-st}\frac{1}{\omega}\sin\omega t\Big|_0^\infty + \int_0^\infty se^{-st}\frac{1}{\omega}\sin\omega t dt$

$$= se^{-st}\frac{-1}{\omega^2}\ \cos\omega t\Big|_0^\infty - \int_0^\infty\left(-s^2e^{-st}\frac{-1}{\omega^2}\cos\omega t\right)dt$$

$$= \frac{s}{\omega^2} - \frac{s^2}{\omega^2}\int_0^\infty e^{-st}\cos\omega t\ dt$$

$$\therefore \int_0^\infty e^{-st}\cos\omega t\ dt = \frac{s}{s^2+\omega^2}$$

(5) $\int_0^\infty e^{-st}\sin\omega t\,dt = e^{-st}\left(-\frac{1}{\omega}\right)\cos\omega t\Big|_0^\infty - \int_0^\infty \frac{s}{\omega}e^{-st}\cos\omega t\,dt$

$$= \frac{1}{\omega} - \left\{\frac{s}{\omega^2}e^{-st}\sin\omega t\Big|_0^\infty - \int_0^\infty \frac{-s^2}{\omega^2}e^{-st}\sin\omega t\,dt\right\}$$

$$= \frac{1}{\omega} - \frac{s^2}{\omega^2}\int_0^\infty e^{-st}\ \sin\omega t dt$$

$$\int_0^\infty e^{-st}\ \sin\omega t dt = \frac{\omega}{s^2+\omega^2}$$

(4)와 (5)의 다른 풀이

$$\int_0^\infty e^{-st}\,e^{i\omega t}\,dt\ =\ \int_0^\infty e^{-(s-i\omega)t}\ dt$$

$$= -\frac{1}{s-i\omega}e^{-(s-i\omega)t}\Big|_0^\infty$$

$$= \frac{1}{s-i\omega}$$

$$= \frac{1}{s-i\omega}\cdot\frac{s+i\omega}{s+i\omega}$$

$$= \frac{s}{s^2+\omega^2} + i\frac{\omega}{s^2+\omega^2}$$

$$= \int_0^\infty e^{-st}\,(\cos\omega t + i\sin\omega t)\,dt$$

$$= \int_0^\infty e^{-st}\cos\omega t\,dt + i\int_0^\infty e^{-st}\sin\omega t\,dt$$

실수 부분과 허수 부분을 같게 하면 $\cos\omega t$와 $\sin\omega t$의 Laplace 변환을 동시에 구할 수 있다.

$$\mathcal{L}\{\cos\omega t\} = \int_0^\infty e^{-st}\cos\omega t\,dt\ = \frac{s}{s^2+\omega^2}$$

$$\mathcal{L}\{\sin\omega t\} = \int_0^\infty e^{-st}\sin\omega t\, dt = \frac{\omega}{s^2+\omega^2}$$

연습 문제 7.1

다음 함수의 Laplace 변환을 구하시오.

(1) $f(t) = 2e^{-3t}$ (2) $f(t) = t^2 + 3t + 2$ (3) $f(t) = \cos 5t$

(4) $f(t) = \sin\pi t$ (5) $f(t) = 1/\sqrt{t}$ (6) $f(t) = \cosh^2 2t$

(7) $f(t) = \cos(\omega t + \theta)$ (8) $f(t) = \cos^2 t$

(9) $f(t) = \begin{cases} 1, & 0 < t < 2 \\ -1, & 2 < t < 4 \\ 0, & 4 < t \end{cases}$

(10) $f(t) = \begin{cases} 0, & t < 0 \\ -t+1, & 0 \le t \le 1 \\ 0, & 1 < t \end{cases}$

답 (1) $\frac{2}{s+3}$ (2) $\frac{2}{s^3} + \frac{3}{s^2} + \frac{2}{s}$ (3) $\frac{s}{s^2+25}$ (4) $\frac{\pi}{s^2+\pi^2}$

(5) $\sqrt{\frac{\pi}{s}}$ (6) $\frac{1}{2}\frac{s}{s^2-16} + \frac{1}{2s}$ (7) $\frac{s\cos\theta - \omega\sin\theta}{s^2+\omega^2}$

(8) $\frac{1}{2s} + \frac{s}{2s^2+8}$ (9) $\frac{1-2e^{-2s}+e^{-4s}}{s}$ (10) $\frac{1}{s} + \frac{e^{-s}-1}{s^2}$

예제 7.1 (1), (2)와 연습 문제 7.1 (2)를 일반화하기 위하여 $a > -1$이고 $s > 0$일 때 $\mathcal{L}\{t^a\}$는 $st = u$로 치환하여 적분하고 예제 1.15의 gamma 함수의 정의를 사용하면

$$\begin{aligned}\mathcal{L}\{t^a\} &= \int_0^\infty e^{-st}t^a\, dt \\ &= \frac{1}{s^{a+1}}\int_0^\infty e^{-u}u^a\, du \\ &= \frac{1}{s^{a+1}}\Gamma(a+1)\end{aligned}$$

여기서 a가 정수가 되면 $f(t) = t^n$의 Laplace 변환은 $\frac{n!}{s^{n+1}}$로 얻어진다. 앞에서 구한 Laplace 변환과 몇 개의 기본적인 함수와 그들의 Laplace 변환을 표 7.1에 수록하였으며 더 많은 함수들의 Laplace 변환은 다른 수학 책들을 참고하기 바란다.

| 표 7.1 | 함수 $f(t)$와 $f(t)$의 Laplace 변환 $F(s)$

$f(t)$	$F(s)$	$f(t)$	$F(s)$
1	$\frac{1}{s},\ s>0$	$\cos\omega t$	$\frac{s}{s^2+\omega^2},\ s>0$
$t^n,\ n=1,2,3,\ldots$	$\frac{n!}{s^{n+1}},\ s>0$	$\sin\omega t$	$\frac{\omega}{s^2+\omega^2},\ s>0$
$t^a,\ a>-1$	$\frac{\Gamma(a+1)}{s^{a+1}},\ s>0$	$\cosh at$	$\frac{s}{s^2-a^2},\ s>\|a\|$
e^{at}	$\frac{1}{s-a},\ s>a$	$\sinh at$	$\frac{a}{s^2-a^2},\ s>\|a\|$
$e^{at}\cos\omega t$	$\frac{s-a}{(s-a)^2+\omega^2},\ s>a$	$e^{at}\sin\omega t$	$\frac{\omega}{(s-a)^2+\omega^2},\ s>a$
$t\cos\omega t$	$\frac{s^2-\omega^2}{(s^2+\omega^2)^2},\ s>0$	$t\sin\omega t$	$\frac{2s\omega}{(s^2+\omega^2)^2},\ s>0$

• 단위계단함수 $u(t)$

단위계단함수는 Heaviside의 단위계단함수라고 부르기도 한다. 다양한 불연속 함수들은 단위계단함수의 항으로 표현하는 것이 가능하다.

$$u(t) = \begin{cases} 1, & t>0 \\ 0, & t<0 \end{cases} \tag{7.3}$$

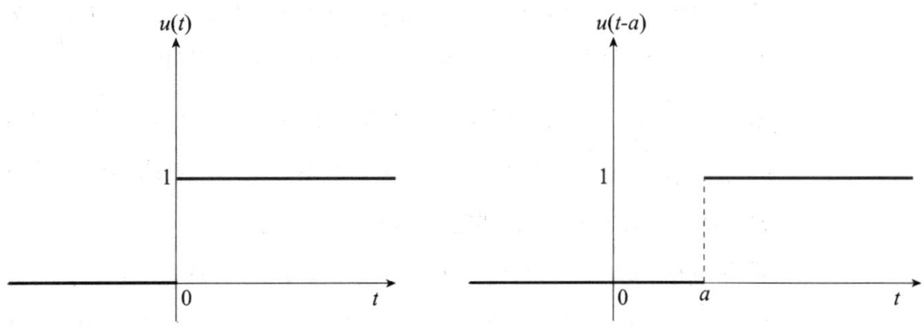

(a) $u(t)$　　(b) $u(t-a)$

| 그림 7.1 | Heaviside의 단위계단함수

단위계단함수를 $t=a$만큼 이동시키면

$$u(t-a) = \begin{cases} 1, & t>a \\ 0, & t<a \end{cases} \tag{7.4}$$

$u(t-a)$의 Laplace 변환을 구하면

$$\mathcal{L}\{u(t-a)\} = \int_0^\infty e^{-st}u(t-a)\,dt$$

$$= \int_0^a e^{-st} u(t-a)\,dt + \int_a^\infty e^{-st} u(t-a)\,dt$$

$$= \int_0^a e^{-st}(0)\,dt + \int_a^\infty e^{-st}(1)\,dt$$

$$= 0 + (-)\frac{e^{-st}}{s}\Big|_a^\infty$$

$$= \frac{e^{-sa}}{s},\ s > 0$$

• Laplace 변환의 존재성

Laplace 변환에서 고정된 s에 대해 전체 피적분함수 $e^{-st}f(t)$가 $t \to \infty$일 때 빨리 0에 도달하면, 즉 음의 지수를 갖는 지수 함수와 같으면 식 (7.1)의 적분은 존재한다. 함수 $f(t)$가 $t > T$에 대하여 $|f(t)| \leq Me^{s_0 t}$인 상수 M과 s_0가 있다면 함수 $f(t)$는 $t > T$에 대하여 **지수적 차수**(exponential order)라고 한다. 반대의 예는 $f(t) = e^{t^2}$로 $t > T$에 대하여 $|f(t)| \leq Me^{s_0 t}$인 상수 M과 s_0가 존재하지 않으므로 지수적 차수가 아니다.

정리 7.1

함수 $f(t)$가 매 유한한 구간 $0 \leq t \leq T$에서 조각 연속이고 $t > T$에 대하여 지수적 차수라면 $s > s_0$에 대하여 $\mathcal{L}\{f(t)\}$가 존재한다.

$f(t) = e^{t^2}$는 지수적 차수가 아니므로 $\mathcal{L}\{e^{t^2}\}$가 존재하지 아니한다. 이 정리의 조건은 충분조건임을 주목해야 한다. 즉, 이 조건들이 만족되지 않는다 할지라도 $\mathcal{L}\{f(t)\}$가 존재할 수도 있다.

예를 들면 $f(t) = t^{-1/2}$는 구간 $0 \leq t \leq T$에서 조각 연속이 아니라 할지라도, 즉 $t \to 0$일 때 $t^{-1/2} \to \infty$일지라도 $\mathcal{L}\{t^{-1/2}\}$가 존재한다. 앞에서 구하거나 열거된 Laplace 변환 $F(s)$는 변수 s에 대한 음의 거듭제곱으로 분모에 나타난다는 점이 중요하다. 왜냐하면 $\lim_{s\to\infty} F(s) = 0$이 되고 역 Laplace 변환이 존재한다는 사실이다. 만일 $F(s)$가 변수 s에 대한 양의 거듭제곱으로 분자에 나타난다면 $\lim_{s\to\infty} F(s) \to \infty$이고 역 Laplace 변환이 존재하지 않게 되어 Laplace 변환은 중요하지 않을 것이다.

증명

$$F(s) = \mathcal{L}\{f(t)\} = \int_0^\infty e^{-st} f(t)dt = \int_0^T e^{-st} f(t)dt + \int_T^\infty e^{-st} f(t)dt$$

함수 $f(t)$가 매 유한한 구간 $0 \le t \le T$에서 조각 연속이라면 $e^{-st}f(t)$도 조각 연속이고 그러면 첫 번째 적분이 존재하게 된다. 두 번째 적분의 존재성을 보여 주기 위하여 $|f(t)| \le Me^{s_0 t}$인 상수 M과 s_0가 있는지를 확인한다. $|f(t)| \le Me^{s_0 t}$라면

$$\left|\int_T^\infty e^{-st}f(t)dt\right| \le \int_T^\infty e^{-st}|f(t)|dt \le \int_T^\infty e^{-st}Me^{s_0 t}dt$$
$$= M\int_T^\infty e^{-(s-s_0)t}dt = \frac{-M}{s-s_0}e^{-(s-s_0)t}\Big|_0^\infty = \frac{M}{s-s_0}$$

따라서 $s > s_0$에 대하여 $\frac{M}{s-s_0}$이 존재하고 둘째 항의 적분이 존재한다. 즉 함수 $f(t)$가 $t > T$에 대하여 지수적 차수($Me^{s_0 t}$)이고 구간 $0 \le t \le T$에서 조각 연속이고 $s > s_0$에 대하여 $\mathcal{L}\{f(t)\}$가 존재한다.

정리 7.2

$f(t)$가 정리 7.1의 조건을 만족한다면 $\lim_{s\to\infty}\mathcal{L}\{f(t)\} = \lim_{s\to\infty}F(s) = 0$.

증명

$$|F(s)| = |\mathcal{L}\{f(t)\}| = \left|\int_0^\infty e^{-st}f(t)dt\right|$$
$$\le \int_0^T e^{-st}|f(t)|dt + \int_T^\infty e^{-st}|f(t)|dt$$

$f(t)$가 매 유한한 구간 $0 \le t \le T$에서 조각 연속이기 때문에 $|f(t)| \le C$ (C는 상수)이다. 정리 7.1의 증명에서 보여 준 $\int_T^\infty e^{-st}|f(t)|dt \le \frac{M}{s-s_0}$을 사용하면

$$|F(s)| \le \int_0^T e^{-st}Cdt + \frac{M}{s-s_0} \le \int_0^\infty e^{-st}Cdt + \frac{M}{s-s_0} = \frac{C}{s} + \frac{M}{s-s_0}$$

따라서

$$\lim_{s\to\infty}F(s) \le \lim_{s\to\infty}|F(s)| \le \lim_{s\to\infty}\left|\frac{C}{s} + \frac{M}{s-s_0}\right| = 0$$

- **역 Laplace 변환**

Laplace 변환 식 (7.1)에 있는 $F(s)$로부터 원 함수 $f(t)$를 얻는 것을 **역 Laplace 변환**이라 하며 $\mathcal{L}^{-1}(F)$로 표기한다.

$$\mathcal{L}^{-1}\{F(s)\} = f(t) \tag{7.5}$$

이 역 변환은 유일하지 않다. 예를 들면 $\mathcal{L}\{t\} = \frac{1}{s^2}$이기 때문에 $f_1(t) = \mathcal{L}^{-1}\left\{\frac{1}{s^2}\right\} = t$를 얻는다. 그러나 $f(t)$가 다음과 같이 주어지는 경우에도 $\mathcal{L}\{t\} = \frac{1}{s^2}$이다.

$$f_2(t) = \begin{cases} t, & t \neq 2 \\ 0, & t = 2 \end{cases}$$

이 두 함수가 같은 $\mathcal{L}\{f(t)\}$를 가진다 할지라도 $f_2(t)$가 $t = 2$에서 $f_1(t)$와는 다르다. 그러나 이러한 경우에

$$f_2(t) - f_1(t) = N(t)$$

라고 하면 $N(t)$는 모든 양의 t_0에 대하여

$$\int_0^{t_0} N(t)dt = 0$$

인 영 함수이다. 즉, 두 함수가 같은 Laplace 변환을 갖는다면 그들은 아무리 작다 할지라도 양의 길이를 갖는 어떤 구간에서도 그들은 서로로부터 다르지 않다는 것을 의미한다. 이 결과는 Lerch의 정리라고 한다. 그래서 두 함수가 같은 Laplace 변환을 갖는다면 모든 실용적인 목적에서 그들은 같다고 할 수 있고 실제로는 그 결과 역 Laplace 변환이 본질적으로 유일하다고 할 수 있다. 실제로는 두 연속 함수가 같은 Laplace 변환을 갖는다면 그들은 반드시 동일하다.

역 Laplace 변환 연산자도 선형 연산자이다.

$$\mathcal{L}^{-1}\{c_1F_1(s) + c_2F_2(s)\} = f(t) \tag{7.6}$$

증명

$$\mathcal{L}\{c_1f_1(t) + c_2f_2(t)\} = c_1\mathcal{L}\{f_1(t)\} + c_2\mathcal{L}\{f_2(t)\} = c_1F_1(s) + c_2F_2(s)$$

$$\mathcal{L}^{-1}\{c_1F_1(s) + c_2F_2(s)\} = \mathcal{L}^{-1}\{\mathcal{L}\{c_1f_1(t) + c_2f_2(t)\}\}$$

$$= c_1f_1(t) + c_2f_2(t) = c_1\mathcal{L}^{-1}\{F_1(s)\} + c_2\mathcal{L}^{-1}\{F_2(s)\}$$

예제 7.2

다음에 주어진 $F(s)$에 대하여 $\mathcal{L}^{-1}\{F(s)\} = f(t)$를 구하시오.

(1) $\frac{2}{s+4}$ (2) $\frac{3s+4}{s^3}$ (3) $\frac{3s+4}{s^2+9}$ (4) $\frac{1-s}{s^{3/2}}$ (5) $\frac{s+4}{s^2+s}$

풀이

(1) $\mathcal{L}^{-1}\left\{\frac{2}{s+4}\right\} = 2\mathcal{L}^{-1}\left\{\frac{1}{s+4}\right\} = 2e^{-4t}$

(2) $\mathcal{L}^{-1}\left\{\frac{3s+4}{s^3}\right\} = \mathcal{L}^{-1}\left\{\frac{3}{s^2}+\frac{4}{s^3}\right\} = 3\mathcal{L}^{-1}\left\{\frac{1!}{s^2}\right\} + 2\mathcal{L}^{-1}\left\{\frac{2!}{s^3}\right\} = 3t + 2t^2$

(3) $\mathcal{L}^{-1}\left\{\frac{3s+4}{s^2+9}\right\} = 3\mathcal{L}^{-1}\left\{\frac{s}{s^2+9}\right\} + \frac{4}{3}\mathcal{L}^{-1}\left\{\frac{3}{s^2+9}\right\} = 3\cos 3t + \frac{4}{3}\sin 3t$

(4) $\mathcal{L}^{-1}\left\{\frac{1-s}{s^{3/2}}\right\} = \mathcal{L}^{-1}\left\{\frac{\Gamma(\frac{1}{2}+1)}{\Gamma(\frac{1}{2}+1)s^{3/2}}\right\} - \mathcal{L}^{-1}\left\{\frac{\Gamma(\frac{1}{2})}{\Gamma(\frac{1}{2})s^{1/2}}\right\}$

$= \frac{t^{1/2}}{\Gamma(\frac{1}{2}+1)} - \frac{1}{\Gamma(\frac{1}{2})t^{1/2}} = 2\frac{t^{1/2}}{\sqrt{\pi}} - \frac{1}{\sqrt{\pi}t^{1/2}}$

2장 5절 식 (2.43)으로부터 $\Gamma\left(\frac{1}{2}\right) = \sqrt{\pi}$를 사용하였다.

(5) $\mathcal{L}^{-1}\left\{\frac{s+4}{s^2+s}\right\} = \mathcal{L}^{-1}\left\{\frac{s+1}{s^2+s}\right\} + \mathcal{L}^{-1}\left\{\frac{3}{s^2+s}\right\} = \mathcal{L}^{-1}\left\{\frac{1}{s}\right\} + 3\mathcal{L}^{-1}\left\{\frac{1}{s} - \frac{1}{s+1}\right\}$

$= 4\mathcal{L}^{-1}\left\{\frac{1}{s}\right\} - 3\mathcal{L}^{-1}\left\{\frac{1}{s+1}\right\} = 4 - 3e^{-t}$

연습 문제 7.2

다음에 주어진 $F(s)$에 대하여 $\mathcal{L}^{-1}\{F(s)\} = f(t)$를 구하시오.

(1) $\frac{1}{s+\pi}$ (2) $\frac{3s+6}{s^4}$ (3) $\frac{s+3}{s^2-9}$ (4) $\frac{1-s}{s^{5/2}}$ (5) $\frac{s+4}{s^2+2s}$

답 (1) $e^{-\pi t}$ (2) $\frac{t^3}{2} + \frac{t^4}{4}$ (3) $\cosh 3t + \sinh 3t$

(4) $\frac{4t^{3/2}}{3\sqrt{\pi}} - 2\frac{t^{1/2}}{\sqrt{\pi}}$ (5) $2 - e^{-2t}$

예제 7.3

Laplace 변환을 사용하여 다음 적분값을 구하시오.

$$\int_0^\infty \frac{\sin x}{x}dx$$

풀이

$f(t) = \int_0^\infty \frac{\sin tx}{x}dx$라고 하면

$$F(s) = \mathcal{L}\{f(t)\} = \int_0^\infty e^{-st}\int_0^\infty \frac{\sin tx}{x}dxdt$$

$$= \int_0^\infty \frac{1}{x}\left[\int_0^\infty e^{-st}\sin tx\,dt\right]dx = \int_0^\infty \frac{1}{s^2+x^2}dx$$

$$= \frac{1}{s}\tan^{-1}\frac{x}{s}\Big|_0^{\infty} = \frac{\pi}{2s}$$

$$f(t) = \mathcal{L}^{-1}\{F(s)\} = \mathcal{L}^{-1}\left\{\frac{\pi}{2s}\right\} = \frac{\pi}{2}\mathcal{L}^{-1}\left\{\frac{1}{s}\right\} = \frac{\pi}{2}$$

$$f(t) = \int_0^{\infty}\frac{\sin tx}{x}dx = \frac{\pi}{2},\ t > 0$$

$t = 1$을 대입하면

$$\int_0^{\infty}\frac{\sin x}{x}dx = \frac{\pi}{2}$$

풀이에서 설정한 함수 $f(t)$는 t에 대하여 홀함수 $f(-t) = -f(t)$이고 $f(0) = 0$이므로

$$f(t) = \int_0^{\infty}\frac{\sin tx}{x}dx = \begin{cases} \frac{\pi}{2}, & t > 0 \\ 0, & t = 0 \\ -\frac{\pi}{2}, & 0 < t \end{cases} \tag{7.7a}$$

Heaviside의 단위계단함수 식 (7.4)를 사용하여 나타내면

$$\int_0^{\infty}\frac{\sin tx}{x}dx = \frac{\pi}{2}[2u(t) - 1] \tag{7.7b}$$

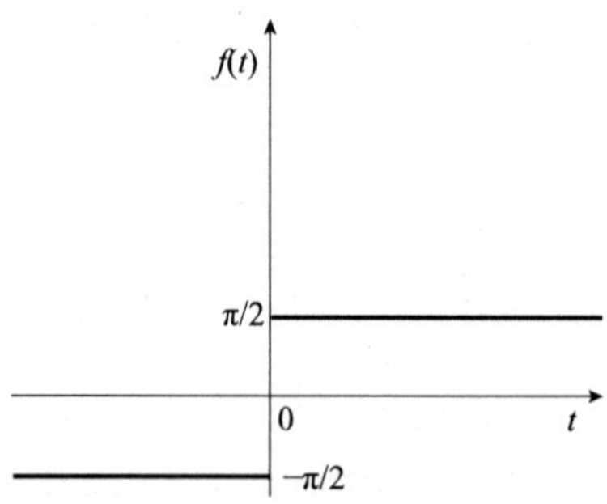

| 그림 7.2 | 계단함수 $f(t)$

연습 문제 7.3

Laplace 변환을 사용하여 다음 적분값을 구하시오.

$$\int_0^{\infty}\sin x^2\,dx$$

답 $\frac{1}{2}\sqrt{\pi/2}$

• Laplace 변환의 성질

정리 7.3 [치환]

$\mathcal{L}\{f(t)\} = F(s)$라면,

$$\mathcal{L}\{e^{at}f(t)\} = F(s - a)$$

유사하게 $\mathcal{L}^{-1}\{F(s)\} = f(t)$라면,

$$\mathcal{L}^{-1}\{F(s-a)\} = e^{at}f(t)$$

정리 7.4 [평행이동]

$\mathcal{L}\{f(t)\} = F(s)$라면,

$$\mathcal{L}\{u(t-a)f(t-a)\} = e^{-as}F(s)$$

유사하게 $\mathcal{L}^{-1}\{F(s)\} = f(t)$라면,

$$\mathcal{L}^{-1}\{e^{-as}F(s)\} = u(t-a)f(t-a)$$

여기서 $u(t-a)$는 단위계단함수이다.

정리 7.5

$\mathcal{L}\{f(t)\} = F(s)$라면,

$$\mathcal{L}\{f(at)\} = \frac{1}{a}F\left(\frac{s}{a}\right)$$

유사하게 $\mathcal{L}^{-1}\{F(s)\} = f(t)$라면,

$$\mathcal{L}^{-1}\left\{F\left(\frac{s}{a}\right)\right\} = af(at)$$

정리 7.6

$\mathcal{L}\{f(t)\} = F(s)$라면,

$$\mathcal{L}\{t^n f(t)\} = (-1)^n \frac{d^n}{ds^n}F(s) = (-1)^n F^{(n)}(s)$$

여기서 n은 자연수이다.

유사하게 $\mathcal{L}^{-1}\{F(s)\} = f(t)$라면,

$$\mathcal{L}^{-1}\{F^{(n)}(s)\} = (-1)^n t^n f(t)$$

정리 7.7

$f(t) = f(t+P)$이고 $P > 0$라면

$$\mathcal{L}\{t^n f(t)\} = \frac{\int_0^P e^{-st} f(t)dt}{1-e^{-sP}}$$

정리 7.8

$\mathcal{L}\{f(t)\} = F(s)$라면

$$\mathcal{L}\{\int_0^t f(u)du\} = \frac{F(s)}{s}$$

유사하게 $\mathcal{L}^{-1}\{F(s)\} = f(t)$라면

$$\mathcal{L}^{-1}\left\{\frac{F(s)}{s}\right\} = \int_0^t f(u)du$$

정리 7.9

$\lim_{t\to 0} \mathcal{L}\left\{\frac{f(t)}{t}\right\}$이 존재하고 $\mathcal{L}\{f(t)\} = F(s)$라면

$$\mathcal{L}\left\{\frac{f(t)}{t}\right\} = \int_s^\infty F(u)du$$

정리 7.10 [합성곱]

$\mathcal{L}\{f(t)\} = F(s)$, $\mathcal{L}\{g(t)\} = G(s)$라면

$$\mathcal{L}\{\int_0^t f(u)g(t-u)du\} = F(s)G(s)$$

유사하게 $\mathcal{L}^{-1}\{F(s)\} = f(t)$, $\mathcal{L}^{-1}\{G(s)\} = g(t)$라면

$$\mathcal{L}^{-1}\{F(s)G(s)\} = \int_0^t f(u)g(t-u)du$$

• 도함수의 Laplace 변환

처음에 언급한 것처럼 Laplace 변환은 선형 미분방정식을 푸는 데 아주 유용하다. 이러한 이유 때문에 도함수의 Laplace 변환을 공부할 필요가 있다.

정리 7.11

$f(t)$가 연속이고 매 유한한 구간 $0 \le t \le T$에서 조각 연속인 $f'(t)$를 갖는다고 하자. 또 $f(t)$가 $t > T$에 대하여 지수적 차수라면

$$\mathcal{L}\{f'(t)\} = s\mathcal{L}\{f(t)\} - f(0)$$

증명

부분적분을 적용하면

$$\begin{aligned} \mathcal{L}\{f'(t)\} &= \int_0^\infty e^{-st} f'(t)dt \\ &= e^{-st}f(t)|_0^\infty - \int_0^\infty -se^{-st}f(t)dt \\ &= -f(0) + s\mathcal{L}\{f(t)\} \\ \mathcal{L}\{f'(t)\} &= s\mathcal{L}\{f(t)\} - f(0) \end{aligned}$$

이 정리는 고계 도함수에 대하여 다음 정리와 같이 확장될 수 있다.

정리 7.12

$f(t)$가 연속이고 매 유한한 구간 $0 \le t \le T$에서 조각 연속인 $f^{(n)}(t)$를 갖는다고 하자. 또 $f(t)$, $f'(t)$, $f''(t)$, $\cdots$, $f^{(n-1)}(t)$가 $t > T$에 대하여 지수적 차수라면

$$\mathcal{L}\{f^{(n)}(t)\} = s^n\mathcal{L}\{f(t)\} - s^{n-1}f(0) - s^{n-2}f'(0) - \cdots - f^{(n-1)}(0)$$

예제 7.4

$f'(t)$가 연속이고 매 유한한 구간 $0 \le t \le T$에서 조각 연속인 $f''(t)$를 갖는다고 하자. 또 $f(t)$와 $f'(t)$가 $t > T$에 대하여 지수적 차수라면

$$\mathcal{L}\{f''(t)\} = s^2\mathcal{L}\{f(t)\} - sf(0) - f'(0)$$

임을 증명하시오.

풀이

부분적분을 적용하면

$$\begin{aligned}\mathcal{L}\{f''(t)\} &= \int_0^\infty e^{-st} f''(t)dt \\ &= e^{-st}f'(t)|_0^\infty - \int_0^\infty -se^{-st} f'(t)dt \\ &= -f'(0) + s\{\int_0^\infty e^{-st} f'(t)dt\} \\ &= -f'(0) + s\{ s\mathcal{L}\{f(t)\} - f(0)\} \\ &= s^2\mathcal{L}\{ f(t)\} - sf(0) - f'(0)\end{aligned}$$

연습 문제 7.4

$f''(t)$가 연속이고 매 유한한 구간 $0 \le t \le T$에서 조각 연속인 $f'''(t)$를 갖는다고 하자. 또 $f(t)$, $f'(t)$와 $f''(t)$가 $t > T$에 대하여 지수적 차수라면

$$\mathcal{L}\{f'''(t)\} = s^3\mathcal{L}\{f(t)\} - s^2 f(0) - sf'(0) - f''(0)$$

임을 증명하시오.

예제 7.5

Laplace 변환을 사용하여 다음 미분방정식의 해를 구하시오.

(1) $y'' + 3y' + 2y = 0$, 초기 조건 $y = f(0) = 2$, $y' = f'(0) = -1$

(2) $y'' + 9y = \sin 2t$, $y = f(0) = 0$, $y' = f'(0) = 0$

풀이

(1) 미분방정식에 Laplace 변환을 취하고 다음 식과 초기 조건을 대입한다.

$$\mathcal{L}\{f'(t)\} = s\mathcal{L}\{f(t)\} - f(0)$$

$$\mathcal{L}\{f''(t)\} = s^2\mathcal{L}\{f(t)\} - sf(0) - f'(0)$$

$$\begin{aligned}&\mathcal{L}\{y'' + 3y' + 2y\} = 0 \\ &= \mathcal{L}\{f''(t)\} + 3\mathcal{L}\{f'(t)\} + 2\mathcal{L}\{f(t)\} \\ &= s^2\mathcal{L}\{f(t)\} - sf(0) - f'(0) + 3[s\mathcal{L}\{f(t)\} - f(0)] + 2\mathcal{L}\{f(t)\} \\ &= s^2\mathcal{L}\{f(t)\} - s\cdot 2 - (-1) + 3[s\mathcal{L}\{f(t)\} - 2] + 2\mathcal{L}\{f(t)\} \\ &= (s^2 + 3s + 2)\mathcal{L}\{f(t)\} - (2s + 5)\end{aligned}$$

정리하면

$$\mathcal{L}\{f(t)\} = \frac{2s+5}{s^2+3s+2} = \frac{3}{s+1} - \frac{1}{s+2}$$

역 Laplace 변환을 하면

$$y = f(t) = 3e^{-t} - e^{-2t}$$

(2) $\mathcal{L}\{y'' + 9y\} = \mathcal{L}\{\sin 2t\},\ \mathcal{L}\{y''\} + 9\mathcal{L}\{y\} = \mathcal{L}\{\sin 2t\}$

$$s^2\mathcal{L}\{f(t)\} - sf(0) - f'(0) + 9\mathcal{L}\{f(t)\} = \frac{2}{s^2+2^2}$$

$$(s^2+9)\mathcal{L}\{f(t)\} = \frac{2}{s^2+2^2}$$

$$\mathcal{L}\{f(t)\} = \frac{2}{(s^2+3^2)(s^2+1)} = \frac{1}{4}\left(\frac{1}{s^2+1} - \frac{1}{s^2+3^2}\right)$$

역 Laplace 변환을 하면

$$y = f(t) = \frac{1}{4}\sin t - \frac{1}{12}\sin 3t$$

연습 문제 7.5

Laplace 변환을 사용하여 다음 미분방정식의 해를 구하시오.

(1) $y'' - y' - 6y = 0,\ y = f(0) = 0,\ y' = f'(0) = 5$

(2) $y'' + 2y' - 8y = 0,\ y = f(0) = 1,\ y' = f'(0) = 8$

(3) $y'' - \pi^2 y = 0,\ y = f(0) = 2,\ y' = f'(0) = 0$

(4) $y'' + 2y' + 2y = 0,\ y = f(0) = 0,\ y' = f'(0) = 1$

답 (1) $y = e^{3t} - e^{-2t}$ (2) $y = 2e^{2t} - e^{-4t}$ (3) $y = 2\cos\pi t$ (4) $y = e^{-t}\sin t$

예제 7.6

Laplace 변환을 사용하여 다음 미분방정식의 해를 구하시오.

(1) $y'' + 4y' + 5y = 0,\ y = 2,\ y' = -4$

(2) $y'' + \omega^2 y = t,\ y = 2,\ y' = 0$

(3) $y'' + y = 2\cos t,\ y = 0,\ y' = 0$

(4) $y'' + 3y' + 2y = 2e^{-t},\ y = 0,\ y' = 0$

풀이

(1) 미분방정식에 Laplace 변환을 취하고 초기 조건을 대입한다.

$$s^2\mathcal{L}\{f(t)\} - sf(0) - f'(0) + 4\left(s\mathcal{L}\{f(t)\} - f(0)\right) + 5\mathcal{L}\{f(t)\} = 0$$

$$s^2\mathcal{L}\{f(t)\} - s2 + 4 + 4\left(s\mathcal{L}\{f(t)\} - 2\right) + 5\mathcal{L}\{f(t)\} = 0$$

$$(s^2 + 4s + 5)\mathcal{L}\{f(t)\} = 2s - 4$$

$$\mathcal{L}\{f(t)\} = \frac{2s-4}{(s+2)^2+1^2} = \frac{2(s+2)}{(s+2)^2+1^2} - \frac{8}{(s+2)^2+1^2}$$

정리 7.3을 적용하면

$$\mathcal{L}^{-1}\{\frac{s}{s^2+1^2}\} = \mathcal{L}^{-1}\{\cos t\},\ \mathcal{L}^{-1}\{\frac{(s+2)}{(s+2)^2+1^2}\} = \mathcal{L}^{-1}\{e^{-2t}\cos t\}$$

$$\mathcal{L}^{-1}\{\frac{1}{s^2+1^2}\} = \mathcal{L}^{-1}\{\sin t\},\ \mathcal{L}^{-1}\{\frac{1}{(s+2)^2+1^2}\} = \mathcal{L}^{-1}\{e^{-2t}\sin t\}$$

$$\mathcal{L}\{f(t)\} = \frac{2s-4}{(s+2)^2+1^2} = \frac{2(s+2)}{(s+2)^2+1^2} - \frac{8}{(s+2)^2+1^2}$$

$$= 2\mathcal{L}^{-1}\{e^{-2t}\cos t\} - 8\mathcal{L}^{-1}\{e^{-2t}\sin t\}$$

$$y = f(t) = 2e^{-2t}\cos t - 8e^{-2t}\sin t$$

(2) 미분방정식에 Laplace 변환을 취하고 초기 조건을 대입한다.

$$\mathcal{L}\{y''\} + \omega^2\mathcal{L}\{y\} = \mathcal{L}\{t\}$$

$$s^2\mathcal{L}\{f(t)\} - sf(0) - f'(0) + \omega^2\mathcal{L}\{f(t)\} = \frac{1}{s^2}$$

$$(s^2 + \omega^2)\mathcal{L}\{f(t)\} = \frac{1}{s^2} + 2s$$

$$\mathcal{L}\{f(t)\} = \frac{1}{s^2(s^2+\omega^2)} + \frac{2s}{s^2+\omega^2}$$

정리 7.8을 적용하면

$$\mathcal{L}^{-1}\left\{\frac{F(s)}{s}\right\} = \mathcal{L}^{-1}\left\{\frac{1}{s}\frac{1}{s^2+\omega^2}\right\} = \frac{1}{\omega}\int_0^t \sin\omega u\,du = \frac{1}{\omega^2}(1 - \cos\omega t)$$

$$\mathcal{L}^{-1}\left\{\frac{1}{s}\left(\frac{1}{s}\frac{1}{s^2+\omega^2}\right)\right\} = \frac{1}{\omega^2}\int_0^t(1 - \cos\omega u)du = \frac{1}{\omega^2}\left(t - \frac{\sin\omega t}{\omega}\right)$$

$$y = f(t) = \frac{1}{\omega^2}\left(t - \frac{\sin\omega t}{\omega}\right) + 2\cos\omega t$$

(3) 미분방정식에 Laplace 변환을 취하고 초기 조건을 대입한다.

$$\mathcal{L}\{y''\} + \mathcal{L}\{y\} = \mathcal{L}\{2\cos t\}$$

$$s^2\mathcal{L}\{f(t)\} - sf(0) - f'(0) + \mathcal{L}\{f(t)\} = \frac{2s}{s^2+1^2}$$

$$s^2\mathcal{L}\{f(t)\} + \mathcal{L}\{f(t)\} = \frac{2s}{s^2+1^2}$$

$$\mathrm{Y} = \mathcal{L}\{f(t)\} = \frac{2s}{(s^2+1^2)^2}$$

정리 7.6을 적용하면

$$\mathrm{Y} = \mathcal{L}\{t^1 \sin t\} = (-1)^1 \frac{d^1}{ds^1} F(s) = (-1)^1 \frac{d^1}{ds^1}\mathcal{L}\{\sin t\}$$

$$= (-1)^1 \frac{d}{ds}\frac{1}{s^2+1^2} = \frac{2s}{(s^2+1^2)^2}$$

따라서 역 Laplace 변환을 취하면

$$y = f(t) = \mathcal{L}^{-1}\{\mathrm{Y}\} = \mathcal{L}^{-1}\{\frac{s}{(s^2+1^2)^2}\} = t^1 \sin t$$

(4) 양변에 Laplace 변환을 취하고 초기 조건을 적용하면

$$s^2\mathcal{L}\{f(t)\} - sf(0) - f'(0) + 3\left(s\mathcal{L}\{f(t)\} - f(0)\right) + 2\mathcal{L}\{f(t)\} = \frac{2}{s+1}$$

$$s^2\mathcal{L}\{f(t)\} + 3s\mathcal{L}\{f(t)\} + 2\mathcal{L}\{f(t)\} = \frac{2}{s+1}$$

$$(s+1)(s+2)\mathcal{L}\{f(t)\} = \frac{2}{s+1}$$

$$\mathrm{Y} = \mathcal{L}\{f(t)\} = \frac{2}{(s+1)^2}\frac{1}{s+2}$$

정리 7.6과 정리 7.10을 적용하면

$$\mathcal{L}\{t^1 e^{-t}\} = (-1)^1 \frac{d^1}{ds^1}\mathcal{L}\{e^{-t}\} = (-1)^1 \frac{d^1}{ds^1}\frac{1}{s+1} = \frac{1}{(s+1)^2}$$

$$\mathcal{L}\{e^{-2t}\} = \frac{1}{s+2}$$

$$\mathcal{L}^{-1}\{F(s)G(s)\} = \int_0^t f(u)g(t-u)du$$

$$\mathcal{L}^{-1}\left\{\frac{1}{(s+1)^2}\frac{1}{s+2}\right\} = \int_0^t u^1 e^{-u} e^{-2(t-u)} du = \int_0^t u^1 e^{-2t+u} du$$

$$= ue^{-2t+u}\Big|_0^t - \int_0^t e^{-2t+u} du$$

$$= te^{-t} - e^{-2t+u}\Big|_0^t$$

$$= te^{-t} - e^{-t} + e^{-2t}$$
$$= (t-1)e^{-t} + e^{-2t}$$
$$y = f(t) = \mathcal{L}^{-1}\{Y\} = 2(t-1)e^{-t} + 2e^{-2t}$$

연습 문제 7.6

Laplace 변환을 사용하여 다음 미분방정식의 해를 구하시오.

(1) $y'' + 4y' + 13y = 20e^{-t},\ \ y = 1,\ \ y' = 3$

(2) $y'' + y = 2\cos t,\ \ y = 1,\ \ y' = 2$

(3) $y'' + 4y' + 5y = 2e^{-2t}\cos t,\ \ y = 0,\ \ y' = 3$

(4) $y'' + 4y' + 4y = t^2 e^{-2t},\ \ y = f(0) = 0,\ \ y' = f'(0) = 0$

답 (1) $y = 2e^{-t} + e^{-2t}(\sin 3t - \cos 3t)$ (2) $y = t\sin t + \cos t + 2\sin t$

(3) $y = (t+3)e^{-2t}\sin t$ (4) $y = 10\cos 2t + \frac{1}{8}\sin 2t - \frac{1}{4}t\cos 2t$

예제 7.7

다음 연립 미분방정식을 푸시오.

$$\begin{cases} \dfrac{dy}{dt} - 2y + z = 0 \\ \dfrac{dz}{dt} - y - 2z = 0 \end{cases},\quad y(0) = 1,\ \ z(0) = 0$$

풀이

Laplace 변환을 하면

$$s\mathcal{L}\{y(t)\} - y(0) - 2\mathcal{L}\{y(t)\} + \mathcal{L}\{z(t)\} = 0 \ \text{ 또는 } \ (s-2)Y(s) + Z(s) = 1$$

$$s\mathcal{L}\{z(t)\} - z(0) - \mathcal{L}\{y(t)\} - 2\mathcal{L}\{z(t)\} = 0 \ \text{ 또는 } \ -Y(s) + (s-2)Z(s) = 0$$

$$\begin{cases} (s-2)Y(s) + Z(s) = 1 \\ -Y(s) + (s-2)Z(s) = 0 \end{cases}$$

$$Y(s) = \frac{\begin{vmatrix} 1 & 1 \\ 0 & (s-2) \end{vmatrix}}{\begin{vmatrix} s-2 & 1 \\ -1 & s-2 \end{vmatrix}} = \frac{s-2}{(s-2)^2+1},\ Z(s) = \frac{\begin{vmatrix} s-2 & 1 \\ -1 & 0 \end{vmatrix}}{\begin{vmatrix} s-2 & 1 \\ -1 & s-2 \end{vmatrix}} = \frac{1}{(s-2)^2+1}$$

역 Laplace 변환을 하면

$$y(t) = e^{2t}\cos t,\ z(t) = e^{2t}\sin t$$

연습 문제 7.7

다음 연립 미분방정식을 푸시오.

$$\begin{cases} \dfrac{dx}{dt} + 2x - y = 0 \\ \dfrac{dy}{dt} - 2y + 4x = 10\sin t \end{cases},\quad x(0) = 1,\ \ y(0) = 0$$

답 $x(t) = 10(t - \sin t),\ y(t) = 10(t - \cos t) + 20(t - \sin t)$

예제 7.8

다음 적분방정식을 푸시오.

$$y(t) + \int_0^t y(t-u)e^u\,du = t + 2$$

풀이

양변에 대하여 Laplace 변환을 하면

$$\mathrm{Y}(s) + \int_0^\infty e^{-st}\int_0^t y(t-u)e^u\,du\,dt = \frac{1}{s^2} + \frac{2}{s}$$

$$\mathrm{Y}(s) + \mathrm{Y}(s)\mathcal{L}\{e^t\} = \frac{1}{s^2} + \frac{2}{s}$$

$$\mathrm{Y}(s) + \mathrm{Y}(s)\frac{1}{s-1} = \frac{1}{s^2} + \frac{2}{s}$$

$$\mathrm{Y}(s) = -\frac{1}{s^3} + \frac{1}{s^2} + \frac{2}{s}$$

역 Laplace 변환을 하면 $y(t) = -\frac{1}{2t^2} + t + 2$

연습 문제 7.8

다음 적분방정식을 푸시오.

(1) $y(t) - \int_0^t y(u)\sin(t-u)\,du = t$

(2) $y(t) - \int_0^t y(t-u)\sin 2u\,du = \sin 2t$

답 (1) $y(t) = \frac{1}{6}t^3 + t$ (2) $y(t) = \sqrt{2}\sin\sqrt{2}t$

보충 문제

1. 다음 함수 $f(t)$의 Laplace 변환을 구하시오.

(1) $\cosh at$

(2) $\sinh at$

(3) $t\cosh at$

(4) $t\sinh at$

(5) $e^{-\alpha t}(a\sin\omega t + b\cos\omega t)$

2. 다음 함수 $F(s)$의 역 Laplace 변환을 구하시오.

(1) $\frac{s+1}{s^2(s^2+1)}$

(2) $\frac{n\pi}{(s+3)^2+n^2\pi^2}$

(3) $\frac{e^{-\pi s}}{(s^2+2s+5)}$

(4) $\ln\frac{s^2+1}{(s-1)^2}$

(5) $\frac{1}{(s^2+4)^2}$

3. Laplace 변환을 사용하여 초기 값이 주어진 다음 미분방정식의 해를 구하시오.

(1) $y'' - 4y' + 5y = 0,\ y = 1,\ y' = 1$

(2) $y'' - 2y' + 10y = 0,\ y = 1,\ y' = 0$

(3) $y'' - 6y' + 9y = te^{3t},\ y = 1,\ y' = 3$

(4) $y'' + 9y = \sin 3t,\ y = 1,\ y' = 0$

(5) $y'' + y = \cos 2t,\ y = 0,\ y' = 0$

(6) $y'' - y = t - te^{-t},\ y = 0,\ y' = 0$

(7) $y'' + 2y' + 2y = \sin 2te^{-t},\ y = 1,\ y' = -1$

(8) $y'' + y = \sinh 2t,\ y = 1,\ y' = 1$

(9) $\begin{cases} \frac{dx}{dt} - y = 1 \\ \frac{dy}{dt} + x = 2\cos t \end{cases},\ x(0) = 1,\ y(0) = -1$

(10) $\begin{cases} \dfrac{dy}{dt} + \dfrac{dx}{dt} - x = 0 \\ \dfrac{d^2y}{dt^2} + \dfrac{dx}{dt} = 0 \end{cases}$, $x(0) = 1$, $y(0) = 1$, $y'(0) = 0$

4. Laplace 변환을 사용하여 3장 1절 선형 미분방정식에 설명된 연속 반응 A → B → C에 대한 미분방정식을 푸시오.

제 8 장

섭동론과 변분론

4장 선형 미분방정식에서 조화 진동자, 강체 회전자, 수소 원자에 대한 Schrödinger 방정식을 풀어 정확히 에너지와 파동 함수들을 구하였다. 그러나 대부분의 원자나 분자에 대한 성질을 기술하는 식의 해를 구할 수 있는 경우는 드물며 근사적으로 그들의 해를 구하는 방법은 상당히 중요하게 된다. 실제로 핵과 전자, 2개의 입자로 구성된 수소 원자보다 복잡한 원자나 분자에 대하여 정확하게 Schrödinger 방정식을 푸는 것은 가능하지 않다. 그러나 다행스럽게도 대부분 근사법들을 사용하면 원하는 수준의 정확도로 풀 수가 있으며 그 결과 복잡한 원자나 분자에 대한 성질을 이해할 수 있다. 양자 화학에서 이러한 근사법은 **섭동론**(perturbation theory)과 **변분론**(variation theory) 두 가지가 있다.

8.1 섭동론

먼저 전자기파의 영향이 없는 시간에 의존하지 않는 계에 대하여 **시간-독립 섭동론**(time-independent perturbation theory)을 논의한 후 전자기파와의 상호작용은 **시간-종속 섭동론**(time-dependent perturbation theory)으로 다룬다. 전자기파가 없다면 원자나 분자가 시간에 따라 변하지 않을 것이고 시간-독립 섭동론으로 계에 대한 문제를 해결할 수 있다. 시간-독립 섭동론은 **비겹친 섭동론**(nondegenerate perturbation theory)과 **겹친 섭동론**(degenerate perturbation theory)의 두 가지로 구분된다. 각각의 에너지 준위가 모두 다른 계는 비겹친 섭동론으로 다루고 이어 에너지는 같으나 상태가 달라서 겹쳐 있는 경우를 겹친 섭동론으로 설명한다.

- **비겹친 섭동론**

비겹친 섭동론에서 우리가 풀어야 하는 방정식은

$$\hat{H}\psi_n = E_n\psi_n \tag{8.1}$$

이고 여기서

$$\hat{H} = \hat{H}^0 + \lambda\hat{H}' \tag{8.2}$$

$\lambda = 0$일 때 이 식은 섭동되지 않은 계의 Hamiltonian이고 $\lambda = 1$일 때 섭동이 완전히 켜진 상태이다. $\hat{H}^0$는 고윳값 $E_n{}^0$과 고유함수 $\psi_n{}^0$를 갖는 섭동되지 않은 계의 Hamiltonian이다. 즉, 정확하게 해가 알려진 계의 $\hat{H}^0$와 고윳값 $E_n{}^0$과 정규

화된 고유함수 $\psi_n{}^0$이다.

$$\hat{H}^0\psi_n{}^0 = E_n{}^0\psi_n{}^0 \tag{8.3}$$

일반적으로 $\hat{H}^0 >> \hat{H}'$인 경우에 섭동법이 적절하다. $\hat{H}'$의 영향이 작은 섭동된 상태에 대한 Hamiltonian은 파라미터 λ에 의존하고, 고윳값 E_n과 고유함수 ψ_n도 λ에 의존한다:

$$\hat{H}\psi_n = (\hat{H}^0 + \lambda\hat{H}')\psi_n = E_n\psi_n,\ \psi_n = \psi_n(\lambda, q),\ E_n = E_n(\lambda) \tag{8.4}$$

여기서 q는 계의 좌표를 의미한다. E_n과 ψ_n에 대하여 Taylor 전개(1장 7절)를 하면

$$\psi_n = \psi_n|_{\lambda=0} + \left.\frac{\partial\psi_n}{\partial\lambda}\right|_{\lambda=0}\lambda + \left.\frac{\partial^2\psi_n}{\partial\lambda^2}\right|_{\lambda=0}\frac{\lambda^2}{2!} + \cdots \tag{8.5}$$

$$E_n = E_n|_{\lambda=0} + \left.\frac{\partial E_n}{\partial\lambda}\right|_{\lambda=0}\lambda + \left.\frac{\partial^2 E_n}{\partial\lambda^2}\right|_{\lambda=0}\frac{\lambda^2}{2!} + \cdots \tag{8.6}$$

λ = 0일 때 섭동되지 않은 계의 Hamiltonian이므로 λ → 0이면 $E_n|_{\lambda=0} \to E_n{}^0$, $\psi_n|_{\lambda=0} \to \psi_n{}^0$:

$$E_n|_{\lambda=0} = E_n{}^0,\ \psi_n|_{\lambda=0} = \psi_n{}^0 \tag{8.7}$$

다음과 같이 간단히 줄여진 표기를 도입하면

$$\psi_n{}^{(k)} = \left.\frac{\partial^k\psi_n}{\partial\lambda^k}\right|_{\lambda=0}\frac{1}{k!},\ E_n{}^{(k)} = \left.\frac{\partial^k E_n}{\partial\lambda^k}\right|_{\lambda=0}\frac{1}{k!},\ k = 1, 2, 3, \cdots \tag{8.8}$$

식 (8.4)와 (8.5)는

$$\psi_n = \psi_n{}^0 + \psi_n{}^{(1)}\lambda + \psi_n{}^{(2)}\lambda^2 + \cdots + \psi_n{}^{(k)}\lambda^k + \cdots \tag{8.9}$$

$$E_n = E_n{}^0 + E_n{}^{(1)}\lambda + E_n{}^{(2)}\lambda^2 + \cdots + E_n{}^{(k)}\lambda^k + \cdots \tag{8.10}$$

$\psi_n{}^{(k)}$와 $E_n{}^{(k)}$는 각각 파동 함수와 에너지에 대한 k차 보정이라고 한다. 다음과 같은 조건이 성립하도록 하고 그렇다 하더라도 $\hat{H}\psi_n = E_n\psi_n$에 있어서 에너지는 변하지 않는다.

$$\langle\psi_n{}^0|\psi_n\rangle = 1 \tag{8.11}$$

최종 계산 후 ψ_n은 정규화시키기 위해 어떤 상수가 곱해진다. 식 (8.11)에 식 (8.9)를 대입하면

$$\begin{aligned}\langle \psi_n{}^0|\psi_n\rangle = 1 &= \langle \psi_n{}^0|\psi_n{}^0 + \psi_n{}^{(1)}\lambda + \psi_n{}^{(2)}\lambda^2 + \cdots + \psi_n{}^{(k)}\lambda^k + \cdots \rangle \\ &= \langle \psi_n{}^0|\psi_n{}^0\rangle + \lambda\langle \psi_n{}^0|\psi_n{}^{(1)}\rangle + \lambda^2\langle \psi_n{}^0|\psi_n{}^{(2)}\rangle + \cdots + \lambda^k\langle \psi_n{}^0|\psi_n{}^{(k)}\rangle \\ &+ \cdots\end{aligned}$$

등식의 오른쪽 첫째 항 $\langle \psi_n{}^0|\psi_n{}^0\rangle = 1$이므로 각 λ^k항의 계수가 0이 되어야 한다. 따라서

$$\langle \psi_n{}^0|\psi_n{}^{(1)}\rangle = 0,\ \langle \psi_n{}^0|\psi_n{}^{(2)}\rangle = 0,\ \cdots,\ \langle \psi_n{}^0|\psi_n{}^{(k)}\rangle,\ \cdots \tag{8.12}$$

식 (8.9)와 (8.10)을 (8.4)에 대입하고 λ의 지수에 따라 정리하면

$$\begin{aligned}&(\hat{H}^0 + \lambda\hat{H}')(\psi_n{}^0 + \psi_n{}^{(1)}\lambda + \psi_n{}^{(2)}\lambda^2 + \cdots + \psi_n{}^{(k)}\lambda^k + \cdots) \\ &= \hat{H}^0\psi_n{}^0 + \lambda(\hat{H}'\psi_n{}^0 + \hat{H}^0\psi_n{}^{(1)}) + \lambda^2(\hat{H}^0\psi_n{}^{(2)} + \hat{H}'\psi_n{}^{(1)}) + \cdots \\ &= (E_n{}^0 + E_n{}^{(1)}\lambda + E_n{}^{(2)}\lambda^2 + \cdots)(\psi_n{}^0 + \psi_n{}^{(1)}\lambda + \psi_n{}^{(2)}\lambda^2 + \cdots) \\ &= E_n{}^0\psi_n{}^0 + \lambda(E_n{}^{(1)}\psi_n{}^0 + E_n{}^0\psi_n{}^{(1)}) \\ &+ \lambda^2(E_n{}^{(2)}\psi_n{}^0 + E_n{}^{(1)}\psi_n{}^{(1)} + E_n{}^0\psi_n{}^0) + \cdots\end{aligned} \tag{8.13}$$

λ^0의 항은 $\hat{H}^0\psi_n{}^0 = E_n{}^0\psi_n{}^0$로 섭동되지 않은 계의 Schrödinger 방정식이다. λ^1의 항은

$$\hat{H}'\psi_n{}^0 + \hat{H}^0\psi_n{}^{(1)} = E_n{}^{(1)}\psi_n{}^0 + E_n{}^0\psi_n{}^{(1)}$$

이항하여 정리하면

$$\hat{H}^0\psi_n{}^{(1)} - E_n{}^0\psi_n{}^{(1)} = E_n{}^{(1)}\psi_n{}^0 - \hat{H}'\psi_n{}^0 \tag{8.14}$$

$E_n{}^{(1)}$을 구하기 위하여 $\psi_m{}^{0*}$를 왼쪽에서 곱하고 적분하면

$$\langle \psi_m{}^0|\hat{H}^0|\psi_n{}^{(1)}\rangle - E_n{}^0\langle \psi_m{}^0|\psi_n{}^{(1)}\rangle = E_n{}^{(1)}\langle \psi_m{}^0|\psi_n{}^0\rangle - \langle \psi_m{}^0|\hat{H}'|\psi_n{}^0\rangle \tag{8.15}$$

$\hat{H}^0$은 Hermitian 연산자이므로 5장에서 다룬 성질(Hermitian 행렬 $\mathrm{H}_{mn} = \mathrm{H}_{nm}{}^*$, 정리 5.1 $E_m{}^0 = E_m{}^{0*}$)을 이용하면

$$\langle\psi_m{}^0|\hat{H}^0|\psi_n{}^{(1)}\rangle = \langle\psi_n{}^{(1)}|\hat{H}^0|\psi_m{}^0\rangle^*$$
$$= \langle\psi_n{}^{(1)}|\hat{H}^0\psi_m{}^0\rangle^* = \langle\psi_n{}^{(1)}|E_m{}^0\psi_m{}^0\rangle^*$$
$$= E_m{}^{0*}\langle\psi_n{}^{(1)}|\psi_m{}^0\rangle^* = E_m{}^0\langle\psi_m{}^0|\psi_n{}^{(1)}\rangle \tag{8.16}$$

식 (8.16)과 직교정규화 조건을 사용하여 식 (8.15)를 정리하면

$$(E_m{}^0 - E_n{}^0)\langle\psi_m{}^0|\psi_n{}^{(1)}\rangle = E_n{}^{(1)}\delta_{mn} - \langle\psi_m{}^0|\hat{H}'|\psi_n{}^0\rangle \tag{8.17}$$

$m = n$이면 위 식의 좌변은 0이 되므로

$$E_n{}^{(1)} = \langle\psi_n{}^0|\hat{H}'|\psi_n{}^0\rangle = \hat{H}'_{nn} \tag{8.18}$$

이 결과는 에너지의 일차 보정은 적절한 섭동되지 않은 파동 함수에 대하여 섭동 $\hat{H}'$의 평균을 의미한다. 따라서 $\lambda = 1$로 두고 일차 보정까지 에너지는

$$E_n \approx E_n{}^0 + E_n{}^{(1)} = E_n{}^0 + \langle\psi_n{}^0|\hat{H}'|\psi_n{}^0\rangle = E_n{}^0 + \int \psi_n{}^{0*}\hat{H}'\,\psi_n{}^0 d\tau \tag{8.19}$$

파동 함수의 일차 보정은 $m \neq n$이면 식 (8.17)은 다음과 같이 된다.

$$(E_m{}^0 - E_n{}^0)\langle\psi_m{}^0|\psi_n{}^{(1)}\rangle = -\langle\psi_m{}^0|\hat{H}'|\psi_n{}^0\rangle,\ m \neq n \tag{8.20}$$

$\psi_n{}^{(1)}$을 구하기 위해 $\psi_n{}^{(1)}$을 섭동되지 않은 $\psi_m{}^0$의 선형결합으로 이루어져 있다고 하면

$$\psi_n{}^{(1)} = c_1\psi_1{}^0 + c_2\psi_2{}^0 + c_3\psi_3{}^0 + \cdots + c_m\psi_m{}^0 + \cdots$$
$$= \textstyle\sum_m c_m\psi_m{}^0 \tag{8.21}$$

$\psi_n{}^{(1)}$에 대한 $\psi_m{}^0$의 기여도인 c_m은 6장의 직교 함수에서 설명한 것처럼 $\psi_n{}^{(1)}$의 왼쪽에 $\psi_m{}^{0*}$을 곱하여 적분하면 된다.

$$\langle\psi_m{}^0|\psi_n{}^{(1)}\rangle = \langle\psi_m{}^0|c_1\psi_1{}^0 + c_2\psi_2{}^0 + c_3\psi_3{}^0 + \cdots + c_m\psi_m{}^0 + \cdots\rangle$$
$$= c_1\langle\psi_m{}^0|\psi_1{}^0\rangle + c_2\langle\psi_m{}^0|\psi_2{}^0\rangle + \cdots + \boldsymbol{c_m\langle\psi_m{}^0|\,\psi_m{}^0\rangle} + \cdots$$
$$= c_m$$

식 (8.20)으로부터 $\langle\psi_m{}^0|\psi_n{}^{(1)}\rangle$은

$$\langle \psi_m{}^0 | \psi_n{}^{(1)} \rangle = \frac{-\langle \psi_m{}^0 | \hat{H}' | \psi_n{}^0 \rangle}{E_m{}^0 - E_n{}^0}, m \neq n$$

따라서

$$c_m = \frac{\langle \psi_m{}^0 | \hat{H}' | \psi_n{}^0 \rangle}{E_n{}^0 - E_m{}^0}, m \neq n \tag{8.22}$$

그러면 파동 함수의 일차 보정은

$$\psi_n{}^{(1)} = \sum_{m \neq n} \frac{\langle \psi_m{}^0 | \hat{H}' | \psi_n{}^0 \rangle}{E_n{}^0 - E_m{}^0} \psi_m{}^0 \tag{8.23}$$

$\sum_{m \neq n}$은 상태 n을 제외한 모든 섭동되지 않은 상태에 대하여 합하는 것을 의미한다. 그러면 일차 보정까지 파동 함수는

$$\psi_n \approx \psi_n{}^0 + \psi_n{}^{(1)} = \psi_n{}^0 + \sum_{m \neq n} \frac{\langle \psi_m{}^0 | \hat{H}' | \psi_n{}^0 \rangle}{E_n{}^0 - E_m{}^0} \psi_m{}^0 \tag{8.24}$$

여기서 $\psi_m{}^0$의 기여도인 c_m은 두 에너지 준위의 차이 $(E_m{}^0 - E_n{}^0)$에 반비례하므로 $E_m{}^0$와 $E_n{}^0$이 비슷하면 커지고 에너지가 크게 다른 상태의 파동 함수는 기여도가 작음을 알 수 있다.

λ^2항에 대하여 유사한 방법으로 정리하면

$$E_n{}^{(2)} = \langle \psi_n{}^0 | \hat{H}' | \psi_n{}^{(1)} \rangle \tag{8.25}$$

여기에 식 (8.23)을 대입하면

$$E_n{}^{(2)} = \langle \psi_n{}^0 | \hat{H}' | \psi_n{}^{(1)} \rangle = \sum_{m \neq n} \frac{\langle \psi_m{}^0 | \hat{H}' | \psi_n{}^0 \rangle}{E_n{}^0 - E_m{}^0} \langle \psi_n{}^0 | \hat{H}' | \psi_m{}^0 \rangle \tag{8.26}$$

$\hat{H}'$가 Hermitian임을 사용하면

$$E_n{}^{(2)} = \sum_{m \neq n} \frac{|\langle \psi_m{}^0 | \hat{H}' | \psi_n{}^0 \rangle|^2}{E_n{}^0 - E_m{}^0} \tag{8.27}$$

$$\begin{aligned} E_n &\approx E_n{}^0 + E_n{}^{(1)} + E_n{}^{(2)} \\ &= E_n{}^0 + \hat{H}'_{nn} + \sum_{m \neq n} \frac{|\langle \psi_m{}^0 | \hat{H}' | \psi_n{}^0 \rangle|^2}{E_n{}^0 - E_m{}^0} \end{aligned} \tag{8.28}$$

$$\psi_n^{(2)} = \sum_{l \neq n} \left\{ \sum_{k \neq n} \frac{\langle \psi_l^0 | \hat{H}' | \psi_k^0 \rangle \langle \psi_k^0 | \hat{H}' | \psi_n^0 \rangle}{(E_l^0 - E_n^0)(E_k^0 - E_n^0)} - \frac{\langle \psi_l^0 | \hat{H}' | \psi_n^0 \rangle \langle \psi_n^0 | \hat{H}' | \psi_n^0 \rangle}{(E_l^0 - E_n^0)^2} \right\} \psi_l^0 \tag{8.29}$$

시작할 때 언급한 것처럼 작은 $\hat{H}'$, 즉 $|\langle \psi_m^0 | \hat{H}' | \psi_n^0 \rangle| \ll |E_n^0 - E_m^0|$인 조건에서 이 이론은 타당성을 가진다.

예제 8.1

4.1절에서 논의된 크기 L의 일차원 상자 속에서 질량 m인 움직이는 입자가 섭동되지 않은 계이고 그림 8.1처럼 x 방향으로 퍼텐셜을 $\frac{Vx}{L}$ 추가하였을 때 섭동론을 사용하여 그 입자의 에너지와 파동 함수를 구하시오.

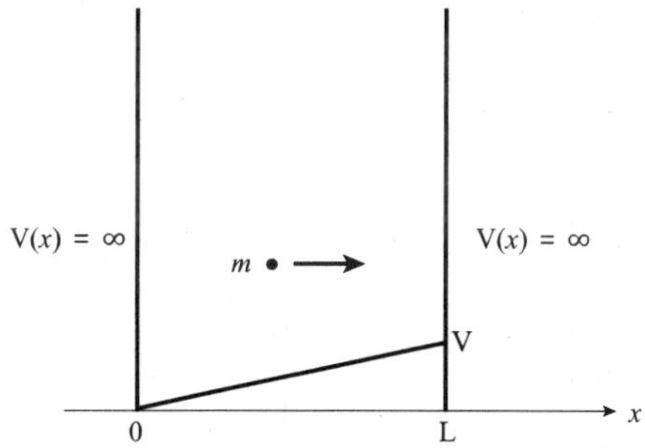

| 그림 8.1 |

풀이

$$\psi_n^0 = \sqrt{\frac{2}{L}} \sin \frac{n\pi x}{L}, \quad E_n^0 = \frac{n^2 h^2}{8mL^2}$$

$$\hat{H}' = \frac{Vx}{L}$$

$$E_n^{(1)} = \hat{H}'_{nn} = \langle \psi_n^0 | \hat{H}' | \psi_n^0 \rangle = \int_0^L \sqrt{\frac{2}{L}} \sin \frac{n\pi x}{L} \frac{Vx}{L} \sqrt{\frac{2}{L}} \sin \frac{n\pi x}{L} dx$$

$$= \frac{2V}{L^2} \int_0^L x \sin \frac{n\pi x}{L} \sin \frac{n\pi x}{L} dx = \frac{2V}{L^2} \int_0^L x \frac{1 - \cos \frac{2n\pi x}{L}}{2} dx$$

$$= \frac{2V}{L^2} \left\{ \frac{x^2}{4} \Big|_0^L - \frac{1}{2} x \frac{L}{2n\pi} \sin \frac{2n\pi x}{L} \Big|_0^L + \frac{1}{2} \int_0^L \frac{L}{2n\pi} \sin \frac{2n\pi x}{L} dx \right\}$$

$$= \frac{2V}{L^2} \left\{ \frac{L^2}{4} + \frac{L}{4n\pi} \frac{-L}{2n\pi} \cos \frac{2n\pi x}{L} \Big|_0^L \right\}$$

$$= \frac{V}{2}$$

$$E_n \approx E_n{}^0 + E_n{}^{(1)}$$
$$= \frac{n^2h^2}{8m\mathrm{L}^2} + \frac{\mathrm{V}}{2}$$

일차 섭동에서 각 에너지 준위는 모두 $\hat{H}'$의 평균값인 $\frac{\mathrm{V}}{2}$만큼 똑같이 이동하게 된다.

$$\psi_k{}^{(1)} = \sum_{j\neq k} \frac{\langle \psi_j{}^0 | \hat{H}' | \psi_k{}^0 \rangle}{E_k{}^0 - E_j{}^0} \psi_j{}^0 = \sum_{j\neq k} c_j \psi_j{}^0$$

$$c_j = \frac{\langle \psi_j{}^0 | \hat{H}' | \psi_k{}^0 \rangle}{E_k{}^0 - E_j{}^0} = \int_0^{\mathrm{L}} \sqrt{\frac{2}{\mathrm{L}}} \sin\frac{j\pi x}{\mathrm{L}} \frac{\mathrm{V}x}{\mathrm{L}} \sqrt{\frac{2}{\mathrm{L}}} \sin\frac{k\pi x}{\mathrm{L}} dx \Big/ \left(E_k{}^0 - E_j{}^0\right)$$
$$= \frac{2\mathrm{V}}{\mathrm{L}^2} \int_0^{\mathrm{L}} x \sin\frac{j\pi x}{\mathrm{L}} \sin\frac{k\pi x}{\mathrm{L}} dx \Big/ \left(E_k{}^0 - E_j{}^0\right)$$
$$= \frac{\mathrm{V}}{\mathrm{L}^2} \int_0^{\mathrm{L}} x \left\{\cos\frac{(j-k)\pi x}{\mathrm{L}} - \cos\frac{(j+k)\pi x}{\mathrm{L}}\right\} dx \Big/ \left(E_k{}^0 - E_j{}^0\right)$$
$$= \frac{\mathrm{V}}{\mathrm{L}^2} \int_0^{\mathrm{L}} x \cos\frac{(j-k)\pi x}{\mathrm{L}} dx \Big/ \left(E_k{}^0 - E_j{}^0\right) - \frac{\mathrm{V}}{\mathrm{L}^2} \int_0^{\mathrm{L}} x \cos\frac{(j+k)\pi x}{\mathrm{L}} dx \Big/ \left(E_k{}^0 - E_j{}^0\right)$$
$$= \frac{\mathrm{V}}{\mathrm{L}^2} \left\{ x \frac{\mathrm{L}}{(j-k)\pi} \sin\frac{(j-k)\pi x}{\mathrm{L}} \Big|_0^{\mathrm{L}} - \int_0^{\mathrm{L}} 1 \frac{\mathrm{L}}{(j-k)\pi} \sin\frac{(j-k)\pi x}{\mathrm{L}} dx \right\} \Big/ \left(E_k{}^0 - E_j{}^0\right)$$
$$- \frac{\mathrm{V}}{\mathrm{L}^2} \left\{ x \frac{\mathrm{L}}{(j+k)\pi} \sin\frac{(j+k)\pi x}{\mathrm{L}} \Big|_0^{\mathrm{L}} - \int_0^{\mathrm{L}} 1 \frac{\mathrm{L}}{(j+k)\pi} \sin\frac{(j+k)\pi x}{\mathrm{L}} dx \right\} \Big/ \left(E_k{}^0 - E_j{}^0\right)$$
$$= \frac{\mathrm{V}}{\mathrm{L}^2} \left\{ \frac{\mathrm{L}^2}{(j-k)^2\pi^2} \cos\frac{(j-k)\pi x}{\mathrm{L}} \Big|_0^{\mathrm{L}} - \frac{\mathrm{L}^2}{(j+k)^2\pi^2} \cos\frac{(j+k)\pi x}{\mathrm{L}} \Big|_0^{\mathrm{L}} \right\} \Big/ \left(\frac{k^2h^2}{8m\mathrm{L}^2} - \frac{j^2h^2}{8m\mathrm{L}^2}\right)$$
$$= \begin{cases} \dfrac{2\mathrm{V}}{\pi^2}\left\{\dfrac{1}{(j+k)^2} - \dfrac{1}{(j-k)^2}\right\} \Big/ \left\{\dfrac{h^2}{8m\mathrm{L}^2}\left(k^2 - j^2\right)\right\}, & j+k = j-k = \text{홀수} \\ 0, & j+k = j-k = \text{짝수} \end{cases}$$

$$\psi_k{}^{(1)} = \sum_{n\neq k} c_n \psi_n{}^0$$

$k = 1$ 인 경우, $n = 2, 3, 4, \cdots$

$$\psi_1{}^{(1)} = c_2\psi_2{}^0 + c_3\psi_3{}^0 + c_4\psi_4{}^0 + \cdots$$

$$c_2 = \frac{2\mathrm{V}}{\pi^2}\left\{\frac{1}{(2+1)^2} - \frac{1}{(2-1)^2}\right\} \Big/ \left\{\frac{h^2}{8m\mathrm{L}^2}\left(1^2 - 2^2\right)\right\} = \frac{0.060\mathrm{V}}{E_1{}^0},\ E_1{}^0 = \frac{h^2}{8m\mathrm{L}^2}$$

$$c_3 = 0$$

$$c_4 = \frac{2\mathrm{V}}{\pi^2}\left\{\frac{1}{(4+1)^2} - \frac{1}{(4-1)^2}\right\} \Big/ \left\{\frac{h^2}{8m\mathrm{L}^2}\left(1^2 - 4^2\right)\right\} = \frac{0.00096\mathrm{V}}{E_1{}^0}$$

$$c_5 = 0$$

$\cdots$

$$\psi_1 \approx \psi_1{}^0 + \psi_1{}^{(1)} = \psi_1{}^0 + \sum_{m\neq 1} \frac{\langle \psi_m{}^0 | \hat{H}' | \psi_1{}^0 \rangle}{E_1{}^0 - E_m{}^0} \psi_m{}^0$$
$$= \psi_1{}^0 + c_2\psi_2{}^0 + c_3\psi_3{}^0 + c_4\psi_4{}^0 + \cdots$$

$$= \sqrt{\frac{2}{L}}\sin\frac{\pi x}{L} + \frac{0.060V}{E_1{}^0}\sqrt{\frac{2}{L}}\sin\frac{2\pi x}{L} + \frac{0.00096V}{E_1{}^0}\sqrt{\frac{2}{L}}\sin\frac{4\pi x}{L} + \cdots$$

계수의 크기를 보면 섭동에 의해 바로 위의 에너지 준위의 파동 함수가 가장 많이 기여한다.

$k = 2$인 경우, $n = 1, 3, 4, \cdots$

$$\psi_2{}^{(1)} = c_1\psi_1{}^0 + c_3\psi_3{}^0 + c_4\psi_4{}^0 + \cdots$$

$$c_1 = \frac{2V}{\pi^2}\left\{\frac{1}{(1+2)^2} - \frac{1}{(1-2)^2}\right\}\Big/\left\{\frac{h^2}{8mL^2}\left(2^2 - 1^2\right)\right\} = -\frac{0.060V}{E_1{}^0}$$

$$c_3 = \frac{2V}{\pi^2}\left\{\frac{1}{(3+2)^2} - \frac{1}{(3-2)^2}\right\}\Big/\left\{\frac{h^2}{8mL^2}\left(2^2 - 3^2\right)\right\} = \frac{0.039V}{E_1{}^0}$$

$$c_4 = 0$$

$$c_5 = \frac{2V}{\pi^2}\left\{\frac{1}{(5+2)^2} - \frac{1}{(5-2)^2}\right\}\Big/\left\{\frac{h^2}{8mL^2}\left(2^2 - 5^2\right)\right\} = \frac{0.00088V}{E_1{}^0}$$

$$c_6 = 0$$

$$\cdots$$

$$\psi_2 = \psi_2{}^0 + c_1\psi_1{}^0 + c_3\psi_3{}^0 + c_4\psi_4{}^0 + \cdots$$

$$= \sqrt{\frac{2}{L}}\sin\frac{2\pi x}{L} - \frac{0.060V}{E_1{}^0}\sqrt{\frac{2}{L}}\sin\frac{\pi x}{L} + \frac{0.039V}{E_1{}^0}\sqrt{\frac{2}{L}}\sin\frac{3\pi x}{L}$$

$$+ \frac{0.00088V}{E_1{}^0}\sqrt{\frac{2}{L}}\sin\frac{5\pi x}{L} + \cdots$$

섭동에 의해 위아래의 바로 인접한 에너지 준위의 파동 함수가 가장 많이 기여한다. 이것은 혼합되는 정도가 두 상태에 대한 에너지의 차이에 반비례하기 때문이다.

파동 함수 $\psi_3, \cdots$ 등에 대해서도 같은 방법으로 구할 수 있다.

2차 섭동에 의한 에너지 E_1에 대한 보정은

$$E_1{}^{(2)} = \sum_{m\neq 1}\frac{\left|\langle\psi_m{}^0|\hat{H}'|\psi_1{}^0\rangle\right|^2}{E_1{}^0 - E_m{}^0}$$

$$= \frac{\left|\langle\psi_2{}^0|\hat{H}'|\psi_1{}^0\rangle\right|^2}{E_1{}^0 - E_2{}^0} + \frac{\left|\langle\psi_3{}^0|\hat{H}'|\psi_1{}^0\rangle\right|^2}{E_1{}^0 - E_3{}^0} + \frac{\left|\langle\psi_4{}^0|\hat{H}'|\psi_1{}^0\rangle\right|^2}{E_1{}^0 - E_4{}^0} + \frac{\left|\langle\psi_5{}^0|\hat{H}'|\psi_1{}^0\rangle\right|^2}{E_1{}^0 - E_5{}^0} + \cdots$$

$$= \left(\frac{0.060V}{E_1{}^0}\right)^2\left(E_1{}^0 - E_2{}^0\right) + 0 + \left(\frac{0.00096V}{E_1{}^0}\right)^2\left(E_1{}^0 - E_4{}^0\right) + 0 + \cdots$$

$$= -\frac{0.0108V^2}{E_1{}^0} + \frac{0.000014V^2}{E_1{}^0} \cong -\frac{0.0108V^2}{E_1{}^0}$$

이 계에서는 2차 섭동에 의한 에너지 보정은 1차 섭동에 의한 에너지 보정에 비해 무시할 수 있을 정도로 작다.

$$E_1 \cong E_1{}^0 + E_1{}^{(1)} + E_1{}^{(2)}$$
$$= \frac{h^2}{8m\mathrm{L}^2} + \frac{\mathrm{V}}{2} - \frac{0.0108\mathrm{V}^2}{E_1{}^0}$$

연습 문제 8.1

4.1절에서 논의된 크기 L의 일차원 상자 속에서 질량 m인 움직이는 입자가 섭동되지 않은 계이고 그림 8.2처럼 $x = \frac{\mathrm{L}}{2}$에서 $x = \mathrm{L}$까지 퍼텐셜이 $\mathrm{V} = 0.1E_1{}^0$만큼 추가되었을 때 섭동론을 사용하여 그 입자의 바닥 상태에 대한 1차 근사 에너지와 파동 함수 및 $E_1{}^{(2)}$를 구하시오.

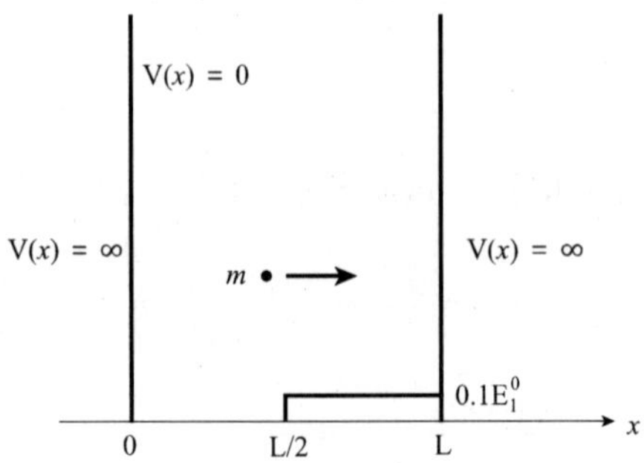

| 그림 8.2 |

답 $E_1 \approx \frac{h^2}{8m\mathrm{L}^2}(1 + 0.05)$,

$$\psi_1 = \sqrt{\frac{2}{\mathrm{L}}}\sin\frac{\pi x}{\mathrm{L}} + 0.0141\sqrt{\frac{2}{\mathrm{L}}}\sin\frac{2\pi x}{\mathrm{L}} - 0.0011\sqrt{\frac{2}{\mathrm{L}}}\sin\frac{4\pi x}{\mathrm{L}} + \cdots$$

$$E_1{}^{(2)} \cong -0.00062E_1{}^0 = -0.00062\frac{h^2}{8m\mathrm{L}^2}$$

이 계에서도 2차 섭동에 의한 에너지 보정 $-0.00062\,E_1{}^0$은 1차 섭동에 의한 에너지 보정 $0.05E_1{}^0$에 비교해서 무시할 수 있을 정도로 작다.

- **겹친 섭동론**

겹침이 d인 에너지 준위에 대한 섭동을 하자.

$$E_1{}^0 = E_2{}^0 = \cdots = E_d{}^0 \tag{8.30}$$

그러면 겹친 에너지 준위에 대응하는 d개의 일차독립인 섭동되지 않은 파동 함수($\psi_1{}^0, \psi_2{}^0, \cdots, \psi_d{}^0$)가 있다. 섭동되지 않은 계의 Schrödinger 방정식은 다음과 같다.

$$\hat{H}^0\psi_n{}^0 = E_n{}^0\psi_n{}^0 \tag{8.31}$$

섭동된 계의 Schrödinger 방정식은 다음과 같다.

$$\hat{H}\psi_n = E_n\psi_n \tag{8.32}$$

여기서

$$\hat{H} = \hat{H}^0 + \lambda\hat{H}' \tag{8.33}$$

$\lambda \rightarrow 0$일 때 이 식은 섭동되지 않은 계의 Hamiltonian으로 접근하고 E_n은 $E_n{}^0$로 접근한다. 이때 파동 함수 ψ_n은 $\psi_n{}^0$로 되어야 할 필요는 없다. 왜냐하면 정리 3.2에서처럼 겹친 에너지 준위에 대응하는 d개의 일차독립인 섭동되지 않은 파동 함수의 어떤 선형결합이라도 식 (8.31)의 해가 될 수 있기 때문이다. 따라서 d 겹친 에너지 준위에 대응하는 섭동된 파동 함수에 대하여 말할 수 있는 것은 $\lambda \rightarrow 0$일 때 섭동되지 않은 파동 함수의 선형결합으로 접근한다는 것이다. 즉,

$$\lim_{\lambda\to 0}\psi_n = \textstyle\sum_{i=1}^{d} c_i\psi_i,\ 1 \le i \le d \tag{8.34}$$

섭동 $\hat{H}'$에 대한 바른 0차 파동 함수 $\phi_n{}^0$를 구하는 것이 첫 번째 일이 된다.

$$\begin{aligned}\phi_n{}^0 &= \textstyle\sum_{i=1}^{d} c_i\psi_i,\ 1 \le i \le d \\ &= c_1\psi_1{}^0 + c_2\psi_2{}^0 + c_3\psi_3{}^0 + \cdots + c_d\psi_d{}^0\end{aligned} \tag{8.35}$$

$\psi_n{}^0$를 사용하는 대신에 $\phi_n{}^0$를 사용하면서 비겹친 섭동론에서 하였던 것과 같은 방법으로 d 겹친 계에 대하여 섭동 처리를 진행한다.

$$\psi_n = \phi_n{}^0 + \psi_n{}^{(1)}\lambda + \psi_n{}^{(2)}\lambda^2 + \cdots, \quad n = 1, 2, \cdots, d \tag{8.36}$$

$$E_n = E_d{}^0 + E_n{}^{(1)}\lambda + E_n{}^{(2)}\lambda^2 + \cdots, \quad n = 1, 2, \cdots, d \tag{8.37}$$

Schrödinger 방정식 (8.32)에 대입하면

$$(\hat{H}^0 + \lambda\hat{H}')(\phi_n{}^0 + \psi_n{}^{(1)}\lambda + \psi_n{}^{(2)}\lambda^2 + \cdots)$$

$$= (E_d{}^0 + E_n{}^{(1)}\lambda + E_n{}^{(2)}\lambda^2 + \cdots)(\phi_n{}^0 + \psi_n{}^{(1)}\lambda + \psi_n{}^{(2)}\lambda^2 + \cdots)$$
$$= E_d{}^0\phi_n{}^0 + \lambda(E_n{}^{(1)}\phi_n{}^0 + E_d{}^0\psi_n{}^{(1)})$$
$$+ \lambda^2(E_n{}^{(2)}\phi_n{}^0 + E_n{}^{(1)}\psi_n{}^{(1)} + E_d{}^0\phi_n{}^0) + \cdots \quad (8.38)$$

양변에서 λ의 항을 같게 하면

$$\hat{H}'\phi_n{}^0 + \hat{H}^0\psi_n{}^{(1)} = E_n{}^{(1)}\phi_n{}^0 + E_d{}^0\psi_n{}^{(1)},\ n = 1, 2, \cdots, d$$

이항하여 정리하면

$$\hat{H}^0\psi_n{}^{(1)} - E_d{}^0\psi_n{}^{(1)} = E_n{}^{(1)}\phi_n{}^0 - \hat{H}'\phi_n{}^0,\ n = 1, 2, \cdots, d \quad (8.39)$$

$E_n{}^{(1)}$을 구하기 위하여 $\psi_m{}^{0^*}$를 왼쪽에서 곱하고 적분하면

$$\langle\psi_m{}^0|\hat{H}^0|\psi_n{}^{(1)}\rangle - E_d{}^0\langle\psi_m{}^0|\psi_n{}^{(1)}\rangle$$
$$= E_n{}^{(1)}\langle\psi_m{}^0|\phi_n{}^{(0)}\rangle - \langle\psi_m{}^0|\hat{H}'|\phi_n{}^0\rangle \quad (8.40)$$

$\hat{H}^0$은 Hermitian 연산자이므로

$$\langle\psi_m{}^0|\hat{H}^0|\psi_n{}^{(1)}\rangle = E_m{}^0\langle\psi_m{}^0|\psi_n{}^{(1)}\rangle = E_d{}^0\langle\psi_m{}^0|\psi_n{}^{(1)}\rangle \quad (8.41)$$

식 (8.41)을 사용하여 식 (8.40)을 정리하면

$$\langle\psi_m{}^0|\hat{H}'|\phi_n{}^0\rangle - E_n{}^{(1)}\langle\psi_m{}^0|\phi_n{}^{(0)}\rangle = 0,\ m = 1, 2, \cdots, d \quad (8.42)$$

$\phi_n{}^0$를 식 (8.35)로 치환하면

$$\sum_{i=1}^{d} c_i\langle\psi_m{}^0|\hat{H}'|\psi_i{}^0\rangle - E_n{}^{(1)}\sum_{i=1}^{d} c_i\langle\psi_m{}^0|\psi_i{}^0\rangle \quad (8.43)$$

직교정규화 조건을 사용하면

$$\sum_{i=1}^{d}[\langle\psi_m{}^0|\hat{H}'|\psi_i{}^0\rangle - E_n{}^{(1)}\delta_{mi}]c_i = 0,\ m = 1, 2, \cdots, d \quad (8.44)$$

이 식은 d개의 식이 한 집합인 선형 동차방정식이다. 다시 풀어 쓰면

$$(\mathrm{H}'_{11} - E_n{}^{(1)})c_1 + \mathrm{H}'_{12}c_2 + \mathrm{H}'_{13}c_3 + \cdots + \mathrm{H}'_{1d}c_d = 0$$
$$\mathrm{H}'_{21}c_1 + (\mathrm{H}'_{22} - E_n{}^{(1)})c_2 + \mathrm{H}'_{23}c_3 + \cdots + \mathrm{H}'_{2d}c_d = 0$$
$$\mathrm{H}'_{31}c_1 + \mathrm{H}'_{32}c_2 + (\mathrm{H}'_{33} - E_n{}^{(1)})c_3 + \cdots + \mathrm{H}'_{3d}c_d = 0$$
$$\cdots$$

$$H'_{d1}c_1 + H'_{d2}c_2 + H'_{d3}c_3 + \cdots + (H'_{dd} - E_n^{(1)})c_d = 0 \tag{8.45}$$

이 영년방정식은 $E_n^{(1)}$에 대한 d차 연립방정식이다. 이 연립방정식은 5장 3절(경우 3, 예제 5.7)에 설명되어 있는 것처럼 적어도 하나 이상의 c_m이 0이 아닌 해를 가지려면 파라미터 c_i의 계수들로 이루어진 행렬식이 0이 되어야 한다.

$$\begin{vmatrix} H'_{11} - E_n^{(1)} & H'_{12} & \cdots & & \cdots & \cdots & H'_{1d} \\ H'_{21} & H'_{22} - E_n^{(1)} & \cdots & & \cdots & \cdots & H'_{2d} \\ \vdots & \vdots & \ddots & & & & \vdots \\ \vdots & \vdots & & \ddots & & & \vdots \\ \vdots & \vdots & & & \ddots & & \vdots \\ H'_{d1} & H'_{d2} & \cdots & & \cdots & \cdots & H'_{dd} - E_n^{(1)} \end{vmatrix} = 0 \tag{8.46}$$

d개의 근이 모두 다르면 섭동 하에서 모든 겹침이 없어지고 d개의 서로 다른 에너지 준위를 얻게 된다.

$$E_d^{\,0} + E_1^{(1)},\ E_d^{\,0} + E_2^{(1)},\ \cdots,\ E_d^{\,0} + E_d^{(1)} \tag{8.47}$$

얻어진 이 에너지 보정 $E_n^{(1)}$을 연립방정식 (8.44)에 대입하여 계수 c_i를 구할 수 있고 파동 함수가 결정된다.

$$\phi_n^{\,0} = c_1\psi_1^{\,0} + c_2\psi_2^{\,0} + c_3\psi_3^{\,0} + \cdots + c_d\psi_d^{\,0} \tag{8.48}$$

각 $E_n^{(1)}$은 다른 조합의 c_i를 주게 된다.

예제 8.2

이차원 xy 상자 속에서 질량 m인 움직이는 입자가 섭동되지 않은 계이고 x와 y 방향으로 퍼텐셜을 $\frac{Vxy}{L^2}$를 추가하였다. 비겹친 섭동론을 사용하여 입자의 에너지와 파동 함수와 관련하여 다음을 구하시오.

(1) 바닥 상태 $E_{1,1}^{\,0}$, $\psi_{1,1}^{\,0}$

(2) 첫째 들뜬 상태 $E_{1,2}^{\,0}$, $E_{2,1}^{\,0}$, $\psi_{1,2}^{\,0}$, $\psi_{2,1}^{\,0}$

(3) 바닥 상태 $E_{1,1}$

(4) 첫째 들뜬 상태 $E_1^{(1)}$, $E_2^{(1)}$, ψ_1, ψ_2

풀이

(1) $E_{1,1}{}^0 = \frac{h^2}{8mL^2}(n_x{}^2 + n_y{}^2) = \frac{h^2}{8mL^2}(1^2+1^2) = \frac{2h^2}{8mL^2}$,

$\psi_{1,1}{}^0 = \sqrt{\frac{2}{L}}\sin\frac{\pi x}{L}\sqrt{\frac{2}{L}}\sin\frac{\pi y}{L}$

(2) $E_{1,2}{}^0 = \frac{h^2}{8mL^2}(1^2+2^2) = \frac{5h^2}{8mL^2}$, $\psi_{1,2}{}^0 = \sqrt{\frac{2}{L}}\sin\frac{\pi x}{L}\sqrt{\frac{2}{L}}\sin\frac{2\pi y}{L}$,

$E_{2,1}{}^0 = \frac{h^2}{8mL^2}(2^2+1^2) = \frac{5h^2}{8mL^2}$, $\psi_{2,1}{}^0 = \sqrt{\frac{2}{L}}\sin\frac{2\pi x}{L}\sqrt{\frac{2}{L}}\sin\frac{\pi y}{L}$

(3) $E_{1,1} \approx E_{1,1}{}^0 + E_{1,1}{}^{(1)}$

$= E_{1,1}{}^0 + \frac{V}{L^2}\int_0^L \sqrt{\frac{2}{L}}\sin\frac{n\pi x}{L}\,x\sqrt{\frac{2}{L}}\sin\frac{n\pi x}{L}\,dx \int_0^L \sqrt{\frac{2}{L}}\sin\frac{n\pi y}{L}\,y\sqrt{\frac{2}{L}}\sin\frac{n\pi y}{L}\,dy$

$= \frac{2h^2}{8mL^2} + \frac{V}{4}$

(4) $\varphi_n{}^0 = c_1\psi_1{}^0 + c_2\psi_2{}^0 = c_1\sqrt{\frac{2}{L}}\sin\frac{\pi x}{L}\sqrt{\frac{2}{L}}\sin\frac{2\pi y}{L} + c_2\sqrt{\frac{2}{L}}\sin\frac{2\pi x}{L}\sqrt{\frac{2}{L}}\sin\frac{\pi y}{L}$

$H'_{11} = \frac{V}{L^2}\int_0^L \sqrt{\frac{2}{L}}\sin\frac{n\pi x}{L}\,x\sqrt{\frac{2}{L}}\sin\frac{n\pi x}{L}\,dx \int_0^L \sqrt{\frac{2}{L}}\sin\frac{2n\pi y}{L}\,y\sqrt{\frac{2}{L}}\sin\frac{2n\pi y}{L}\,dy = \frac{V}{4}$

$H'_{22} = \frac{V}{L^2}\int_0^L \sqrt{\frac{2}{L}}\sin\frac{2n\pi x}{L}\,x\sqrt{\frac{2}{L}}\sin\frac{2n\pi x}{L}\,dx \int_0^L \sqrt{\frac{2}{L}}\sin\frac{n\pi y}{L}\,y\sqrt{\frac{2}{L}}\sin\frac{n\pi y}{L}\,dy = \frac{V}{4}$

$H'_{12} = \frac{V}{L^2}\int_0^L \sqrt{\frac{2}{L}}\sin\frac{n\pi x}{L}\,x\sqrt{\frac{2}{L}}\sin\frac{2n\pi x}{L}\,dx \int_0^L \sqrt{\frac{2}{L}}\sin\frac{2n\pi y}{L}\,y\sqrt{\frac{2}{L}}\sin\frac{n\pi y}{L}\,dy$

$= V\left(\frac{16}{9\pi^2}\right)^2$

$H'_{21} = \frac{V}{L^2}\int_0^L \sqrt{\frac{2}{L}}\sin\frac{2n\pi x}{L}\,x\sqrt{\frac{2}{L}}\sin\frac{n\pi x}{L}\,dx \int_0^L \sqrt{\frac{2}{L}}\sin\frac{n\pi y}{L}\,y\sqrt{\frac{2}{L}}\sin\frac{2n\pi y}{L}\,dy$

$= V\left(\frac{16}{9\pi^2}\right)^2$

$$\begin{cases}(H'_{11} - E_n{}^{(1)})c_1 + H'_{12}c_2 = 0 \\ H'_{21}c_1 + (H'_{22} - E_n{}^{(1)})c_2 = 0\end{cases}, \quad \begin{cases}\left(\frac{V}{4} - E_n{}^{(1)}\right)c_1 + V\left(\frac{16}{9\pi^2}\right)^2 c_2 = 0 \\ V\left(\frac{16}{9\pi^2}\right)^2 c_1 + \left(\frac{V}{4} - E_n{}^{(1)}\right)c_2 = 0\end{cases}$$

$$\begin{vmatrix} H'_{11} - E_n{}^{(1)} & H'_{12} \\ H'_{21} & H'_{22} - E_n{}^{(1)} \end{vmatrix} = 0, \quad \begin{vmatrix} \frac{V}{4} - E_n{}^{(1)} & V\left(\frac{16}{9\pi^2}\right)^2 \\ V\left(\frac{16}{9\pi^2}\right)^2 & \frac{V}{4} - E_n{}^{(1)} \end{vmatrix} = 0$$

$$E_{n1}{}^{(1)} = \frac{V}{4} + V\left(\frac{16}{9\pi^2}\right)^2, \quad E_{n2}{}^{(1)} = \frac{V}{4} - V\left(\frac{16}{9\pi^2}\right)^2$$

$E_{n1}{}^{(1)}$를 위의 연립방정식에 대입하면 $c_1 = c_2$를 얻는다. 정규화하면

$$c_1 = c_2 = \sqrt{\frac{1}{2}}$$

$$\phi_{n1}{}^0 = c_1\psi_1{}^0 + c_2\psi_2{}^0$$

$$= \sqrt{\frac{1}{2}}\left\{\sqrt{\frac{2}{L}}\sin\frac{\pi x}{L}\sqrt{\frac{2}{L}}\sin\frac{2\pi y}{L} + \sqrt{\frac{2}{L}}\sin\frac{2\pi x}{L}\sqrt{\frac{2}{L}}\sin\frac{\pi y}{L}\right\}$$

$E_{n2}{}^{(1)}$를 위의 연립방정식에 대입하면 $c_1 = c_2$를 얻는다. 정규화하면

$$c_1 = c_2 = \sqrt{\frac{1}{2}}$$

$$\phi_{n2}{}^0 = c_1\psi_1{}^0 + c_2\psi_2{}^0$$

$$= \sqrt{\frac{1}{2}}\left\{\sqrt{\frac{2}{L}}\sin\frac{\pi x}{L}\sqrt{\frac{2}{L}}\sin\frac{2\pi y}{L} - \sqrt{\frac{2}{L}}\sin\frac{2\pi x}{L}\sqrt{\frac{2}{L}}\sin\frac{\pi y}{L}\right\}$$

섭동이 없을 때 겹쳐 있던 두 에너지 준위가 섭동을 가하면 에너지가 달라진다. 이와 같이 원자나 분자에 전기장을 가하여 겹쳐 있던 에너지 준위들을 갈라지게 하는 것을 Stark 효과라고 하고 원자나 분자에 자기장을 가하여 겹쳐 있던 에너지 준위들을 갈라지게 하는 것을 Zeeman 효과라고 한다.

연습 문제 8.2

조화 진동자는 4장의 마지막 부분에서 설명하였다. xy 평면에서 움직이는 전하를 띤 입자의 질량 m과 힘 상수 k를 갖는 조화 진동자에 이차원 섭동 퍼텐셜 λxy를 가하였다.

(1) a가 0인 경우와 그렇지 않은 경우에 대하여 Schrödinger 방정식을 쓰시오.

(2) a가 0인 경우에 대하여 에너지가 낮은 순으로 $E_0{}^0$, $E_1{}^0$, $E_2{}^0$의 에너지와 양자수를 구하시오.

(3) a가 0이 아닌 경우에 대하여 첫째 들뜬 상태의 에너지 $E_1{}^{(1)}$, E_1과 ψ_1를 구하시오.

답 (1) $\hat{H}_x{}^0 = \left\{-\frac{\hbar^2}{2\mu}\frac{d^2}{dx^2} + \frac{1}{2}kx^2\right\}$, $\hat{H}_y{}^0 = \left\{-\frac{\hbar^2}{2\mu}\frac{d^2}{dy^2} + \frac{1}{2}ky^2\right\}$, $\hat{H}^0 = \hat{H}_x{}^0 + \hat{H}_y{}^0$

$$\hat{H}^0\psi = \left(\hat{H}_x{}^0 + \hat{H}_y{}^0\right)\psi = E^0\psi = \left(E_x{}^0 + E_y{}^0\right)\psi = E_x{}^0\psi + E_y{}^0\psi$$

(2) $E(n_x, n_y)^0 = \left(n_x + \frac{1}{2}\right)h\nu + \left(n_y + \frac{1}{2}\right)h\nu = \left(n_x + n_y + 1\right)h\nu$

$n_x = n_y = 0,\ E_0{}^0 = E_x{}^0 + E_y{}^0 = h\nu$

$n_x = 1,\ n_y = 0,\ E_1{}^0 = 2h\nu,\ n_x = 0,\ n_y = 1,\ E_1{}^0 = 2h\nu$

$n_x = 2,\ n_y = 0,\ E_2{}^0 = 3h\nu,\ n_x = 0,\ n_y = 2,\ E_2{}^0 = 3h\nu,\ n_x = 1,\ n_y = 1,\ E_2{}^0 = 3h\nu$

(3) $E_{1_1}{}^{(1)} = \frac{1}{2\alpha},\ E_{1_2}{}^{(1)} = -\frac{1}{2\alpha},\ \alpha = 4\pi^2\mu\nu/h$

$E_{1_1} = E_1{}^0 + E_{1_1}{}^{(1)} = 2h\nu + \frac{1}{2\alpha},\ \psi_{1_1} = \frac{1}{\sqrt{2}}\{\psi_{01} + \psi_{10}\}$

$E_{1_2} = E_1{}^0 + E_{1_2}{}^{(1)} = 2h\nu - \frac{1}{2\alpha},\ \psi_{1_2} = \frac{1}{\sqrt{2}}\{\psi_{01} - \psi_{10}\}$

• 시간-종속 섭동론

분광학에서는 원자나 분자 같은 계가 어떤 정류상태에 있다가 빛과 같은 전자기파와 상호작용하여 다른 정류상태로 전이가 일어나는지 아닌지가 관찰된다. 전자기파가 흡수되거나 방출되는 경우에 계는 시간에 따라 변하므로 전자기파는 Hamiltonian에 시간-종속 퍼텐셜 에너지 항을 만든다. 따라서 전자기파의 영향 하에서 계를 기술하기 위해서는 시간-종속 Schrödinger 방정식이 사용되어야 한다. 전자기파에 계가 노출되었을 때 계가 전자기파에 노출되기 전의 상태에서 크게 교란되지 않을 정도로 작다면($\hat{H}'(t) \ll \hat{H}^0$) 시간-종속 섭동론으로 다룰 수 있다. Hamiltonian 연산자는

$$\hat{H}(t) = \hat{H}^0 + \hat{H}'(t) \tag{8.49}$$

전자기파의 영향이 없을 때 Schrödinger 방정식은

$$\hat{H}^0\psi_k{}^0 = E_k{}^0\psi_k{}^0 \tag{8.50}$$

여기서 $\hat{H}^0$, $E_k{}^0$와 $\psi_k{}^0$는 각각 시간-독립 Hamiltonian 연산자, 정류상태 에너지와 정류상태 파동 함수이다.

전자기파와 상호작용하게 되면 계는 시간에 따라 변하게 되고 시간-종속 Schrödinger 방정식으로 기술된다.

$$-\frac{\hbar}{i}\frac{\partial}{\partial t}\Psi = \left(\hat{H}^0 + \hat{H}'(t)\right)\Psi \tag{8.51}$$

여기서 $\Psi = \Psi(q, t)$, q는 좌표를 의미한다.

계가 전자기파에 노출되기 전의 상태, 즉 $\hat{H}'(t) = 0$에서

$$-\frac{\hbar}{i}\frac{\partial}{\partial t}\Psi^0 = \hat{H}^0\Psi^0$$

$$\Psi^0 = \sum_k c_k \Psi_k{}^0 = \sum_k c_k exp\left(-iE_k{}^0 t/\hbar\right)\psi_k{}^0 \tag{8.52}$$

여기서 c_k는 시간-독립 상수들이다. Ψ^0는 시간-독립 $\hat{H}^0$인 시간-독립 Schrödinger 방정식의 해이다. $\hat{H}'(t) \neq 0$이라면 식 (8.51)은 더 이상 시간-종속 Schrödinger 방정식의 해가 될 수 없다. 섭동되지 않은 $\psi_k{}^0$가 하나의 완전 집합을 이루기 때문에 어떤 순간에 있어서 참 상태 함수 Ψ는 $\psi_k{}^0$의 선형결합으로 전개될 수 있다. $\hat{H}(t)$가 시간-종속이기 때문에 Ψ는 시간에 따라 변할 것이고 따라서 전개 계수 $a_k(t)$도 시간에 따라 변할 것이다. 그러면

$$\Psi = \sum_k a_k(t) exp\left(-iE_k{}^0 t/\hbar\right)\psi_k{}^0 \tag{8.53}$$

$\hat{H}'(t) \rightarrow 0$이 되는 극한에서는 식 (8.53)은 식 (8.52)가 된다.

식 (8.51)을 시간-종속 Schrödinger 방정식 (8.50)에 대입하여 정리하면

$$-\frac{\hbar}{i}\sum_k \frac{d}{dt}a_k(t) exp\left(-iE_k{}^0 t/\hbar\right)\psi_k{}^0 + \sum_k E_k{}^0 a_k(t) exp\left(-iE_k{}^0 t/\hbar\right)\psi_k{}^0$$

$$= \sum_k E_k{}^0 a_k(t) exp\left(-iE_k{}^0 t/\hbar\right)\psi_k{}^0 + \sum_k a_k(t) exp\left(-iE_k{}^0 t/\hbar\right)\hat{H}'(t)\psi_k{}^0$$

$$-\frac{\hbar}{i}\sum_k \frac{d}{dt}a_k(t) exp\left(-iE_k{}^0 t/\hbar\right)\psi_k{}^0 = \sum_k a_k(t) exp\left(-iE_k{}^0 t/\hbar\right)\hat{H}'(t)\psi_k{}^0 \tag{8.54}$$

섭동되지 않은 $\psi_k{}^0$에 대한 정규직교화 조건을 적용하며 $\psi_m{}^{0*}$를 왼쪽에서 곱하고 적분하면

$$-\frac{\hbar}{i}\sum_k \frac{d}{dt}a_k(t) exp\left(-iE_k{}^0 t/\hbar\right)\delta_{mk}$$

$$= \sum_k a_k(t) exp\left(-iE_k{}^0 t/\hbar\right)\langle\psi_m{}^0|\hat{H}'|\psi_k{}^0\rangle$$

$$-\frac{\hbar}{i}\frac{d}{dt}a_m(t) exp\left(-iE_m{}^0 t/\hbar\right)\delta_{mm}$$

$$= \sum_k a_k(t) exp\left(-iE_k{}^0 t/\hbar\right)\langle\psi_m{}^0|\hat{H}'|\psi_k{}^0\rangle$$

$$\frac{d}{dt}a_m(t) = -\frac{i}{\hbar}\sum_k a_k(t) exp\left\{i\left(E_m{}^0 - E_k{}^0\right) t/\hbar\right\}\langle\psi_m{}^0|\hat{H}'|\psi_k{}^0\rangle \tag{8.55}$$

$\hat{H}'(t)$가 가해지기 전에 계는 에너지 $E_n{}^0$를 갖는 정류상태에 있었고 $t = 0$에서 $\hat{H}'(t)$가 가해진다고 하면 $t = 0$일 때 $\Psi = exp(-iE_n{}^0 t/\hbar)\psi_n{}^0$이다. 그러므로 $a_n(0) = 1$이고 $k \neq n$ $a_k(0) = 0$이다. 즉,

$$a_k(0) = \delta_{kn} \tag{8.56}$$

앞에서 언급한 것처럼 $\hat{H}'(t)$가 작고 단지 매우 짧은 시간 동안 작용한다면 이러한 조건하에서 섭동이 가해지는 그 순간에 전개 계수 a_k는 그들의 최초 값으로부터 변화되는 정도가 작을 것이라 생각할 수 있다. 그러면 근사로써 식 (8.55)의 우변 항에서 계수는 그들의 최초 값으로 대체될 수 있다.

$$\begin{aligned}\frac{d}{dt}a_m(t) &\approx -\frac{i}{\hbar}a_n(t)exp\{i(E_m{}^0 - E_n{}^0)\,t/\hbar\}\langle\psi_m{}^0|\hat{H}'|\psi_n{}^0\rangle \\ &= -\frac{i}{\hbar}exp\{i(E_m{}^0 - E_n{}^0)\,t/\hbar\}\langle\psi_m{}^0|\hat{H}'|\psi_n{}^0\rangle\end{aligned} \tag{8.57}$$

$\hat{H}'(t)$를 $t = 0$으로부터 $t = t'$까지 작용시키면, 이 시간 동안 식 (8.57)을 적분하고 식 (8.56)을 사용하여 $a_m(t)$를 얻는다.

$$a_m(t) \approx \delta_{mn} - \frac{i}{\hbar}\int_0^{t'} exp\{i(E_m{}^0 - E_n{}^0)\,t/\hbar\}\langle\psi_m{}^0|\hat{H}'|\psi_n{}^0\rangle dt \tag{8.58}$$

이것을 식 (8.53)에 사용하면 $\hat{H}'(t)$가 가해지는 순간 $t = 0$에서 정류상태 n에 있던 계를 시간 t'에서의 상태로 근사할 수 있다.

시간 t' 뒤에 섭동이 그치면 $\hat{H}' = 0$이 된다. 그러면 $t > t'$인 시간 동안 $\frac{d}{dt}a_m(t) = 0$이 되므로 $a_m(t) = a_m(t')$이다. 그러므로 섭동이 가해진 후의 시간에 대한 계의 상태는

$$\Psi = \textstyle\sum_m a_m(t')exp(-iE_m{}^0 t/\hbar)\psi_m{}^0,\ t \geq t' \tag{8.59}$$

시간 t' 뒤의 어떤 순간에 계의 에너지를 측정하면 $\hat{H}^0$의 고윳값 $E_m{}^0$들 중의 하나를 얻게 되고 $E_m{}^0$를 얻게 될 확률은 $|\langle\psi_m{}^0|\Psi\rangle|^2$이 된다.

$$|a_m(t')exp(-iE_m{}^0 t/\hbar)|^2 = |a_m(t')|^2 \tag{8.60}$$

지금까지의 결과로 보면 시간-종속 섭동은 계의 상태를 $exp(-iE_n{}^0 t/\hbar)\psi_n{}^0$에서 $exp(-iE_m{}^0 t/\hbar)\psi_m{}^0$로 변화시킨다. 정류상태 n으로부터 정류상태 m까지 전이에 대한 확률은 $|a_m(t')|^2$에 의해 주어진다.

x 방향으로 평면 편광된 전자기파를 $\hat{H}'$으로 가한다면 전기장은 단위 전하가 받는 힘으로 정의된다. 한 전하 Q_i에 대한 힘은 $F = Q_i E_x = -dV/dx$이므로 퍼텐셜은 $V = -Q_i E_x x$이고 전하가 여럿이면 퍼텐셜은 $V = -\sum_i Q_i E_x x$이다. 섭동 $\hat{H}'$으로 x 방향으로 평면 편광되고 z 방향으로 진행하는 파장 λ, 진동수 ν인 전자기파는 $E_x = 2E_0 \sin(\omega t - 2\pi z/\lambda)$이다. 크기 E_0를 가지는 왼쪽으로 회전하고 오른쪽으로 회전하는 두 개의 원 편광된 전자기파의 합성으로 평면 편광된 전자기파를 나타낼 수 있음을 고려하여 전자기파의 최대 크기를 $2E_0$로 하였다. 원자나 분자 내의 모든 전자와 핵에 대하여 합하면 퍼텐셜은

$$\hat{H}'(t) = -2E_0 \sum_i Q_i x_i \sin(\omega t - 2\pi z_i/\lambda) \tag{8.61}$$

전이가 일어나는 두 에너지 준위 사이의 공명 진동수는

$$\omega_{mn} = \left(E_m{}^0 - E_n{}^0\right)/\hbar \tag{8.62}$$

상태 함수 Ψ의 전개 계수는

$$a_m(t) \approx \delta_{mn} + \frac{i2E_0}{\hbar}\int_0^{t'} exp\{i\omega_{mn}t\}\langle\psi_m{}^0|\textstyle\sum_i Q_i x_i \sin(\omega t - 2\pi z_i/\lambda)\,|\psi_n{}^0\rangle dt$$

여기서 라디오파에서 자외선까지 분광학에서 다루는 전자기파의 파장은 10^3 Å 보다 크고 좌표 z_i는 몇 Å 정도이므로 $2\pi z_i/\lambda$항은 무시할 수 있다. 그러면

$$a_m(t) \approx \delta_{mn} + \frac{i2E_0}{\hbar}\int_0^{t'} exp\{i\omega_{mn}t\}\langle\psi_m{}^0|\textstyle\sum_i Q_i x_i \sin\omega t\,|\psi_n{}^0\rangle dt$$

$\sin\omega t = (e^{\omega t} - e^{-\omega t})/2i$를 사용하면

$$\begin{aligned} a_m(t) &\approx \delta_{mn} + \frac{i2E_0}{\hbar}\langle\psi_m{}^0|\textstyle\sum_i Q_i x_i\,|\psi_n{}^0\rangle \int_0^{t'}\left(e^{i(\omega_{mn}+\omega)t} - e^{i(\omega_{mn}-\omega)t}\right)/2i\,dt \\ &= \delta_{mn} + \frac{E_0}{\hbar}\langle\psi_m{}^0|\textstyle\sum_i Q_i x_i\,|\psi_n{}^0\rangle \int_0^{t'}\left(e^{i(\omega_{mn}+\omega)t} - e^{i(\omega_{mn}-\omega)t}\right)dt \\ &= \delta_{mn} + \frac{E_0}{\hbar}\langle\psi_m{}^0|\textstyle\sum_i Q_i x_i\,|\psi_n{}^0\rangle \left[\frac{e^{i(\omega_{mn}+\omega)t'}-1}{\omega_{mn}+\omega} - \frac{e^{i(\omega_{mn}-\omega)t'}-1}{\omega_{mn}-\omega}\right] \end{aligned} \tag{8.63}$$

$E_n{}^0$ 상태로부터 $E_m{}^0$로 전자기파를 흡수하는 공명 조건 근처에서는 $\omega_{mn} \approx \omega$이므로 괄호 [ ] 안의 두 항 중에서 첫째 항은 작고 둘째 항은 기여도가 크므로

$$a_m(t) \approx \frac{E_0}{\hbar}\langle\psi_m{}^0|\textstyle\sum_i Q_i x_i\,|\psi_n{}^0\rangle \left[-\frac{e^{i(\omega_{mn}-\omega)t'}-1}{\omega_{mn}-\omega}\right]$$

$$= \frac{E_0}{\hbar}\langle\psi_m{}^0|\sum_i Q_i x_i|\psi_n{}^0\rangle e^{i(\omega_{mn}-\omega)t'/2}\left[-\frac{e^{i(\omega_{mn}-\omega)t'/2}-e^{-i(\omega_{mn}-\omega)t'/2}}{\omega_{mn}-\omega}\right]$$

$$= \frac{E_0}{\hbar}\mu_{mn}e^{i(\omega_{mn}-\omega)t'/2}\left[-\frac{\sin\{(\omega_{mn}-\omega)t/2\}}{(\omega_{mn}-\omega)t/2}\right]t \tag{8.64}$$

여기서

$$\mu_{mn} = \langle\psi_m{}^0|\sum_i Q_i x_i|\psi_n{}^0\rangle \tag{8.65}$$

이고

$$\mathrm{P}_{mn}(t) = |a_m(t)|^2 = \frac{E_0{}^2}{\hbar^2}\mu_{mn}{}^2\left[\frac{\sin^2\{(\omega_{mn}-\omega)t/2\}}{\{(\omega_{mn}-\omega)t/2\}^2}\right]t^2$$

$$= \frac{E_0{}^2}{\hbar^2}\mu_{mn}{}^2\left[\frac{\sin^2 x}{x^2}\right]t^2,\ \ x = (\omega_{mn}-\omega)t/2 \tag{8.66}$$

m 상태에서 발견할 확률은 섭동 전기장 진폭의 제곱, 전자기파 조사 시간 t, **전이 쌍극자 모멘트** μ_{mn}의 제곱에 비례한다. 전이 쌍극자 모멘트를 구하기 위해서는 $\psi_m{}^0$, $\psi_n{}^0$와 $\hat{H}'$을 알아야 한다. $\hat{H}'$ 중의 $\sum_i Q_i x_i$은 섭동 전자기파가 x 방향으로 편광된 것을 가정하였으므로 계의 쌍극자 모멘트의 x 성분이다. 따라서 모든 방향에 대해서는 x, y, z 세 성분을 모두 고려하면 된다(식 (4.98) ~ (4.102) 및 (4.118) 관련 내용 참고). 이 값이 0이면 상태 n에서 상태 m으로 전이는 **금지**(forbidden)되었다고 하고 0이 아니면 **허용**(allowed)되었다고 한다.

$n(E)$는 $E_m{}^0$ 근처에서 최종 상태의 밀도 $n(\hbar\,\omega_{mn}) = d\mathrm{N}(E)/dE$라 하면 상태 n에서 상태 m으로 전이 속도는 $\mathrm{W}_{mn} = \frac{\mathrm{P}_{mn}(t)}{t}$이다. 긴 시간 t에 대하여 $\omega_{mn} = \omega$에서 $\sin x/x$는 뾰족해지며 상태의 밀도 $n(\hbar\,\omega_{mn})$는 적분으로부터 안전하게 빼낼 수 있으므로

$$E = \hbar\,\omega_{mn},\ dE = \hbar\,d\omega_{mn} = \hbar 2dx/t,$$

$$\mathrm{W}_{mn} = \frac{1}{t}\int_0^\infty n(E)\,\mathrm{P}_{mn}(t)dE = \frac{1}{t}\frac{E_0{}^2}{\hbar^2}\mu_{mn}{}^2\int_{-\infty}^\infty n(E)\left[\frac{\sin^2 x}{x^2}\right]t2\hbar dx$$

$$= \frac{2E_0{}^2}{\hbar}\mu_{mn}{}^2 n(\hbar\,\omega_{mn})\int_{-\infty}^\infty \frac{\sin^2 x}{x^2}dx = \frac{2E_0{}^2}{\hbar}\mu_{mn}{}^2 n(\hbar\,\omega_{mn})\pi$$

$$\mathrm{W}_{mn} = \frac{2\pi E_0{}^2}{\hbar}\mu_{mn}{}^2 n(\hbar\,\omega_{mn}) \tag{8.67}$$

$\int_0^\infty \frac{\sin^2 x}{x^2}dx$의 적분은 예제 6.5 (4)에서 구하였다.

8.2 변분론

계의 에너지와 파동 함수를 구하는 체계적인 한 방법은 변분 원리를 이용하는 것이다. 사람이 만드는 임의의 파동 함수를 써서 에너지를 계산하면 아무리 계를 잘 기술한다 하더라도 가능한 비슷하게 할 수 있을지 몰라도 자연이 준 그 상태를 완벽히 나타낼 수 없다. 따라서 임의의 파동 함수를 써서 계의 에너지를 계산하면 진짜 에너지보다 절대로 작지 않은 값이 얻어진다. 이것을 식으로 나타내면

$$\mathrm{E}_{true} \leq \frac{\int \Psi^* \hat{H} \Psi d\tau}{\int \Psi^* \Psi d\tau} = \mathrm{E} \tag{8.68}$$

여기서 임의의 파동 함수 Ψ를 시험 파동 함수라고 한다. 시험 파동 함수를 구하기 위해서는 시험 파동 함수를 변화시키면서 얻어지는 에너지 E를 가장 작게 만드는 것이다. 이때의 파동 함수가 우리가 구할 수 있는 가장 좋은 것이 된다. 물론 복잡한 꼴의 파동 함수를 사용하면 더 낮은 에너지를 얻을 수도 있겠지만 계산이 더욱 복잡해지고 따라서 계산 시간도 더 오래 걸리고 의미 파악도 더 어려워질 수 있다. 따라서 분자의 경우 주어진 원자 오비탈 집합으로부터 근사법을 적용하면서 최선의 분자 오비탈을 구하는 것이 계산이 단순하면서 물리적 의미를 파악하기 쉽다고 생각된다. 파동 함수 $\Psi(a, b, c, \cdots)$가 $a, b, c, \cdots$에 따라 변한다면, 에너지 E도 $a, b, c, \cdots$의 함수, 즉 $\mathrm{E}(a, b, c, \cdots)$가 된다. 그러면 1장의 극대 극소에서 설명한 것처럼 최상의 파동 함수는 파라미터 $a, b, c, \cdots$에 대하여 E를 미분한 것이 0이 되는 조건에서 얻어진다.

$$\frac{\partial \mathrm{E}}{\partial a} = \frac{\partial \mathrm{E}}{\partial b} = \frac{\partial \mathrm{E}}{\partial c} = \cdots = 0 \tag{8.69}$$

선형 변분법에서는 시험 파동 함수를 한 집합의 함수 $\{\phi_i\}$를 다음과 같이 선형결합하여 사용한다.

$$\begin{aligned}\Psi &= c_1\phi_1 + c_2\phi_2 + c_3\phi_3 + \cdots + c_m\phi_m + \cdots \\ &= \textstyle\sum_{m=1}^{n} c_m\phi_m\end{aligned} \tag{8.70}$$

식 (8.68)을 정리하면

$$\int \Psi^* \hat{H} \Psi d\tau = \mathrm{E} \int \Psi^* \Psi d\tau$$

여기에 Ψ를 대입하여 좌변과 우변을 계산하면

$$\int \Psi^* \hat{H} \Psi d\tau$$
$$= \int (c_1\phi_1 + c_2\phi_2 + c_3\phi_3 + \cdots + c_m\phi_m + \cdots)$$
$$^*\hat{H}\,(c_1\phi_1 + c_2\phi_2 + c_3\phi_3 + \cdots + c_m\phi_m + \cdots)d\tau$$
$$= \int \sum_{j=1}^{n} c_j^*\phi_j^*\,\hat{H} \sum_{k=1}^{n} c_k\phi_k\, d\tau$$
$$= \sum_{j=1}^{n}\sum_{k=1}^{n} c_j^*\, c_k \int \phi_j^*\hat{H}\,\phi_k d\tau$$
$$= \sum_{j=1}^{n}\sum_{k=1}^{n} c_j^*\, c_k \mathrm{H}_{jk}$$

여기서 $\int \phi_j^*\hat{H}\,\phi_k d\tau = \mathrm{H}_{jk}$

$$\int \Psi^* \Psi d\tau$$
$$= \int (c_1\phi_1 + c_2\phi_2 + c_3\phi_3 + \cdots + c_m\phi_m + \cdots)^*$$
$$(c_1\phi_1 + c_2\phi_2 + c_3\phi_3 + \cdots + c_m\phi_m + \cdots)d\tau$$
$$= \int \sum_{j=1}^{n} c_j^*\phi_j^* \sum_{k=1}^{n} c_k\phi_k\, d\tau$$
$$= \sum_{j=1}^{n}\sum_{k=1}^{n} c_j^*\, c_k \int \phi_j^*\,\phi_k d\tau$$
$$= \sum_{j=1}^{n}\sum_{k=1}^{n} c_j^*\, c_k \mathrm{S}_{jk}$$

여기서 $\int \phi_j^*\,\phi_k d\tau = \mathrm{S}_{jk}$

$$\sum_{j=1}^{n}\sum_{k=1}^{n} c_j^*\, c_k \mathrm{H}_{jk} = \mathrm{E}\sum_{j=1}^{n}\sum_{k=1}^{n} c_j^*\, c_k \mathrm{S}_{jk} \tag{8.71}$$

c_i^*에 대하여 편미분하고 $\frac{\partial \mathrm{E}}{\partial c_i^*} = 0$을 적용하면

$$\sum_{k=1}^{n} c_k \mathrm{H}_{ik} = \frac{\partial \mathrm{E}}{\partial c_i^*}\sum_{j=1}^{n}\sum_{k=1}^{n} c_j^*\, c_k \mathrm{S}_{jk} + \mathrm{E}\sum_{k=1}^{n} c_k \mathrm{S}_{ik}$$
$$\sum_{k=1}^{n} c_k \mathrm{H}_{ik} = \mathrm{E}\sum_{k=1}^{n} c_k \mathrm{S}_{ik}$$
$$\sum_{k=1}^{n} c_k(\mathrm{H}_{ik} - \mathrm{ES}_{ik}) = 0,\ i = 1, 2, 3, \cdots, n \tag{8.72a}$$

이것을 풀어서 쓰면 i = 1, 2, 3, $\cdots, n$일 때 다음 n개의 식을 얻는다. 같은 방법으로 실수 계수 c_i인 경우에도 같은 결과를 얻을 수 있다.

$$c_1(\mathrm{H}_{11} - \mathrm{ES}_{11}) + c_2(\mathrm{H}_{12} - \mathrm{ES}_{12}) + c_3(\mathrm{H}_{13} - \mathrm{ES}_{13}) + \cdots + c_n(\mathrm{H}_{1n} - \mathrm{ES}_{1n}) = 0$$
$$c_1(\mathrm{H}_{21} - \mathrm{ES}_{21}) + c_2(\mathrm{H}_{22} - \mathrm{ES}_{22}) + c_3(\mathrm{H}_{23} - \mathrm{ES}_{23}) + \cdots + c_n(\mathrm{H}_{2n} - \mathrm{ES}_{2n}) = 0$$
$$c_1(\mathrm{H}_{31} - \mathrm{ES}_{31}) + c_2(\mathrm{H}_{32} - \mathrm{ES}_{32}) + c_3(\mathrm{H}_{33} - \mathrm{ES}_{33}) + \cdots + c_n(\mathrm{H}_{3n} - \mathrm{ES}_{3n}) = 0$$
$$\cdots$$

$$c_1(\mathrm{H}_{n1} - \mathrm{ES}_{n1}) + c_2(\mathrm{H}_{n2} - \mathrm{ES}_{n2}) + c_3(\mathrm{H}_{n3} - \mathrm{ES}_{n3}) + \cdots + c_n(\mathrm{H}_{nn} - \mathrm{ES}_{nn}) = 0 \tag{8.72b}$$

이 연립방정식은 예제 5.7과 5장 4절에 설명되어 있는 것처럼 모든 c_i가 0이 아닌 해를 가지려면 파라미터 c_i의 계수들로 이루어진 행렬식이 0이 되어야 한다.

$$\begin{vmatrix} \mathrm{H}_{11} - \mathrm{ES}_{11} & \mathrm{H}_{12} - \mathrm{ES}_{12} & \cdots & \cdots & \cdots & \mathrm{H}_{1n} - \mathrm{ES}_{1n} \\ \mathrm{H}_{21} - \mathrm{ES}_{21} & \mathrm{H}_{22} - \mathrm{ES}_{22} & \cdots & \cdots & \cdots & \mathrm{H}_{2n} - \mathrm{ES}_{2n} \\ \vdots & \vdots & \ddots & & & \vdots \\ \vdots & & \vdots & \ddots & & \vdots \\ \vdots & & \vdots & & \ddots & \vdots \\ \mathrm{H}_{n1} - \mathrm{ES}_{n1} & \mathrm{H}_{n2} - \mathrm{ES}_{n2} & \cdots & \cdots & \cdots & \mathrm{H}_{nn} - \mathrm{ES}_{nn} \end{vmatrix} = 0 \tag{8.73}$$

이것을 영년방정식(secular determinant)이라고 한다. 이 방정식을 풀어서 n개의 에너지 E_n을 구하고 각 에너지 E_n를 식 (8.72)에 대입하고 정규화 조건 $\sum_{i=1}^{n} c_i^2 = 1$을 사용하면 c_i가 얻어져서 $\Psi_n = \sum_{i=1}^{n} c_i\phi_i$를 결정할 수 있다.

예제 8.3

Hückel 근사를 적용하면서 알릴 라디칼(CH_2=CH−CH_2• ↔ •CH_2−CH=CH_2)의 π-분자 오비탈의 에너지와 파동 함수를 구하시오.

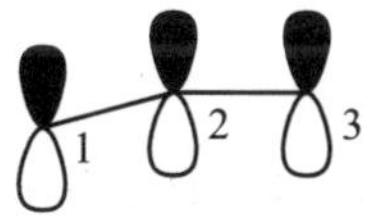

풀이

π-분자 오비탈에서는 각 탄소 원자의 2p 오비탈들이 선형결합되어 있다고 하자. 그러면

$$\Psi = c_1\phi_1 + c_2\phi_2 + c_3\phi_3$$

Ψ를 다음 식에 대입하여 정리하면

$$\int \Psi^* \hat{H} \Psi d\tau = \mathrm{E}\int \Psi^* \Psi d\tau$$

$$\int (c_1\phi_1 + c_2\phi_2 + c_3\phi_3)^* \hat{H} (c_1\phi_1 + c_2\phi_2 + c_3\phi_3) d\tau$$
$$= \mathrm{E}\int (c_1\phi_1 + c_2\phi_2 + c_3\phi_3)^* (c_1\phi_1 + c_2\phi_2 + c_3\phi_3) d\tau$$

전개하면

$$\int c_1{}^*\phi_1{}^*\hat{H}\, c_1\phi_1 d\tau + \int c_1{}^*\phi_1{}^*\hat{H}\, c_2\phi_2 d\tau + \int c_1{}^*\phi_1{}^*\hat{H}\, c_3\phi_3 d\tau$$
$$+ \int c_2{}^*\phi_2{}^*\hat{H}\, c_1\phi_1 d\tau + \int c_2{}^*\phi_2{}^*\hat{H}\, c_2\phi_2 d\tau + \int c_2{}^*\phi_2{}^*\hat{H}\, c_3\phi_3 d\tau$$
$$+ \int c_3{}^*\phi_3{}^*\hat{H}\, c_1\phi_1 d\tau + \int c_3{}^*\phi_3{}^*\hat{H}\, c_2\phi_2 d\tau + \int c_3{}^*\phi_3{}^*\hat{H}\, c_3\phi_3 d\tau$$
$$= \mathrm{E}\{\int c_1{}^*\phi_1{}^*\, c_1\phi_1 d\tau + \int c_1{}^*\phi_1{}^*\, c_2\phi_2 d\tau + \int c_1{}^*\phi_1{}^*\, c_3\phi_3 d\tau$$
$$+ \int c_2{}^*\phi_2{}^*\, c_1\phi_1 d\tau + \int c_2{}^*\phi_2{}^*\, c_2\phi_2 d\tau + \int c_2{}^*\phi_2{}^*\, c_3\phi_3 d\tau$$
$$+ \int c_3{}^*\phi_3{}^*\, c_1\phi_1 d\tau + \int c_3{}^*\phi_3{}^*\, c_2\phi_2 d\tau + \int c_3{}^*\phi_3{}^*\, c_3\phi_3 d\tau\}$$

양변을 $c_1{}^*$에 대하여 편미분하고 $\frac{\partial \mathrm{E}}{\partial c_1{}^*} = 0$을 대입하면

$$\int \phi_1{}^*\hat{H}\, c_1\phi_1 d\tau + \int \phi_1{}^*\hat{H}\, c_2\phi_2 d\tau + \int \phi_1{}^*\hat{H}\, c_3\phi_3 d\tau$$
$$= \frac{\partial \mathrm{E}}{\partial c_1{}^*}\mathrm{E}\{\int c_1{}^*\phi_1{}^*\, c_1\phi_1 d\tau + \int c_1{}^*\phi_1{}^*\, c_2\phi_2 d\tau + \int c_1{}^*\phi_1{}^*\, c_3\phi_3 d\tau$$
$$+ \int c_2{}^*\phi_2{}^*\, c_1\phi_1 d\tau + \int c_2{}^*\phi_2{}^*\, c_2\phi_2 d\tau + \int c_2{}^*\phi_2{}^*\, c_3\phi_3 d\tau$$
$$+ \int c_3{}^*\phi_3{}^*\, c_1\phi_1 d\tau + \int c_3{}^*\phi_3{}^*\, c_2\phi_2 d\tau + \int c_3{}^*\phi_3{}^*\, c_3\phi_3 d\tau\}$$
$$+ \mathrm{E}\{\int \phi_1{}^*\, c_1\phi_1 d\tau + \int \phi_1{}^*\, c_2\phi_2 d\tau + \int \phi_1{}^*\, c_3\phi_3 d\tau\}$$

$$\int \phi_1{}^*\hat{H}\, c_1\phi_1 d\tau + \int \phi_1{}^*\hat{H}\, c_2\phi_2 d\tau + \int \phi_1{}^*\hat{H}\, c_3\phi_3 d\tau$$
$$= \mathrm{E}\{\int \phi_1{}^*\, c_1\phi_1 d\tau + \int \phi_1{}^*\, c_2\phi_2 d\tau + \int \phi_1{}^*\, c_3\phi_3 d\tau\}$$

$$c_1\mathrm{H}_{11} + c_2\mathrm{H}_{12} + c_3\mathrm{H}_{13} = \mathrm{E}\{c_1\mathrm{S}_{11} + c_2\mathrm{S}_{12} + c_3\mathrm{S}_{13}\}$$

이항하여 정리하면

$$c_1(\mathrm{H}_{11} - \mathrm{ES}_{11}) + c_2(\mathrm{H}_{12} - \mathrm{ES}_{12}) + c_3(\mathrm{H}_{13} - \mathrm{ES}_{13}) = 0 \qquad (8.74a)$$

양변을 $c_2{}^*$에 대하여 편미분하고 $\frac{\partial \mathrm{E}}{\partial c_2{}^*} = 0$을 대입하면

$$c_1(\mathrm{H}_{21} - \mathrm{ES}_{21}) + c_2(\mathrm{H}_{22} - \mathrm{ES}_{22}) + c_3(\mathrm{H}_{23} - \mathrm{ES}_{23}) = 0 \qquad (8.74b)$$

양변을 $c_3{}^*$에 대하여 편미분하고 $\frac{\partial \mathrm{E}}{\partial c_3{}^*} = 0$을 대입하면

$$c_1(\mathrm{H}_{31} - \mathrm{ES}_{31}) + c_2(\mathrm{H}_{32} - \mathrm{ES}_{32}) + c_3(\mathrm{H}_{33} - \mathrm{ES}_{33}) = 0 \qquad (8.74c)$$

c_1, c_2, c_3에 대한 3개의 연립방정식을 얻는다. Hückel 근사는 다음과 같다.

$$\int \phi_j^* \hat{H} \phi_k d\tau = \mathrm{H}_{jk} = \begin{cases} \alpha, & j = k \\ \beta, & j = k \pm 1 \text{ (인접한 경우)} \\ 0, & \text{위의 두 경우를 제외한 경우} \end{cases} \tag{8.75}$$

α는 Coulomb 적분, β는 결합(또는 공명, 교환) 적분이라고 한다. $j \neq k$인 경우, H_{jk}에서 숫자 jk는 숫자의 차이가 ±1이 아니라 j 원자와 k 원자가 결합되어(즉, 인접하고) 있으면 H_{jk}가 β이고 그렇지 않으면 0이다. α와 β를 구하기 위해서는 유효한 Hamiltonian을 알아야만 한다. 다행스럽게도 α와 β에 대하여 경험적으로 얻어진 값들을 사용하기 때문에 적분을 할 필요는 없다. α는 고립된 탄소의 $2p_z$ 오비탈에서 전자의 에너지로 생각할 수 있기 때문에 에너지의 기준으로 사용할 수 있다. β는 다양한 자료들을 고려해 볼 때 음의 값(대략 $-75\mathrm{kJ \cdot mol^{-1}}$)을 갖는다.

$$\int \phi_j^* \phi_k d\tau = \mathrm{S}_{jk} = \begin{cases} 1, & j = k \\ 0, & j \neq k \end{cases} \tag{8.76}$$

Hückel 근사에서 원자 오비탈들은 직교정규화되어 있기 때문에 $\mathrm{S}_{kk} = 1$, 그리고 $j \neq k$에 대하여 $\mathrm{S}_{jk} = 0$이라고 가정한다. 그러나 인접한 원자들 사이의 원자 오비탈들은 서로 상호작용하기 때문에 $j \neq k$인 경우 $\mathrm{S}_{jk} \neq 0$이고 Slater 원자 오비탈을 쓰는 경우 S_{jk}는 0.2~0.3 정도의 값을 갖는다. 이러한 것을 고려하는 것은 이 책에서 보여 주려고 하는 수준을 넘기 때문에 다루지 않았다. Hückel 근사를 연립방정식 (8.74)에 적용하면

$$c_1(\alpha - \mathrm{E} \cdot 1) + c_2(\beta - 0) + c_3(0 - \mathrm{E} \cdot 0) = 0 \tag{8.77a}$$

$$c_1(\beta - \mathrm{E} \cdot 0) + c_2(\alpha - \mathrm{E} \cdot 1) + c_3(\beta - \mathrm{E} \cdot 0) = 0 \tag{8.77b}$$

$$c_1(0 - \mathrm{E} \cdot 0) + c_2(\beta - \mathrm{E} \cdot 0) + c_3(\alpha - \mathrm{E} \cdot 1) = 0 \tag{8.77c}$$

(8.77)의 세 식은 우변이 모두 0인 연립방정식이므로 자명해가 아닌 해를 갖기 위해서는 파라미터 c_i의 계수들로 이루어진 행렬식이 0이 되어야 한다.

$$\begin{vmatrix} \alpha - \mathrm{E} & \beta & 0 \\ \beta & \alpha - \mathrm{E} & \beta \\ 0 & \beta & \alpha - \mathrm{E} \end{vmatrix} = 0 \quad \text{또는} \quad \beta^3 \begin{vmatrix} \frac{\alpha - \mathrm{E}}{\beta} & 1 & 0 \\ 1 & \frac{\alpha - \mathrm{E}}{\beta} & 1 \\ 0 & 1 & \frac{\alpha - \mathrm{E}}{\beta} \end{vmatrix} = 0 \tag{8.78}$$

이 행렬식은 행렬의 고윳값 E를 구하는 식 (5.55)와 같은 형태이다(예제 5.9 참

조, 고윳값 $\lambda \leftrightarrow \mathrm{E}$, 고유벡터 $\leftrightarrow$ 파동 함수).

$\beta \neq 0$이고 $x = \frac{\alpha - \mathrm{E}}{\beta}$로 두면

$$\begin{vmatrix} x & 1 & 0 \\ 1 & x & 1 \\ 0 & 1 & x \end{vmatrix} = 0$$

행렬식을 전개하고 방정식을 풀면

$$x(x^2 - 2) = 0 \text{ 또는 } x = 0, x = \sqrt{2}, x = -\sqrt{2}$$

$x = \frac{\alpha - \mathrm{E}}{\beta}$를 $x = 0, x = \sqrt{2}, x = -\sqrt{2}$에 대입하고 E에 대하여 정리하면

$$\mathrm{E} = \alpha = \mathrm{E}_2, \mathrm{E} = \alpha + \sqrt{2}\,\beta = \mathrm{E}_1, \mathrm{E} = \alpha - \sqrt{2}\,\beta = \mathrm{E}_3 \tag{8.79}$$

여기서 β는 음수이므로 에너지가 낮은 것부터 E_1, E_2, E_3로 하였다. 파동 함수 Ψ_1을 얻기 위해 E_1을 연립방정식 (8.77)에 대입한다.

$$c_1\{\alpha - (\alpha + \sqrt{2}\,\beta)\} + c_2(\beta - 0) + c_3(0 - \mathrm{E}\cdot 0) = 0$$
$$c_1(\beta - \mathrm{E}\cdot 0) + c_2\{\alpha - (\alpha + \sqrt{2}\,\beta)\} + c_3(\beta - \mathrm{E}\cdot 0) = 0$$
$$c_1(0 - \mathrm{E}\cdot 0) + c_2(\beta - \mathrm{E}\cdot 0) + c_3\{\alpha - (\alpha + \sqrt{2}\,\beta)\} = 0$$

첫째 식에서 $c_2 = \sqrt{2}c_1$을 얻는다. 셋째 식에서 $c_2 = \sqrt{2}c_3$을 얻는다. 따라서 $c_1 = c_3$을 얻는다. 둘째 식에서 $\sqrt{2}c_1 = c_2$를 얻는다. 여기에 정규화 조건 $c_1{}^2 + c_2{}^2 + c_3{}^2 = 1$을 적용하면

$c_1 = c_3 = \frac{1}{2}$, $c_2 = \frac{1}{\sqrt{2}}$을 얻는다. 따라서 E_1에 대한 파동 함수 Ψ_1은

$$\Psi_1 = \frac{1}{2}\phi_1 + \frac{1}{\sqrt{2}}\phi_2 + \frac{1}{2}\phi_3 \tag{8.80a}$$

파동 함수 Ψ_2를 얻기 위해 E_2를 연립방정식 (8.77)에 대입한다.

$$c_1(\alpha - \alpha) + c_2(\beta - 0) + c_3(0 - \mathrm{E}\cdot 0) = 0$$
$$c_1(\beta - \mathrm{E}\cdot 0) + c_2(\alpha - \alpha) + c_3(\beta - \mathrm{E}\cdot 0) = 0$$
$$c_1(0 - \mathrm{E}\cdot 0) + c_2(\beta - \mathrm{E}\cdot 0) + c_3(\alpha - \alpha) = 0$$

첫째, 셋째 식은 같고 $c_2 = 0$을 얻는다. 둘째 식에서 $c_1 + c_3 = 0$을 얻는다. 여기에 정규화 조건 $c_1{}^2 + c_2{}^2 + c_3{}^2 = 1$을 적용하면

$c_1 = \frac{1}{\sqrt{2}}$, $c_3 = -\frac{1}{\sqrt{2}}$을 얻는다. 따라서 E_2에 대한 파동 함수 Ψ_2는

$$\Psi_2 = \frac{1}{\sqrt{2}}\phi_1 - \frac{1}{\sqrt{2}}\phi_3 \tag{8.80b}$$

파동 함수를 얻기 위해 E_3을 연립방정식 (8.77)에 대입한다.

$$c_1\{\alpha - (\alpha - \sqrt{2}\,\beta)\} + c_2(\beta - 0) + c_3(0 - E \cdot 0) = 0$$
$$c_1(\beta - E \cdot 0) + c_2\{\alpha - (\alpha - \sqrt{2}\,\beta)\} + c_3(\beta - E \cdot 0) = 0$$
$$c_1(0 - E \cdot 0) + c_2(\beta - E \cdot 0) + c_3\{\alpha - (\alpha - \sqrt{2}\,\beta)\} = 0$$

첫째 식에서 $c_2 = -\sqrt{2}c_1$을 얻는다. 셋째 식에서 $c_2 = -\sqrt{2}c_3$을 얻는다. 따라서 $c_1 = c_3$을 얻는다. 둘째 식에서 $-\sqrt{2}c_1 = c_2$를 얻는다. 여기에 정규화 조건 $c_1{}^2 + c_2{}^2 + c_3{}^2 = 1$을 적용하면

$c_1 = c_3 = \frac{1}{2}$, $c_2 = -\frac{1}{\sqrt{2}}$를 얻는다. 따라서 E_1에 대한 파동 함수 Ψ_3은

$$\Psi_3 = \frac{1}{2}\phi_1 - \frac{1}{\sqrt{2}}\phi_2 + \frac{1}{2}\phi_3 \tag{8.80c}$$

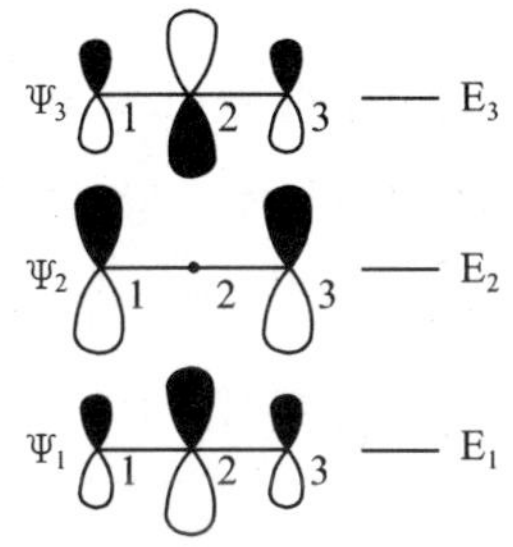

| 그림 8.3 | 알릴의 π-분자 오비탈과 에너지 준위

여기서 Ψ_1은 화학 결합 축에 수직한 마디 면이 없으며, Ψ_2는 화학 결합 축에 수직한 마디 면이 하나 있으며, Ψ_3은 화학 결합 축에 수직한 마디 면이 두 개 있다. 마디 면의 개수가 늘어날수록 에너지가 높아짐을 알 수 있다. 또 예제 8.3의 풀이 과정을 보면 에너지 E_n과 파동 함수 Ψ_n을 구하는 과정이 5장 행렬에서 행렬의 고윳값과 고유함수를 구하는 것과 대등함을 알 수 있다.

연습 문제 8.3

Hückel 근사를 적용하면서 butadiene(CH_2=CH−CH=CH_2)의 π-분자 오비탈의 에너지와 파동 함수를 구하시오.

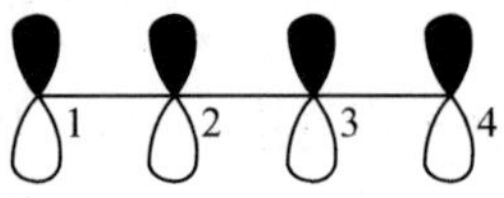

답 $E_1 = \alpha + 1.618\,\beta,\ \Psi_1 = 0.3717\phi_1 + 0.6015\phi_2 + 0.6015\phi_3 + 0.3717\phi_4$

$E_2 = \alpha + 0.618\,\beta,\ \Psi_2 = 0.6015\phi_1 + 0.3717\phi_2 - 0.3717\phi_3 - 0.6015\phi_4$

$E_3 = \alpha - 0.618\,\beta,\ \Psi_3 = 0.6015\phi_1 - 0.3717\phi_2 - 0.3717\phi_3 + 0.6015\phi_4$

$E_4 = \alpha - 1.618\,\beta,\ \Psi_4 = 0.3717\phi_1 - 0.6015\phi_2 + 0.6015\phi_3 - 0.3717\phi_4$

보충 문제

1. 연습 문제 4.1과 같이 크기 L의 일차원 상자 속에서 질량 m인 움직이는 입자가 섭동되지 않은 계이고 그림 8.4처럼 x 방향으로 퍼텐셜을 $\hat{H}' = -\frac{2Vx}{L}$, $-\frac{L}{2} \le x \le 0$; $\hat{H}' = \frac{2Vx}{L}$, $0 \le x \le \frac{L}{2}$ ($V \ll E_1{}^0$) 추가하였다. 섭동론을 사용하여 그 입자의 일차 보정 에너지 $E_n{}^{(1)}$과 ψ_1을 구하시오.

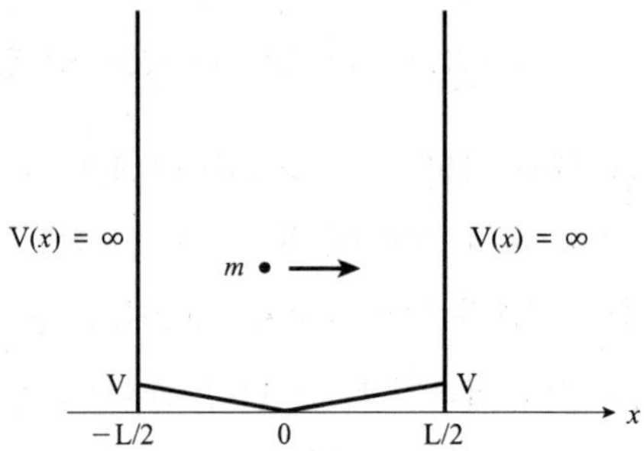

| 그림 8.4 |

2. 크기 L의 일차원 상자 속에서 질량 m인 움직이는 입자가 섭동되지 않은 계이고 그림 8.5처럼 x 방향으로 퍼텐셜을 $\hat{H}' = -\frac{2Vx}{L} + V,\ 0 \le x \le \frac{L}{2};\ \hat{H}' = \frac{2Vx}{L} - V,\ \frac{L}{2} \le x \le L(V << E_1{}^0)$ 추가하였을 때 섭동론을 사용하여 그 입자의 일차 보정 에너지 $E_n{}^{(1)}$과 ψ_1을 구하시오.

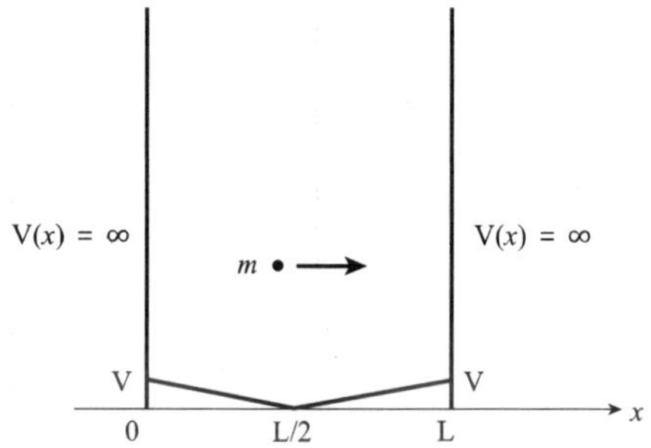

| 그림 8.5 |

3. 연습 문제 4.1과 같이 크기 L의 일차원 상자 속에서 질량 m인 움직이는 입자가 섭동되지 않은 계이고 그림 8.6과 같이 퍼텐셜 V가 추가로 가해질 때

$$V = \begin{cases} \infty, & |x| \ge L \\ h, & |x| \le b \le L \\ 0, & b \le |x| \le L \end{cases}$$

(1) 에너지에 대한 일차 섭동 보정 $E_n{}^{(1)}$을 홀 양자수, 짝 양자수에 대하여 구하시오.

(2) h를 일정하게 유지하면서 b → 0으로 접근시킬 때의 영향이 하나 걸러 거의 0임을 설명하시오. 이런 결과를 섭동되지 않은 계의 파동 함수를 근거로 합리화하시오.

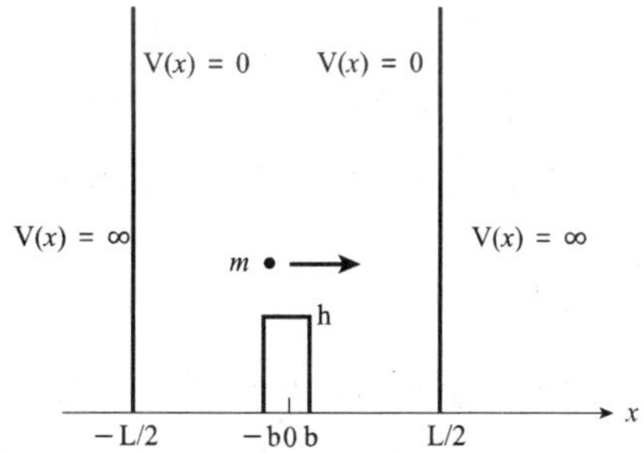

| 그림 8.6 |

4. 크기 L의 일차원 상자 속에서 질량 m인 움직이는 입자가 섭동되지 않은 계이고 그림 8.7처럼 x 방향으로 퍼텐셜을 $\hat{H}' = \frac{2Vx}{L}, 0 \le x \le \frac{L}{2}$; $\hat{H}' = -\frac{2Vx}{L} + 2V, \frac{L}{2} \le x \le L$ ($V << E_1{}^0$) 추가하였을 때 섭동론을 사용하여 그 입자의 일차 보정 에너지 $E_n{}^{(1)}$과 ψ_1을 구하시오.

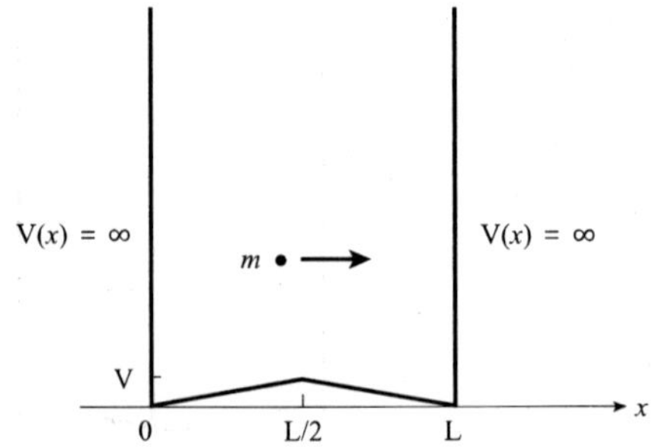

| 그림 8.7 |

5. 섭동되지 않은 계를 조화 진동자($\hat{H}^0\psi_n{}^0 = E_n{}^0\psi_n{}^0$)라 하고 비조화 진동자의 섭동 $\hat{H}'$이 다음과 같다.

$$\hat{H}' = ax^3 + bx^4$$

(1) 에너지에 대한 일차 섭동 보정 $E_n{}^{(1)}$에 대한 표현을 쓰시오.

(2) 일차 섭동 보정 $E_0{}^{(1)}$을 구하시오.

6. 연습 문제 8.2에서 연습한 xy 평면에서 움직이는 전하를 띤 입자의 질량 m과 힘 상수 k를 갖는 조화 진동자에 이차원 섭동 퍼텐셜 λxy를 가하였다. a가 0이 아닌 경우에 대하여 둘째 들뜬 상태의 에너지 $E_2{}^{(1)}$을 구하시오.

7. 수소 원자에 대하여 z 방향으로 가해진 전기장 E가 전자의 자기 모멘트와 상호작용하지 않는다고 가정하여 스핀-궤도 상호작용 같은 미세구조를 무시한다면

$$\hat{H}' = -ezE$$

(1) $\hat{H}'$에 의한 바닥 상태 에너지의 일차 섭동 보정 $E_{100}{}^{(1)}$을 구하시오.

(2) 첫째 들뜬 상태는 4중으로 겹쳐 있다. $\phi_n{}^0$을 수소 원자의 양자수를 이용하여 나타내시오.

$$\phi_n{}^0 = c_1\psi_1{}^0 + c_2\psi_2{}^0 + c_3\psi_3{}^0 + c_4\psi_4{}^0$$

(3) 식 (8.45)와 같은 영년 방정식을 쓰고 행렬식의 각 원소를 구하시오.

(4) 에너지의 일차 섭동 보정 $E_2{}^{(1)}$과 파동 함수를 구하시오.

8. Hückel 근사를 적용하면서 cyclopropenyl 라디칼의 π-분자 오비탈의 에너지와 파동 함수를 구하시오.

9. Hückel 근사를 적용하면서 cyclobutadiene의 π-분자 오비탈의 에너지와 파동 함수를 구하시오.

10. Hückel 근사를 적용하면서 methylenecyclopropene(그림 8.8)의 π-분자 오비탈의 에너지와 파동 함수를 구하시오.

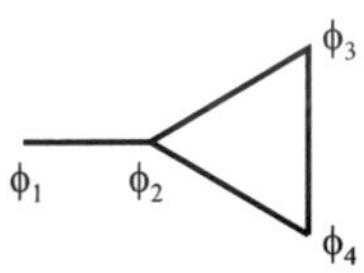

| 그림 8.8 |

11. Hückel 근사를 적용하면서 trimethylene methane(그림 8.9)의 π-분자 오비탈의 에너지와 파동 함수를 구하시오.

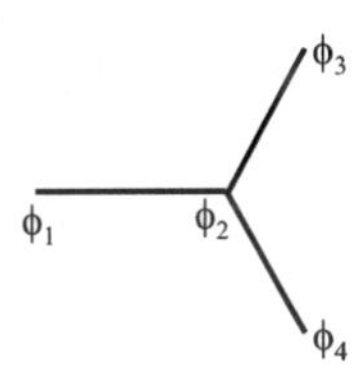

| 그림 8.9 |

보충 문제 해답

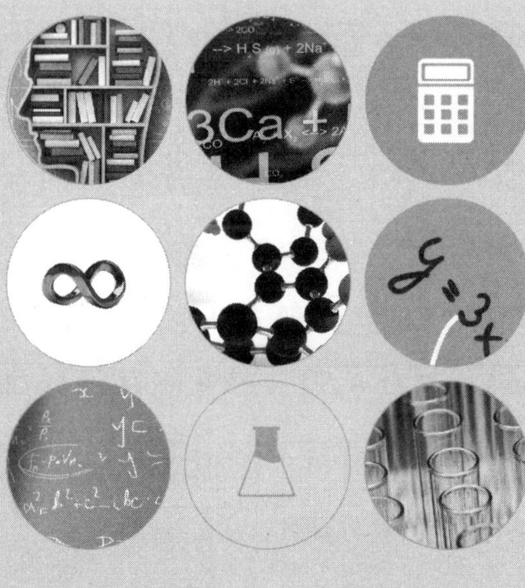

1장

3. (1) 2 (3) $k^2/2$ (5) e (7) ∞

4. (1) 연속 (3) 불연속 ($x = 0$) (5) 불연속 ($x = 0$)

5. (1) $\frac{2}{x}x^{\ln x}\ln x$ (3) $\frac{\cos x}{x^2-1} - \frac{2x\sin x}{(x^2-1)^2}$ (5) $\frac{1}{2}\sqrt{\frac{1+\cos x}{1-\sin x}}\frac{\sin x-\cos x-1}{(1+\cos x)^2}$

(7) $e^x\sin 2x+2e^x\cos 2x$ (9) $\frac{\cos^{-1}x+\sin^{-1}x}{\sqrt{1-x^2(\cos^{-1}x)^2}}$

6. (1) $\left(\frac{\partial z}{\partial x}\right) = -2\frac{y}{x^3}-\frac{1}{y^2}$, $\left(\frac{\partial z}{\partial y}\right) = \frac{1}{x^2}+\frac{2x}{y^3}$, $\left(\frac{\partial^2 z}{\partial x^2}\right) = \frac{6y}{x^4}$, $\frac{\partial}{\partial x}\left(\frac{\partial z}{\partial y}\right) = \frac{-2}{x^3}+\frac{2}{y^3}$, $\frac{\partial}{\partial y}\left(\frac{\partial z}{\partial x}\right) = \frac{-2}{x^3}+\frac{2}{y^3}$,

$\left(\frac{\partial^2 z}{\partial y^2}\right) = \frac{-6x}{y^4}$

(3) $\left(\frac{\partial z}{\partial x}\right) = \frac{-y}{x^2+y^2}$, $\left(\frac{\partial z}{\partial y}\right) = \frac{x}{x^2+y^2}$, $\left(\frac{\partial^2 z}{\partial x^2}\right) = \frac{2xy}{(x^2+y^2)^2}$, $\frac{\partial}{\partial x}\left(\frac{\partial z}{\partial y}\right) = \frac{-x^2+y^2}{(x^2+y^2)^2}$, $\frac{\partial}{\partial y}\left(\frac{\partial z}{\partial x}\right) = \frac{-x^2+y^2}{(x^2+y^2)^2}$,

$\left(\frac{\partial^2 z}{\partial y^2}\right) = \frac{-2xy}{(x^2+y^2)^2}$

7. (1) $y' = \frac{2\cos x-ye^{xy}}{xe^{xy}+2y}$ (3) $y' = \frac{-y-\cos x\sin y}{x+\sin x\cos y}$

8. (1) $V_{max} = 640/3\sqrt{3}$, $\lambda = -\frac{3xyz}{800}$, $x = \pm\frac{2}{\sqrt{3}}$, $y = \pm\frac{4}{\sqrt{3}}$, $z = \pm\frac{5}{\sqrt{3}}$

(3) $W_{max} = \frac{8\sqrt{3}}{9}$, $\lambda_1 = -\frac{xz}{2y}$, $\lambda_2 = xy$, $y = \frac{2}{\sqrt{3}}$, $x = z = \pm\sqrt{2}y$

(5) $d_{min} = \sqrt{29}$, $\lambda_1 = -\frac{2z}{xy}$, $\lambda_2 = \frac{z^2-y^2}{y^2} = \frac{z^2-x^2}{x^2}$, $z = 5$, $x = y = \pm\sqrt{2}$

9. (1) $-\frac{1}{3}(4-x^2)\sqrt{4-x^2} + c$ (3) $\csc x - \cot x + c$

(5) $\ln x + \ln(x+1) - \frac{1}{2}\ln(x^2+4) + \frac{1}{2}\tan^{-1}\frac{x}{2} + c$

(7) $\frac{4}{5}\left(\sqrt{1+\sqrt{x}}\right)^5 - \frac{4}{3}\left(\sqrt{1+\sqrt{x}}\right)^3 + c$ (9) $\frac{4}{5}x\sqrt{4+x^2} + 2\ln\left(x+\sqrt{4+x^2}\right) + c$

(11) $\ln\left|\frac{\sqrt{1-x^2}-1}{x}\right| + c$ (13) $\sqrt{x^2+a^2} + \frac{a}{2}\ln\left|\frac{\sqrt{x^2+a^2}-a}{\sqrt{x^2+a^2}+a}\right| + c$

(15) $\frac{8x^2-1}{2}\sin^{-1}2x + x\sqrt{1-(2x)^2} + c$

(17) $\ln|\sec x + \tan x| + c$ (19) $\ln\left|1-\tan\frac{x}{2}\right| + c$

10. (1) $2(\sqrt{2}-1)$ (3) 1 (5) ln2 (7) $\frac{1}{4}$ (9) $2\ln(2+\sqrt{3}) - \sqrt{3}$

11. (1) 발산 (3) 발산 (5) 수렴 (7) 수렴

12. (1) 구간 $-1 < x < 1$에서 수렴 (3) 구간 $-1 < x < 1$에서 수렴 (5) 모든 영역에서 수렴

(7) 구간 $-\frac{1}{2} < x < \frac{1}{2}$에서 수렴 (9) 구간 $-1 < x < 1$에서 수렴

2장

1. (a) 11 (b) $11\boldsymbol{i} - 10\boldsymbol{j} - 8\boldsymbol{k}$ (c) $\frac{11}{\sqrt{285}}\boldsymbol{i} - \frac{10}{\sqrt{285}}\boldsymbol{j} - \frac{8}{\sqrt{285}}\boldsymbol{k}$

5. (a) $(\cos y dy + 2z\sin y dz)\boldsymbol{i} + (2x\sin y dx + x^2\cos y dy)\boldsymbol{j} - (zdy + ydz)\boldsymbol{k}$

(b) $x^2z\boldsymbol{i} + 2xyz\boldsymbol{j} + xy^2\boldsymbol{k}$ (c) $x^2\cos y - y$

(d) $-z\boldsymbol{i} - 2z\sin y\boldsymbol{j} + (2x\sin y - z^2\cos y)\boldsymbol{k}$

(e) $y^2z^5\sin y + 2x^3yz^3\sin y + x^3y^2z^3\cos y - 4xy^3z^3$

(f) $-(xy^2z^4 + 3x^3y^2z^2\sin y)\boldsymbol{i} + (5xy^2z^4\sin y - y^3z^4)\boldsymbol{j}$

$+(3x^2y^2z^3\sin y - 2xyz^5\sin y - xy^2z^5\cos y)\boldsymbol{k}$

7. (a) $h_u = h_v = (u^2 + v^2)^{1/2}$ $h_z = 1$ (b) $ls^2 = (u^2 + v^2)du^2 + (u^2 + v^2)dv^2 + dz^2$

(c) $\frac{\partial(x,y,z)}{\partial(u,v,z)} = (u^2 + v^2)$, $dV = (u^2 + v^2)dudvd$

8. (a) $h_u = \frac{R}{2}(\sinh^2 u + \sin^2 v)^{1/2} = \frac{R}{2}(\cosh^2 u - \cos^2 v)^{1/2}$

$h_v = \frac{R}{2}(\sinh^2 u + \sin^2 v)^{1/2} = \frac{R}{2}(\cosh^2 u - \cos^2 v)^{1/2}$

$h_\phi = \frac{R}{2}\sinh u \sin v = \frac{R}{2}(\cosh^2 u - 1)^{1/2}(1 - \cos^2 v)^{1/2}$

(b) $ds^2 = \left(\frac{R}{2}\right)^2(\sinh^2 u + \sin^2 v)du^2 + \left(\frac{R}{2}\right)^2(\sinh^2 u + \sin^2 v)dv^2$

$+\left(\frac{R}{2}\right)^2\sinh^2 u \sin^2 v d\phi^2$

(c) $dV = h_u h_v h_\phi dudvd\phi$

(d) $\nabla^2 = \frac{1}{\left(\frac{R}{2}\right)^2(\cosh^2 u - \cos^2 v)\sinh u \sin v}$

$\left\{\sinh u \sin v\left(\frac{\partial^2}{\partial u^2} + \frac{\partial^2}{\partial v^2}\right) + \cosh u \sin v\frac{\partial}{\partial u} + \sinh u \cos v\frac{\partial}{\partial v} + \frac{\sinh^2 u + \sin^2 v}{\sinh u \sin v}\frac{\partial^2}{\partial \phi^2}\right\}$

(a) $h_u = \frac{R}{2}(\xi^2 - \eta^2)^{1/2}$, $h_v = \frac{R}{2}(\xi^2 - \eta^2)^{1/2}$, $h_\phi = \frac{R}{2}(\xi^2 - 1)^{1/2}(1 - \eta^2)^{1/2}$

(b) $ds^2 = \left(\frac{R}{2}\right)^2(\xi^2 - \eta^2)\left\{\frac{1}{\xi^2 - 1}d\xi^2 + \frac{1}{1 - \eta^2}d\eta^2\right\} + \left(\frac{R}{2}\right)^2(\xi^2 - \eta^2)(1 - \eta^2)d\phi^2$

(c) $dV = \left(\frac{R}{2}\right)^3(\xi^2 - \eta^2)d\xi d\eta d\phi$

(d) $\nabla^2 = \frac{1}{\left(\frac{R}{2}\right)^2(\xi^2 - \eta^2)}\left\{(\xi^2 - 1)\frac{\partial^2}{\partial \xi^2} + (1 - \eta^2)\frac{\partial^2}{\partial \eta^2} + 2\xi\frac{\partial}{\partial \xi} - 2\eta\frac{\partial}{\partial \eta} + \left(\frac{1}{\xi^2 - 1} + \frac{1}{1 - \eta^2}\right)\frac{\partial^2}{\partial \phi^2}\right\}$

9. (a) $\left(\frac{d\mathbf{r}}{dt}\right)_{t=0.5} = \frac{-\pi}{\sqrt{\pi^2 + 1^2}}\boldsymbol{i} + \frac{1}{\sqrt{\pi^2 + 1^2}}\boldsymbol{k}$

10. (a) $\nabla\phi = \frac{2}{3}\boldsymbol{i} + \frac{2}{3}\boldsymbol{j} - \frac{1}{3}\boldsymbol{k}$

11. (1) $\frac{2}{9}$ (2) $\frac{27}{4}$ (3) $\frac{54}{5}$ (4) $\frac{1458}{35}$

13. (1) 8 (2) -16 (3) 0 (4) $\frac{204}{5}$

15. (1) π (2) $\frac{3}{8}\pi$ (3) 0 (4) $\frac{3}{2}\pi$

17. $\frac{3\pi-4}{9}a^3$

18. (1) $\frac{13}{60}$

19. $3\pi - \frac{8}{3}$

21. (1) $\frac{13}{6}$ (2) $\frac{13}{6}$ (3) 2 (4) $\frac{3\pi}{4} + \frac{13}{12}$

23. (1) $\frac{11}{4}$ (2) $\frac{7}{3}$ (3) $\frac{35}{12}$ (4) $\frac{7}{3}$

25. $\oint_C [(3x^2 + 2y)dx + (3x + 2y)dy]$

$= -2 - 10 + 14 + 6 = \iint_R \left(\frac{\partial(3x+2y)}{\partial x} - \frac{\partial(3x^2+2y)}{\partial y}\right) dxdy$

27. $\frac{8}{3} + \left(\frac{8}{3} - 8\right) - \left(\frac{8}{3} + 8\right) - \frac{8}{3} = -16$

29. $-16\pi + 256\pi = 240\pi$

31. $\iint_S \mathbf{A} \cdot \mathbf{n} dS = \frac{1}{2} + 0 + 0 + \frac{1}{12} + \frac{1}{12} = \frac{7}{12} = \iiint_V \nabla \cdot \mathbf{A}\, dV$

33. $\frac{-1}{12} + 0 + \frac{1}{6} + \frac{1}{24} = \frac{1}{8}$

37. $\iint_S (\nabla \times \mathbf{A}) \cdot \mathbf{n} dS = 2 - 1 + 0 + 0 + \frac{-3}{2} = \frac{-1}{2} + 0 + 0 + 0 = \int_C \mathbf{A} \cdot d\mathbf{r}$

39. $\iint_S (\nabla \times \mathbf{A}) \cdot \mathbf{n} dS = \frac{-1}{6} + \frac{-1}{6} + \frac{1}{2} = \frac{1}{6} + 0 + 0 = \int_C \mathbf{A} \cdot d\mathbf{r}$

41. 4π

43. 27

3장

1. (1) $x\cos y = c$ (3) $\frac{x^2}{y} - \frac{x}{y^2} = c$ (5) $x^2y + y = c$

(7) $\ln(x^3y) + e^{-x} = c$ (9) $\frac{1+e^x}{\cos y} = c$ (11) $xy + \ln y = c$

(13) $\ln\{x(1+y^3)^2\} - \tan^{-1}x = c$ (15) $\frac{x^2}{y^2} + \ln y^2 = c$

2. (1)

3. T = 38.22 ℃

4. (1) 122.5m

5. mg/k

6. $I = -24e^{-8t}$

7. $I = -\frac{Q_0}{\sqrt{LC}}\sin\frac{t}{\sqrt{LC}}$

8. (1) 일차독립 (3) 일차독립 (5) 일차종속

9. (1) $y = c_1e^{-x} + c_2e^{-x/2} + c_3e^{2x}$

(3) $y = c_1e^{-x} + c_2e^{-x/2} + c_3e^{2x} + 2x^3 - 26x^2 + 198x - 741$

(5) $y = c_1e^{-x} + c_2e^{4x} - \frac{2}{5}xe^{-x} - \frac{1}{3}e^x$

(7) $y = c_1e^{-x} + c_2xe^{-x} + \left(\frac{1}{6}x^3 + \frac{1}{12}x^4\right)e^{-x}$

(9) $y = c_1e^{-x}\cos 2x + c_2e^{-x}\sin 2x - xe^{-x}\cos 2x + 2xe^{-x}\sin 2x$

10. (1) $y = c_1e^x + c_2xe^x + (x\cos x - \sin x)e^x - xe^x\cos x$

11. (1) $y = a_0\left\{1 - x + \frac{1}{2!}x^2 - \frac{1}{3!}x^3 + \frac{1}{4!}x^4 - \frac{1}{5!}x^5 + \cdots + (-1)^n\frac{1}{n!}x^n + \cdots\right\}$

$+ 2a_0\left\{1 - x - 1 + x + \frac{1}{2!}x^2 - \frac{1}{3!}x^3 + \frac{1}{4!}x^4 - \frac{1}{5!}x^5 + \cdots + (-1)^n\frac{1}{n!}x^n + \cdots\right\}$

$= c_1\left\{1 - x + \frac{1}{2!}x^2 - \frac{1}{3!}x^3 + \frac{1}{4!}x^4 - \frac{1}{5!}x^5 + \cdots + (-1)^n\frac{1}{n!}x^n + \cdots\right\} + c_2(1-x)$

$= c_1e^{-x} + c_2(1-x)$

4장

1. $E_n = \dfrac{\alpha_n{}^2\hbar^2}{2m} = \dfrac{2X_n{}^2\hbar^2}{mL^2}$

$$\Psi_n = \begin{cases} Ae^{-\beta_n x}, & x > \frac{L}{2} \\ B\sin\alpha_n x + C\cos\alpha_n x, & |x| < \frac{L}{2}, \\ De^{\beta_n x}, & x < -\frac{L}{2} \end{cases} \quad \alpha_n = \frac{\sqrt{2mE_n}}{\hbar}, \beta_n = \frac{\sqrt{2m(V-E_n)}}{\hbar}$$

$B = 0, A = D,\ \alpha_n \tan\left(\alpha_n \frac{L}{2}\right) = \beta_n,\ X_n \tan X_n = Y_n,\ X_n = \frac{L}{2}\alpha_n,\ Y_n = \frac{L}{2}\beta_n, n =$ 홀수

$C = 0, A = -D,\ -\alpha_n \cot\left(\alpha_n \frac{L}{2}\right) = \beta_n,\ -X_n \cot X_n = Y_n, n =$ 짝수

$\left(\frac{L}{2}\alpha_n\right)^2 + \left(\frac{L}{2}\beta_n\right)^2 = \left(\frac{L}{2}\right)^2 \frac{2mV}{\hbar^2},\ X_n{}^2 + Y_n{}^2 = R^2, R = \frac{L}{2}\frac{\sqrt{2mV}}{\hbar}$

$V \to \infty,\ X_n \to \frac{n\pi}{2},\ E_n \to \frac{n^2h^2}{8mL^2}$

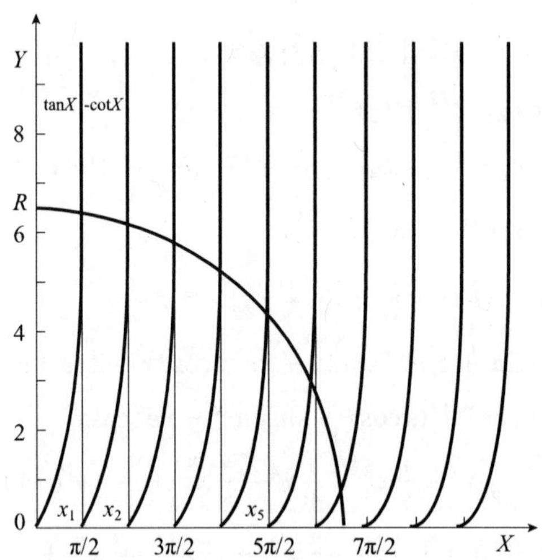

2. (1) $T = \dfrac{4E(V-E)}{V^2 \sinh^2 \sqrt{2m(V-E)}\frac{a}{\hbar} + 4E(V-E)}$ (2) $R = \dfrac{V^2 \sinh^2 \sqrt{2m(E-V)}\frac{a}{\hbar}}{V^2 \sinh^2 \sqrt{2m(V-E)}\frac{a}{\hbar} + 4E(V-E)}$

(3) $T = \dfrac{4E(E-V)}{V^2 \sin^2 \sqrt{2m(E-V)}\frac{a}{\hbar} + 4E(E-V)}$ (4) $R = \dfrac{V^2 \sin^2 \sqrt{2m(E-V)}\frac{a}{\hbar}}{V^2 \sin^2 \sqrt{2m(E-V)}\frac{a}{\hbar} + 4E(E-V)}$

3. 0

5장

1. $x^2(x^2-4)=0, x=-2, 0, 0, 2$

3. $(x^2-1)^2(x^2-4)=0, x=-2, -1, -1, 1, 1, 2$

5. $x=2, y=1, z=3, u=-1, v=-2$

7. $k=\frac{1}{3}, x_1=-3x_4, x_2=-2x_4, x_3=4x_4, k=-1, x_1=-3x_4, x_2=2x_4, x_3=0$

8.
$$\begin{pmatrix}\cos\theta & -\sin\theta\\ \sin\theta & \cos\theta\end{pmatrix}, \begin{pmatrix}\frac{2}{7} & 0 & \frac{-1}{7}\\ 0 & 1 & -1\\ \frac{-1}{7} & -1 & \frac{11}{7}\end{pmatrix}$$

9. (1) $\lambda_1 = e^{i\theta}, X_1=\begin{pmatrix}\frac{1}{\sqrt{2}}\\ \frac{-i}{\sqrt{2}}\end{pmatrix}, \lambda_2 = e^{-i\theta}, X_2=\begin{pmatrix}\frac{i}{\sqrt{2}}\\ \frac{1}{\sqrt{2}}\end{pmatrix}$

(3) $\lambda_1 = i, X_1=\begin{pmatrix}\frac{i}{\sqrt{2}}\\ \frac{1}{\sqrt{2}}\end{pmatrix}, \lambda_2=-1, X_2=\begin{pmatrix}\frac{1}{\sqrt{2}}\\ \frac{-i}{\sqrt{2}}\end{pmatrix}$

(5) $\lambda_1=-4, X_1=\begin{pmatrix}\frac{1}{3\sqrt{2}}\\ \frac{1}{3\sqrt{2}}\\ \frac{-4}{3\sqrt{2}}\end{pmatrix}, \lambda_2=-2, X_2=\begin{pmatrix}\frac{1}{\sqrt{2}}\\ \frac{-1}{\sqrt{2}}\\ 0\end{pmatrix}, \lambda_3=5, X_3=\begin{pmatrix}\frac{2}{3}\\ \frac{2}{3}\\ \frac{1}{3}\end{pmatrix}$

(7) $\lambda_1=3, X_1=\begin{pmatrix}0\\ \frac{1}{\sqrt{2}}\\ \frac{-1}{\sqrt{2}}\end{pmatrix}, \lambda_2=3, X_2=\begin{pmatrix}\frac{4}{3\sqrt{2}}\\ \frac{1}{3\sqrt{2}}\\ \frac{1}{3\sqrt{2}}\end{pmatrix}, \lambda_3=-7, X_3=\begin{pmatrix}\frac{-1}{3}\\ \frac{2}{3}\\ \frac{2}{3}\end{pmatrix}$

10. (1) $\begin{pmatrix}1 & 0\\ 0 & 3\end{pmatrix}, B=\begin{pmatrix}\frac{1}{\sqrt{2}} & \frac{1}{\sqrt{2}}\\ \frac{-1}{\sqrt{2}} & \frac{1}{\sqrt{2}}\end{pmatrix}$ (3) $\begin{pmatrix}-2 & 0 & 0\\ 0 & 1 & 0\\ 0 & 0 & 2\end{pmatrix}, B=\begin{pmatrix}\frac{1}{\sqrt{6}} & \frac{1}{\sqrt{3}} & \frac{1}{\sqrt{2}}\\ \frac{-1}{\sqrt{6}} & \frac{-1}{\sqrt{3}} & \frac{1}{\sqrt{2}}\\ \frac{2}{\sqrt{6}} & \frac{-1}{\sqrt{3}} & 0\end{pmatrix}$

(5) $\begin{pmatrix}2-\sqrt{2} & 0 & 0\\ 0 & 2 & 0\\ 0 & 0 & 2+\sqrt{2}\end{pmatrix}, B=\begin{pmatrix}\frac{1}{2} & \frac{1}{\sqrt{2}} & \frac{1}{2}\\ \frac{-1}{2} & \frac{1}{\sqrt{2}} & \frac{-1}{2}\\ \frac{-1}{\sqrt{2}} & 0 & \frac{1}{\sqrt{2}}\end{pmatrix}$

11. (1) $(x_1 \quad x_2 \quad x_3)\begin{pmatrix}1 & 3 & 0\\ 3 & -2 & -1\\ 0 & -1 & 1\end{pmatrix}\begin{pmatrix}x_1\\ x_2\\ x_3\end{pmatrix}, -3{u_1}^2+{u_2}^2+4{u_3}^2,$

$u_1 = \frac{3}{\sqrt{26}}x_1 - \frac{4}{\sqrt{26}}x_2 - \frac{1}{\sqrt{26}}x_3,\ u_2 = \frac{1}{\sqrt{10}}x_1 + \frac{3}{\sqrt{10}}x_3,\ u_3 = \frac{3}{\sqrt{19}}x_1 + \frac{3}{\sqrt{19}}x_2 - \frac{1}{\sqrt{19}}x_3$

12. (1) $0u_1^2 + 2u_2^2 + 5u_3^2 = 100\left(\frac{u_2^2}{\left(\frac{10}{\sqrt{2}}\right)^2} + \frac{u_3^2}{\left(\frac{10}{\sqrt{5}}\right)^2} = 1\right),$

$u_1 = x_2,\ u_2 = \frac{1}{\sqrt{5}}x_1 + \frac{2}{\sqrt{5}}x_3,\ u_3 = \frac{2}{\sqrt{5}}x_1 - \frac{1}{\sqrt{5}}x_3$

$d_{max} = \sqrt{x_1^2 + x_2^2 + x_3^2} = \sqrt{u_1^2 + u_2^2 + u_3^2} = 5\sqrt{2}\ (u_2 = 5\sqrt{2},\ u_3 = 0)$

$d_{min} = \sqrt{x_1^2 + x_2^2 + x_3^2} = \sqrt{u_1^2 + u_2^2 + u_3^2} = 2\sqrt{5}\ (u_2 = 0,\ u_3 = 2\sqrt{5})$

6장

1. $f(x) = \frac{\pi}{4} - \frac{1}{\pi}\sum_{n=1}^{\infty}\left\{\frac{2\cos(2n-1)x}{(2n-1)^2} + \frac{1}{n}(-1)^n \sin nx\right\}$

3. $f(x) = \frac{4}{3} - \frac{1}{\pi}\sum_{n=1}^{\infty}\left\{\frac{4\cos n\pi x}{(n\pi)^2} - \frac{4}{n\pi}\sin n\pi x\right\}$

5. $f(x) = \frac{2}{\pi}\sum_{n=1}^{\infty}\frac{\sin(2n-1)x}{(2n-1)}$

7. $f(x) = \frac{1}{\pi^3}\sum_{n=1}^{\infty}\frac{\sin(2n-1)\pi x}{(2n-1)^3}$

9. $f(x) = \frac{4}{\pi}\sum_{n=1}^{\infty}\frac{(-1)^n\cos(2n-1)\pi x}{2n-1}$

11. $f(x) = \frac{1}{2} - \frac{4}{\pi^2}\sum_{n=1}^{\infty}\frac{\cos(2n-1)\pi x}{(2n-1)^2}$

13. (1) $\frac{\pi^2}{6}$ (3) $\frac{\pi^2}{8}$ (5) $\frac{\pi^6}{960}$

14. $\frac{\pi}{2}$

15. $\sqrt{\frac{2}{\pi}}\frac{1-\cos\alpha}{\alpha}$

17. $\sqrt{\frac{2}{\pi}}\frac{\alpha-\sin\alpha}{\alpha^2}$

19. $\frac{\pi}{2}e^{-ba}$

21. $\rho(r) = \frac{a^2}{4\pi}\frac{e^{-ar}}{r}$

7장

1. (1) $\frac{s}{s^2-a^2}$ (3) $\frac{2s^2}{s^2-a^2}-\frac{1}{s^2-a^2}$ (5) $a\frac{\omega}{(s+\alpha)^2+\omega^2}-b\frac{s+\alpha}{(s+\alpha)^2+\omega^2}$

2. (1) $t+1-\text{sin}t-\text{cos}t$ (3) $\frac{1}{2}u(t-\pi)\text{sin}^2(t-\pi)e^{-(t-\pi)}$ (5) $\frac{1}{16}\text{sin}2t-\frac{1}{8}t\text{cos}2t$

3. (1) $e^{2t}(\text{cos}t-\text{sin}t)$ (3) $e^{3t}+\frac{1}{6}t^2e^{3t}$ (5) $\frac{1}{3}(\text{cos}t-\text{cos}2t)$

(7) $e^{-t}\left(\frac{2}{3}\text{sin}t-\frac{1}{3}\text{sin}t\right)+e^{-t}\text{cos}t$ (9) $x=\frac{1}{2}t\text{sin}t+\text{cos}t, y=t\text{cos}t-1$

8장

1. $E_n^{(1)}=\frac{\text{V}}{2}-\frac{\text{V}}{(n\pi)^2}(1-\text{cos}n\pi)=\begin{cases}\frac{\text{V}}{2}-\frac{2\text{V}}{(n\pi)^2}, & n=\text{홀수}\\ \frac{\text{V}}{2}, & n=\text{짝수}\end{cases}$

$$\psi_1=\psi_1{}^0+\psi_1{}^{(1)}=\psi_1{}^0+c_2\psi_2{}^0+c_3\psi_3{}^0+c_4\psi_4{}^0+\cdots$$

$$=\sqrt{\frac{2}{\text{L}}}\cos\frac{\pi x}{\text{L}}+0+0.025\frac{\text{V}}{E_1}\sqrt{\frac{2}{\text{L}}}\cos\frac{3\pi x}{\text{L}}+0+0.00094\frac{\text{V}}{E_1}\sqrt{\frac{2}{\text{L}}}\cos\frac{5\pi x}{\text{L}}+\cdots$$

3. (1) $E_n^{(1)}=\begin{cases}\frac{\text{h}}{n\pi}\left(\frac{2n\pi a}{\text{L}}+\sin\frac{2n\pi a}{\text{L}}\right), & n=\text{홀수}\\ \frac{\text{h}}{n\pi}\left(\frac{2n\pi a}{\text{L}}-\sin\frac{2n\pi a}{\text{L}}\right), & n=\text{짝수}\end{cases}$

(2) $E_n{}^{(1)}{}_{a\to 0}=\begin{cases}\frac{4a\text{h}}{\text{L}}, & n=\text{홀수}\\ 0, & n=\text{짝수}\end{cases}$

섭동되지 않은 파동 함수는 $\psi_{2m-1}{}^0=\sqrt{\frac{2}{\text{L}}}\cos\frac{(2m-1)\pi x}{\text{L}}$, $\psi_{2m}{}^0=\sqrt{\frac{2}{\text{L}}}\sin\frac{2m\pi x}{\text{L}}$ ($m=$ 1, 2, 3, ….)이다. 입자를 발견할 확률은 파동 함수의 제곱에 비례하므로 $\psi_{2m-1}{}^0$의 경우 cosine 함수로 $x=0$ 근처 영역에서 입자를 발견할 확률이 큰 값을 갖는다. 입자가 존재해야 할 $x=0$ 근처 영역에서 장벽인 퍼텐셜 V가 있어서 입자가 존재할 확률과 에너지에 영향을 많이 준다. 반면에 $\psi_{2m}{}^0$의 경우 sine 함수로, $x=0$ 근처 영역에서 입자를 발견할 확률이 낮고 이 영역에 V가 있어서 영향을 별로 주지 않는다.

5. (1) $E_n^{(1)} = \langle \psi_n{}^0 | ax^3 + bx^4 | \psi_n{}^0 \rangle$

$$= \int_{-\infty}^{\infty} 1/\sqrt{\alpha\, n!\, 2^n \sqrt{\pi}}\, \mathrm{H}_n e^{-\xi^2/2} (ax^3 + bx^4)\, 1/\sqrt{\alpha\, n!\, 2^n \sqrt{\pi}}\, \mathrm{H}_n e^{-\xi^2/2} dx$$

$$E_0^{(1)} = \langle \psi_0{}^0 | ax^3 + bx^4 | \psi_0{}^0 \rangle = \frac{3b}{4\alpha^2} = \frac{3b\mathrm{h}^2}{64\pi^4 \nu^2 m^2}$$

7. (1) $E_{100}^{(1)} = 0$

(2) $\psi_2 = c_1 2s + c_2 2p_0 + c_3 2p_{-1} + c_4 2p_{+1}$

$= c_1|200\rangle + c_2|210\rangle + c_3|21-1\rangle + c_4|211\rangle$

(3) $\mathrm{H'}_{12} = \langle 200 | \hat{H}' | 210 \rangle = \mathrm{H'}_{21} = \langle 210 | \hat{H}' | 200 \rangle = -3ea_0\mathrm{E}$

$$\begin{vmatrix} -E_2^{(1)} & -3ea_0\mathrm{E} & 0 & 0 \\ -3ea_0\mathrm{E} & -E_2^{(1)} & 0 & 0 \\ 0 & 0 & -E_2^{(1)} & 0 \\ 0 & 0 & 0 & -E_2^{(1)} \end{vmatrix} = 0, \quad a_0 = \frac{\hbar^2}{me^2}$$

(4) $E_{21-1}^{(1)} = 0,\ E_{211}^{(1)} = 0,\ E_{200-210}^{(1)} = 3ea_0\mathrm{E},\ E_{200+210}^{(1)} = -3ea_0\mathrm{E}$

9. $E_\mathrm{B} = \alpha - 2\beta,\ \Psi_4 = \frac{1}{2}(\phi_1 - \phi_2 + \phi_3 - \phi_4)$

$E_\mathrm{E} = \alpha,\ \Psi_4 = \frac{1}{\sqrt{2}}(\phi_1 - \phi_3)$

$E_\mathrm{E} = \alpha,\ \Psi_2 = \frac{1}{\sqrt{2}}(\phi_2 - \phi_4)$

$E_\mathrm{A} = \alpha + 2\beta,\ \Psi_1 = \frac{1}{2}(\phi_1 + \phi_2 + \phi_3 + \phi_4)$

11. $E_\mathrm{A}^{(2)} = \alpha - \sqrt{3}\beta,\ \Psi_4 = \frac{1}{\sqrt{6}}(\phi_1 - \sqrt{3}\phi_2 + \phi_3 + \phi_4)$

$E_\mathrm{E} = \alpha,\ \Psi_4 = \frac{1}{\sqrt{6}}(2\phi_1 - \phi_3 - \phi_4)$

$E_\mathrm{E} = \alpha,\ \Psi_2 = \frac{1}{\sqrt{2}}(\phi_3 - \phi_4)$

$E_\mathrm{A}^{(1)} = \alpha + \sqrt{3}\beta,\ \Psi_1 = \frac{1}{\sqrt{6}}(\phi_1 + \sqrt{3}\phi_2 + \phi_3 + \phi_4)$

찾아보기

| 저자 소개 |

김진은 (Jineun Kim, Ph.D)

서울대학교 사범대학 화학교육과 학사
육군보병학교, 육군화학학교, 군복무
서울대학교 대학원 화학과 석사
미시간주립대학교 화학과 박사
Post-doc, Michigan State Univ.
Michigan State Univ. 연구교수
Univ. of Nevada at Reno 연구교수
현) 경상대학교 자연과학대학 화학과 교수

화학수학

| 저 자 김진은
| 펴 낸 이 주정희
| 펴 낸 곳 자유아카데미
| 주 소 경기도 파주시 회동길 37-42
파주출판도시
| 전 화 031-955-1321
| 팩 스 031-955-1322
| 홈페이지 www.freeaca.com
| 전자우편 main@freeaca.com(대표)
editor@freeaca.com(편집)
| 등 록 제406-2003-017호, 1980. 7. 12
| 제1판1쇄 2014년 8월 15일 발행
| 정 가 28,000원

저자와의
협의하에
인지생략

ISBN 978-89-7338-669-7 93430